차세대 자동차공학

차세대 자동차공학

초판 인쇄 2018년 1월 20일
초판 발행 2018년 1월 25일

지은이 김철수, 유종식
펴낸이 최국주
펴낸곳 동명사
출판등록 1950년 11월 1일(제1-76호)
주소 (우 10881) 경기도 파주시 회동길 50(문발동)
전화 031-955-7200(대표)~2, 7203(편집부), 7204(물류)
팩스 031-955-7205
전자우편 webmaster@dmsbook.com
홈페이지 www.dmsbook.com

ISBN 978-89-411-8184-2
값 30,000원

머 리 말

현대는 무한 경쟁시대라고 한다. 이러한 무한 경쟁시대에 독자 여러분의 가치를 올리기 위한 노력이 매우 중요할 것이다. 어려운 취업난을 해결하기 위하여 많은 사람들이 노력하고 있다. 자신의 능력을 충분히 발휘하고 활동 영역을 확대하기 위한 자격증 취득은 다른 분야에 비해 기계 자동차 분야에서는 무엇보다 중요하며 필수적인 사항이다. 이 책은 자동차공학의 기본적인 사항들을 쉽게 표현하여 자동차공학을 처음 공부하는 학생들이 이해하기 쉽도록 이론과 내용을 구성하였다. 자동차공학은 현대 산업분야에서 근간을 이루는 분야이며, 특히 IT의 발달은 자동차 공업의 발전을 한층 업그레이드시키고 있다. 이러한 자동차 공업의 발달은 자동차 기술자를 비롯하여 여러 분야에서 많은 유능한 기술 인력을 필요로 하게 되었다. 이에 따라 자동차 기술의 기본이 되는 자동차공학의 전반에 관한 기초 지식의 이해와 그 응용이 다른 무엇보다도 선행되어야 할 중요한 과제로 되고 있다.

이 책은 2017년 처음으로 출간하는 책으로 자동차공학을 전공하는 이는 물론 전공하지 않는 사람이라도 자동차공학의 전반적인 개요를 공부할 수 있도록 주요 내용을 평이하게 서술하고, 각 장마다 그림, 해설, 문제를 넣어 학습 효과를 높이도록 하였다.

이 책의 순서는 다음과 같다.

제1장 개요
제2장 기관사이클과 연소
제3장 GDI 가솔린기관
제4장 CRDI 디젤기관
제5장 동력전달장치
제6장 현가장치
제7장 조향장치
제8장 제동장치
제9장 전기장치
제10장 전기모터
제11장 하이브리드 전기자동차

제12장 전기자동차

제13장 자동차 성능

자동차공학은 그 내용이 많고 용어가 어렵고 광범위하여 독자 여러분들이 공부하기에 어렵다고 느낄 수 있는 교과목이다. 이러한 어려움을 극복하고 본 교재를 이해한다면 단시간에 자동차공학 분야를 정리할 수 있을 것이다. 공부는 꾸준하고 체계적으로 해야 원하는 목표가 이루어진다는 신념을 가지고 이 책을 독파한다면 독자 여러분에게 큰 도움이 될 것으로 확신한다. 자동차공학을 출간하면서 나름대로 최선을 다하여 집필한다고 노력하였으나 아직도 부족하고 잘못된 부분이 많이 있으리라 생각되며 독자들의 아낌없는 충고와 제언으로 계속해서 수정, 보완해 나갈 것을 약속드리며 끝으로 본 교재의 출간을 맡아주신 도서출판 동명사 관계자의 여러분의 아낌없는 노고에 깊은 감사를 드리는 바이다.

2017년 10월

저 자

목 차

CHAPTER 01

개요

1.1 자동차 역사 9
1.2 자동차 분류 15
1.3 자동차 구조 22
1.4 자동차 산업 전망 27

CHAPTER 02

기관 사이틀과 연소

2.1 지압선도(Indicated diagram) 33
2.2 열역학적 사이클 34
2.3 기관의 출력과 마력 43
2.4 연료와 연소 51
2.5 저탄소 연료 58
2.6 에너지의 종류 62
2.7 자동차 연료 69

CHAPTER 03

GDI 가솔린기관

3.1 앳킨슨 사이클 74
3.2 전자제어 가솔린 엔진 76
3.3 가솔린 직접분사 엔진(GDI, Gasoline direct injection engine) 85

CHAPTER 04

CRDI 디젤기관

4.1 디젤기관의 개요 99
4.2 연소실의 종류 99
4.3 커먼레일 직접분사 엔진 102

4.4 터보차저(Turbocharger, 과급기) 119
4.5 클린 디젤(Clean Diesel) 121
4.6 이중연료 디젤엔진 134

CHAPTER 05
동력전달장치

5.1 힘과 변위의 전달 141
5.2 전륜구동과 후륜구동 143
5.3 클러치 144
5.4 변속기 159
5.5 구동장치 181

CHAPTER 06
현가장치

6.1 현가장치의 개요 197
6.2 현가장치의 종류 198
6.3 현가장치의 구성 213
6.4 자동차의 진동 222
6.5 전자제어 현가장치(ECS : Electronic Controlled Suspension) 224

CHAPTER 07
조향장치

7.1 조향장치의 개요 245
7.2 조향장치의 원리 246
7.3 조향기어 방식에 의한 분류 249
7.4 조향 링크의 분류 253
7.5 최소 회전반경 256
7.6 조향장치의 구성 부품 257
7.7 조향 링크기구 262

7.8 유압 파워 스티어링(HPS, hydraulic power steering) 263
7.9 전동 파워스티어링(EPS, electric power steering) 266
7.10 조향 특성 268
7.11 앞바퀴 정렬 276
7.12 능동 프런트 스티어링(AFS) 280

CHAPTER 08
제동장치

8.1 개요 289
8.2 파스칼의 원리 290
8.3 브레이크의 종류 291
8.4 디스크와 드럼 브레이크 293
8.5 유압식 제동장치 305
8.6 회생 제동장치(Regenerative braking) 311
8.7 ABS(Anti-lock Brake system) 317
8.8 트랙션 컨트롤 시스템(TCS) 324
8.9 차량 안정화 제어시스템(VSA, Vehicle Stability Assistance) 327
8.10 충돌 방지 브레이크(pre-crash brake) 331
8.11 전자 기계식 브레이크(EMB) 333
8.12 전자 웻지 브레이크 334

CHAPTER 09
전기장치

9.1 축전지 344
9.2 점화장치 362
9.3 시동장치 373
9.4 충전장치 377
9.5 공회전 정지 기술 384

CHAPTER 10 전기모터

10.1 전기모터의 개요 392
10.2 모터의 특성과 구성 396
10.3 직류 모터 401
10.4 브러시리스 모터 404
10.5 교류 모터 406
10.6 전기자동차 모터 413

CHAPTER 11 하이브리드 전기자동차

11.1 하이브리드 전기자동차 420
11.2 플러그인 하이브리드 전기자동차 448

CHAPTER 12 전기자동차

12.1 배터리 전기자동차 454
12.2 연료전지 465
12.3 연료전지 전기자동차 473
12.4 수소 자동차 478

CHAPTER 13 자동차의 성능

13.1 주행성능 선도 482
13.2 주행저항 485
13.3 등판능력 491
13.4 제동성능 493
13.5 연비 495

CHAPTER

01 개요

1.1 자동차 역사

유럽에서는 마차가 사람이나 짐을 주로 운반하였던 시대인 1765년, 제임스 와트(James Watt)가 증기기관을 발명하였고, 1769년, 프랑스의 니콜라스 조셉 퀴노(Nicolas Joseph Cugnot)에 의해 증기 자동차가 처음으로 탄생하였다. 이는 1804년 만들어진 증기 기관차보다 빨리 개발되었다. 이 최초의 증기자동차는 군대에서 대포 운반용으로 만들어져 차체도 무겁고 속도는 10km/h 이하였지만 1840년까지 증기 자동차의 시대가 이어졌다. 반면 전기자동차의 역사도 오래되었고 배터리는 1777년, 전기모터는 1823년에 발명되었으며, 1873년에 영국에서 전기 4륜 트럭이 실용화되었고, 1899년, 프랑스의 제니스 콘텐티(Jamais Contente) 전기자동차는 미셀린 타이어를 부착하고 최고 시속 106km의 속도를 달성한 가공할만한 기술이었다. 이 자동차는 전기자동차가 각광을 받는 현재, 전기자동차의 시조로 군림하고 있다. 1800년대 말기와 1900년 초기에는 증기자동차와 전기자동차가 주류였다고 할 수 있다.

1870년, 독일의 오토(Otto)가 가솔린 엔진을 발명한 후, 1885년 독일의 고트리브 다임러(Gottlieb Wilhelm Daimler)는 오토바이에 장착되는 4행정 가솔린 엔진의 특허를 받아 세계 최초가 되었고 1886년에는 내연기관을 이용한 4륜 마차가 개발되었다. 1890년, 다임러는 다임

| 그림 1.1 | 1769년 퀴노의 증기자동차 (출처 : www.germany.trvel/jp)

| 그림 1.2 | 프랑스의 제니스 콘텐티(Jamais Contente) 전기자동차(1899)

러(Daimler Motoren Gesellschaft) 자동차를 설립하고 1892년, 처음으로 자동차를 생산, 판매하였다.

1879년, 독일의 칼 벤츠(Karl Friedrich Benz)는 다임러와 동시대 사람으로 2사이클 엔진의 특허를 취득하였다. 벤츠는 점화장치, 점화 플러그, 기화기, 클러치, 기어 시프트, 수냉식 라디에이터의 특허를 보유하여 1883년, 벤츠사를 창업하고 1885년, 4사이클 가솔린 엔진, 점화장치 등이 장착된 모터바겐(motor wagen)을 개발하였다. 이는 마차의 동력을 변경하였고 스스로 주행하도록 설계된 세계 최초의 자동차로 평가된다. 모터바겐 3호차는 벤츠의 아내인 베르타 벤츠에 의해 193km의 장거리 운전에 성공하게 된다. 1886년, 휘발유를 동력으로 하는 엔진 특허를 취득하였고 1926년, 다임러와 합병하여 다임러 벤츠가 탄생하였고 브랜드는 메르세데스 벤츠로 하였다.

1892년, 독일의 루돌프 디젤은 디젤엔진을 발명한 후, 1892년 특허를 취득하였다. 개발 초기에는 구조상 대형이어서 사용은 한정되어 있어 1924년에 이르러 독일의 벤츠와 만(MAN)이 트럭과 버스에서 실용화를 하였고, 1936년이 되어서 벤츠에 의해 승용차 디젤 260D가 제작되었다.

그러나 현재의 자동차 기술의 토대를 마련한 사람은 프랑스의 파나르(Panhard)와 르바소(levassor)이다. 1891년, 이들은 다임러의 가솔린 엔진을 이용한 파나로 르바소(Panhard-levassor) 자동차를 개발하였다. 이 자동차에는 1888년 아일랜드의 수의사 던롭(Dunlop)이 개발한 공기 고무 타이어를 장착하고, 원형의 스티어링을 사용한 최초의 가솔린 자동차이다.

1898년, 프랑스의 알베르 드디옹(Albert de Dion)과 조지 부톤(Georges Bouton)은 드디온 부톤(De Dion-Bouton)자동차를 개발하였다. 이는 400cc, 수냉식, 단기통, 3.5마력 엔진으로 리

| 그림 1.3 | 1885년 벤츠 모터바겐(motor wagen)

| 그림 1.4 | 가솔린 파나로 르바소 자동차(프랑스, 1891, 고무 타이어, 원형 핸들)

지드 액슬 현가장치를 채택하고 있고, 1500대의 자동차를 판매를 하여 세계적으로 가솔린 자동차를 리드한 것은 프랑스였다.

유럽이 귀족을 위한 자동차 개발이었다면 미국은 넓은 국토에 서부 개척을 위하여 마차를 대체할 만한 이동 수단이 절실히 필요하였다.

1901년, 올즈모빌(Oldsmobile)은 미국 최초의 양산 자동차 커브드 대시(curved dash)를 개발하여 판매하였다. 4.5마력의 1600cc 단기통 엔진으로 시속 36km의 자동차였다. 1903년, 헨리 포드(Henry Ford)가 포드 자동차를 설립하고 1908년, 세계 최초의 대량 생산 자동차인 T형 포드를 만들었다. 1908년부터 1927년까지 총 생산 대수는 1500만 대였다. 이때 미국의 거리는 T형 포드로 채워졌다. 직렬 4기통 2.9L 엔진으로 20마력, 시속 68km의 성능이었다. 이는 가격이 저렴하여 부의 상징이 아니라 이동 수단으로 본격적인 자동차 시대를 개척하였다.

1898년 프랑스의 드디온 부톤, 1901년 미국의 올즈모빌의 커브드 대시는 양산 자동차의 길을 열었고, 1906년, 프랑스에서 제1회 ACF 그랑프리가 개최되었는데 자동차 경주대회는 자동차의 성능을 높이는 획기적인 계기가 되었다. 1912년, 미국의 캐딜락, 1920년, 영국의 다임러(Daimler), 1928년, 스위스 출신 비르킷(Marc Birkigt)가 설계한 프랑스의 히스파노 스위자(Hispano Suiza) 등은 1900년대 최고 고급 자동차들이었다.

1926년, 독일의 다임러와 벤츠는 다임러 벤츠로 합병하고 세계 최초의 자동차 회사가 되었다. 다임러 벤츠는 브랜드로 메르세데스 벤츠(Mercedes-Benz)를 사용하였고 현재에도 세계 고급차의 선두주자이며 ABS, 에어백 등을 처음으로 개발한 회사였다. 1899년, 아우구스트 호르히(August Horch)의해 아우디(Audi)가 설립되었고, 아우디의 4개의 은색 고리는 Audi,

| 그림 1.5 | 1898년, 드디온 부톤(De Dion-Bouton) 자동차

| 그림 1.6 | 1910년 포드 T자동차

DKW, Horch, Wandere의 4개의 회사를 의미한다. 1964년, 폭스바겐 그룹이 된 후 4륜 구동 시스템 콰트로(Quattro)를 개발하는 등 아우디는 폭스바겐의 고급 모델로 벤츠, BMW와 더불어 세계 최고의 브랜드에 속한다.

1916년, 엔진개발과 항공기 생산을 하는 회사인 바이에른 항공기 엔진공업, BFW (Bayerische Flugzeug Werke)가 설립되었고 1917년, 바이에른 엔진공업, BMW(Bayerishe Motoren Werks)로 사명을 변경하였다. 항공기 엔진을 개발하던 BMW이었지만, 1923년부터 생산한 모터사이클은 유럽에서 독보적인 위치에 오르고 1928년에 자동차 생산공장을 인수하여 자동차 생산을 시작하였다. 1933년, 키드니(kidney)그릴을 적용 후 지금까지 적용하고 있고, 1960년대 세계 최초로 모노코크 바디를 개발하였다.

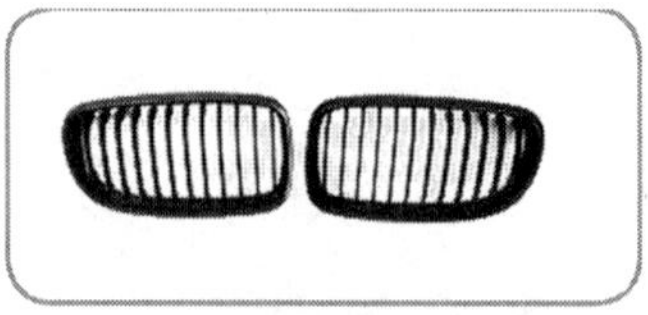

| 그림 1.7 | Kidney grille(BMW)

1937년, 아돌프 히틀러(Adolf Hitler)의 국민차 구상으로 국민차의 의미인 폭스바겐(Volkswagen)이 설립되어 1938년에 폭스바겐 비틀이 탄생하였다. 이 자동차는 포르쉐의 창시자이자 20세기 최고의 자동차 디자이너인 오스트리아인 페르디난드 포르쉐(Ferdinand Porsche)에 의해 개발된 후 2002년 생산 종료까지 세계에서 가장 많이 생산된 자동차로 기록되었다. 그러나 제2차 세계대전으로 폭스바겐 비틀은 양산화 직전에 국민차 구상은 좌절되고 대신 군사용 자동차 큐벨바겐(Kübelwagen)이 생산되었다. 전쟁이 끝난 후, 비틀은 2000만 대 이상을 생산하여 독일의 국민차가 아니라 세계적인 국민차가 되었다. 히틀러의 비틀 국민차 구상과 아우토반 고속도로 착상은 그의 작은 업적으로 평가되고 있고 볼프스부르크(Wolfsburg)는 1938년 폭스바겐을 생산하기 위해 건설된 계획도시로 VW사의 본사가 있다.

1898년, 일본에 처음으로 파나로 르바소 자동차가 도입되었다. 1904년 증기자동차가 만들

| 그림 1.8 | VW의 큐벨바겐

| 그림 1.9 | VW의 비틀(1938년)

어지고 1907년, 일본 최초의 오토 모바일 상회에서 가솔린 자동차가 탄생하여 10대 정도의 가솔린 자동차가 만들어졌다. 1925년, 일본 최초의 본격적인 자동차 생산은 백양사의 오토호가 처음으로 230대가 생산되었다. 1932년에 마스지로 하시모토는 닛산 자동차의 전신인 닷슨(Datsun)상회를 설립하고 닷슨 자동차를 개발하였다. 1933년, 닷슨 자동차를 만들기 위하여 도요타 자동차의 전신인 풍전(豊田) 자동 직기 제작소가 설립되어 현재의 닛산, 도요타 자동차가 탄생하였다. 1948년, 혼다 자동차가 설립되어 1949년 2행정 98cc 오토바이를, 1967년 경차 N360을 개발하였다.

1903년, 미국의 헨리 포드(Henry Ford)가 포드 자동차를 디트로이트에서 설립하여 포드 T를 대량 생산하였고 엔진을 개발한 것은 아니지만 세계 최초로 라인 생산방식에 의한 대량 생산을 한 창시자이다.

1908년, 윌리엄 듀란트(William Crapo Durant)는 미시간주에 제너럴 모터스(GM)을 설립하고 올즈모빌, 캐딜락, 폰티악 등이 산하 기업이었다. GM은 초기부터 각 지역마다 다양한 차종을 공급하는 다국적 기업으로 하는 전략을 가지고 있었다. 1925년, 월터 크라이슬러(Walter Percy Chrysler)가 크라이슬러를 설립하였다. 크라이슬러는 자동차 산업의 빅 3이었지만, 미국의 금융 위기로 인한 세계적인 경기 침체의 영향으로 2009년 심각한 경영 위기를 맞아 1998년 다임러에 합병되어 다임러 클라이슬러가 된 후, 2007년 피아트 그룹을 거쳐 지금은 클라이슬러 그룹으로 되어 있다.

1894년, 프랑스의 파나르(Panhard)와 르바소(levassor)는 다임러 엔진을 탑재한 파나르 르바소 자동차를 제작하였고 1899년, 제니스 콘텐티 전기자동차의 개발로 프랑스는 현재의 전기자동차와 가솔린 자동차의 시초가 되었다. 1895년, 앨버트 드 디옹(Albert de Dion)과 부톤(Bouton)은 다임러 엔진보다 빠른 엔진을 개발하여 드디온 부톤 자동차(de Dion－Bouton)를 제작하였다. 1897년 아르망 푸조(Peugeot)는 다임러 엔진으로 자동차를 제작하였고 1910년, 오토 모바일 사이클 푸조사를 설립하였다. 1919년, 앙드레 시트로엥(Andre Citroen)에 의해 시트로엥사가 설립되는 등 19세기 말기에 프랑스에서는 100개 이상의 자동차 제조회사가 있었다. 자동차는 독일에서 처음 개발되었지만, 프랑스도 뒤진 것이 아니며 이는 자동차 용어에 프랑스어가 많은 것을 보면 알 수 있다.

1903년, 이탈리아의 골드워시 거네이(Goldsworthy Gurney)는 승합 증기자동차를 세계 최초로 만들었고 1899년, 이탈리아 토리노에서 조반니 아넬리(Giovanni Agnelli)에 의해 피아트사가 설립되었다. 알파 로메오, 페라리, 란치아, 마세라티 등은 피아트의 자동차들이다. 1949년,

경주용으로 처음 페라리가 만들어진 후 현재에도 페라리는 모든 자동차 기술의 집합체라고 할 수 있다.

1785년, 영국은 세계에서 가장 먼저 자력으로 움직이는 자동차인 증기자동차를 만들었다. 1831년, 월터 핸콕(Wilter Hancock)은 증기기관을 탑재한 버스를 제작하였고 1873년, 전기 4륜 트럭이 실용화되었고 1893년 심즈는 다임러(Daimler) 모터를 설립하였고 1912년 영국 다임러를 개발하였다. 1922년, 윌리엄 라이온스(William Lyons)는 스왈로우 사이드 카를 설립하고 1927년, 오스틴 세븐 스왈로우를 개발하였다. 이 회사는 1945년 재규어로 사명을 변경하였다. 영국은 벤틀리, 미니, 롤스로이스, 랜드로버, 애스톤 마틴, 로터스 등 수많은 모델을 개발하였지만 제조업의 쇠퇴로 현재는 자동차 산업이 침체되어 있다.

1903년, 우리나라는 미국 포드 T가 처음으로 도입되었다. 1954년, 하동환 공업사와 신진 공업사가 설립되어 미국 군용차를 개조하였고 1955년, 국제 차량공업사가 수작업으로 미군용 지프를 개조하여 시발 자동차를 제작하였다. 그 후 신진 공업사는 동아 자동차를 거쳐 현재의 쌍용 자동차가 되었다.

현대 자동차는 1967년 설립되어 포드와 합작으로 코티나, 포드 20M을 생산하였고 1976년, 미쓰비시 자동차의 기술 협력으로 최초의 한국 모델인 포니를 생산하였다. 1998년, 기아 자동차와 아시아 자동차를 인수하고 2000년, 현대기아 자동차그룹이 출발하여 현재에 이르고 있다.

GM 코리아는 1961년, 국내 최초의 국산 승용차인 닛산의 블루버드를 생산한 새나라 자동차의 전신이다. 1965년, 새나라 자동차를 인수한 신진 공업사는 1966년, 상호를 신진 자동차로 변경하고 도요타 자동차의 기술 지원으로 코로나와 중형 트럭, 중형 버스, 대형 버스, 고속버스를 생산하였다. 도요타의 철수로 1972년 GM 코리아, 1978년 대우 자동차, 2002년 현재의 GM 코리아가 되었다.

기아 자동차는 1944년, 경성정공으로 시작하여 1950년대 기아산업으로 사명을 변경하고 삼천리 자전거를 만들기 시작하였다. 1974년 마쯔다 패밀리아를 기초로 하여 한국 최초의 세단 승용차 브리사가 만들어졌다. 1987년, 마쯔다와 포드의 기술제휴를 통하여 프라이드가 생산되었으며 1990년, 기아산업에서 기아 자동차로 사명을 변경하였다. 1998년 현대 자동차에 인수되고, 2000년 현대기아 자동차 그룹으로 된 후 현재에 이르고 있다. 아시아 자동차는 1965년, 아시아 자동차 공업으로 설립되었고, 1970년 피아트 123을 만들었다. 그 후 군용 자동차, 대형 버스, 트럭을 생산하였으나 기아 자동차에 합병되었다.

| 그림 1.10 | 국내 최초 시발자동차

| 그림 1.11 | 국내 최초 양산 포니자동차

1.2 자동차 분류

1.2.1 용도와 형태에 따른 분류

자동차는 원동기의 동력에 의해 바퀴를 회전시켜 궤도를 사용하지 않고 도로를 주행하는 4륜 자동차로 탑승자가 자동차 실내에 마련된 좌석에 앉을 수 있는 구조이다. 1876는 프랑스에서 정해진 "Automobile"이 정식 명칭이다. 자동차는 크게 다음으로 분류된다. 카(car)의 의미는 마차, 기차 등 모든 운송 수단을 의미한다. 자동차 관리법 제2조에 의하면 자동차는 승용 자동차, 승합 자동차, 화물 자동차, 특수 자동차, 이륜 자동차로 구별한다. 각 자동차는 경형, 소형, 중형, 대형으로 구분한다.

- 승용 자동차 : 10인 이하를 운송하기에 적합하게 제작된 자동차
- 승합 자동차 : 11인 이상을 운송하기에 적합하게 제작된 자동차로, 아래의 하나에 해당하는 자동차도 승차 인원에 관계없이 이를 승합 자동차로 본다.
  - 내부의 특수한 설비로 인하여 승차 인원이 10인 이하인 자동차
  - 국토교통부령으로 정하는 경형 자동차로서 승차 인원이 10인 이하인 전방 조종 자동차
  - 캠핑용 자동차 또는 캠핑용 트레일러
- 화물 자동차 : 화물을 운송하기에 적합한 화물 적재공간을 갖추고, 화물 적재공간의

| 그림 1.12 | VW Van

| 그림 1.13 | 현대 세단(i40)

| 그림 1.14 | 아큐라 왜건

| 그림 1.15 | 재규어 쿠페

| 그림 1.16 | 크라이슬러 컨버터벌

| 그림 1.17 | 포드 5도어 해치백

| 그림 1.18 | 오펠 4도어 노치백

| 그림 1.19 | 볼보 로드스터

총적재 화물의 무게가 운전자를 제외한 승객이 승차 공간에 모두 탑승했을 때의 승객의 무게보다 많은 자동차

- 특수 자동차 : 다른 자동차를 견인하거나 구난 작업 또는 특수한 작업을 수행하기에 적합하게 제작된 자동차로서 승용 자동차, 승합 자동차 또는 화물 자동차가 아닌 자동차로 불도저, 그레이더 등이 이에 속한다.
- 이륜 자동차 : 총배기량 또는 정격출력의 크기와 관계없이 1인 또는 2인의 사람을 운송하기에 적합하게 제작된 2륜 자동차 및 그와 유사한 구조로 되어 있는 자동차

자동차는 엔진 룸, 실내 공간(cabin), 짐 싣는 공간으로 3박스 형으로 나눈다. 엔진 룸과 짐 싣는 공간이 실내 공간과 합쳐져 실내 공간만 보이는 자동차는 밴(van, one box), 엔진 룸, 실내 공간, 짐 싣는 공간으로 나누어지면 세단(sedan, three box), 엔진 룸이 있고 짐 싣는 공간이 실내 공간과 합쳐져 있으면 왜건(wagon, two box)이라 한다. 세단의 도어가 4개이면 4도어 노치백, 2개이면 쿠페, 왜건에서 도어가 3개이면 3도어 해치백, 5개이면 5도어 해치백, 3박스형 차체에서 지붕이 없으면 컨버터벌이라고 한다.

(1) 승용 자동차(passenger car)

승용을 목적으로 하는 자동차로 차체의 모양에 따라 여러 가지 종류가 있다.

① 세단(sedan) : 4개의 도어에 상자형 차체 3개를 가지는 승용 자동차로, 전후 2열의 좌석이 마련되는 4~8인승의 자동차이다. 도어의 수에 따라 2도어, 4도어, 5도어가 있다.

② 쿠페(coupe) : 세단에서 2개의 도어를 가지고 1열의 좌석으로 2~3인용으로 루프가 낮으며 주로 앞좌석을 이용한다.

③ 리무진(limousine) : 4도어 세단과 유사하지만 운전자와 객실이 창이나 격벽으로 분리되며 의전용이다.

④ 컨버터벌(convertible) : 컨버터벌 세단과 컨버터벌 쿠페가 있다. 세단과 유사하지만 자동차의 지붕이 접하는 형태의 자동차이다. 컨버터벌 세단은 드롭 헤드(drop head), 컨버터벌 쿠페는 카브리올레(cabriolet)라고도 한다.

⑤ 타운(town) : 리무진과 유사하지만 운전석에 지붕이 없다.

⑥ 스테이션 왜건(station wagon) : 2박스 차체로 차실 후부에 좌석과 별도의 칸막이가 없이 화물 적재공간이 있고 자동차 후면에서 화물을 싣고 내릴 수 있다.

⑦ 로드스타(roadster) : 좌석은 1열이고 2~3인승이다. 덮개는 접힌다.

⑧ 페톤(pheaton) : 좌석은 2개이고 덮개는 접히고 투어링 자동차라고도 하지만 차 실내가 길고 보조 좌석이 준비된 자동차이다.

⑨ 란도(landau) : 차체 뒷부분의 1/4정도가 덮개로 되고 접히는 것으로 세단과 유사하다.

(2) 승합 자동차(Bus)

용도는 승용으로 차체가 크고 11인 이상의 인원을 운송할 수 자동차이다. 승객 5~9명을 운송할 수 있는 미니버스(minibus, 봉고), 밴(van), 엔진 룸이 앞으로 나와 있는 보닛 버스(bonnet bus), 엔진 룸이 운전석 밑이나 후방에 있는 캡오버 버스(cabover bus) 등이 있다.

(3) 화물 자동차(Truck)

화물을 적재하고 그것을 운반하는 용도의 자동차이다. 차체의 형상에 따라 각 종의 명칭이 있다.

① 카고 트럭(cargo truck) : 화물 자동차의 총칭으로 짐 싣는 공간이 마련된다.

② 덤프 트럭(damp truck) : 짐 싣는 곳을 경사시켜 화물을 떨어뜨리는 구조를 갖는 자동차이다. 주로 토사, 석탄의 운반에 사용한다.

③ 딜리버리 밴(delivery van) : 차체 후면에 짐 싣는 공간이 있는 자동차로 뒤에서 짐을 실을 수 있다. 소형을 라이트 밴(light van), 캐리오버 형의 밴을 루트(root)밴이라 한다.

④ 픽업(pick up) : 운전자석 뒤에 1열의 좌석이 있다.

(4) 특수용 자동차

사람과 화물을 운반하지 않는 용도를 가지는 자동차로 특수 목적으로 사용한다.

① 롤러(road roller) : 롤러의 바퀴에 의해 지면을 평탄하게 하는 작업을 한다.

② 불도저(bulldozer) : 자동차 전면에 배토 판을 붙여 토사, 흙 등을 성토하는 작업을 한다.

③ 모터 그레이더(motor grader) : 스캐리 파이어와 배토 판을 이용하여 노면, 노견의 정지 작업에 사용한다.

④ 탱크로리(tank lorry) : 탱크를 갖춘 자동차로 가솔린, 화학약품 등을 운반하는 자동차이다.

⑤ 크레인 트럭(crane truck) : 기중기를 갖춘 자동차이다.

⑥ 래커(wrecker) : 간단한 기중기, 소화기를 갖추고 자동차 사고 현장에 필요한 자동차이다.

1.2.2 원동기에 따른 분류

(1) 내연기관 자동차

① 가솔린 자동차

가솔린 기관은 연료와 공기의 혼합기를 실린더 내로 흡입하고 이를 압축하여 압축말기에 전기 점화장치에 의한 전기불꽃으로 점화하여 동력을 얻는 기관으로 항공기 기관에서 오토바이 기관까지 사용 범위가 넓다. 가솔린 기관은 4행정 사이클 기관과 2행정 사이클 기관이 있으며, 가솔린 기관의 구성은 실린더 헤드, 실린더 블록, 오일 팬, 흡·배기 매니폴드로 구성되고 부속 장치로는 점화장치, 시동장치, 연료장치, 흡·배기장치, 윤활장치, 냉각장치로 구성된다. MPI, PFI(MPI), GDI 기관 등이 있다.

② 디젤 자동차

디젤기관은 흡입행정 동안 공기만을 흡입하고 이것을 압축하여 고온, 고압으로 만들고 여기에 연료를 분사시켜 자기착화한다. 디젤기관은 압축비와 폭발압력이 가솔린 기관에 비하여 2배 이상 높으며, 높은 폭발압력으로 소음과 진동이 심하다. IDI, DI, CRDI기관 등이 있다.

③ 대체연료 자동차

가솔린, 디젤 이외 연료를 사용하여 엔진을 구동하는 자동차이다.

④ 가스터빈 엔진

가스터빈 엔진은 대기에서 공기를 흡입하여 압축기로 단열압축시켜 일정한 압력 하에서 연료가 연소되는 연소실로 유입된다. 흡입공기는 고온의 연소가스가 되고, 가스터빈을 회전시키면서 단열적으로 팽창 냉각하여 일을 하고 압축기를 구동한 후 대기로 배출된다. 압축기와 터빈의 단열 압축과정과 단열 팽창과정, 외부 열원에 의한 연소과정은 등압 가열과정, 배열과정은 대기압 하에서 등압 방열과정이 된다. 이러한 4가지 가역과정으로 이루어진 가스터빈 이상 사이클을 브레이튼 사이클(Brayton cycle)이라고 한다. 가스터빈 엔진은 현재는 항공기에만 이용하고 자동차에는 사용하지 않는다.

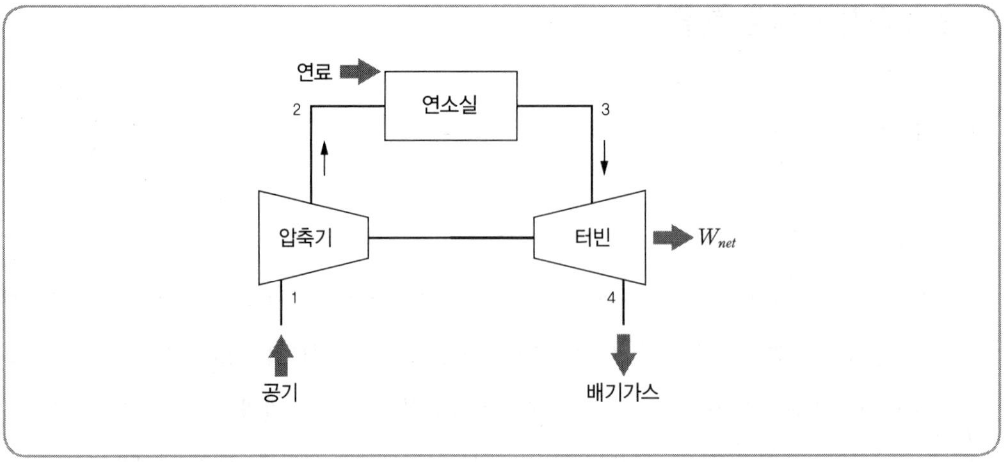

| 그림 1.20 | 가스터빈 엔진

⑤ 로터리 수소 자동차

로터리 엔진은 방사상으로 배열된 고정된 실린더가 크랭크축을 회전시키고, 레이디얼 모양의 엔진(radial engine)으로 3기통인 경우 흡입, 압축, 팽창, 배기의 순서로 행정을 계속한다. 반켈 엔진도 로터리 엔진의 일종으로 피스톤을 사용하는 엔진보다 비슷한 출력에 크기는 1/2로 만들 수 있다. 크기는 작지만 한 방향으로 회전하여 고출력을 만들 수 있다. 반켈 엔진은 흡배기 매니폴드에 밸브가 장착되지 않고, 삼각형의 로터가 트로코이드 곡선으로 유성 운동을 한다. 2행정 엔진에 가깝고 1개의 실린더에 2개의 점화 플러그를 사용한다. 로터리 엔진은 수소를 원료로 사용할 수 있는 유일한 내연기관이다.

(2) 전기자동차

전기자동차는 내연기관이 아닌 송전망(grid) 전기를 공급받아 바퀴를 구동한다. 전기자동차는 화석연료를 사용하지 않아 석유 소비를 줄일 수 있지만 주행거리가 짧은 제약이 있다. 테일 파이프 배출물은 0이고, 소음이 없고, 내연기관보다 효율이 높고, 변속기가 불필요하다. 단점은 배터리 가격이 비싸고, 무겁고, 수명이 짧고, 충전 시간이 길다는 점이다. 전기 생산 시에는 이산화탄소가 발생하지만, 전기자동차는 주행 시에는 유해 배기가스를 배출하지 않기 때문에, CARB(캘리포니아 대기 자원위원회)에서는 ZEV로 분류한다. 현재 전기자동차는 가솔린 자동차와 디젤 자동차보다 주행거리가 짧다. 전기자동차는 한번 충전된 배터리로 160km 주행하는 것을 목표로 하며 더 많은 거리를 여행할 경우 배터리를 충전하거나 배터리를 교환해야 한다. 하이브리드 전기자동차는 다양한 종류가 있다. 기차와 버스는 디젤-전기

하이브리드, 잠수함은 원자력-전기하이브리드이다. 전기 하이브리드(HEV), 플러그인 하이브리드(PHEV), 연료전지 자동차(FCEV) 등이 있다. 하이브리드 자동차는 버려지는 에너지를 회수하여 연비를 높이고 엔진도 엔진 부하와 속도에 따라 가장 최적인 상태에서 작동한다. 하이브리드 전기자동차의 단점은 주행거리가 짧은 무거운 배터리를 사용해야 하고, 다른 추진 체계(power-train)인 전기모터가 필요하고 자동차 가격이 비싼 점이다. 하이브리드 전기자동차의 종류에는 전기모터의 크기와 역할에 따라 마이크로(micro), 마일드(mild, soft), 풀(full, strong), 플러그인(plug in)의 4종류가 있다. 하이브리드 전기자동차는 전기모터(발전기)를 사용하여 회수 에너지를 배터리에 저장하지만 아직 저장할 수 있는 양이 많지 않아 소, 중형 자동차에만 적용한다. 마일드 하이브리드 자동차는 전기모터가 엔진 보조(boost only)만 하고 전기모터로 주행은 불가능하고 풀 하이브리드는 전기모터에 의한 주행이 가능하다.

표 1.1 전기자동차의 분류

type	BEV	micro hybrid	mild(soft) hybrid	full(hard, strong) hybrid	PHEV	
battery type	high	납축전지, 커패시터	medium	high	high	
power	15~150kW	-	5~20kW	20~60kW	40~80kW	15~150kW
energy	15kWh 이상	-	0.6~1.8kWh	0.6~1.8kWh	5~15kWh	15kWh 이상
효율		-	20~35%	25~50%	10~15%	

(3) 증기자동차

증기기관을 작동하여 움직이는 자동차로 1769년 퀴뇨가 포차를 끌기 위해 만든 것이 시초이다. 19세기 중엽에 많이 사용되었으며 19세기 말 가솔린 자동차가 실용화되면서부터 점점 없어지게 되었다. 증기자동차는 본래 자동차에 알맞은 회전 특성이 있으므로 변속기가 필요가 없어 운전하기 쉽다. 단점은 보일러에 불을 붙이고 달릴 수 있게 될 때까지 시간이 걸린다.

1.3 자동차 구조

1.3.1 엔진

실린더 내부에서 연료를 연소시켜 열에너지를 얻고 이를 기계적 에너지로 변환하는 장치를 내연기관이라 하며 가솔린 기관, 디젤기관, LPG 기관, CNG 기관. 로터리 기관, 가스터빈 기관, 석유기관 등이 있다.

(1) 열역학적 분류

① 오토 사이클(가솔린 기관, 석유기관) : 일정 체적 하에서 연소가 일어나는 정적 사이클이다.

② 디젤 사이클(저속디젤기관, 소구기관) : 일정 압력 하에서 연소가 일어나는 정압 사이클이다.

③ 사바테 사이클(복합 사이클) : 일정 체적, 일정 압력 하에서 연소가 일어나는 혼합 사이클이며 고속 디젤기관이 이에 속한다.

(2) 연료에 따른 분류

① 기체 연료 : LPG, CNG, 수소 천연가스, 바이오 메탄, 바이오 에탄올(옥수수, 셀룰로즈), 바이오 부탄올, 수소 등의 가스를 연료로 사용하고 전기로 점화한다.

② 석유 연료 : 가솔린 기관, 디젤기관

④ 바이오매스 연료 : 바이오 디젤(BDF) 기관, 액체 합성연료(CTL, BTL, GTL)기관

⑤ 혼합 연료 : E10~E85(에탄올 혼합연료) 자동차, BD(바이오 디젤)연료 자동차

⑤ 재생 에너지 : 태양광 발전 전기에너지, 태양광 물분해 수소에너지

⑤ 핵에너지 : 핵분해 수소에너지, 핵분해 전기에너지

(3) 점화방식에 따른 분류

① 전기 점화기관(SI기관, spark ignition) : 전기로 점화하는 기관으로 가스기관, 가솔린 기관, GDI(gasoline direct injection, FSI, fuel stratified injection)기관이 있다.

② 압축 착화기관(CI기관, compression ignition) : 압축열에 의해 자기착화하는 기관으로 IDI

디젤기관, CRDI(common rail direct injection) 디젤기관이 있다.

③ 소구(hot bulb) 점화기관 : 소형 어선, 원동기에 사용하는 2행정 기관으로, 점화를 쉽게 하기 위해 연소실 표면을 가열하는 표면점화 또는 열면 점화방식을 사용한다.

④ 헷셀만 기관 : 헷셀만 기관은 전기점화와 압축착화의 중간 점화방식을 사용하며 압축비 6~9 정도이며 압축 말기에 인젝터로 실린더 내 연료를 분사하고 동시에 전기로 점화하여 작동한다.

⑤ 균일 압축 충전점화(HCCI, homogeneous compression charge ignition) : 저압, 저온 연소에 의한 압축착화를 하는 기관이다.

(4) 작동방식에 따른 분류

① 2행정 기관 : 피스톤이 2행정하는 동안 1사이클을 완료한다.

② 4행정 기관 : 피스톤이 4행정하는 동안 1사이클을 완료한다.

(5) 파워트레인 방식에 따른 분류

① 내연기관 자동차 : 가솔린 엔진, 디젤엔진, LPG 엔진, CNG 엔진, 로터리 엔진

② 외연기관 자동차 : 증기터빈 엔진, 가스터빈 엔진

③ 내연기관과 전기모터 병용 자동차 : 하이브리드 전기자동차, 플러그인 전기자동차

④ 전기모터 자동차 : 연료전지 자동차, 배터리 전기자동차

1.3.2 엔진 윤활장치

윤활장치는 엔진 내부의 각 윤활부에 오일을 공급하여 마찰을 감소시키고, 마모를 방지하며, 마찰 부분의 열을 냉각하는 작용을 한다. 엔진이 가동될 때 윤활부에는 마찰 열이 발생되고, 이 열이 축적되면 베어링이 고착되기도 하는데 윤활장치는 이러한 것을 방지하는 장치이다. 윤활장치는 윤활부의 각 섭동면에 유막을 만들어 고체 마찰을 마찰력이 작은 유체 마찰이 되게 한다. 따라서, 마찰 저항이 작아져 마모가 적게 되고, 마찰열에 의한 온도 상승도 방지된다. 오일의 윤활은 기본적으로 마모방지, 밀봉작용 및 냉각작용의 3대 작용은 물론, 세척작용, 응력 분산작용, 방청작용도 있다. 엔진 내부를 순환하는 엔진오일, 변속기 내부를 순환하는 변속기 오일이 있다.

1.3.3 엔진 냉각장치

냉각장치는 엔진을 냉각하여 과열을 방지하고 엔진의 온도를 적당하게 유지하는 장치이다. 실린더 내부의 연소가스 온도는 약 2000~2500℃에 이르며, 이때 발생하는 열은 실린더 벽, 실린더 헤드, 피스톤, 흡배기 밸브 등에 전달된다. 이들 부품의 온도가 너무 높아지면 부품 재료의 강도가 저하되어 수명이 단축되고, 연소 상태도 나빠져 노킹, 조기점화 등으로 엔진의 출력이 저하되는 결과를 초래한다. 그리고 과도하게 냉각되면 냉각으로 손실되는 열량이 크기 때문에 엔진 효율이 낮아져, 연료 소비량이 증가하는 등의 문제가 생기므로, 엔진의 냉각수 온도를 항상 88~92℃로 유지시키는 것이 냉각장치의 기능이다.

1.3.4 엔진 흡기장치

가솔린 엔진의 흡입 공기량은 흡기계의 형상, 밸브 개폐시기에 의해 결정되고 자동차 출력은 흡입 공기량에 비례한다. 디젤엔진의 경우 연료 분사량은 흡입 공기와 직접 연관이 없지만 분사된 연료를 완전히 연소시키기 위해서 흡입 공기를 충분히 확보할 필요가 있다. 흡기장치는 흡입 공기의 유로를 형성하고 물의 흡입을 방지하는 에어 덕트, 공기중의 이물질과 먼지를 제거하는 에어 필터, 흡기소음을 제거하는 에어 클리너와 공명기(resonator), 각 실린더에 혼합기를 분배하는 흡기 매니폴드 등으로 구성된다. 흡기장치는 많은 공기를 흡입하기 위해서는 흡기관의 지름을 크게 하고 길이는 짧게 하는 것이 좋고, 소음 저감을 위해서는 에어 클리너는 크게, 흡기장치 길이는 짧게 하는 것이 좋다.

1.3.5 엔진 배기장치

배기장치는 연소실에서 연소한 배기가스를 대기로 배출하는 장치이다. 배기장치는 실린더 연소가스를 유로로 모으는 배기 매니폴드, 엔진의 진동이 배기관을 통하여 실내로 전달되는 것을 방지하는 벨로우즈(bellow), 배기가스를 정화하는 촉매장치, 배기 소음을 줄이고 물이 역류하는 것을 방지하는 프런트 머플러와 리어 머플러, 그리고 테일 파이프 등으로 구성된다. 배기장치는 많은 연소가스를 배출하기 위해서는 배기관의 지름은 크게, 길이는 짧게 하고, 소음과 유동 저항이 적도록 배기관 내의 압력인 배압(back pressure)을 낮추는 것이 중요하다.

1.3.6 동력전달장치

동력전달장치는 엔진의 출력을 바퀴에 전달하는 장치로, 동력은 클러치, 변속기, 추진축, 종감속 기어, 차동기어, 차축, 바퀴의 순서로 전달되며, 엔진의 출력을 바퀴가 필요로 하는 구동력으로 바꾸는 기능을 한다. 동력전달장치는 클러치, 변속기, 추진축, 커플링, 종감속 장치, 차축, 동력배분 장치 등으로 구성된다. 동력을 전달하는 동력전달 기구, 엔진의 출력을 필요한 구동력으로 변환시키는 변속기, 엔진 토크를 적절하게 분배하는 동력배분 장치 등이 있다.

1.3.7 조향장치

조향장치는 타이어를 통하여 노면에 힘을 전달하여 자동차의 진행 방향을 운전자의 의도에 따라 원하는 방향으로 변경하는 장치이다. 자동차의 방향을 바꾸기 위해서는 운전자가 스티어링 휠을 회전시키고 그 회전력으로 각종 링크를 움직여서 좌우 전륜의 방향을 변경한다.

1.3.8 현가장치

현가장치는 자동차의 무게를 지탱하고 차체와 노면 사이에 발생하는 힘을 처리하여 승차감과 자동차의 안정성을 높이는 장치이다. 다양한 도로와 운전 조건에서도 좋은 승차감을 유지하기 위해서 사용하는 현가장치에는 세미 능동 현가장치와 능동 현가장치가 있다. 현가장치는 타이어를 최대한 노면에 접지시켜 주행 시에는 높은 구동력을 얻고, 제동 시에도 높은 제동력을 얻는다. 자동차 회전 시에는 원심력에 대항하는 힘을 만들어 자세의 균형을 이루는 역할을 한다.

1.3.9 제동장치

자동차는 엔진으로 바퀴를 회전시키고 주행을 하며 제동장치를 이용하여 정지한다. 제동장치는 달리는 자동차의 운동 에너지를 브레이크 패드의 마찰력에 의해 발생하는 열에너지로 바꾸어 자동차를 감속, 정지하는 장치이다. 자동차를 감속하여 정지시키려면 자동차의 운동 에너지를 열에너지로 변환하는 장치가 필요하고, 정지 상태로 있도록 하는 장치도 필요하다. 제동장치는 브레이크 페달을 밟으면 자동차 속도가 감속되면서 정지한다.

1.3.10 엔진 점화장치

점화장치는 압축된 혼합기에 전기불꽃을 발생시키는 장치이다. 점화장치는 배터리 점화식과 고압 자석식으로 나누어지고 자동차용으로는 배터리 점화식, 고압 자석식은 소형 이륜차나 특수 자동차에 사용된다. 배터리 점화식은 1차 전류를 단속하는 방법에 따라 접점식, 이그나이터식, 트랜지스터식, 고강력 점화방식, 무배전기식으로 분류되고 점화장치는 점화 스위치, 점화코일, 배전기, 고압 케이블, 점화 플러그 등으로 구성된다.

점화장치는 연소실의 연료 혼합기를 전기로 점화시키는 것으로, 연소가 일어나도록 하려면 적절한 시기에 점화가 이루어지고, 점화 플러그에서 강력한 불꽃이 발생해야 한다. 대기압에서는 불꽃이 발생하려면 금속간 간극이 0.1mm 정도이면 500V의 전기가 필요하고, 압축된 혼합기 상태에서는 7000~30,000V의 고압의 전기가 필요하다.

1.3.11 엔진 시동장치

엔진은 압축행정에서 발생하는 회전 저항으로 인하여 시동 걸기가 어렵다. 이러한 회전저항을 이기고 크랭크축을 충분한 속도로 회전시킬만한 강력한 토크가 필요하다. 따라서 강력한 토크를 발생하는 시동모터를 사용해야 하고, 회전속도는 50~200rpm 정도이고 작동시간은 연속적으로 30초 이내이다. 시동모터는 직류로 작동하는 직권 정류자 전동기 혹은 복권 정류자 전동기를 사용한다. 시동모터의 발생 토크는 기어로 감속되어 엔진의 플라이휠에에 전달되고, 직류 직권모터, 마그네틱 스위치, 오버런닝 클러치로 구성된다.

1.3.12 충전장치

충전장치는 주행 중에는 자동차가 필요로 하는 전기장치에 전기를 공급하고, 배터리가 방전 상태이면 엔진의 회전력으로 배터리를 충전시킨다. 충전장치의 종류에는 직류 발전기와 전압 조정기가 있는 Y 및 Δ 결선의 타려자식의 교류 발전기가 있다.

1.3.13 섀시

자동차에서 차체를 제외한 부분을 섀시라고 하며 엔진, 동력전달장치, 서스펜션, 조향장치로 이루어지며, 섀시만으로도 자동차는 주행이 가능하다. 섀시에 프레임을 장착하고, 제동장치, 전기장치 등이 추가된다.

1.3.14 차체

차체는 새시의 프레임 위에 설치되어 승객과 화물을 싣는 공간이며 프레임과 별도인 것과 프레임과 차체가 일체인 것이 있다. 엔진과 바퀴는 포함되지 않는다. 차체와 프레임이 분리되면 분리형, 차체와 프레임이 일체형인 모노코크 바디가 있다.

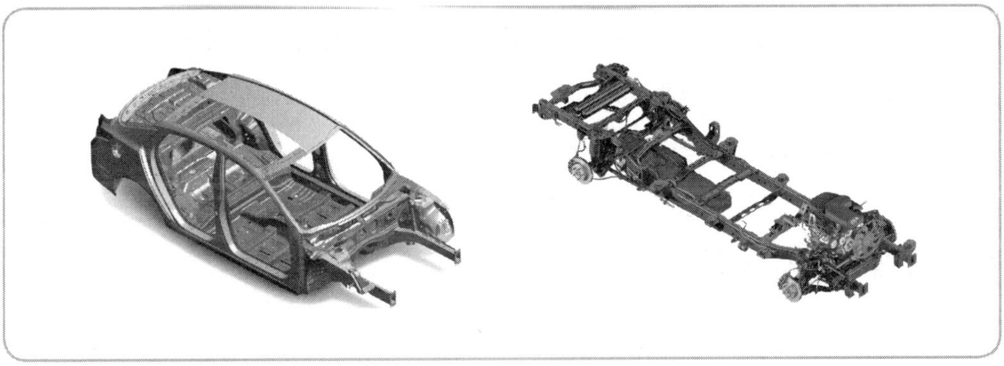

| 그림 1.21 | 차체(Kia)와 섀시(Ram 1500)

1.4 자동차 산업 전망

1.4.1 지구 온난화 대책

2009년 12월, 덴마크 코펜하겐에서 열린 제15차 기후 변화 당사국 총회(COP15)에서 지구 평균기온 상승폭을 산업화 이전 대비 2℃ 이내로 제한하고 선진국은 2020년까지 감축 목표를 제시, 개발 도상국은 감축 계획을 제출하는 협정을 합의하였다. 우리나라는 여기에서 의무 감축국가로 분류되지 않고 개발 도상국의 지위를 유지하게 되었다. 2020년에 온실가스(GHG)를

1990년 대비 25%를 삭감한다는 목표를 마련하였다. 자동차 부문에서 TTWCO_2 배출량은 전체의 약 30% 차지하고 있어 연비향상과 석유 의존도 저감을 위한 기술개발이 필요하다.

2013년 EU 집행위원회는 2025년부터 신규 자동차에 의한 WTWCO_2 배출량을 105~120gCO_2/km로 제한한다고 발표하였다. EU 집행위원회는 2017년까지 동 규제에 대한 구체적인 수치를 발표할 예정이며, 현 집행위의 규제 계획에 따르면 2020년까지 자동차의 이산화탄소 배출량은 147gCO_2/km으로 제한된다. 2020년 이후에는 이산화탄소 배출량은 147gCO_2/km보다 약 18~28% 감축될 것으로 전망되고 있다. 또한 신규 자동차는 시속 120km를 초과할 수 없도록 하는 방안도 고려하고 있어, 이와 같은 자동차 속도 제한은 저비용으로 이산화탄소를 감축하는데 기여하고, 이로 인하여 평균 약 6%의 이산화탄소가 저감될 것으로 분석하였다. 유럽의 T&E(Transport & Environment)에 의하면 2015년 EU의 목표치 128.8gTTWCO_2/km을 2012년에 달성한 회사는 푸조, 도요타, 볼보, 르노이고 유럽 평균은 132gCO_2/km, 현대기아 자동차는 131gCO_2/km이라고 발표를 하였다. 한편, 세계 전체의 CO_2 배출상황을 보면, 미래에는 개발 도상국에서 CO_2 배출량이 급증할 전망이다. 중국의 CO_2배출량은 이미 2007년에 미국을 능가하여 가장 많고, 지구 온난화의 해결을 위해서는 개발 도상국의 CO_2 저감책이 필요하다.

1.4.2 세계 자동차 시장의 동향

2008년, 미국의 금융 위기는 세계의 자동차 관련 산업의 경쟁 환경을 변화시켰다. 선진국의 신차 판매대수는, 급격하게 감소하고 세계적으로 수요는 축소되었다. 한편, 개발 도상국에서는, 일시적인 침체는 보였지만, 곧바로 회복하여 시장 확대는 계속되었다. 1990년대 후반에는 500만 대 생산의 시대로, 미국 자동차 회사에 의해 규모가 확대되고 인수합병이 이루어졌다. 이러한 흐름은 계속 이어지지 못하고, 미국 금융위기의 직접적인 원인이 되었다. 미국의 GM과 크라이슬러는 마침내 경영 파탄에 이르고 이러한 변화는, 자동차 산업의 새로운 경쟁 시대의 개막을 가져다 왔다. 세계의 자동차 시장의 구조 변화에 수반하는 각 자동차 회사의 새로운 전략, 에너지 절약 및 환경문제에 부응할 수 있는 자동차 기술의 개발을 위해 인수합병이 이루어졌다. 표 1.2는 세계 자동차 인수합병(M&A)현황을 나타낸다. 그리고, 미국 정부의 GM 구제와 5년간 1500억 달러를 투자하는 친환경 뉴딜정책, 유엔의 뉴딜 정책의 영향으로 우리나라는 저탄소 녹색성장이라는 슬로건 아래 녹색산업 투자를 통한 수요 창출,

표 1.2 세계 자동차회사의 M&A 현황(2012년 기준)

그룹	회사	CI
현대그룹( )	현대, 기아	HYUNDAI KIA
GM 그룹( )	복스홀, 홀덴, 오펠, 쉐보레, 한국 GM	CHEVROLET VAUXHALL
도요타그룹( )	렉서스, 덴소, 사이언, 나이하쯔, 히노	LEXUS DENSO DAIHATSU
포드그룹( )	링컨	LINCOLN
르노그룹( )	닛산, 르노삼성, 인피니티	NISSAN INFINITI
피아트그룹( )	이베코	IVECO
클라이슬러그룹( )	닷지, 지프	DODGE Jeep
VW그룹( )	아우디, 벤틀리, 부가티, 포르쉐, 람보르기니	Audi BENTLEY BUGATTI
다임러그룹(DAIMLER)	벤츠, 스마트, 후소	smart FUSO
PSA(푸조, 시트로엥)그룹	푸조, 시트로엥	PEUGEOT CITROËN
혼다그룹( )	어큐라	ACURA
BMW그룹( )	미니, 롤스로이스	MINI ROLLS ROYCE
타타그룹( )(인도)	재규어, 랜드로버	JAGUAR LAND ROVER
Gooly그룹( )(중국)	볼보	VOLVO
Mahindra그룹( )(인도)	쌍용	
후지중공업( )	스바루	SUBARU
미쓰비시( ), 마쓰다( ), 스즈끼( )		
SAIC( ), DFM, FAW( ), CHANA( ), BAIC, BYD( ) (SAIC상하이 자동차), (DFM둥펑 자동차), (FAW이치 자동차), (CHANA창안 자동차) (BAIC베이징 자동차), GAC(광저우자동차그룹)		

고용 확대, 새로운 기술개발을 목표로 많은 노력을 하고 있다. 자동차 분야에서는 우리나라는 정부의 강력한 지지와 부단한 기술개발로 대량 생산에 역점을 두고 있고 1년에 500만 대를 생산하는 세계 5위의 국가가 되었다. 그리고 블루온, 소울, 레이의 전기자동차의 개발로 한 단계 더 높은 기술개발이 이루어지고 연료전지 자동차의 양산도 2014년 맞이하게 되었다. 중국, 인도, 브리질, 러시아 등의 개발 도상국의 자동차 회사들이 급격하게 늘어가고 있고 세계적으로 IT 기술의 발달과 수준 높은 엔지니어들의 인적 교류로 인하여 자동차 기술의 평준화가 진행되고 기술수준도 높아져 세계적으로 1년에 5,000만 대 이상의 자동차를 생산하고 있고 수요는 9000만 대에 이른다.

원유가격은 뉴욕 상업거래소(NYMEX)의 서부 텍사스산 원유(WTI) 선물가격으로 2008년 7월에 배럴당 147.27 달러의 사상 최고치를 기록하였고 2008년 9월의 미국의 금융위기를 계기로 12월에는 30달러 대까지 급락했지만, 다시 상승하여, 2014년 4월에는 104달러를 유지하고 있다. 원유가격의 심한 변동은, 경제발전이 빠른 개발 도상국의 수요 증대로 인하여 앞으로 가격이 하락하는 일은 없는 것으로 보인다. 따라서 에너지를 확보하는 것도 필요하지만 석유 의존도를 낮추는 정책이 필요하다. 2014년 3월, 우리나라는 제2차 에너지 기본계획을 확정하였다. 2035년까지 원자력 발전 비중을 현재 26%에서 29%로 높이고 에너지 수요는 2억 5410만 TOE(석유환산톤)로 전망하고 신재생 에너지 확보 기본계획을 발표하였다.

1.4.3 내연기관 자동차와 저탄소 자동차

2009년, COP 15(conference of parties, 당사국 총회) 회의에서 결정된 저탄소 사회 만들기 행동 계획 중 가장 중요한 단어가 차세대 자동차이다. 여기서 정의되는 차세대 자동차는 하이브리드 자동차, 플러그인 하이브리드 자동차, 전기자동차, 클린 디젤 자동차, 연료전지 자동차, 수소 자동차, CNG 자동차 등이다. 여기서 미국은 2030년까지 신차 판매 중 2대에 1대, 일본은 2020년까지 신차 판매 중 2대에 1대의 비율로 하는 것을 목표로 설정하였다. 우리나라는 자동차 관련 산업은 경쟁력을 가지고 CO_2의 저감을 달성하면서, 저탄소 자동차의 개발과 고효율 내연기관 자동차의 개발이 필요하다. 저탄소 자동차의 개발 문제는 지구 온난화 문제를 해결하고 동시에 새로운 기술개발이라는 문제를 동시에 해결할 수 있다.

내연기관 자동차의 고효율화의 가장 큰 장점은 자동차 가격이 상승하지 않으면서 하이브리드에 해당하는 연비를 얻을 수 있고 동시에 CO_2를 저감하는 가장 중요한 기술이다. 여기에 하이브리드를 부착하면 초저탄소 자동차가 될 수 있다.

석유이외의 에너지를 사용하고, 하이브리드 자동차 등 CO_2를 저감할 수 있는 자동차를 저가로 생산해야 한다. 우선 기술수준이 우수한 유럽, 미국, 일본을 중심으로 앞서 가고 있고 한국, BRICS 4국 등이 뒤를 따르고 있다. 이러한 저탄소 자동차는 EU에서 가장 수요가 많을 전망이고 현재도 신차 판매가 가장 많은 곳이다. 2020년까지 미국, 중국, 유럽, 일본의 저탄소 자동차(풀 하이브리드 자동차, 플러그인 하이브리드 자동차, 전기자동차)의 1년간 판매 대수는 저가의 마이크로, 마일드 하이브리드 등을 포함하여 1100만 대의 판매가 예상되고 이러한 저탄소 자동차의 판매 비율은 세계의 신차 판매 대수의 약 10%에 해당하는 수치이다. 특히 전기자동차는 자동차 가격만 낮추고 축전지의 효율을 향상시키면 각국의 정부의 지원이 있는 경우, 100만 대로 세계 신차 판매 대수의 약 3%를 차지 할 것으로 보인다. 플러그인 하이브리드 자동차는 풀 하이브리드를 기본으로 하면 자동차 가격이 비교적 저렴하여 150만 대 정도가 판매될 것으로 보인다.

저탄소 자동차의 보급은 EU와 CARB의 연비 규제, 정비 인프라 구축, 표준화 등에 따라 달라진다. 저탄소 자동차는 많이 개발되고 있지만 저탄소 자동차를 구입하는 소비자의 환경, 연료가격, 인프라, 정책, 차량 가격 등이 큰 요인이 된다. 따라서 각 나라별로 선호하는 저탄소 자동차가 다를 것이다. 현재 세계적으로 양산이 되고 있는 저탄소 자동차는 풀 하이브리드 자동차, 플러그인 하이브리드 자동차, 전기자동차, 클린 디젤 자동차, 바이오연료 자동차, 연료전지 자동차, 수소 자동차, CNG 자동차 등이다.

저탄소 자동차의 보급이 본격적으로 시작되면 자동차 부품이 다르고 따라서 부품업계의 구조변화가 일어날 가능성도 있다. 미국의 전기자동차는 다수의 축전지 회사로부터 축전지를 납품받고 있으며 전기자동차의 모듈화가 진행되면, 자동차 산업의 구조가 수직형에서 수평형으로 변경되므로 우위성을 확보할 수 있도록 새로운 산업구조의 준비도 필요하다. 축전지 개발만 이루어지면 누구나 전기자동차를 생산할 수도 있다. 개도국을 중심으로 한 시장은 당분간 내연기관 자동차가 주류가 될 것이어서 너무 빨리 저탄소 자동차를 개발하면 경쟁에서 불리해질 수도 있다. 우리나라는 하이브리드 자동차, 블루온, 레이, 소울의 전기자동차 개발을 완료해 놓고 있지만 세계적으로 어떤 방식이 미래의 차세대 자동차의 주역이 될지는 아직 아무도 알 수 없다. 다만 다양한 저탄소 차종을 개발하기 위한 회사의 연구개발 인력이 부족하고, 차세대 자동차의 보급 전망에 특정 저탄소 자동차 기술에 집중하는 것은 위험도가 크다고 볼 수 있어 세계의 기술개발 흐름을 잘 파악해야 한다.

연습문제

01 지구 온난화와 자동차의 기술 개발의 관련성에 대하여 알아보자.

02 자동차 구조에 대하여 개략적으로 알아보자.

03 자동차의 종류를 분류해보자.

04 자동차 산업의 전망에 대하여 알아보자.

05 오존층 파괴 지수와 지구 온난화 지수에 대하여 알아보자.

CHAPTER

02 기관 사이클과 연소

2.1 지압선도(Indicated diagram)

일은 힘에 거리를 곱한 값이다. 내연기관에서 일은 연소 압력에 의해 피스톤이 움직여 발생한다. 즉, 연소 시 압력과 피스톤이 움직여서 발생하는 체적의 곱이다.

$$W = \int P dV \tag{2.1}$$

기관 사이클을 P−V선도로 나타낸 것을 지압선도(indicated diagram)라 한다. 지압선도는 압력센서를 이용하여 실린더 압력을 측정하고 피스톤의 위치센서로 체적을 감지하여 그려진다. 정압에 의해 발생하는 연소실일은 지시일(도시일)이라하고 흡기와 배기과정에서 발생한 일은 펌프일이라 한다. 따라서 지압선도에 의한 일은 지시일과 펌프일의 합으로 표시된다. 자연 흡기방식에서 전부하이면 펌프일은 거의 0이며 부분부하에서는 음의 일이 커져 전체일은 그만큼 줄어든다. 터보차저를 사용하면 음의 일은 없어지고 양의 펌프일만 발생하여 전체일은 커진다.

그림 2.1은 가솔린 기관의 전부하 시 지압선도를 나타낸다. 1→2는 흡입과정으로 대기압보

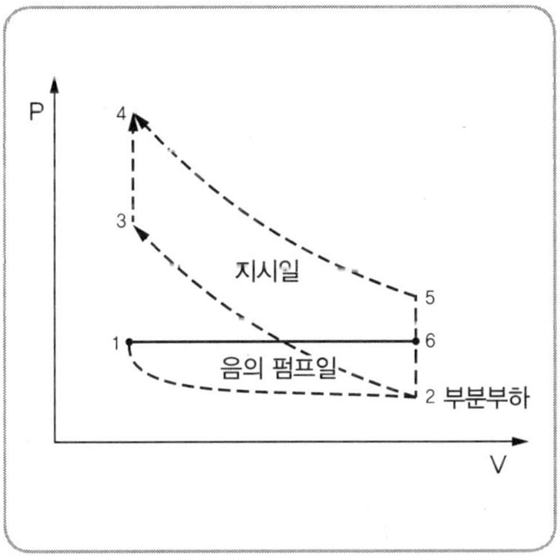

| 그림 2.1 | 부분 부하 시 가솔린 기관의 지압선도

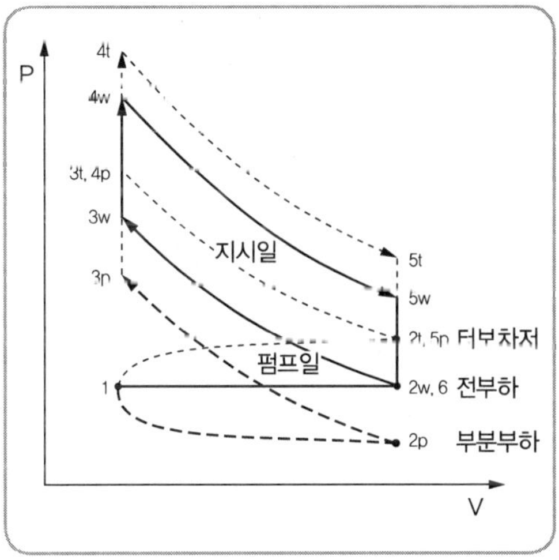

| 그림 2.2 | 터보과급기를 사용하는 기관의 지압선도

다 낮은 부압에서 이루어지고 2→3은 단열압축, 3→4은 정적연소, 4→5는 단열팽창, 정적배열, 5→1은 배기과정이다. 이 과정에서 2-3-5로 이루어진 면적이 지시일이고 엔진의 출력으로 이어진다. 하부의 펌프일은 스로틀 밸브의 펌핑손실로 생기는 일인데 대기압보다 높은 양의 일이면 엔진 성능을 증가시키고 대기압보다 낮으면 음의 일이 되어 엔진 성능을 감소시킨다. 과급기를 사용하면 펌프일을 항상 양으로 되고 그림 2.2와 같이 된다.

2.2 열역학적 사이클

2.2.1 열역학적 사이클

내연기관의 열역학적 사이클에 관한 이론은 내연기관의 성능과 열효율의 개선에 상당히 유효하다. 왕복식 열기관의 사이클을 열역학적으로 분류하면 오토 사이클, 디젤 사이클, 사바테 사이클로 분류된다. 사이클에 사용되는 작동유체의 열적인 물성치는 작동유체의 조성과 온도에 따라 다르지만 사이클의 열역학적인 성질을 정성적으로 아는 경우에는 물성치를 단순화하여 사용한다. 이러한 왕복동 내연기관의 장점은 사이클의 최고 온도를 터빈보다 높게 설정하는 것이 가능한 것이다. 그 이유는 왕복동 기관에서는 작동이 간헐적으로 이루어져 일시적으로 고온으로 되는 것이 가능하기 때문이다. 증기터빈의 900K 정도와 가스터빈의 1800K 정도의 온도에 비하여 왕복동 기관은 2500K 정도까지 가능하다. 실제의 왕복동 기관은 거의 내연식이고 작동유체인 연료를 연소시켜 일을 하고 연소 생성물은 대기로 방출한다. 이러한 왕복동 기관에는 가솔린 기관, 디젤기관, 로터리(rotary)기관 및 제트(jet)기관 등이 있다.

2.2.2 공기 표준 오토사이클

(1) 오토 사이클

오토 사이클(Otto cycle)은 가솔린 기관의 기본 사이클이며 이 사이클은 일정 체적 하에서 열의 출입이 이루어지므로 정적 사이클이다. 2개의 정적과정과 2개의 단열과정으로 구성된다.

(2) 오토 사이클의 P-V, T-S선도

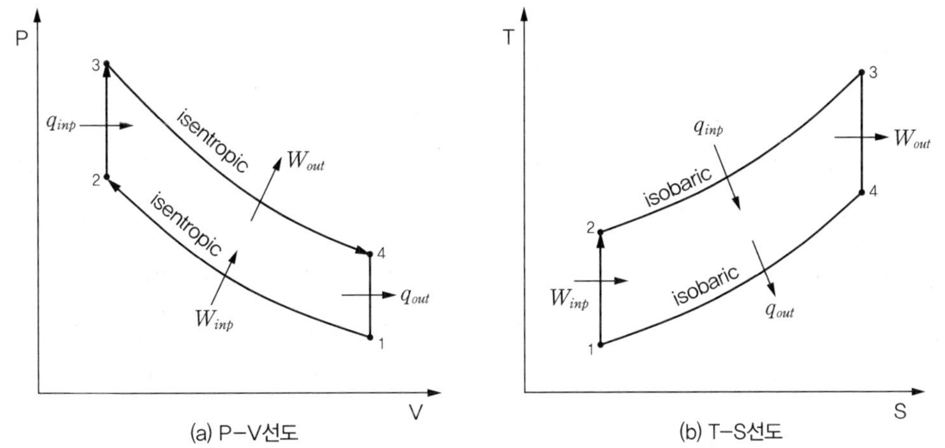

| 그림 2.3 | 오토 사이클의 P-V, T-S선도

(3) 오토사이클의 열효율

① 가열량 : 과정 2→3의 정적가열 동안 일정한 체적 하에서 다음의 열을 받는다.

$$q_{inp} = C_v(T_3 - T_2) \tag{2.2}$$

② 방열량 : 과정 4→1의 정적방열 동안 일정한 체적 하에서 다음의 열을 방열한다.

$$q_{out} = C_v(T_4 - T_1) \tag{2.3}$$

③ 유효일 : 열역학 제1법칙에 의해

$$Aw_{12} = q_{inp} - q_{out} = C_v(T_3 - T_2) - C_v(T_4 - T_1) \tag{2.4}$$

④ 열효율

$$\eta_{th} = \frac{Aw_{12}}{q_{inp}} = 1 - \frac{q_{out}}{q_{inp}} = 1 - \frac{T_4 - T_1}{T_3 - T_2} \tag{2.5}$$

여기서 $A = 1/427$ kcal/kgf·m로 일의 열당량이다. 과정 1→2의 단열압축 동안 작동유체를 등엔트로피 상태에서 v_1에서 v_2까지 압축한다. 압축비(ε, 하사점과 상사점에서의 체적비)는 다음으로 정의된다.

$$\varepsilon = \frac{v_1}{v_2} = \frac{v_4}{v_3} = \left(\frac{T_2}{T_1}\right)^{\frac{1}{k-1}} = \left(\frac{T_3}{T_4}\right)^{\frac{1}{k-1}} \tag{2.6}$$

$$\eta_{th} = 1 - \frac{T_4 - T_1}{T_3 - T_2} = 1 - \frac{T_4}{T_3} = 1 - \left(\frac{1}{\varepsilon}\right)^{k-1} \tag{2.7}$$

여기서 k는 비열비(C_p/C_v)이고 1원자 물질은 1.667, 2원자 물질은 1.4, 3원자 물질은 1.333 정도이다. 열효율은 기관의 크기와 연소 열량과의 크기에는 관계없고 단순히 압축비만의 함수이다. 오토 사이클과 같은 온도 범위에서 작동하는 카르노 기관의 효율은 $1-T_1/T_3$이고 T_1은 T_4보다 작기 때문에 오토 사이클의 효율은 카르노 기관의 효율보다 작다. 오토 사이클의 효율은 압축비와 함께 상승하지만 압축비가 과대하게 되면 압축에 의한 온도 상승에 의해 혼합기가 자기착화되고 노킹 등 이상연소가 발생하여 압축비를 크게 할 수 없다.

⑤ 평균유효압력

열기관의 상대적인 크기를 나타내는 척도로 일량이 사용되지만 실린더-피스톤기구에 의해 움직이는 왕복동 기관은 양(positive)의 일과 음(negative)의 일이 혼합 발생되고 일량도 분리시키는 것이 어렵다. 따라서 평균유효압력(mean effective pressure, P_m)이 많이 사용된다.

$$\text{정미일}(W) = P_m \times \text{피스톤면적} \times \text{행정} = P_m \times (V_1 - V_2) \tag{2.8}$$

$$P_m = \frac{W}{V_1 - V_2} = \frac{w}{v_1 - v_2} \ (\text{kgf/cm}^2) \tag{2.9}$$

여기서 W는 일, V는 체적으로 피스톤 면적과 행정의 곱이다.

(4) 부분부하

스로틀 밸브가 조금 열리면 밸브의 펌핑손실이 발생하고, 펌핑손실은 음의 일로 전체 도시일을 감소시켜 엔진의 효율을 크게 떨어뜨린다. 대기압의 공기가 흡입이 될 때 교축작용으로 압력이 부압이 되고 압축시작은 부압의 상태에서 하게 된다. 압축 시작점이 부압이면 연소과정, 팽창, 배기과정도 낮은 압력으로 되어 엔진의 출력은 떨어진다. 따라서 평균유효압력, 도시일은 펌프일이 음이 되어 감소한다.

(5) WOT(wide open throttle)

스로틀 밸브를 완전히 열면 밸브의 펌핑손실은 없어지고 펌프일은 0으로 된다. 이때는 평균유효압력과 도시일이 부분 스로틀보다 높게 된다.

(6) 과급기(turbo－charger)

엔진에 과급기가 장착되면 흡기압력은 대기압보다 높은 상태가 되고 압축시작도 압력이 정압인 상태에서 시작하면 연소실에 더 많은 공기가 흡입되어 펌프일이 양이 되어 도시일은 증가한다. 공기압력이 증가하면 온도도 따라서 증가하게 되어 압축시점의 높은 온도는 연소, 팽창, 배기과정에도 온도가 높아 가솔린 엔진의 경우 노킹을 발생시키기도 한다. 이의 방지를 위해 열교환기를 사용하거나 압축비를 낮추어야 한다. 펌프 평균유효압력은 $PMEP = (P_{in} - P_{ex})$이다. 이 값이 양이면 펌프일도 양이고 음이면 펌프일도 음이다.

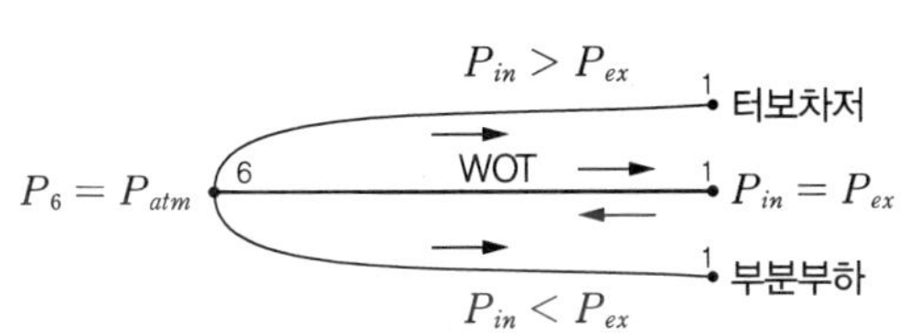

| 그림 2.4 | 흡입과정 펌프 평균유효압력

(7) 배기과정

가솔린 기관에서 배기과정은 블로우다운(blowdown) 과정과 순수 배기과정으로 나눈다. 배기밸브는 피스톤이 하사점에 도달하기 전에 빨리 열려 피스톤은 하강하지만 실린더 내 가스의 압력으로 배기가 배출된다. 이를 블로우다운 현상이라 하며 이때 많은 양의 배기가스가 배기되며 실린더가 대기압이 될 때까지 배기는 계속된다. 블로우다운 현상 시 배기가스가 밸브를 통과할 때 에너지의 양은 매우 크며 이때 에너지는 소산되어 엔트로피는 증가한다. 이 에너지를 이용하여 터빈을 돌리는 것이 터보 과급기이다. 기기에서 마찰로 인하여 열이 발생하면 엔트로피는 증가, 열이 식으면 엔트로피는 감소한다.

2.2.3 공기 표준 디젤 사이클

(1) 디젤 사이클

디젤 사이클(Diesel cycle)은 대형 저속 디젤기관의 기본 사이클이며 일정 압력의 상태에서 열량을 주고받는 정압 사이클이다. 2개의 단열과정과 1개의 정적과정, 1개의 정압과정으로 구성된다.

(2) 디젤 사이클의 P−V, T−S선도

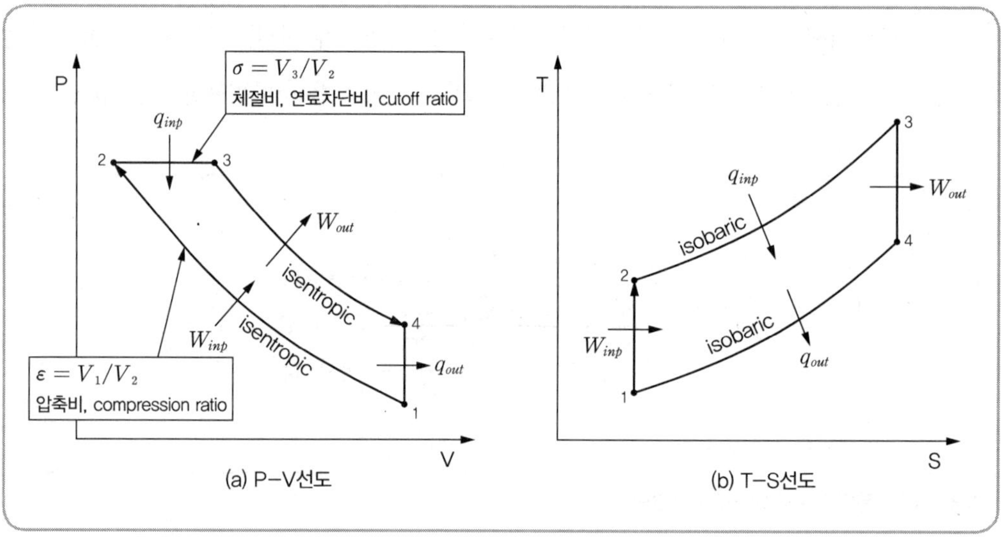

| 그림 2.5 | 디젤 사이클의 P−V, T−S선도

(3) 디젤 사이클의 열효율

① 가열량 : 과정 2→3의 정압가열 동안 $q_{inp} = C_p(T_3 - T_2)$의 열을 받는다. 열량을 받는 종료점의 체적 v_3에 대하여 $\sigma = v_3/v_2 = T_3/T_2$가 성립하고 체절비 혹은 연료 차단비라 한다.

② 방열량 : 과정 4→1의 정압방열 동안 $q_{out} = C_v(T_4 - T_1)$의 열을 방열한다.

③ 유효일 : 열역학 제1법칙(에너지 보존법칙)에 의해

$$Aw_{12} = q_{int} - q_{out} = C_p(T_3 - T_2) - C_v(T_4 - T_1) \tag{2.10}$$

④ 열효율

$$\eta_{th} = \frac{Aw_{12}}{q_{int}} = 1 - \frac{q_{out}}{q_{int}} = 1 - \frac{C_v(T_4 - T_1)}{C_p(T_3 - T_2)} = 1 - \frac{(T_4 - T_1)}{k(T_3 - T_2)} \tag{2.11}$$

1과 2 및 3과 4는 각각 같은 등엔트로피 선상에 있기 때문에

$$\frac{T_2}{T_1} = \left(\frac{v_1}{v_2}\right)^{k-1} = \varepsilon^{k-1} \tag{2.12}$$

$$\frac{T_3}{T_4} = \left(\frac{v_4}{v_3}\right)^{k-1} = \left(\frac{v_1}{v_3}\right)^{k-1} \ : \ (v_1 = v_4) \tag{2.13}$$

$$T_2 = T_1 \varepsilon^{k-1} \tag{2.14}$$

$$T_3 = T_2 \sigma = T_1 \sigma \varepsilon^{k-1} \tag{2.15}$$

$$T_4 = T_3 \left(\frac{v_3}{v_4}\right)^{k-1} = T_1 \sigma \varepsilon^{k-1} \left(\frac{\sigma}{\varepsilon}\right)^{k-1} = T_1 \sigma^k \left(\frac{\sigma}{\varepsilon} - \frac{v_3}{v_4}\right) \tag{2.16}$$

이 성립한다. 이상으로부터 이론 열효율은 다음과 같이 된다.

$$\eta_{th} = 1 - \left(\frac{1}{\varepsilon}\right)^{k-1} \left[\frac{\sigma^k - 1}{k(\sigma - 1)}\right] \tag{2.17}$$

열효율은 ε과 σ의 함수로 되고 σ가 1로 접근하면 이론 열효율은 오토 사이클의 효율과 일치하고 ε이 커지면 열효율은 상승, σ가 커지면 열효율은 하강한다. 즉 디젤 사이클은 연소에 의한 온도 상승이 커지면 효율은 떨어진다.

2.2.4 공기 표준 사바테사이클

(1) 사바테 사이클

사바테 사이클(Diesel cycle)은 고속 디젤기관의 기본 사이클이며 일정 체적과 일정 압력의 상태에서 열량을 주고 받는 정압－정적사이클이다.

(2) 사바테 사이클의 P−V, T−S선도

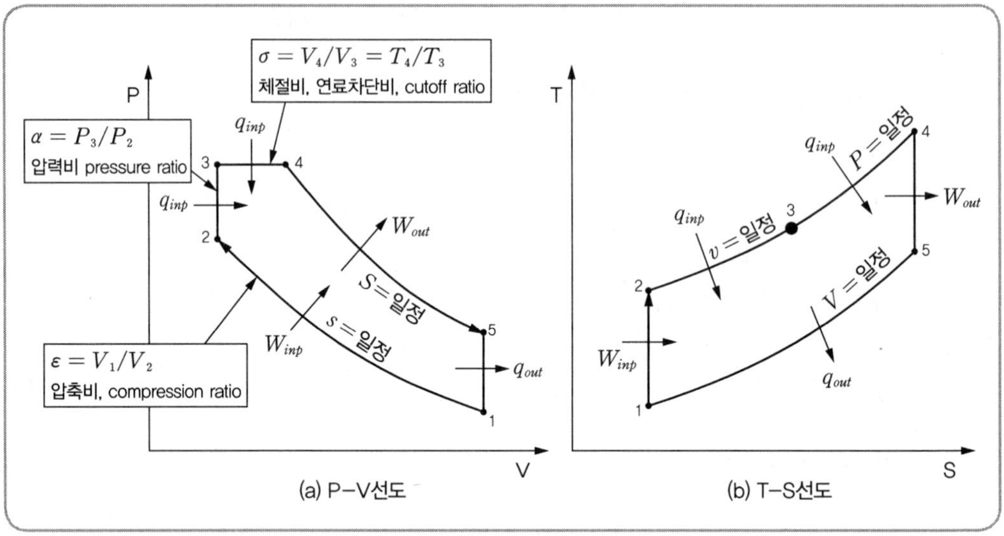

| 그림 2.6 | 사바테 사이클의 P−V, T−S선도

(3) 사바테 사이클의 열효율

① 가열량 : 과정 2→3의 정적가열 동안 $q_{inv} = C_v(T_3 - T_2)$의 열을 받고 과정 3→4의 정압가열 동안 $q_{inp} = C_p(T_4 - T_3)$의 열을 받는다.

$$q_{inti} = C_v(T_3 - T_2) + C_p(T_4 - T_3) \tag{2.18}$$

열량을 받는 종료점의 체적 v_4에 대하여 $\sigma = v_4/v_3$는 체절비(연료 차단비)이고, 압력비 α는 $\alpha = p_3/p_2 = T_3/T_2$로 정의된다.

② 방열량 : 과정 5→1의 정적방열 동안 $q_{out} = C_v(T_5 - T_1)$의 열을 방열한다.

③ 유효일 : 열역학 제1법칙에 의해

$$Aw_{12} = q_{inti} - q_{out} \tag{2.19}$$

④ 이론 열효율

$$\eta_{th} = \frac{Aw}{q_{inti}} = 1 - \left(\frac{1}{\varepsilon}\right)^{k-1} \frac{\alpha\sigma^k - 1}{\alpha - 1 + k\alpha(\sigma - 1)} \tag{2.20}$$

여기서 $\sigma = 1$이면 오토 사이클의 이론 열효율과 같고 $\alpha = 1$이면 디젤 사이클의 이론 열효율과 같다. 압축비를 높이면 열효율은 상승하고 체절비를 높이면 열효율은 저하한다.

예제 2·1 압축비가 11.0인 오토 사이클의 이론 열효율을 구하여라. 단 비열비는 1.4이다.

| 풀이 | $\eta_{th}(\text{이론 열효율}) = 1 - \frac{T_4 - T_1}{T_3 - T_1} = 1 - \frac{T_4}{T_3} = 1 - \left(\frac{1}{\varepsilon}\right)^{k-1}$

$$\eta_{th} = 1 - \left(\frac{1}{\varepsilon}\right)^{k-1} = 1 - \left(\frac{1}{11}\right)^{1.4-1} = 0.617$$

예제 2·2 실린더의 간극체적이 행정체적의 20%일 때 오토 사이클의 열효율은 얼마인가? 단, 비열비는 1.4이다.

| 풀이 | $\varepsilon = \frac{V_1}{V_2} = \frac{\text{간극체적} + \text{행정체적}}{\text{간극체적}}$

$$\eta_{th} = 1 - \left(\frac{1}{\varepsilon}\right)^{k-1}$$

$$\varepsilon = \frac{V_1}{V_2} = \frac{\text{간극체적} + \text{행정체적}}{\text{간극체적}} = \frac{0.2+1}{0.2} = 6$$

$$\eta_{th} = 1 - \left(\frac{1}{\varepsilon}\right)^{k-1} = 1 - \left(\frac{1}{6}\right)^{1.4-1} = 0.512$$

예제 2·3 압축비 18, 체절비 1.5인 디젤 사이클의 열효율은 얼마인가? 비열비는 1.3이다.

| 풀이 | $\eta_{th} = 1 - \left(\frac{1}{\varepsilon}\right)^{k-1} \left[\frac{\sigma^k - 1}{k(\sigma - 1)}\right]$

$$\eta_{th} = 1 - \left(\frac{1}{18}\right)^{1.3-1} \left[\frac{1.5^{1.3} - 1}{1.3(1.5 - 1)}\right] = 0.5516$$

예제 2·4 사바테 사이클에서 압축비 18, 체절비 1.9, 압력비 1.5일 때 이론 열효율은 얼마인가? 단, 비열비는 1.4이다.

| 풀이 | $\eta_{th} = 1 - \left(\frac{1}{\varepsilon}\right)^{k-1} \frac{\alpha\sigma^k - 1}{\alpha - 1 + k\alpha(\sigma - 1)}$

$$\eta_{th} = 1 - \left(\frac{1}{18}\right)^{1.4-1} \frac{1.5 \times 1.9^{1.4} - 1}{1.5 - 1 + 1.4 \times 1.5(1.9 - 1)} = 0.647$$

2.2.5 스털링 사이클

외연기관은 연소실에 공급된 연료를 외부에서 가열, 팽창시켜 일을 수행하는 기관이다. 1816년, 스코틀랜드의 스털링이 특허를 얻은 이후, 공기를 작동유체로 한 간편하고 안전한 기관으로서 증기기관과 나란히 실용화되어 왔지만, 가솔린 기관이나 디젤기관 등의 내연기관이 실용화됨에 따라 사라지게 되었다. 스털링 엔진은 외부에서 가열하는 외연기관이기 때문에 연료의 제약을 받지 않으며, 석탄, 나무, 폐열도 가능하여, 열만 있으면 동력을 발생할 수 있고, 또 작동유체의 선택도 자유롭다. 이 사이클은 내연기관과 달라서 폭발행정이 없기 때문에, 기본적으로 저소음, 저진동이다. 또한 연소를 제어하기 쉬워 배기가스의 청정화도 비교적 쉽게 달성할 수 있다.

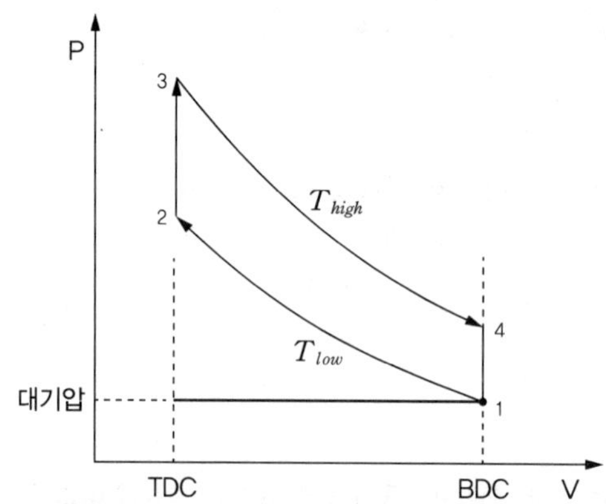

| 그림 2.7 | 스털링 사이클 P-V 선도

$$\eta_{stir} = 1 - \frac{T_{low}}{T_{high}} \tag{2.21}$$

2.2.6 2행정 사이클

2행정 엔진(Two Stroke Engine)은 1회전에 흡입, 단열압축, 정적연소, 단열팽창 및 배기소기를 하는 엔진이다. 흡입행정 때 압축하고, 연소 직후 혼합기를 소기한다. 피스톤이 상사점에 도달하면 흡기밸브로 혼합기가 흡입되고 실린더는 폭발이 일어나면서 피스톤은 팽창하고 흡입공기는 압축된다. 피스톤이 하사점에 도달하면 혼합기가 실린더로 유입되는 소기가 일어나고 배기가스는 혼합기에 의해 밀려서 배출된다. 크랭크축 1회전에 정적연소→단열팽창→배기소기흡입→ 단열압축이 일어난다. 그림 2.8은 2행정 가솔린 기관의 P-V선도이다.

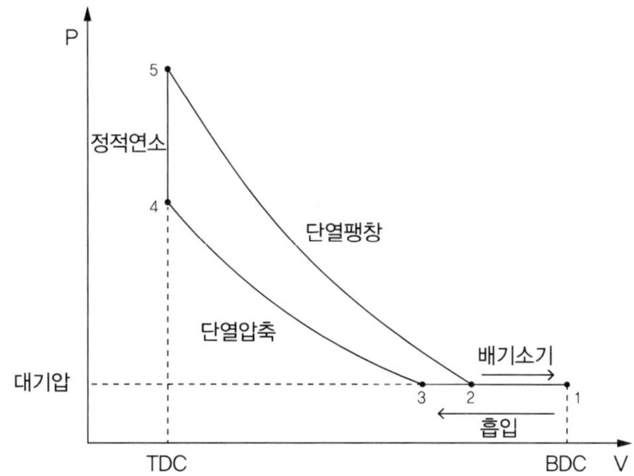

| 그림 2.8 | 2행정 사이클 P-V선도

2.3 기관의 출력과 마력

본 절에서는 내연기관의 출력을 표시하는 각종 효율, 출력 및 평균유효압력에 대해서 설명한다.

(1) 체적효율(volumetric efficiency)

엔진의 실린더로 흡수되는 공기량은 이론적으로 배기량과 엔진의 회전수에 의해 계산이 가능하지만 실제는 흡입시의 유동저항 때문에 적게 된다. 따라서 기관의 구조, 운전의 조건에 대한 기관의 흡입 능력을 표시하는 효율을 체적효율이라 하고 흡입된 혼합기량을 엔진 1사이클 당의 행정체적으로 나눈 값으로 정의한다. 표 2.2는 체적효율의 변화 요인을 나타낸다.

$$\eta_v = \frac{\text{흡입된 혼합기의 량}}{\text{총 배기량}} \tag{2.22}$$

(2) 충전효율(charging efficiency)

다른 대기 상태에서 엔진의 흡입 능력을 표시하는 것으로 대기 상태의 온도와 기압의 상태에서 흡입되는 대기의 중량을 표준 상태의 온도와 기압의 상태에서 흡입 가능한 대기의 중량으로 나눈 값으로 정의된다.

$$\eta_c = \frac{\text{흡입된 신기의 중량}}{\text{표준상태의 총배기량이 차지하는 신기의 중량} } \tag{2.23}$$

2.3.1 출력(L)과 토크(Torque)

내연기관의 동력을 표현하는 데는 보통 2가지 방법이 있다. 하나는 출력축의 회전력인 토크로 표시하는 방법과 출력축이 발생시키는 정미률(출력, 동력)로 표시하는 방법이 있다.

(1) 토크(Torque)

토크 T는 출력축의 회전력을 나타내고 축의 반지름이 r, 축의 가장자리에 작용하는 힘을 F라 하면

$$T = F \cdot r \ \ [\text{kgf} \cdot \text{m, N} \cdot \text{m}] \tag{2.24}$$

표 2.1 체적효율

요인	체적효율	관련기술
연료	• 기체연료는 증발과정이 없어 체적효율이 낮음 • 액체로 실린더까지 들어가면 체적효율이 높아짐	액체 연료사용
흡기온도	• 흡기공기의 온도가 높으면 체적효율이 낮음 • 기관속도가 낮으면 공기 체류시간이 길어져 온도 높아짐	냉각기 적용
밸브오버랩	• 이 기간 동안 잔류가스가 흡기로 나가면 흡기량이 적어짐	리브레싱 기술 적용
점성유동마찰	• 흡기계통의 부품이 체적효율 감소	마찰이 적은 흡기계통 설계
쵸크유동	• 흡기밸브를 공기가 통과하면 압력강하가 발생하고 실린더 압력은 낮아짐. 흡기밸브를 늦게 닫으면 체적 효율이 좋아짐	VVA적용
가변밸브	• 기관속도가 높을 때는 빨리 열고 늦게 닫음 • 기관속도가 낮을 때는 늦게 열고 빨리 닫음. 늦게 닫으면 역유동 발생	VVA적용
잔류배기	• 잔류가스의 온도가 높으면 밀도가 낮아져 체적 효율이 낮음	배기 배압을 낮추어 잔류배기를 배기시킴
배기가스재순환	• 재순환 배기가스는 체적효율을 낮게 함	VGT 적용

표 2.2 변수들의 상호 관계식

구분		SI단위	공학단위	비고
힘(F)		1 N = 1 kg m/sec^2	1 kgf	1 kgf = 9.8N
압력(p)		1 N/m^2 = 1 Pa	1 kgf/m^2	1 kgf/cm^2 = 1 ata
에너지	일(W)	1 Nm = 1 J	1 kgfm	1 kcal = 427 kgfm(J), 1 kgfm = 1/427 kcal(A) Q = QW, W = JQ
	열(Q)	1 Nm = 1 J	kcal	
동력, 출력, 마력		1 J/s = 1 W	1 kgfm/sec	1 Ps = 75 kgfm/sec, 1 HP = 76 kgfm/sec

(2) 마력, 출력, 동력

출력은 정해진 운전 조건에서 일정 시간의 운전을 보증하는 출력을 정하여 그것을 정격 출력(rated power)이라 하고 기관이 낼 수 있는 최대 출력도 시간에 따라서 그 크기가 변한다. 엔진이 단위 시간에 할 수 있는 일을 출력(L)이라 하고 단위는 마력(Ps, HP)이 주로 사용된다. 출력축이 회전수를 N rpm이라고 하면, 출력(L, Ps)과 토크(T, kgfm)의 관계는 다음 식으로 표시된다.

$$L = \frac{TN}{716.2} \tag{2.25}$$

2.3.2 토크와 마력의 관계식

내연기관의 회전수와 토크의 관계는 중속 영역에서는 토크는 거의 일정하지만 저속 영역 및 고속 영역에서는 약간 저하하는 특성이 있다. 이것은 엔진으로 흡입되는 혼합기의 양과 깊은 관계가 있고 표 2.3과 표 2.4에 마력과 회전력의 관계식을 나타낸나.

(1) 마력으로부터 토크를 구할 때

표 2.3 마력과 토크의 관계식

관계식	$T = 716.2\,\frac{L}{N}$	$T = 974\,\frac{L}{N}$
L(출력)	PS	Kw
N(회전수)	rpm	rpm
T(회전력)	kgf m	kgf m

(2) 토크로부터 마력을 구할 때

표 2.4 마력과 회전력의 관계식

관계식	$L = \frac{TN}{716.2}$	$L = \frac{TN}{974}$
L(출력)	PS	Kw
N(회전수)	rpm	rpm
T(회전력)	kgf m	kgf m

2.3.3 평균유효압력과 마력의 관계

(1) 평균유효압력

내연기관의 출력을 나타내는 방법의 하나로 평균유효압력(P_m)이 있다. 실제의 엔진 사이클에서는 피스톤이 움직일 때 압력이 시간에 따라 변화하지만 그림 2.11에 나타낸 바와 같이 일정한 압력이 피스톤에 작용한다고 가정하고 일정 압력 P_m에 의해서 한 일량이 원래 사이클의 한 일량과 같을 경우 이 일정 압력을 평균유효압력이라 한다. 표 2.5는 열역학적 변수들의 상관관계를 나타낸다.

(2) 평균유효압력과 마력

평균유효압력에는 이론 사이클에 해당하는 이론 평균유효압력 P_{mth}, 도시 사이클에 해당하는 도시 평균유효압력 P_{mi}, 정미 사이클에 해당하는 정미 평균유효압력 P_{me}가 있다. 표 2.6은 평균유효압력과 마력의 상관관계를 나타낸다.

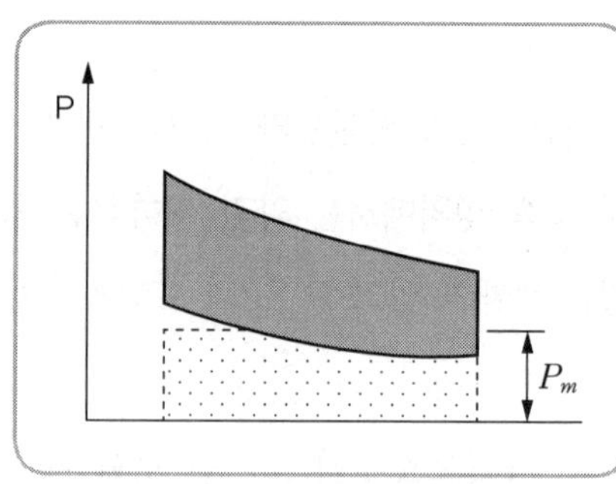

| 그림 2.9 | 평균유효압력 설명도

표 2.5 열역학적 변수들의 상관관계

구분	열효율	평균유효압력	마력	크기	비고	
이론	η_{th}	P_{mth}		1	기관효율	
지시(도시)	η_i	P_{mi}	L_i	2		기계효율
제동(축, 정미)	η_e	P_{me}	L_e	3		

표 2.6 평균유효압력과 마력

관계식	$L = \frac{P_m V_s N a}{A}$	
단위	SI단위	공학단위
L (출력)	kW	PS
P_m (평균유효압력)	MPa	ata
V_s (배기량)	liter	liter
N (회전수)	rpm	rpm
a (4 cycle = 0.5, 2 cycle = 1.0)	–	–
A (단위전환계수)	60	450

4행정기관은 크랭크축 2회전에 1회 폭발이어서 회전에 1/2(a)을 곱함
2행정기관은 크랭크축 1회전에 1회 폭발이어서 회전에 1(a)을 곱함

단위전환계수 : $P_m V_s N a : Mpa \times l \times \frac{rev}{min} = 10^6 \frac{N}{m^2} \times 0.001 m^3 \times \frac{rev}{60 sec}$

$$= \frac{10^3}{60} \frac{Nm}{sec} = \frac{1}{60} kW \; [A = 60]$$

단위전환계수 : $P_m V_s N a : \frac{kgf}{cm^2} \times l \times \frac{rev}{min} = 10000 \times \frac{kgf}{m^2} \times 0.001 m^3 \times \frac{rev}{60 sec}$

$$= \frac{1}{6} \frac{kgfm}{sec} = \frac{1}{6 \times 75} PS = \frac{1}{450} PS \; [A = 450]$$

$[1\ Mpa = 10.19\ ata,\ 1\ kw = 1.36\ ps]$

(3) 마력과 평균유효압력

표 2.7 마력과 평균유효압력

관계식	$P_m = \frac{AL}{V_s N a}$	
단위	SI단위	공하단위
L (출력)	kw	PS
P_m (평균유효입력)	Mpa	ata
V_s (배기량)	liter	liter
N (회전수)	rpm	rpm
a (4 cycle = 0.5, 2 cycle = 1.0)	–	–
A (단위전환계수)	60	450

(4) 이론마력, 도시마력, 정미마력

내연기관에서는 한 사이클 동안의 일에 대하여 엔진의 열역학적인 선도(지압선도)로부터 이론적으로 계산되는 이론 일(마력), 실제의 운전 상태에서 연소 압력을 측정하고 p−V선도에서 얻어지는 도시 일(마력), 및 엔진의 최종적인 출력축에서 측정되는 정미 일(마력)의 3가지로 정의된다. 도시 평균유효압력, 정미 평균유효압력, 도시마력(출력), 정미마력(출력)과 관련된 식은 다음과 같다.

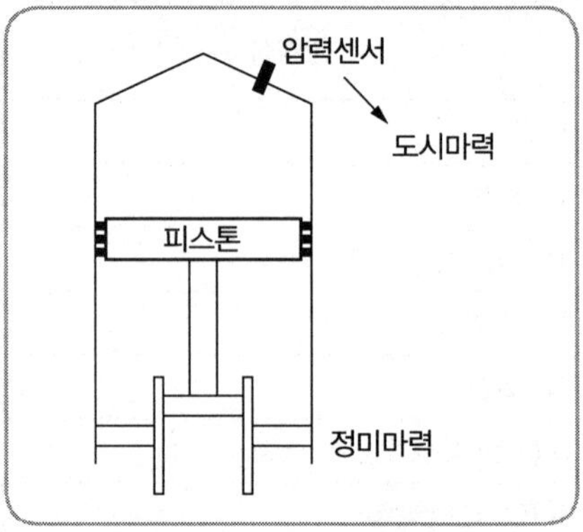

| 그림 2.10 | 도시출력 및 정미출력 개념도

$$도시\ 평균유효압력 : P_{mi} = \frac{CL_i}{V_s N k} \tag{2.26}$$

$$정미\ 평균유효압력 : P_{me} = \frac{CL_e}{V_s N k} \tag{2.27}$$

$$도시마력(지시마력) : L_i = \frac{P_{mi} V_s N k}{C} \tag{2.28}$$

$$정미마력(제동마력,\ 축마력) : L_e = \frac{P_{me} V_s N k}{C} \tag{2.29}$$

(5) 열효율

이론 열효율(η_{th})는 이론적인 사이클에서는 입력과 출력의 비로 정의된다.

$$\eta_{th} = \frac{이론사이클에서\ 실린더\ 내\ 가스가\ 한\ 일}{이론사이클에\ 공급된\ 열량} \tag{2.30}$$

도시 열효율(η_i)는 실린더 내에서 연소가스가 실제로 한 일 W_i와 공급 열량의 비로 정의되며 정미 열효율(η_e)는 축출력 W_e와 공급 열량의 비로 정의된다.

$$\eta_i = \frac{실린더\ 내\ 가스가\ 방출한\ 열량}{연료가\ 가진\ 열량} \tag{2.31}$$

$$\eta_e = \frac{축출력이\ 한\ 일(열량)}{연료가\ 가진\ 열량} \tag{2.32}$$

기관 효율(η_d)는 도시 사이클과 이론 사이클이 한 일량의 비이고 정미마력과 도시 마력의 비는 기계효율(η_m)로 정의된다.

$$\eta_d(\text{기관효율}) = \frac{W_i}{W_{th}} = \frac{P_{mi}}{P_{mth}} = \frac{\eta_i}{\eta_{th}} \tag{2.33}$$

$$\eta_m(\text{기계효율}) = \frac{W_e}{W_i} = \frac{P_{me}}{P_{mi}} = \frac{\eta_e}{\eta_i} \tag{2.34}$$

$$\text{정미 열효율}(\eta_e) = \eta_i\eta_m = \eta_{th}\eta_d\eta_m \tag{2.35}$$

정미(제동, 축) 열효율과 제동마력과의 관계는 다음과 같다.

$$\eta_e = \frac{632.5 \times L_e}{B \times H_l} = \frac{632.5 \times 10^3}{b_e \times H_l} \tag{2.36}$$

L_e : 제동마력(PS)

B : 연료 공급량(Kgf/h)

H_l : 저위 발열량(kcal/kgf)

b_e : 연료 소비량(gf/pSh)

(6) 연료 소비율과 연료 마력

실제 엔진의 여러 운전 조건 중에 대하여 단위 출력 당의 연료 소비량은 매우 중요한 인자이다. 이것을 연료 소비율(b)라 한다. 기관의 초당 연료 소비량을 B[g/sec]라 하면

$$b = \frac{B}{L} \ [\text{g}/(\text{watt} \times \text{sec})] \tag{2.37}$$

로 표시된다. 또한 연료 소비량과 연료 마력(L_f)과의 관계는 다음과 같다.

$$L_f = \frac{H_l \times W}{10.5 \times t} \tag{2.38}$$

W ; 연료 무게(kgf)

L_f : 연료 마력(PS)

H_l : 저위 발열량(kcal/kgf)

t : 시간(min)

예제 2·5 4기통 4행정 가솔린 기관의 내경이 80mm, 행정이 70mm인 기관의 총배기량은 얼마인가?

| 풀이 | $V_s = \frac{\pi}{4}D^2Sz$ (배기량, cc)

$$V_s = \frac{\pi}{4}\times 8^2\times 7\times 4 = 1407\ \text{cc} = 1.407\ l\ (\text{배기량})$$

예제 2·6 지시 평균유효압력 5kgf/cm², 행정 85mm, 안지름 95mm인 4사이클, 4기통 기관의 회전수가 3000rpm일 때 지시마력은 얼마인가?

| 풀이 | $L_i\ (\text{지시, 도시마력}) = \frac{P_{mi}V_sNa}{A}$

$$V_s = \frac{\pi}{4}D^2Sz\ (\text{배기량, cc})$$

$$V_s = \frac{\pi}{4}\times 9.5^2\times 8.5\times 4 = 2410\ \text{cc} = 2.410\ l\ (\text{배기량})$$

$$L_i = \frac{5\times 2.410\times 3000\times \frac{1}{2}}{450} = 40.17\ \text{PS} = 40.17\times 0.7355 = 29.54\ \text{kW}$$

예제 2·7 지시 평균유효압력 10kgf/cm², 행정 60mm, 안지름 50mm인 2사이클, 2기통 기관의 회전수가 3000rpm일 때 토크는 얼마인가?

| 풀이 | $L_i\ (\text{지시, 도시마력}) = \frac{P_{mi}V_sNa}{A}$

$$V_s = \frac{\pi}{4}D^2Sz\ (\text{배기량, cc})$$

$$T\ (\text{토크}) = 716.2\times\frac{L}{N}\ \ [T:\text{kgfm},\ N:\text{rpm},\ L:\text{PS}]$$

$$V_s = \frac{\pi}{4}\times 5^2\times 6\times 2 = 235.6\ \text{cc} = 0.2356\ l\ (\text{배기량})$$

$$L_i = \frac{10\times 0.2356\times 3000\times 1}{450} = 15.7\ \text{PS}$$

$$T = 716.2\times\frac{15.7}{3000} = 3.75\ \text{Kgfm}\ \ [T:\text{kgfm},\ N:\text{rpm},\ L:\text{PS}]$$

예제 2·8 실린더 안지름 78mm, 행정이 78mm인 4사이클, 4실린더 기관이 5000rpm으로 회전할 때 축마력이 70PS이다. 이때 제동 평균유효압력은 얼마인가?

| 풀이 | L_e (제동, 축마력) $= \dfrac{P_{me}V_sNa}{A}$

$$V_s = \frac{\pi}{4}\times 7.8^2\times 7.8\times 4 = 1491 \text{ cc} = 1.491\ l \text{ (배기량)}$$

$$P_{me} = \frac{L_eA}{V_sNa} = \frac{70\times 450}{1.491\times 5000\times \frac{1}{2}} = 8.45 \text{ Kgf/cm}^2 = 8.45 \text{ ata}$$

예제 2·9 연료 1kgf의 발열량이 10,500kcal이다. 이 열이 전부 일로 변한다고 하면 연료 소비량이 20kgf/h일 때 발생하는 마력은?

| 풀이 | L_f (연료 마력) $= \dfrac{H_l\times W}{10.5\times t}$

$$L_f = \frac{H_l\times W}{10.5\times t} = \frac{10{,}500\times 20}{10.5\times 60} = 333 \text{ PS}$$

2.4 연료와 연소

2.4.1 가솔린 연료

가솔린 연료는 탄화수소(C_8H_{15}) 성분의 혼합물이고 탄소와 수소로 구성된다. 분자량이 작은 원소는 낮은 온도에서 증발하고 큰 것은 높은 온도에서 증발하는 성질을 이용하여 이 비율을 잘 맞추면 원하는 온도에서 가솔린 연료를 증발시킬 수 있다. 가솔린 연료는 증발을 거친 후 연소하므로 가솔린 연료의 증발 성질은 중요하다. 대기압, 103℃에서 100%, 81℃에서 50%, 57℃에서 10% 증발한다. 연료가 균일하게 혼합되는 예혼합 연소는 화염전파에 의해 이루어진다. 화염전파 도중에 화염면에서 떨어진 미연 혼합기의 잔류가스가 자발화하면 고주파의 압력진동과 소음을 발생시킨다. 자발화 온도가 낮고 자발화까지의 지연 시간인 착화지연이 짧은 연료는 이러한 현상이 더 잘 나타난다. 이 현상을 노킹이라 하고 옥탄가(octan number)가 낮은 연료는 이 현상이 더 잘 나타난다. 옥탄가는 가솔린 연료의 내노크성을 나타내는 지표이고, 옥탄가 0인 가장 노킹을 일으키기 쉬운 기준연료를 정헵탄(n-heptan), 옥탄가 100인 가장 노킹을 일으키기 어려운 기준 연료를 이소옥탄(iso-octan), 이 2가지를 혼합하면 중간 정도의 옥탄가를 가지는 기준 연료는 다음의 식으로 표시된다.

$$\text{옥탄가(ON)} = \frac{\text{이소옥탄}}{\text{이소옥탄}+\text{노멀(정)헵탄}} \times 100 \tag{2.39}$$

일반적으로 옥탄가는 압축비를 조절할 수 있는 CFR(Cooperative Fuel Research) 엔진을 일정 조건으로 운전하여 측정하며 옥탄가가 100이 넘는 연료에는 퍼포먼스 수(Performance Number)를 적용한다.

$$PN = \frac{2800}{128 - ON} \tag{2.40}$$

탄화수소의 종류와 옥탄가의 관계는 파라핀, 올레핀, 나프텐 계에서는 탄소수가 적을 수록 옥탄가는 높고, 탄소수가 같으면 방향족이 가장 높고 이소 파라핀, 올레핀, 나프텐, 정 헵탄 순으로 낮다. 옥탄가를 높이는 첨가제로 사에틸납(TEL, tetraethyl lead)이 사용되었으나 TEL은 납 성분으로 이루어져 배기가스에서 배출되는 납은 인체에 해롭고, 납 퇴적물이 연소실, 밸브 등에 부착되어 조기점화, 노킹의 원인이 되어 1990년부터 사용이 중단되어 무연(unleaded) 휘발유로 변경되었다. 엔진의 내노크성을 향상시킬 수 있는 물질은 4연화에틸 ($Pb(C_2H_5)_4$), 벤젠, 에틸 알코올류, 아닐린, 유기 망간화합물 등이 있다. 엔진의 노킹은 연료 이외에도 압축비, 연소실 형상과 점화 플러그의 위치 등에 영향을 받는다. 디젤 연료는 온도와 압력이 충분히 높으면 점화가 없이 자기착화 연소를 하는데 이때의 온도를 자기착화 온도 (self ignition temperature, SIT)라고 한다. 디젤기관에서 자기착화 온도 이상의 온도를 만들기 위해서는 압축비가 커야 하고 가솔린 기관에서 자기착화는 노킹(Knocking, Ping)을 일으키기 때문에 압축비를 11이하로 제한한다.

2.4.2 가솔린 엔진의 연소

가솔린 기관의 정상 연소는 화염전면의 화염전파에 의해 균일혼합 혹은 예혼합 연료가 순차적으로 연소되는 상태이다. 노킹은 화염전파가 끝나기 전에 미연의 혼합기가 자발화하는 현상이고, 표면점화는 연소실 일부가 고온이 되어 일부 혼합기가 가열되어 자발화하는 현상이고, 조기점화는 연료의 점화가 스파크 점화보다 빠르면 발생하는 이상 연소이다. 노킹이 발생하면 연소실 온도와 압력이 비정상적으로 상승하여 엔진 부품의 열변형을 일으킨다.

(1) 정상 연소

흡입된 혼합기는 압축행정에서 압축을 하여 온도 400℃ 정도로 가열되면 증발하여 점화가 되기 쉬운 상태로 된다. 점화 플러그로 점화를 하면 금방 스스로 전파될 만큼 화염은 발생하지 않고 점화 후 약간의 점화지연을 거친 다음 화염이 발생하는데 이를 점화지연이라고 한다. 정상연소 상태의 연소 속도는 아음속 연소이며 화염전면(flame front) 형성에 이어 화염전파(flame propagation)로 연소가 진행된다.

① 점화 및 화염발달

점화 후 혼합기의 10% 정도가 연소하는 시간이다. 연소는 시작되었지만 아직 압력 상승은 없고 일도 발생하지 않는다. 스스로 전파하기 위한 화염 핵 형성기간으로 압력 상승 지연, 열발생 지연기간이다.

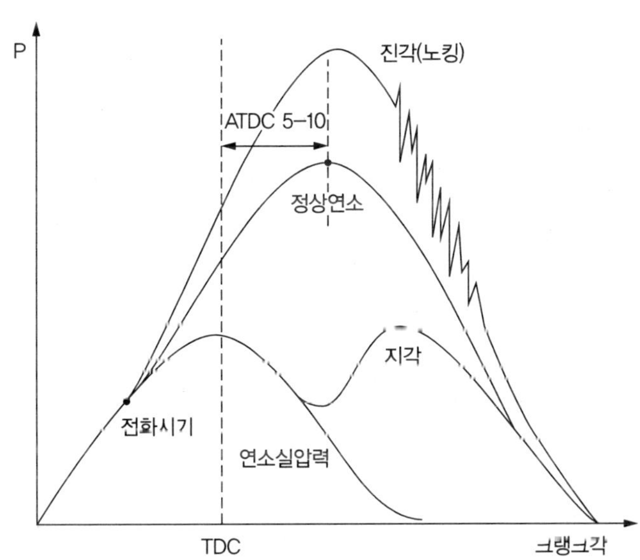

| 그림 2.11 | 가솔린 기관 연소 압력 곡선

② 화염전파

점화 후 혼합기의 80% 정도가 연소하는 시간으로 연소에 의한 압력 상승이 발생하는 열 발생 기간이다. 기관의 회전이 빠르면 연소는 빨리 일어나 점화시기를 진각시킨다. **그림 2.11**과 같이 점화시기는 최고 온도와 압력이 ATDC 5~10°에서 발생하도록 점화시기를 진각하고 ATDC 15°까지 모든 연소가 끝나도록 하여 크랭크각으로 25° 내에서 연소가 끝난다. 연소가 ATDC 15°까지 완료되려면 BTDC 20°에서 점화가 되어야 한다.

화염 속도는 난류, 스월 및 텀블의 유동, 혼합기의 공연비에 따라 달라지며 희박 연소는 화염 속도가 느리고 약간 농후한 혼합 상태에서 화염 속도가 최대로 된다.

③ **화염종료**

혼합기의 마지막 10%가 연소하는 시간으로 이때는 연소실 압력은 감소하고 화염전면이 실린더 벽을 만나면 화염 속도는 감소하고 연소는 종료한다.

(2) 이상 연소

실린더 내의 미연가스의 온도가 기연가스의 온도와는 관계가 없이 자기착화 온도를 넘으면 자기착화에 의해 부분적으로 연소하는 상태가 된다. 이때, 실린더 내의 화염속도는 300~2000m/sec에 도달하는데, 이때 발생하는 충격파를 디토네이션 파(detonation wave)라 하고 이는 노킹의 원인이 된다. 노킹은 정상 연소 도중에 화염면에서 떨어진 미연가스가 자발화를 하여 고주파의 압력 진동과 소음을 발생하는 현상으로, 기관의 과부하, 과열이 생길 때, 혼합비가 농후할 때, 점화시기가 빠를 때 발생한다. 실린더 설계 시 압축비를 적게 하고, 화염전파 거리를 단축시키고, 난류 증대로 화염속도를 높이면 방지된다. 일반적인 노킹 방지법은 다음과 같다.

① 고옥탄가의 연료를 사용한다.
② 미연가스의 온도와 압력을 낮추고 연소 기간을 단축한다.
③ 점화시기를 늦춘다.
④ 회전 속도를 높인다.
⑤ 냉각수 온도를 낮춘다.
⑥ 흡기 온도를 낮춘다.

(3) 역화, 후연

정상연소, 노킹, 표면점화는 모두 연소실 내서의 연소이지만 연소실 밖인 흡배기 계에서도 연소가 발생하는 경우가 있다. 흡기계에서의 연소를 역화(backfire), 배기계에서의 연소를 후연(after burning)이라 한다.

2.4.3 디젤 연료

디젤 엔진의 연료는 경유와 중유가 사용되고 경유는 고속 디젤 엔진용, 등유는 저속 디젤 엔진용의 연료로 사용된다. 경유는 점성이 작아 펌핑이 쉬우며 작은 액적으로 분사되는 특징이 있다. 중유는 저속 디젤엔진에 사용되는 가격이 저렴한 연료로 높은 분사압력이 필요하다. 디젤기관의 연료로 여름에는 값싼 중유, 겨울에는 비싼 경유를 쓰기도 한다.

디젤 연료의 성질로서는 자발화성이 가장 중요하며 고온, 고압의 압축된 공기에 연료를 미립화하여 분사한다. 연료는 공기에 의해 가열되어 연료 증기로 되고, 공기와 혼합하여 분균일 혼합기를 형성하여 SIT 온도보다 높아지면 착화지연을 거쳐 스스로 자기착화한다. 연료분사에서 자기착화까지의 시간을 점화지연(ID, ignition delay)이라 하며 점화지연은 연료분사에서 가연 혼합기가 자발화에 도달하기까지의 시간과 그 후 자발화하는 시간으로 나누어진다. 전자를 물리적 지연, 후자를 화학적 지연이라 한다. 점화지연이 길어지면 온도와 압력이 상승하고 진동 소음이 발생한다.

화학적 지연은 세탄가로 표시되며 착화하기 쉬운 기준 연료를 세탄가 100, 착화하기 어려운 기준 연료를 세탄가 0으로 하여 2가지를 혼합하여 만들며, 탄화수소의 종류와 세탄가의 관계는 옥탄가와 반대의 관계이며 세탄가는 정헵탄이 가장 높고 나프텐, 올레핀, 이소 파라핀, 방향족 순으로 낮다. 세탄가가 높으면 점화지연은 짧아지고 빨리 자발화하며 경유의 세탄가는 55 이상, 중유의 세탄가는 25~40 정도이며, 40 이하의 세탄가는 스모그의 발생이 많아진다.

$$\text{세탄가(CN)} = \frac{\text{세탄}}{\text{세탄} + \alpha\text{메틸나프탈렌}} \times 100 \qquad (2.41)$$

세탄가를 높이기 위해서는 착화성 향상제로는 아초산아밀($C_5H_{11}NO$)과 초산에틸(C_5H_5NO), 질산염을 첨가제로 사용한다. 착화성을 간단하게 표현할 때는 디젤지수(DI, Diesel Index)를 사용한다. 이는 연료의 물성만으로 내노크성을 표현한 것이다.

$$\text{디젤지수(DI)} = \frac{\text{아닐린점} \times \text{연료비중}}{100} \tag{2.42}$$

2.4.4 디젤 엔진의 연소

디젤 연소는 불균일 확산연소로, 실린더 내에서 동시다발로 자기착화되는 연소이다. 스로틀 밸브가 없어 흡기 다기관 내의 압력은 대기압에 가까워 펌핑손실이 없지만 자기착화시키기 위해서는 가솔린 기관보다 높은 압축비가 필요하다. 압축비는 12~24 정도이며 연료분사는 디젤엔진은 흡기행정, CRDI 디젤엔진은 압축말기에 이루어진다. 압축비는 가솔린 기관보다 훨씬 높아 압축말기의 온도는 700℃ 정도로 높아진다. 경유의 자발화 온도는 200~250℃ 정도이므로 이 온도의 연료를 안개 모양의 연료를 분무하면 자기착화가 일어난다.

표 2.8에서 분사기간은 크랭크각으로 25°정도이며 BTDC 20°에서 분사가 시작되어 예혼합 연소를 거쳐 ATDC 5°에서 분사가 끝난다. BTDC 9° 부근에서 연료의 당량비가 1~1.5(농후)이면 자기착화가 발생한다. 높은 압축비로 인하여 연소실 온도가 높아서 NO_x 발생이 많고, 실린더내의 높은 압력 상태로 연료를 분사해야 하기 때문에 인젝터는 이보다 더 높은 연료 압력이 필요하다. 압축비가 커서 연소실 온도가 높아지면 점화지연 시간은 짧아지고, 연료의 증발도 빨리 발생한다. 저속 기관은 분사, 미립화, 증발, 혼합하는 시간이 충분하여 스월, 텀블 등의 난류는 필요하지 않지만, 고속 기관은 증발, 혼합을 빨리 하기 위하여 스월, 텀블 등의 난류와 고압의 연료가 필요하다.

그림 2.12는 연소 압력을 나타낸다. BTDC 20°에서 분사가 시작되어 ATDC 5°에서 완료되고, 점화지연을 거쳐 자기착화는 BTDC 20°에서 발생하고, 예혼합 연소, 최고 압력, 확산 연소를 거쳐 ATDC 40°에서 연소가 완료된다.

표 2.8 디젤 기관 연소 과정

<table>
<tr><th>분사</th><th>자기착화</th><th>분사종료</th><th>최고압력</th><th>연소종료</th></tr>
<tr><td>BTDC 20</td><td>BTDC 9</td><td>ATDC 5°</td><td>ATDC 10°</td><td>BTDC 40°</td></tr>
<tr><td></td><td>압력상승</td><td></td><td></td><td></td></tr>
<tr><td colspan="2">점화지연</td><td></td><td></td><td></td></tr>
<tr><td colspan="3">연료분사 크랭크각 25°</td><td></td><td></td></tr>
<tr><td colspan="5">연소기간 크랭크각 60°</td></tr>
</table>

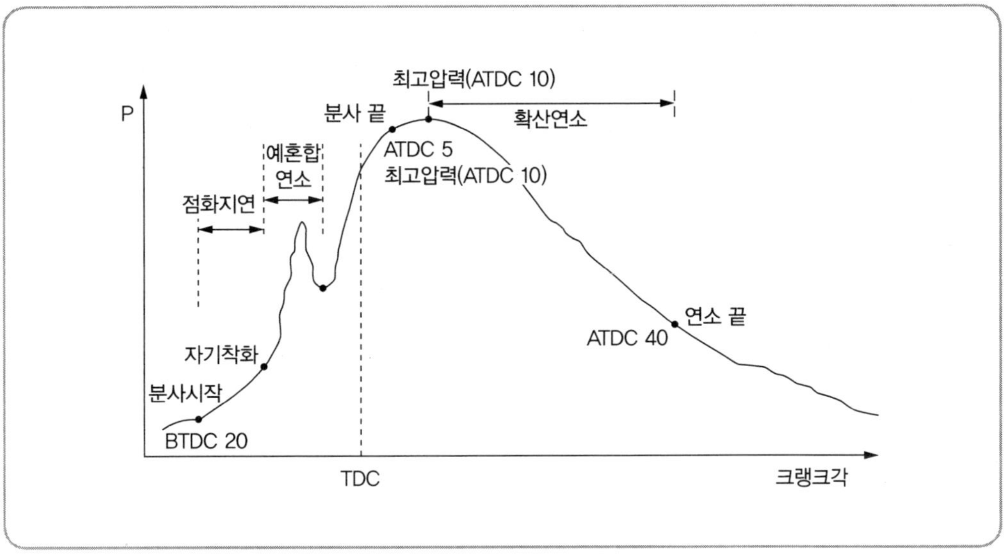

| 그림 2.12 | 디젤 연소압력 곡선

디젤 연소는 불균일 확산연소이기 때문에 산소가 충분하지 못하면 고체 탄소가 생성되고 이러한 그을음(soot)은 연료가 산소 부족으로 연소되지 못하여 발생하는 디젤 매연으로 주성분은 탄소이다. 디젤 연료는 증발온도가 높기 때문에 연소실 내서 증발되지 못하면 매연으로 된다. 그림 2.12는 디젤 연소를 나타내고 가연 농후연료에서 먼저 자기착화가 발생하고 이론연소, 희박연소의 순으로 자기착화한다.

교축밸브가 없는 디젤기관의 경우, 흡입 공기량은 기관 회전수에 비례하여 실린더 내로 흡입되고, 출력 제어는 실린더 내로 분사하는 연료의 분사량에 의해 이루어진다. 가솔린 기관의 점화시기에 해당되는 것이 연료 분사시기이다.

2.4.5 정상연소

혼합기의 부분적인 자기착화에 의해 연소가 시작되어, 확산연소로 옮겨지고 연료 입자 표면의 확산에 의해 연소는 진행된다.

① 연소 1단계(착화 지연기간) : 분사가 개시되고 자기착화가 일어나서 연소가 시작되어 실린더 내 압력이 높아지기 시작할 때까지의 1~6ms의 시간 동안의 기간이다.
② 연소 2단계(급격 연소기간) : 온도의 상승에 의한 자기착화가 일어나는 화학적 지연을 거

쳐 연료가 연쇄 반응적으로 급격하게 연소하여 압력이 급상승하는 시기로 정적 연소기간(확산기간)이다.

③ 연소 3단계(제어 연소기간) : 연료가 착화하여 화염이 실린더 내 확산되면 고온이 되므로 그 뒤에 분사되는 연료는 분사와 동시에 증발하여 연소하는 기간으로 정압 연소기간(직접 연소기간)이다.

④ 연소 4단계(후연) : 연료 분사는 상사점 후 20~30°에서 완료되며 연료 분사가 종료되어도 연소되지 못한 연료는 연소를 계속하는 기간이다.

2.4.6 디젤 노킹

디젤기관은 점화지연(ignition delay) 시간이 길어지면 자기착화 이전에 분사되는 연료량이 증가되어, 압력 상승은 커지게 되고, 그 충격력으로 진동이 심해지고 소음이 발생하는 노킹 현상이 발생한다.

① 와일드 핑(wild ping) : 표면점화에 의해 발생한 노킹은 표면점화를 계속 일으켜 고주파음을 내는 현상이다.

② 럼블(rumble) : 압축비가 9.5이상이면 노킹 음과는 다른 저주파음을 내고 연소실이 깨끗하지 못하면 발생한다.

③ 사드(thad) : 압축비가 12이상이면 가속을 하여도 저주파음이 계속 발생하는 현상이다.

2.5 저탄소 연료

지구상의 동식물을 미생물로 분해하여 그 결과를 에너지로 이용한다. 식물이나 미생물등 에너지원으로 사용되는 물질을 바이오매스라 한다. 나무나 석탄으로 난방을 하는 것은 바이오매스의 직접적인 이용이며, 목재로 숯을 만들고 미생물을 사용하여 에탄올, 알코올, 메탄가스를 만드는 것은 바이오매스의 변환 이용이다. 지구상에서 1년간 생산되는 바이오매스는 석유의 전체 매장량과 비슷하여 적정하게 이용하면 고갈될 염려가 없는 대체 에너지이다. 바이오매스를 열분해, 발효시켜 에탄올, 메탄, 수소와 같은 연료를 생산한다.

석탄, 석유, 천연가스와 같은 화석연료(fossil fuel)는 과거에 살았던 동식물이 오랜 세월 동안 땅 속에서의 압력과 열에 의해 만들어진다. 화석연료는 완전연소 시에도 온실가스(GHG, greenhouse gas)인 CO_2를 배출하는 지구 온난화의 주된 물질이다. 식물이 내는 이산화탄소는 태양광으로 광합성을 하여 식물이 필요한 영양분을 만든다. 따라서 식물은 바이오 연료로 될 때 이산화탄소를 배출하지 않고 흡수한다.

바이오매스는 살아있는 동물, 식물, 미생물을 포함하는 지구상에 존재하는 유기체, 농업, 산림 관련 부산물, 도시 고형 폐기물 등을 의미한다. 바이오매스는 셀룰로즈(cellulose, 나무섬유소), 헤미-셀룰로즈(hemicellulose, 뿌리, 줄기, 씨, 열매 섬유소) 그리고 리그닌(lignin, 나무에 함유된 성분)을 주성분으로 하는 목재나 볏짚도 포함하고 지구상에 많이 존재한다.

브라질은 사탕수수와 카사바에서 알코올을 채취하여 자동차 연료로 쓰고, 미국은 케르프라는 다시마를 바다에서 재배하여 메탄을 채취하는 연구를 하고, 우리나라는 농촌 진흥청에서는 억새를 이용하여 에탄올을 만드는 연료를 연구하고 있다.

대체 에너지는 동식물로부터 얻을 수 있는 바이오 연료, 태양광, 풍력 등의 재생 에너지와 천연가스(LNG), 액화 석유가스(LPG), 석탄에서 나오는 액체연료(CTL), 전기 등을 의미한다. 대체 에너지 중 에탄올의 원료가 가장 많아 옥수수 에탄올, 셀룰로즈 에탄올 등은 2020년대는 중요한 에너지 자원이 될 것으로 보인다.

현재 유럽과 미국은 에탄올과 메탄올을 가솔린과 혼합하여 사용한다. E10(에탄올 10%, 가솔린 90%), E85(에탄올 85%, 가솔린 15%), 여기서 E는 에탄올을 의미한다. E10~85 연료를 사용하는 혼합연료 자동차(FFV, flexible fuel vehicle)의 자동차 생산도 증대될 것으로 보인다.

M85(메탄올 85%, 가솔린 15%)에서 M은 메탄올, BD20(바이오 디젤 20%, 경유 80%)에서 B는 바이오, D는 디젤을 의미한다. E10, BD20과 같은 혼합 연료의 이산화탄소 배출량을 알기 위해서는 각 연료의 라이프 사이클을 해석해야 한다.

비이오 연료 중 가장 일반적인 것이 바이오 에탄올, 바이오 디젤이다. 에탄올과 바이오 디젤을 10% 이상 혼합하면 약간의 엔진의 변경을 해야 한다. 그리고 연료의 생산 시 CO_2를 줄이기 위해서는 연료의 특성을 먼저 알아야 한다. 미래에는 바이오 연료의 약간의 혼합이 CO_2를 줄이는데 큰 역할을 할 것이지만 바이오 연료의 생산량에는 한계가 있다. 바이오매스는 동식물이어서 가솔린, 경유와 비교하면 CO_2 발생이 적지만 바이오 연료에서도 비료 사용, 운반, 연료 생산, 연료 공급 시 CO_2는 발생한다.

$$\begin{aligned}&\text{바이오연료 발생 } CO_2\\&\quad= \text{비료사용에 의한 } CO_2 + \text{원재료 운반 시 발생하는 } CO_2\\&\quad+ \text{연료를 생산할 때 발생하는 } CO_2\\&\quad+ \text{연료를 공급할 때 발생하는 } CO_2 \qquad (2.43)\end{aligned}$$

현재 사용되는 연료의 특징은 다음과 같다.

① 가솔린(gasoline, petrol) 연료 : 가장 많이 사용되며 불완전 연소 시 CO, HC가 배출된다.

② 디젤 연료 : 경유는 가솔린보다 연비가 좋고 CO_2배출이 적지만 오염 물질인 PM, NO_x를 더 많이 배출한다. 따라서 디젤 자동차는 후처리 장치가 필요하고 자동차는 고가가 된다.

③ LPG 연료 : 천연가스나 원유에서 만들어 진다. 일반적으로 가솔린보다 $LCCO_2$가 약간 낮다.

④ CNG 연료 : 고압으로 압축된 천연가스이다. 가솔린이나 디젤보다 $LCCO_2$가 낮다.

⑤ 바이오 연료 : 식물, 폐기물과 같은 바이오매스로 만든다. 가솔린, 디젤과 함께 5~10% 혼합하여 사용한다. 연료 사용 시 원재료 식물이 흡수하는 양 만큼 CO_2를 발생한다. 바이오 에탄올, 바이오 디젤, 바이오 부탄올이 3대 바이오 연료이다.

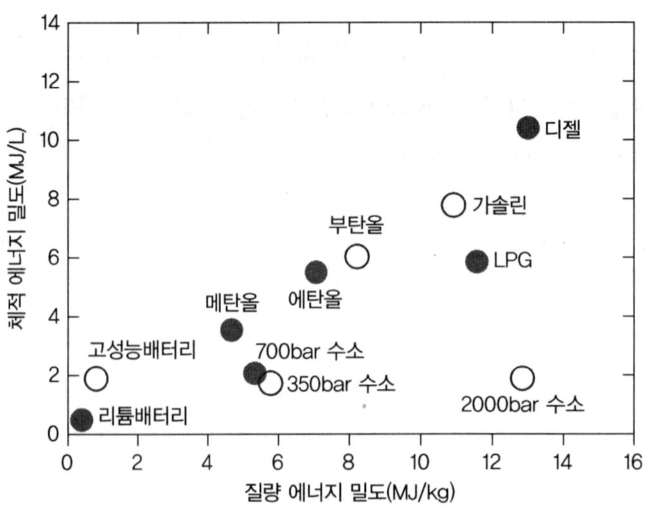

| 그림 2.13 | 연료별 에너지 밀도(출처 : iea)

⑥ 전기 : 자동차의 테일 파이프에서는 CO_2가 발생하지 않지만 전기를 만드는 방법에 따라 CO_2는 발생한다. 신에너지, 재생 에너지, 원자력 에너지, 저탄소 화석에너지로 만들면 전기는 가장 깨끗한 저탄소 연료가 된다.

⑦ 수소 : 내연기관의 수소 자동차나 연료전지 자동차의 연료로 사용되고 전기자동차와 같이 CO_2의 배출은 없다. 자연에서 얻어지는 수소는 없으며 물, 석탄, 천연가스, 원유, 바이오매스를 통하여 생산할 수 있다. 수소를 생산하는 방법은 천연가스를 증기 개질하는 방법, 석탄 가스화 방법, 물의 전기분해법 등이 있다. 전기와 같이 수소는 CO_2배출이 낮은 연료이지만 수송하고 저장하는데 많은 문제가 있다.

바이오 연료 생산은 삼림의 감소, 곡물가격 상승의 요인이 되는 등 환경 친화적이지 못한 점도 있다. 2000년~2010년 동안 바이오 연료용 곡물가격이 23% 증가하였다. 유럽에서 2010년 수송용으로 사용된 바이오 연료는 12Mtoe(mega tonnage of oil equivalent, 1 toe = 석유 1ton을 연소할 때의 에너지)이었다. 바이오 연료가 가솔린, 디젤 연료보다 CO_2를 줄이는데 유리하지만 이러한 부작용으로 유럽 연합(EU)은 식용 작물을 이용한 바이오 연료 사용을 2020년까지 수송 분야 에너지 소비량의 6%로 제한하고 폐기물, 음식물 쓰레기 등을 이용한 연료 사용은 2.5%로 올리기로 했다. 음식물 쓰레기는 연간 33억 톤의 온실가스를 유발한다. 미국은 E10 프로젝트(가솔린에 에탄올 혼합비율을 10%로 확대)는 2011년 수송용 에너지의 9.3%를 차지하여 그 이상의 사용은 지연되고 있다. 그리고 바이오 연료를 지금보다 많이 보급하기 위해서는 생산 비용을 절감해야 하는 문제가 있어 전망이 밝은 편은 아니다.

일반적으로 연료를 평가할 때 에너지 밀도를 이용한다. 이는 연료가 얼마나 효율성이 있는지 보여준다. 에너지 밀도는 연료의 질량과 비례하며 밀도가 높을수록 자동차의 주행거리(range)는 길어진다. 밀도는 연료의 종류에 따라 다르고 체적 에너지 밀도가 크면 자동차에서 연료가 차지하는 부피가 커지고 주행거리는 짧아진다. CNG는 압축 기체이어서 LPG보다 주행거리가 짧다. **그림 2.13**에서 가솔린과 디젤 연료는 다른 연료와 비교하여 체적 밀도 에너지와 질량 밀도 에너지가 가장 크다. 부탄올, 에탄올, 메탄올, 수소, 전기 배터리의 순으로 에너지 밀도가 낮다. 자동차를 장거리 주행하기 위해서는 에너지 밀도가 높아야 하고 에너지 밀도를 높이는 방법은 연료를 액체로 만들거나 기체 연료는 압축을 해야 한다. 그리고 기체는 압축하지 않으면 주입이 되지 않는다.

2.6 에너지의 종류

에너지의 종류는 가솔린 연료, 디젤 연료, 바이오 연료, LPG, CNG, LNG, 석탄, 전기 등 많은 종류가 있다. 대부분의 자동차 연료는 원유에서 정제로 생산된다. 황이 포함되지 않은 깨끗한 연료도 필요하지만 현재도 충분히 질이 높은 연료를 생산하고 있다. 대부분 가솔린 연료를 많이 사용하지만 유럽의 경우, 디젤 자동차가 50%에 이르러 디젤 연료의 수요가 많

표 2.9 연료의 종류(출처 : iea)

연료	원재료	공정
액체석유연료(가솔린, 디젤)	원유	정제과정
액체합성연료(CTL, GTL, BTL)	천연가스, 석탄, 바이오매스	가스화방식, FT 방식
바이오디젤(BDF)	유지작물, 유채꽃	에스테르화법, 수소첨가법
바이오에탄올	1. 곡물(rain crop) 2. 다년생 식물(Hebaceous perennials) 억새(miscanthus) 스위치그래스(swichglass) 갈풀(reed canary grass) 3. 나무(woody perennials) 잡목숲(short rotation coppice) 소나무, 전나무(pine/spruce) 4. 쓰레기(residues and waste) 삼림(forestry residuces) 짚(straw) 폐기물(organic municipal waste) 유지(waste fat and oil)	당화방식, 증류방식
	당료 작물(sugar crop), 사탕수수	증류방식
	밀(wheat), 옥수수(maize) 사탕무(sugarbeet), 감자(potatos)	하이드로시스법, 발효법
바이오메탄	음식물쓰레기	발효법
바이오부탄올	폐목재나 볏짚, 사탕수수, 해조류 등	
고급 바이오디젤	농작물, 폐기물	에스테르반응, 가스화방식, FT 방식
압축천연가스(CNG)	천연가스	가스화방식, FT 방식
수소천연가스(HENG)	천연가스	플라즈마법
전기	석탄, 가스, 오일, 핵, 재생에너지	수력, 화력, 원자력
수소	천연가스	개질(reforming), 압축
	전기	전기분해
	풍력, 태양광, 핵에너지	고온공정

고 그리고 CO_2를 줄이기 위해 에탄올과 바이오 디젤을 경유와 10~85% 혼합하여 사용한다. 바이오 연료는 제조 기술개발과 원가 절감이 진행되고 있지만 가솔린 연료와 디젤 연료에 비교하여 가격이 비싸다. 바이오 연료 중 디젤 연료를 대체할 수 있는 연료는 석탄 합성연료(CTL, coal to liquid), 천연가스 합성연료(GTL, gas to liquid), 바이오매스 합성연료(BTL, biomass to liquid), 유지 작물로 얻는 바이오 디젤(BDF), 농작물에서 추출하는 고급 바이오 디젤 등이다. 표 2.9는 연료의 종류를 종합한 것이다.

2.6.1 액체 합성연료

액체 합성연료는 석유 제품과 유사한 성질을 갖는 액체 연료를 수소와 이산화탄소를 혼합하여 가스화하거나, 천연가스와 석탄에서 나오는 합성가스(syngas)를 이용하여 피셔 트롭쉬(Fischer Tropsch) 방법으로 만들 수 있다.

FT 방법은 일산화탄소와 수소의 혼합물을 고온으로 하고 압력을 가하면 촉매작용을 통해 탄화수소로 변환된다. 이러한 합성연료는 천연가스를 화학 처리하여 생산하는 액체인 GTL, 석탄에서 추출한 액체인 CTL, 바이오매스에서 추출한 액체인 BTL 등이 있다. 이는 천연가스, 석탄, 바이오매스 등의 기체, 고체 연료를 디젤유나 제트유 같은 액체 연료로 전환시킨 대체 연료이다. GTL은 증기 메탄개질(steam methane reforming)로 만들고 이는 메탄과 증기의 촉매반응과 흡열반응, 메탄과 산소의 비촉매 반응과 발열반응에 의해 합성가스가 만들어 진다.

CTL은 석탄을 연료로 하고 직접 석탄 액화법으로 만든다. 솔벤트에 석탄을 넣고 고온 고압 하에서 촉매와 산소를 넣으면 석탄이 액화된다. 고체 연료의 70%정도가 액체 연료로 된다. 그러나 이 연료는 자동차에 사용하기 위해서는 추가 공정이 필요하고 석유를 대체할 수 있지만 제조 가격이 비싸 많이 제조할 수 없다.

BTL은 바이오매스를 연료로 하고 간접 석탄 액화법으로 만든다. 간접 석탄 액화법은 FT 과정으로 석탄을 증기로 가스화시키면 수소와 CO_2로 분리된다. 비교적 낮은 압력과 온도의 촉매반응을 거쳐 합성가스가 만들어 진다. 고온의 FT 합성법은 합성 가솔린 연료를 만들고 저온의 FT 합성법은 디젤 연료를 만든다.

이러한 합성연료는 환경오염을 일으키는 황과 매연(soot)을 발생하지 않는 친환경 연료로 고급 연료에 속한다. GTL, CTL, BTL 생산은 2020년 이후 급성장하여 2040년에는 자동차 연료의 10%를 차지할 것으로 보인다.

2.6.2 바이오 에탄올

에탄올은 대기압과 실온 하에서 액체로 존재하는 알코올이다. 에너지 밀도는 가솔린의 65%이지만 깨끗하고 옥탄가가 높다. E10부터 시작해서 E85까지 가능하고 NO_x배출은 적지만 HC가스 배출은 많다.

에탄올의 원료는 모든 식물이다. 연료인 나무, 풀, 농작물 폐기물은 지속적으로 매년 공급이 가능한 무한정의 에너지 자원이다. 옥수수(maize), 밀(wheat), 보리(barley), 감자, 수수(sorghum), 카사바, 타피오카 등의 식물은 하이드로시스법이나 발효법으로 만들고 곡물, 식물, 억새, 나무, 숲, 쓰레기, 짚, 폐기물, 유지는 당화방식으로, 사탕수수는 발효와 증류방식으로 만든다. 에탄올은 사용 연료에 따라 곡식 에탄올, 줄기 에탄올, 차세대 셀룰로즈 에탄올로 나눌 수 있다. 셀룰로즈는 나무, 식물 등의 섬유소를 의미한다.

미국에서는 옥수수로, 브라질에서는 사탕수수, 카사바로 만든다. 옥수수, 감자, 고구마와 같은 곡물의 전분은 다당류이어서 효모가 발효를 하지 못하므로 효소를 이용하여 전분을 단당류로 만든 후 효모로 바이오 에탄올을 만든다. 사탕수수는 효모로 발효시키면 효모는 발효 과정 중 포도당의 당분을 알코올로 바꾸어 산소가 없어도 당분을 분해한다. 원유에 산소 함유 첨가제인 ETBE(ethyl tertiary－butyl ether)를 혼합하여도 바이오 에탄올이 만들어진다. ETBE는 사탕수수나 옥수수 등의 식물에 포함된 당을 발효시킨 알코올로 석유가스인 이소부텐(isobutene)으로 제조하고 연료 중의 산소 함유량을 높이기 위해 사용되는 첨가제의 일종이다. ETBE는 노킹을 방지하기 위해 가솔린에 첨가되는 첨가제이기도 하다.

차세대 셀룰로즈 에탄올(advanced ethanol)은 현재 개발 중에 있다. 종래는 씨껍질(seed husk), 줄기(stalk)는 버리고 탄수화물과 당 성분으로 에탄올을 만들었지만 지금은 이러한 셀룰로즈로 연료를 만드는 혁신적인 연구를 하고 있다. 셀룰로즈로부터 에탄올 제조는 폐기 식물, 나무 등을 이용할 수 있고, 셀룰로즈가 풍부하고 버려지고 태워지고 있는 농작물(crop)과 나무는 에탄올의 주 원료이다. 그러나 셀룰로즈는 그 자체로 에탄올로 바뀌지 않는다. 효소를 이용하여 셀룰로즈를 당으로 만들고 발효를 통하여 당을 에탄올로 만드는 연구가 진행되고 있고 반드시 성공해야 하는 기술 중 하나이다. 브라질에서는 에탄올 혼합을 85%로 의무화하다가 100% 에탄올 자동차로 변경하였고 미국은 에탄올 혼합을 10%로 하는 노력을 하고 있다.

나무와 농작물 폐기물을 이용하여 엔진에서 사용할 수 있는 기체나 바이오 액체 연료를 만드는 방법의 연구가 활발하다.

2.6.3 바이오 디젤

바이오 디젤은 완전하게 디젤 연료를 대체하는 연료이다. 바이오 디젤은 식물유를 지방산 메틸 에스터(fatty acid methyl ester, FAME)로 전환할 때 만들어진다. 원료는 콩(soy), 해바라기 씨, 유채씨(rape seed), 팜(palm), 코코넛, 동물성 지방 등이고 수소 첨가법, 에스테르 전환법에 의해 얻어진다. 디젤과 혼합하면 낮은 온도에서는 겔 상태가 되고, 물과 혼합되지 않아 엔진의 부식을 가속화시키는 단점도 있다. 바이오 디젤은 독일, 이탈리아에서 많이 생산하고 있으며, 여기서는 대형 버스에 사용하는 연료는 100% 바이오 디젤을 사용한다.

2.6.4 메탄올과 디메틸 에테르(DME)

메탄올은 독성이 있고 에너지 밀도가 낮지만 옥탄가가 높은 알코올이다. 메탄올은 수소를 사용하는 연료전지의 연료로 사용할 수 있다. 메탄올을 만드는 원료는 천연가스, 음식물 쓰레기, 케르프 등이고 일산화탄소와 수소를 촉매로 사용하고 압축, 합성, 분리, 정제과정을 거쳐 메탄올을 만든다. 메탄올은 가스화(gasfication)법, 발효법 등으로 제조한다. 디메틸 에테르(DME)는 천연가스, 석탄, 바이오매스를 열분해하면 생성되는 합성가스(GTL, CTL, BTL)에서 추출한 연료이다. LPG와 유사한 연료이지만 가격이 싸고 이산화탄소 발생이 적어 디젤의 대체 연료로 가능하다. 에너지 밀도가 높고 완전 연소가 가능하여 NO_x와 PM을 거의 배출하지 않는다.

2.6.5 바이오 메탄

음식물 쓰레기, 케르프 등 폐기물 자원을 공기가 없는 곳에서 미생물로 발효를 하여, 바이오 메탄을 만든다. 바이오 메탄은 천연가스와 조성이 거의 같다. 공기가 없는 곳에서 미생물을 키우고 촉매제, 조정제 등에 폐기물 자원을 넣으면 적절한 온도에서 바이오 메탄이 발생한다.

2.6.6 바이오 부탄올(biobutanol)

바이오 부탄올은 폐목재나 볏짚, 사탕수수, 해조류 등을 이용하여 만든다. 바이오 부탄올은 바이오 에탄올, 바이오 디젤과 함께 3대 바이오 에너지로 불리는 차세대 연료이다. 에너지 밀도가 휘발유의 90%인 바이오 부탄올은 바이오 디젤보다 에너지 효율이 높고, 엔진의 구조 변경이 없이 가솔린 자동차 연료로 사용이 가능하여 휘발유 수송 인프라를 그대로 이용할 수 있는 장점도 있다.

2.6.7 바이오 가솔린

바이오 가솔린의 제조 원료는 나무, 사탕수수 줄기, 옥수수 줄기, 억새풀, 농작물 폐기물 등이다. 바이오 가솔린의 제조 기술인 바이오 포밍(bioforming)은 설탕, 글루코스 등의 탄수화물을 원료로 사용하여 수소와 반응시키고 특수 촉매로 탈 산소하여 합성 가솔린을 만든다. 발효 공정으로 바이오 에탄올을 생산하는 방법보다 바이오 포밍으로 합성 가솔린 연료를 만드는 방법이 시간이 짧게 걸린다. 또한 셀룰로즈를 급속 열분해하여 얻어지는 화합물도 촉매를 사용하여 바이오 가솔린으로 전환할 수 있다. 미국의 듀퐁(DuPont)사는 미생물을 이용하여 당을 발효시켜 알코올을 만들고 이를 가솔린 연료로 전환하는 기술을 개발 중이다.

2.6.8 차세대 해조류 바이오 연료

해조류(algae)는 광합성을 하는 지구상에서 존재하는 가장 효율이 좋은 유기체이다. 이는 질 좋은 연료를 만들 수 있다. 해조류는 차세대 바이오 에너지의 원료이며 네덜란드, 미국 등에서 많이 재배하고 있고 우리나라는 도서 지방을 중심으로 재배를 하고 있다.

2.6.9 수소

수소는 수소 자동차, 연료전지 자동차의 연료이다. 에탄올, 수소가 함유된 액체 연료로 수소를 만들고 연료전지에 수소를 넣으면 전기가 생산된다. 수소는 다양한 방법으로 화석 에너지, 핵 에너지, 신재생 에너지로부터 만들 수 있다. 생산 방법에는 전기분해법, 천연가스 개질법, 석탄과 바이오매스의 가스화법, 생물학적인 방법 등이 있다.

2013년 현재, 세계에서 190 Mtoe의 수소가 생산된다. 그 중 50%는 천연가스에서, 30%는 원유를 이용하여 생산한다. 물의 전기분해, 소규모 천연가스 개질법으로 만드는 수소는 양이 작고 중앙 집중방식은 대규모 수소를 만드는 방식이다. 천연가스로부터 대규모 수소를 생산하는 기술은 이미 완성되어 있다. 석탄 가스화로부터 수소 생산기술은 잘 되어 있지만 천연가스 방법보다 가격이 비싸다. 또한 해조류로부터 수소를 얻는 연구가 진행되고 있고, 핵에너지, 신재생 에너지로 생산되는 전기를 이용하여 전기분해로 수소를 얻어 사용하면 CO_2 배출은 0에 가깝게 된다. 문제는 자동차에 이용하기 위해서는 저장기술이 확보되어야 하고 인프라 구축이 필요하다. 다음은 수소를 만드는 방법이다.

① 중앙 집중방식으로 천연가스에서 수소 생산

② 탄소포집 저장장치를 가진 중앙 집중방식으로 천연가스에서 수소 생산
(H_2 from natural gas, centralized production with CCS)

③ 전기분해로 수소 생산(H_2 from point of use POU electrolysis)

④ 탄소포집 저장장치를 가진 전기분해로 수소 생산

⑤ 석탄에서 수소 생산(H_2 from coal)

⑥ 탄소포집 저장장치를 가진 석탄으로 수소 생산

⑦ 바이오매스 가스화로 수소 생산(H_2 from biomass gasfication)

⑧ 핵으로부터 수소 생산

2.6.10 수소 천연가스(HENG, hydrogen enriched natural gas)

수소 천연가스(HENG)는 수소가 풍부한 천연가스로 초저탄소 에너지의 일종이다. 수소와 천연가스를 섞으면 탄소가 제거되어 초저탄소 에너지가 된다. 지난 150년 동안 가정용 제조 가스를 만들 때 천연가스에 10~50%의 수소를 사용하여 왔다. 이 HENG 에너지는 천연가스 파이프 시설을 이용하면 인프라 구축도 유리하다. 또한 HENG 연료는 저가의 풍부한 심야 전기에너지를 이용하여 CO_2의 발생이 없이 생산할 수 있다. 이 에너지는 천연가스의 탄소 농도를 제거한 것으로 연소 전에 1kg의 탄소를 제거하면 CO_2가 3.7kg 줄어든다. 따라서 천연가스의 효율은 증가하고 아주 작은 양의 수소를 추가하면 연료의 완전한 연소가 일어

나 공기 오염물인 배출물이 낮아지고 NO_x의 생성도 적게 할 수 있다. 종래의 천연가스보다 더 낮은 연소온도를 가지는 희박연소도 가능하다. 생산은 플라즈마에 천연가스를 통과시키면 가스에 있는 메탄이 고체 상태의 탄소와 기체 상태의 수소로 분리된다. 가스가 플라즈마를 나갈 때 탄소는 제거된다. HENG에서 추출된 탄소 분말(carbon black)은 타이어, 고무 제품, 플라스틱 첨가제에 사용되고 탄소 분말을 만들 때 CO_2와 오염 물질이 배출된다. 하루에 300,000 배럴의 원유를 정제하면 탄소 분말 1톤당 2.5~5톤의 CO_2를 발생한다. 이는 탄소포집 저장장치로 제거한다. 스마트 그리드의 케이블, 전기자동차의 배터리, 커패시터를 만드는데 탄소의 사용량이 늘어나고 있다.

2.6.11 전기 에너지

현재 수송 분야에서 사용되는 전기 에너지의 대부분은 기차, 지하철 등에 사용된다. 세계적으로 수송 연료 중 전기가 사용되는 비율은 5%미만이다. 전기는 전기자동차의 에너지원이다. 전기의 문제는 배터리의 축전 용량 한계이다. 플러그인 전기자동차, 전기자동차 등이 활성화되면 전기의 사용량은 급격하게 증가할 것이다. 온실가스를 배출하지 않는 방법으로 전기를 생산하고 전기 축전기술이 발전을 하면 이는 인류가 추구하는 가장 좋은 에너지가 될 것이다. 즉 저탄소 기술의 미래는 핵, 재생 에너지로 전기를 생산하고, 전기 저장기술인 대용량 배터리의 개발에 달려 있고, 이의 완성은 모든 자동차는 연료로 전기를 사용하게 될 것이다. 2050년까지 전기가 자동차 연료로 사용되는 비율은 15~25% 정도로 예상되고 우리나라의 문제는 재생 에너지가 그다지 풍부하지 못하고 핵 발전소도 한계가 있다는 점이다.

표 2.10 전기와 수소 연료

	장점	개선이 필요한 사항
전기에너지	현재의 전기 설비 이용. 배터리 충방전 손실이 연료전지보다 작고 화석에너지보다 저탄소 에너지이고 안전하게 충전된다.	대용량 축전장치가 필요하다. 전기자동차는 주행거리가 짧고 충전시간이 길다.
수소에너지	충전시간이 20분 정도이고 주행거리가 길다.	700기압의 수소를 만들고 저장하는데 기술이 필요하고 새로운 인프라 구축, 완전한 개발에 오랜 시간 필요하다.

2.7 자동차 연료

내연기관 엔진의 CO_2의 저감은 GDI, CRDI, 하이브리드 기술을 개발하여 자동차에 적용하여 많은 발전이 있었지만 CO_2의 저감을 위해서는 다양한 저탄소 기술을 개발하여 자동차 연비를 향상시키는 방향으로 기술이 진보되고 있다. 연비의 증가는 CO_2의 감소를 의미한다. 현재의 연료 가격은 정책에 따라 책정되는 전기 에너지를 제외하고 가솔린과 디젤이 가장 저렴하다. CTL, GTL, 천연가스 등은 가솔린 연료와 비슷한 수준이며 수소, 에탄올, 바이오 디젤 등은 비싼 편에 속한다. 미래에는 모든 연료가 같은 수준으로 가격이 형성되겠지만 전기분해 수소, 핵 수소, 바이오 디젤(BDF)의 가격은 여전히 높은 가격을 유지할 것이다. BDF, CTL, GTL 연료는 디젤기관에, 에탄올, CNG 등은 가솔린 기관에 주로 사용이 될 것이다. 자동차 연료의 단위 체적당 에너지 밀도는 가솔린 연료를 100%로 볼 때 디젤 연료가 110%, 에탄올 65%, 액체수소 27%, 리튬이온 배터리 2.1%이다. 단위 무게당 에너지 밀도는 가솔린 연료를 100%로 볼 때 디젤 연료가 96%, 에탄올 60%, 액체수소 295%, 리튬이온 배터리 1.1%이다. 즉 액체 수소의 에너지는 가솔린 연료의 2.95 배로 장점이 있다. 클린 디젤, 가솔린 하이브리드, 디젤 하이브리드 자동차는 기존 자동차보다 연료 효율이 20~70% 향상된 자동차이다. 표 2.11은 가솔린 연료(100%)를 기준으로 한 각 연료별 에너지 밀도를 나타낸다.

표 2.11 에너지 밀도(출처 : icct)

연료	kWh/L		kWh/kg	
가솔린	9.7	100%	13.2	100%
디젤	10.7	110%	12.7	96%
에탄올	6.4	66%	7.9	60%
700bar의 수소	1.3	13%	39	295%
액체수소	2.6	27%	39	295%
NiMH배터리	0.1~0.3	2.1%	0.1	0.8%
현재 Li-ion 배터리	0.2	2.1%	0.14	1.1%
미래 Li-ion 배터리			0.28	2.1%
기준	가솔린(100%)			

자동차 연료로 LPG는 석유 정제의 부산물이거나 가스 생산 시 생산된다. 대부분 LPG는 가솔린 연료 혹은 디젤 연료와 이중 연료로 사용된다. 천연가스는 주성분이 메탄으로 액화

하거나 압축시키는 것이 필요하다. 이유는 주행거리 확보와 연료 주입 때문이다. 상온에서 70기압으로 압축하면 −42.2℃에서 액화된다. 천연가스는 트럭과 버스 등 대형 자동차에 주로 사용되고 GTL은 천연가스로 만들고 디젤 연료와 혼합하여 사용한다. 이 연료는 엔진의 구조 변경이 없이 CRDI 엔진에서 사용할 수 있고 초저황 디젤(ULSD, ultra low sulfur diesel)보다 더 낮은 PM을 발생한다.

바이오 연료는 가솔린, 디젤 연료와 혼합하여 사용하거나 단독으로 현재의 자동차에 사용할 수 있다. 자동차에서 바이오 연료를 사용하면 낮은 CO_2가 발생한다. 연료가 연소하면 CO_2가 발생하고 산림은 CO_2를 흡수한다. 바이오 에너지는 이산화탄소 등 오염 배출물을 줄이기 위해서 다양하게 사용할 수 있지만 생산량이 적다. 에탄올은 곡물, 사탕수수에서 생산하며 자동차에는 가솔린과 디젤 연료를 혼합하여 사용한다.

유채씨 기름인 RME(rape seed methyl ester)는 디젤 연료의 대체 연료이지만 자동차에 사용하기에는 기술적인 문제가 있어 약간의 엔진의 개조가 필요하다. 경유에 RME를 5% 섞으면 100% 바이오 디젤보다 배출물이 더 낮다.

수소는 수소 자동차나 연료전지 자동차에 사용한다. 공기 오염이나 온실가스를 발생하지 않는다. 연료전지 기능은 배터리와 유사하게 움직이는 부품이 없이 화학 에너지를 조용하게 전기 에너지로 변환한다. 배터리와는 다르게 연료전지는 충전이 필요가 없고 수소가 공급되는 한 전기를 생산한다. 자동차에 동력을 공급하기 위해 에너지 밀도를 높이기 위해서는 기체 에너지는 압축되거나 액체로 되어야 한다. 압축된 수소가스는 큰 저장 용기가 필요하고 액화시키기 위해서는 압축보다 더 많은 에너지인 수소가 가지는 에너지의 25%가 필요하다. 수소는 석탄, 석유, 가스연료와는 다르다. 만약 수소가 화석 에너지로부터 만들어지면 대기로 방출되는 CO_2는 상당히 많지만 풍력, 태양광, 바이오매스와 같은 재생 에너지로 만들어지면 CO_2은 거의 0이다. 내연기관 자동차는 에너지의 80%가 열과 마찰 등으로 손실된다. 그에 반해 수소 연료전지는 40%의 열손실이 있으며 상당히 효율적이다. 현재 재생 에너지에 의한 전기와 수소 생산은 에너지 생산의 최후의 기술이다.

수소의 문제는 저장이 어려운 문제와 완전 액화 시 온도를 −253℃로 유지해야 한다는 점이다. 수소 저장기술은 아직 더 발전을 해야 하고 이것이 해결되면 수소는 미래의 가장 중요한 에너지가 될 것이다 표 2.12는 자동차 연료의 특성을 나타낸다. 줄기(cane) 에탄올, 차세대 셀룰로즈 에탄올, 차세대 BTL을 연료를 사용하면 CO_2 발생이 적고, 디젤 화석연료로 만든 수소 자동차, 태양광으로 만든 수소 자동차, 태양광으로 만든 전기자동차는 가장 낮거나 거

표 2.12 자동차 연료의 특성(출처 : iea)

연료	에너지밀도	ICE 자동차 적용유무	온실가스 배출량
가솔린	상	적용	상
디젤	상	적용	상
제트연료	상	적용	상
중유(HFO)	상	적용	상
석탄 합성연료(CTL)	상	적용	최상
천연가스 합성연료(GTL)	상	적용	상
곡식(grain) 에탄올	중	부분적 적용	중상
줄기(cane) 에탄올	중	부분적 적용	하
차세대 셀룰로즈 에탄올	중	부분적 적용	하
유채씨(rape seed) 바이오 디젤(RME)	상	부분적 적용	중
차세대 BTL 디젤	상	적용	하
압축 천연가스(CNG, 200기압)	하	구조변경	중상
액화 천연가스(LNG, −162℃)	하	구조변경	중상
천연가스 메탄올	하	구조변경	중상
천연가스 DME	중	구조변경	중상
화석연료 수소	하	구조변경(수소자동차)	최저
재생 에너지(태양광) 수소	하	구조변경(수소자동차)	최저
화석연료 전기	하	전기자동차	중상
재생 에너지(태양광) 전기	하	전기자동차	최저

중유(HFO, heavy fuel oil), 디메칠 에테르(DME, 기체/디젤 대체연료), 바이오 디젤(BDF), 석탄합성연료(CTL, 디젤), 바이오매스 합성연료(BTL, 디젤), GTL(천연가스 합성연료, 디젤), ICE(내연기관)

의 0의 CO_2를 발생한다. 액화는 기체를 가압 혹은 냉각으로 액체로 만드는 방법이다. 상온에서 압축만으로 액화되는 것으로는 액화 석유가스(LPG)가 있고 상온에서 압축만으로 액화되지 않는 것을 압축가스라 한다. 이에는 CNG가 있다. 기체에 압력과 냉각을 동시에 가하면 액체로 되는 것에는 수소와 천연가스가 있다.

① LPG : 상온에서 7~10기압의 고압으로 압축하여 액화시킨 연료이다.

② LNG : 천연가스를 −162℃의 상태에서 약 600배로 압축하여 액화시킨 상태의 가스로, 정제과정을 거쳐 순수 메탄의 성분이 높고 수분의 함량이 없는 청정 연료이다. 고가의 냉각과 단열장치가 구비된 초저온 탱크가 필요하다.

③ CNG : 천연가스를 200bar의 고압으로 압축한 압축 천연가스이다. 부피가 LNG의 3배 정도 크고, 고압 연료탱크를 사용해야 하므로 연료탱크가 폭발할 위험이 있으나, CNG 자체로는 자발화 온도가 높아 화재 위험에 대해선 안전하다. 9bar로 감압하여 자동차에 사용한다.

④ 액체수소 : 상온에서 액체로 만들려면 임계온도인 −252.7℃의 초저온으로 유지해야 한다. 온도 유지와 보관에 비용이 많이 든다. 따라서 자동차에서는 압력을 높여서 압축가스 형태로 저장을 한다. 가장 먼저 개발된 것이 700bar의 초고압 수소 저장 탱크이고 이는 현재 연료전지에 사용된다. 압력용기내의 수소 저장밀도를 높이기 위해 높은 압력으로 가압하는데, 저장 압력이 높아질수록 용기의 두께가 두꺼워져 무게가 증가하게 되므로 다른 연료에 비해 질량 효율이 떨어진다.

연습문제

01 오토 사이클은 2개의 정적과정과 2개의 단열과정으로 구성된다. 이론 효율이 다음 식으로 유도되는 과정을 작성하라.

$$\eta_{th} = 1 - \left(\frac{1}{\varepsilon}\right)^{k-1}$$

02 디젤 사이클은 2개의 단열과정과 1개의 정적과정, 1개의 정압과정으로 구성된다. 이론 효율이 다음 식으로 유도되는 과정을 작성하라.

$$\eta_{th} = 1 - \left(\frac{1}{\varepsilon}\right)^{k-1} \left[\frac{\sigma^k - 1}{k(\sigma - 1)}\right]$$

03 사바테 사이클은 고속 디젤기관의 기본 사이클이며 일정 체적과 일정 압력의 상태에서 열량을 주고받는 정압-정적 사이클이다. 이론 효율이 다음 식으로 유도되는 과정을 작성하라.

$$\eta_{th} = 1 - \left(\frac{1}{\varepsilon}\right)^{k-1} \frac{\alpha\sigma^k - 1}{\alpha - 1 + k\alpha(\sigma - 1)}$$

04 2행정 사이클과 4행정 사이클을 비교 설명하시오.

05 가솔린 기관(화염전파 연소, 균일연소)과 디젤기관(확산연소, 불균일 연소)의 연소과정에 대하여 설명하시오.

06 불균일 연소, 균일연소, 성층연소, 확산연소, 화염전파 연소, 저온연소에 대하여 알아보고 특징을 서술해보자.

07 $LCCO_2$, $WTWCO_2$, $WTTCO_2$, $TTWCO_2$를 구분하고 의미를 알아보자.

08 다음의 차세대 자동차 연료의 특징, 장단점을 알아보자.

① 액체 합성연료(CTL, GTL, BTL) ② 바이오 디젤(BDF) ③ 바이오 에탄올
④ 압축 천연가스(CNG) ⑤ 수소 ⑥ 셀룰로즈 에탄올

09 자동차 연료에서 바이오 에너지, 혼합 연료가 필요한 이유를 설명하시오.

10 전기 에너지와 수소 에너지를 비교하고 차세대 에너지로 사용되기 위하여 각각의 연료가 해결해야 할 기술에 대하여 알아보자.

CHAPTER

03 GDI 가솔린기관

3.1 앳킨슨 사이클

앳킨슨(Atkinson) 사이클은 1880년대 영국의 앳킨슨에 의해 고안되었다. 팽창행정이 압축행정보다 더 긴 사이클로 열을 유용한 에너지로 전환하는 효율이 높다. 단점은 행정의 길이를 다르게 하는 것이 복잡하고 그 결과 마찰 손실이 증가하는 점이고 오토 사이클에 밀려 사라졌다.

1954년 밀러는 앳킨슨 사이클을 수정한 밀러 사이클을 제안하였다. 압축비와 팽창비의 차이를 실린더 설계가 아닌 흡기행정을 지나서 흡기밸브를 닫아서 얻었다. 오토와 디젤 사이클에서는 배기밸브가 팽창행정의 끝에서 열릴 때 실린더의 압력은 대기압의 3/5까지 내려가며 동력행정 동안 일을 잃게 된다. 실린더 내의 가스가 팽창하여 대기압으로 내려갈 때까지 배기밸브가 열리지 않는다면 기관의 효율을 증가시키며 더 많은 일을 팽창과정에서 얻을 수 있다. 이 방법은 혼합기의 양이 적어 출력이 작은 단점이 있다.

앳킨슨 사이클은 오토 사이클을 기초로 압축비보다 팽창비를 크게 하여 열효율을 개선한 기관이다. 오토 사이클은 흡기를 압축하는 압축비와 팽창비는 같기 때문에 압축비가 높을수록 열효율이 높아진다. 그러나 일반 가솔린 엔진은 압축비가 너무 높으면 압축행정에서 혼합기가 과열 연소하기 때문에 압축비는 9~11의 범위이다. 이에 대하여 팽창비만 확대하여 열효율을 개선한 것이 앳킨슨 사이클이며 장점은 연료 효율은 증가이지만, 저속에서 토크와 출력의 손실이 있다. 크랭크축과 피스톤의 연결 설계를 달리하여 흡입과 압축과정은 짧게 하고 연소와 배기과정은 길게 한다. 루리아(Luria)는 1982년에 오토－앳킨슨 사이클의 개념을 제안하였다. 이것은 오토 사이클과 앳킨슨 사이클을 혼합한 하이브리드 사이클로 밀러가 제안한 흡기밸브 닫힘을 늦게 하는 방식을 채택하였다.

K5 하이브리드, 도요타 프리우스의 엔진은 앳킨슨 사이클을 사용하고 일부 GDI기관은 밀러－오토사이클을 사용하기도 한다. 흡기밸브 열림을 압축과정에도 초기에도 유지하여 엔진 배기량을 감소시키고 연료 소비를 최소화한다. 흡기밸브 닫힘을 빨리하면 배기량은 증가

하고 출력도 높아진다. 팽창 전에서 배기밸브를 열면 실린더 압력은 대기압과 비슷하게 내려간다. 대기압으로 내려갈 때까지 배기밸브를 열지 않으면 기관의 효율을 증가시킬 수 있고 긴 압축과정과 짧은 팽창과정으로 압축비보다 팽창비가 크다. 그림 3.1에서 피스톤이 BDC로 가면서 2의 지점에서 흡기 밸브는 닫히며 사이클은 7−1−2−3−5−6−7로 작동한다. 흡기밸브를 1지점에서 앞당겨 닫으면 앳킨슨 사이클이 된다. 일반적으로 앳킨슨 사이클과 밀러 사이클은 같은 의미이며 현재 혼용해서 사용되기도 한다.

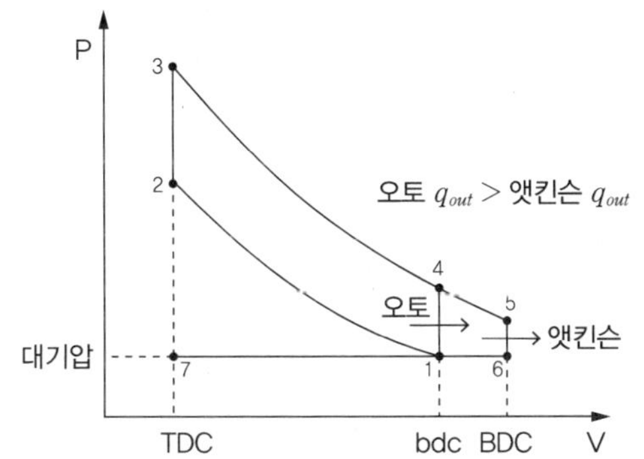

| 그림 3.1 | 앳킨슨 사이클 P−V선도

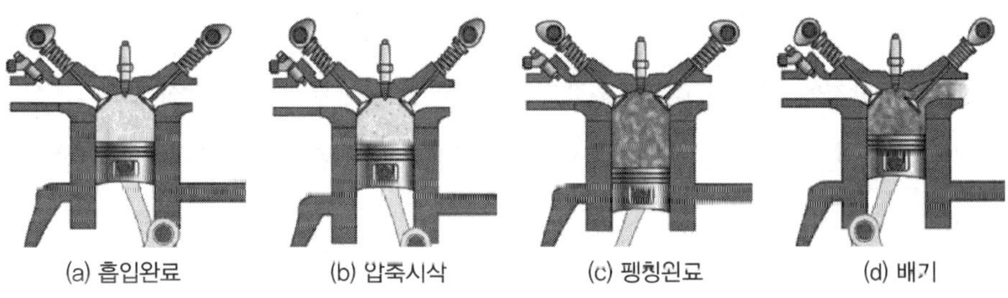

| 그림 3.2 | 앳킨슨 사이클 과정

$$\text{Otto cycle} : \varepsilon_c = \varepsilon_e = \frac{V_1}{V_2} = \frac{V_4}{V_3} \tag{3.1}$$

$$\text{Atkinson cycle} : \varepsilon_c = \frac{V_1}{V_2} < \varepsilon_e = \frac{V_5}{V_3} \tag{3.2}$$

효율은 앳킨슨 사이클의 q_{out}이 오토 사이클의 q_{out}보다 적어서 앳킨슨 사이클이 오토 사이클보다 효율이 높다.

3.2 전자제어 가솔린 엔진

3.2.1 개요

국내서 1970년대 후반부터 연료분사 장치로 많이 사용되었던 기화기(Carburettor)방식의 연료장치는 정비가 쉬운 장점에도 불구하고 전자기술의 발달과 배기가스 규제 강화 법규를 만족시키지 못하여 1980년 중반부터 전자제어 가솔린 기관(MPI, PFI)으로 대체되었다. 전자제어 가솔린 기관은 기관의 회전 속도에 따라 이론 공연비에 가깝도록 연료의 양을 조절하여 실린더에 공급하여 엔진의 출력을 높이고 배기가스를 저감시킨다.

가솔린 기관은 점화시기 제어방식에 따라 기계식과 전자식, 분사방법에 따라 연속분사와 정기분사, 흡입 공기량 측정방법에 따라 직접측정과 간접측정, 인젝터의 수에 따라 싱글 포인트 인젝션(SPI)과 멀티 포인트 인젝션(MPI), 인젝터의 위치에 따라 SPI, MPI(PFI), GDI(gasoline direct injection)로 나누어진다. SPI는 스로틀 밸브 앞에 인젝터를 설치하고, MPI는 각각의 흡기포트에 인젝터를 설치하고, GDI는 실린더 내부에 인젝터를 설치한다.

① SPI : 흡기장치에 장착된 1개의 인젝터를 통해 연료를 분사하는 방식으로 각 실린더로 연료의 균일한 분배를 할 수 없는 단점이 있지만 연료 혼합시간이 길어 균일분사에 속한다.

② MPI(PFI) : 각 흡기포트 별로 인젝터를 두어 연료를 분사하는 방식으로 균일분사이다.

③ GDI : 각 실린더에 연료를 직접 분사하여 성층분사, 균일분사가 가능하고 연소실의 혼합비를 조절하여 연비를 향상시킨다.

연속분사는 기계식 분사방식으로 기관이 작동되는 동안 각 실린더에 연속적으로 연료분사가 이루어지고, 정기분사(간헐분사)는 일정한 시간 간격을 두고 반복적으로 분사하는 방식이다. 그림 3.3에 전자제어 가솔린 기관 시스템의 예를 나타내고 구성은 ECU, 센서, 흡기장치,

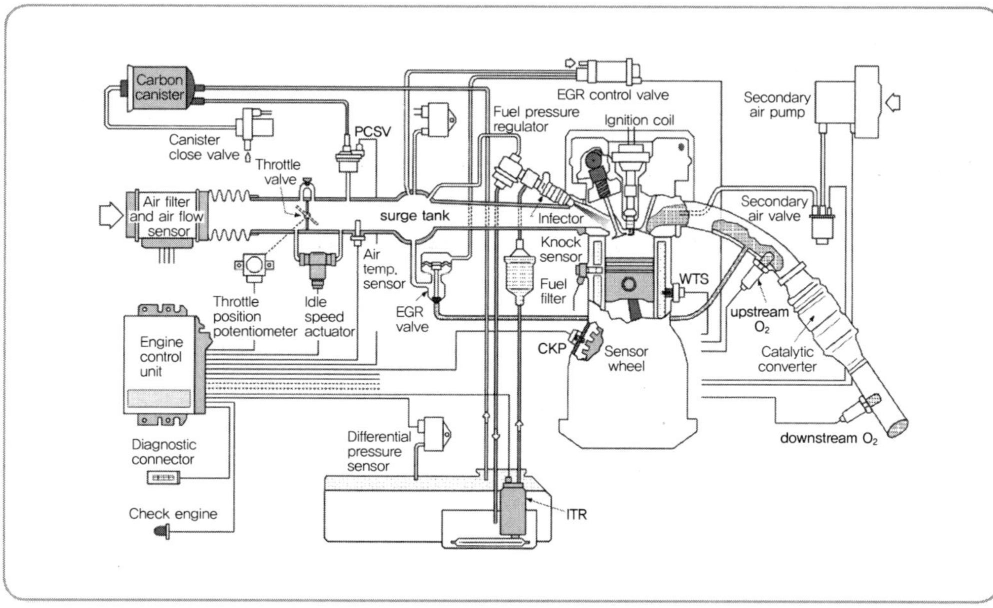

| 그림 3.3 | MPI 전자제어 가솔린 엔진 시스템(출처 : 보쉬)

배기장치, 연료장치, 배기장치, 제어장치 등으로 되어 있다.

공기 계측방법과 점화시기 제어의 발달 역사를 정리하면 표 3.1과 같다. 가솔린 기관의 전자제어 장치는 K제트로닉, D제트로닉, L제트로닉, Mono제트로닉, 모트로닉 등이 있다. 제트로닉(jetronic)은 분사(injection)와 전자(electronic)의 합성어이다.

공기량 측정 방법은 제트로닉(Jetronic)과 모토로닉(Motronic) 방식을 모두 포함하면, 열선(hot wire), 열막(hot film), 칼만 와류법을 사용하여 공기량을 측정하면 직접 측정 방식이 되고, MAP 센서를 이용하여 흡기 매니폴드 절대압력을 검출하여 흡입 공기량을 계측하면 간접 측정 방식이다. 가솔린 엔진의 전자제어는 ECU로 연료분사 제어, 점화시기 제어, 노크 제어 등을 종합적으로 하며 엔진을 항상 최적인 상태로 유지하여 동력 특성, 배기가스 정화, 연비 향상 등의 효과를 얻는다.

제트로닉과 모토로닉의 차이점은 점화시기 제어방법에 있다. ECU로 제어하면 모토로닉, 원심 진각기구나 진공 진각기구를 이용하면 제트로닉 방식이다.

일반적으로 연료 분사방식의 분류는 기계식 분사방식과 전자식 분사방식으로 분류되며 기계식 분사는 공연비 피드백 제어가 되지 않고, 전자식 분사방식은 피드백 제어, 점화시기 제어 등의 전자제어가 가능하다. 그림 3.4는 기계식 분사방식과 전자식 분사방식을 정리한 그림으로 K(kontinuierlich, continuous)제트로닉은 학습제어 방식을 사용하고 KE 제트로닉은

표 3.1 가솔린 분사장치의 분류

형식	제어방법	공기량계측방법	비고	구분
K-jetronic	기계식	센서 플레이트	학습제어 방식	점화장치와 분사장치를 분리하여 기계식 혹은 전자식으로 제어
D-jetronic	기계식 전자식	흡입공기량 간접측정(MAP)	추론제어 방식, 응답이느리나 가격이 싸다	
L-jetronic	전자식	흡입공기량 직접측정 (AFM)	가동 베인식(베인의 회전에 따라 전압이 변함)	
Mono-jetronic	전자식	Throttle body injection	Single Point Injection(SPI)	
M-motronic	전자식	흡입공기량 직접측정(L) (칼만 와류식, 열선식, 열막식)	비례미분제어 방식/ Port Fuel Injection 방식(PFI)	점화장치와 분사장치를 결합하여 전자적으로 제어
ME-motronic	전자식	흡입공기량 직접측정(L) (열선식, 열막식)	비례미분제어 방식/ ETC(Electronic throttle control) 적용	
MED-motronic	전자식	흡입공기량 직접측정(L) (열선식, 열막식)	비례미분제어 방식/ ETC+DI방식	

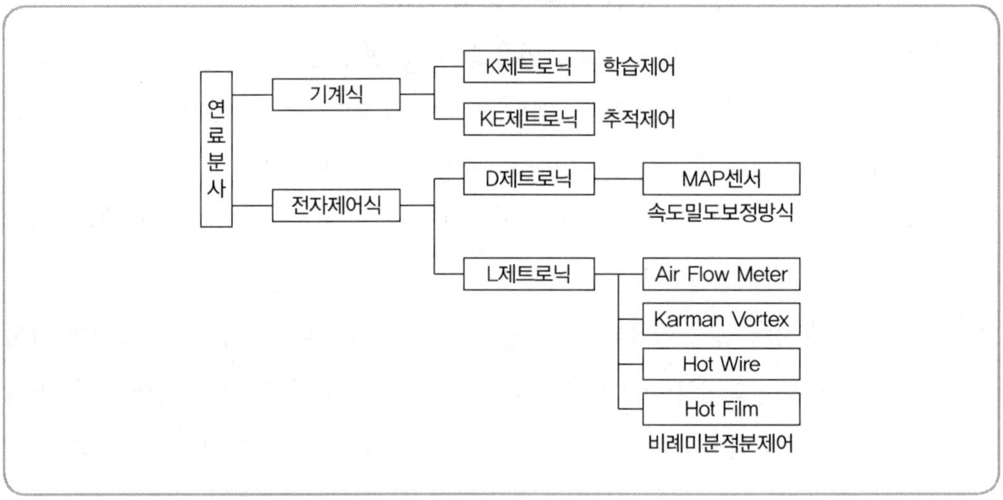

| 그림 3.4 | 연료 분사방식의 종류

기화기에 산소센서를 부착한 엔진(feed back carburetor, FBC)으로 추적제어 방식이다. D(Druck, pressure)제트로닉은 속도 밀도(speedy density) 보정방식으로 MAP센서를 이용하여 공기량을 간접 측정하는 방식이고, L(Luft, air)제트로닉은 가동 베인식의 AFM(air flow meter)를 사용하는 공기량 직접 측정방식이다.

3.2.2 기계식 연료분사 장치(K-jetronic, KE-jetronic)

독일 보쉬(Bosch)가 개발한 K제트로닉은 독일어로 영어로는 연속 분사의 의미인 CI(continuous injection)시스템으로 1972년, 질량 유량 측정방식의 2종류의 연료분사 장치가 발표되었는데 K제트로닉과 D제트로닉이었다. K제트로닉은 가솔린 엔진에 처음으로 ECU를 붙인 시스템으로 공기량 측정 방법은 그림 3.5와 같다. 엔진이 회전하면 연료 분배기에 연결된 인젝터에서 연속적으로 연료가 분사되고 연료 분사량 제어는 공기유량 센서와 연료 분배기에 의해 수행된다. 흡입 공기의 세기에 따라 센서 플레이트가 작동하고 이 작동에 의해 컨트롤 플런저(control plunger)가 움직여 인젝터로 통하는 통로 면적을 변화시켜 연료 분사량을 조절한다. 이 시스템은 냉간 시동, 공회전, 저속 운전 및 가속 시 등 여러 부하 상태에 따라 적절한 혼합비를 공급하고 특히 냉간 시동 시의 시동성을 좋게 하기 위하여 추가적인 웜업 레귤레이터를 사용한다.

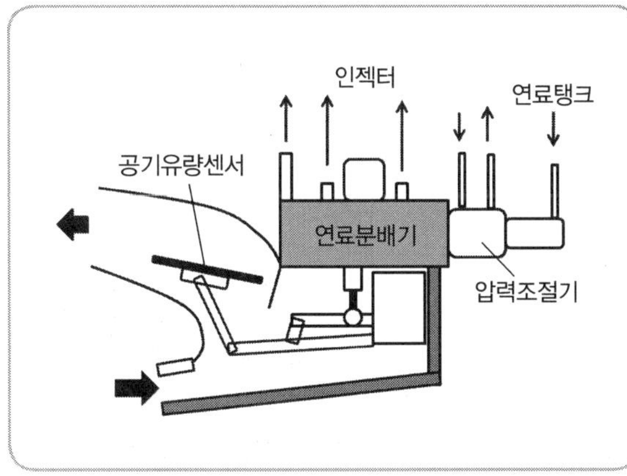

| 그림 3.5 | K 제트로닉의 공기유량 센서

K 제트로닉은 흡입 공기량을 공기유량 센서로 측정하기 때문에 비교적 정밀하게 공연비 제어를 할 수 있으나 공기유량 센서의 센서 플레이트는 흡입 부압에 의해 작동하여 연료가 제어되므로 연료 소비율이 높았다. 이 단점을 보완하기 위해 KE 제트로닉이 개발되었는데 이 시스템의 연료 라인(fuel line)의 기준 압력은 MPI의 3.5kgf/cm^{2}에 비해서 5.0kgf/cm^{2}으로 고압이고, 산소센서를 사용하여 공연비 피드백 제어도 가능하다.

3.2.3 부압 감지식 전자제어 장치(D-Jetronic, MAP방식)

D 제트로닉은 druck menge messer system을 의미하며 druck는 독일어로 압력을 의미한다. D 제트로닉은 배기가스 감소 대책 중의 하나로 공연비 제어가 가능한 전자제어 장치로 공기량 측정부분이 K 제트로닉과는 다른 그림 3.6과 같은 MAP 센서를 사용한다. 공기유량을 정확하게 측정하는 이유는 이론 공연비로 혼합기를 연소시키기 위해서이며 이를 위해서는 배

기가스 내의 산소량도 정확하게 측정되어야 한다.

D 제트로닉은 맵 센서(MAP)를 사용하여 스로틀 밸브에 의해 발생하는 흡기 매니폴드 부압을 측정하여 이 절대압력과 엔진 회전수를 이용하여 흡입 공기량을 산출하고 공기량을 추정하는 간접적인 방식이기 때문에 응답시간이 늦은 단점이 있다.

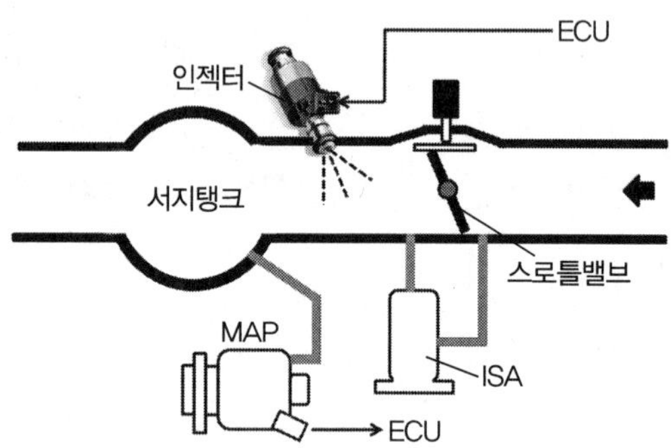

| 그림 3.6 | D 제트로닉의 공기 계측 방법(MAP 방식)

3.2.4 공기량 감지식 전자제어 장치(L-Jetronic)

L 제트로닉은 luft menge messer system을 의미하며 luft는 독일어로 공기를 의미한다. L 제트로닉은 이론 공연비를 맞추기 위해 공급되는 공기량을 센서를 이용하여 측정하고 그에 상응하는 연료량을 인젝터에 공급하는 전자제어 분사장치이다. 이것은 흡입 공기량을 직접 측정하는 방식으로 처음에는 공기유량 미터(AFM)의 베인 방식이 사용되었고 LH, LE, LU로 발전하였다. 열선(hot wire) 및 열막(hot film)방식이 이에 속한다. LH 제트로닉은 L 제트로닉에서의 공기 체적유량 측정방식의 AFM 대신에 공기 질량유량을 검출하는 열선(hot wire)센서를 사용하고, LE 제트로닉은 L 제트로닉에 이론 공연비 제어를 위하여 산소센서가 추가되고, LU 제트로닉은 L 제트로닉에 공회전 속도 제어(ISC) 장치를 적용하였다.

그림 3.7은 베인 방식의 공기유량 센서이다. L 제트로닉은 간헐분사 방식으로 일정 압력으로 조절된 연료를 공기 흡입관 내로 분사하는 방식이어서, 분사량의 제어는 연료 인젝터를 엔진 매 사이클 당 흡입 공기량에 대해서 필요한 시간만큼 열어 놓는데 따라서 수행된다. 인젝터에서 공급되는 연료 분사량은 식 (3.3)과 같다.

$$\text{연료분사량} = D \times \text{기본분사량} \times \frac{\text{흡입공기량}}{\text{엔진회전수}} + \text{증량보정분사량} \tag{3.3}$$

여기서 D는 엔진 특성에 따른 계수이고 흡입 공기량을 검출하는 공기유량 센서는 플랩의 열림 폭을 포텐쇼미터(potentiometer)를 사용하여 전압비로 변경하고 흡입 공기량을 계측한다. 이때는 EGR 밸브도 없었고, 유연 휘발유가 사용되었지만 1986년부터 배기가스 규제가 시작되면서 무연 휘발유로 전환되었다. L 제트로닉 방식에 사용되는 각 센서의 역할을 표 3.2에 나타낸다.

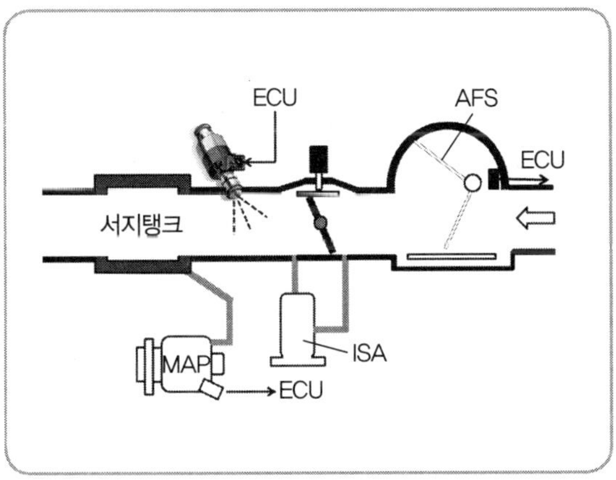

| 그림 3.7 | L 제트로닉의 공기 계측 방법(가동 베인식)

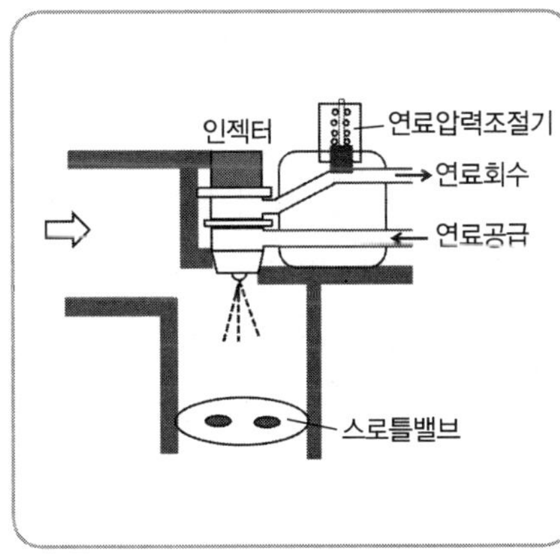

| 그림 3.8 | Mono 제트로닉의 기본 시스템(TBI)

표 3.2 각 센서의 작동 원리

센서	작동 원리
공기유량 센서(AFS)	흡입 공기량을 포텐쇼미터에 의해 전압비로 검출하고 이 신호에 따라 ECU는 기본 분사시간을 정한다.
스로틀 위치 센서(TPS)	스로틀 밸브의 개도에 의해 공회전 및 고부하 상태를 검출한다.
엔진온도 센서(WTS)	엔진 냉각수온을 검출하는 서미스터로 수온에 따라 연료 분사량을 증감하는 역할을 한다.
람다센서(산소센서)	배기관내의 산소량을 검출한다. 공연비 피드백 제어가 수행된다.
점화 1차 신호 (NO.1 TDC, CAS)	전화 1차 신호에 따라 타이밍과 엔진 회전수를 검출한다.

3.2.5 모노-제트로닉(Mono-jetronic)

모노 제트로닉은 SPI(single point injection)방식으로 흡기장치 유로에 인젝터를 설치하여 각 실린더로 혼합기를 분배하는 방식이다. 분사된 연료는 기화기처럼 흡기관을 통하여 실린더에 흡입된다. 모노 제트로닉은 공기량 측정 방법으로 포텐시오미터 형식의 스로틀위치 센서를 사용하고 연소가 잘 되었는지의 여부를 산소센서 신호로 파악하여 연료량을 제어한다. TBI(throttle body injection) 엔진은 모노 제트로닉에 속하며 그림 3.8은 TBI의 시스템을 나타내고 공기 입구 통로에 큰 인젝터가 1개가 장착되어 있고 삼원촉매와 증발가스 제어장치도 적용되었다.

3.2.6 모트로닉(Motronic, PID 제어)

제트로닉은 흡입 공기량을 측정하여 그에 맞는 적당한 양의 연료를 분사하고, 또한 점화시기를 결정하여 점화코일 모듈에서 1차 코일을 직접 단속하여 원심식 혹은 진공식으로 점화시기를 제어하는 방식이었다. 반면에 모트로닉은 L 제트로닉과 비슷하지만 점화장치와 연료분사 장치를 전자적으로 결합하여 제어함으로써 점화장치와 분사장치를 개별적으로 제어하는 제트로닉보다 효율성이 좋다. 전자적으로 점화시기를 제어하기 위해서는 1번 실린더의 위치와 엔진 회전수를 알아야 하므로 CAS(crank angle sensor)와 NO.1 TDC 센서가 필요하게 되었다. L 제트로닉에 CAS와 NO.1 TDC 센서가 추가되면 모토로닉이 되며 모노 제트로닉에 모트로닉이 추가되면 모노 모트로닉이 된다. 모트로닉은 점화시기를 ECU로 제어하고 냉각수온 센서와 공기온도 센서의 신호를 이용하여 연료 분사량을 보정하기도 한다. 모트로닉은 4개의 실린더에 1개의 점화코일과 배전기를 사용하는 방법, 2개의 실린더에 1개의 점화코일을 사용하는 그룹 점화 무배전기 방법, 1개의 실린더에 1개의 점화코일을 사용하는 독립 점화 무배전기 방법으로 발전되었다. 모트로닉은 초기에는 L 제트로닉에 전자식 점화시기만 추가된 시스템이었지만 엔진 성능 향상과 배출가스 감소를 위하여 공회전 속도제어, 증발가스 제어, EGR 제어 등이 추가되었다. 모트로닉 시스템의 분류는 모트로닉의 M 다음에 오는 영문에 따라 여러 가지로 분류된다. MA는 SPI엔진, ML은 AFM사용, MP는 맵센서 사용, ME는 ETC(electronic throttle control)사용, MED는 ETC와 DI를 사용하는 시스템이다.

(1) M-모트로닉(M-motronic)

1979년, 보쉬는 사용되어 오던 연료분사 시스템과 점화 시스템을 하나로 통합했는데 이를 M 모트로닉이라 하였다. 점화시기를 전자적으로 제어하고 그림 3.9 (b)와 같은 매니폴드 분사시스템(PFI)으로 공기량의 제어는 스로틀 밸브(throttle valve)를 사용하였다.

(2) ME－모트로닉(ME－motronic)

가속 페달(accelerator pedal)과 스로틀 밸브(throttle valve)의 연결이 케이블로 연결되는 기계적이 아니고 페달(pedal)의 위치는 페달에 부착된 페달 위치센서(pedal travel sensor)로 감지하고 **그림 3.9** (a)의 전자 스로틀 밸브(ETC, electric throttle valve control)를 사용하여 제어하는 방식으로 운전자의 페달에 즉각 반응하지 않아서 나쁜 운전 습관에 따른 연비 저하를 방지한다.

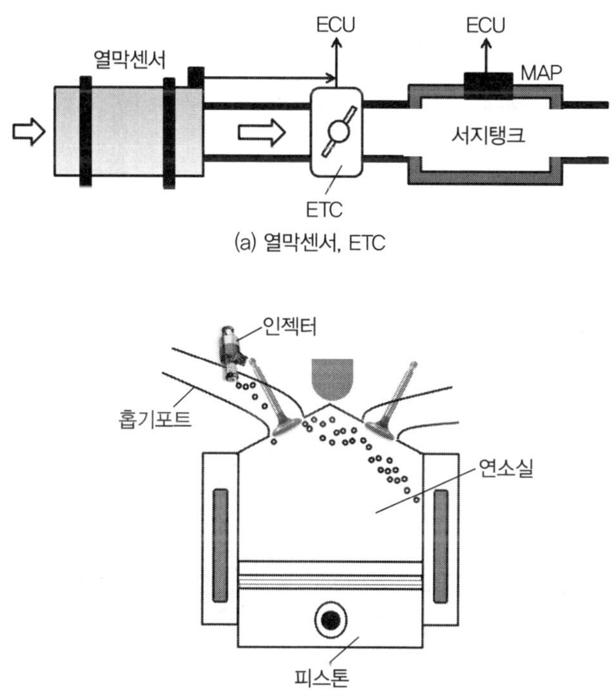

| 그림 3.9 | ME 모트로닉의 기본 시스템(Port Injection)

(3) MED 모트로닉(MED－motronic)

ME 모토로닉 시스템에 분사 방식으로 실린더 직접 분사(direct Injection)를 적용한 것으로 **그림 3.11**에 MED 모트로닉의 기본 시스템을 나타낸다. ETC 시스템, 고압펌프, 직분식의 인젝터를 적용하여 연비가 높고 배기가스의 배출이 적다. 연료를 직접 연소실로 분사하여 초희박 연소를 실현하여 연비와 출력을 동시에 향상시키는 엔진이다. GDI는 가솔린 직분식(gasoline direct injection, FSI, fuel stratified injection)의 의미로 연료를 실린더에서 직접 분사하는 방식으로 MED 모토로닉 방식이다.

MPI 가솔린 엔진에서는 가솔린 연료를 흡기포트 내 분사를 하여 에어 클리너를 통과한 공기와 혼합되어 연소실내 공급이 된다. 압력이 낮은 흡기포트 내에 분무 상태로 분사되기 때문에 응답성과 연료량 제어에 한계가 존재하여, 직접 분사식 디젤기관과 같은 방식으로 가솔린 기관도 연료를 연소실 내에 직접 분사하는 방식이다. 환경적인 측면에서 매연가스 감축으로 공기 오염의 심각성 해소, 연비 향상을 목적으로 개발되었다. MPI 가솔린 엔진에서는 한계가 있는 부분을 개선하여 고 정밀도의 연소 제어를 통하여 최소의 연료로 최대의 출력을 얻으며 고속, 고부하 영역에서는 출력 향상, 저속, 중속, 부분부하 영역에서는 희박연소를 하여 연비가 저감된다. MED 모트로닉이 이 성능 향상과 연비를 향상시킬 수 있는 이유는 저부하 영역에서 발생하는 흡기행정 중의 펌핑

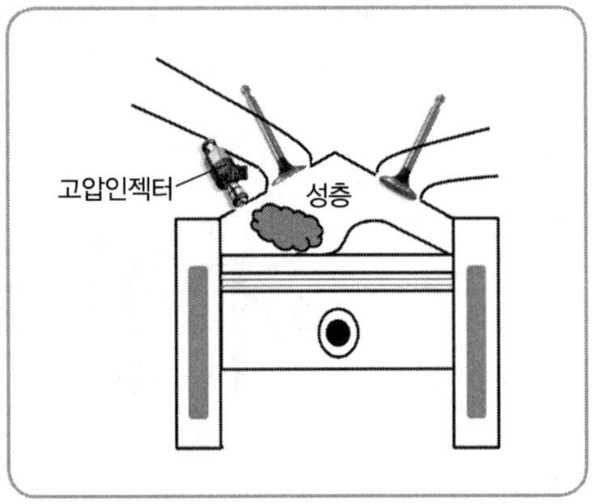

| 그림 3.10 | MED 모트로닉의 Direct Injection

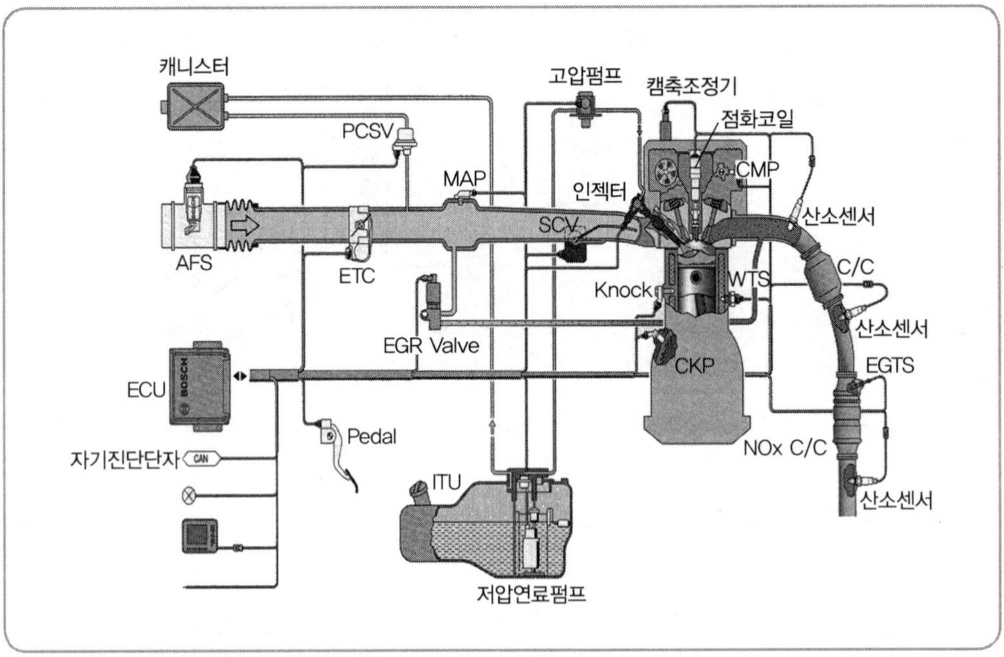

| 그림 3.11 | 보쉬 MED-motronic의 구성
(PCSV : purge control solenoid valve, EGTS : exhaust gas temperature sensor, SCV : swirl control valve, AFS : air flow sensor, ITU : in tank unit)

손실을 저감시켜 희박과 초희박 상태에서도 연소가 가능하고, 그리고 연소온도는 낮아져 냉각 손실이 줄어들기 때문이다. 실린더에서 직접 분사된 가솔린 연료는 흡기와 실린더 내부를 냉각시키는 기능도 있기 때문에 충전 효율이 향상되고 이는 압축비를 높이는 효과와 같다. 즉 실린더 내 고압 직접 분사와 성층연소 기술은 MED 모토로닉 방식의 핵심적인 기술이다.

3.3 가솔린 직접분사 엔진(GDI, Gasoline direct injection engine)

3.3.1 GDI 엔진의 개요

(1) 역사

MED 모트로닉인 가솔린 직접분사 엔진(GDI, FSI)은 1925년 스웨덴의 Hesselman에 의해 고안되어 1952년 Bosch에 의해 처음으로 개발되었다. 1955년 벤츠의 300SL에 적용된 이후, 1970년 포드는 GDI 엔진을 개발하였지만 이때는 전자 제어기술의 부족 등으로 실패를 하였다. GDI 엔진의 개발의 원래 목적은 디젤기관보다 효율이 좋은 엔진의 개발에 있었다. 미쯔비시는 1990년부터 가솔린 엔진 성능과 연비를 개선하기 위하여 많은 노력을 기울여 1996년 GDI 엔진을 처음으로 개발에 성공한 이후, 1998년 도요타, 1999년 르노, 2000년대에는 현대 기아, 폭스바겐, 포드, 벤츠 등이 개발을 완료하였다.

세계적으로 이산화탄소 규제 움직임이 구체화되면서 자동차의 연비 개선은 더욱 중요하게 되었고 이런 문제 해결 방법의 하나는 MPI 엔진에서 연료공급 방법을 변경하는 것이었다. MPI 엔진의 효율 증대를 위해서는 연소실의 압축비를 높이고 연소온도를 낮추는 기술도 필요하였다. GDI 엔진은 이미 오래 전부터 항공기 엔진에 적용되었다. 이때의 적용 이유는 성능을 향상시키고 응답성을 좋게 하기 위한 것이었다. 적은 양의 가솔린 연료로 기존 MPI 엔진과 동일한 출력을 낼 수 있는 엔진을 만드는 것과 배기량이 작은 엔진으로 배기량이 큰 엔진에 해당하는 출력을 내는 엔진을 만드는 것은 자동차 회사들의 개발 과제였는데 그 중 하나가 GDI 엔진의 개발이다.

처음에는 GDI 엔진은 정확한 연료량 공급, 고압의 연료펌프, 고압 인젝터의 기술이 필요하여 자동차 가격이 너무 높았다. 그러나 전자제어 기술과 기계가공 기술의 발전으로 정확한 연료량 제어가 가능한 제어 시스템이 개발되고 소형으로 미립 연료의 분무가 가능한 인젝터와 고압 연료펌프의 저가 제작이 가능하여 2000년대 들어서 이론에만 머물던 GDI 엔진의 실용화를 이루었다.

MPI 엔진은 인젝터를 흡기포트에 설치하여 저압으로 분사된 연료는 흡기포트에서 공기와 균일하게 혼합되어 연소실로 흡입되고 연료를 흡기 매니폴드에서 분사하여 균일 혼합기를 만든다. GDI 엔진은 공기가 연소실 내로 먼저 흡입되고 연료는 정밀하게 전자제어되는 인젝터에 의해 연소실에서 고압으로 직접 분사된다. 엔진 부품의 최적 설계로 균일(homogeneous) 혼합은 물론 불균일(heterogeneous)인 성층혼합이 가능하여 균일연소와 성층연소가 동시에 가능하게 되었다.

(2) GDI 엔진의 종류

GDI 엔진은 효율적인 엔진 실린더의 설계로 성층연소가 가능하고, 점화시기를 정밀하게 제어하여 운전 상황에 맞게 성층연소인 초희박 연소와 희박연소, 이론 공연비 연소인 균일연소 그리고 농후연소가 가능하다. 반면에 MPI 엔진은 농후연소와 균일연소를 하고 초희박 연소는 불가능하다.

표 3.3은 GDI의 종류를 나타낸다. 우리나라와 일본은 가솔린 연료를 실린더에 직접 분사한다는 의미인 GDI, 독일은 성층분사가 주요 연소임을 나타내는 FSI, SCGI, 프랑스는 연료를 고압으로 하여 분사하는 의미인 HPDI를 사용한다. 델파이 GDI의 구성부품은 인젝터, 커먼레일, 고압 연료펌프, ECU, 전자 스로틀 밸브, 전자 가변 캠, 유압 가변 캠, 2단계 밸브 리프트, EGR 밸브, 광역 산소센서, 맵(MAP)센서, 매니폴드 온도센서(MATS), 캐니스터 퍼지 밸브(PCSV), 캠각 센서(CMP), 크랭크각 센서(CKP), 냉각수온 센서 등으로 구성된다. 연비를 높이는 기술로 MPI 희박연소(lean burn) 엔진의 개발을 시작으로 GDI 엔진의 개발로 이어졌

표 3.3 GDI의 종류

회사	명명	특징
미쯔비시(GDI)	Gasoline Direct Injection	15~20% 스월 발생 흡기포트, 유황이 없는 연료 사용
VW(FSI)	Fuel Stratified Injection	텀블 형성, 성층 분사
Renault(IDE)	Injection Direct Essence	λ = 1 부근에서 연비 5% 감소
BMW	–	수직 중앙주입, Valvetronic 사용
Peugeot(HPDI)	High Pressure Direct Injection	부분 부하 시 고압 성층 분사
Mercedes(SCGI)	Stratified Charged Gasoline Injection	성층 터보차저, 인터쿨러 사용

다. 앞으로 개발될 엔진은 터보차저를 적용하는 GDI 엔진, GDCI 엔진, 가솔린 다운사이징 엔진, HCCI 엔진 등이 있다. 그리고 우리나라에서는 HCCI 전단계인 1.8L 가솔린 직분식 압축착화(GDCI) 엔진을 공동 개발하고 있으며 이는 연비를 지금보다 25% 높이는 프로젝트이다.

3.3.2 GDI 엔진의 원리

GDI 엔진은 수직 흡기포트를 사용하여 흡기 저항을 줄이고 텀블을 발생시킨 후 MPI 엔진의 연료압력 3.5bar(0.35MPa)보다 고압인 50~200bar의 압력으로 연료를 분사하여 곡면 피스톤 위의 오목한 캐비티(cavity) 부위에 미립화된 연료를 트랩한다. 분사되는 연료에 의한 냉각효과를 이용하고, 불균일한 혼합기로 점화시기 제어가 용이하고 스로틀 밸브에 의한 펌핑 손실을 감소시킨 엔진으로 연소실과 포트 형상, 고압 인젝터로 성층혼합이 가능하여 공기 35~50g에 대하여 연료 1g을 분사하는 초희박 연소기술이다. MPI 엔진의 이론 공연비 연소에, 최대 출력연소에 초희박 연소를 추가한 기술이다.

GDI 엔진에는 가변 밸브(VVA, variable valve actuation)기술이 필요하고, 연료 분사시기 제어, 점화시기 제어를 위하여 정확한 매핑 기술도 필요하다. ECU는 이론 공연비 연소, 최대 출력 연소, 초희박 연소의 3가지 연소를 제어하고 각 연소는 공연비에 의해서 정해진다.

① 이론 공연비(균일) 연소는 공연비가 14.7:1이고 중부하 조건에서 이루어지며 흡입과정에서 연료가 분사된 후 실린더 내에서 공기와 연료의 균일한 혼합이 일어나고 이론적인 연소가 발생한다.

② 초희박(성층) 연소는 공연비가 35~50:1의 연소이고 가벼운 부하와 가속을 하지 않는 일정 속도 운전에서 이루어지며 연료는 흡입과정이 아닌 압축말기에서 적은 양의 연료를 고압 인젝터에 의해 점화 플러그 근처로 분사하는 성층분사가 일어난다. 공기와 연료의 혼합이 불균일하며, 성층혼합은 연료가 공기에 의해 둘러 쌓여 실린더 벽에서는 연소가 일어나지 않고 피스톤 위의 도넛 형태의 캐비티 안에서 연소가 일어나 실화가 없는 초희박 연소가 가능하다. 성층연소가 되면 엔진의 열손실이 낮아지고 높은 비열비와 열해리 감소로 연비가 좋아진다. 다만 초희박 연소 시는 연소실 온도가 높아져서 발생하는 NO_x를 제거하기 위하여 냉각 EGR과 희박 NO_x 촉매를 적용해야 한다.

③ 최대 출력(농후) 연소는 공연비는 약간 농후하고 가속, 등판 주행에서 발생하며. 연료는 흡기과정에서 분사되어 공기와 연료 혼합이 균일하게 된다.

GDI 엔진의 핵심은 성층연소이며 이를 위해 텀블유동, 스월유동, 고압 인젝터 기술, 저밀 전자제어 기술이 필요하고 흡기의 펌핑손실이 발생하면 스로틀 개도량을 60%까지 열어 손실을 줄인다. 제1세대 GDI 엔진은 흡입과정에서 연료를 한번만 분사하였지만 현재의 GDI 엔진은 연료 압력을 고압으로 하여 한 사이클에 1회 이상 연료를 분사할 수 있다. 흡입과정에서 분사하는 조기분사(pre-injected), 압축과정 말기 피스톤이 상사점에 도달하면 분사하는 주분사로 이루어진다. 이렇게 2단 분사를 하면 흡입되는 공기가 연소실을 냉각하여 체적효율이 높아지고 연소실에서 공기와 연료의 혼합이 균일하게 되는 효과가 있다.

3.3.3 GDI 엔진의 구성 부품과 제어 종류

제1세대의 GDI 엔진은 연소실 내에서 분사시기가 인젝터와 점화 플러그의 위치에 제약을 받고, 혼합기 형성 위치에 따라 점화시기가 늦게 되어 엔진의 효율이 낮은 결점이 있었다. 이를 해결하기 위해 **그림** 3.12와 같이 인젝터와 점화 플러그를 연소실 중앙에 배치한 균일 분사 방식의 제2세대 GDI 엔진이 개발되어 공기유동과 피스톤 운동과는 상관이 없이 혼합기 형성이 되고, 점화시기를 자유롭게 제어할 수 있어 효율이 높아지고 성층연소 범위도 확대되었다.

균일연소는 연료가 벽면에 액체로 붙지 않고 연료의 분산이 잘 이루어져 연소실 냉각을 최대로 하는 연소이며, 성층연소는 인젝터와 점화 플러그의 배치를 최적으로 하여 연료분사 후 점화시기까지 짧은 시간 내에 증발한 연료를 점화 플러그 주변에 모이도록 하여 혼합기의 상태가 변화하기 전에 2차파형의 방전 에너지량 제어, 점화시기 정밀제어를 통하여 점화시킨다.

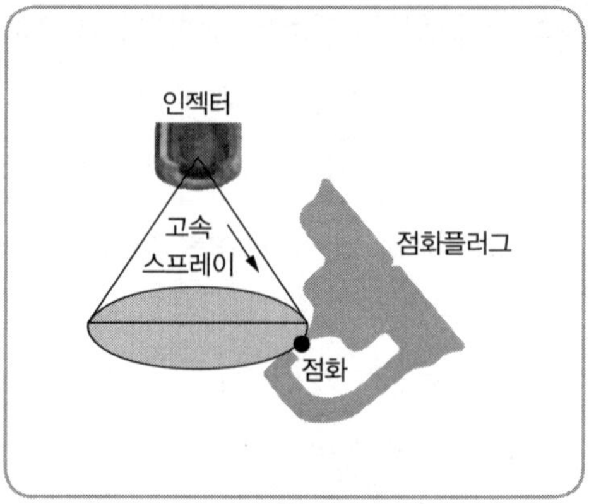

| 그림 3.12 | 인젝터와 점화 플러그의 위치

한편 GDI 엔진은 성층연소로 인하여 발생하는 PM과 NO_x를 저감하는 후처리 장치를 적용

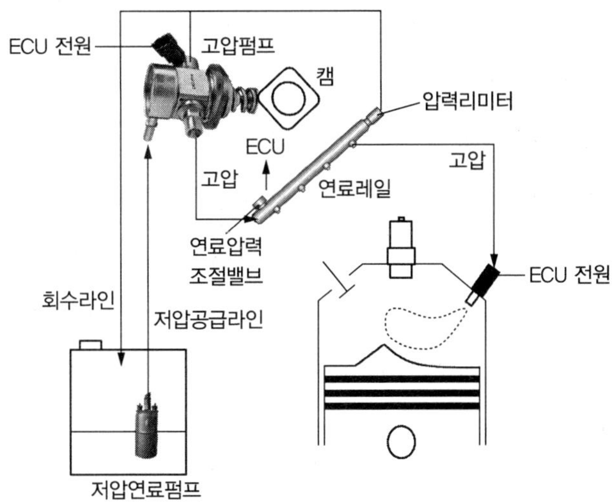

| 그림 3.13 | 덴소의 GDI 시스템 구성(EDU, engine driving unit)

해야 한다. GDI 엔진 기술은 성층연소와 함께 연료압력 제어, 정확한 연료량 산출, 분사시기 및 점화시기 제어로 이는 기존 MPI 엔진에서는 할 수 없는 매우 정밀한 제어기술이다. **그림 3.13**은 덴소의 GDI시스템의 구성을 나타낸다. 저압 연료라인, 고압 연료라인, 커먼레일, 고압 펌프, 고압 인젝터, 회수라인, 연료압력 조절밸브, 연료압력 센서 및 제어 시스템 등으로 구성된다.

(1) 스월 고압 인젝터

GDI 엔진의 인젝터는 엔진 부하가 필요로 하는 고압의 연료를 직접 연소실로 분사하며 분사 시에는 높은 압력의 스월 유동을 형성한다. 성층연소가 가능하도록 연료의 압력은 50~200bar 범위이고, 고압이 되면 연료는 미립화되어 타고 남는 것이 없도록 연소한다. 고압 인젝터는 연소실에 직접 노출되어 있어 고압에 견디는 내구성이 강해야 하고 엔진 설계 형상에 따라 인젝터의 위치는 다르게 된다. 그리고 고압 인젝터를 구동하는 데 많은 전류가 필요하며 인젝터 분사방식은 스월분사, 성층분사, 균일분사, 분사 형태는 원추형 분사, 부채형 분사, 멀티 홀 분사가 있다. **그림 3.14**는 가솔린 고압 인젝터의 구조를 나타내며 전류가 가해지면 전자석 코일은 니들밸브를 들어 올리고 연료가 분사된다. 고압의 인젝터는 연료 내의 아주 작은 티끌에도 영향을 받으므로 연료필터가 필요하고 질 좋은 연료를 사용해야 한다.

(2) 수직형, 수평형 흡기포트

GDI 엔진의 흡기 매니폴드는 MPI 엔진과는 다르게 설계되고 수직형과 수평형 매니폴드가 있다. 수직형 매니폴드는 공기유동을 곡면 피스톤 위로 직접 부딪치게 하여 강력한 역회전의 텀블 유동을 형성시킨다. 연소실에서 텀블이 형성되면 가장자리는 안쪽보다 속도가 빠르고 압력이 낮아 그 위에 연료를 분사하면 텀블 공기는 연료와 균일하게 혼합된다. 수평형 매니폴드는 공기유동을 실린더 벽면으로 보내어 스월 유동을 많이 생성하고 텀블 유동은 비교적 적게 형성된다. GDI 엔진에서는 스월 유동보다 텀블 유동이 중요한 요소이지만 엔진 룸의 공간 제약으로 인하여 수직형 매니폴드는 설계하기 어려워 텀블 유동을 만들기가 어렵다. 그림 3.15과 같은 수직형 매니폴드와 수평형 매니폴드로 스월 유동과 텀블 유동을 만들어 낸다.

(3) 곡면 피스톤

GDI 엔진에서는 피스톤 면의 형상을 곡면으로 특별하게 설계하여 텀블 형성을 유도하고 공기와 연료의 성층화를 가능하게 한다. 인젝터에 의해 분사된 연료는 피스톤 위의 캐비티

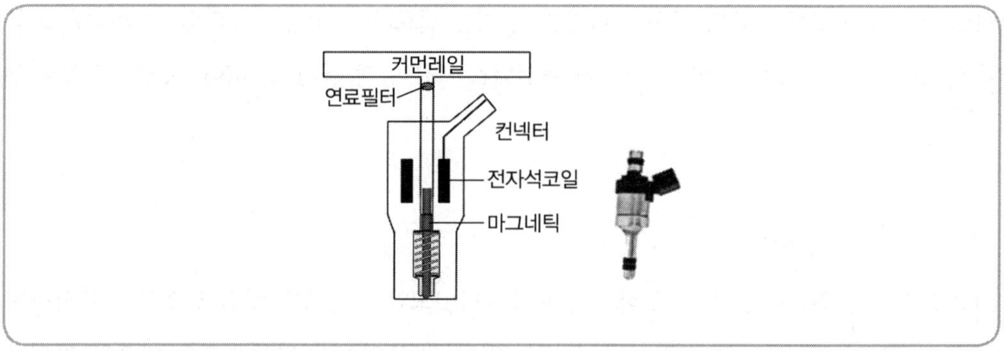

| 그림 3.14 | 가솔린 고압 인젝터

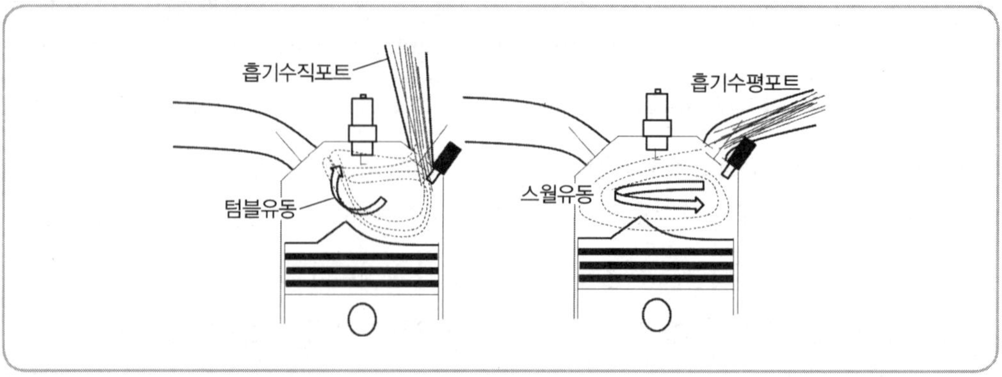

| 그림 3.15 | 수직형, 수평형 매니폴드

(cavity)에 의해 흩어지는 것이 방지되며 흡기 매니폴드의 스월 컨트롤 밸브에 의해 스월 유동이 발생하고 이 유동은 벽면을 따라 흐르다가 캐비티에 의해 트랩되어 혼합기는 점화 플러그 쪽으로 유도된다.

(4) 스월 컨트롤 밸브(SCV)

흡기 매니폴드에 스월 컨트롤 밸브를 부착하여 스월 유동을 만든다. 공회전, 저속일 때는 밸브는 약간 열려 소량의 빠른 공기를 벽면으로 타고 들어가게 하여 스월 유동을 발생하고, 밸브를 완전히 여는 고속 시에는 펌핑손실이 적어져 흡입 공기량이 증가하여 체적효율이 좋아진다. 엔진의 운전 조건에 따라 흡입공기의 속도, 흡입 공기량을 스월 컨트롤 밸브로 제어하여 엔진의 출력과 토크를 조절한다. 스월 컨트롤 밸브는 솔레노이드에 의해 작동되고 그림 3.16은 스월 컨트롤 밸브를 나타낸다. 조금 열릴 때 유동은 벽을 타고 빠른 속도로 유입되어 강력한 스월 유동이 발생하고 많이 열릴 때는 약한 스월 유동이 발생한다. GDI 엔진은 운전 조건에 따라 연료의 압력도 변하고 연료압력 센서로부터 연료압력을 검출하여 연료압력 조절밸브를 제어하여 최적인 연료압력을 만들어 분사한다.

(5) 냉각 EGR(Cooled EGR)

GDI 엔진은 MPI 엔진과는 다르게 냉각 EGR을 필요로 한다. EGR 밸브는 ECU에 의해 제어되며 성층연소인 초희박 운전시 발생하는 NO_x 저감과 균일 연소 시의 연비 개선을 위하여 냉각 EGR을 적용한다. 냉각 EGR은 운전조건에 따라 연소실을 정밀 제어하여 엔진 성능의 저하가 없이 배기가스를 저감시키고 연비를 향상시킨다.

(6) 전자 스로틀 밸브(ETC, electronic throttle control)

GDI 엔진은 스로틀 밸브의 개도가 전기모터와 센서에 의해 제어되며 이 기술은 비행기 엔진에 적용되던 기술이다. 최고의 운전성, 배기가스의 최적 제어, 자기진단 제어가 가능한 최신의 토크 제어방식의 ECU가 적용되고 전자식 스월 컨트롤 밸브, 전자 EGR 밸브, 가변 밸브 액츄에이션, 압력 제어 밸브 등을 운전 조건에 따라 최적으로 구동하여 전체 운전 영역에서 고출력을 달성한다. 그림 3.17은 보쉬의 전자 스로틀 밸브를 나타낸다. 전자제어 스로틀 시스템(drive－by－wire)은 전자제어 스로틀, 가속 페달(엑셀 스로틀 레버), 엔진의 스로틀 밸브 사이를 전기적으로 접속하여 제어하는 기구이다. 기계적인 연결이 어려운 항공기 등에서 플라이 바이 와이어(fly-by-wire)로 먼저 사용되었으며, 스테핑 모터로 제어되기도 하고, DC 브러쉬 모터에 의한 제어도 사용되고 있다. 이것은 안전하게 정차할 때까지 최소한의 엔진 회전수를 유지함으로써, 브레이크, 파워 스티어링 장치 및 전기 계통 장치를 작동시킬 수 있다. 전기적으로 연결하기 때문에 스로틀을 제어하는 컨트롤러가 필요하며, 이는 ECU의 기능에 포함되어 있다. 엔진 회전수가 충분하지 않는 상태에서 스로틀 밸브를 열면 공기 속도는 증가하지만 충전효율이 나빠져 이때는 엑셀을 밟아도 스로틀 개도는 제한된다. 특히 중, 저속 영역에서 엑셀을 전개하는 것보다 1/2 정도 여는 것이 엔진의 효율이 좋아서 연비 향상을 위해 엑셀 조작을 평균적으로 운전자의 페달속도보다 지연시킨다. 운전자가 밟는 의도에 따라 스로틀이 열리면 연비, 엔진 효율이 좋지 못하기 때문에 이를 개선하기 위해서이다. 엑셀 페달을 밟아도 약 0.1~0.4초 내에는 스로틀 밸브가 반응하지 않고, 엑셀 페달은 전개되어도 스로틀 밸브는 전개되지 않지만 1/2 엑셀에서도 스로틀 밸브는 전개될 수 있다. 페달에서 발을 떼어도, 스로틀 밸브는 늦게 닫히고 완전히 발을 떼어도 스로틀 밸브는 조금 열린 상태가 되며 엑셀 조작에 대하여 스로틀 밸브가 충실하게 반응하지 않는다.

| 그림 3.16 | 스월 컨트롤 밸브

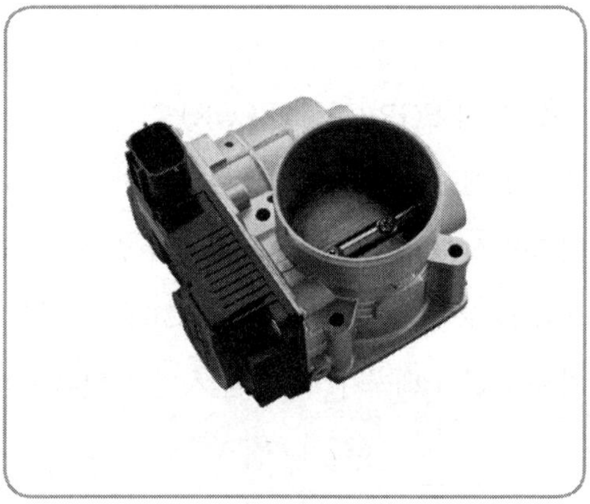

| 그림 3.17 | 보쉬 전자 스로틀밸브

(7) 고압 연료펌프

연료탱크 내의 저압 연료펌프는 3~4bar의 압력으로 연료를 고압 연료펌프로 보낸다. 고압 연료펌프로 들어온 연료는 캠축의 회전 운동으로 50~200bar까지 고압으로 되고 이 고압 연료는 커먼레일로 들어가 인젝터로 분사되고 남은 연료는 다시 연료탱크로 회수된다. 연료압력 센서는 고압의 연료압력을 측정하여 ECU로 보내고 고압 연료압력이 변하면 연료 분사량도 변하기 때문에 연료압력 조절밸브는 연료압력을 항상 운전 조건에 맞도록 제어한다.

(8) 연료압력 조절밸브

연료압력 조절밸브는 커먼레일의 끝부분에 부착되어 있으며 ECU가 회수할 연료량을 결정하면 ECU는 연료압력 조절밸브를 구동하여 레일의 압력을 제어한다. 연료압력 조절밸브는 솔레노이드밸브가 부착되어 ECU에 의해 전원이 가해지면 회수 포트는 막혀 레일의 압력은 높아지고 전원이 끊어지면 회수 포트는 열려 레일의 압력은 감소한다. 전자식에 대하여 기계식을 리미터 밸브(limiter valve)라고 한다. 표 3.4는 델파이 GDI 엔진에서 적용한 기술과 제어 내용을 나타낸다.

(9) 장단점

GDI 엔진은 연소실에 직접 고압연료를 분사하는 시스템이다. 기존의 MPI 엔진과 비교하면 연료의 냉각작용을 이용하여 흡입공기를 냉각할 수 있어 흡기효율이 높아지고 고압축비에 의한 노킹을 감소할 수 있다. 또한 흡기밸브가 닫힌 압축행정 말기에서 연료를 분사하면 연소실에서 성층혼합이 가능하다. 가변 밸브 타이밍, 가변 밸브 리프트, 가변 길이 흡기 매니폴드(VLIM), 음향 제어 흡기시스템(ACIS) 등과 같은 기술을 사용하여 연비를 더 높일 수 있고, ECU에 의한 정확한 분사시기 제어, 엔진의 회전수에 따라 공연비를 검출하는 센서를 적용하여 안정된 초희박 연소가 가능하다.

그러나 GDI 엔진은 초희박 연소 시에는 기존의 $\lambda = 1$인 이론 공연비 연소범위에서 작동하는 삼원촉매는 작동을 하지 않아 NO_x가 배출되는 문제가 있어 NO_x 흡장 환원촉매를 추가해야 한다. 흡장된 NO_x를 제거하기 위해 때때로 농후 연소를 해야 하기 때문에 ECU가 연소 타이밍을 정밀하게 제어하면 농후연소가 가능하다. 이런 방법으로 촉매의 정화 성능을 최적으로 유지한다.

| 그림 3.18 | 델파이 GDI 고압연료펌프

표 3.4 GDI 엔진에서 가능한 제어기술(출처 : 델파이)

제어내용	control
연료분사(Fuel Injection)	균일연소 (Homogeneous Combustion Systems)
점화 시스템(Ignition System)	DIS(Coil per plug) 고에너지(High energy option)
스로틀 제어(Throttle Control)	전자식 모터제어 (Electronic, non–contacting sensor)
냉각 EGR 밸브	전자식 냉각 EGR
가변 밸브 타이밍(Cam Phasing)	2스텝 흡배기 (Dual independent intake and exhaust)
가변 밸브 리프트(Discrete Valve Lift Control)	실린더비활성화(Cylinder deactivation option) 가변밸브 리프트(2–Step Valve Lift option)
연속 가변밸브 리프트 (Continuously Variable Valve Lift)	–
가변 터보차저(Turbo Charging Control)	기계식, 전자식 wastegate 제어(Mechanical and electronic wastegate control)
흡기길이 제어(Active Intake Tuning Control)	공기량 제어
발전기 제어(Generator Control)	–
시동모터 제어(Starter Motor Control)	–
광역산소 센서(Wide Range Oxygen Sensor)	균일연소 시 사용
퍼지제어 액츄에이터(Purge Control Actuator)	증발가스 제어
연료증기압 센서(Fuel Vapor Pressure Sensor)	연료증기압 측정
MAP(Manifold Absolute Pressure), MAT(Manifold Air Temperature) Sensor	공기압력, 온도 측정

wastegate control : 터보차저에서 압력의 지나친 상승을 막는 제어법

연습문제

01 전자제어 기관에서 인젝터의 기본 열림시간을 결정하는 신호는? **정답** ②

① WTS, ATS ② AFS, CKP ③ CKP, TPS ④ ATS, BPS

| 풀이 | 기본 분사시간은 흡입 공기량과 엔진 회전속도로 결정된다.

02 전자제어 기관에서 공기 흡입량 감지 방식이 아닌 것은? **정답** ②

① 가동 베인식 ② 스로틀 센서식 ③ 열막식 ④ 열선식

| 풀이 | 스로틀 센서는 TPS로 스로틀 밸브의 개도를 감지한다.

03 전자제어 가솔린 기관에 대한 설명으로 틀린 것은? **정답** ④

① ATS는 공기밀도 보정에 사용한다.
② 공회전 속도 제어는 스텝모터 방식도 있다.
③ 산소센서 신호는 이론 공연비 제어 신호로 사용한다.
④ 점화시기는 점화 2차코일의 전류를 CKP가 제어한다.

| 풀이 | 점화시기는 파워 TR 또는 ECU가 제어한다.

04 전자제어 가솔린 기관의 연료 분사량 제어에 대한 설명으로 틀린 것은? **정답** ④

① 엔진 냉간 시에는 공전 시보다 많은 연료량을 분사한다.
② 급감속 시 연료를 일시적으로 차단한다.
③ 배터리 전압이 낮으면 인젝터 열림시간을 길게 한다.
④ 지르코니아 방식의 산소센서 값이 높으면 연료 분사량도 증가한다.

| 풀이 | 산소센서 값이 높으면 농후상태이므로 연료 분사량은 줄여야 한다.

05 흡입공기의 통로 속의 발열 저항체의 온도를 일정하게 유지하도록 전류 값을 변화시켜 그 전류 값으로부터 흡입 공기량을 계측하는 방법은? **정답** ③

① 베인 플레이트식 ② 칼만 맴돌이식 ③ 열선식 ④ 흡입 부압 감지식

| 풀이 | 열선식-발열저항체

06 다음 중 MAP센서의 설명으로 적당한 것은? **정답** ④

① 매니폴드내 대기 압력을 흡입하는 것
② 평균 대기압력의 머리글자
③ 매니폴드 내의 공기 변동 측정
④ 매니폴드 절대압력을 측정하는 센서

| 풀이 | Manifold Absolute Pressure(매니폴드 절대압력), 아이들링 시 450–500mmHg이다.

07 흡입 공기량 검출 방식 중 에어 플로우 미터를 사용하지 않는 방식은? **정답** ①

① 흡입 부압 감지식 ② 열선식 ③ 칼만 맴돌이식 ④ 베인 플레이트식

| 풀이 | 흡입 부압 감지식은 MAP 방법으로 간접 계측 방법이다. 직접 계측법–공기 체적 계측(칼만 와류식, 가동 베인식), 공기 질량 계측(열선식, 열막식)

08 스트레인 게이지의 저항치가 압력에 비례하여 변화하는 것을 이용하여 압력을 전압으로 변화시키는 반도체 피에조 저항형 센서는? **정답** ④

① 흡기온 센서 ② 스로틀 포지션 센서 ③ 에어 플로우 센서 ④ 대기압 센서

| 풀이 | 대기압 센서–해발이 높아지면 출력 전압 낮아진다. 피에조 소자(압전소자) 센서–MAP 센서, 대기압 센서, 노킹센서

09 GDI 엔진에서 ETC의 경우 전원의 단선이나 제어가 불가능한 경우 최소한의 공회전이 유지되도록 하는 기능은? **정답** ①

① Limp home ② A/F 센서 ③ Hot wire ④ ATS

| 풀이 | 림홈 기능은 전자 스로틀 모터가 고장이 나는 경우 정비 공장까지 자동차를 이동시키는 기능이 있다.

10 다음 중 연결이 잘못 된 것은? **정답** ①

① HO_2S – 배기가스 온도 센서 ② CKP – 크랭크축 위치센서

③ WTS – 냉각수온 센서 ④ ATS – 공기온도 센서

| 풀이 | HO_2S – heated oxygen sensor

11 반도체에서 전류를 통과하는 곳에 자기장을 통과시키면 수직 방향으로 전기가 발생한다. 무슨 원리를 설명한 것인가? **정답** ②

① 마그네틱 픽업 ② 홀효과 ③ VVT ④ 광학식 센서

12 자기저항은 자속이 통과하지 못하도록 하는 저항으로 외부 진동에 의해 산과 골에서 자기저항이 변한다. 자기저항(reluctance)이 변하면 코일 리액턴스, 임피던스가 변하여 전기가 발생한다. 무엇을 설명한 내용인가? **정답** ②

① MRE ② 마그네틱 픽업 ③ 홀효과 ④ 광전식

| 풀이 | 마그네틱 픽업은 자기저항을 변화시켜 전기를 얻는다.

13 가솔린 GDI 엔진의 특성이 아닌 것은? **정답** ④

① 균일연소 ② 초희박 연소 ③ 과급 연소 ④ 연료압력 1500bar

| 풀이 | GDI 기관의 연료압력은 50~200bar 정도이다.

14 가솔린 GDI 엔진의 구성 부품이 아닌 것은? **정답** ①

① 삼원촉매 ② 고압 연료펌프 ③ 고압 인젝터 ④ 공연비 센서

| 풀이 | GDI 기관의 촉매는 희박 NO_x 촉매이다.

15 다음 중 GDI 엔진 기술이 아닌 것은? **정답** ①

① 바이오 연료 적용 ② e-turbine ③ VVT ④ 냉각 EGR

| 풀이 | ETC, VVT, CEGR, VGT등은 GDI 기관에 적용되는 기술이다.

[주관식]

16 MPI 기관에서 K 제트로닉, D 제트로닉, L 제트로닉, Mono 제트로닉, M 모트로닉, MED 모트로닉에 대하여 특징을 기술하고 제트로닉과 모트로닉의 차이점이 무엇인지 알아보자.

17 다음 MED Monotronic의 각 부품 이름을 작성하시오.

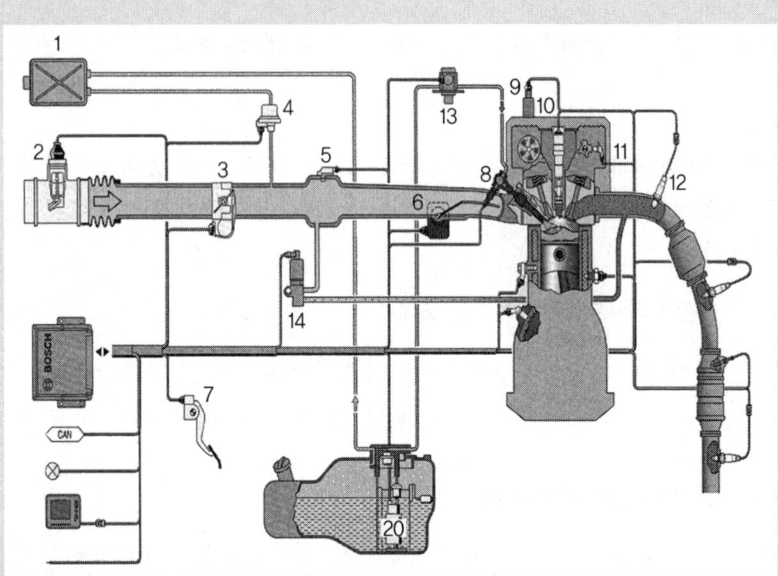

18 이론공연비 피드백 제어시스템(the stoichiometric air-fuel ratio feedback control system)에 대하여 삼원촉매와 관련하여 설명하시오.

19 오토 사이클, 앳킨슨 사이클, 밀러 사이클을 비교하고 설명하라.

20 GDI 가솔린 기관의 원리, 구성 부품, 특징을 설명하라.

CHAPTER

04 CRDI 디젤기관

4.1 디젤기관의 개요

1867년 루돌프 디젤이 디젤기관을 발명한 후 벤츠에 의해 1924년 디젤트럭, 1936년 디젤 승용차가 개발되었고 1973년, 1979년 오일 쇼크가 발생하여 본격적인 디젤 승용차의 보급이 세계적으로 시작되었고, 1997년 PM, NO_x 규제가 강화되면서 보쉬가 승용차용 커먼레일을 개발하였다. 현재는 제3, 4세대 커먼레일이 EURO VI 규제에 맞추어 개발이 완료되어 있다. 유럽에서 보급이 확산된 최신의 디젤 승용차는 기술 혁신과 연료 품질 향상에 따라 대폭적인 성능 향상과 배출가스 클린화가 진행되고 있어 디젤 자동차의 이미지인 흑연의 배출은 이제 사라지고 있다.

디젤기관은 그 원리에서 가솔린 기관과 비교하여 연비가 좋고, 출력이 높고 CO_2 배출량도 약 20% 적은 특성이 있으며 유럽은 디젤 자동차의 비율이 약 50% 이상이다. 연료분사, 후처리를 비롯한 디젤 엔진 관리시스템이나 부품의 개발이 계속되고 있으며, 이러한 시스템 개발은 환경 성능이 뛰어난 클린 디젤을 실현하고 있다. 디젤기관은 흡입행정 동안 공기만을 흡입하고 이것을 압축하여 고온, 고압으로 만들고 여기에 연료를 분사시켜 자기 착화시키는 엔진이다. 따라서 디젤기관은 압축비와 연소압력이 가솔린 기관에 비해 2배 이상 높으며, 높은 연소압력 때문에 소음과 진동이 심하다.

① 디젤 사이클 : 저속 디젤기관으로 선박용에 많이 사용된다.
② 사바테 사이클 : 고속 디젤기관으로 자동차용에 많이 사용된다.

4.2 연소실의 종류

디젤기관은 공기만 흡입한 상태에서 연료를 분사하여 연소시키므로 공기와 연료의 혼합이 잘 되어야 하며 양호한 혼합 상태를 얻기 위하여 여러 가지 형상의 연소실이 사용된다. 디젤 연소실을 분류하면 직접 분사식과 간접 분사식(부실식)이 있다.

4.2.1 직접 분사식(Direct Injection, DI)

연소실을 실린더 블록에 설치하고, 연소실에 다공 노즐을 두는 이 방식은 연료의 분무와 공기의 혼합 여부가 연소의 질을 좌우하므로 분사 노즐의 성능과 연소실 내의 유동이 가장 중요하다. 공기의 유동은 흡기포트에 의해 발생되는 와류와 압축 상사점 부근에서 형성되는 와류가 중요하다. 이 방식에서의 연소실을 **그림** 4.1 (a)에 나타내며 직접 연소실은 효율이 높고 냉각손실이 적다. 압축비는 13~16:1, 연료 소비율 170~200g/pSh, 분사압력 500bar 이상, 노즐의 형식은 구멍형 다공노즐을 사용한다.

4.2.2 간접 분사식(Indirect Injection, IDI)

엔진을 소형, 고속화하려면 혼합기의 형성 시간과 연소시간이 짧아져야 하며 이를 위해 강한 공기의 유동이 필요하다. 간접 분사식은 공기 유동을 강하게 하기 위해서 부실인 연소실을 주실과는 별로도 실린더 헤드에 설치한다. **그림** 4.1 (b), (c)와 같이 부실식은 와류실식과 예연소실식이 있다.

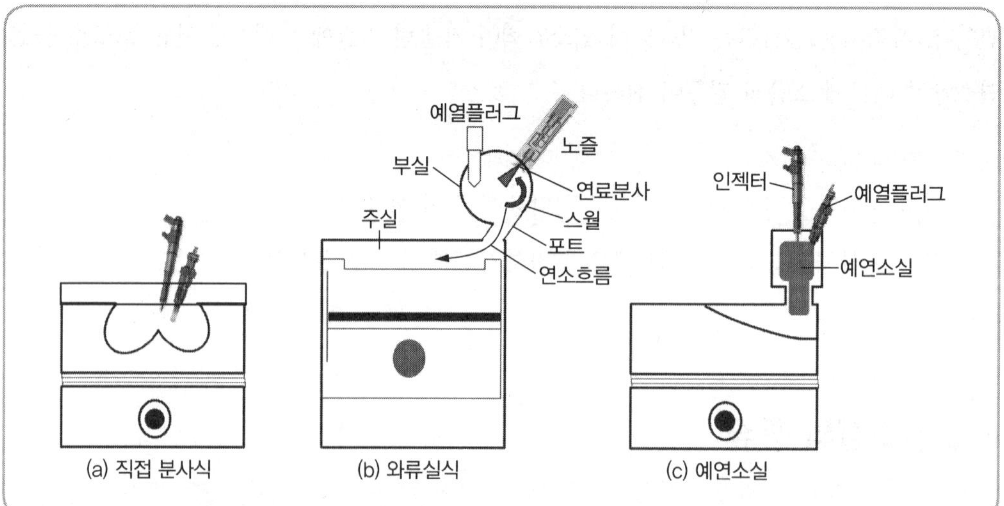

| 그림 4.1 | 직접 분사식(DI)과 간접 분사식(IDI)

(1) 와류실식

와류실식은 연소실을 구형으로 하여, 압축과정에서 접선 방향으로 유입하는 공기에 의해 와류를 일으켜 연소 촉진을 도모한다. 이런 와류를 이용하여 디젤기관 중 평균유효압력이 가장 높고 고성능으로 마력이 가장 크며 연료 소비율도 예연소실보다 적다.

(2) 예연소실

예연소실식은 먼저 예연소실에 분사된 연료의 일부가 연소하고, 그것에 의해 생긴 압력차에 의해 미연소 부분을 주실로 분출시켜 분출력에 의해 공기와 혼합시킨다. 예열 플러그를 사용하고 노킹이 일어나기 어려우며 연료의 선택 범위가 넓고 회전 속도의 변화에 대하여 분사시기를 조절할 필요가 없다.

(3) 공기실식

공기실을 실린더 헤드와 피스톤 헤드 사이에 설치하고 연료는 주연소실에 분사하며 연소의 폭발 압력이 가장 낮다.

(4) 각 연소실의 비교

① 고속, 고출력 : IDI는 와류실에서 강한 와류가 얻어져 고속 연소가 가능하므로 공기 이용률과 회전 속도가 DI에 비해 유리하고, 고속, 고출력을 얻기 쉽다. 최고 회전수는 5000rpm 이상이다.

② 소음 : 연소에 기인하는 소음은 주로 주연소실의 압력 상승 때문이다. DI는 착화지연이 커서 노킹을 일으키기 쉽다.

③ 연비 : IDI는 주, 부연소실 사이의 통로에 의한 교축 손실과 와류실 벽면을 통한 열손실 때문에 DI에 비해 15% 정도 연비가 떨어진다.

④ 배출가스 특성 : 디젤엔진은 희박연소이므로 CO는 문제가 되지 않으며, DI 엔진은 분무의 관통력이 강하고 연료의 벽면 부착이 많으므로 IDI 엔진보다 HC가 늘어난다. NO_x는 실린더 내 압력 상승률이 높은 DI 엔진이 더 많다. 스모그는 연료의 불완전 연소로 인해 IDI 엔진이 DI 엔진보다 나쁘다.

⑤ 시동성 : IDI 엔진은 와류실에서의 냉각 손실로 인하여, 저온 시동성은 고압축비 상태에서도 DI 엔진에 비해 떨어져 예열장치가 필요하다.

4.3 커먼레일 직접분사 엔진

4.3.1 개요

배기가스 규제 강화에 따라 그을음이나 유해가스가 적은 완전 연소를 촉진하기 위해 개발된 엔진이다. 간접 분사식 디젤엔진(IDI, Indirect Injection)은 연료와 공기가 혼합되어 연소실에 공급되고 500bar의 분사 펌프식 디젤은 분사의 자유도가 없고 특히 분사 입자(SMD)가 커서 PM 발생이 많고 예혼합과 확산연소로 NO_x, 소음 발생이 많았다. 이와는 다르게 종래의 방식이 주사식이라면 CRDI 방식은 풍선식으로 변경하여 커먼레일을 만들어 고압 연료를 저장하여 필요할 때 필요한 압력으로 연소실에 직접분사(DI)하는 방식이다. 종래의 디젤엔진은 분사펌프에서 직접 각 실린더로 연료를 분배하였지만 CRDI 엔진은 디젤 분사펌프에서 발생하는 연료압력보다 훨씬 높은 압력으로 만들어 커먼레일에 축압한 후 고압의 연료를 각 실린더로 분사한다. 기존 디젤엔진의 분사장치는 분사압력을 얻기 위하여 캠구동 장치를 사용하고, IDI 디젤엔진의 분사압력은 크랭크축의 속도와 함께 증가하고 그에 따라 분사 연료량도 증가하여 크랭크축의 속도가 낮아지면 분사압력도 낮아진다. 분사된 연료가 공기와 혼합 후 연소되고 나중에 분사된 연료는 공기 부족으로 불완전 연소되어 매연이 발생하였다. 이러한 매연 발생을 적게 하려면 연료를 고압으로 분사해야 한다. 경유는 가솔린 연료에 비하여 점

표 4.1 CRDI 엔진의 연료 압력

회사	종류	연료압력
IDI	부연소실(간접 분사식)	400~500bar
DI	직접 분사식	1000bar
Bosch(커먼레일)	1세대 2세대 3세대	1350bar(135Mpa), 2회 분사 1600bar, 5회 분사 2000bar, 9회 분사
Denso(커먼레일)	1세대	1450bar(145Mpa)
	2세대	1800bar
	3세대	2000bar
	4세대	2500bar(회수연료량을 줄임)
Delphi(커먼레일)	Multec	2000bar

덴소 4세대 : 엔진의 회전 속도에 의존하지 않고, 분사 압력, 분사량, 분사시기를 제어 할 수 있고 각 인젝터에 내장된 압력센서가 분사압을 실시간으로 측정하고 인젝터마다 분사량과 타이밍을 제어한다.

도가 높아 입자를 작게 만들기 어렵지만 1400bar 이상의 고압 상태에서 연료를 분사하면 미립화되므로 CRDI 엔진은 연료의 최대 압력을 1800~2000bar로 높인 것이다. 2000bar의 압력은 20,000m의 물속에서의 압력과 같다. 연료 분사압력을 높이면 연료입자는 작아지고 연소도 잘 되며 DI 엔진은 연료입자의 평균지름이 10μm 정도지만, CRDI 엔진에서 1400bar 상의 고압이 되면 5μm으로 작아지며 높은 분사압력이 엔진의 속도와 상관없이 얻어진다. 1995년 제1세대, 2002년에 1800기압에서 1회 연소 사이클에 최대 5회 정밀 분사할 수 있는 제2세대, 2008년에는 2000기압에서 최대 9회 정밀 분사할 수 있는 제3세대 커먼레일이 개발되었다. 표 4.1은 CRDI 엔진의 최대 연료압력을 나타낸다. CRDI 엔진은 연료 분사압력이 높을수록 연료가 박무화되기 때문에 발생하는 PM이 감소하고 그리고 1회 연소 사이클 동안 5~9회 분사하여 NO_x와 소음의 발생을 억제한다. CRDI 엔진은 높은 연료압력 발생과 연료분사를 독립적으로 하기 위해서 고압을 발생하는 고압 연료펌프, 고압을 유지할 수 있는 고압 어큐뮬레이터(high pressure accumulator), 그리고 정밀 제어 시스템이 필요하다. CRDI 엔진은 고

표 4.2 CRDI의 원리

필수요건	적용 기술	현상	이유
PM, NO_x 저감, 소음제거	연료의 고압화, 정밀 제어시스템	연료의 박무화로 완전 연소 1 스트로크 : 5~9회 분사정밀제어	연료가 고압이면 분사를 빠르게 할 수 있고 1ST(스트로크)에 더 많이 분사할 수 있어 연료 미세화, 와류 발생으로 완전 연소 가능

표 4.3 현대자동차의 CRDI의 종류

구 분	종 류	적용 자동차
U 엔진	1.1 CRDI 1.4 CRDI 1.6 CRDI 1.4 CRDI VGT 1.6 CRDI VGT	ix20, i20, i30, VGT (보쉬시스템)
R 엔진	2.0 CRDI e-VGT 2.2 CRDI e-VGT	산타페, 투싼, 스포티지 R, 소렌토 R, 카니발 R, VGT 적용, 피에조 인젝터(보쉬시스템)
D 엔진	2.0 CRDI	산타페, 트라제(보쉬시스템), R로 대체
A 엔진	2.5 CRDI WGT	포터, 봉고(보쉬시스템)
J 엔진	2.9 CRDI	그랜드카니발, 테라칸(델파이시스템), A로 대체
S 엔진	3.0 CRDI	베라크루즈, 모하비(보쉬시스템)
F 엔진	3.9 CRDI	마일(덴소시스템)

압연료 공급, 연료회수, 제어로 이루어지고 고압 분사펌프 동력은 실린더 당 약 140ps의 마력으로 2000bar의 연료압력을 만든다. 저속 영역에서도 고압분사가 가능하여 배출물이 크게 감소되고 이는 CRDI 엔진의 가장 큰 장점이다. 표 4.3은 현대 자동차의 CRDI의 종류를 나타낸다.

(1) 배출가스의 감소

CRDI 엔진은 연료의 연소를 완전 연소에 가깝게 하여 배출가스 저감을 할 수 있으며 같은 NO_x 값에서 CO_2 20%, CO 40%, HC 50%와 PM을 60%까지 줄일 수 있다. 연료의 압력을 제어하여 직접 분사하기 때문에 고압이 유지되고 연비와 출력을 높일 수 있다.

(2) 출력과 연비 향상

저속 과부하 시에도 고압의 분사가 가능하여 IDI 엔진보다 저속에서 토크 50%, 출력 25%의 증가가 가능하고 유해 물질 배출량이 적고 엔진 운전 조건에 따라서 연료압력과 분사시기를 조절하여 IDI 엔진에 비하여 최대 20%까지 연비 향상이 가능하다.

(3) 소음 감소

IDI 엔진의 진동과 소음을 파일럿 분사 등 다단분사의 적용으로 저감시키고 공회전 시 소음도 감소한다.

4.3.2 시스템의 구성

CRDI 엔진은 고압펌프에서 생성한 고압연료를 커먼레일(어큐뮤레이터, 축압실)에 축적하고 인젝터의 노즐의 배압을 제어하여 연료분사의 시작과 종료를 결정하며 엔진 회전속도에 의존하지 않고 최고 분사압력 2000bar, 분사량, 분사시기를 독립적으로 제어하여 다단분사를 통하여 배출물을 저감한다. CRDI 엔진은 고압 연료펌프, 커먼레일, 고압 인젝터, 센서, ECU, EDU(Electronic Driving Unit)등으로 구성된다.

그림 4.3은 CRDI 엔진의 구성도를 나타낸다. 고압 연료펌프에서 커먼레일로 연료를 공급하고, 커먼레일 내의 압력은 레일압력 센서로 감지한다. 엔진 회전수, 엔진부하에 의해 결정되는 펄스 신호에 따라 분사시기와 분사량이 결정되며 고압 연료펌프는 캠축의 회전력을 이

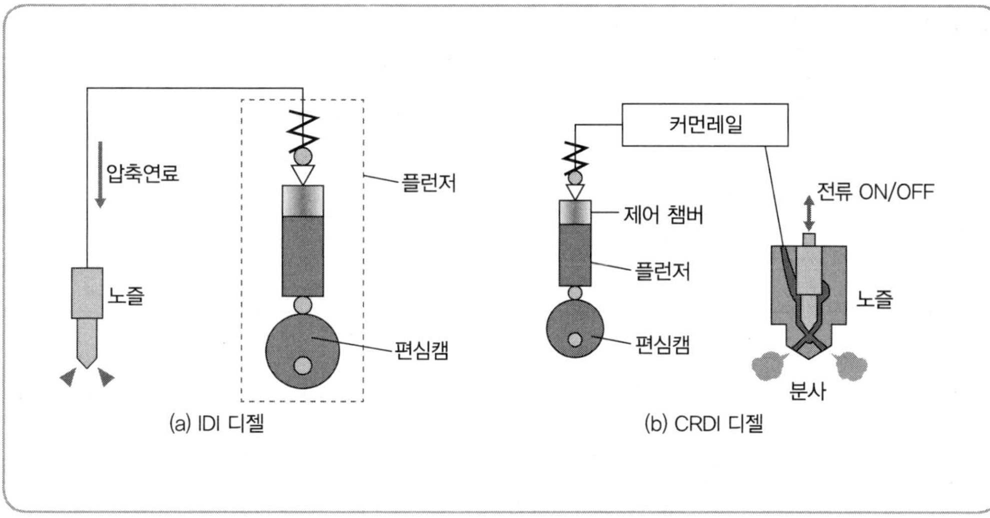

| 그림 4.2 | 커먼레일의 원리

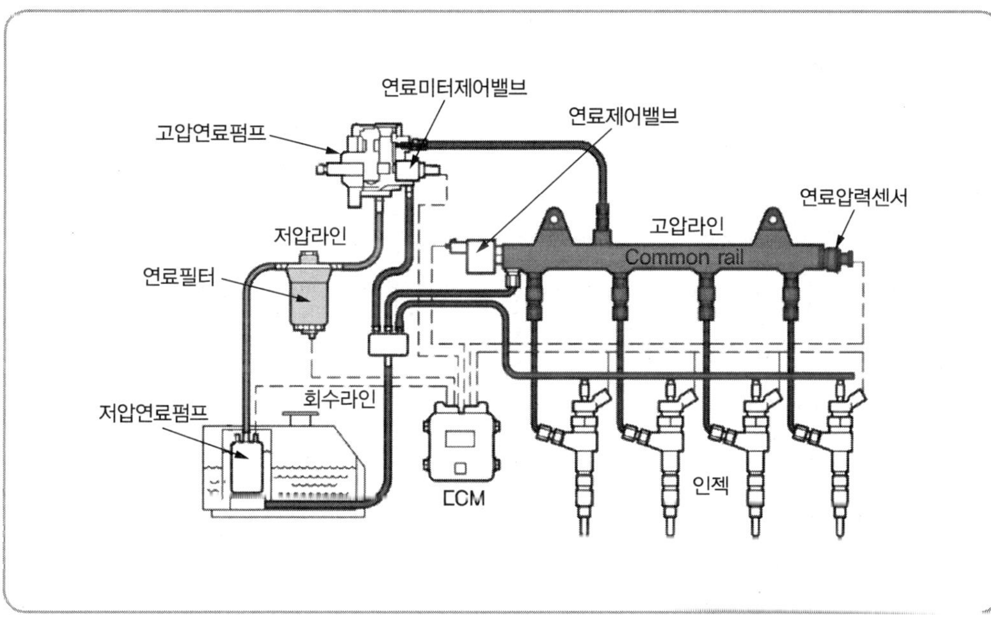

| 그림 4.3 | CRDI엔진 다이어그램(출처 : Bosch)

용하여 연료를 고압으로 만든다. 연료 저압라인, 연료 고압라인, 회수라인으로 구분되고 커먼레일의 연료는 압력제어 밸브를 통하여, 인젝터 연료는 백리크(back leak)를 통하여 연료탱크로 회수된다. 센서에는 레일압력 센서, 부스트 압력 센서, 크랭크각 센서, 캠각 센서, 가속페달 센서, 공기유량 센서, 냉각수온 센서 등이 장착되어 있고 ECU는 이들 신호를 받아 제어를 수행한다.

표 4.4 보쉬와 덴소 시스템의 비교

	Bosch system	Denso system
고압 연료펌프	고압 연료펌프	고압 연료펌프
	연료 미터링 조절 솔레노이드	흡입 조절밸브
회수밸브	압력 조절 솔레노이드, 리미터 밸브	연료압력 조절밸브, 압력 리미터밸브
고압 연료펌프 구조	3기통 outer캠	2기통 outer캠
연료압력 센서	레일 압력센서	연료압력 센서
저압펌프	탱크내 저압연료 펌프, 전달펌프	탱크내 저압 연료펌프, 인라인 공급펌프
인젝터	솔레노이드, 피에조 인젝터	솔레노이드, 피에조 인젝터
센서	APP, CKP, ECT, DPF등	APP, CKP, CMP등

(1) 저압 연료펌프

저압 연료펌프는 연료탱크의 연료를 연료필터를 거쳐 고압 연료펌프에 공급하며 전기식이 사용된다. 전기식 연료펌프는 고압펌프로 연료를 공급한다. 엔진의 시동과 함께 작동하며 연료가 과잉 공급되면 연료펌프 내의 오버 플로우(overflow) 밸브를 통해 조절된다. 전기식 연료펌프는 연료 공급라인에 설치되는 방식과 연료탱크 내에 설치되는 ITR(in－tank reservoir)방식이 있다. ITR 방식은 연료모터, 스트레이너, 레벨 게이지, 연료필터 등이 일체로 연료탱크 내에 설치된다. 고압 연료펌프 내에 있는 전달펌프(transfer pump)의 경우는 연료를 고압 연료펌프로 전달하는 역할을 한다.

(2) 고압 연료펌프

고압 연료펌프는 저압의 연료라인과 고압의 커먼레일의 중간에 있으며 고압의 연료를 만들어 커먼레일로 공급한다. 전달펌프, 흡입밸브, 펌핑실, 연료 미터링 조절 솔레노이드, 압력밸브 등으로 구성되며 연료압력을 고압으로 만든다. 종류에는 내부 캠(inner cam)식과 외부 캠(outer cam)식이 있고 연료 미터링 조절 솔레노이드로 흡입량을 조절하고, 2기통 내부 캠(inner cam)식은 90° 간격으로 압송과 흡입을 반복하여 토출량은 압력밸브에 의해 제어된다.

보쉬 제1세대 시스템의 고압 연료펌프의 최고 압력은 1350bar이었다. 더 높은 압력을 생성하기 위해서는 내부 캠(inner cam)방식은 기구학적으로 한계가 있어 2000bar의 고압 실현을 위해서는 구조를 편심 외부 캠(outer cam)방식으로 변경하였다. 덴소는 펌프 소형화를 위해서 플런저와 실린더를 2기통으로 180° 간격으로 수평 대향으로 배치하였고, 보쉬는 3개의 피스톤과 3개의 링을 120° 간격으로 배치하였다.

고압 연료펌프는 빠른 엔진의 시동을 위해 엔진의 모든 작동 범위에서 고압의 연료를 커먼레일로 연료를 공급한다. **그림 4.4**는 보쉬의 고압 연료펌프 구조를 나타내며 흡입밸브가 열리면 저압의 연료는 펌핑실로 들어가고 펌핑실에서 피스톤에 의해 압축된다. 펌핑실에서 압축된 연료는 고압으로 압력밸브가 열리면 커먼레일로 들어간다.

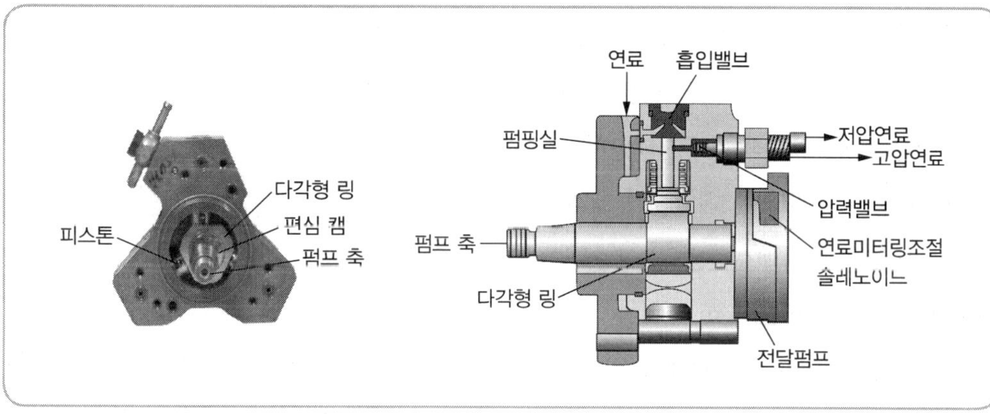

| 그림 4.4 | 고압 연료펌프(출처 : Bosch)

공회전과 부분 부하 시는 많은 고압의 연료가 공급되면 남는 연료는 커먼레일의 연료압력 조절 밸브나 압력 리미터 밸브가 열리면 회수라인을 통하여 다시 연료탱크로 돌아간다. 고압 연료펌프 내의 전달펌프는 연료탱크의 저압연료를 펌핑실로 공급하고 연료 미터링 조절 솔레노이드는 펌핑실로 들어가는 연료량을 조절한다. 고압펌프는 2~3개의 피스톤이 있고 펌프 축 위에 있는 편심 캠 위의 다각형 링에 의해 작동한다. 펌프가 회전하면 다각형 링은 펌프 피스톤을 작동시키기 위해 회진운동을 한다.

① 연료 미터링 조절 솔레노이드

연료 미터링 조절 솔레노이드(fuel metering control solenoid)는 펌핑실로 들어가는 연료의 양을 조절하며 솔레노이드의 전원이 꺼지면 연료가 연료탱크로 회수되어 펌핑실로 가는 연료 양은 적어지고 전원이 켜지면 펌프로 가는 연료의 양은 많아진다.

② 압력밸브

압력밸브는 고압 연료펌프에서 커먼레일로 들어가는 연료량을 제어한다.

③ **전달펌프(transfer pump), 저압 연료펌프**

전달펌프와 저압 연료펌프는 저압 연료탱크의 연료를 펌핑실로 공급한다.

(3) 고압 어큐뮬레이터(커먼레일, 축압실)

그림 4.5는 커먼레일 구조를 나타낸다. 고압 어큐뮬레이터는 연료를 고압으로 유지하고, 고압 연료펌프와 연료의 분사로 발생하는 연료의 압력 변동을 커먼레일로 댐핑시킨다. 많은 연료가 공급되어도 커먼레일의 내부 압력은 항상 일정하게 유지되면서 압력 변화에 대처하기 위하여, 레일압력 센서, 기계식인 경우 리미터 밸브, 전자식인 경우 압력조절 솔레노이드밸브 등이 설치된다.

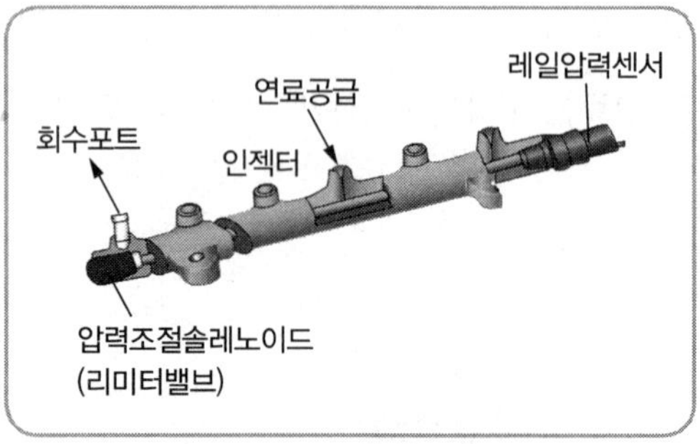

| 그림 4.5 | 커먼레일(고압 어큐뮤레이터)의 구조 (출처 : Bosch)

연료압력은 레일압력 센서에 의해 감지되고 리미터 밸브에 의해 조절된다. 리미터 밸브는 과잉의 연료를 회수포트를 통하여 연료탱크로 보낸다. 커먼레일의 압력은 공회전 시 300~400bar, 최대 부하 시 1600~2000bar, 커먼레일의 체적은 16~20 cm^2 정도이다. 리미터 밸브 내에는 역류 방지를 위한 체크밸브가 부착되어 있고 전기를 배터리에 축전하듯이 유체의 고압 에너지는 어큐뮤레이터에 저장하여 사용한다.

(4) 압력 조절 솔레노이드

솔레노이드는 전기 에너지를 기계적인 직선 운동으로 변환하는 액추에이터이다. 고압 연료펌프로 연료를 가압하고 축압기로 보내고 인젝터를 통하여 연료가 분사된다. 연료압력 조절 솔레노이드가 연료량을 제어하면 커먼레일의 압력은 일정하게 유지된다. 최소 500bar에서 밸브가 닫히고 최대 2200bar에서 열린다. 연료압력은 커먼레일에 설치된 압력 센서에 의해 검출된 신호, 엔진의 회전속도, 부하에 따라 압력조절 솔레노이드 밸브에 의해 피드백 제어된다. **그림 4.6**은 기계식인 리미터 밸브를 나타낸다. 커먼레일에 많은 연료가 공급되면 리미터 밸브의 유로는 열려서 연료를 연료탱크로 보낸다. 전자식인 연료압력 조절 솔레노이드는 ECU전원을 받아 작동한다. 밸브의 개폐 상태를 통전 전류 0에서, 연속적으로 제어하는 방식으로 솔레노이드는 PWM으로 구동이 된다. ECU 전원이 꺼지면 회수포트는 열려 레일의 연료압력은 떨어지고 전원이 켜지면 회수포트는 닫히고 연료압력은 올라간다. 엔진의 시동이 걸리는 커먼레일의 최소압력은 200~300bar이고 레일의 압력이 너무 적거나 너무 높으면 시동은 걸리지 않는다. 보쉬와 같이 고압펌프 내의 연료 미터링 조절 솔레노이드와 함께 사용하면 연료압력이 변화할 때 압력을 빨리 안정화시킬 수 있다. 연료압력 조절밸브가 고장이면 엔진은 시동이 걸리지 않는다.

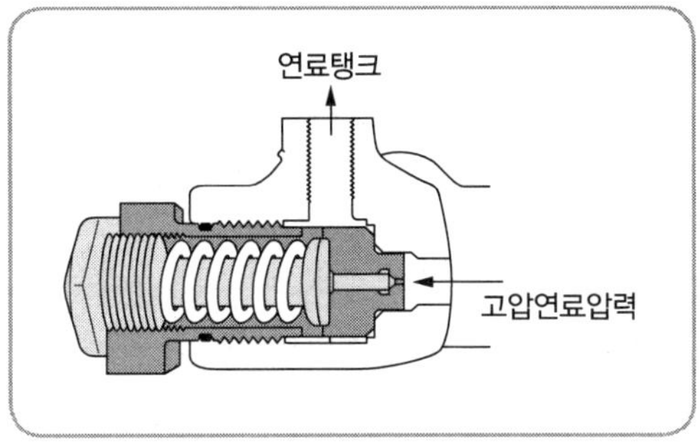

| 그림 4.6 | 커먼레일(고압 어큐뮤레이터)의 구조 (출처 : Bosch)

표 4.5 압력센서의 종류(1Mpa = 10bar)

센서	압력	다이어프램 누께	비고
PCSV	5kPa	14㎛	재료 : 반도체 실리콘
BPS	101kPa	35㎛	
A/C 냉매압력	3.5Mpa	60㎛	
GDI fuel	200bar	100㎛	
common rail fuel	2000bar	350㎛	

(5) 레일 압력센서

압력센서는 기체나 액체의 압력을 감지하여 출력 신호를 보낸다. 압력을 측정하는 방식에는 금속에 압력을 가하면 금속의 결정 저항비가 변하는 피에조 효과를 이용하는 압전 저항식(피에조 저항식), 반도체 결정에 압력을 가하면 전기 저항이 변하는 반도체(Si) 피에조 저항식이 있다. 반도체 피에조 저항식 압력센서는 1990년대 가솔린 엔진에서 101kPa인 대기압을 측정하는 대기압 센서(BPS)에 처음으로 적용된 후, 3.5Mpa의 고압냉매 압력, 0.2Mpa의 저압냉매 압력, 5kPa의 퍼지컨트롤 솔레노이드 밸브(PCSV)작동 진공압력, 200bar의 GDI 연료압력, 2000bar의 커먼레일 연료압력 측정에 사용이 되고 있다. 레일 압력센서는 레일에서 발생하는 순간적인 연료압력을 측정하며 연료는 커먼레일 입구를 통해 들어와 레일 압력센서에 압력을 가한다. 피에조 저항 타입의 다이어프램이 이 압력에 의해 찌그러지면 반도체 전기저항이 변하고, 이 저항은 출력 전압으로 변하여 ECU에 제공한다. ECU는 이 값을 이용하여 연료압력 제어솔레노이드, 연료 미터링 조절솔레노이드에 적용할 듀티 %를 계산한다. 압력센서는 정밀한 측정을 위하여 소형화가 필요하여 반도체 집적 기술을 이용하여 센서의 부품수를 최대한 줄이는 기술이 필요하며 표 4.5는 압력센서의 종류를 나타낸다.

(6) 고압 인젝터

ECU의 신호가 인젝터의 솔레노이드로 전달되면서 분사는 시작되고 분사압력은 최대 2000bar 정도이다. 솔레노이드 인젝터는 OFF의 경우에는 피스톤을 누르는 연료압력과 니들 밸브를 들어 올리는 압력은 동일하며, 수압 면적의 차이와 스프링 힘에 의해 니들밸브는 닫힌다. 솔레노이드가 ON되면 아우터 밸브가 열려 다시 갇혀 있던 연료가 나가므로 연료실의 압력이 저하하여 피스톤이 상승하여 연료가 분사된다. 따라서 연료압력과 솔레노이드를 교묘하게 사용하여, 솔레노이드의 힘은 그다지 크지 않아도 높은 압력의 연료를 제어 할 수 있다.

인젝터에 전원이 가해지면 0.4~0.45ms의 시간에 아마츄어에는 충분한 자기장이 만들어지고 11~13kg의 자기장의 힘은 솔레노이드를 당겨 인젝터는 열리고 최대 전류는 0.5ms 동안 가해진다. ECU는 13~15kHz의 주기로 인젝터에 전류를 펄스하기 시작하고 이것은 전류의 량을 줄이고 솔레노이드에서 발생하는 열도 감소시킨다. 솔레노이드에서의 저항은 3~3.5 O으로 이 저항을 이기고 인젝터가 분사하기 위해서는 높은 전류가 필요하다. 노즐 부분의 마모 방지를 위해서는 인젝터 피스톤의 지름을 작게 하여 노즐을 닫을 때 압력을 감소시킨다. 제2세대 인젝터에서는 분사의 종료부터 다음의 분사 개시까지의 시간을 단축하여 1800bar의 압력에서 0.4ms의 시간 내에 연료를 5번 분사한다. 엔진이 정지하거나 레일 내에 압력이 없으면 노즐의 스프링은 인젝터를 닫는다.

고압의 연료가 인젝터로 들어오면 연료는 통로를 따라 인젝터 니들까지 공급되며 그리고 인젝터 피스톤 위에는 제어 챔버가 있는데 여기에도 연료가 들어간다. ECU에 의해 전원이 공급되어 솔레노이드가 전자석이 되어 밸브를 열면 인젝터 피스톤 위의 연료압력은 줄어들고 제어 챔버에 있는 고압연료는 인젝터 백리크 회수포트를 통하여 연료탱크로 되돌아간다. 이것은 인젝터 피스톤의 상부와 하부의 압력 차이를 만들고 압력 차이에 의해 노즐은 열려 분사한다. 그림 4.7은 솔레노이드 인젝터를 나타낸다.

솔레노이드 인젝터는 솔레노이드 밸브나 액츄에이터에 의해 작동하고 노즐을 제어하기 위하여 유압이 필요하다. 인젝터내 걸리는 유압은 EDC에서 펄스 듀티를 받아 노즐을 열고 닫는다. 다단분사로 효율이 높고 깨끗한 연소가 가능하며, 다단분사와 정밀한 분사량 제어를

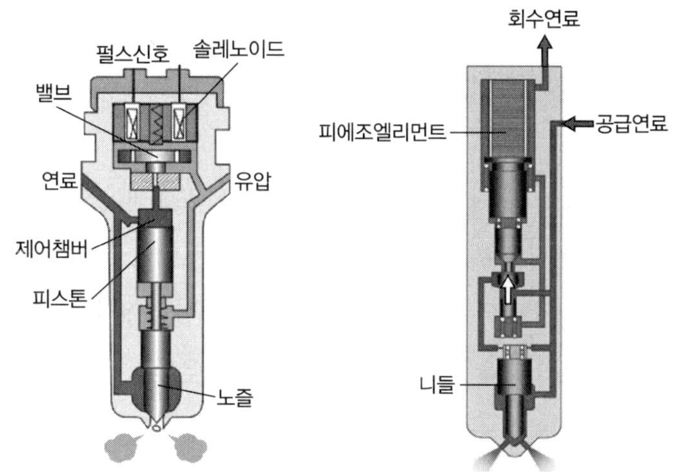

(a) 덴소의 솔레노이드 인젝터 (b) 보쉬 서보 피에조 인젝터

| 그림 4.7 | 인젝터의 구조

위하여 솔레노이드를 사용하고 유압을 이용하여 노즐의 작동 속도를 높인다. 저소음, 내구성, 연료가 회수되는 백리크 현상(back leak)이 많이 발생하지 않는 인젝터의 설계가 필요하다. 연료가 실린더에 분사될 때 솔레노이드 밸브의 최대 스트로크는 0.05mm이고 인젝터 설계 시 고려해야 할 사항은 다음과 같다.

① 인젝터 피스톤의 지름을 작게 한다.
② 솔레노이드 밸브의 응답성을 높인다.
③ 인젝터 밸브에서 인젝터 끝단의 높이를 짧게 한다.
④ 고강도 재질을 사용한다.
⑤ 파일럿 분사시간을 짧게 제어한다.

피에조 인젝터는 피에조 소자의 압전효과를 이용한다. 압전효과는 소자에 압력을 가하면 전기가 발생하고 그리고 피에조 소자의 길이가 변한다. 압전소자로 PZT(티탄산 지르콘 산염)가 많이 사용되며 압전효과는 기계적 힘을 전기신호로 변환하거나 전기신호를 힘으로 변환시키는 성질이 있다. 따라서 압전소자에 전기를 가하면 순간적으로 소자의 길이가 변화하고 이 변화는 힘으로 되고 이 힘으로 밸브를 개폐할 수 있다.

피에조 인젝터는 솔레노이드 인젝터보다 박막의 설계가 가능하고, 반응시간이 2~4배가 빠르며 700개의 피에조 웨이퍼(wafer)로 만들고 여기에 전압을 가하면 피에조가 팽창하여 인젝터 밸브는 열린다. 이는 연료의 고압화와 정밀한 제어를 위해서 필요하다.

CRDI엔진에서 발생하는 인젝터의 고장은 다음과 같다.

① 인젝터 니들밸브, 노즐팁 마모 : 인젝터가 고압에 노출되어 있어 마모가 쉽게 되고 연료 압력이 떨어져 엔진의 부조 현상이 발생한다.
② 인젝터 밸브 실링의 마모 : 인젝터의 분사개시 압력이 낮아져 시동 불량 현상이 나타난다.
③ 솔레노이드 밸브시트 홀의 마모 : 볼의 기밀 불량으로 백 리크량이 많아지면 매연이 발생한다.

4.3.3 CRDI 엔진의 연료 분사방법

1990년대에 사용되던 부실(IDI)식 디젤엔진은 열효율이 높은 직접분사(DI)식으로 변화되고, 전자제어 기술의 발달로 CRDI 엔진이 개발되었다. 이는 고압 연료펌프와 인젝터가 분리되어 있어 저속에서도 연료압력과 분사량을 조절하여 공회전에서도 배기가스를 개선할 수 있다. CRDI 엔진의 구성은 고압 연료펌프, 커먼레일, 레일압력 센서, 고압분사 인젝터, 커먼레일 등으로 구성되며 고압 연료펌프는 엔진 캠의 힘으로 기계적으로 작동되고 컴퓨터에 의한 운전 조건에 맞는 정밀한 제어가 가능하다.

CRDI 엔진의 효율이 높은 이유는 고압의 연료압력 때문이다. 작은 직경의 노즐에서 분사되는 연료는 고압으로 실린더 내에 분사되며 분사시간을 단축하기 위해 고압이 필요하고 인젝터 작동시간이 짧아 성능이 높다. 연료 분사압력을 높이면 연소가 잘 되어 배출물이 줄어들고 연소 열효율은 좋아지지만 반대로 캠축에는 많은 힘이 걸리고 압력 구동펌프의 마찰에 의한 기계적 손실이 증대하여 기계 열효율은 낮아진다. 이러한 면에서 효율을 높이기 위해서는 HCCI, PCCI 등 고압으로 분사를 하지 않고 저압 분사방식의 엔진이 활발하게 연구되고 있다.

커먼레일의 경우 연료분사를 2~9회 다단분사를 한다. 일반적으로 연료를 고압으로 하면 할수록 효율은 향상되지만 연소온도가 높아져 NO_x가 증가한다. 다단분사는 NO_x와 PM의 저감과 연소 소음을 줄일 수 있다. 표 4.6은 디젤엔진의 발전과 다단분사 횟수를 나타낸다. 제1세대 엔진은 연료압력 1200bar, 2회 분사, 제2세대 엔진은 연료압력 1800bar, 5회 분사,

제3세대 엔진은 연료압력 2000bar, 7~9회 분사이다.

그림 4.8과 같이 1 스트로크 동안 다단분사가 가능하며, 표 4.7은 5회 다단분사의 역할을 나타낸다. 최근에는 인젝터를 솔레노이드에서 피에조 액츄에이터 형태로 변경하여 분사 간격과 분사량 등을 정밀하게 제어하고 솔레노이드 인젝터는 고압화와 최적 설계를 강화하고 있다.

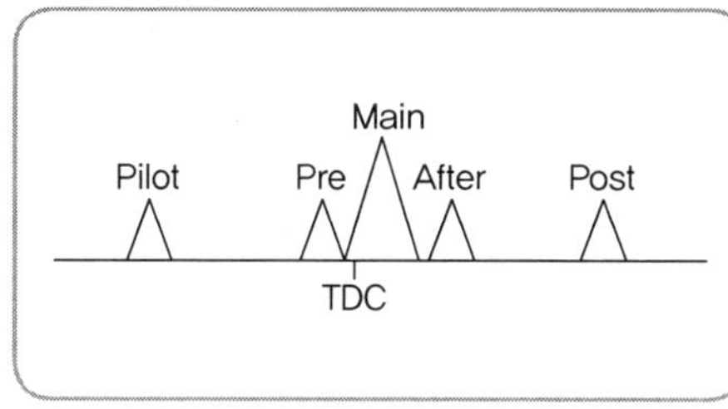

| 그림 4.8 | 제2세대 CRDI 다단분사

표 4.6 커먼레일 엔진의 분류(출처 : 덴소)

세대	분사횟수	연료압력	유럽규제치
제1세대(1995)	파이럿분사, 주분사(2회)	1200~1450bar	EURO III(파이럿분사, EGR, VGT, DOC)
제2세대(2002)	파이럿분사, 프리분사, 주분사, 후분사, 포스트분사(5회)	1800bar	EURO IV (다단분사, Cooled EGR, VGT, DPF, NO_x 촉매), 32 bit ECU
제3세대(2007)	7~9회	2000bar	EURO V, EURO VI – 32 bit ECU – 분사량 제어 향상 – 분사시간 : 1ms – 분사량 : ~50±1mm^3 – 입자크기 : ±1~2㎛
제4세대(2013)	9회	2500~3000bar	–

표 4.7 인젝터의 5회 분사 성능(1800bar, 출처 : 덴소)

5회 분사 순서	역할	분사량
파이럿 분사(pilot injection)	예혼합에 의한 소음, PM 저감	1mm^0/st
선 분사(pre injection)	메인 분사에 앞에서 분사하여 메인 분사의 착화지연을 단축시켜 NO_x, 소음저감	1mm^3/st
주 분사(메인분사)	PM저감, 연비개선	40mm^3/st at 100MPa
후 분사(after injection)	확산연소 활성화로 PM저감	2mm^3/st
포스트 분사(post injection)	NO_x 촉매제어, 배기가스 온도 상승으로 DPF 활성화	1mm^3/st

선 분사는 소음 저감 효과가 크고, 포스트 분사는 NO_x 촉매 제어를 한다. 연료가 실제 분사되는 주 분사 전에 작은 양의 연료를 분사하여 예혼합 후 이를 성층연소하여 연소실을 미리 가열하는 것이 파일럿 분사이다. 파일럿 분사에 의해 최적인 연소 조건이 형성되므로 주

분사에서 연료는 빠르게 연소되어 실린더의 온도와 압력이 크게 상승하지 않는다. 압력이 낮으면 소음이 적어지고 온도가 낮으면 NO_x의 배출이 적어진다.

(1) 파이럿 분사

CRDI 엔진과 같이 연료가 고압으로 분사되면 연료가 점화될 때까지 연료 분사량이 증가하여 초기의 연소 속도는 빨라지고 그 결과 NO_x의 배출이 많아지고 연소실의 150bar 이상의 압력과 연소 시 고압이 발생하는 높은 속도로 인하여 소음이 증가된다. 이의 해결을 위해 파

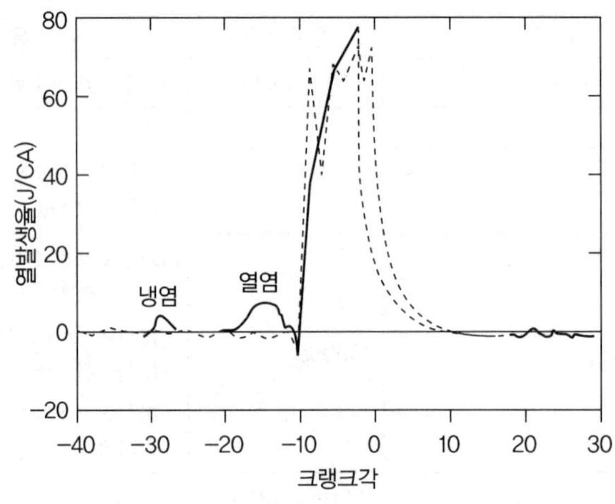

| 그림 4.9 | 파이럿 분사의 효과(출처 : 덴소)

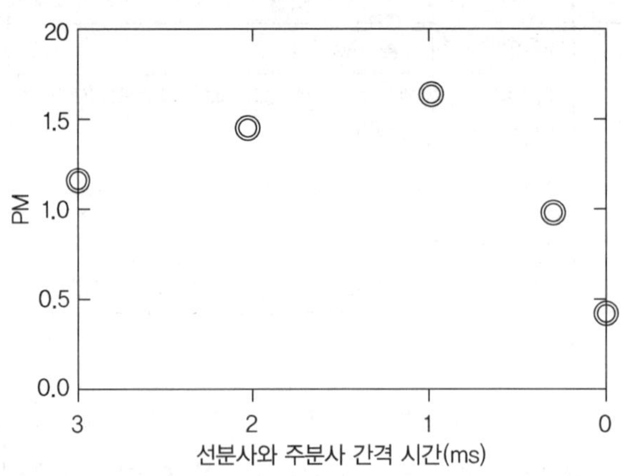

| 그림 4.10 | 선 분사와 주 분사의 간격의 중요성(출처 : 덴소)

이렇 분사를 실시한다. 파이럿 분사는 주 분사 전에 소량의 연료를 분사하여 피스톤 상승에 따른 연소실 온도의 상승으로 점화시켜 이러한 예비 연소에 의해 연소실 온도는 낮아지고 주 분사 시 연료의 확산이 발생하여 착화지연 시간이 단축되어 연소온도, NO_x, PM, 소음이 감소한다. 보통 파이럿 분사는 BTDC 70°에서 이루어지며 **그림 4.9**는 파이럿 분사를 할 때의 연소실의 열 소비율을 나타낸 그림이다. 그림에서 BTDC 30°에서 500K의 온도에서는 불완전 연소하는 냉염(cold flame) 연소가 발생하고 BTDC 15°에서 발화하는 열염(hot flame) 반응이 발생하고 BTDC 10°에서 연소가 시작된다. 이러한 과정이 일어나는 시간을 착화지연 시간이라 하며 이때 공기와 연료가 충분히 예혼합되기 때문에 연소가 좋아져 NO_x, PM, 소음이 저감된다.

(2) 선 분사(pre-injection)

선 분사는 주 분사의 착화지연 시간을 단축시키고 주 분사의 1/40의 양을 분사하여 소음과 PM을 저감시키며 선 분사는 선 분사와 주 분사 사이의 시간이 가장 중요하다.

그림 4.10은 선 분사와 주 분사 사이의 시간과 PM 배출량과의 관계를 나타낸다. 선 분사와 주 분사 사이의 시간은 제1세대는 1200~1450bar, 0.7ms, 제2세대 1800bar, 0.1~0.4ms, 제3세대 0.1~0.2ms로 단축되었다. 그림에서 시간 간격이 1ms일 때 PM이 가장 많이 발생하고 2ms, 3ms의 순이며 선 분사와 주 분사의 시간이 0에 가까울수록 PM의 배출은 줄어든다. 따라서 선 분사를 주 분사 앞에서 0.2ms이내로 하면 PM은 감소된다.

(3) 후 분사

후 분사는 주 분사와 가까운 시기에 분사되어 확산연소를 활성화시켜 주 분사가 발생한 PM을 저감시키며 후 분사와 주 분사 간격을 0.7ms이내로 하면 PM을 저감할 수 있다.

(4) 포스트 분사

포스트 분사는 1 스토르크 내에서 가장 늦게 분사되고 연소되어 배기가스의 온도를 높인다. 배기가스의 온도가 높으면 촉매는 가열되고 NO_x는 환원되며 포스트 분사의 시기를 ATDC 130°정도에서 하면 배기가스 온도는 상승하고, ATDC 160°이면 NO_x가 질소로 환원되어 배출물이 적어지지만, ATDC 180°이면 연소가 되지 않아 실린더 벽에 연료의 부착이 발생한다.

4.3.4 분사량 제어와 센서

전자제어의 목표는 분사시기, 분사량, 분사압력을 정밀 제어하여 혼합기를 완전 연소하는 것이다. 연료가 2000bar의 고압으로 분사되면 연료는 미립화되어 연료입자가 작아서 타면 남는 것이 없으며 연료의 완전 연소와 정밀한 전자제어와 후처리 장치를 사용하면 PM과 NO_x를 0으로 만들 수 있다. 이를 위해서 인젝터의 정밀한 설계, 실린더 간의 일정한 압력 차이, 인젝터의 연료량 보정 제어가 필요하다. 연료량 보정 제어를 위해서는 센서, 액츄에이터, 컴퓨터, 전자 구동제어(EDC, electronic driving control) 시스템이 필요하다. 센서로는 레일압력 센서, 가속페달 센서(APP), 크랭크축 위치 센서(CKP), 냉각수온도(ECT, engine coolant) 센서, DPF차압 센서 등의 신호를 기본으로, ECU는 고압 인젝터, 연료 미터링 조절솔레노이드 및 연료압력 조절솔레노이드 등을 제어한다. 그림 4.11은 CRDI 엔진의 센서 위치를 나타내고 그림 4.12는 CRDI 엔진의 제어를 나타낸다. ECU는 듀티 제어로 연료 미터링 조절솔레노이드와 연료압력 조절솔레노이드 신호로 커먼레일의 압력을 제어하고 인젝터로 분사를 한 후 레일압력 센서의 신호는 ECU로 입력된다. ECU는 매핑 값과 ECU로 입력된 값을 비교하여 다시 듀티 사이클을 정하고 연료 미터링 조절 솔레노이드와 연료압력 조절 솔레노이드를 제어한다. 제어의 목적은 엔진이 필요한 토크를 만들기 위해 분사량을 결정하고 그리고 배기가스를 최소로 억제하면서 연비를 높이는 데 있다.

(1) 레일압력 센서

커먼레일의 연료는 고압펌프의 연료 미터링 조절솔레노이드 밸브에 의해 양이 정해지고 압축기에 의해 가압된다. 연료압력은 커먼레일에 장착된 레일압력 센서에 의해 검출되어 엔진의 회전속도와 부하에 따라 최적인 값으로 피드백 제어되어 고압펌프의 연료 미터링 조절 솔레노이드와 압력조절 솔레노이드를 제어한다.

(2) 크랭크축위치 센서(CKP)

연소실 내의 피스톤 위치는 분사시기를 정하는 데 필요하다. 엔진의 피스톤은 커넥팅 로드로 크랭크축에 연결되어 있으며, 크랭크축에 위치하는 센서는 피스톤의 위치를 알 수 있고 CKP는 피스톤의 위치와 엔진 회전수를 ECU에 전달한다.

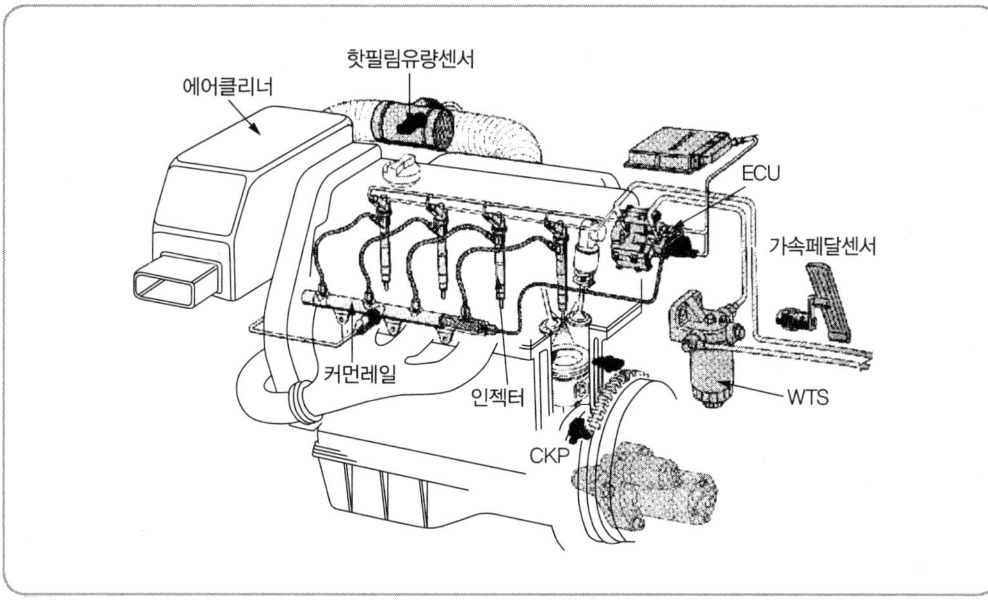

| 그림 4.11 | CRDI 센서 구성도

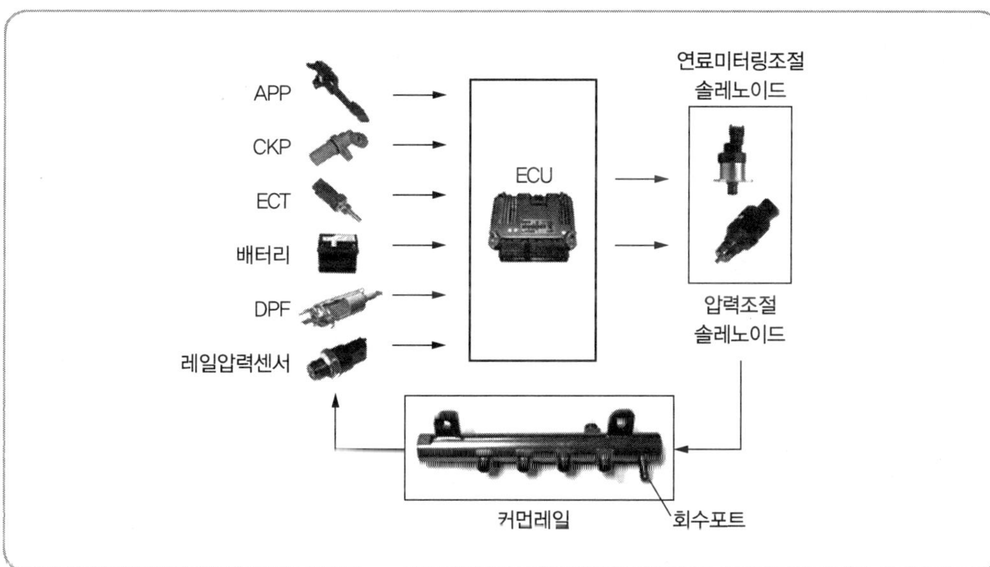

| 그림 4.12 | CRDI엔진 제어(출처 : Bosch)

(3) 캠축위치 센서(CMP)

피스톤이 상사점(TDC)으로 향하면, 캠축의 위치로 실린더가 압축행정인지 배기행정인지를 결정한다. 이 신호는 크랭크 축 위치로는 정확하게 알 수 없으며 캠축 위치센서가 고장이 나면 ECU는 크랭크축 센서로부터 신호를 받아 엔진을 구동시킨다.

(4) 온도센서(TS)

온도센서는 냉각수 온도를 측정하는 냉각수온 센서, 흡입공기의 온도를 측정하는 흡기온도 센서, 엔진오일 온도를 측정하는 오일온도 센서, 연료의 온도를 측정하는 연료온도 센서 등 4가지가 있다. 각 센서로 5V의 전원이 공급되며 저항과 전압이 반비례하는 부특성의 온도계수(NTC)를 갖는다.

(5) 공기유량 센서(AFS)

엔진이 정확한 이론 공연비(A/F－stoichiometry)로 연소되기 위해서는 유입되는 공기량을 정확하게 측정해야 한다. 공기유량 센서는 열막방식이 사용되며 흡기 유로 통로에 위치한다.

(6) 가속페달 센서(APP)

가속페달 센서는 운전자의 가속 페달의 위치를 측정한다.

(7) 부스터압력 센서(BPS)

부스터압력 센서(BPS)는 흡기 매니폴드의 절대압력을 측정하며 피에조 저항 방식을 사용한다. 이 방식은 압력이 가해지면 다이어프램의 표면 저항이 변하고 저항은 전압으로 출력된다.

(8) 반도체 집적화 기술

반도체 회로 집적화 기술은 센서의 부품수를 줄이고 소형화, 가격 저감을 가능하게 한다.

① 제1세대 센서 : 제1세대 센서는 센서 디바이스와 하이브리드 집적회로로 된다. EMC(electro－magnetic compatibility) 대책은 **그림** 4.13 (a)와 같이 패키지 전체를 쉴드 케이스에 넣고 복사 노이즈를 저감하고 하네스(harness, 배선)에서 발생하는 노이즈는 컨덴서를 이용하여 쉴드 케이스로 전달되고 단락시켜 제거한다.

② 제2세대 센서 : 제2세대는 EMC는 회로부를 집적화하고 배선 길이를 최소화하여 노이즈를 저감하고 실드 케이스를 제거한다.

③ 제3세대 센서 : 제3세대는 EMC 필터를 집적화하였다. EMC는 콘덴서와 저항을 사용하는 로우 패스 필터(LPF)를 집적화하여 노이즈를 저감하고, 관통(feedthrough) 콘덴서를 제거한 구조의 압력센서이다.

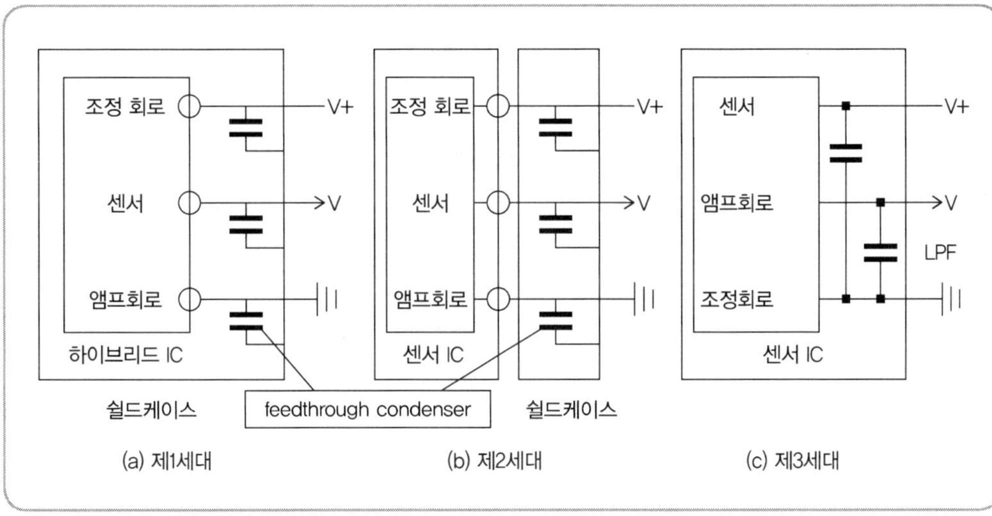

| 그림 4.13 | 센서의 발전(출처 : 덴소)

4.4 터보차저(Turbocharger, 과급기)

무과급기 디젤기관의 열효율은 약 35%, 배기손실은 28%이다. 터보차저를 이용하여 배기열을 회수하여 흡입공기량을 NA엔진 대비 1.2배가 되면 토크는 20%, 열효율은 40%로 높아진다. 인터쿨러를 이용하여 압축된 공기의 온도를 낮추면 토크는 20%, 열효율은 42%로 높아진다.

엔진 출력을 높이기 위해서는 흡기 효율을 높여야 하고 따라서 DOHC와 터보차저(과급기)가 필요하다. 대기압보다 높은 압력으로 엔진에서 공기를 공급하는 것을 터보차저라 한다. DOHC는 20%, 터보차저는 30%의 엔진 출력을 상승시킨다. 터보차지 엔진과 비교하여 터보가 아닌 것을 자연 흡기(NA, natural aspired) 엔진이라 하며 터보차저는 엔진의 마력을 상승시켜 자동차의 성능을 높이는 방법이고, 토크를 높이기 위해서는 엔진의 압축비가 높아야 한다. 과급을 하면 배기량이 같은 엔진에도 밀도가 높은 대량의 공기를 충전할 수 있기 때문에 연료의 분사량도 증가하고 출력도 증가한다.

터보차저 엔진은 공기 압력이 증가함에 따라 공기온도도 증가한다. 터빈 효율이 70%일 때 터보 압력 0.5bar 상승에 흡입 공기온도는 50℃가 상승한다. 터빈의 효율이 60%이면 흡입 공기온도는 더 많이 상승한다. 그러나 터빈의 효율이 100%이면 흡입 공기온도는 떨어진다. 흡입 공기온도가 높아지면 NO_x도 증가하여, NO_x를 저감하려면 EGR을 사용해야 하고, 그러면

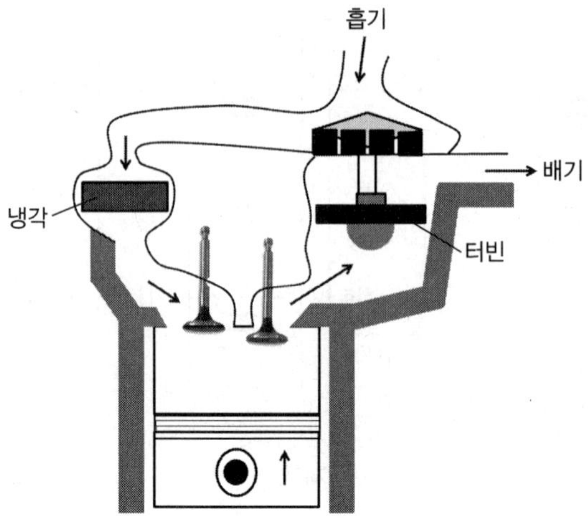

| 그림 4.14 | 터보 차저의 구조

엔진 출력은 떨어진다. 이와 같은 다양한 이유로 터보차저의 흡입 공기온도와 배기가스 온도를 낮추기 위해 인터쿨러(intercooler)를 사용한다. 인터쿨러를 사용하지 않으면 터빈의 효율이 떨어져 연비가 나빠지고 성능도 떨어진다. 인터쿨러는 주로 외부 공기(램에어, ram air)를 이용하여 흡입 공기온도를 떨어뜨리며 과급기 종류는 다음과 같다.

① 배기 터보식 과급기(turbo charger) : 배기가스를 이용하여 터빈을 구동한다.
② 루츠 블로어식 과급기(roots blower) : 엔진 동력(크랭크축 회전)을 이용하여 구동한다. 수퍼차저라고도 한다.

터보차저의 구조는 **그림 4.14**와 같으며 배기가스에 의해 회전하는 터빈과 실린더에 공기를 압송하는 블로어가 하나의 축에 회전자(rotor)로 결합되어, 이것이 터빈 케이스, 블로어 케이스 및 베어링 케이스 안에 들어 있다. 엔진의 배기가스는 배기 다기관에서 터빈 케이스로 들어가 터빈을 50,000rpm 이상으로 고속 회전시킨다. 이때 터빈과 같은 축에 부착되어 있는 블로어도 동시에 고속 회전하여 블로어 케이스의 공기 흡입구에서 공기를 빨아들인다. 흡입된 공기는 가압 및 가속되나 디퓨저(diffuser)를 지나는 사이에 속도가 떨어져 속도 에너지는 압력 에너지로 바뀌어 블로어 케이스의 출구에서 흡기 다기관으로 가압 공기가 되어 압송된다.

4.5 클린 디젤(Clean Diesel)

4.5.1 개요

1867년 루돌프 디젤이 디젤기관을 발명한 후 벤츠에 의해 1924년 디젤 트럭, 1936년 디젤 승용차가 개발되었고 1973년, 1979년 오일 쇼크가 발생하여 본격적인 디젤 승용차의 보급이 세계적으로 시작되어, 1997년 PM, NO_x 규제가 강화되면서 보쉬가 승용차용 커먼레일을 개발하였다. 현재는 제3, 4세대 커먼레일이 EURO VI 규제에 맞추어 개발이 완료되어 있다. 유럽에서 보급이 확산된 최신의 디젤 자동차는 연소기술 혁신과 연료 품질 향상에 따라 대폭적인 성능 향상과 배출가스 클린화가 진행되고 있어 디젤 자동차의 이미지인 흑연의 배출은 이제 사라지고 있다. 디젤기관은 그 원리에서 가솔린 기관과 비교하여 연비가 좋고, 출력이 높고 CO_2 배출량도 약 20% 적은 특성이 있으며 유럽은 디젤 자동차의 비율이 약 50% 이상이다. 연료분사, 후처리를 비롯한 디젤엔진 관리시스템이나 부품의 개발이 계속되고 있으며, 이러한 시스템 개발은 환경 성능이 뛰어난 클린 디젤을 실현하고 있다. 디젤기관은 흡입행정 동안 공기만을 흡입하고 이것을 압축하여 고온, 고압으로 만들고 여기에 연료를 분사시켜 자기착화시키는 엔진이다. 따라서 디젤기관은 압축비와 연소 압력이 가솔린 기관에 비해 2배 이상 높으며, 높은 연소 압력 때문에 소음과 진동이 심하다.

4.5.2 CRDI 엔진

루돌프 디젤에 의해 개발된 디젤엔진은 다른 어떤 엔진보다도 연비가 좋았다. 메르세데스 벤츠는 1936년에 최초의 디젤 승용차 260D 모델을 생산하였지만 그러나 수십 년 동안 디젤 자동차는 빠른 속도를 낼 수 없는 자동차로 여겨졌다. 하지만 보쉬가 혁신적인 디젤 분사 시스템인 CRDI를 개발한 이후 디젤 자동차는 더욱 매력적인 자동차로 인정받게 되었고 이는 출력, 연비가 좋은 환경 친화적인 자동차이다. 클린 디젤은 더욱 강력하고 경제적이며 정숙한 CRDI 엔진과 같은 분사 시스템을 기본적으로 사용한다. CRDI 엔진은 첨단 분사기술로 언제나 정확한 양의 연료가 정확한 시간에 분사되며 출력은 높고, 엔진의 작동은 부드럽고, 연료는 절약되고 동급 가솔린 자동차와 비교하여 연료소비가 적고 배기가스도 적게 배출하기 때문에 환경에도 매우 좋다.

고압 커먼레일에는 모든 실린더에 공급되는 연료가 축압되어 있다. 분사는 인젝터 내부의 압력이 2000bar에 달하는 순간에 이루어지고 최상의 연소과정을 위해 분사는 여러 단계로 이루어진다. 이 방법은 연소과정을 최적화하고, 엔진의 성능을 향상시키며 배기가스 배출을 감소시키고, CRDI 엔진의 장점은 최적 시간에 정확한 양의 연료를 분사하는 것으로 그 결과 항상 적정량의 연료가 정밀하게 분사되고 이는 최고 성능, 최저 연료소모 및 배기가스 저감으로 이어진다.

보쉬의 제3세대 CRDI 엔진은 분사밸브를 조절하기 위해 기존의 솔레노이드밸브 대신 피에조 액츄에이터를 사용하고 피에조 액츄에이터는 수백 개의 얇은 피에조 크리스탈 플레이트로 구성되어, 전압을 가하면 확장된다. 피에조 인젝터는 니들속도가 빨라 분사량과 분사과정이 더욱 정밀하게 제어된다. 연료는 최상의 성능과 최소의 배기가스를 배출하는 상태에서 연소되며, 이를 통해 더 조용하고 더욱 안정적인 출력을 공급하는 디젤엔진이 가능하게 되었다. 2000bar 이상의 제4세대 CRDI 엔진과 후처리 장치의 개발은 클린 디젤로 가는 가장 중요한 기술이다.

4.5.3 클린디젤 배출 규제치

(1) EU

모든 EU 국가는 엔진에 대하여 동일한 배출 규제를 가지고 있다. EURO II 이후 디젤과 가솔린 기관에 대한 배출 규제는 다르게 되었고 디젤에 대한 CO의 규제는 강화되고 NO_x는 다소 높은 값을 허용하였다. EURO IV, EURO V에서는 미세 먼지 배출에 대한 규제도 포함된다. EURO VI인 경우는 HC+NO_x 0.17 이하, CO 0.5% 이하, PM 0.0045% 이하이다.

(2) 북미

미국의 배출 규제는 미국 환경보호국에서 수립한다. 캘리포니아주 만이 다르게 배출규제를 수립할 수 있으며 다른 주들은 연방 규제나 캘리포니아주 규제중 선택이 가능하다. 캘리포니아 주의 대기 자원위원회(CARB, California Air Resources Board)의 규제에 따른다.

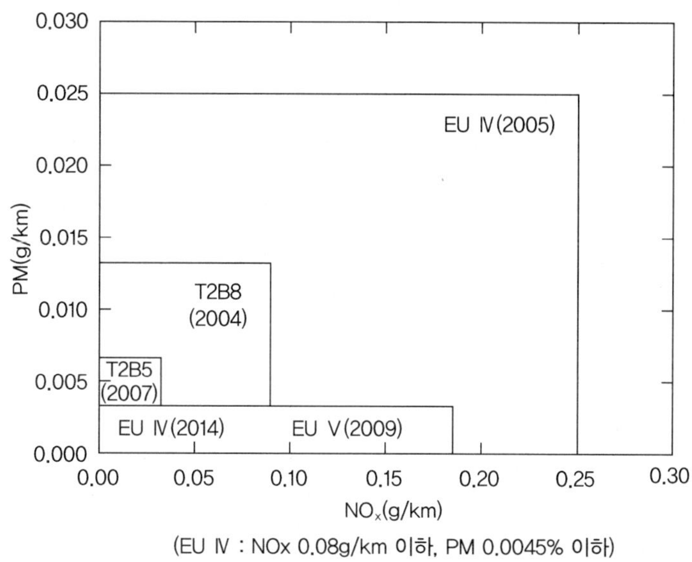

| 그림 4.15 | 유럽의 디젤 매연 규제치

4.5.4 디젤 매연의 종류

질소산화물(NO_x)의 배출과 그을음이나 수용성 유기물질(SOF) 등으로 이루어진 입자상 물질(PM)이 트레이드 오프(trade off) 관계에 있어 동시 저감이 어렵다. 디젤엔진은 연소실의 연료 증기와 주변 공기의 혼합 상태가 충분하면 연소온도가 고온이 되어 다량의 NO_x가 생성되고, 반대로 혼합이 불충분하면 국소적으로 연료가 농후해져 PM이 많이 생성된다. 자동차에서 배출되는 NO_x의 대부분은 NO이지만, 대기 중에서는 이산화질소(NO_2)로 변화한다. NO_2는 환경 기준이 0.04~0.06 ppm로 매우 낮고 인체에 대한 유해성이 매우 강한 물질로 호흡기 질환, 자외선에 의해 광화학 스모그의 원인이 되는 물질이다. PM은 국소적인 대기 환경의 악화와 발암성 문제 등 인체에 악영향이 우려된다. NO_x와 PM 이외에도 유해 성분으로 일산화탄소(CO)와 탄화수소(HC)도 배출되지만 산화촉매(DOC)에 의한 감소가 쉽기 때문에 디젤 배출가스의 저공해화의 문제는 NO_x와 PM으로 좁혀진다.

기존 연소기술 개선으로 배출가스의 저감도 가능하지만 그것만으로는 불충분하여 연소 개선 이외에 촉매나 필터를 사용해야 한다. 자동차용 촉매로는 이론 혼합비로 가솔린을 연소하는 엔진에 채용되는 삼원촉매가 가장 많이 사용되고 이 촉매는 높은 전환효율로 CO와

HC를 이산화탄소(CO_2)로 산화시키고 동시에 NO_x를 N_2와 H_2O로 환원할 수 있어 가솔린 엔진의 경우 배기가스를 충분히 정화하는 것이 가능하다. 문제는 삼원촉매는 이론 혼합비 부근에서 과잉산소가 존재하지 않는 경우에만 유효하며, 디젤엔진과 같이 배기가스에 과잉산소가 많은 산화조건에서는 삼원촉매는 활성화되지 않아 NO_x를 환원시키는 것이 불가능하다. 이러한 이유로 디젤엔진에서는 주로 NO_x를 연소개선을 통하여 줄이는 방법이 연구되어 왔고 그 방법에는, 연료 분사시기 지연, 파일럿(pilot) 분사, 그리고 배기가스 재순환(EGR)의 적용 등이 있다.

이러한 연소 개선만으로는 배출가스 규제강화에 대응하지 못하여 배기 후처리 장치를 사용해야 한다. 현재는 PM저감은 디젤 미립자 필터(DPF)의 성능이 높고 제거율도 100%에 가까운 값을 실현하고 있고, 추후 나노입자로 미세하여 인체에 침투하여 호흡기 질병을 일으킬 것으로 우려되는 PMP(Particle Measurement Programme)의 배출 갯수 농도에 관한 규제에도 준비를 해야 한다.

NO_x 저감 촉매는 DPF와 같은 높은 정화 효율을 갖지 못하는 데 이는 NO_x는 기체상의 화학종으로 환원반응을 진행시켜야 하지만, 낮은 NO_x 농도와 배기온도가 낮은 조건에서는 NO_x를 환원할 정도로 촉매가 활성화되지 않기 때문이다. 선택 환원형(selective), 흡장 환원형

표 4.8 디젤 매연 후처리 장치 약어

약어	원어	의미
DPM	diesel particulate matter	디젤 입자상 물질
PAH	polynuclear aromatic hydrocarbon	다핵성 방향족 탄화수소
SOF	soluble organic fraction	용해성 유기물질
NSCR	nonselective catalytic reduction	비선택적 환원촉매
SCR	selective catalytic reduction	선택적 환원촉매(요소수)
DOC	diesel oxidation catalyst	디젤 산화촉매
DPF	diesel particulate filter	디젤 미립자형 필터
CDPF	catalyzed(Pt) diesel particulate filter	디젤 미립자형 촉매 필터
CPF	catalyzed(Pt) particulate filter	미립자형 촉매 필터
LNC	lean NO_x catalysis	희박 NO_x촉매(HC공급)
LNT	lean NO_x trap	NO_x 흡장 촉매(NSR의 종류)
NSR	NO_x storage reduction	NO_x 저장 환원
DPNR	diesel particulate NO_x reduction	NO_x, PM 저감
ASC	ammonia slip catalyst	NO_x 저감

(storage reduction)이 실용적인 기술이고 정화율이 뛰어난 촉매에서도 80%정도이다. 표 4.8은 디젤 매연 후처리 장치의 약어를 나타낸다.

(1) 질소산화물(NO_x)

규제되는 질소산화물은 산화질소(NO), 이산화질소(NO_2)이다. 연소 시 생성되는 질소산화물의 농도는 50~1000ppm이며 산화질소는 무색무취의 기체로 엔진의 온도가 높을 때 질소와 산소가 흡열 반응하여 생성된다. 산화질소는 95%정도이고 나머지 5%가 이산화질소이다. 산화질소는 대기에 방출되면 산화반응을 하여 이산화질소가 된다. 이것은 독성이 강한 갈색의 기체로 자극적인 냄새를 가진다. 질소산화물은 오존과 반응하며 스모그 발생의 가장 큰 원인이 된다. 디젤 배기 중 가장 나쁜 오염물질이다.

(2) 입자상 물질(DPM)

디젤의 배출가스 중 가장 복잡하고 다루기 힘든 배출물이다. 성분들은 탄소, 중탄화수소, 유황염, PAH이다. DPM은 디젤의 배기가스 중 흑연성분이다. 모든 배기규제의 중요한 대상이며 배기가스 저감기술의 핵심 성분이다. DPM의 제거를 위해서는 배기가스에서 추출하고 이를 공기와 희석시키고 이를 필터를 통과시키는 과정이 필요하다.

(3) 탄화수소(HC)

탄화수소는 기체 상태와 입자 상태가 있다. 규제는 기체 상태의 탄화수소이다. 입자상 탄화수소는 SOF로 표현한다. 탄화수소는 산소와 반응하여 이산화탄소와 물을 발생한다. 이는 촉매에서 일어나는 기본적인 반응이다. 대기 중에서 탄화수소는 질소산화물과 광합성 반응으로 스모그와 오존을 생성한다. 탄화수소 중 메탄(CH_4)은 오존을 발생시키지 않기 때문에 규제 대상에서 제외하고 비메탄 탄화수소(NMHC)만 규제 기준에 들어 있다.

(4) 일산화탄소(CO)

일산화탄소는 무색 무취의 기체로 독성이 매우 강하며 공기와 밀도와 비슷하다. CRDI 엔진에서 배출되는 CO는 농도가 10~500ppm으로 낮다. 고온 상태나 촉매를 지나면 일산화탄소는 산소와 반응하여 이산화탄소로 된다.

(5) 이산화황(SO_2)

이산화황은 연료와 윤활유 중의 유황성분에 기인한 것으로 규제 대상의 물질은 아니다. 무색의 기체로 자극적 냄새가 난다.

(6) 아산화질소(N_2O)

아산화질소는 무색의 기체로 지구 온난화, 성층권의 오존을 파괴시키는 물질이다. 화학적으로 질소산화물이지만 아직 규제 대상은 아니며 배출되는 양도 3ppm 정도 매우 적다. 반면 삼원촉매가 부착된 가솔린 엔진에서 배출되는 N_2O는 10~35ppm 정도이다. 백금계 희박 NO_x 촉매, SCR 촉매 등에서는 일부 증가하기도 하여 촉매 시스템 개발 면에서는 매우 중요한 인자이다.

(7) 수소(H_2)

희박조건일 때는 디젤의 배기가스에 수소는 존재하지 않는다. 수소는 산소와 반응하여 물을 생성한다. 수소는 온도가 180℃로 가열되면 물로 되기 쉽고 450℃가 되면 폭발한다.

4.5.5 후처리 장치

자동차에 적용되는 촉매 반응기는 촉매 변환기로 알려져 있는데 이 장치는 촉매가 코팅된 모노리스 담체이다. 촉매의 성능을 나타내는 전환율, 반활성 시간(light off time), 공간 속도 등이 촉매 개발기술의 중요한 인자이다. 촉매기술은 가솔린 기관부터 시작되었으며, 1970년대 CO와 HC를 제어하기 위한 산화촉매(oxidation catalyst)가 개발되었다. 1990년대 이러한 산화촉매(OC)는 디젤기관에도 적용이 되었다. 그 다음 환원촉매가 포함된 삼원촉매가 사용되었다. 산화촉매와 환원촉매를 이원촉매라고 하고 둘의 기능을 합한 것이 삼원촉매이다. 삼원촉매 기술은 휘발성 유기물질(VOC, volatile organic compound)과 NO_x의 배출 제어에도 사용되었다. 디젤엔진은 기본적으로 희박연소로 가솔린 엔진보다 일산화탄소와 탄화수소 배출은 적다. 디젤엔진의 CO와 HC의 제거는 가솔린 엔진에 사용되는 산화촉매를 이용한다. 문제가 되는 것은 NO_x와 PM이며 NO_x는 NO_x트랩 촉매에 의해 포집되고 제어기술로 배기가스 온도를 올려 촉매를 가열한 후 NO^x를 환원시킨다. 디젤엔진에서 저감해야 하는 배출물은 DPM, NO_x, CO, HC, SOF(Soluble Organic Fraction), PAH 등이다. PM은 세라믹 필터(DPF)

로 포집하고 일정량이 포집되면 배기가스 온도를 올려 PM을 소각시킨다. 이것을 DPF 재생이라 한다. O_2 센서는 산화촉매에 필요한 공연비를 제어하고, 온도센서는 각 장치에 필요한 온도를, 차압센서는 DPF의 입구와 출구의 차압을 측정하여 PM의 포집 상태를 제어한다. ECU는 이 값을 이용하여 최적의 연소가 되도록 엔진을 제어한다. 엔진을 제어기술이외에 전기히터나 버너를 사용하기도 한다.

비선택적 환원촉매(NSCR, nonselective catalytic reduction converter)는 농후 천연가스(CNG)의 NO_x저감에 사용하고, 암모니아와 우레아를 이용하는 선택적 환원촉매(SCR, elective catalytic reduction converter)는 디젤엔진의 NO_x 저감에 이용된다. 디젤엔진에 장착되는 촉매로는 CO, HC를 제거하는 DOC, NO_x를 저감하는 선택적 환원촉매(SCR), 희박NO_x 촉매(LNC), LNT, NSR, DPNR 등이 있다.

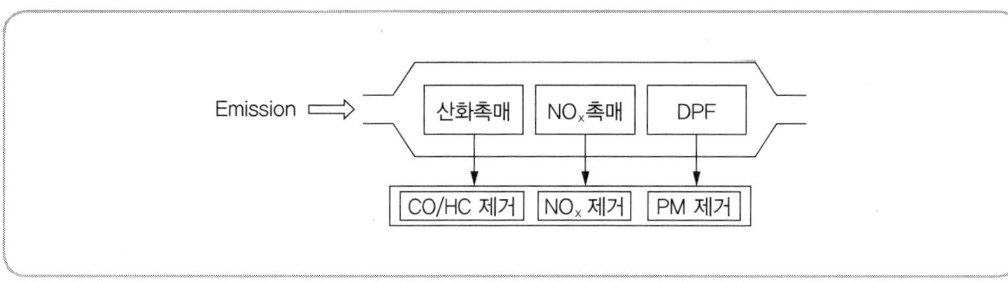

| 그림 4.16 | 일반적인 디젤 후처리 장치

① DOC : DPM(SOF), CO, HC(PAH)저감

② SCR : 디젤엔진의 NO_x 제거

③ NSCR : 천연가스 엔진의 NO_x 제거

④ 희박 NO_x 촉매(LNC) : 희박엔진의 NO_x, DPM(SOP), CO, HC 제거

⑤ NO_x 환원 촉매 : 요소 SCR, LNT, DPNR

(1) 디젤 산화촉매(DOC, diesel oxidation catalyst)

1970년대 개발된 이 촉매는 CO, HC를 높은 효율로 저감한다. 500ppm 이하의 저유황연료가 개발되면서 DOC를 이용한 DPM의 저감도 어느 정도 가능하게 되었다. 즉 DOC를 이용한 DPM의 저감기술은 1990초반까지 계속되었다. 이 촉매는 배출가스 중 CO, HC와 입자상 물질(PM) 중 용해성 유기물질(SOF)을 세라믹 담체에 코팅된 백금계 촉매와 CO_2와 H_2O로 정화시킨다.

DOC는 PM 내의 용해성 유기물질인 SOF(Soluble Organic Fraction)를 제거하는 촉매기술이다. 디젤 산화촉매 기술은 가솔린 엔진에서 삼원촉매가 개발되기 이전에 사용되던 산화촉매(이원촉매) 기술과 기본적으로 동일한 기술이다. 산화촉매는 백금(Pt), 파라듐(Pd) 등의 촉매 효과로 배기 중의 산소를 이용하여 탄화수소, 일산화탄소를 제거하는 역할을 한다. 디젤엔진에서는 탄화수소, 일산화탄소의 배출은 80%이상 제거할 수 있고 NO_x는 10%의 양만 저감된다. 산화촉매의 사용에는 저유황 연료의 사용이 필수적이다. DOC는 PM에 포함된 SOF를 50~80% 저감하지만 전체 PM중 SOF의 비율이 적어 전체적으로 약 20~40%의 저감 효과가 있다.

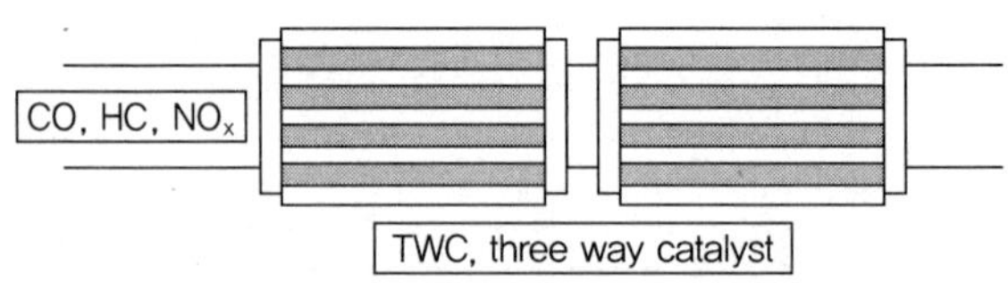

| 그림 4.17 | 가솔린 기관 후처리 장치

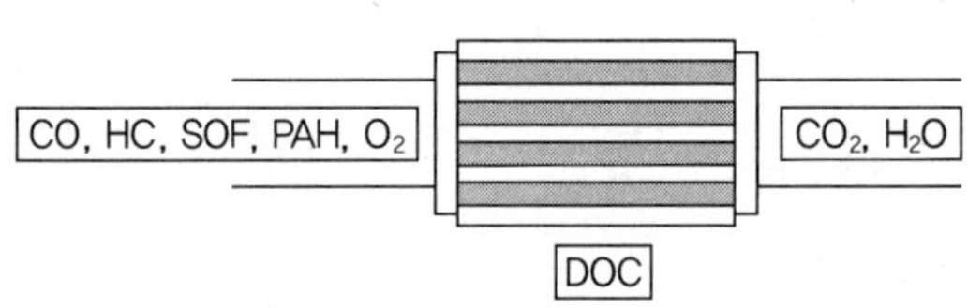

| 그림 4.18 | 디젤 산화촉매(DOC)-CO, HC 제거

(2) 입자상 물질 여과장치(DPF : Diesel Particulate Filter)

디젤 자동차에서 나오는 PM(Particulate Matter)을 저감하기 위해 필터를 통해 입자를 포집하고 이것을 태우는 장치로 PM을 80%이상을 저감할 수 있다. 초기 기술은 외부의 강제적 열 공급을 통해 높은 온도에서 연소시켰으나 최근에는 엔진 배출가스 온도로 연소온도를 대폭 낮추어 사용되고 있다.

디젤 미립자형 필터(Diesel Particulate Filter), 디젤 미립자형 촉매필터(Catalyzed Diesel Particulate Filter), 미립자형 촉매필터(Catalyzed Particulate Filter) 등은 경유 자동차의 배출가스 중 유

해한 CO, HC와 입자상 물질(PM)이 DOC로 정화되고 디젤엔진의 배기가스 중 PM을 필터를 이용하여 물리적으로 포집하고, 일정 거리 주행 후 PM의 발화온도인 550℃ 이상으로 배기가스 온도를 상승시켜 연소시키는 장치이다. 엔진오일과 경유연료 중의 중금속, 무기질 및 재(ash)성분은 정화되지 않고 필터 내에 계속 축적되어 배압을 증가시키므로 주기적인 필터 청소를 해 줘야 한다. 즉 이 촉매를 사용하면 매연을 80% 이상 저감할 수 있다. 또한 필터에 입자상 물질이 포집됨에 따라 엔진에 배압이 걸리며 이것에 의하여 출력과 연료 소비율이 떨어진다.

매연 여과장치 기술은 PM 포집기술과 필터 재생기술로 나누어진다. 반활성(Light off) 온도는 촉매의 변환율이 50%가 될 때의 온도, 촉매 반응개시 온도이며 250~300℃이다. 촉매는 약 550℃ 이상으로 가열되어야 정상적으로 반응한다. 디젤엔진의 배기가스에 포함되어 있는 PM을 포집하는 필터이다. 필터 사용 시 발생하는 기능 저하를 제어하기 위해 정기적으로 배출가스의 온도를 높여 PM을 연소시켜 필터를 재생시킨다.

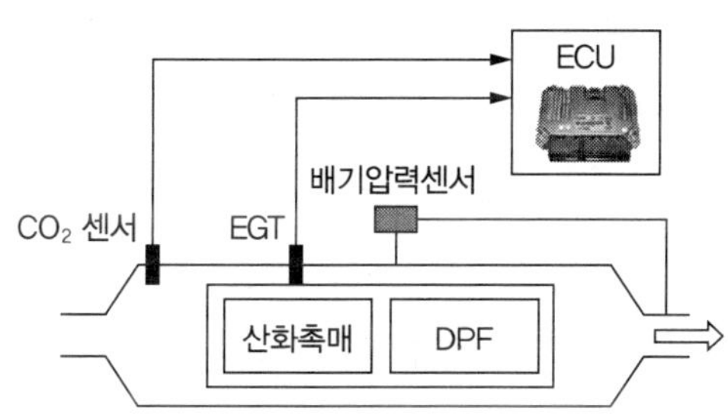

| 그림 4.19 | 디젤 엔진 CO, HC, PM 제거 구조(출처 : viyol.com.tr)

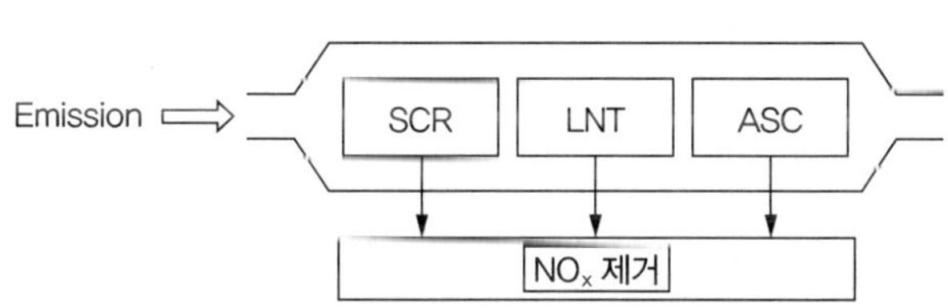

| 그림 4.20 | 디젤 엔진 NO_x 제거 구조

그림 4.19는 DPF의 구조를 나타낸다. DPF는 배출가스 중에 포함된 PM을 포집하기 위한 장치로 필터의 구멍을 가스는 통과하고 PM은 통과하지 못하도록 설계해야 하고, 균일한 크

기의 구멍을 고밀도로 형성하고 압력 손실이 적게 해야 엔진 출력의 저하가 없다. 산화촉매로 CO, HC를 제거하고 DPF는 PM을 제거한다. 산소센서는 배기의 산소량을 피드백하고, EGT(exhaust gas temperature)는 배기가스 온도, 배기압력 센서는 DPF 전후의 압력 차이를 측정하는 센서이다. DPF에 PM이 필터에 퇴적되면 퇴적된 PM에 의해서 생기는 압력 손실을 차압센서가 감지하고 이 차압과 배기가스 온도, 흡기 공기량 바탕으로 산출되는 PM의 퇴적 추정 값이 규정치가 되면 엔진에서 고온인 미연 연료가 포함된 배출가스를 DPF로 보내 온도를 600℃ 이상으로 높이고 DPF에 도포된 촉매로 PM을 태우는 DPF 재생을 실시한다. 이때, 고온인 DPF의 상태를 배기온도 센서가 감지하여 적절한 온도를 유지하도록 제어한다. **그림 4.20**은 디젤엔진의 NO_x 제거 구조를 나타낸다.

(3) DPF 재생(Particulate Filter Regeneration)

디젤 입자상 물질(diesel particulate matter, DPM)은 디젤의 배출가스 중에서 형성 메카니즘이 복잡하고 가장 다루기 힘든 배출물이다. 입자상 물질은 희석 냉각된(diluted and cooled) 배기가스에서 나타난다. 이는 SOL(solid fraction), 유기성 용해물질(soluble organic fraction, SOF), 황산 미립자(sulfate particulate, SO_4)로 구성된다. 매연 여과장치 재생에는 약 550~650℃의 온도가 필요하지만 실제 디젤엔진의 배기가스 온도는 이에 미치지 못하는데, 대부분의 대형 디젤엔진에서 나오는 배기가스의 온도는 약 300~450℃정도이고, 소형 디젤엔진의 경우 배기가스의 온도는 이보다 낮아서 약 200~300℃이다. 디젤 필터의 재생을 촉진시키기 위하여 다음과 같은 방법을 사용한다.

① 배기가스 온도 상승 – 전기히터(electric heater), 연료버너(fuel burner), 극초단파 가열(microwave heating), 배기 시스템에 가연성 물질을 단독으로 분사 혹은 가열 촉매(warm-up catalyst) 사용한다.

② 촉매를 이용한 매연의 점화온도 저하 – 촉매형 매연여과 장치(catalyzed diesel particulate filter, CDPF)는 필터에 직접 담지되어 있는 촉매를 이용한다.

③ 산화제(oxidant)를 이용한 매연의 점화온도 저하 – 산화제로 NO_2를 이용하는 CRT필터가 있다.

엔진 배기가스의 온도를 높이기 위해서 연료버너(fuel burner)나 전기히터(electric heater)를 이용하여 배기가스를 가열시키거나 혹은 엔진제어의 방법을 이용한다. 한편, 촉매(catalyst)를 이용하거나 연료 첨가제(fuel additive)를 사용하여 PM의 점화온도를 낮추기도 한다. 디젤엔진의 실제 작동 중에 필터의 재생이 이루어지기 위해서는 배기가스의 온도를 상승시키거나 또는 촉매를 사용하여 매연의 점화온도를 낮추어야 한다. 촉매 또는 연료 첨가제를 사용하여 매연의 점화온도를 낮추면 배기가스의 온도는 상승한다.

- 배기가스 재순환(EGR) : 디젤엔진에서 NO_x 배출을 최소화시킬 수 있는 매우 효과적인 방법이다.
- 연료의 후분사(post-injection) : 연소실 내에 연료를 후분사하는 방법은 커먼레일과 같은 전자제어 연료분사 시스템에서 가능하다.
- 배압증가 : 이 방법은 배기 시스템에 설치되어 있는 스로틀 밸브를 조절하여 배압을 상승시킨다.
- 지연분사 : 지연분사는 NO_x배출을 제어하는 방법으로 배기가스의 온도를 높일 때 사용한다.
- 흡기온도의 증가 : 터보차저와 인터쿨러 장착 디젤엔진에서 인터쿨러를 바이패스(by-pass)시킨다.
- 부스트 압력의 저하 : 터보차저가 장착된 엔진에서 웨이스트 게이트(wastegate)를 열어서 부스트 압력을 저하시킨다.
- 흡기진공의 증가 : 스로틀 밸브에 의한 흡기진공의 증가는 자연 흡기방식의 엔진에서 가능하다.

이러한 방법들은 연료 소비의 증가, 입자상 물질과 HC 배출 증가, 그리고 배기가스 중의 산소 농도의 저하를 동반하는데 이는 필터의 재생에 나쁜 영향을 미친다. EGR과 연료의 후분사 방법도 엔진의 조기 마모 문제를 일으킬 수도 있다.

(4) 희박 NO_x 촉매(lean NO_x catalysis, LNC)

희박 NO_x 촉매는 희박엔진의 NO_x, DPM(SOP), CO, HC를 제거하기 위해 촉매 앞에 HC나 경유를 투입한다. 1mole의 NO_x 전환을 최대로 하기 위해 사용되는 HC의 양은 6mole이다. NO_x를 HC를 이용하여 감소시키는 것을 LNC라 한다. 이러한 LNC의 전환효율은 10%

이하로 낮아서 효율을 증가시키기 위해 비열적 플라즈마를 사용하면 효율을 50%까지 올릴 수 있다.

(5) NO_x 환원촉매

① 선택적 환원촉매(SCR, Selective Catalytic Reduction, Ammonia)

농도 32.5%의 요소수를 SCR 촉매 앞에서 연료의 3~5% 정도를 공급하고 배기열에 의한 열분해와 가수분해에 의하여 발생한 암모니아로 NO_x를 선택적으로 환원한다. 암모니아와 우레아(urea)를 이용하여 디젤엔진에서 NO_x를 저감시킨다. SCR 반응에서 NO_x는 촉매 앞부분의 배기가스에 공급된 암모니아와 반응한다. SCR 반응을 위해서는 정확한 양의 암모니아 양을 공급해야 한다.

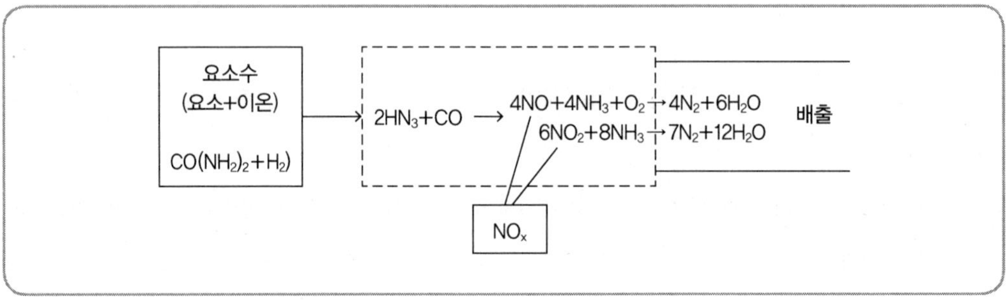

| 그림 4.21 | 요소 SCR 반응 메카니즘

암모니아가 충분하지 않으면 NO_x의 변환 효율이 낮고, 너무 많으면 대기 중으로 암모니아가 배출되는 암모니아 슬립(ammonia slip)이 발생한다. SCR의 NO_x 전환율은 60~80%이다. 배기가스에 요소수를 분사하면 암모니아가 생성되고, 암모니아와 NO_x의 화학반응으로 질소와 물로 환원시킨다. 배기가스 온도가 낮은 상태에서도 정화 능력이 있고 내구성이 크고 희귀금속을 사용하지 않아 가격 경쟁력이 높다. 그림 4.21은 요소 SCR 반응 메카니즘을 나타낸다. 일산화질소와 이산화질소가 암모니아(NH_3)를 만나면 질소와 물로 변한다. 그리고 암모니아 대신 우레아를 환원제(reducing agent)로 사용하는 SCR 시스템도 있다. 암모니아와 비교하여 우레아는 비교적 독성이 없고 안전하며 다루기도 쉬워, SCR 촉매용으로 거론되고 있는 유일한 환원제(reductant)이다. EURO V에서 자동차당 투입되는 우레아 양은 경유의 5%정 도이다.

② NO_x 흡장 촉매(LNT)

배기가스 중의 NO를 귀금속 촉매 등을 이용하여 NO_2로 산화하고, 이것을 알칼리 금속이나 알칼리 금속계의 촉매를 이용하여 초산염으로 만들어 흡장해 두고, 연료 후기 분사나 배기계에서 추가한 연료를 환원제를 사용하여 농후상태로 만든다. 희박운전 시에는 NO_x를 흡장제에 저장시키고, 농후 운전 시 배기가스 중에 포함되어 있는 CO, HC, H_2와 NO_x를 연소가스 온도를 올려 연소시켜 N_2, CO_2, H_2O로 변화시켜 저감한다. 연료 중에 있는 유황에 의해 흡장 물질의 성능이 떨어지고 이를 막기 위해 배기온도를 650~700℃로 올리는 회복 제어를 시행한다. 이에 따라 열 열화가 발생하는 동시에 연비 감소나 일시적인 PM의 배출이 있을 수 있어 10ppm 이하의 저유황 경유를 사용한다.

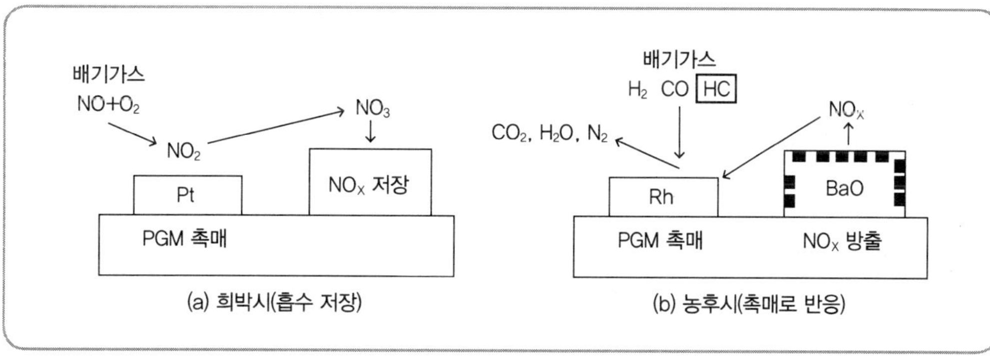

| 그림 4.22 | NO_x 흡장 시스템

전환효율은 65~80% 정도이며 주로 소형 디젤엔진에서 많이 사용된다. 그림 4.22는 흡장시스템을 나타내고 PGM은 촉매 물질을 나타낸다. 현재 귀금속 촉매로 환원하는 흡장촉매(LNT), 저장환원(NSR) 촉매가 실용화되고 있다.

③ DPNR(Diesel Particulate NO_x Reduction) 촉매

NO_x 흡장 촉매를 응용하여 NO_x와 PM을 저감한다. 고온인 배기가스에 연료를 간헐적으로 공급하고, 촉매를 사용하여 NO_x와 PM을 동시에 제거한다. 이 시스템도 유황에 의한 회복 제어가 필요하다.

4.6 이중연료 디젤엔진

4.6.1 개요

천연가스는 연소과정에서 배출되는 이산화탄소, PM, NO_x가 적게 나오는 깨끗한 연료이며 가솔린 연료와 디젤연료와 비교하여 장점이 있는 연료이다. 천연가스는 주행거리가 짧아 비교적 작은 규모의 SI방식의 엔진에서 실용화되고 있고 열효율이 높은 소형 디젤엔진에서는 이중 연료방식으로 사용한다. 이 방식은 천연가스를 주 연료로 흡기관에서 흡입하고 실린더 내에서 분사된 디젤과 혼합하여 착화 연소시키는 방식으로 디젤기관의 개조가 필요가 없다. 이중 연료시스템의 장점은 다음과 같다.

① 엔진의 고효율
② 10bar 이하의 저압의 천연가스
③ 희박연소에 의한 적은 배기가스 배출
④ 연료의 유연성(천연가스 모드, 디젤 모드)

CRDI 엔진이 아닌 디젤엔진을 기본으로 하고 단일 연료보다 열적 효율이 높고 엔진 토크도 높다. 파이럿 분사를 하는 디젤엔진을 사용하고 가스연료와 디젤연료의 양을 전자적으로 제어한다. 이러한 전자제어는 엔진의 성능을 극대화한다. 흡기 매니폴드에 천연가스 인젝터가 장착되고 다른 디젤엔진과의 차이는 없다. 천연가스는 압축하지 않으면 주입이 되지 않기 때문에 압축하여 사용하며 압축 천연가스(CNG)와 경유의 비율은 최대 85:15 정도로 하면 CRDI 디젤에 상응하는 높은 열효율을 얻을 수 있다. CNG 비율이 85%를 초과하면 열효율은 급격하게 저하하고 HC 농도도 크게 증가한다.

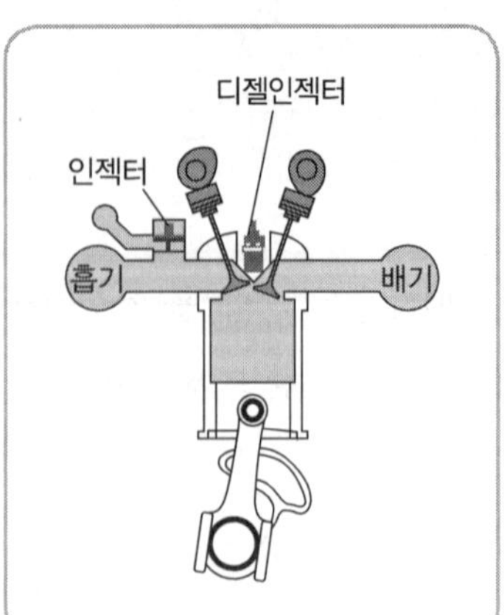

| 그림 4.23 | 이중 연료 시스템
(출처 : tecnovertias)

이중 연료 디젤엔진은 이중 연료로 경유와 천연가스를 사용하고 이들은 동시에 연소된다. 이 엔진은 1935년에 처음 만들어졌지만 사용되지 못하다가 엔진 전자제어의 발달과 함께 진보된 알고리즘이 개발되어 저탄소 기술의 엔진으로 발전하였다. 이 엔진의 장점은 천연가스의 가격이 석유 연료 중 가장 저렴하고, 현재의 엔진을 그대로 사용해도 신뢰성이 높고 정비가 쉬운 점이다. 이 엔진은 디젤연료 대신에 천연가스를 사용하며 천연가스가 떨어지면 자동으로 100%로 디젤엔진이 된다. 천연가스의 비율을 최대 85%까지 가능하고 CNG와 LNG를 사용할 수 있다. 기존 디젤엔진보다 훨씬 조용하며 배기가스 배출도 크게 감소된다. 엔진의 시동, 공회전은 디젤연료로 기동되며 최고부하 시 천연가스는 85%, 디젤연료는 15% 사용된다.

4.6.2 작동모드

흡입과정에서 흡기포트에 있는 천연가스 인젝터로 천연가스를 공급하고 압축과정은 천연가스와 공기의 혼합물이 압축된다. 연소행정에서 디젤 인젝터에서 파이럿 분사가 일어나고 압축착화가 된다. 가스모드에서는 디젤연료 분사는 없다. 기본적으로 천연가스는 포트분사(PFI)이고 디젤은 고압의 직접분사이다. 제어 시스템은 다음과 같은 3모드로 작동한다.

(1) 천연가스 모드

가스모드 상태에서는 천연가스 압력은 10bar 이하로 공급되어 600℃의 온도로 연소한다. 희박가스와 공기의 혼합물의 연소는 작은 양의 디젤연료에 의해 이루어진다. 가스모드에서 작동 원리는 희박연소이며 혼합물이 연소실로 공급될 때 실린더 헤드에 있는 가스 허용 밸브에 의해 제어된다. 디젤의 메인분사는 없지만 디젤 파이럿 분사는 커먼레일에 의해 고압으로 인젝터에 의해 직접 분사되고 고압펌프 후의 연료압력은 1600bar이다.

(2) 디젤모드

CRDI 디젤모드에는 메인 디젤분사와 예비분사인 파이럿 분사를 같이 수행한다. 파이럿 분사는 커먼레일에 의해 고압으로 분사되고 디젤모드에서 디젤연료는 저압 및 고압펌프에 의해 공급된다. 일반적인 CRDI 방식으로 연소가 발생한다.

(3) 백업모드

디젤모드에서 파이럿 분사가 고장이 나면 가스모드와 파이럿 분사 모드는 중지되고 메인 디젤모드만 가동이 된다.

표 4.9 연료공급시스템과 활성화되는 작동모드(출처 : DAF)

종 류	가스모드	디젤모드	고 장 시
가스연료시스템	○		
파이럿연료시스템	○	○	
메인디젤 연료시스템		○	○

연습문제

01 다공 노즐을 사용하는 직분식 디젤엔진에서 분사노즐의 구비 조건이 아닌 것은? **정답** ②

① 연료를 미세한 안개 모양으로 하여 쉽게 착화되게 할 것
② 저온 저압의 가혹한 조건에서 단기간 사용할 수 있을 것
③ 분무가 고르게 뿌려질 것
④ 후적이 일어나지 않을 것

| 풀이 | 노즐의 조건 : 무화, 관통력, 분포성

02 CRDI 디젤기관의 장점이 아닌 것은? **정답** ③

① 필요할 때 원하는 압력의 연료를 사용할 수 있다.
② 공회전, 저부하에서도 배기가스를 개선할 수 있다.
③ 부실(IDI)실 디젤기관이다.
④ 효율이 높은 이유는 고압의 연료, 인젝터 분사량 제어 때문이다.

| 풀이 | CRDI 디젤기관은 직분식실(DI) 디젤기관이다.

03 CRD I엔진은 연소를 완전 연소시켜 PM과 NO_x를 저감하는 기술이다. 이를 가능하게 한 기술은 무엇인가? **정답** ①

① 다단분사
② 압력 구동펌프의 마찰
③ 레일 압력센서 적용
④ 연료압력 조절 솔레노이드 적용

| 풀이 | CRDI 디젤기관은 다단분사로 NO_x를 저감한다.

04 CRDI엔진에서 솔레노이드 인젝터와 비교하여 피에조 인젝터의 장점으로 적당한 것은? **정답** ②

① 백리크 현상(backleak)이 발생
② 작동속도가 빠르다.
③ 소음이 심하다.
④ 파이럿 분사시간을 길게 제어한다.

| 풀이 | 피에조 인젝터는 작동속도가 빠르다.

05 CRDI 디젤기관의 장점이 아닌 것은? **정답** ③

① 압축비가 높다 ② 스로틀밸브가 없다 ③ 연소 온도가 높다 ④자기착화한다

| **풀이** | CRDI 디젤기관은 연소 온도가 높아 NO_x가 많이 배출된다.

06 CRDI 디젤기관에서 PM, NO_x 저감 기술이 아닌 것은? **정답** ③

① 연료의 고압화
② 1스트로크당 5~9회 분사
③ three way converter 적용
④ 촉매 제어

| **풀이** | three way converter(삼원촉매)는 가솔린 기관에만 적용이 된다.

07 CRDI 디젤기관의 구성부품이 아닌 것은? **정답** ②

① 연료미터 제어밸브
② DIS(direct ignition system)
③ 연료압력 센서
④ DPF(diesel particulate filter)

| **풀이** | DIS는 점화장치이다.

08 2세대 CRDI 다단분사 연결이 잘못된 것은? **정답** ①

① 주분사 : DPF활성화 ② 파이럿 분사 : 소음, PM저감
③ 선분사 : NO_x, 소음저감 ④ 후분사 : PM저감

| **풀이** | 주분사 : PM저감, 파이럿 분사 : 소음, PM 저감, 선분사 : NO_x, 소음저감, 후분사 : PM저감, 포스트분사 : DPF 활성화

09 다음 중 CRDI 디젤 기관의 연비를 향상시키는 기술이 아닌 것은? 정답 ③

① 엔진의 마찰 감소 기술

② 냉각시스템 개선 기술

③ 앳킨슨 사이클 적용

③ 디젤 PHEV

| 풀이 | 앳킨슨 사이클은 하이브리드 자동차 엔진에 적용이 된다.

10 다음 중 NO_x 제거 장치가 아닌 것은? 정답 ④

① SCR ② LNT ③ ASC ④ DPF

| 풀이 | DPF는 PM을 제거하는 장치이다.

[주관식]

11 디젤기관은 공기만 흡입한 상태에서 연료를 분사하여 연소시키므로 공기와 연료의 혼합이 잘 되어야 하며 양호한 혼합 상태를 얻기 위하여 여러 가지 형상의 연소실이 사용된다. 디젤 기관의 IDI 분사식과 DI 분사식의 연소실 모양을 스케치하고 각 모양의 특징을 서술하라.

12 CRDI 디젤기관은 배기가스 규제 강화에 따라 그을음이나 유해가스가 적은 완전 연소를 촉진하기 위해 개발된 엔진이다. CRDI 엔진의 원리, 연료 압력의 발전과, 다단분사에 대하여 서술하시오.

13 CRDI 디젤엔진에 적용되는 다음의 센서들을 설명하시오.

① AFS

② RPS(레일입력 센서)

③ BPS(부스트 압력센서)

④ APP센서

⑤ CKP

⑥ CMP

⑦ TS

14 반도체 피에조 저항식 압력센서는 1990년대 101kPa인 대기압을 측정하는 대기압센서(BPS)에 처음으로 적용된 후, 3.5MPa의 고압냉매 압력, 0.2Mpa의 저압냉매 압력, 5kPa의 퍼지컨트롤 솔레노이드 밸브(PCSV)작동 진공압력, 200bar의 GDI 연료압력, 2000bar의 커먼레일 연료압력 측정에 적용되고 있다. 반도체 피에조 저항식 압력센서의 작동원리를 설명하라.

15 CRDI 디젤엔진은 솔레노이드 인젝터와 피에조 인젝터가 있다. 구조를 스케치해보고 차이점을 설명하라.

16 가솔린엔진의 배기가스보다 CRDI 디젤엔진의 배기가스가 문제가 되는 원인이 무엇인지 알아보고 각종 후처리 방법에 대하여 정리를 해보자.

CHAPTER

05 동력전달장치

자동차의 동력은 엔진 회전수에 비례하여 증가하는 특성이 있고 기관 시동 시에는 엔진에서 발생하는 동력을 차륜에 전달하는 모든 장치를 동력전달장치라고 한다. 엔진의 출력은 엔진 회전수에 비례하여 증가하는 특성을 가지고 기관 시동 시에는 무부하 상태가 필요하며 조건에 따라 엔진 부하와 바퀴를 분리하는 장치가 필요하다. 차량은 주행 상태에 따라 다양한 회전수와 높은 토크를 필요로 하는데, 엔진의 최적 작동상태에서는 이러한 모든 회전수와 토크 요구를 감당할 수 없기 때문에 엔진의 동력을 연결과 차단, 토크를 변환을 하는 장치가 필요하다. 동력전달장치는 클러치(clutch), 변속기(transmission), 추진축(propeller shaft), 종감속기어(final reduction gear), 차동장치(differential gear), 구동차축(drive shaft) 등으로 구성된다.

| 그림 5.1 | 후륜 구동 변속기(출처 : jatco)

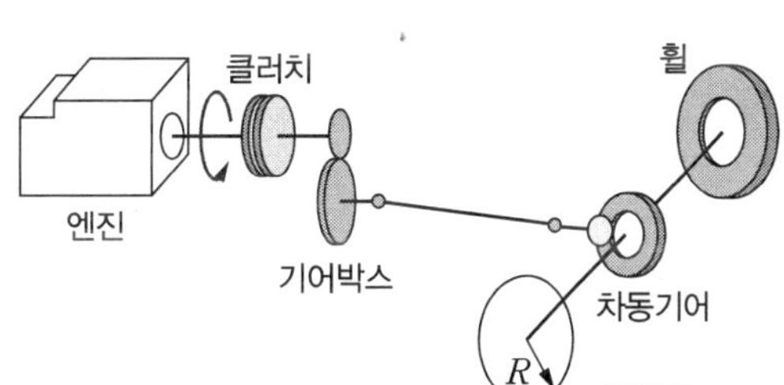

| 그림 5.2 | 동력전달 과정

5.1 힘과 변위의 전달

힘의 전달을 주목적으로 하는 것 중 가장 간단한 것이 지렛대이다. 지렛대는 그림 5.3과 같이 힘의 전달과 함께 변위도 전달한다. 동력의 전달은 힘과 변위의 곱을 전달하는 것으로 입력 힘 F_1이 출력 힘 F_2보다 크면 출력 변위 S_2는 입력 변위 S_1보다 크고 방향은 반대가 된다.

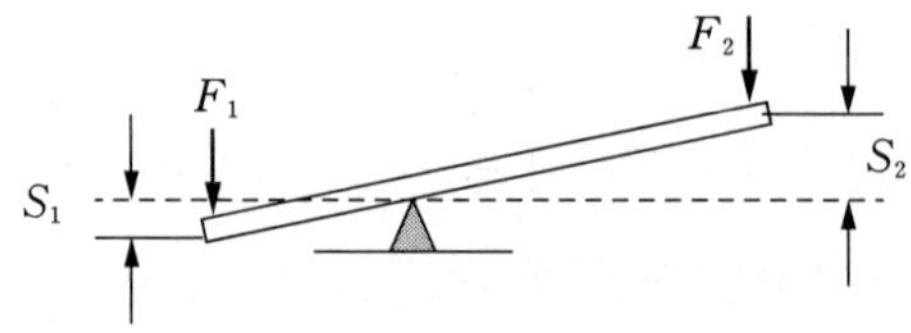

| 그림 5.3 | 지렛대의 원리

그림 5.4와 같이 접촉하고 있는 2개의 기어에서 토크는 힘과 반지름의 곱이므로 접촉점에서 힘은 작용과 반작용의 법칙에서 서로 크기가 동일하고 역방향이다. 동력전달의 힘은 마찰력으로 마찰력이 발생하려면 법선력이 필요하고, 크기는 법선력과 마찰계수 μ의 곱으로 정해지므로 법선력 또는 마찰계수 중 하나를 크게 해야 동력 전달이 이루어진다. 기어비는 2개 기어의 기어 잇수 비율이고 큰 기어 잇수를 작은 기어 잇수로 나눈 값이다. 기어비가 적으면 가속하기 쉽고 크면 가속하기 어렵다. 5단 자동차 기어비는 1~3단은 기어비가 크고, 4단은 직결, 5단 이상은 기어비가 적다.

$$\text{기어비} = \frac{N_2}{N_1} \tag{5.1}$$

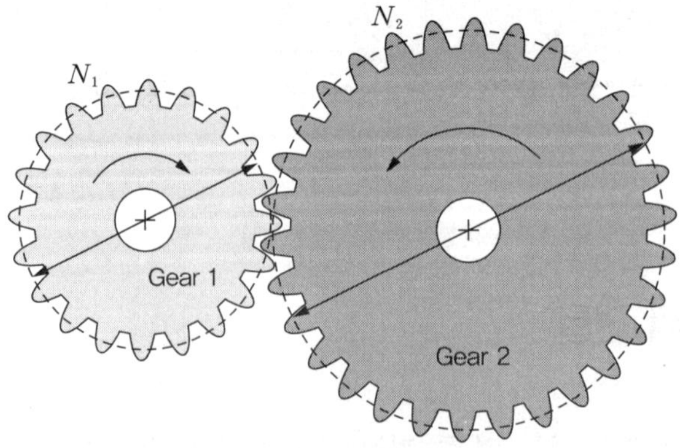

| 그림 5.4 | 기어비

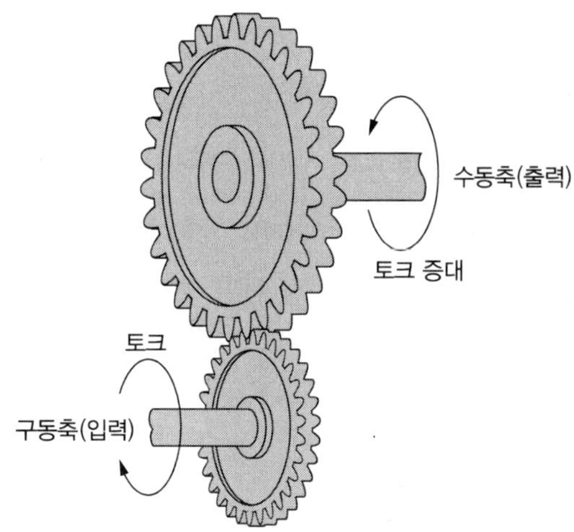

| 그림 5.5 | 기어의 동력 전달법

5.2 전륜구동과 후륜구동

엔진에서 발생한 동력을 구동륜에 전달하는 방식은 전기관 전륜구동 방식(FF : Front engine, Front drive), 전기관 후륜구동 방식(FR : Front engine, Rear drive), 후기관 후륜구동 방식(RR : Rear engine, Rear drive), 4륜구동 방식(4WD : 4 Wheel Drive) 등으로 분류되며 승용차에는 주로 적용하는 전기관 전륜구동 방식과 전기관 후륜구동 방식이 다.

5.2.1 전기관 전륜구동 방식(FF : Front engine Front drive)

자동차의 앞부분에 엔진과 클러치, 변속기, 종감속 장치, 차동장치가 하나로 구성되어 있는 트랜스 액슬(transaxle)을 장착하고 트랜스 액슬을 통하여 전륜을 구동시키는 방식으로 동력은 엔진, 클러치, 변속기, 종감속 기어, 차동기어, 구동차축, 구동륜 순으로 전달된다. 이 방식은 동력전달 경로가 짧고, 직진 시 주행의 안정성과 구동 성능이 좋고, 추진축이 필요가 없고, 전후 차축의 하중분포도 거의 동일하지만 전차축의 구성이 복잡하고 큰 조향력이 필요하다.

5.2.2 전기관 후륜구동 방식(FR : Front engine Rear drive)

자동차의 앞부분에 엔진과 변속기를 장착하고 추진축을 통하여 후륜을 구동시키는 방식으로, 동력은 엔진, 클러치, 변속기, 추진축, 종감속 기어, 차동기어, 구동차축, 구동륜 순으로 전달된다. 조향바퀴와 구동바퀴가 다르기 때문에 조종 안정성이 우수하고 앞차축의 구조가 간단하지만 적재중량이 적으면 빙판길, 언덕길 등판 시 후륜이 미끄러지는 현상이 발생한다.

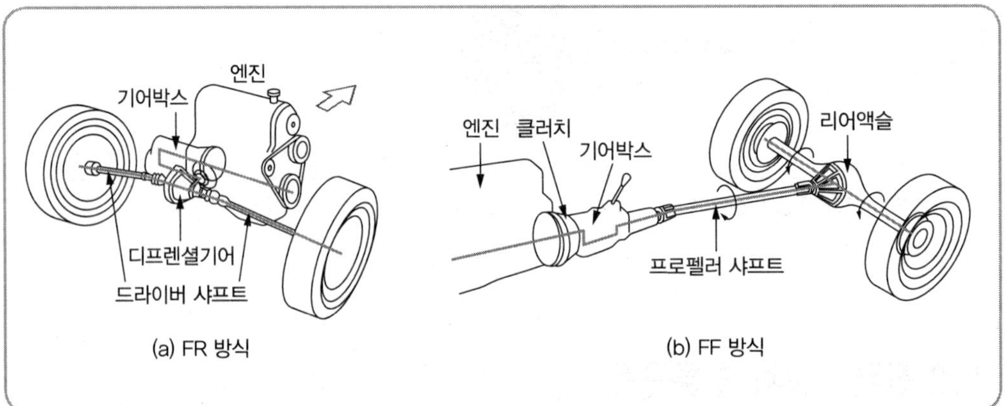

| 그림 5.6 | FR과 FF 방식의 구조(출처 : kotobank.jp)

5.3 클러치

자동차는 엔진에 외부부하가 걸리면 시동이 걸리지 않고, 동력이 바퀴에 전달되고 있는 상태에서 기어를 변속하면 변속기의 치차 열에 큰 부하가 발생하기 때문에, 이때는 엔진과 변속기 사이의 동력전달을 차단해야 한다. 클러치는 **그림 5.7**과 같이 엔진과 변속기 사이에 설치되어 기관에서 출력되는 회전력을 변속기에 전달하거나 차단하는 장치이다.

클러치에는 기계적인 맞물림을 이용하는 맞물림 클러치, 고체의 마찰력을 이용하여 동력을 전달하는 마찰 클러치(friction clutch), 유체의 운동을 매개로 하여 동력을 전달하는 유체 클러치(fluid clutch)가 있다. 마찰 클러치는 마찰 패드를 분리하여 동력을 차단하고, 유체 클러치는 케이스 안에 날개를 가진 바퀴를 대향으로 조합한 후 오일을 채우고 한쪽 날개를 회전시키면 유압의 힘에 의해 다른 쪽인 터빈 날개도 회전하는 원리를 이용하여 오일의 유압으로 동력을 전달한다. 그리고 전자기력을 이용하는 전자 클러치(electro-magnetic clutch)도 있다.

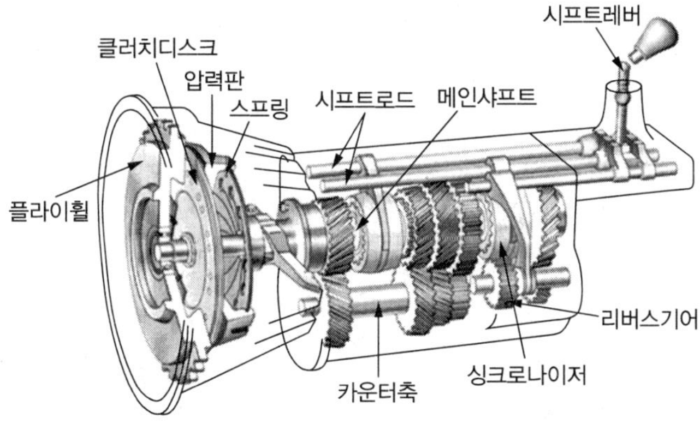

| 그림 5.7 | 후륜구동 클러치와 기어박스의 구조(출처 : kotobank.jp)

5.3.1 마찰 클러치

클러치 디스크를 압력판으로 엔진의 플라이휠에 압착시켜 구동축과 피동축의 마찰력을 이용하여 동력을 전달한다. 엔진 동력은 클러치 페달, 유압장치, 릴리스 포크, 릴리이스 레버. 압력판, 클러치판으로 전달되고, 플라이휠과 크랭크축은 서로 연결이 되어 있어 압력판과 클러치판이 압착, 해제하여 동력을 전달, 차단을 한다. 압력판에 압력을 가하는 클러치 스프링의 구조에 따라 코일 스프링식과 다이어프램 스프링식, 모양에 따라 원판형과 원추형으로 분류한다. 마찰 클러치는 습식과 건식이 있고 클러치 작동을 오일 속에서 하는 것은 습식, 공기 중에서 하는 것을 건식이라 한다. 공기 중에서 하면 마찰열로 인하여 뜨거워지고, 오일 중에서 하면 오일이 냉각기능을 한다. 클러치판이 마모되면 클러치의 슬립 발생, 클러치 페달의 유격이 작아지고, 클러치 릴리스 레버의 높이가 높아지고, 가속 시 클러치가 미끄러지기 쉽다. 클러치가 미끄러지는 원인은 다음과 같다.

① 스프링의 탄성이 부족할 때

② 클러치판이 마모되었을 때

③ 클러치 페달의 자유 간극이 작을 때

④ 클러피 페이싱에 오일이 묻었을 때

(1) 코일 스프링식 마찰 클러치의 작동 원리

그림 5.8은 코일 스프링식 마찰 클러치의 구조를 나타낸다.

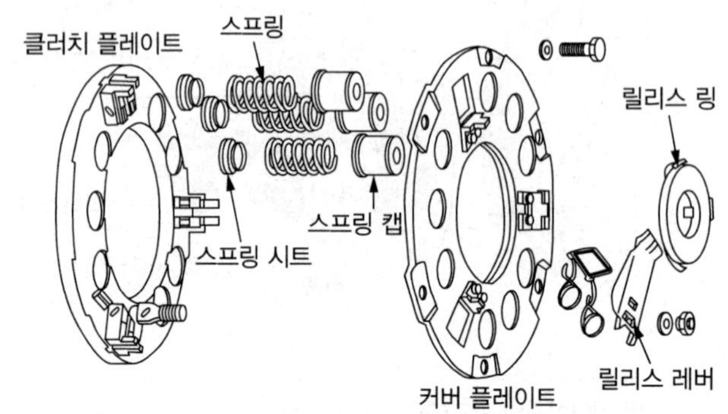

| 그림 5.8 | VW 코일 스프링식 마찰 클러치의 구조(출처 : documentbuzz.com)

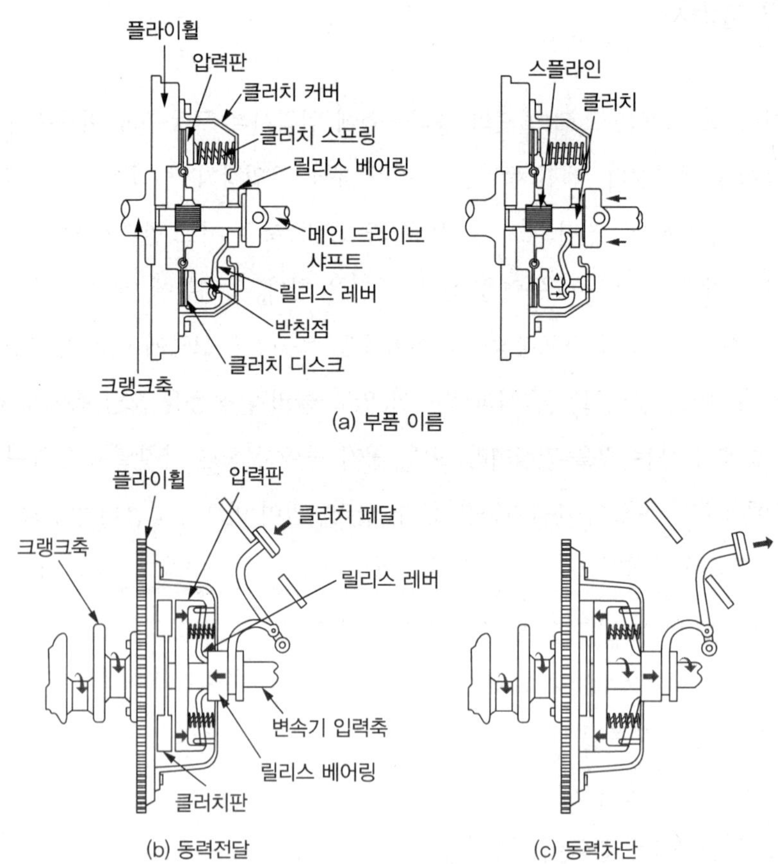

| 그림 5.9 | 코일 스프링식 마찰 클러치의 작동 원리

① 동력전달

클러치 페달을 놓으면 클러치 스프링의 탄성력이 압력판에 가해지고 클러치판이 플라이휠과 압력판 사이에서 압착되면서 연결되어 엔진의 동력이 변속기 입력축에 전달된다.

② 동력차단

클러치 페달을 밟으면 릴리스 실린더가 릴리스 포크, 릴리스 베어링이 릴리스 레버를 누르고, 이 누르는 힘이 클러치 스프링의 탄성력보다 크게 되면 압력판과 클러치판이 분리되어, 엔진의 동력이 클러치 축으로 전달되지 못한다.

(2) 다이어프램 스프링식 마찰 클러치의 작동 원리

그림 5.10은 다이어프램 스프링식 마찰 클러치의 작동 원리를 나타낸다. 코일 스프링식의 코일 스프링과 릴리스 레버의 기능을 다이어프램 스프링으로 변경한 것이다.

① 동력전달

클러치 페달을 놓으면 다이어프램 스프링의 장력이 압력판에 가해져 클러치판이 플라이휠에 압착되어 동력은 전달된다.

② 동력차단

클러치 페달을 밟으면 릴리스 실린더가 릴리스 포크 끝 부분을 변속기 입력축 방향으로 밀어 릴리스 베어링이 다이어프램 스프링을 압착한다. 다이어프램 스프링이 압착되면 압력판은 클러치판과 분리되고 엔진의 동력이 차단된다.

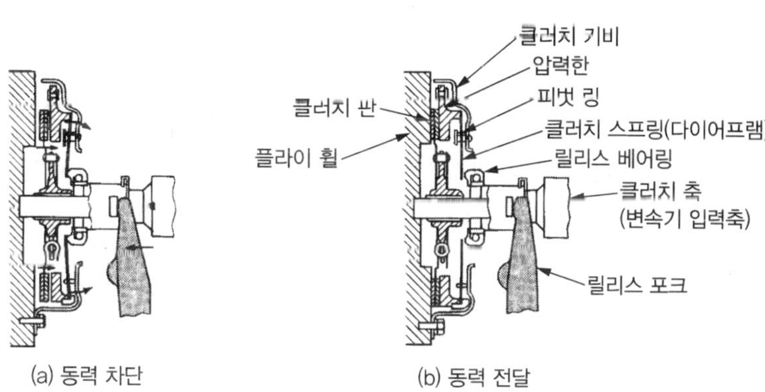

| 그림 5.10 | 다이어프램 스프링식 마찰 클러치의 작동 원리

(3) 다이어프램 스프링식 마찰 클러치의 구조

다이어프램 스프링식 마찰 클러치는 그림 5.11과 같이 클러치 디스크, 압력판, 다이어프램 스프링, 릴리스 포크, 릴리스 실린더 등으로 구성된다.

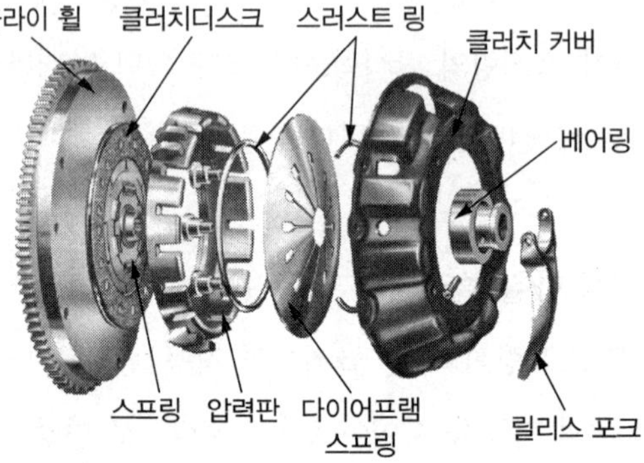

| 그림 5.11 | 다이어프램 스프링식 마찰 클러치의 구조(출처 : partinfo.co.uk)

1) 클러치 디스크

클러치 디스크는 접속 시 엔진의 동력을 전달하고, 충격과 진동의 완화 역할을 한다. 클러치 디스크는 플라이휠과 압력판 사이에 끼워지는 마찰판으로, 플라이휠의 회전을 클러치 디스크를 통하여 변속기로 전달한다. 그림 5.12의 클러치 디스크의 댐퍼 스프링(토션 스프링)은 클러치의 급격한 접속 충격을 완화시키고, 클러치 디스크의 클러치 라이닝은 클러치 연결 시 축방향의 충격을 흡수하기 때문에 접속 진동을 완화시켜 승차감을 좋게 한다.

① 마찰계수

클러치 디스크의 마찰계수가 너무 크면 클러치 디스크가 플라이휠에 조금만 접촉하여도 클러치가 연결되어, 반클러치 제어가 어렵게 되어 엔진 출력에 적합한 마찰계수가 필요하다.

② 내열성

클러치 디스크는 동력을 반복하여 전달, 차단하기 때문에 마찰면의 내열성이 우수해야 하고 온도 변화에 따른 마찰계수의 변화가 작아야 한다.

③ 내구성

클러치 디스크는 내열성, 내구성, 내마모성이 높아야 하고 적절한 마찰계수를 가져야 한다.

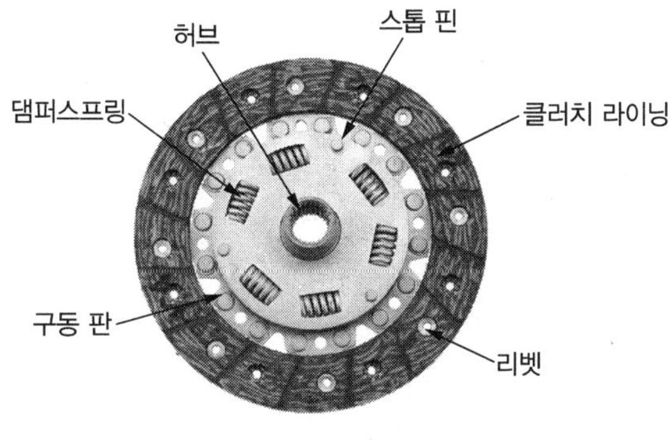

| 그림 5.12 | 다이어프램 스프링식 마찰 클러치의 구조(출처 : partinfo.co.uk)

2) 압력판

클러치 디스크는 하우징 내에 들어 있고 이는 플라이휠에 볼트로 고정된다. 플라이휠의 동력을 클러치 디스크의 마찰력에 의해 압력판으로 전달하고, 동력이 압력판을 통하여 변속기의 입력축으로 확실하게 전달되도록 한다.

3) 다이어프램 스프링과 코일 스프링

클러치 커버와 압력판 사이에 설치되며 다이어프램 스프링 클러치는 승용차나 소형 트럭에, 코일 스프링 클러치는 중대형 트럭과 버스 등에 많이 사용되지만, 현재 승용차에서의 다이어프램 스프링은 볼트 스프링으로 대체되고 있다.

그림 5.13은 클러치 스프링의 힘과 변위 곡선을 나타낸다. 코일 스프링의 힘은 스프링의 변형량에 비례하여 증가하고, 다이어프램 스프링은 형상이 변화되기 시작하면 힘을 전달한다. 코일 스프링에 가해지는 힘은 점진적으로 커지지만, 다이어프램 스프링에 가해지는 힘은 편평한 위치에 도달할 때까지 증가하다가 감소 후 다시 증가한다. 다이어프램 스프링은 그림에서 A지점을 넘어서까지 압축되고, 이 위치에서 마모에 의하여 스프링이 늘어져, 마찰이 감소하여도 힘은 증가된다. 높은 엔진 속도에 적합한 코일 스프링은 원심력에 의해 바깥쪽으로 휘기 때문에, 스프링의 힘이 저하되면 진동의 원인이 될 수 있고, 변형량이 줄어들면 전달 힘은 급격히 감소한다. 반면에 적은 수의 부품으로 구성되는 다이어프램 스프링은 페달의 힘, 스프링 마찰이 적어도 어떤 변형량에도 일정한 힘을 전달할 수 있다.

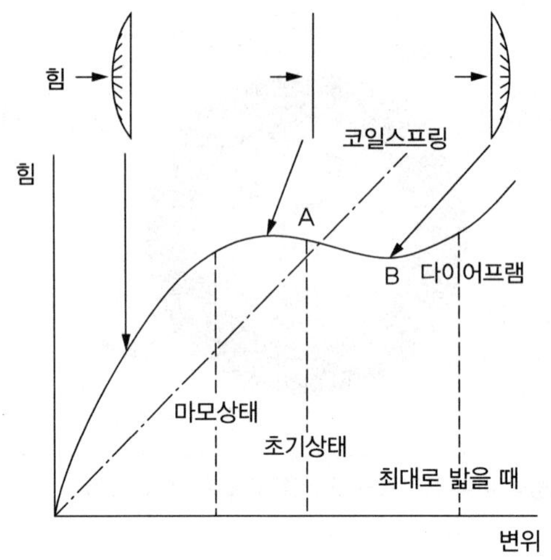

| 그림 5.13 | 힘과 변위 곡선

(4) 마찰 클러치 시스템

마찰 클러치의 시스템은 클러치의 페달 답력을 클러치의 본체에 전달하는 기구로 릴리스 베어링, 릴리스 포크, 클러치 페달의 조작력을 릴리스 포크에 전달하는 릴리스 실린더로 구성된다. 그림 5.14는 기계식과 유압식 마찰 클러치 시스템을 나타낸다.

1) 기계식 케이블 클러치 시스템

릴리스 베어링에서 클러치 페달까지 연결된 케이블을 통하여 페달의 조작력을 릴리스 포크에 전달하여 릴리스 베어링을 움직이게 하고 클러치판의 클러치 라이닝의 마모에 의하여 페달의 유격이 발생하기 때문에 유격 조정이 필요하다.

2) 유압식 클러치 시스템

페달의 압력으로 마스터 실린더에서 오일의 유압을 발생하고 오일이 마스터 실린더로부터 배관을 통하여 유압은 릴리스 실린더(서보)를 누르고, 릴리스 실린더에 연결이 되어 있는 릴리스 포크를 작동한다. 릴리스 실린더내의 피스톤 이동에 따라 릴리스 포크에 힘이 가해지고 이 힘으로 클러치 디스크와 압력판은 분리되어 동력이 차단된다. 릴리스 베어링과 클러치판이 접촉 상태를 유지해야 하는데 클러치판의 라이닝이 마모하면 릴리스 실린더의 체적을 감소시켜 접촉 상태를 계속 유지한다. 따라서 유압식 클러치 시스템에서는 페달의 유격이 발생

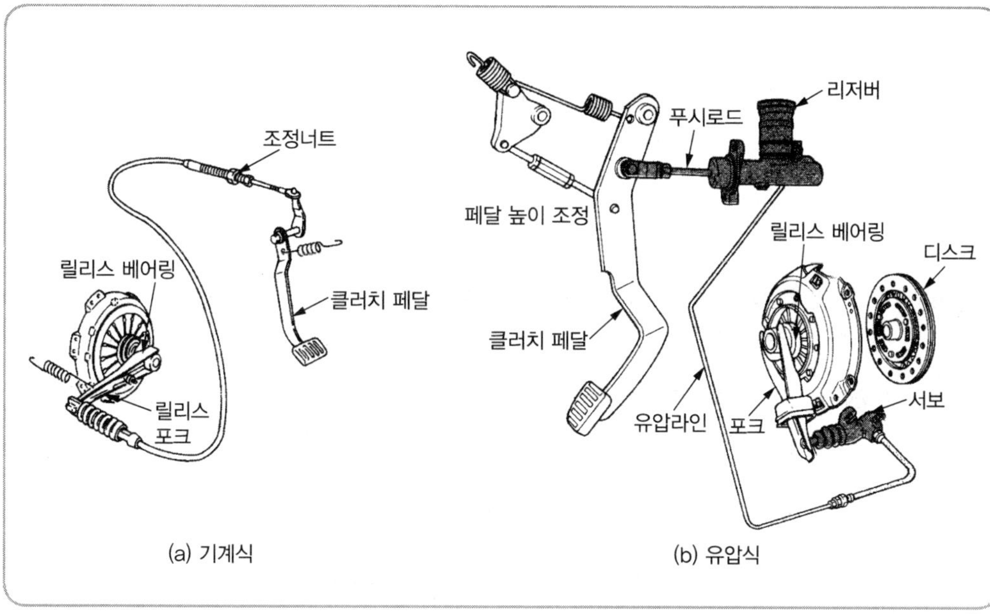

| 그림 5.14 | 기계식과 유압식 마찰 클러치

하지 않고, 조작이 가볍고 부드럽지만, 오일에 공기가 들어가면 작동이 불확실해진다.

(5) 마찰 클러치의 전달 토크

마찰 클러치는 엔진 시동 시나 기어 변속 시에는 엔진의 동력 전달을 차단하고, 주행 시에는 엔진의 동력을 변속기에 전달하는 장치이다. 마찰 클러치의 용량은 엔진 토크를 전달할 수 있는 능력을 의미하며 적절히 설정하는 것이 중요하다. 마찰 클러치의 전달 토크 특성을 식으로 나타내면 다음과 같다.

$$T = \mu Frn \tag{5.2}$$

여기서 T : 마찰 클러치의 전달 토크(kg·m), μ : 클러치 라이닝과 압력판, 클러치 라이닝과 플라이휠 사이의 마찰계수, F : 클러치 디스크에 걸리는 힘(kg), r : 클러치 디스크의 평균 유효반경(m), n : 마찰면의 수이다.

예제 5·1 마찰면의 외경이 20cm, 내경이 12cm이고 마찰계수가 0.35이다. 이때 클러치판에 걸리는 힘이 250kgf이라면 단판 클러치의 최대 토크는 얼마인가?

| 풀이 | $r = \frac{r_o + r_i}{2} = \frac{0.1+0.06}{2} = 0.08\ \text{m}$

$T = \mu F r n = 0.35 \times 250 \times 0.08 \times 2 = 14\ \text{kgf·m}$

예제 5·2 마찰면의 외경이 20cm, 내경이 12cm이고 마찰계수가 0.25, 클러치판에 280kgf가 걸리면 클러치의 최대 토크는 얼마인가?

| 풀이 | T : 마찰 클러치의 전달 토크, F : 클러치판에 걸리는 힘, r : 클러치판의 유효반경, n : 마찰면의 수이면,

$r = \frac{r_o + r_i}{2} = \frac{0.1+0.06}{2} = 0.08\ \text{m}$

$T = \mu F r n = 0.25 \times 280 \times 0.08 \times 2 = 11.2\ \text{kgf·m}$

예제 5·3 수동 변속기에서 단판 클러치의 마찰면의 외경이 20cm, 내경이 10cm이고 마찰계수가 0.35이다. 클러치의 스프링이 8개이고 1개의 스프링에 400N의 힘이 작용을 하면 클러치가 전달하는 토크는 얼마인가?

| 풀이 | $F = 8 \times 400 = 3200\ \text{N}$

$r = \frac{0.1+0.05}{2} = 0.075\ \text{m}$

$T = \mu F r n = 0.35 \times 3200 \times 0.075 \times 2 = 168\ \text{N·m}$

예제 5·4 브레이크 드럼의 지름이 40cm, 마찰계수 0.2, 드럼에 300kgf의 힘이 작용을 하면 토크는 얼마인가?

| 풀이 | $T_c = \mu F r = 0.2 \times 300 \times 0.2 = 12\ \text{kgf·m}$

(6) 마찰 클러치의 전달 효율

마찰 클러치의 전달 효율은 노면 상태나 주행 조건에 따라 동력 손실이 발생하면 효율이 저하된다. 동력 전달 효율은 클러치 출력 회전수, 클러치 출력 동력에 비례하고, 엔진의 회전수, 클러치 입력 동력에는 반비례한다.

$$\eta = \frac{T_c \times N_c}{T_e \times N_e} \tag{5.3}$$

여기서 η : 전달효율, T_c : 마찰 클러치의 전달 토크(kg·m), N_c : 마찰 클러치의 출력 회전수(rpm), T_e : 엔진의 토크(kg·m), N_e : 엔진의 회전수(rpm)이다.

예제 5·5 엔진 회전수 4000rpm에서 회전력이 30kgf·m이다. 이때 클러치의 출력 회전수가 2000rpm이고 출력 토크가 20kgf·m이면 클러치의 전달 효율은 얼마인가?

| 풀이 | $\eta = \frac{T_c}{T_e}\frac{N_c}{N_e} = \frac{20}{30} \times \frac{2000}{4000} = 0.33$

(7) 클러치의 전달 마력

클러치의 전달 마력은 엔진의 토크와 회전수로 계산된다.

$$L_c = \frac{T_e \cdot N_e}{716.2}\eta \text{ (Ps)}, \ \frac{T_e \cdot N_e}{974}\eta \text{ (Kw)} \tag{5.4}$$

예제 5·6 부분 부하상태로 회전하고 있는 엔진의 토크가 1500rpm에서 20kgf·m일 때 마찰 클러치의 전달 마력은 얼마인가? 단, 효율은 70%이다.

| 풀이 | $L_c = \frac{T_e \cdot N_e}{716.2}\eta = \frac{20 \times 1500}{716.2} \times 0.7 = 29.3\ Ps$

예제 5·7 엔진의 토크가 1800rpm에서 30kgf·m일 때, 마찰 클러치의 전달마력은 얼마인가? 효율은 90%이다.

| 풀이 | $L_c = \frac{T_e \cdot N_e}{716.2}\eta = \frac{30 \times 1800}{716.2} \times 0.9 = 67.9\ Ps$

(8) 마찰계수와 압력판과의 압력

마찰계수는 식 (5.2)에서 다음과 같이 구해진다.

$$\mu = \frac{T}{Frn} \tag{5.5}$$

클러치 압력판의 압력은 가해지는 힘을 클러치 단면적으로 나눈 값이다.

$$P = \frac{F}{A} \tag{5.6}$$

예제 5·8 단판 클러치 마찰면의 외경이 20cm, 내경이 14cm이고, 단판 클러치의 전체 마찰면에 작용하는 힘은 430kgf이고 30kgf·m의 토크를 전달한다. 클러치판의 마찰계수와 클러치 압력판의 압력은 얼마인가?

| 풀이 | 마찰계수 :

$$r = \frac{r_o + r_i}{2} = \frac{0.1 + 0.07}{2} = 0.085 \text{ m}$$

$$\mu = \frac{T}{Frn},\ \mu = \frac{30}{430 \times 0.085 \times 2} = 0.41$$

클러치 압력판의 압력 :

$$P = \frac{F}{\frac{\pi}{4}(D^2 - d^2)},$$

$$P = \frac{430}{\frac{\pi}{4}(20^2 - 14^2)} = 2.68 \text{ kgf/cm}^2$$

예제 5·9 40kgf·m의 토크를 전달하는 단판 클러치의 마찰면에 작용하는 힘은 600kgf이다. 클러치판의 외경은 20cm, 내경은 12cm일 때 클러치판의 마찰계수와 압력판의 압력을 구하라?

| 풀이 | $r = \frac{0.1 + 0.08}{2} = 0.09 \text{ m}$

$$\mu = \frac{T}{Frn} = \frac{40}{600 \times 0.08 \times 2} = 0.37$$

$$P = \frac{F}{A} = \frac{F}{\frac{\pi}{4}(D^2 - d^2)} = \frac{600}{\frac{\pi}{4}(20^2 - 12^2)} = 2.984 \text{ kgf/cm}^2$$

예제 5·10 마찰면의 바깥지름이 25cm, 안지름 10cm인 단판클러치가 있다. 클러치에 작용하는 하중이 2100kgf이면 클러치 압력판에 걸리는 압력은 얼마인가?

| 풀이 | $P = \frac{F}{A} = \frac{F}{\frac{\pi}{4}(D^2 - d^2)} = \frac{2100}{\frac{\pi}{4}(25^2 - 10^2)} = 5.09\ \text{kgf/cm}^2$

5.3.2 유체 클러치와 토크 컨버터

(1) 유체 클러치의 구조와 작동 원리

유체 클러치는 오일을 이용하여 동력을 전달하는 클러치로, 엔진의 동력을 운동 에너지로 바꾸고 다시 회전력으로 변환시켜 변속기에 동력을 전달하는 장치이다. 그림 5.15는 유체 클러치의 작동 원리를 나타낸다. 선풍기 2대를 서로 마주 보게 하고 구동측 선풍기에 전원을 연결하여 회전시키면, 전원이 연결되지 않은 선풍기는 구동측 선풍기의 공기 유동에 의한 운동 에너지에 의해 같은 방향으로 회전하기 시작하여 최종적으로 같은 속도로 회전을 하게 된다. 이는 공기의 운동 에너지가 다른 선풍기를 회전시키는 에너지로 변환되는 것이다. 구동측 선풍기는 플라이휠에 설치되어 오일에 유동 에너지를 가하는 펌프와 같고, 피동측 선풍기는 변속기 입력축에 스플라인을 통하여 설치되어 오일에서 동력을 전달받는 터빈과 같다. 유체 클러치는 플라이휠 내에 펌프 임펠러(impeller)와 터빈 런너(runner)를 마주 보게 하여 그 사이를 오일로 채우고 엔진의 크랭크축이 회전하면, 펌프 임펠러도 회전하고, 내부의 오일이 순환하여, 터빈 런너를 회전시켜 터빈에 회전력이 전달된다. 유체 클러치는 단순히 동력의 전달과 차단만 하고, 엔진의 토크를 증감하는 것은 불가능하여, 자동차에서는 유체 클러치를 변경시킨 토크 컨버터를 사용한다. 유체 클러치는 동력의 전달을 유체를 사용하여 하고, 토크 컨버터는 펌프와 터빈 사이에 스테이터를 두어 오일의 흐름 방향을 제어한다. 토크 컨버터는 유체 클러치보다 부하가 클 때 사용하고 입력 토크보다 증폭된 토크를 터빈에 전달한다.

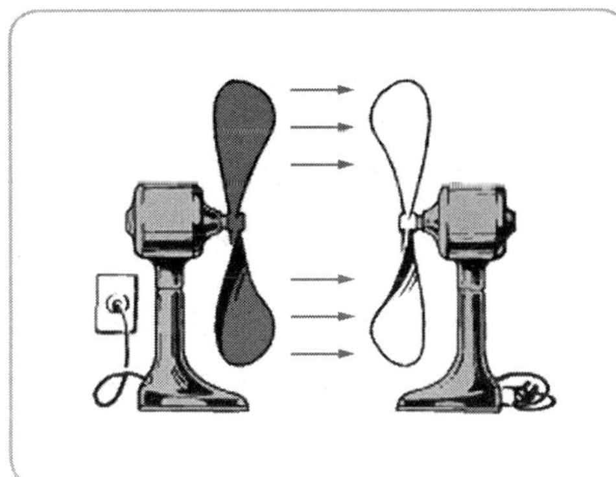

| 그림 5.15 | 유체 클러치의 작동 원리 (출처 : kids.britannica.com)

(2) 토크 컨버터의 구조와 작동 원리

토크 컨버터의 구조는 그림 5.16과 같다. 펌프(런너), 터빈(임펠라), 그리고 오일의 흐름을 변경하는 스테이터로 구성되고, 터빈은 펌프와 대향으로 있고 변속기와 연결되어 있다. 내부에는 오일이 채워져 있고, 엔진의 동력을 단속하는 작용과 토크의 증가작용을 한다. 엔진의 동력에 의해 펌프가 회전하면, 분출된 오일이 스테이터에 의해 흐름의 방향을 바뀌게 되고, 오일은 터빈을 펌프의 회전방향과 동일한 방향으로 회전시킨다. 펌프 내에서의 오일의 속도는 스테이터의 블레이드에 의해 증가되고 펌프에서의 높은 분출 속도는 토크를 증가시킨다. 펌프는 플라이휠에 고정되어 엔진의 회전속도와 같이 회전한다. 스테이터는 유체의 유동 방향을 변화시키고 프리웨이 클러치가 설치되어 있다.

펌프 런너가 유체 유동을 발생시키고 마주하고 있는 터빈 임펠러가 힘을 받아 출력축을 구동한다. 토크 컨버터는 입출력 속도가 같으면 스테이터는 고정되어 토크 증폭을 하지 않고 엔진의 동력이 그대로 전달된다.

그림 5.17은 스테이터 유무에 따른 유동의 방향이 변경되는 원리를 나타낸다. 토크 컨버터에서 펌프에서 분출된 오일이 터빈을 회전시키고 되돌아 나와 스테이터에서 흐름의 방향을 바꾸어, 펌프의 회전 방향과 동일하게 회전한다. 펌프에서의 오일의 속도는 유입되는 힘있는 오일에 의하여 펌프의 오일 분출속도가 더 빨라져서 토크를 증가시킨다. 스테이터의 프리웨이 클러치는 고정되어 터빈에서 펌프로 흐르는 오일의 방향을 변경하여 충격력을 크게 하거나, 혹은 공전하여 그냥 동력을 전달한다. 토크의 증가는 펌프와 터빈의 속도 차이에 비례한다.

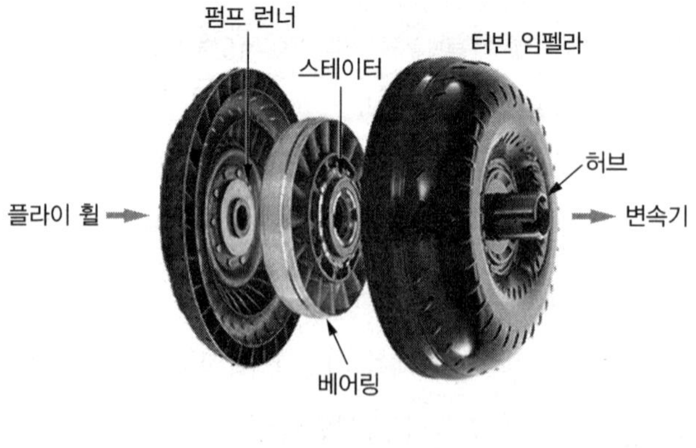

| 그림 5.16 | 토크 컨버터의 구조

토크 컨버터는 회전수에 따라 컨버터 영역과 커플링 영역으로 작동한다.

① 컨버터 영역 : 펌프의 회전속도가 터빈 회전속도보다 빠르면 스테이터의 아우터 레이스는 반시계 방향으로 회전하고 스테이터는 고정축에 고정된다. 펌프로부터 분출된 오일은 운동 에너지를 터빈에 전달하고 돌아 나오면서 스테이트에 의해 유로가 바뀌면서 충격력이 발생하고 이 충격력으로 펌프의 회전 속도가 커지고 토크도 증대된다. 이때는 터빈이 펌프보다 천천히 돌기 때문에 터빈 하중으로 터빈 속도는 더 느려지고 오일에는 와류 유동이 발생한다. 펌프에는 엔진에 의한 운동 에너지와 오일 유동에 의한 운동 에너지가 추가되어 토크는 2~3배 증대된다.

② 커플링 영역 : 펌프의 회전속도가 터빈 회전속도와 비슷해지면 스테이터의 아우터 레이스는 시계 방향으로 회전하여 구조상 자유롭게 회전하는 프리웨이 클러치 작용을 하여 유체 유로를 변경하지 못하여, 터빈에서 분출된 오일은 펌프의 회전방향의 반대방향으로 분출되어 펌프의 회전을 방해한다. 스테이터는 펌프, 터빈과 같은 방향, 같은 속도로 회전하여 커플링 기능을 한다. 이때는 유동은 회전 흐름이 되고 토크는 전달되지만 증대되지는 않는다. 속도가 같아지면 펌프, 스테이터, 프리웨이 클러치, 터빈의 속도 차이가 없어지고 오일이 스테이터에서 펌프의 바깥쪽으로 되돌아가서 펌프의 회전을 방해하여 동력전달이 나쁘게 되고, 스테이터는 공전을 하여 동력의 전달만이 일어난다.

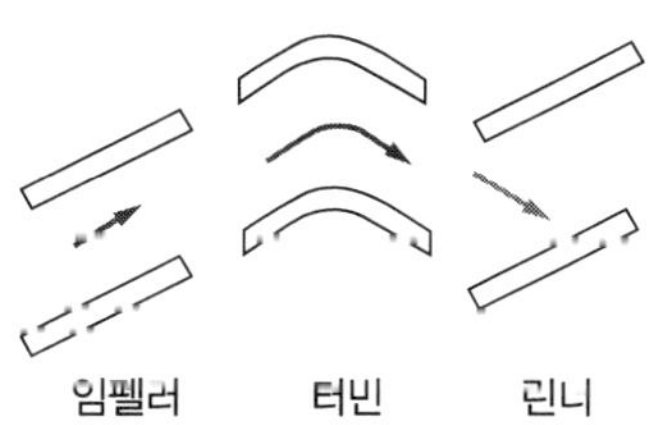

(a) 스테이터가 없을 때의 유로

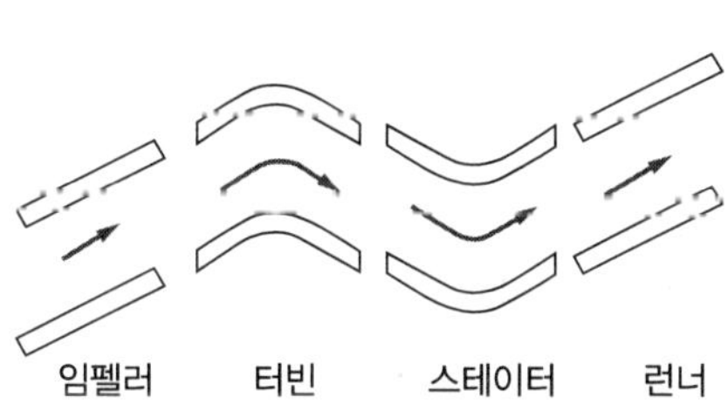

(b) 스테이터가 있을 때의 유로

| 그림 5.17 | 스테이터 유무에 따른 유로 변경

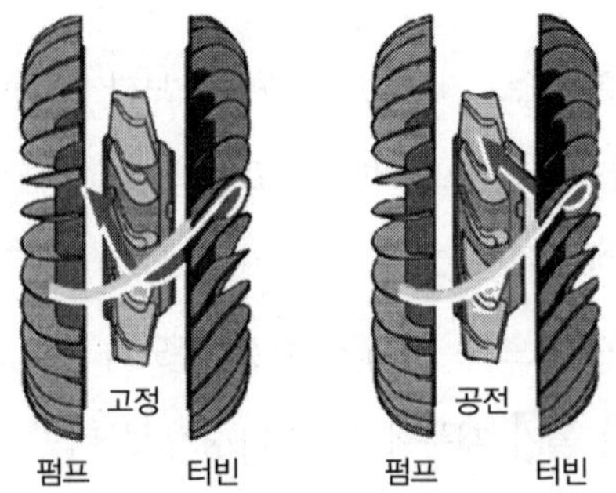

| 그림 5.18 | 컨버터와 커플링 작동

(3) 토크 컨버터의 성능

속도비(e)는 터빈의 회전수과 펌프의 회전수 비, 토크비(t)는 터빈의 토크와 펌프의 토크 비, 스톨 포인트(stall point)는 터빈은 회전하지 않고 펌프만 회전하는 경우 속도비가 0이 되는 점이다. 유체를 이용하여 펌프에서 터빈으로 동력을 전달하기 위해서는 오일의 유동이 발생해야 하는데 이는 펌프의 회전속도가 터빈의 회전속도보다 크면 발생한다. 오일의 유동이 발생하지 않으면 동력전달이 되지 않기 때문에 유동을 발생시키는 에너지가 반드시 있어야 한다. 이러한 운동 에너지는 토크 컨버터 내에서 슬립 현상으로 발생하고 이 때문에 동력전달 과정에서 동력손실이 발생하고 동력전달 효율은 다음과 같다.

$$\eta = \frac{T_t \times N_t}{T_p \times N_p} = t \times e \tag{5.7}$$

여기서 η : 동력전달 효율, T_t : 터빈축 토크, T_p : 펌프축 토크, N_t : 터빈축 회전수, N_p : 펌프축 회전수, t는 토크비, e는 속도비이다. 그림 5.19는 토크 컨버터의 성능 곡선을 나타낸다. 속도비가 0이면 발진 시 토크 컨버터의 스톨 토크비는 최대 2~4가 되고, 터빈이 회전을 시작하여 속도가 커질수록 토크비는 감소하여 커플링 영역에서는 전달 효율은 상승하지만 토크 증대는 일어나지 않는다. 스테이터는 토크비가 1이 되는 점에서 회전을 시작하고 이 점을 커플링점이라 하고 이때의 속도비는 0.8~0.9이다. 토크비가 1이상이면 토크가 증가하는 컨버터 영역(converter range)이라 하고, 토크비가 1인 클러치 포인트 이후는 동력의 전달만이 발생하는 커플링 영역(coupling range)이라고 한다.

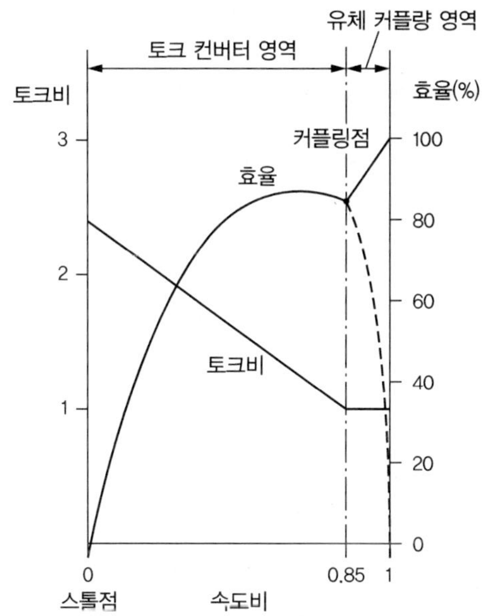

| 그림 5.19 | 토크 컨버터의 성능곡선

예제 5·11 토크 변환기의 펌프 회전수가 3000rpm이고 속도비가 1.5, 토크비가 4이면 전달효율은 얼마인가?

| **풀이** | 전달 효율 $= t \times e = 1.5 \times 4 = 6$

5.4 변속기

변속기가 없으면 엔진은 직접 바퀴를 구동할 수 없고 변속기는 엔진의 동력을 최적인 조건으로 타이어에 전달하여 정상적인 주행을 실현하는 장치이다. 출발, 오르막시에는 구동력이 커야 하고, 정속시는 비교적 구동력이 적고, 내리막에는 엔진 브레이크로 작동한다. 자동차의 엔진의 특성은 회전속도에 비례하여 출력은 증가하고 토크는 엔진의 회전수에 관계없이 거의 일정하다. 이러한 자동차의 엔진을 이용하여 주행 상태에 적당한 동력 특성을 얻으려면 엔진의 본래 성능을 주행 상황에 적합하도록 속력과 토크를 변환시켜야 한다. 변속기는 자동차의 주행 상태에 맞추어 엔진의 토크와 속력을 변화시키거나, 엔진과 구동륜을 차단하거나, 구동륜을 후진시키는 장치이다. 변속기의 기본 기능은 주행 상황에 맞게 속도와 토크를 조절한다. 언덕길에는 높은 토크가 필요하고 속력을 줄이면 토크는 올라간다. 내리막길은 높은 토크가 필요하지 않고 토크를 줄이면 속력이 올라간다. 즉 토크와 속력을 곱하면 동력이 된다. 현재 자동차에 사용되는 변속기 종류에는 수동으로 변속을 하는 수동 변속기(manual transmission)와 주행 상태에 따라 자동적으로 변속이 이루어지는 자동 변속기(automatic transmission), 듀얼 클러치 변속기(DCT), 자동화 수동변속기(AMT) 등이 있다.

5.4.1 수동 변속기

수동 변속기는 전진 4~6단, 후진을 수동으로 변환시키는 선택 기어식 변속기로 기어 물림 방식에 따라 슬라이딩 메시식, 일정 메시식, 싱크로메시식으로 분류할 수 있다. 주행 중 클러치 페달을 밟아 엔진 동력을 일시적으로 분리하고, 변속기의 기어 회전의 조합으로 기어 변속을 한다. 수동 변속기는 기어비의 원리로 작동을 하고 입력축과 출력축은 카운트 샤프트로 연결이 되어 있다. 만약 3단 변속기이면 **그림 5.20**과 같이 구성되며 기어를 밀어 움직이면 기어비를 변경할 수 있다. 엔진은 클러치, 입력축은 카운트 샤프트로 연결되고 입력 축과 출력축은 스플라인으로 단절되어 있고 메인 샤프트 기어는 출력으로 갈수록 기어 지름은 커지고 카운터 축은 작아진다.

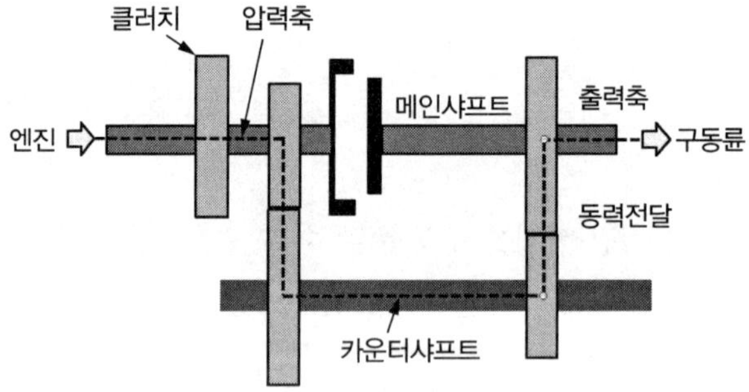

| 그림 5.20 | 수동 변속기의 원리

(1) 기어비(gear ratio, 변속비)

변속기의 치차의 맞춤을 변경하는 것을 변속(shift)이라고 하며 변속비를 기어비라고 한다.

수동 변속기는 다양한 종류의 기어로 구성되어 있으며 서로 맞물려 있는 기어에 따라 전달되는 구동 토크와 회전 속도가 변화한다. 또한 기어비가 1이면 입력축의 회전 속도가 주축의 회전 속도와 같은 경우이므로, 엔진과 프로펠러축이 직결 상태로 되어 최고 속도가 발생한다. 그 변화 정도를 나타내는 기어비(변속비)는 다음과 같이 구할 수 있다. 기어비는 출력축의 기어 잇수를 입력축의 기어 잇수로 나눈 값으로, 변속비가 크면 토크는 커지고 속도는 떨어지며 변속비가 작으면 토크는 작아지고 속도는 커진다.

$$n = \frac{Z_2}{Z_1} \times \frac{Z_4}{Z_3} \tag{5.8}$$

여기서 Z_1 : 입력축의 기어 잇수, Z_2 : 입력축과 물리는 부축기어 잇수, Z_3 : 단 기어와 물리는 부축기어 잇수, Z_4 : 단기어의 기어잇수이다.

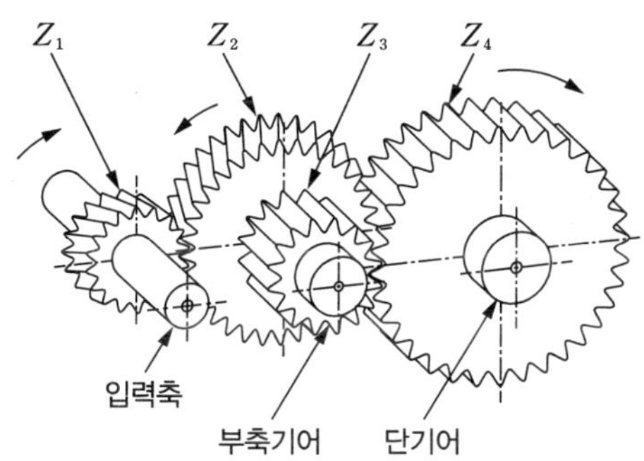

| 그림 5.21 | 기어비

예제 5·12 수동 변속기에서 입력 축의 토크가 200kgf m이고 축의 회전수가 2500rpm이고, 출력축의 토크가 800kgf·m이면 회전수는 얼마인가?

| **풀이** | $N_2 = \frac{T_1}{T_2} N_1$

$$N_2 = \frac{200}{800} \times 2500 = 625 \text{ rpm}$$

기어비가 1보다 크면 입력축의 회전 속도가 주축의 회전 속도보다 크므로 감속을 의미하고, 기어비가 1보다 작으면 입력축의 회전 속도가 주축의 회전 속도보다 작아지므로 가속을 의미한다. 제1속의 기어비는 최대 등판능력에서 결정되며, 승용차는 3~4단으로, 버스와 트럭은 5~8단으로 되어 있다.

- 제1속 : 발진, 등판 시 큰 구동력을 필요로 할 때
- 제2속 : 완만한 오르막길 등 작은 구동력이 필요할 때
- 제3속 : 일반 주행 시 구동력은 적고 높은 속도가 필요할 때
- 제4속 : 기어비가 1인 상태로 최고 속도를 낼 때
- 후진(reverse) : 자동차 구동력을 역전시켜 후진할 때

(2) 종감속비

감속기어는 동력의 회전속도를 감소시켜 출력하는 장치로 감속비에 비례하는 토크를 얻는다. 웜 감속기, 베벨기어 감속기. 헬리컬 감속기, 하이포이드 감속기 등이 있다. 감속기어에서 링기어 잇수와 구동 피니언 기어 잇수 비율을 종감속비(final reduction gear ratio)라고 하고 다음 식으로 구할 수 있다.

$$n_f = \frac{N_{pD}}{N_R} = \frac{Z_R}{Z_{pD}} \tag{5.9}$$

| 그림 5.22 | 구동 피니언기어와 링기어

여기서 n_f : 종감속비, N_{pD} : 구동 피니언의 회전수, N_R : 링기어의 회전수, Z_{pD} : 구동 피니언의 잇수, Z_R : 링기어의 잇수이다.

자동차에서 엔진의 회전수는 변속기, 그리고 감속기어에서도 감속되므로 이 2가지 감속 비율을 총감속비라고 한다.

$$i = n \times n_f \tag{5.10}$$

여기서 i : 총감속비, n : 변속비, n_f : 종감속비(링기어 잇수/구동 피니언 잇수)이다. 총감속비를 크게 하면 가속 성능과 등판 성능은 향상되지만 최고 속도는 낮아지고, 반대로 총감속비를 작게 하면 가속 성능은 좋지 않으나 최고 속도는 커진다.

예제 5·13 자동차 엔진의 회전속도가 3000rpm 일 때, 종감속기어의 구동 피니언의 잇수 5, 링기어의 잇수 20, 3 속의 변속비가 1.5 이다. 이 때 종감속비, 총감속비, 추진축과 뒷 차축의 회전속도를 구하시오?

| 풀이 | $n_f = \frac{20}{5} = 4$

$i = n \times n_f = 1.5 \times 4 = 6$

추진축 회전속도 = 엔진의 회전속도/3속변속비 $= 3000 \times \frac{T_1}{T_2} = 2000$ rpm

뒷차축 회전속도 = 엔진의 회전속도/총감속비 $= 3000 \times \frac{1}{6} = 500$ rpm

예제 5·14 엔진 회전수가 3200rpm으로 주행 중인 자동차에서 감속비가 0.5이고 차동장치 구동 피니언의 잇수가 6, 링기어의 잇수가 30이면 좌측 바퀴의 회전수가 500rpm일 때 우측 바퀴의 회전수는 얼마인가?

| 풀이 | $i = nn_f = 0.5 \times \frac{30}{6} = 2.5$

구동바퀴의 회전수 $= \frac{\text{엔진 회전수}}{\text{총감속비}} = \frac{3200}{2.5} = 1280$ rpm

우측바퀴 회전수 $= 2 \times 1280 - 500 = 2060$ rpm

예제 5·15 입력축의 기어가 30개, 입력축과 물리는 부축기어가 45개, 단 기어가 33개, 단 기어와 물리는 부축기어의 잇수가 22개인 수동변속기가 있다. 자동차 기관이 3200rpm으로 회전할 때 주축의 회전수는 얼마인가?

| 풀이 | $n = \frac{Z_2}{Z_1} \times \frac{Z_4}{Z_3} = \frac{45}{30} \times \frac{33}{22} = 2.25$, 감속비 $= \frac{1}{n} = \frac{1}{2.25} = 0.44$

주축의 회전수 $= 3200 \times 0.44 = 1408$ rpm

예제 5·16 입력 기어 잇수 40개, 입력 기어와 맞물리는 부축기어 45개, 단 기어 35개, 단 기어와 맞물리는 부축기어 25개인 수동 변속기가 있다. 기관이 3500rpm으로 회전을 할 때 출력축의 회전수는 얼마인가?

| 풀이 | $n = \frac{45}{40} \times \frac{35}{25} = 1.575$, 감속비 $= \frac{1}{n} = \frac{1}{1.575} = 0.634$

출력축의 회전수 $= 3500 \times 0.634 = 2219$ rpm

예제 5·17 종감속 장치의 피니언 잇수는 10개, 링기어의 잇수는 30개, 2단 변속비는 3인 기관의 토크는 2000rpm에서 35kgf·m이면 구동축에 전달되는 토크는 얼마인가?

| 풀이 | $\text{종감속비} = \dfrac{\text{링기어 잇수}}{\text{구동피니언기어 잇수}} = \dfrac{30}{10} = 3$

$\text{총감속비} = \text{변속비} \times \text{종감속비} = 3 \times 3 = 9$

$\text{전달 토크} = \text{기관 토크} \times \text{총감속비} = 35 \times 9 = 315\ \mathrm{kgf \cdot m}$

예제 5·18 자동차 변속기에서 총감속비가 5이고 바퀴의 회전수가 200rpm이면 엔진의 회전속도는 얼마인가?

| 풀이 | $\text{엔진회전수} = \text{총감속비} \times \text{바퀴회전수} = 5 \times 200 = 1000\ \mathrm{rpm}$

(3) 슬라이딩 메시식(sliding mesh type)

그림 5.23과 같이 메인 샤프트 위의 스플라인에 끼워진 슬라이딩 기어를 변속 레버를 이용하여 전후 방향으로 슬라이딩시켜 이 기어와 카운터 샤프트에 고정된 기어와 맞물리게 하여 다양한 변속비를 얻을 수 있다.

① 제1속의 원리

기어 레버를 조작하여 메인 샤프트 상의 1속 기어는 슬라이딩되어 카운터 샤프트 상의 1속 기어와 맞물리기 때문에 메인 샤프트의 가장 큰 기어와 맞물려 회전이 느려진다. 이 상태를 제1속이라 한다.

② 제3속의 원리

기어 레버를 조작하여 맞물림 클러치를 맞물리면 메인 샤프트는 직결로 되어 회전하고 회전속도는 빨라진다. 이 상태를 제3속이라 한다.

③ 후진 시의 원리

기어 레버를 R에 두면 1속 기어는 슬라이딩을 하여 리버스 아이들 기어와 맞물려 메인 샤프트는 역회전한다.

슬라이딩 메시식은 속도를 조절하는 것은 쉽지만 구조적으로 기존 단에서 다른 단으로 변경할 때 기어를 맞물리기가 어렵다. 변속 시 기어가 주축 위를 섭동(돌면서 움직임)하면서 회

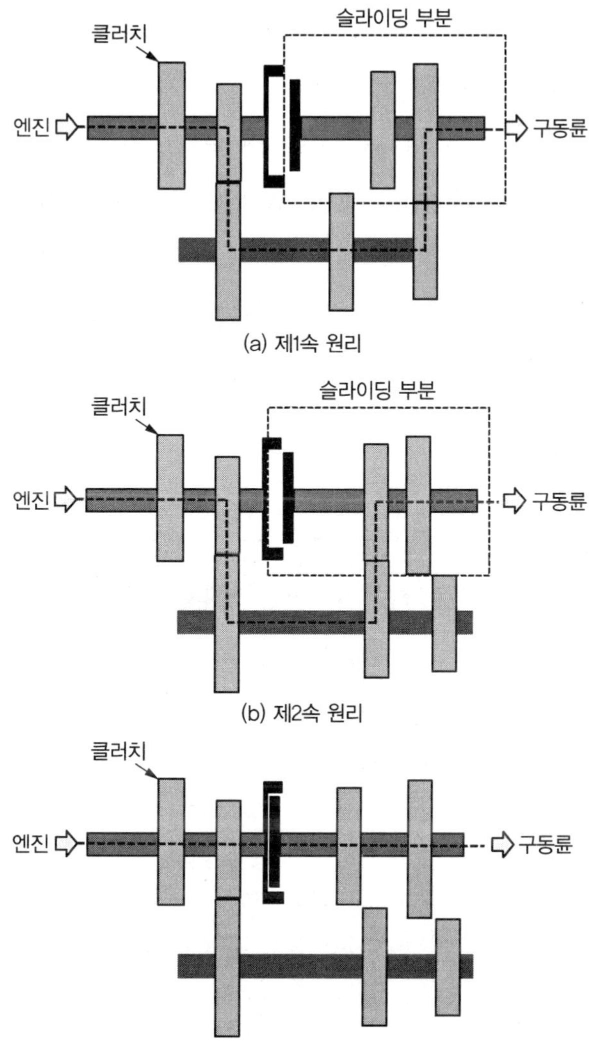

(a) 제1속 원리

(b) 제2속 원리

(c) 제3속 원리

| 그림 5.23 | 선택 슬라이딩식 3속 변속기의 원리

전하고 있는 기어와 맞물려야 하기 때문에 원주 속도가 다르면 기어의 이빨이 부딪쳐 맞물림이 원활하지 않고 또한 소음을 발생시킬 수 있는 단점이 있어 현재는 거의 사용이 되지 않는다.

(4) 일정 메시식(constant mesh type)

일정 메시식은 슬라이딩 메시식을 보완하여 메인 샤프트의 기어와 카운터 샤프트의 기어를 항상 맞물린 상태로 회전하도록 한다. 이 때 메인 샤프트의 기어는 축 위를 자유롭게 회전하지만 카운터 샤프트의 기어는 축에 고정이 된다.

일정 메시식의 기어들은 항상 맞물려 있고, 출력축의 기어들이 출력축과 헐겁게 연결이 되어 있어 가상의 연결 고리를 사용하여 출력축 기어 중 하나만 연결하면 입력축의 힘을 전달할 수 있어 이 연결 고리를 가상(hypothetical) 컨넥터라고 한다. 헐거운 이 컨넥터를 각 단에 끼워 넣으면 동력이 전달된다. 3단 기어이면 3단은 스플라인을 연결하여, 입력축과 출력축이 직접 연결된다. 이 방식은 기어가 항상 물려 있기 때문에 기어와 출력축이 부드럽게 연결되고 분리되며, 기어의 마모가 적으나 변속 시 소음이 발생하기 쉽다. 현재 주로 대형 버스나 트럭 등에서 이용하고 있다.

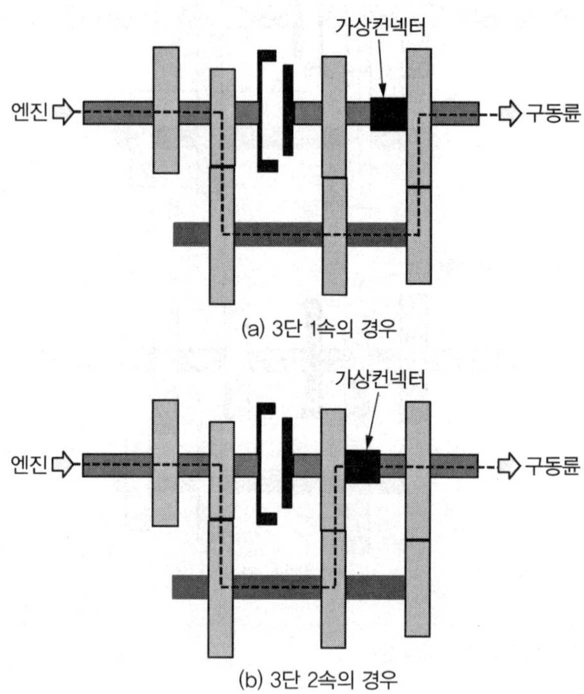

(a) 3단 1속의 경우

(b) 3단 2속의 경우

| 그림 5.24 | 일정 메시식

(5) 싱크로메시식(synchromesh type)

일정 메시식의 단점은 서로 맞물리는 기어나 원주 속도가 서로 일치하지 않으면 결합 시 소음이 발생한다. 이러한 단점을 보완하기 위하여 싱크로메시식은 **그림 5.25**와 같은 싱크로메시 기구를 사용한다. 주 기어에 싱크로나이저 기어가 삽입되고 허브는 축에 고정된다. 슬

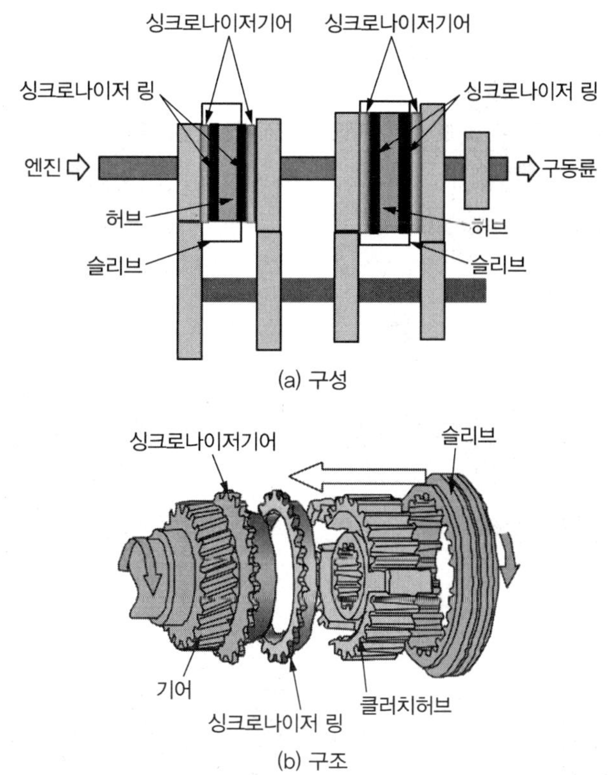

| 그림 5.25 | 싱크로메시의 구조

리브는 허브 위에 장착되며 자유롭게 움직일 수 있고, 슬리브가 싱크로나이저의 기어 톱니에 맞물리면 기어와 축이 함께 움직이지만, 맞물리기 전에는 기어와 샤프트는 서로 다른 속도로 움직인다. 슬리브가 서로 다른 속도로 회전하는 싱크로나이저 기어와 허브를 맞물리게 하는 것은 어렵다. 이를 해결하기 위하여 허브와 싱크로나이저 기어 사이를 자유롭게 움직이는 싱크로나이저 링을 싱크로나이저 기어와 허브 사이에 넣고 클러치 페달을 밟으면 슬리브를 움직여서 동력을 차단한다. 기어를 넣으면 허브 위의 슬리브를 움직여서 싱크로나이저 링과 싱크로나이저 기어를 밀착시키고 이때의 마찰력으로 싱크로나이저 기어의 속도와 출력축과의 속도는 비슷해지면 슬리브는 싱크로나이저 기어에 쉽게 들어가 기어가 연결된다. 이러한 원리는 다른 모든 단에도 적용이 된다. 회전수가 다른 2가지 기어를 부드럽고 확실하게 맞물리게 하는 방식으로 일정 하중형(constant load type)과 관성 잠금형(inertia lock type)이 있고, 현재 승용차에 많이 적용되고 있는 형식은 관성 잠금형의 키 형식이다. 싱크로메시 기구는 메인 샤프트에 스플라인이 결합된 싱크로나이저 허브, 스플라인과 맞물리는 슬리브, 동

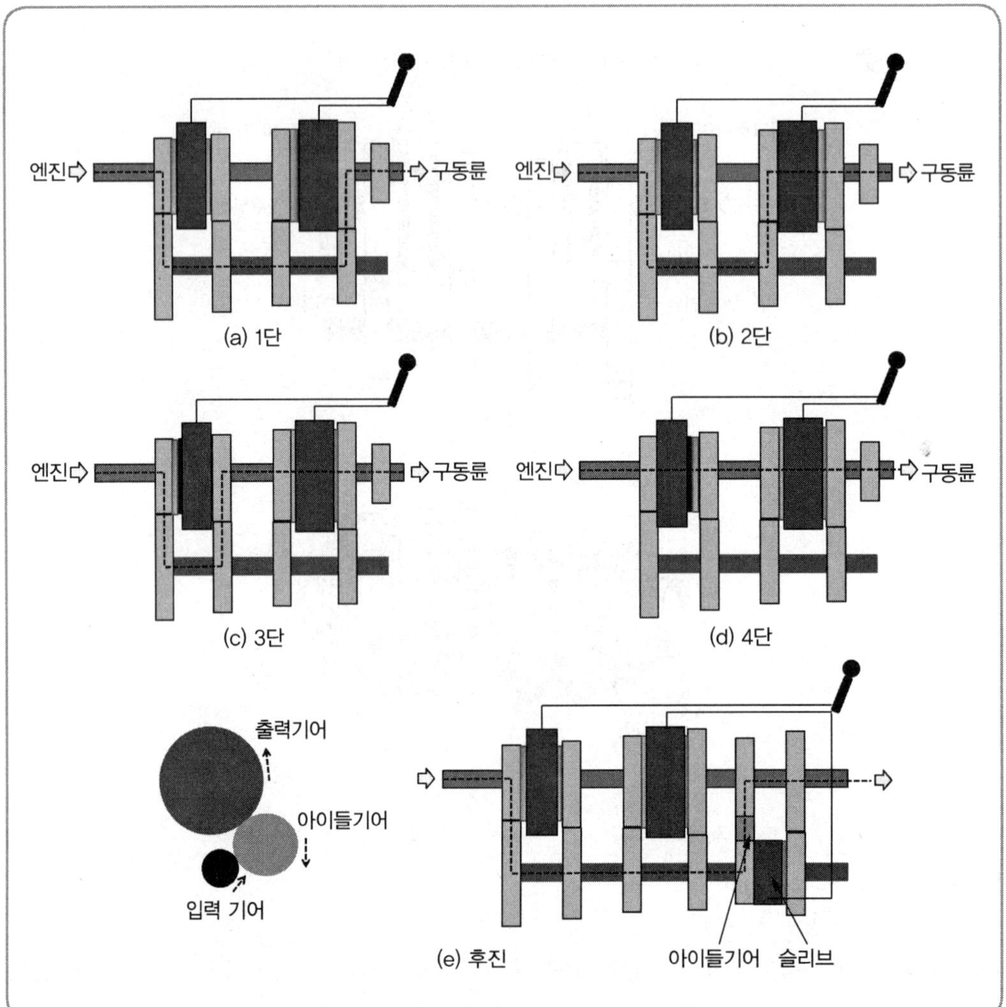

| 그림 5.26 | 싱크로메시의 작동 원리(출처 : www.quora.com)

기작용을 하는 싱크로나이저 링으로 구성된다.

5.4.2 자동 변속기

(1) 구조

자동 변속기는 주행 상황에 따라 클러치와 변속기구의 작동을 자동적으로 수행하는 장치이다. 자동 변속기는 토크 컨버터, 유성기어 장치, 여러 가지 종류의 다판 클러치, 브레이크 및 유압 밸브 보디로 구성되어 있다. 자동 변속기는 효율 향상을 위하여 다단화로 발전을 하여 전륜 구동인 경우, 1960년대 3단 AT를 시작으로, 1990년대 4단 AT, 2000년대 CVT, 6단

AT, 2010년대 6/7단 DCT(dual clutch transmission), 현재 9단 AT가 개발되고 있다. 이러한 다단화는 고속 주행 시 연비가 높아지는 기어비에서 운전 가능하다. 후륜 구동의 경우, 5단 AT, 6단 AT, 8단 AT로 발전을 하고 있다.

자동 변속기는 토크 컨버터로 토크를 증가시키고 그림 5.27과 같이 전진, 후진 변속을 하는 유성기어부의 조합 구조로 되어 있다. 록업 클러치(댐퍼 클러치), 토크 컨버터, 입력축, 유성기어부, 출력축으로 동력이 전달되고, 오일을 제어하는 유압 제어장치가 있다.

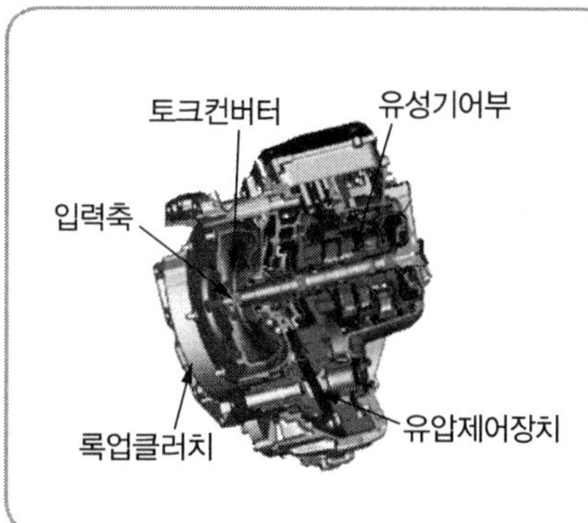

| 그림 5.27 | 자동 변속기의 구조(전륜 구동)
(출처 : autocaraddict)

① 압력 조절 솔레노이드 밸브(PCSV) : TCU 신호에 따라 전기신호로 유압 제어하여 다판 클러치와 브레이크를 작동시켜 공전 시 압력을 작게, 고속 시 압력을 높게 제어

② 변속 조절 솔레노이드 밸브(SCSV) : 변속 시 클러치와 브레이크에 압력을 가함

③ 댐퍼 클러치 솔레노이드 밸브(DCCSV) : 토크 컨버터내의 댐퍼 클러치 유압 제어

④ 다판 클러치 : 유성기어 장치의 구동과 고정

⑤ 매뉴얼 밸브 : 밸브 보디에 들어 있고 밸브내 피스톤 위치에 따라 작동압력이 스위칭 밸브에 전달

⑥ TCU : 변속기 ECU

(2) 단순 유성기어 장치

토크 컨버터는 엔진의 토크를 증대시켜 변속기 입력축에 전달하고, 유성기어 장치는 주행 상황에 필요한 토크를 얻고, 후진 시에는 역방향 회전을 하며, 다판 클러치와 브레이크는 유성기어 장치를 제어하여 변속비를 변화시킨다.

토크 컨버터는 유체의 유동을 이용하여 토크비를 최대 2~3배 정도 증대시키는 작용을 하지만, 구동 바퀴에서 주행 상황에 맞는 필요한 토크를 얻기 위해서는 토크 부족을 유성기어 장치를 이용하여 얻고, 후진 시 회전방향을 역회전시킬 수 있다. 유성기어 장치의 구조는 그림 5.28과 같이 기어들의 회전 중심이 되는 선기어, 바깥쪽에 링기어, 선기어와 링기어의 사이에 일정한 간격으로 배치되는 피니언 기어, 피니언 기어를 연결하는 유성 캐리어(carrier)로

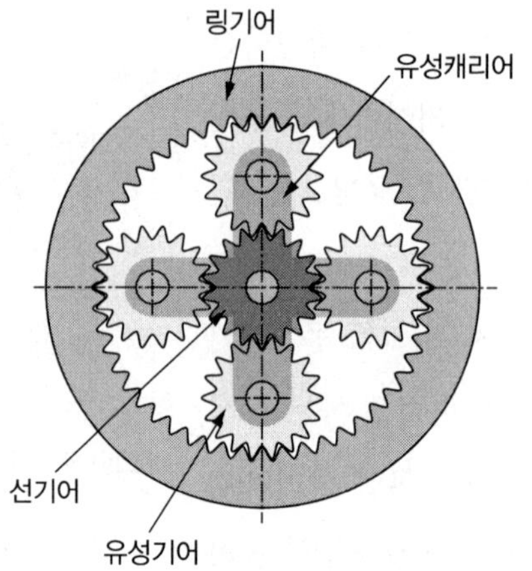

고정	캐리어		링기어(Z_R)		선기어(Z_S)	
구동 축	선기어	링기어	선기어	캐리어	링기어	캐리어
피동 축	링기어	선기어	캐리어	선기어	캐리어	링기어
변속비(n)	$\frac{-Z_R}{Z_S}$	$\frac{Z_S}{-Z_R}$	$\frac{Z_R+Z_S}{Z_S}$	$\frac{Z_S}{Z_R+Z_S}$	$\frac{Z_R+Z_S}{Z_R}$	$\frac{Z_R}{Z_R+Z_S}$
구분	감속역회전	증속역회전	감속정회전	증속정회전	감속정회전	증속정회전

| 그림 5.28 | 단순 유성기어 장치

구성된다. 자동 변속기에는 2~3 세트의 유성기어 장치가 내장되어 있고, 이들을 클러치와 브레이크를 사용하여 선기어, 링기어, 피니언 기어의 3개 중 2개를 회전시켜 기어비를 변속한다. 선기어, 링기어, 피니언 기어 중 하나를 고정하고 나머지 2개를 입력과 출력으로 하면 전진과 후진이 가능하다. 유성기어 장치는 2K−H, 3K, K−H−V형의 3개로 분류하며 단순 유성기어 장치(2K−H)는 싱글 피니언(single pinion) 유성기어 장치와 더블 피니언(double pinion) 유성기어 장치로 분류한다.

단순 유성기어 장치는 선기어, 링기어, 캐리어 중 어느 것을 입력 요소, 고정 요소, 그리고 출력 요소로 선택하느냐에 따라서 변속비가 결정되고, 감속이나 증속이 결정된다. 선기어를 고정하고 링기어를 구동하면 캐리어는 감속되고, 선기어를 고정하고 캐리어를 구동하면 링기어는 증속되고, 캐리어를 고정하고 선기어를 구동하면 링기어는 역회전한다. 선기어, 링기어, 캐리어 중 2개의 기어를 고정하면 각 기어는 개별적으로 회전할 수 없게 되어 유성기어 장치는 일체로 회전하는 직결 상태가 되고 또한 선기어, 링기어, 캐리어의 3개 기어를 모두 자유롭게 회전시키면 동력이 전달되지 않는 중립 상태가 된다. 단순 유성기어 장치에서의 변속비

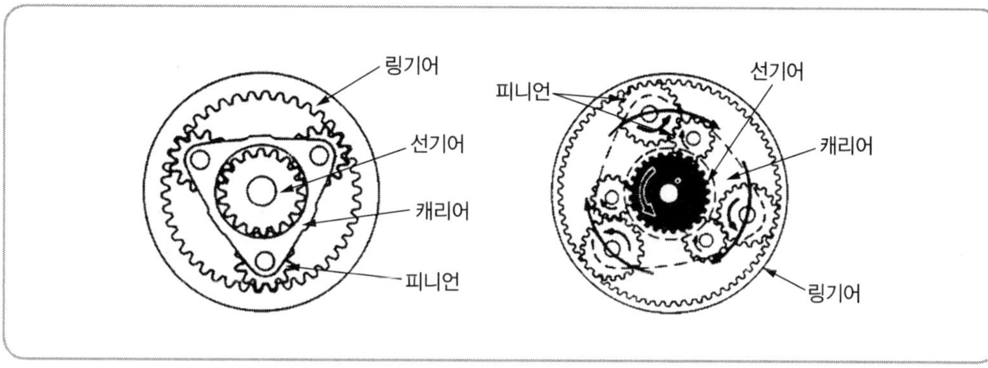

| 그림 5.29 | 단순 유성 기어 장치의 구조

는 다음과 같이 구할 수 있다.

$$n = \frac{\text{구동측 회전수}}{\text{피동측 회전수}} = \frac{\text{피동기어 잇수}}{\text{구동기어 잇수}} \tag{5.11}$$

유성기어 형식은 다음과 같은 것이 있다.

- 라비뇨 기어 형식 : 2세트의 유성기어 장치를 접속시킨 형식으로 링기어와 캐리어는 각각 1개씩, 그리고 직경이 다른 2개의 선기어, 길이가 서로 다른 2세트의 유성기어를 사용한다.
- 심프슨 기어 형식 : 2세트의 단순 유성기어 장치의 결합에서 긴 선기어를 1개만 사용하는 방식이다. 직경과 잇수가 같은 2개의 링기어, 2세트의 유성기어와 2개의 캐리어를 사용한다.
- 월슨기어 형식 : 3세트의 단순 유성기어 장치를 접속한 형식이다.
- 레펠레티어 기어 형식 : 라비뇨 기어 형식의 선방에 1세트의 단순 유성기어장치를 접속한 형식이다.

예제 5·19 3속의 변속비가 2.5, 구동 피니언 잇수 10, 링기어의 잇수 25인 경우, 자동차엔진의 회전속도가 2300rpm일 때 자동차의 총감속비와 종감속비는 얼마인가?

| 풀이 | $\text{종감속비} = \frac{\text{피동기어 잇수}}{\text{구동기어 잇수}} = \frac{25}{10} = 2.5$

$\text{감속비} = \frac{1}{\text{변속비}} = \frac{1}{2.5} = 0.4$

$\text{총감속비} = \text{변속비} \times \text{종감속비} = 2.5 \times 2.5 = 6.25$

추진축 회전속도 = 엔진의 회전속도/3속 감속비 = 2300/2.5 = 920 rpm

후차축 회전속도 = 엔진의 회전속도/총 감속비 = 2300/6.25 = 368 rpm

예제 5·20 제1유성기어는 링기어 구동, 선기어 고정, 제2유성기어는 링기어 고정, 선기어 구동인 유성기어 장치를 사용하는 자동 변속기에서 선기어 잇수 30, 링기어 잇수 100일 때, 총 변속비는 얼마인가?

| 풀이 | $\text{기어비} = \text{변속비} = \dfrac{\text{피동기어 잇수}}{\text{구동기어 잇수}} = \dfrac{\text{캐리어 잇수}}{\text{고정기어 잇수}}$

$$= \frac{\text{선기어잇수}+\text{링기어 잇수}}{\text{고정기어 잇수}}$$

$$\text{제1기어비} = \frac{\text{선기어 잇수}+\text{링기어 잇수}}{\text{링기어 잇수}} = \frac{30+100}{30} = 4.33$$

$$\text{제2기어비} = \frac{\text{선기어 잇수}+\text{링기어 잇수}}{\text{링기어 잇수}} = \frac{30+100}{100} = 1.3$$

$$\text{총변속비} = 1.3\times4.33 = 5.629$$

① 싱글 피니언 유성기어 장치

싱글 피니어 유성기어 장치에서 변속비를 구하기 위한 속도식은 다음과 같다.

$$N_R Z_R + N_S Z_S = N_{Ca}(Z_S + Z_R) \tag{5.12}$$

여기서 Z_R : 링기어의 잇수, Z_S : 선기어의 잇수, N_R : 링기어의 회전수, N_S : 선기어의 회전수, N_{Ca} : 캐리어의 회전수이다.

예제 5·21 링기어 잇수가 50, 선기어의 잇수가 30, 피니언 잇수가 10인 싱글 피니언 유성기어 장치에서 링기어를 고정하고 선기어를 구동하면 변속비는 얼마인가?

| 풀이 | $N_R Z_R + N_S Z_S = N_{Ca}(Z_S + Z_R)$에서 $N_R = 0$이므로 선기어가 구동측이 되고 캐리어가 피동측이 된다.

$$n = \frac{N_S}{N_{Ca}} = \frac{Z_S + Z_R}{Z_S} = \frac{30+50}{30} = 2.67$$

예제 5·22 선기어 잇수 20, 링기어 잇수 40인 유성기어 장치에서 선기어를 고정하고 캐리어의 회전이 100rpm이면 링기어의 회전수는 얼마인가?

| 풀이 | $N_R Z_R + N_S Z_S = N_{Ca}(Z_S + Z_R)$에서 $N_S = 0$, $N_{Ca} = 100$이므로

$$N_R = \frac{Z_S + Z_R}{Z_R} \times N_{Ca} = \frac{20+40}{40} \times 100 = 150 \text{ rpm}$$

예제 5·23 단순 유성기어 장치에서 선기어 잇수 20, 링기어 잇수는 40일 때 선기어가 고정 상태로 캐리어가 60회전을 하면 링기어 회전수는 얼마인가?

| 풀이 | $N_R Z_R + N_S Z_S = N_{Ca}(Z_S + Z_R)$

$N_S = 0$, $N_{Ca} = 60$

$$N_R = \frac{Z_S + Z_R}{Z_R} \times N_{Ca} = \frac{20+40}{40} \times 60 = 90 \text{ 회전}$$

② 더블 피니언 유성기어 장치

더블 피니언 유성기어 장치에서 변속비를 구하기 위한 속도식은 다음과 같다.

$$N_R Z_R - N_S Z_S = N_{Ca}(Z_R - Z_S) \tag{5.13}$$

예제 5·24 더블 피니언 유성기어 장치에서 선기어의 잇수가 20, 피니언 잇수가 10, 링기어의 잇수가 40일 때, 선기어를 고정시키고 캐리어를 350rpm으로 회전시키면 링기어의 회전수는 얼마인가?

| 풀이 | $N_R Z_R - N_S Z_S = N_{Ca}(Z_R - Z_S)$에서 $N_S = 0$이므로

$$N_R = \frac{N_{Ca}(Z_R - Z_S)}{Z_R}$$

$$N_R = \frac{350 \times (40 - 20)}{40} = 175 \text{ rpm}$$

예제 5·25 더블 피니언 유성기어 장치에서 링기어 잇수가 40, 선기어의 잇수가 25, 피니언 잇수가 10이다. 링기어를 고정하고 선기어를 구동할 때 변속비는 얼마인가?

| 풀이 | $N_R Z_R - N_S Z_S = N_{Ca}(Z_R - Z_S)$에서 $N_S = 0$이므로 선기어가 구동측이 되고 캐리어가 피동측이 된다.

$$N_S Z_S = N_{Ca}(Z_S - Z_R)$$

$$n = \frac{N_S}{N_{Ca}} = \frac{Z_S - Z_R}{Z_S} = \frac{25-40}{25} = -0.6$$

예제 5·26 더블 피니언 유성기어 장치에서 선기어 잇수 30, 피니언 기어 잇수 20, 링기어 잇수 40일 때 선기어를 고정시키고, 캐리어 회전수가 350rpm이면 링기어의 회전수는 얼마인가?

| 풀이 | $N_R Z_R - N_S Z_S = N_{Ca}(Z_R - Z_S)$, $N_S = 0$

$$N_R = \frac{350 \times (40-30)}{40} = 87.5 \text{ rpm}$$

예제 5·27 변속기의 제3속 변속비가 3이고 종감속 장치의 구동 피니언의 잇수가 8, 링기어의 잇수가 40일 때 제3속의 총감속비는 얼마인가?

| 풀이 | $\text{종감속비} = \frac{\text{피동기어 잇수}}{\text{링기어 잇수}} = \frac{40}{8} = 5$

$\text{총감속비} = \text{변속비} \times \text{종감속비} = 3 \times 5 = 15$

(3) 자동 변속기의 종류

자동 변속기는 다단변속 자동 변속기와 무단변속 자동 변속기(CVT)로 분류하고 다단변속 자동 변속기는 토크 컨버터식 자동 변속기(AT)와 자동화 수동변속기(AMT)로 분류된다.

- 다단변속 자동 변속기(AT) : 토크 컨버터와 유성기어 장치를 사용하는 유압식 자동 변속기로 효율은 86%정도이다.
  - 토크 컨버터식 자동 변속기
  - 자동화 수동 변속기(AMT)
- 무단변속 자동 변속기(CVT) : AT에서 클러치 대신 벨트를 사용하고 효율은 85% 정도이다.
- DCT : 2중 클러치를 사용하는 변속기이다.

표 5.1 변속기의 분류

MT	수동 변속기	Manual TM
	자동화 수동 변속기	Automated manual TM(AMT)
	더블 클러치 변속기	Dual clutch TM(DCT)
AT	다단 자동 변속기	4, 5, 6/7, 8 speed+slip control lock up
CVT (Continuously Variable Transmission)	무단 자동 변속기	벨트 타입
		체인 타입
		Troidal CVT

1) 다단 변속 자동 변속기(Automatic transmission)

① 토크 컨버터식 자동 변속기

토크 컨버터식 자동 변속기(AT)는 토크 컨버터와 유성기어(플래너터리 기어)를 유압 제어에 의해 자동차의 속도와 엔진 회전수에 따라 변속비를 자동으로 변속한다. 토크 컨버터는 오일을 통하여 엔진의 동력을 전달하고 수동 변속기의 클러치와 일부 변속기 기능을 동시에 수행한다. 토크 컨버터의 구조는 엔진의 동력을 직접 받아 회전하는 펌프, 그 동력을 오일을 통하여 변속기에 전달하는 터빈, 펌프와 터빈 사이에 위치하여 오일의 흐름을 제어하고 토크를 증대시키는 스테이터로 구성되어 있다. 엔진 회전 시 동력을 직접 받는 펌프는 항상 회전하기 때문에 엔진의 회전이 느린 경우 오일, 터빈도 회전이 느려 동력은 조금만 전달된다. 이 상태를 크리프 현상(creep)이라 하고 이 때문에 자동 변속기 자동차는 엑셀을 밟지 않아도, 자동차는 앞으로 갈려고 하는 현상이 발생한다. 댐퍼 클러치는 터빈과 토크 컨버터 커버 사이에 위치하며 주행속도가 일정 값에 도달하면 펌프와 터빈을 연결시켜 미끄러짐을 최소화

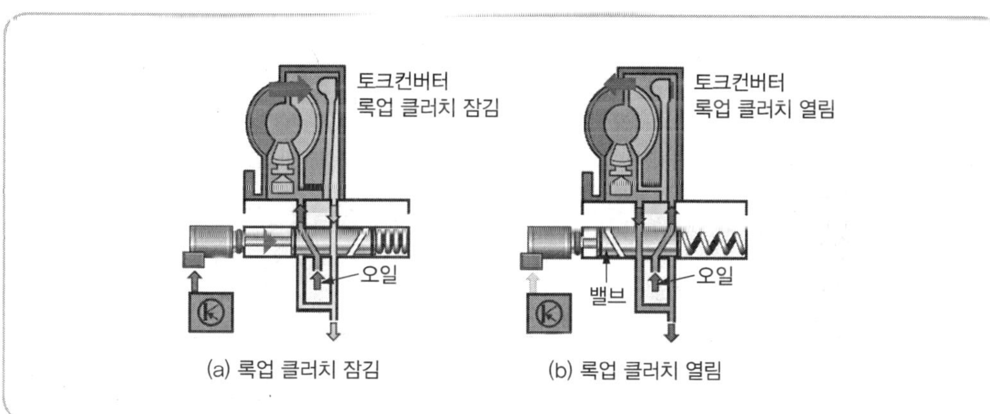

| 그림 5.30 | 토크 컨버터의 댐퍼 클러치

하는 장치이며 TPS 개도(엔진 회전수)와 차속 신호로 작동과 비작동을 반복적으로 수행한다. 자동변속기의 토크 컨버터는 자동차의 속도 등 다양한 조건에 따라 유압으로 마찰판에 힘을 가하여 엔진과 변속기의 기어박스를 직결로 연결하는 록업(lock up) 작동을 한다.

자동변속기는 토크 컨버터, 유성기어 세트, 습식 마찰 클러치로 구성되며 사용되는 자동 변속기 오일(ATF, Automatic Transmission Fluid)은 엔진오일과는 전혀 다른 성질을 가지고 있다.

② 자동화 수동 변속기(AMT, automated manual transmission)

변속기 자체는 MT와 동일하고 클러치 조작만을 자동으로 하면서, 기어의 선택은 수동 변속기와 마찬가지로 운전자가 하는 방식이다. 수동 변속기(MT)는 평치차를 사용하여 효율이 96% 정도로 높은데 MT의 클러치를 서보 액츄에이터 모터로 바꾸어 직접 구동하는 방식으로 효율이 MT에 근접한다. AMT의 효율은 85%이고, 클러치 대신에 토크 컨버터를 사용한다. AMT는 MT 연비의 장점을 유지하면서 자동적으로 출발, 변속이 가능하도록 한 것으로 클러치 기능을 포함하는 기어박스가 필요하다. AMT는 전기 유압 액츄에이터의 모터에 의해 작동되는 클러치, 기어박스, ECU로 구성되며 반자동 기능과 자동 기능이 있다. 반자동 기능은 운전자가 기어를 선택하고, 자동 기능은 ECU가 엔진과 구동조건을 감지하여 자동으로 기어를 선택한다.

클러치 종류에는 싱글 클러치와 더블 클러치가 있고, ECU에 의해 제어되는 전기 유압 액츄에이터의 모터에 의해 힘이 가해지면 동력은 차단되고, 클러치 모터가 작동하지 않으면 디스크는 스프링에 의해 눌려 클러치는 잠기고 토크는 전달된다. 클러치 액츄에이터는 전기모터와 기어를 사용하여 회전운동을 선형운동으로 전환시킨다. 싱글 클러치는 많이 사용되지는 않는다.

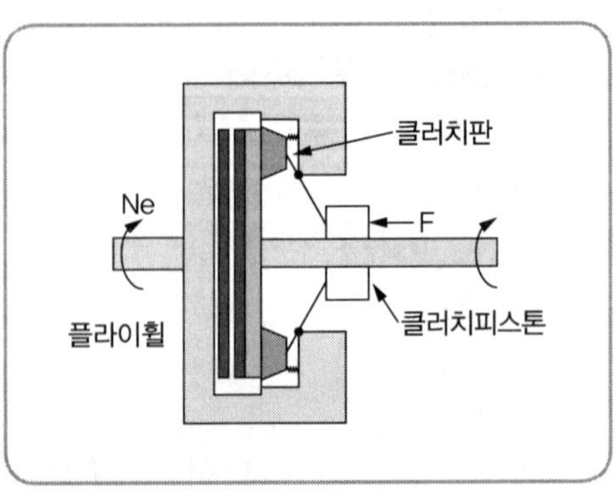

| 그림 5.31 | AMT의 원리

싱글 클러치 AMT는 변속 중에 구동 토크가 일시적으로 중단되고 AT와 달리 변속 필링이 발생한다. 이러한 문제를 더블 클러치로 해결한다. 더블 클러치는 2개의 독립된 수동 기어박스를 사용하여 1개의 클러치는 홀수 기어를, 나머지는 짝수 기어를 제어한다. 차세대 변속기로 발전하기 위해서는 연비는 MT 이상으

로, 변속 필링은 AT 수준, 그리고 소형, 저비용의 조건을 만족시킬 필요가 있고, 더블 클러치 AMT는 소형, 저비용화의 관점에서 기술적으로 어려운 점이 있다. 현재 소형 자동차에 많이 사용된다.

③ 듀얼 클러치 변속기(DCT)

듀얼 클러치 변속기는 하나의 자동 변속기 케이스에 2개의 수동 변속기가 들어 있는 형상이다. 일반적인 수동 변속기는 1개의 입력축과 출력축을 가지지만, 듀얼 클러치 변속기는 1개의 입력축에 2개의 출력축이 있다. 각각의 출력축은 2개의 클러치를 통하여 번갈아 가면서 동력을 전달한다. 내부 클러치는 바깥 축과 연결되어 2속, 4속, 6속과 연결되고, 외부 클러치는 안쪽 축과 연결되어 1속, 3속, 5속과 연결된다. 20km/h의 저속일 때 2속은 내부 클러치에 의해 바깥 축을 통하여 동력이 전달되고, 30km/h로 속도가 증가되면 제어기는 변속 포인트를 감지하고 미리 3속 기어를 선택한다. 운전자가 기어를 변속하면 내부 클러치는 풀리고 외부 클러치가 작동을 하여 동력은 안쪽 축을 통하여 전달된다. 일반적인 변속기는 기어를 바꾸기 위하여 동력을 차단하지만 듀얼 클러치는 1단 기어가 물린 상태에서 벌써 2단 기어가 준비 중에 있어 동력을 차단하지 않아도 되고 동력이 끊어짐이 없이 전달되어 빠르고 효율적이다. 구동 액츄에이터 사용으로 엔진의 구동이 없어도 정지, 출발할 수 있고, 또한 하이브리드 자동차에도 쉽게 이용할 수 있다. 더블 클러치 시스템은 VW DQ200으로 2008년에 양산되었다. 변속기에 대한 개발 요구 조건은 CO_2 저감과 비용이라는 2가지 문제에 직면해 있다. 성능 개선, 효율 개선, 기어비 증대, 무게 감소, 크기 감소, 출발 능력, 하이브리드용 변속기의 가능성 등 모든 것을 고려한 변속기가 개발되어야 하는데 이러한 요구 조건에 대하여 현

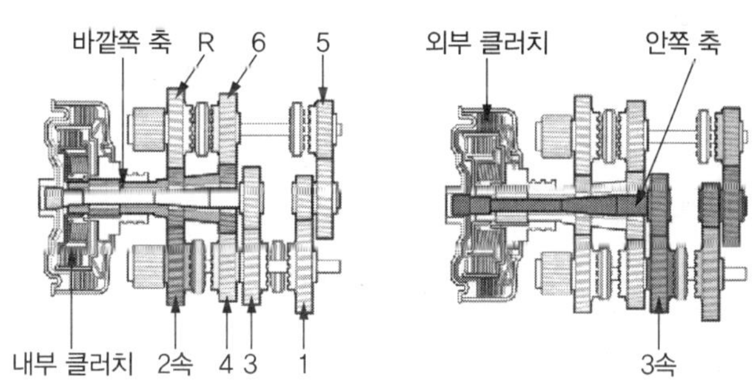

| 그림 5.32 | 6단 DCT(출처 : auto.howstuffworks.com)

재의 최선의 방법은 건식 클러치와 전기모터 구동 액츄에이터를 장착하는 습식 더블 클러치의 적용이다. 습식은 자동 변속기의 토크 컨버터처럼 변속기 안에 오일을 가득 채우고 유압으로 작동하고 건식은 오일은 있지만 수동 변속기의 클러치처럼 작동을 한다. 건식은 오일펌프나 배관이 필요가 없어 구조가 간단하고 가격도 싼 반면, 습식은 구조가 복잡하고 가격이 비싸다.

2) 무단변속 자동변속기(CVT)

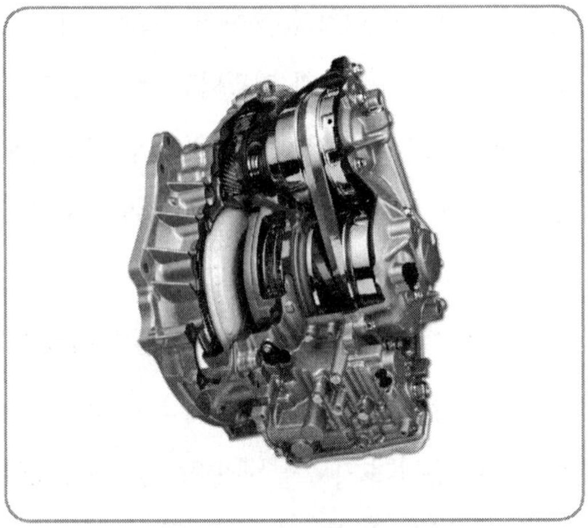

| 그림 5.33 | 벨트 타입 CVT 구조(출처 : jatco)

① 벨트, 체인 타입

무단변속 자동 변속기(Continuously Variable Transmission : CVT)는 기어를 사용하지 않고 변속하여 엔진의 회전수와 관계없이 효율적으로 원하는 출력을 낼 수 있고, 구조는 2개의 풀리에 벨트를 연결하여 풀리의 직경을 변화시켜 변속을 하며 금속 벨트를 많이 사용한다.

CVT는 효율적이고 변속기의 소형화, 경량화가 가능하여 연비도 좋지만, 한계는 기어 맞물림으로 동력을 전달하는 것이 아니라, 풀리와 벨트의 압력으로 동력을 전달하기 때문에 큰 토크가 필요한 배기량이 큰 자동차에는 사용하기 어려워 2500cc 이하 자동차에 적용되고 있다.

CVT는 자동 변속기의 클러치 대신에 벨트와 풀리를 이용하여 무단계로 변속하는 자전거 체인과 같은 원리이다. 입력 풀리와 출력 풀리를 벨트로 연결하고 2개의 풀리의 가로 폭을 변화시켜 입력 풀리의 반지름과 출력 풀리의 반지름을 변화시켜 속도비를 결정한다.

$$e = \frac{\text{출력풀리 반지름}}{\text{입력풀리 반지름} } \tag{5.14}$$

- 입력지름 < 출력지름 : 저속으로 속도비가 크다.
- 입력지름 = 출력지름 : 중속으로 속도비가 같다.
- 입력지름 > 출력지름 : 고속으로 속도비가 작다.

② 토로이달(troidal) CVT

토로이달 CVT는 미끄럼 접촉을 하는 파워 롤러와 디스크 사이에 형성되는 유막의 전단력으로 동력을 전달하는 구조이며, 트랙션 오일이라는 높은 점성계수를 갖는 특수한 오일을 사용한다. 트랙션 계수가 높으면 압축하는 압력을 작게 할 수 있기 때문에 시스템의 소형 경량화와 효율향상이 가능하다. 따라서 오일의 저온특성 개선과 마찰 재료의 트랙션 계수를 높이는 연구가 진행되고 있다.

(4) 변속기 전자제어

변속기 전자제어는 변속 시점을 선택하고 다판 클러치와 브레이크를 작동시키는 작동 오일의 압력을 전달 토크에 적합하도록 제어한다. 전자제어 자동 변속기에서 사용되는 센서와 솔레노이드 밸브는 다음과 같다.

① 펄스 제너레이터 A : 변속 시 작동 오일의 유압 제어를 위해 킥다운 드럼의 회전수를 검출하는 센서이다.

② 펄스 제너레이터 B : 차속을 감지하기 위하여 변속기 출력 기어의 회전수를 검출한다.

③ 인히비터 스위치의 기능

- N, P 영역 이외에서 엔진의 시동이 걸리지 않도록 한다.
- 변속 레버의 위치를 확인한다.
- R 레인지에서 후진 등을 점등한다.

④ 킥다운 서보 스위치 : 킥다운 밴드 작동 시작점을 검출하여 작동 오일로 유압 제어를 한다.

⑤ 오일온도 센서 : 변속 시 작동 오일의 온도를 검출하고 댐퍼 클러치의 비자동 영역을 검출한다.

⑥ 댐퍼 클러치 컨트롤 솔레노이드 밸브(DCSV) : 댐퍼 클러치의 작동 제어를 위하여 댐퍼 클러치 컨트롤 밸브에 작용하는 유압을 듀티 신호로 제어하는 밸브이다.

⑦ 시프트 컨트롤 솔레노이드 밸브(SCSV-A, B) : 변속 제어를 하기 위하여 시프트 컨트롤 밸브에 작용하는 유압을 제어하는 밸브이다.

⑧ 압력 컨트롤 솔레노이드 밸브 : 변속 시 압력 제어밸브에 작용하는 유압을 듀티 신호에 의하여 제어하는 밸브이다.

⑨ 토크센서 : 축 비틀림량을 토크센서로 감지하여 유압 제어로 피드백하여 최적의 유압으로 동력을 전달하여 효율을 향상시킨다.

⑩ 브레이크 스위치 : 전자 제어 현가장치(ECS)에서 브레이크의 조작 여부를 ECU에 입력하는 역할을 한다. 브레이크를 작동하면 축전지 전원이 ECU에 입력되어 자동차의 높이를 조절하게 된다.

(5) 각 레인지의 작용

변속에서 수동 변속기의 변속비에 해당하는 것이 레인지(range)이고 시프트 레버의 조작으로 선택한다.

① N레인지 : 모든 제어기구가 작동을 하지 않고 입력 샤프트 회전은 출력 샤프트에 전달되지 않는다.

② P레인지 : 파킹 기어에 파킹 볼이 끼워져 출력 샤프트가 고정된다.

③ D레인지 : 주행 시 주행 상태에 상응하는 수동 변속기의 제1속에서 제4속까지 자동적으로 변속된다.

④ L레인지 : L레인지는 D레인지의 제1속과 같은 상태이다.

⑤ 2레인지 : 2 레인지는 D레인지의 제2속과 같은 상태이다.

⑥ 3레인지 : 3 레인지는 D레인지의 제3속과 같은 상태이다.

⑦ R레인지 : 리버스 레인지는 후진 상태이다.

5.4.3 하이브리드 자동차 변속기

1모터 2클러치 방식으로 엔진과 접속, 단속하는 클러치 1, 모터, 주행 변속용 클러치 2(7단 AT)로 구성된다. 전기모터가 변속기 내에 내장된다.

① 모터 주행 : 정지한 엔진을 클러치 1로 단속하고 모터 클러치 2로 주행한다.

② 엔진 주행 : 에너지 효율이 높은 영역은 엔진으로 주행하여 클러치 1, 2가 작동하고 모터는 발전을 한다.

③ 엔진+파워주행(가속) : 가속 시에는 엔진, 모터로 주행하고 클러치 1, 2가 작동한다.

④ 에너지 회수(감속) : 엔진 정지, 클러치 1로 엔진 단속, 클러치 2로 작동, 모터는 발전을 한다.

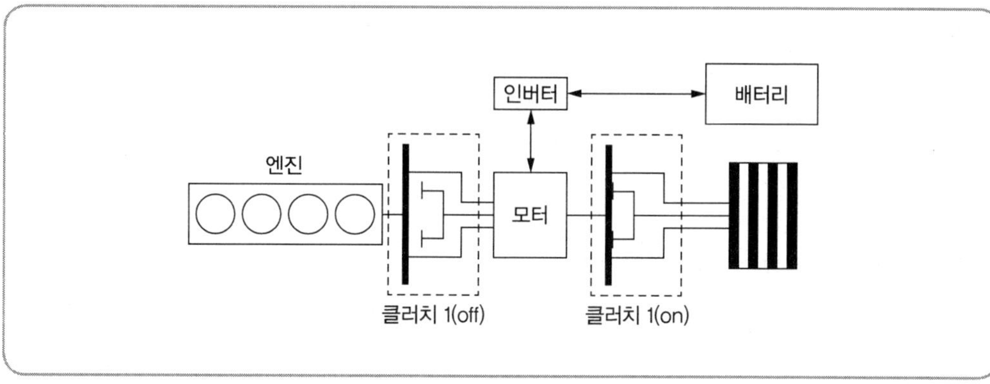

| 그림 5.34 | 모터 주행 시 하이브리드 변속기(출처 : jatco)

5.5 구동장치

5.5.1 구동축(액슬축)

엔진의 동력은 변속기를 거쳐 종감속 기어를 통하여 구동 바퀴에 전달된다. 전륜 구동 자동차의 경우 액슬축을 사용하고, 후륜 구동 자동차는 거리가 떨어져 있는 2부품 사이의 동력을 전달하기 위하여 구동축을 사용하며, 구동축은 변속기에서 종감속 장치로 동력을 전달하는 추진축(propeller shaft), 차동장치에서 구동 바퀴로 동력을 전달하는 드라이브 샤프트(drive shaft), 연결 부위인 유니버설 조인트로 구성된다.

(1) 앞 차축(front axle shaft)

엔진의 동력은 변속기에서 유니버설 조인트, 드라이브 샤프트, 타이로드 엔드를 거쳐 전륜에 전달된다.

(2) 프로펠러 축(propeller shaft)

엔진에서 출력된 동력을 변속기를 지나 구동축의 종감속 장치로 전달하는 축으로 후 차축에 설치된다. 종감속 장치의 종감속 기어는 바퀴와 함께 섀시 스프링에 의해 차체에 장착되어 있어 노면으로부터 충격이나 적재량의 변화에 따라 상하로 움직인다. 이에 따라 변속기 출력축과 종감속 기어의 입력축이 이루는 각도의 변화가 발생하므로 추진축의 양단에는 동력을 원활하게 전달하는 유니버설 조인트와 길이 변화에 대응하는 슬라이딩 요크(sliding yoke)가 설치된다. 소형 자동차의 경우, 추진축은 2~3분할이며 공진이나 파손을 방지한다. 추진축에서 공면 진동이 발생하는 회전 속도를 위험 회전속도라고 한다.

(3) 유니버설 조인트(universal joint)

유니버설 조인트는 변속기 출력축에서 종감속 기어의 입력축으로 동력을 원활하게 전달하고 구동 각도의 변화에 대응하기 위한 장치로, 훅 조인트(hook joint), 등속 조인트(constant velocity joint)가 있다.

① 훅 조인트(hook joint)

훅 조인트는 그림 5.35와 같이 입력측 요크와 출력측 요크를 스파이더(spider)로 연결하고 니들 롤러 베어링을 넣어 저항을 적게 한다. 프로펠러 샤프트와 변속기 축의 굴곡각이 10°이하이면 토크의 변동이 없다.

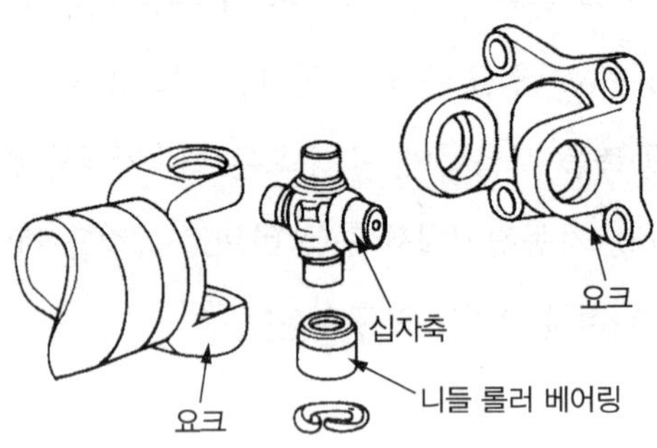

| 그림 5.35 | 훅 조인트

② 등속 조인트

프로펠러 샤프트와 변속기 축의 굴곡각이 30°정도가 되어도 등속 운동이 가능한 조인트로 그림 5.36과 같이 구동축과 출력축의 접촉점이 항상 굴곡 각의 2등분선 상에 위치하면 등속도 운동이 가능하다.

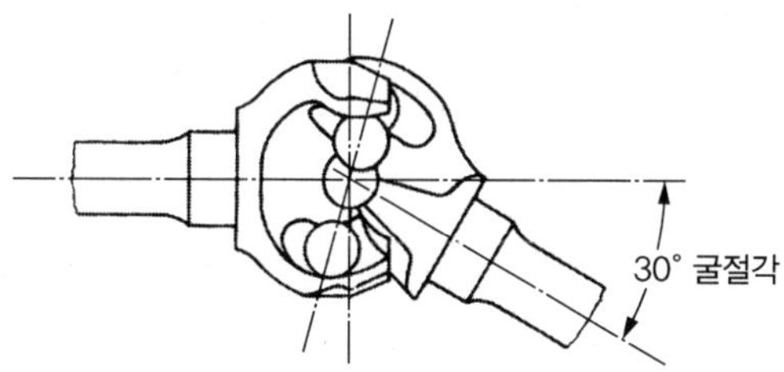

| 그림 5.36 | 등속 조인트

5.5.2 종감속 기어와 차동기어

프로펠러 샤프트에서 전달된 동력은 종감속 기어에 의해 감속되어 토크가 증가하고 전달 방향이 직각으로 변하여 구동축에 전달된다. 종감속 기어는 차동장치와 같이 조립되어 있으며, 차동장치는 자동차의 선회 시에 구동하는 외륜과 내륜의 회전 속도를 변경하는 장치이다.

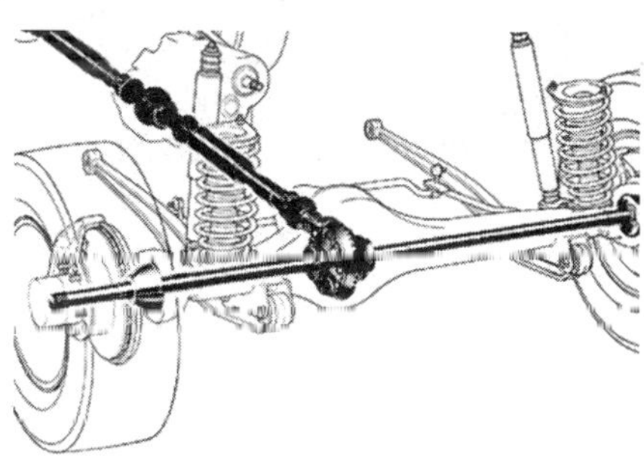

| 그림 5.37 | 종감속 장치와 차동장치

(1) 종감속 기어

변속기만으로는 엔진의 토크를 주행 상황에 맞게 변화시키는 것이 충분하지 않기 때문에 종감속 기어를 사용하여 프로펠러 샤프트에서 전달된 속도를 감속시켜 전달 토크를 증대시킨다. 종감속 기어는 그림 5.38과 같은 스파이럴 베벨기어 또는 하이포이드 기어를 주로 사용하고, 차동장치 위에 고정되며, 링기어와 구동 피니언으로 구성된다. 모양으로 구분이 어려운 스파이럴 베벨기어와 하이포이드 기어는 편차로 구분한다. 하이포이드 기어의 장점은 다음과 같다.

① 기어 치차의 폭 방향으로 미끄럼 접촉을 하여 큰 압력이 작용한다.
② 무게 중심이 낮아 안정성이 높다.
③ 기어의 물림율이 커서 회전이 부드럽다.
④ 추진 축의 높이를 낮출 수 있다.

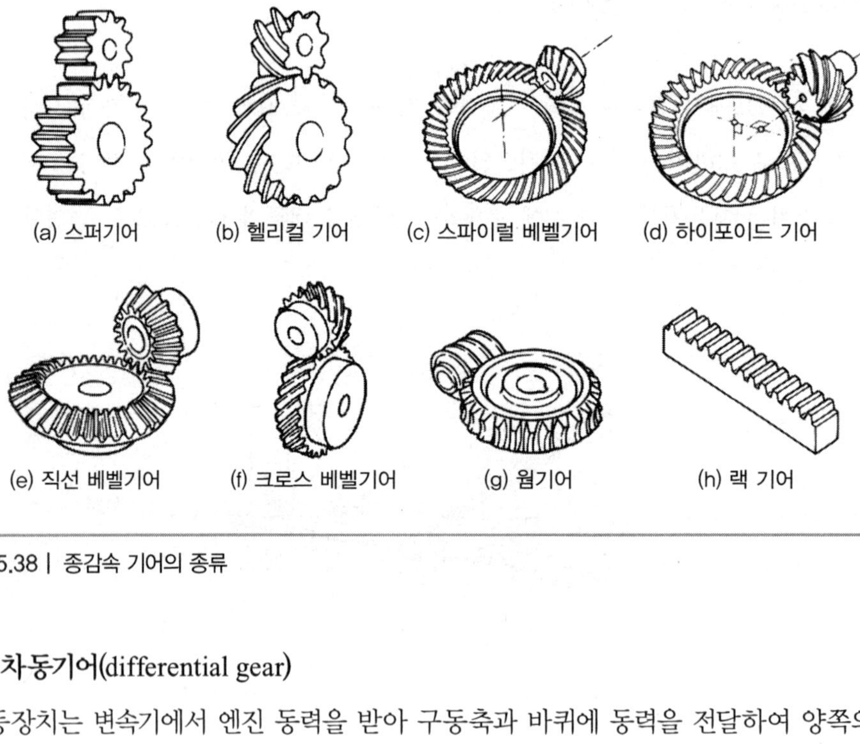

| 그림 5.38 | 종감속 기어의 종류

(2) 차동기어(differential gear)

차동장치는 변속기에서 엔진 동력을 받아 구동축과 바퀴에 동력을 전달하여 양쪽의 바퀴가 코너를 돌 때 타이어가 미끄러지지 않도록 바퀴가 서로 다른 속도로 회전하게 하는 장치이다. 코너를 돌 때는 바깥쪽 바퀴는 안쪽 바퀴보다 더 많이 회전해야 부드러운 주행이 가능하다. 이 속도 차이를 만드는 장치가 차동기어(디프렌셜 기어)이다. 구동 바퀴를 1개의 차축으로 연결하면 바퀴의 회전이 항상 같기 때문에 구동축을 2개로 나누고, 좌우 바퀴가 따로 회전할 수 있도록 중간에 차동기어를 장착한다. 차동기어가 없이 선회를 하면 바깥쪽 바퀴가 튀는 현상이 나타난다.

차동기어의 작동 원리는 **그림 5.39**와 같이 좌우측 랙에 같은 힘이 작용하면, 힘의 평형으로, 피니언은 회전하지 않는다. 한 쪽의 랙에만 힘이 작용하면, 좌측 랙은 올라가지 않고 피니언은 회전을 하면서 랙은 스티어링 휠의 2배의 속도로 당겨 올려진다. 즉 힘을 받는 랙은 피니언이 공전한 만큼 감속되고, 힘을 받지 않는 랙은 가속된다. **그림 5.40**은는 베벨기어 종감속 기어와 차동기어의 구조를 나타낸다.

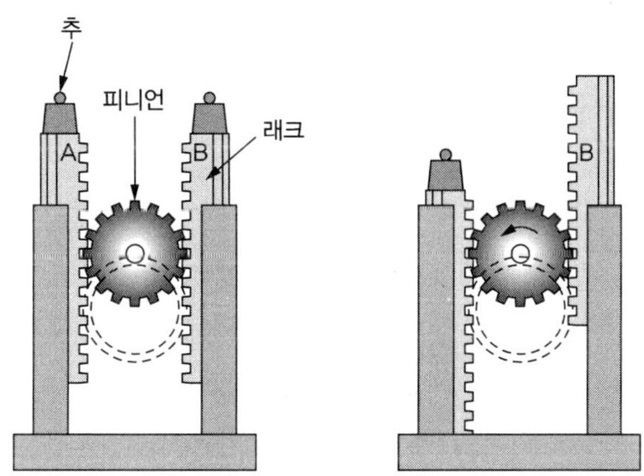

| **그림 5.39** | 차동기어의 작동 원리

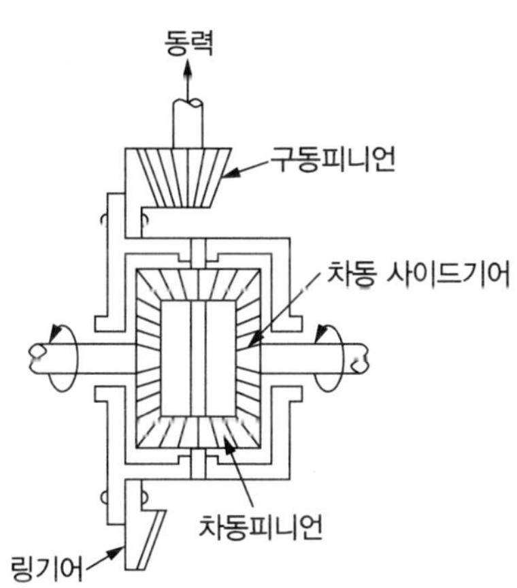

| **그림 5.40** | 베벨 기어 종감속 기어와 차동기어의 구성

(3) 차동기어의 구조

구조는 랙이나 피니언 대신에 다수의 베벨기어를 디퍼렌셜 케이스에 넣은 구조이다. **그림 5.41**은 차동장치의 구조를 나타낸다. 자동차가 직진 주행할 경우에는, 양 바퀴에 작용하는 노면 저항이 같아서 링기어의 회전에 의해 케이스 내의 차동 피니언이 사이드 기어를 물게 되어 전체가 하나로 되어 회전하고, 피니언 기어는 회전하지 않는다. 따라서 양쪽 사이드 기어의 회전수는 같고 양쪽 바퀴의 회전수도 같아진다.

회전 주행 시에는 좌우 구동 바퀴의 노면 저항 차이가 발생하여, 노면 저항이 큰 왼쪽 차동기어에 부하가 걸려 고정이 되면, 바퀴 회전수는 감소되고, 노면 저항이 작은 바퀴는 반대쪽의 감소된 회전수만큼 피니언 기어에 의해 바퀴의 회전수가 증가된다. 차동장치에서 열이 발생하는 원인으로는 기어의 백래시, 프리 로드가 적거나, 오일량이 부족하면 발생한다.

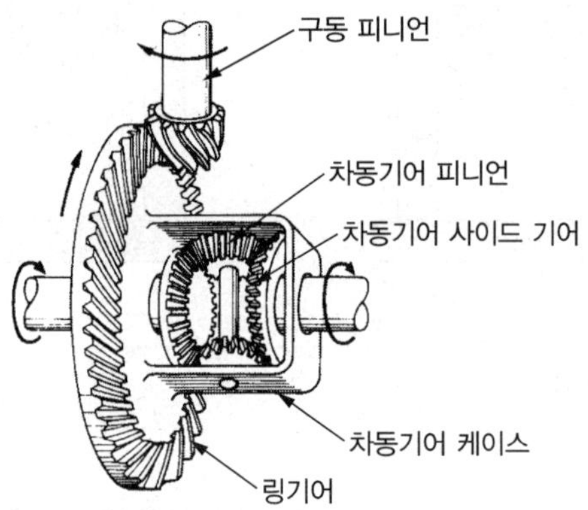

| 그림 5.41 | 차동 기어의 구조

일정 속도로 주행할 때는 양쪽 바퀴의 회전수의 합은 일정하다. 링기어가 200rpm으로 회전을 하면 양 바퀴 회전수의 합은 400rpm이다.

$$2N_{RG} = N_L + N_R \tag{5.15}$$

여기서 N_{RG} : 링기어의 회전수(rpm), N_L : 좌측 구동 바퀴의 회전수, N_R : 우측 구동 바퀴의 회전수이다.

예제 5·28 변속기의 변속비 2.5, 링기어의 잇수 40, 구동 피니언의 잇수가 8이고, 엔진의 회전속도는 2700rpm이다. 왼쪽 바퀴는 고정하고 자동차의 오른쪽 바퀴만 회전할 때 회전속도는 얼마인가?

| 풀이 | $n_f = \frac{40}{8} = 5$,

$$n_t = n \times n_f = 2.5 \times 5 = 12.5,$$

$$N_{RG} = N_e \times \frac{1}{n_t} = 2700 \times \frac{1}{12.5} = 216 \text{ rpm}$$

$$N_R = 2N_{RG} - N_L = 2 \times 216 - 0 = 432 \text{ rpm}$$

(4) 차동 제한장치(LSD, Limited Slip Differential)

자동차가 코너를 선회할 때 바깥쪽의 바퀴가 안쪽의 바퀴보다 빨리 돌아야 한다. 선회 시를 인식하는 판단의 기초가 되는 것은 노면의 저항이며 선회 시에는 내외륜의 구동 저항에 차이가 발생하고 이 차이를 감지하면 차동장치가 작동을 한다.

자동차가 고속 코너링 시에는 롤에 의한 자동차의 하중 이동이 발생하고, 내륜 측 타이어 접지압이 줄어들어 타이어의 노면 저항이 감소한다. 비포장도로의 직진 시에는 좌우의 노면 상태의 차이에 의해 노면 저항 차이가 발생한다. 이때는 구동륜의 차동장치가 매번 작동하는 것이 곤란하여 차동 장치대신에 LSD를 사용한다. LSD는 내외륜의 회전수나 토크의 변화를 감지하여 차동 기능을 약화시키는 저항이 큰 바퀴의 토크 배분을 높게 하는 장치이다.

LSD는 바퀴의 구동 상태에 관계없이 항상 양쪽 바퀴를 같은 속도로 회전시킨다. LSD는 디프렌셜 록처럼 완전히 좌우 바퀴를 로킹하지는 않지만 차동장치에 비스코우스 커플링이나 클러치 팩을 이용하여 한쪽 바퀴fmf 빠르게 회전하면 그 힘이 반대쪽 바퀴에도 전달되게 하는 장치로 보통 후륜에 장착된다. 대부분의 차동장치는 기계적인 기어 구동장치이지만, 최근에는 센터 디퍼렌셜에는 비스코우스 커플링(VCU)이나 멀티 플레이트 클러치 팩(MPT), 토센(Torsen) 디퍼렌셜을 사용하기도 한다. 이는 차동장치 앞에 장착된다. 차동 제한장치의 특징은 다음과 같다.

- 미끄러운 습지, 사막 등에서 출발이 용이하다.
- 고속 직진 주행 시 좌우 구동력의 균형으로 안정된 주행이 가능하다.
- 타이어의 수명을 연장시킨다.
- 요철 노면 주행 시 차체 뒷부분의 흔들림을 방지한다.

① 비스코우스 커플링(Viscous Coupling Unit)

실리콘 유체로 채워진 통속에 2세트의 홈이 있는 금속 플레이트가 있고, 1개는 프런트 샤프트에 연결되고, 나머지 플레이트는 리어 샤프트에 연결 된다. 한쪽 차축이 빠르게 회전하면 실리콘 유체의 점성으로 인하여 오일의 온도와 점도가 올라간다. 전륜과 후륜이 실리콘 오일로 연결되어 있어서 빠르게 회전하는 차축의 힘이 오일에 의해 반대쪽 차축으로 힘이 전달되어 바퀴의 속도 차이로 인한 바퀴의 미끄러짐이 억제된다. 앞뒤 차축에 사용된다.

② 베벨기어

코너링 시나 미끄러운 노면 등에서 좌우의 구동륜에 힘과 토크를 분배한다. 토센(Torsen : 토크 센싱을 줄여 만든 상표명) 디프렌셜이 대표적이다.

③ 클러치 팩 커플링

전자 센서에 의해 자동으로, 혹은 운전자가 스위치를 통해 클러치 팩을 붙여서 전후 축이 함께 회전하도록 하는 장치이다.

회전수 감응식의 대표적인 예는, 비스코우스(viscous) 타입으로 비스코우스 커플링의 내부에 실리콘 오일을 넣고, 양쪽 샤프트의 회전 속도에 차이가 발생하면 실리콘 오일의 점성에 의해 토크가 발생하므로 이 토크를 차동장치에 이용한다. 눈길에서 좌우 바퀴의 회전 차이가 발생하는 경우에 유효하며 웜기어식, 헬리컬 기어식, 유성 기어식 등이 있다. FF 자동차의 디퍼렌셜에 사용한다. 토크 감응식은 FR 자동차의 디퍼렌셜에 사용되는 경우가 많고, FR 스포츠카에 채용되는 것은 여러 기어를 조합하여 치차면의 저항을 이용하여 차동을 제한하는 방식이다.

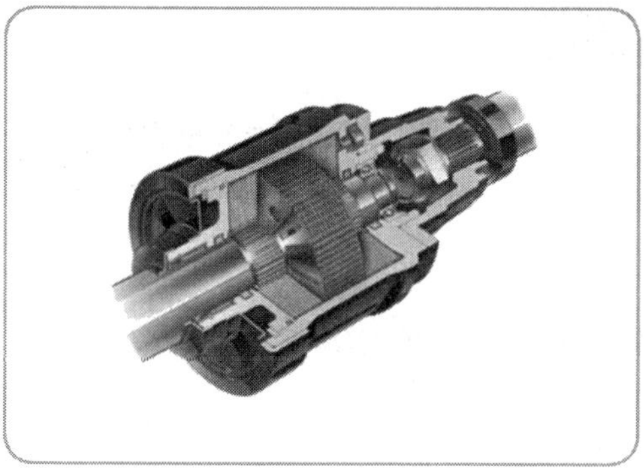

| 그림 5.42 | 비스코우스 타입 LSD(회전수 감응식)

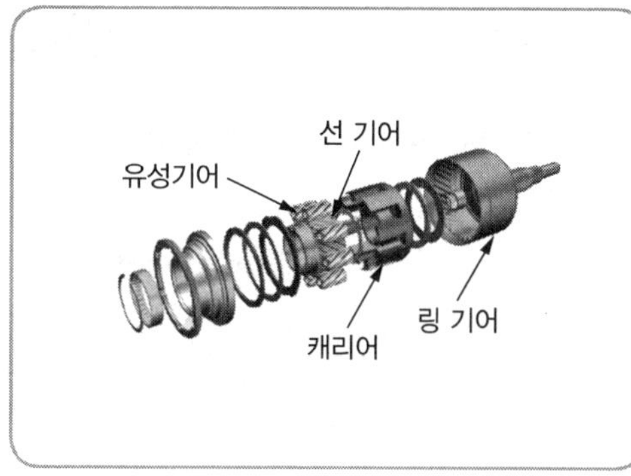

| 그림 5.43 | 유성기어식 Torsen 구조(토크 감응식)

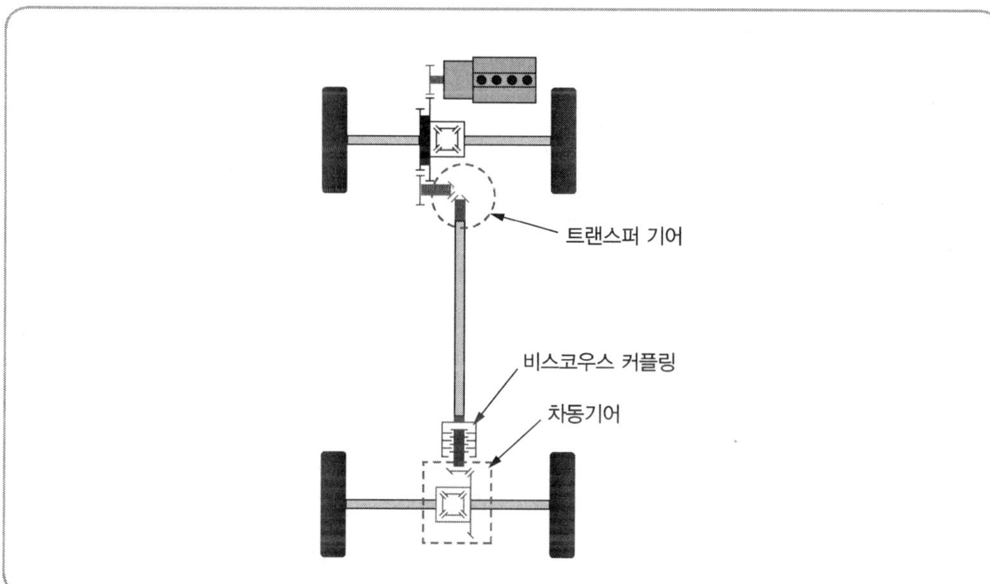

| 그림 5.44 | 비스코우스 커플링의 위치

연습문제

01 자동변속기 오일펌프의 상태 및 클러치의 슬립 등의 이상 유무를 유압계로 측정하여 판정하는데 사용하는 압력은? **정답** ④

① 릴리프 압력 ② 매뉴얼 압력 ③ 거버너 압력 ④ 라인 압력

| 풀이 | 클러치 슬립 : 라이닝 마모나 스프링 압력 부족으로 클러치의 마찰력이 부족한 상태로 라인 압력으로 판정한다.

02 자동변속기의 클러치 기능이 아닌 것은? **정답** ③

① 동력 연결 ② 동력 차단 ③ 유성기어 고정 ④ 유성기어 구동

| 풀이 | 유성기어 고정은 유성기어 세트가 한다.

03 동력전달장치에서 토크 컨버터와 유체 클러치에 대한 내용으로 옳은 것은? **정답** ④

① 토크 컨버터와 유체 클러치의 회전력 변환율은 1을 넘지 못한다.
② 유체 클러치에는 스테이터가 있고 토크 컨버터에는 가이드 링이 있다.
③유체 클러치에는 일방향 베어링이 있으나 토크 컨버터에는 없다.
④ 토크 컨버터에는 토크증대 효과가 있으나 유체 클러치에는 없다.

| 풀이 | 유체 클러치는 단순히 동력의 전달과 차단만 하고, 엔진의 토크를 증감하는 것은 불가능하여, 자동차에서는 유체 클러치를 변경한 토크 컨버터를 사용한다.
토크컨버터의 구성 : 펌프(임펠라), 터빈(런너), 스테이터(블레이드, 프리웨이 클러치), 토크컨버터의 토크변환율은 2~3이다.

04 수동변속기 차량에서 클러치의 고장 현상 중 가속이 어려운 경우일 때 예상되는 고장 원인으로 가장 적합한 것은? **정답** ③

① 클러치 페달의 자유간극이 크다.
② 클러치 마스터 실린더 오일이 누설된다.
③ 클러치 디스크 페이싱의 마모가 많다.
④ 클러치 디스크 스플라인이 마모되어 유격이 발생되었다.

| 풀이 | 클러치 마스터 실린더 오일이 누설 : 릴리스 실린더 불량
클러치 디스크 페이싱의 마모 : 자유간극이 작아져서 동력이 빨리 차단된다.

05 전자제어 자동변속기에서 댐퍼 클러치의 비작동 영역으로 아닌 것은? 정답 ②

① 제1속 및 후진할 때
② 액셀 페달을 밟고 있을 때
③ 기관브레이크를 작동할 때
④ 냉각수 온도가 특정온도(예 : 50℃) 이하일 때

| 풀이 | 댐퍼 클러치 : 토크 컨버터 내부의 유체 클러치를 플라이휠과 직결하여 유압에 의한 동력 손실을 방지하는 장치로 엑셀 페달을 밟으면 연결된다.

06 차동 제한장치(limited slip differential)에 대한 설명으로 틀린 것은? 정답 ③

① 차동장치에 차동제한 기구를 추가시킨 것은 LSD이다.
② 눈길 및 빗길 등에서 미끄러지는 것을 최소화하기 위한 장치이다.
③ 직진 주행을 더욱 원활하게 하기 위한 장치이다.
④ 토크 비례식과 회전속도 감응형식 등이 있다.

| 풀이 | 차동제한장치 : 눈길 또는 빗길 등에서 미끄러지는 것을 최소화하는 장치이다. 논 슬립, 논 스핀 장치가 있다.

07 무단자동변속기(CVT)에 대한 설명 중 가장 거리가 먼 것은? 정답 ③

① 벨트를 이용해 변속이 이루어진다.
② 큰 동력을 전달할 수 없다.
③ 변속 충격이 크다.
④ 운전 중 용이하게 감속비를 변화시킬 수 있다.

| 풀이 | 무단 자동변속기는 기관의 전 운전영역에 걸쳐서 변속 중에도 동력전달이 이루어지고 변속 충격이 전혀 없다.

08 전자제어 자동변속기 차량에서 스트롤 포지션 센서의 출력이 80% 밖에 나오지 않는다면 다음 중 어느 시스템의 작동이 불량한가? **정답** ④

① 오버 드라이브
② 2속으로 변속 불가
③ 3속에서 4속으로 변속 불가
④ 킥다운

| 풀이 | 킥다운은 액셀러레이터를 완전히 밟은 것을 의미하며 속도가 느려지면 엑셀러레이터가 열린 정도에 따라 속도 체인지 다운이 일어나는 속도이며 추월할 때 사용되므로 패싱 기어(passing gear)라고도 한다. 오버드라이버 : 추월, 급가속 시 사용

09 파워 모드와 노말 모드가 있는 전자제어 자동변속기 차량에서 파워 모드에 대한 설명으로 가장 적합한 것은? **정답** ④

① 록업 클러치를 우선 작동시킨다.
② 기관 ECU에 연료 분사량의 증량 요구 신호를 보내 출력을 높인다.
③ 차량의 속도를 증속모드로 변환시킨다.
④ 동일한 스로틀 개도일 때 노멀 모드에 비해 높은 차속에서 변속을 행한다.

| 풀이 | 이코노미((노말) 모드 : 일반적인 주행 때 사용
파워모드 : 강한 엔진 힘이 필요할 때
홀드모드 : 겨울철 눈길 주행할 때
록업 클러치 : 토크 컨버터를 개량 한 것으로 록업식 토크 컨버터가 있다.

10 수동변속기의 싱크로메시 기구에 대한 설명 중 옳은 것은? **정답** ②

① 기어의 이중 물림을 방지한다.
② 상대기어를 동기화 시켜 기어물림을 원활하게 한다.
③ 회전력을 증가시키는 역할을 한다.
④ 운행 중 기어의 빠짐을 방지한다.

| 풀이 | 싱크로메시 기구는 기어 변속 시 동기시켜 변속하는 장치이다.

11 종감속 기어 중 하이포이드 기어의 장점이 아닌 것은? **정답** ③

① 추진축의 높이를 낮출 수 있어 자동차의 중심을 낮게 할 수 있다.
② 스파이럴 베벨기어에 비해 구동 피니언을 크게 할 수 있어 강도가 증대된다.
③ 기어 이의 폭 방향으로 미끄럼 접촉을 하므로 저압 윤활유 사용이 가능하다.
④ 기어의 물림이 커 회전이 정숙하다.

| 풀이 | 구동 피니언 기어는 링기어의 중심보다 낮게 설치되고 피니언 기어를 크게 제작할 수 있어 감속비도 크게 할 수 있다. 접촉면에 작용하는 하중이 커서 극압성 윤활유를 사용한다.

12 기관 플라이휠과 직결되어 기관 회전수와 동일한 속도로 회전하는 토크 컨버터의 부품은? **정답** ②

① 터빈 임펠러 ② 펌프 런너 ③ 스테이터 ④ 원웨이 클러치

| 풀이 | 펌프 런너는 플라이휠에, 터빈 임펠러는 변속기에 연결된다.

13 전륜 구동형(FF) 차량의 특징이 아닌 것은? **정답** ④

① 추진축이 필요하지 않으므로 구동손실이 적다.
② 조향방향과 동일한 방향으로 구동력이 전달된다.
③ 후륜 구동에 비해 빙판 언덕길 주행에 유리하다.
④ 후륜 구동에 비해 최소회전 반경이 작다.

| 풀이 | 최소회전 반경이 작은 것은 특징으로 볼 수가 없다. 단점은 자동차의 앞쪽의 구조가 복잡한 것이다.

14 전자제어 자동변속기에서 변속기 제어유닛(TCU)의 입력 요소가 아닌 것은? **정답** ③

① 입력 속도 센서 ② 출력 속도 센서 ③ 산소센서 ④유온센서

| 풀이 | 산소센서는 이론공연비 센서로 엔진 공연비 제어에 사용한다.

15 자동변속기에서 스톨 테스트로 확인할 수 없는 것은? 정답 ②

① 엔진의 출력 부족　② 댐퍼클러치의 미끄러짐
③ 전진 클러치의 미끄러짐　④ 후진 클러치의 미끄러짐

| 풀이 | 자동 변속기 자동차를 정차 상태에서 수행하는 변속기 슬립(slip)시험으로 오일점도, 기관의 출력, 클러치의 슬립, 원웨이 클러치 불량 등을 알 수 있다.

16 자동차가 요철이 심한 노면을 주행할 때 좌우 구동륜의 구동 토크를 균등하게 배분하는 장치는? 정답 ②

① 현가장치　② 차동장치　③ 4WS 장치　④ ABS 장치

| 풀이 | 차동장치는 도로면의 저항을 적게 받는 바퀴에 동력을 전달하는 장치이다.

17 유압식 쇽 업소버 구조에서 오일이 상하 실린더로 이동하는 작은 구멍의 명칭은? 정답 ③

① 밸브 하우징　② 베이스 밸브　③ 오리피스　④ 스텝 홀

| 풀이 | 베이스 밸브 : 쇽 업소버가 압축될 때 감쇠력 발생, 오리피스 : 유체를 분출하는 구멍

18 무단 변속기 차량의 CVT ECU에 입력되는 신호가 아닌 것은? 정답 ④

① 스로틀포지션센서
② 브레이크 스위치
③ 라인 압력 센서
④ 킥 다운 서보 스위치

| 풀이 | 입력 센서 신호는 오일온도 센서, 유압센서, 스로틀포지션센서, 브레이크 스위치, 휠 스피드 센서 등이다.

킥 다운 서보 스위치 : 액셀러레이터 페달을 급히 깊숙하게 밟을 때 킥다운 브레이크가 작동하기 전에 즉시 킥다운 서보의 위치를 감지하는 기능을 하는 스위치

19 수동변속기에서 기어 변속이 불량한 원인으로 틀린 것은? **정답** ④

①싱크로나이저 스프링 불량

② 릴리스 실린더 불량

③ 컨트롤 케이블 조정 불량

④ 디스크 페이싱의 오염

| 풀이 | 디스크 페이싱의 오염은 클러치의 미끄럼을 유발한다.

[주관식]

20 다이어프램 스프링식 마찰 클러치는 클러치 디스크, 압력판, 다이어프램 스프링, 릴리스 포크, 릴리스 실린더 등으로 구성된다. 다이어프램 스프링식 마찰 클러치의 구조, 동력 전달의 원리를 설명하라.

21 유체 클러치는 오일을 이용하여 동력을 전달시키는 클러치로 엔신의 동력을 운동 에너지로 바꾸고 다시 회전력으로 변환시켜 변속기에 동력을 전달하는 장치이다. 유체 클러치는 단순히 동력의 전달과 차단만 하고, 토크 컨버터는 동력의 전달과 차단 뿐만 아니라 토크 증대 작용도 한다. 토크 컨버터의 구조, 토크 증대 원리를 설명하라.

22 스테이터에 장착되어 있는 프리웨이 클러치의 구성을 알아보고 컨버터 영역과 커플링 영역의 작동 원리를 서술하라.

23 수동 변속기에서 슬라이딩 메시식, 일정 메시식, 싱크로메시식을 설명하고 특히 싱크로메시식의 작동 원리를 서술하라.

24 자동 변속기는 1960년대 3단 AT를 시작으로, 1990년대 4단 AT, 2000년대 CVT, 6단 AT, 2010년대 6/7단 DCT(dual cluch transmission), 현재 9단 AT가 개발되고 있다. 자동 변속기를 분류하고 특징을 서술하라.

25 자동화 수동 변속기(AMT)의 자동화 원리를 알아보자.

26 종감속 기어는 변속기 만으로 엔진의 토크를 주행 상황에 따라 변화시키기에는 충분하지 않기 때문에 감속기어를 사용하여 프로펠러 샤프트에서 전달된 속도를 감속시켜 전달 토크를 증대시킨다. 종감속 기어의 감속 원리, 차동기어의 구조와 작동 원리를 설명하라.

27 자동 변속기에서 사용되고 있는 전자제어 센서와 역할에 대하여 알아보자.

06 현가장치

6.1 현가장치의 개요

현가장치는 치량 무게를 지지하고 자동차와 노면 사이의 모든 힘을 전달하여 승차감과 안정성을 향상시키는 장치이다. 다양한 운전조건에 적응하기 위해서 세미 능동 현가장치와 능동 현가장치가 있다. 현가장치는 타이어를 최대한 노면에 접지시켜 주행 시의 치량 무게를 지지하고 차량과 노면 사이의 모든 힘을 전달하여 승차감과 안정성을 향상시키는 장치이다. 다양한 운전조건에 적응하기 위해서 세미 능동 현가장치와 능동 현가장치가 있다. 현가장치는 타이어를 최대한 노면에 접지시켜 주행 시의 구동력과 제동 시의 제동력을 얻도록 하여 이를 차체에 전달한다.

현가장치의 기본 구성으로는 차축의 위치를 결정하는 현가장치 암, 자동차 중량을 지탱하고 충격을 흡수하는 스프링, 스프링 진동을 감쇠시키는 쇽 업소버(shock absorber, 댐퍼)로 구성된다. 이러한 부품은 자동차와 노면 사이의 모든 힘을 흡수하거나 전달하는 역할을 하며, 댐퍼는 차체와 바퀴의 진동을 감소시켜 승차감과 안정성에 기여를 한다.

자동차 안정성은 서스펜션, 스프링, 스티어링, 브레이크의 조화로운 설계의 결과이고, 승차감은 차체 진동, 소음 조건에 의한 결과이다. 승차감의 개선은 스프링 상부 질량에 의한 공

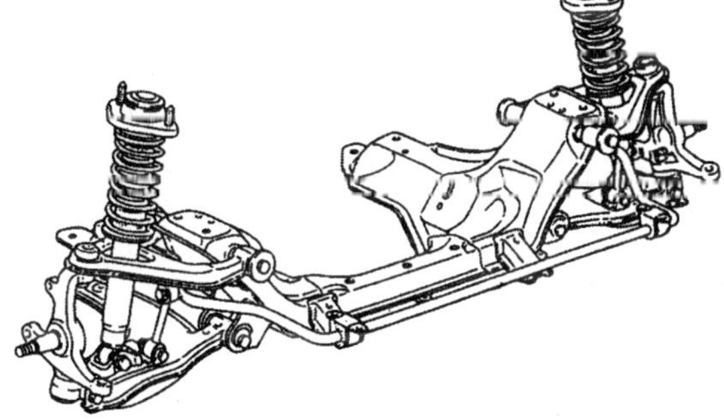

| 그림 6.1 | 현가장치

진을 거의 1Hz로 감소시켜야 이루어지고, 자동차 안정성은 타이어를 최대한 노면에 접지시켜, 스프링 하부 질량에 의한 공진을 거의 10Hz로 감소시켜야 된다. 이때 스프링은 스프링 상부 질량을 차단시켜야 하고, 현가장치의 움직임이 커지도록 댐퍼는 부드러워야 한다. 단단한 댐퍼에서 노면 접지력이 커지면 댐퍼는 단단해지고 현가장치의 움직임도 없다. 그러므로 승차감과 자동차 안정성은 반대의 성질을 갖는 것이 설계의 어려움이며, 능동 현가장치는 이러한 문제를 감소시킬 수 있다. 현재는 스프링과 충격 흡수를 일체로 한 코일 오버(coilover)형을 많이 사용한다.

독립 현가방식은 스트럿 타입, 위시본 타입, 멀티 링크 타입이 있고 전자제어 현가장치는 자동차의 주행 조건과 노면 상태에 따라, ECU가 스프링과 댐퍼를 제어하여 스프링 강성, 감쇠력 등을 제어한다.

6.2 현가장치의 종류

현가장치는 리지드 액슬 현가방식(rigid axle type suspension), 독립 현가방식(independent type suspension) 및 토션 빔 현가방식(torsion beam type suspension)으로 분류된다. 리지드 액슬 현가방식은 좌우 바퀴가 하나의 차축으로 연결되고, 독립 현가방식은 좌우 바퀴가 독립적으로 움직인다. 현가장치의 세부 종류는 암(arm)의 모양과 배치에 따라 나누어지고 제어의 종류에는 수동 현가장치, 외력을 이용하여 자동차의 안정성을 적극적으로 제어하는 능동 현가장치, 그 중간 형태인 반능동 현가장치가 있다.

6.2.1 리지드 액슬 방식(일체 차축 현가)

1950년대 모든 자동차는 리지드 액슬 방식이었고 현재도 대형 트럭은 리지드 액슬이 대부분이다. 리지드 액슬 방식은 좌우 바퀴를 리지드 액슬로 연결하는 현가장치로 오랜 역사를 가지는 현가장치이다. 차축 하우징에 드라이브 샤프트가 들어 있고 커플링이 필요가 없어 구조가 간단하고 내구성이 높다. 그리고 좌우 바퀴가 항상 같은 축 상에 있어 캠버의 변화가 적고, 회전 시 차체의 기울어짐이 적다. 견고하지만 타이어를 연결한 축 전체가 움직이기 때문에 승차감은 나쁘다. 리지드 액슬 현가장치는 링크식, 리프(판스프링)식, 드디온식, 공기 스프링식 등으로 분류한다. 일체식 차축 현가방식의 특징은 다음과 같다.

- 선회 시 차체의 기울어짐이 적다.
- 앞바퀴에 쉬미 발생이 쉽다.
- 승차감이 좋지 않다.
- 휠 얼라인먼트의 변화가 적다.

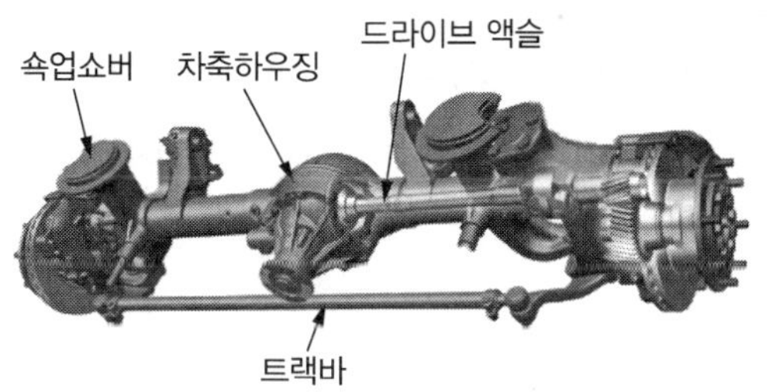

| 그림 6.2 | 리지드 액슬(좌우 고정식 현가장치) 구조

(1) 리프식 현가장치

리프식 현가장치(leaf suspension)는 판스프링으로 차대와 차축을 연결한다. 판스프링은 여러 겹으로 되어 있고, 가장 긴 봄을 부모 봄이라고 하고 부모 봄의 끝은 피벗과 축을 받치는 부시를 고정하는 형태로 되어 있어 이것을 스프링 아이라고 한다. 이 봄을 차체 중심선과 평행하게 배치하고 한쪽 끝은 고정 축인 피벗으로 지지하고, 다른 쪽은 봄의 굴곡에 의한 길이 변화를 흡수하기 위해 링크를 이용하여 차대에 부착한다. 좌우 바퀴를 연결하는 차축을 리프 스프링을 이용하여 전후 또는 좌우로 배치하는 방법이다.

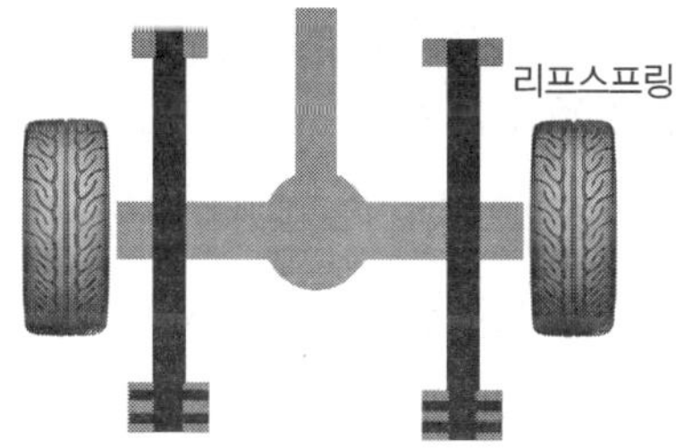

| 그림 6.3 | 리프식 현가장치

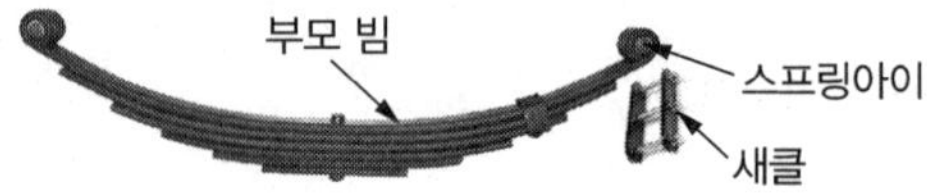

| 그림 6.4 | 리프 스프링 구조

리프 스프링은 차축의 전후, 좌우 방향의 위치를 결정하기 때문에 상하 스프링 강성을 작게 하는 것은 어렵고, 판 사이 마찰에 의한 상하 마찰이 크기 때문에 승차감이 나쁘고, 제동 구동토크에 의한 와인드 업(wind up) 진동을 일으키기 쉬운 단점이 있다.

① 판 스프링 : 띠 모양의 스프링 강
② 스프링 아이(spring eye) : 주 스프링 판 양 끝에 섀클 핀 삽입자리
③ 센터 볼트 : 판스프링의 중앙 구멍에 설치되는 볼트로 판스프링을 묶어주고 중심을 잡아주는 역할
④ 스팬(span) : 주 스프링 아이의 중심 간의 거리
⑤ 섀클(shackle) : 주로 주 스프링인 한쪽에만 설치되며 종류는 고무부시 섀클, 나사 섀클, 청동부시 섀클 등이 있다.
⑥ 리바운드 클립(rebound clip) : 리바운드할 때 판이 각각 흩어지는 것을 방지하여 판 사이 마찰이 일어날 때 마모 방지
⑦ U-볼트 : 차축과 판스프링 사이를 고정
⑧ 쇽 업소버(shock absorber) : 스프링이 받는 진동을 흡수 완화

(2) 링크식 현가장치(link axle suspension)

링크식은 차축 주위의 회전 진동으로 차체 부분이 뜨게 되는 리프식의 와인드업 진동을 보완하기 위해 리프 스프링을 코일 스프링으로 대체시킨 것이다. 코일 스프링은 상하 방향으로만 차축을 지지하고 나머지의 방향은 링크를 이용하여 지지한다. 차축의 전후 방향의 힘을 지지하는 링크인 트레일링 암은 차체 중심선과 평행하게 좌우에 한 개씩 배치하고 래트럴((lateral, 횡) 로드는 트레일링 암과 직각으로 배치하여 횡 방향의 힘을 제거한다. 부드러운 코

일 스프링을 사용하여 승차감이 좋고 리프식보다 중심이 낮다.

그림 6.5는 링크식 현가장치 중 5링크식을 나타낸다. 전후 방향의 힘을 섀시에 전달하는 1개의 하부 컨트롤 암, 1개의 상부 컨트롤 암, 좌우 방향의 힘을 섀시에 전달하는 팬하드 로드를 포함한 5개로 링크로 구성된다. 주로 상용차의 후륜에 사용하고 1개의 래터럴 링크(팬하드 로드)를 와트 링크로 대체하기도 한다.

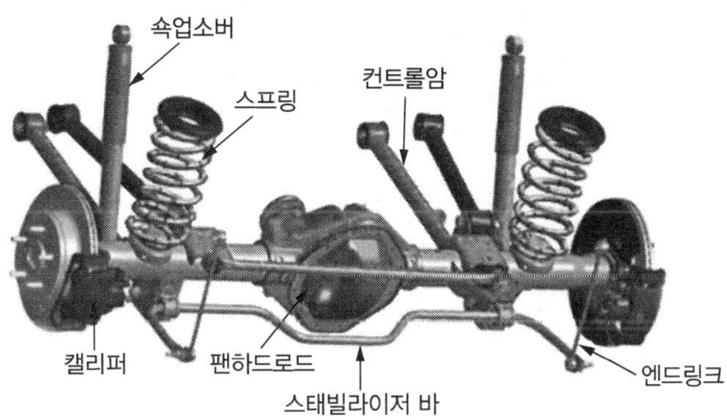

| 그림 6.5 | Dodge Ram의 5 링크식 현가장치

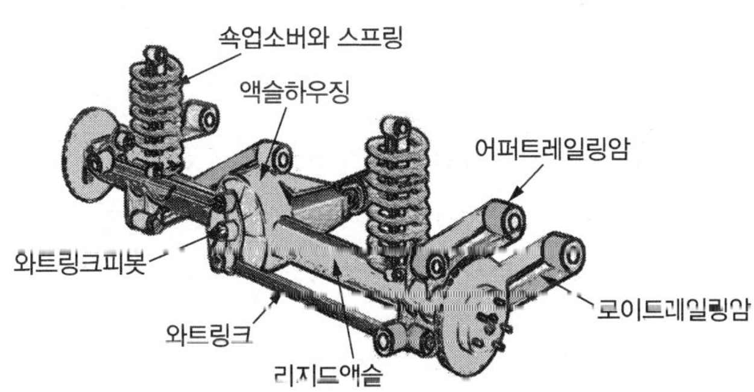

| 그림 6.6 | 와트 링크식 현가장치(출처: Falcon.com)

(3) 드디옹(De Dion)식 현가장치

드디옹식은 리지드 액슬 현가장치에서 승차감을 좋게 하기 위하여 좌우 바퀴를 차축인 드디온 튜브로 연결하고 드라이브 샤프트가 각각 움직일 수 있도록 독립식으로 개선한 현가장치이다. 후륜 구동 자동차인 경우, 액슬 하우징은 차체에 고정되고 디퍼렌셜 기어가 연결되어 있는 드라이브 샤프트가 움직이기 때문에 스프링 하부 질량이 가벼워져서 차축의 노면 응답성이 좋고 바퀴의 진동 시 캠버의 변화가 없는 장점이 있다.

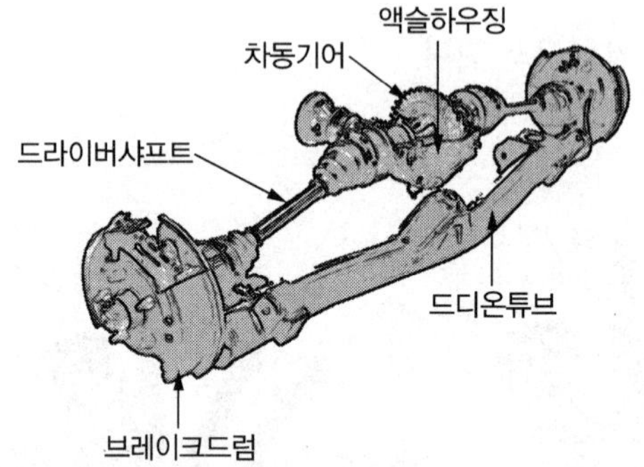

| 그림 6.7 | 드디옹식 현가장치 구조(출처 : kfz-tech.de)

6.2.2 독립식 현가장치

리지드 액슬 현가장치는 노면에 대한 타이어 각도의 변화가 없어 그립이 안정되고 비용이 저렴하고 견고하지만 문제는 타이어를 연결한 축 전체가 같이 움직이기 때문에 승차감이 나쁘다. 이 문제점을 해결하고 조종 안정성을 높이기 위해서 독립식 현가장치가 개발되었다. 독립식 현가장치는 좌우의 바퀴가 서로 독립적으로 움직이는 형식으로 리지드 액슬 방식에 비하여 스프링 하부 무게가 가볍고, 프레임과 차체 바닥이 낮고, 엔진의 탑재 위치도 낮출 수 있어 승차감과 노면 응답성이 좋다. 스티어링 휠 조작 시 링크 기구를 사용하여 조종 특성과 안정성이 향상되도록 설계한 것이다.

독립식 현가장치는 전륜용으로 많이 사용되며 종류에는 스윙 암식, 더블 위시본식, 스트럿식이 있고 초기의 승용차에는 더블 위시본 식이 많이 사용되었지만, 모노코크 바디가 개발되면서 스트럿 현가장치가 개발되었다. 스트럿식은 하부 암의 모양에 따라 A형, I형, L형과 2개의 링크를 ^형으로 배치하는 더블 링크가 개발되었다.

20~30년 동안, 전륜구동 자동차의 앞바퀴에는 더블 위시본 방식, 뒷바퀴에는 듀얼 링크 방식, 후륜구동 자동차의 앞바퀴에는 더블 위시본 방식, 뒷바퀴에는 세미 트레일링 암 방식이 적용되어 왔다.

엔진의 성능이 높아지면서 광폭 타이어를 사용하고, 그에 따라 타이어의 그립이 강해지면서 더블 위시본 식, 세미 트레일링 암식과 듀얼 링크 방식은 맥퍼슨 스트럿과 멀티 링크식으로 변경되게 되었다. 이것은 프레임과 강성 구조물에 붙은 5개 정도의 암이나 링크가 기하학적으로 움직이는 현가장치이며 이는 승차감의 향상, 타이어의 접지 조건이나 롤 센터, 안티 다이브, 안티 스쿼트 등 자동차의 자세를 세밀하게 제어할 수 있고 설계 자유도도 높다. 독립 현가장치의 장점은 다음과 같다.

- 타이어와 노면의 접지성이 우수하다.
- 스프링 하부 질량이 작아 승차감이 우수하다.
- 구조상 쉬미의 발생이 적으며 무게 중심이 낮아 안정성이 높다.
- 컨트롤 암을 이용하여 진동을 방지할 수 있다.

표 6.1 승용 자동차 현가장치 발전 과정

분류		발전과정 → 2016년			
후륜구동	전륜	더블 위시본	맥퍼슨 스트럿	4-링크	5-링크
	후륜	세미 트레일링암	→	→	5-링크
전륜구동	전륜	더블 위시본	맥퍼슨 스트럿	→	고정식 킹핀
	후륜	듀얼링크	→	→	멀티링크

(1) 스윙암식(swing arm type)

스윙암식은 스윙 액슬(swing axle)식, 리딩 암(leading arm)식, 트레일링(trailing) 암식이 있다.

① 스윙 액슬식 현가장치

독립 현가장치 중에서 가장 간단한 스윙 액슬식 현가장치는 차동기어와 좌우 타이어를 드라이브 샤프트로 연결하고 중앙 축이 조인트를 중심으로 타이어가 상하로 움직일 수 있는 형태이며 바퀴가 위 아래로 움직여 캠버의 변화가 크지만 구조가 간단하고 경량이다. 그림 6.8은 스윙 액슬식 리어 현가장치를 나타낸다. 차축 결합점을 중심으로 차축이 움직이며, 그림과 같이 주행 시 횡가속도가 커지면 차체가 상승하여 정(+)의 캠버가 커진다. 이 때문에 언더 스티어에서 오버 스티어로 변하는 리버스 스티어가 되어, 조종 안정성 면에서 바람직하지 않다.

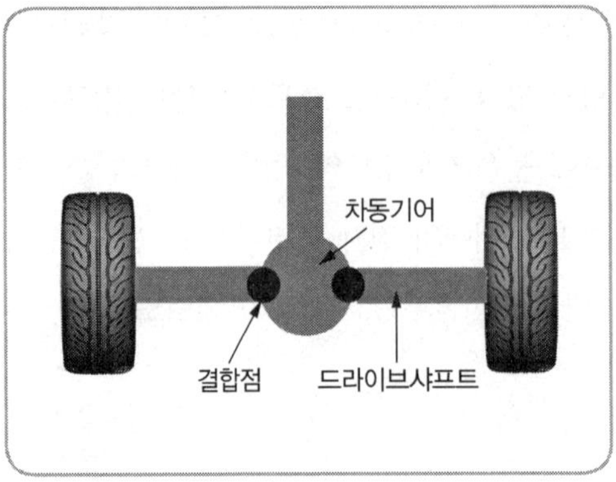

| 그림 6.8 | 스윙 액슬식 현가장치 구조

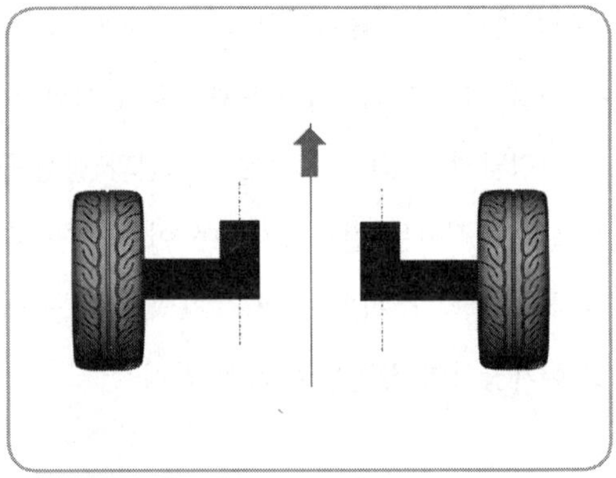

| 그림 6.9 | 스윙 액슬식 현가장치

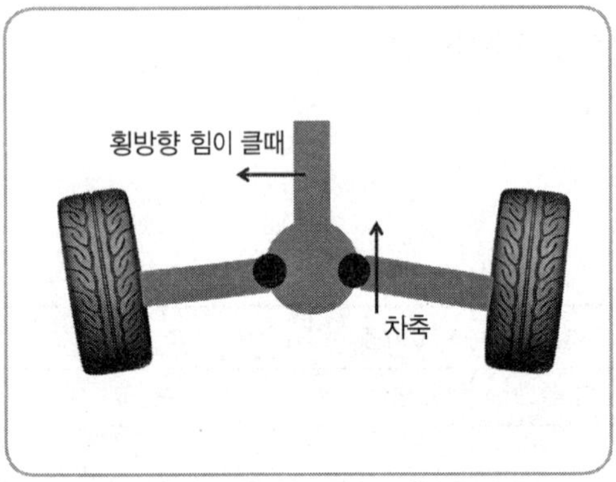

| 그림 6.10 | 스윙 액슬식 거동(리바운드, rebound)

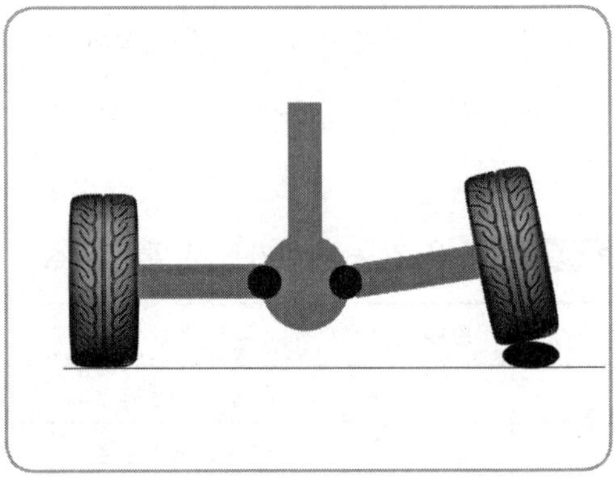

| 그림 6.11 | 스윙 액슬식 거동(범프, bump)

② 리딩 암(leading arm)식 현가장치

리딩 암의 중심이 바퀴 뒤로 가는 방식으로 타이어 뒤에 리딩 암이 설치된다. 프레임이 짧고 가볍지만, 앞바퀴에서 캠버가 변하지 않아 언더 스티어가 발생하는 단점이 있다.

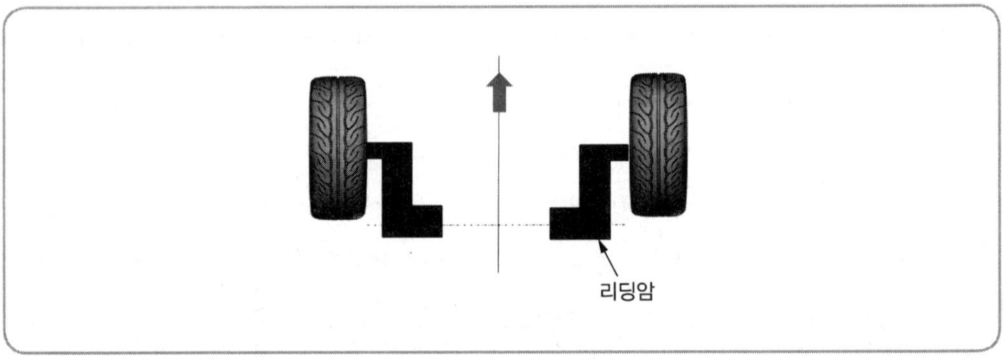

| 그림 6.12 | 리딩 암식 현가장치

③ 트레일링 암 현가장치

트레일링 암식은 바퀴와 평행하게 앞으로 뻗은 트레일링 암의 뒷쪽에 타이어가 장착되어, 회전 시 타이어의 토우와 캠버의 변화가 없다. 트레일링 암의 회전축이 진행 방향과 직각으로 설치되면 풀 트레일링 암이라고 한다. 1950년대, 후륜 구동 자동차의 후륜에 사용되었고 그 후, 자동차의 성능 향상과 무게의 증가에 따라 세미 트레일링 암, 멀티 링크로 발전하였다.

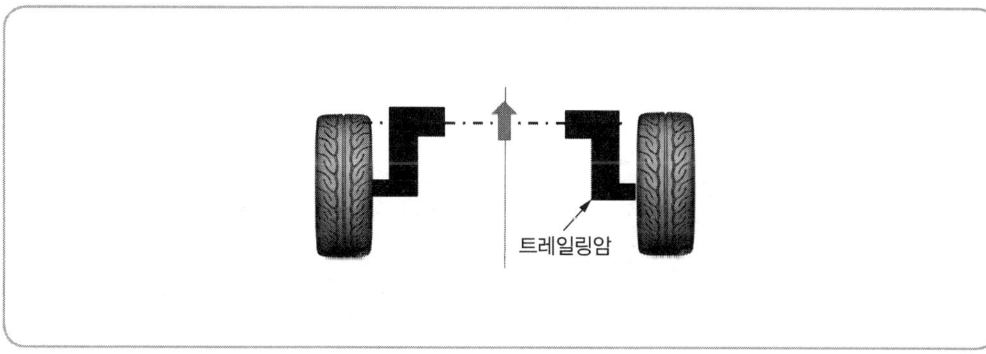

| 그림 6.13 | 풀 트레일링 암식 현가장치

• 트레일링 암 토션 방식

트레일링 암 현가장치는 트레일링 암의 뒷쪽에 타이어가 장착되어 토우와 캠버 변화가 없다. 그러나 회전 시 횡방향으로의 강한 힘에 대해서는 암이 늘어나는 구조이므로 횡방향의 강성은 약하다. 횡강성은 토아웃을 발생시키므로 좌우 바퀴를 U자형이나 H자형 등으로 연결하는 토션 바를 사용한다.

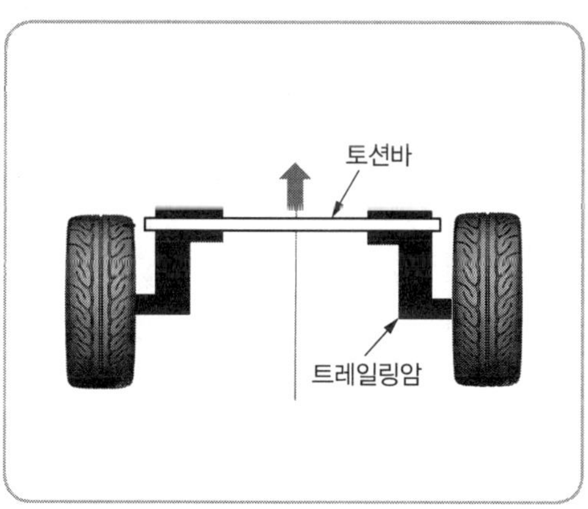

| 그림 6.14 | 트레일링 암 토션식 현가장치

| 그림 6.15 | VW 전륜 구동 후륜 토션 빔 액슬

④ 세미 트레일링 암 현가장치

세미 트레일링 암 현가장치는 그림 6.16과 같이 트레일링 암의 회전축이 진행 방향에 비스듬하게 설치된 방식이다. 세미 트레일링 암은 차체에 2점으로 움직일 수 있게 지지되고, 그 회전축이 차체 중앙으로 갈수록 경사지며, 회전 시에 바깥 바퀴의 현가장치는 부(−)의 캠버, 부의 토인으로 되어 차체는 안정된다. 1960대부터 적용이 되고 있지만 고성능 엔진의 개발로 타이어에 미치는 힘이 많아져서 광폭 타이어를 사용하면서 세미 트레일링 암식은 강도가 부족하게 되어 멀티 링크식이 사용된다.

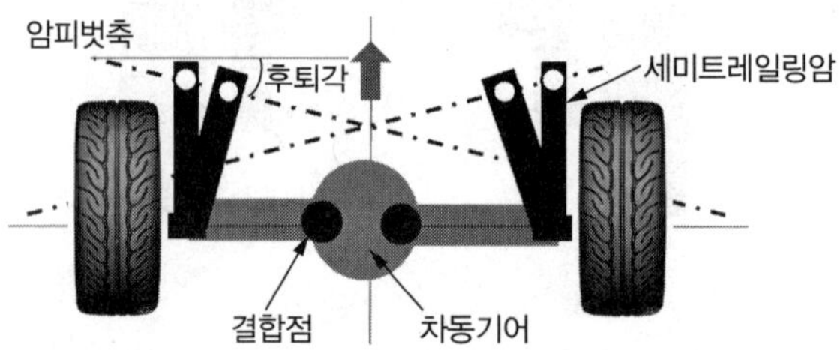

| 그림 6.16 | 세미 트레일링 암 구조

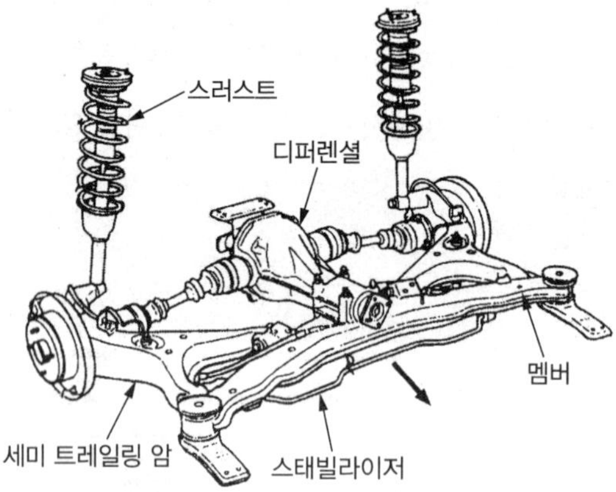

| 그림 6.17 | 세미 트레일링 암 현가장치

(2) 2축 스윙암식 현가장치

① 더블 위시본 현가장치(double wishbone type)

독립 현가장치는 차축을 분할하여 양쪽 바퀴를 서로 독립적으로 움직이게 한다. 그림 6.18과 같이 상부 암 2개, 하부 암 2개, 1개의 쇽 업소버로 바퀴를 지지하는 장치이며 새의 쇄골(wishbone) 모양을 닮아서 더블 위시본 현가장치라고 한다. 현재는 암의 형태에 관계없이 상하 2개의 암이 바퀴를 지지하는 현가장치의 총칭으로 사용되며, 여기서 변형된 것이 암을 여러 개로 분할한 멀티 링크식 현가장치이다. 2개의 암은 차체 측면에서 횡방향으로 노면에 거의 수평으로 장착되어 차축과 허브를 포함하여 상하 마주 보는 구조로 되어 있다. 암과 너클은 평행 사변형 모양이어서 차체가 상하로 흔들리는 경우에도 너클에 장착된 바퀴는 노면에 수직으로 유지된다. 더블 위시본 형식은 상하부 암, 코일 스프링, 조향 너클, 쇽 업소버 등으로 구성된다. 전륜구동 전륜, 후륜구동 전륜에 많이 사용된다.

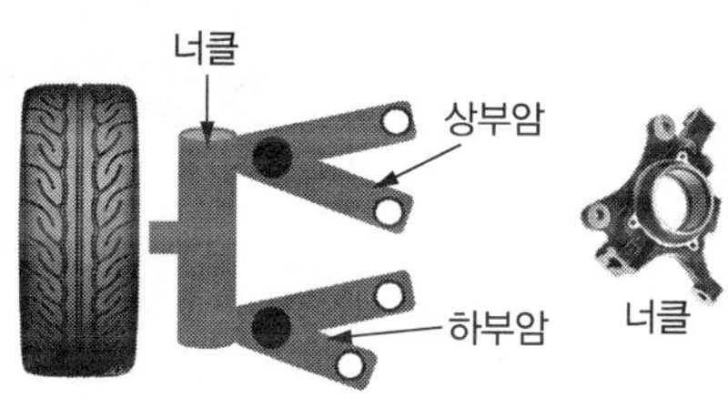

| 그림 6.18 | 더블 위시본 현가장치의 구성

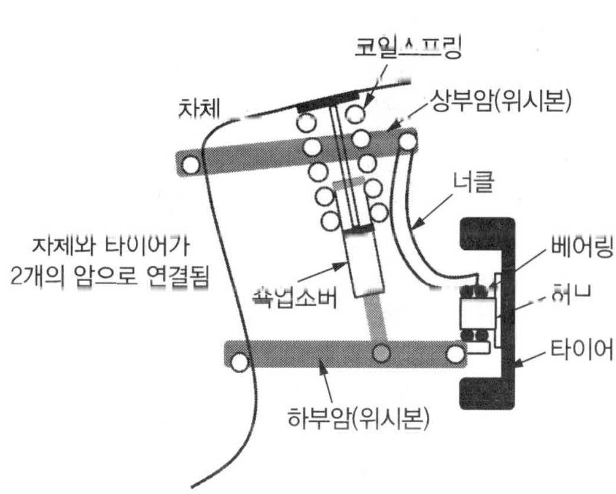

| 그림 6.19 | 더블 위시본 현가장치의 원리

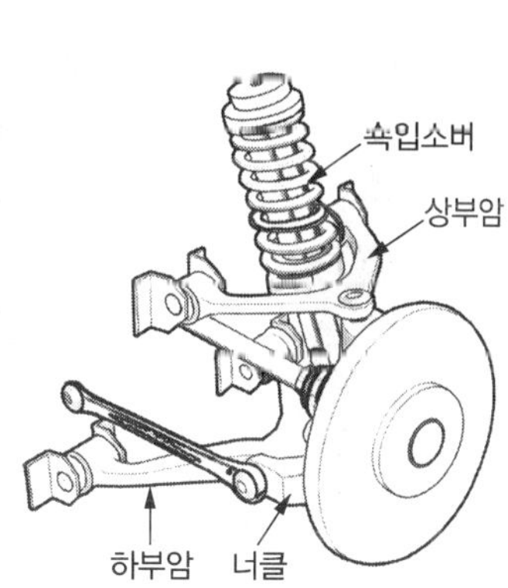

| 그림 6.20 | 더블 위시본 현가장치 모양

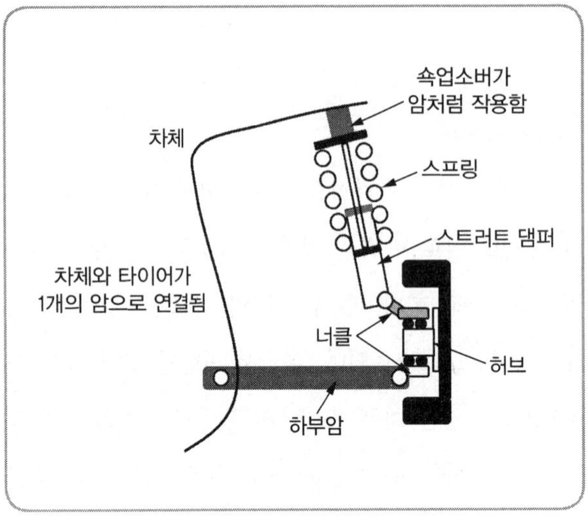

| 그림 6.21 | 맥퍼슨 스트럿식 현가장치의 원리

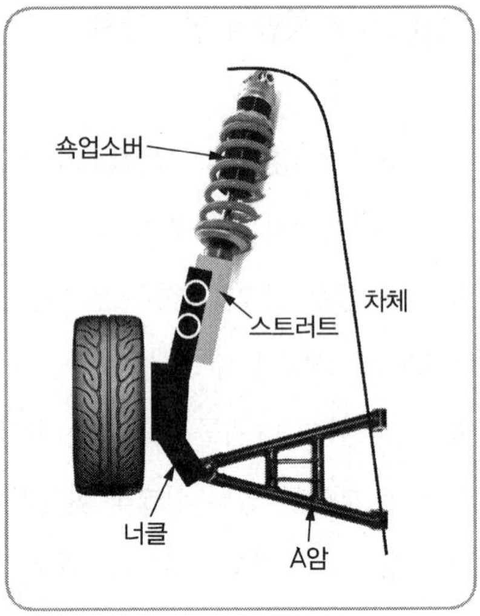

| 그림 6.22 | A형 스트럿식 현가장치의 원리

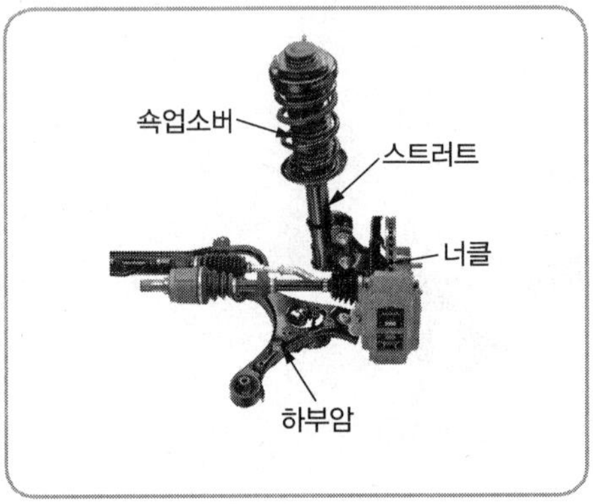

| 그림 6.23 | 혼다 맥퍼슨 스터러트식 현가장치

| 그림 6.24 | 아우디 맥퍼슨 스터러트식 현가장치

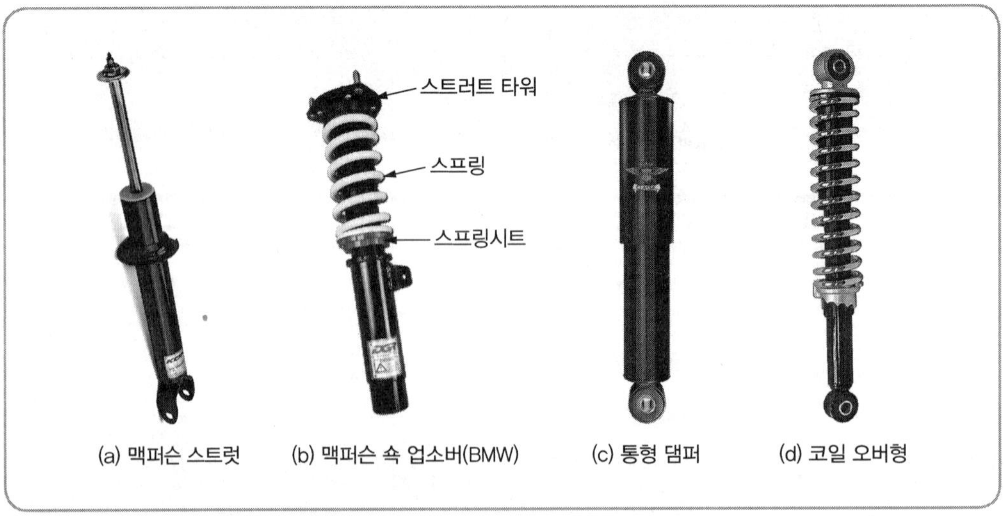

| 그림 6.25 | 스트럿식 쇽 업소바와 댐퍼 구조

② 맥퍼슨 스트럿식(MacPherson strut) 현가장치

맥퍼슨 스트럿식 현가장치는 스트럿식 댐퍼와 스프링이 일체로 되어 있고 구조가 간단하고 가격이 저렴하며 하부 암의 형태에 따라 분류한다. 처음에는 그림 6.22와 같은 A자를 옆으로 한 형상인 A암을 이용하여 차체에는 2점으로, 너클에는 1점으로 연결하였다. I암은 하나의 링크로 연결되는 구조이므로 이것으로만 차체를 지탱할 수 없어 추가의 링크가 필요하다. L암은 너클에는 1점, 차체에는 2점으로 연결된다. 최근에는 八자 형의 더블 링크 형식으로 차체와 너클이 2개의 링크로 연결되며, 이는 스티어링 휠을 조작하면 2개의 링크의 위치가 변경되어 八자의 모양도 변한다. 바퀴의 회전 중심이 八자의 연장선상에서 교차되기 때문에 하부 암으로 타이어의 접지 중심을 제어할 수 있어 반응성과 응답성이 좋다. 회전 시 스트럿식은 스트럿이 굽힘 방향으로 힘을 받아서 회전 중에는 쇽 업소버의 작용이 미비하므로 승차감을 얻기 어려워서 코일 스프링과 쇽 업소버의 축선을 기울이거나 오프셋시켜 이 힘을 세서한나. 쇽 입소버는 일제 구조 형식인 델레스코픽(telescopic)형으로 여기에 스프링과 티이어 휠을 장착하는 구조이다. 전후륜 구동 자동차의 앞바퀴에 많이 적용한다.

- 구성부품
  - 코일 스프링 : 코일 스프링은 스프링 강의 둥근 막대를 코일 모양으로 감아서 만든 것으로, 외력을 받으면 스프링은 비틀어져 진동 흡수력이 판스프링보다 크고 스프링 작용이 유연하다.
  - 스트럿 바 : 하부 암을 지지해 주고 캐스터를 조정하는 기구이다.
  - 스테빌라이저 : 회전 시 비틀림 반동 에너지를 이용하여 차체의 롤링 방지, 평형을 유지한다.
  - 스트럿 어셈블리 : 하나의 튜브의 안쪽에는 쇽 업소버, 바깥쪽에는 코일 스프링, 아래 부분에는 너클이 연결된다.

③ 멀티 링크식 현가장치

1982년에 메르세데스 벤츠사가 5링크로 구성된 후륜 현가장치를 개발하였고 이를 멀티 링크식 현가장치라고 명명을 하였다. 세미 트레일링 암 현가장치의 단점을 해결하기 위해서 벤츠 190E에 처음 장착된 이후, 현재까지 많이 사용되고 있다. 그림 6.26과 같이 5개의 링크가 강성 구조물에 장착되고 링크의 기하학적 움직임에 따라 현가장치의 움직임도 유연하며 토

우와 캠버 변화를 특성에 맞게 설계를 할 수 있고, 서브 프레임과 프레임 사이에는 고무 부시를 넣어 진동을 차단하였다.

더블 위시본 형식은 상하 2개의 암으로 현가장치와 차체를 연결하지만 멀티 링크방식은 개별적으로 움직이는 4~5개 이상의 링크로 현가장치와 차체를 연결한다. 5개의 링크가 비틀리면 길이 차이가 발생하고 링크의 길이가 변하면 링크 지점의 고무 부시가 밀리도록 하여 현가장치는 안정된다. 현가장치가 움직일 때 발생하는 마찰이 크면 나쁘므로 가능한 한 마찰이 적은 설계를 해야 승차감과 조종 안정성이 높아진다. 멀티 링크 현가장치는 휠 센터에서 킹핀 옵셋을 작게 설정할 수 있어 외력에 대하여 보다 강한 특성을 가지므로 기존의 맥퍼슨

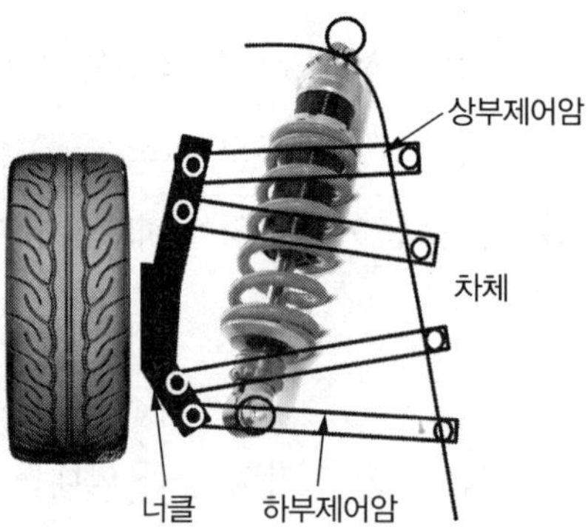

| 그림 6.26 | 멀티 링크식 현가장치의 원리

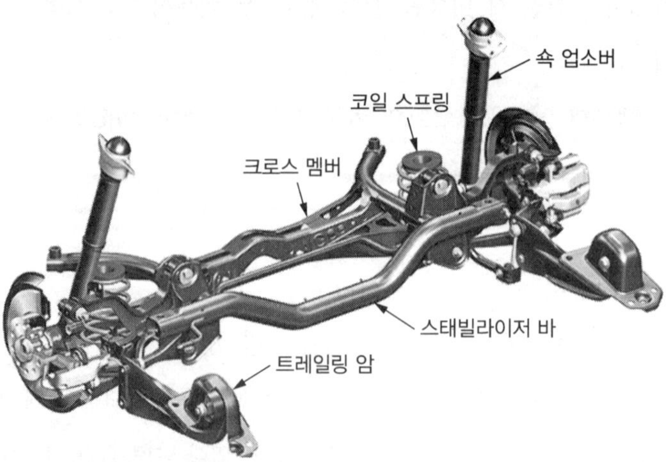

| 그림 6.27 | VW 후륜 멀티링크 장치

스트럿 및 더블 위시본 타입 현가장치에 비해 임팩트 필이나 쉬미를 개선시킬 수 있으며, 선회 시 킹핀축을 변화시켜 캐스터각, 캐스터 트레일 등 스티어링 지오메트리 특성을 폭넓게 최적화 시킬 수 있다.

대형 승용차의 후륜 현가장치로 주로 사용되었던 멀티링크 현가장치는 점차 소형차에도 확대 적용이 되고 있다.

④ **슈퍼 스트럿 현가장치(Super strut suspension)**

도요타는 일찍부터 기존의 맥퍼슨 스트럿 타입 현가장치에 대한 대안으로 1991년도 스프린터(Sprinter)에 적용한 슈퍼 스트럿 타입이라는 멀티링크 현가장치를 개발하였다. 슈퍼 스트럿 현가장치는 **그림 6.28**과 같이 종래의 너클 대신에 스티어링 너클로 설계를 하여 가상 킹핀축을 최적화시켜 스크럽 반경과 킹핀 경사각을 작게 하여 조종 안정성과 쉬미 성능을 향상시켰다.

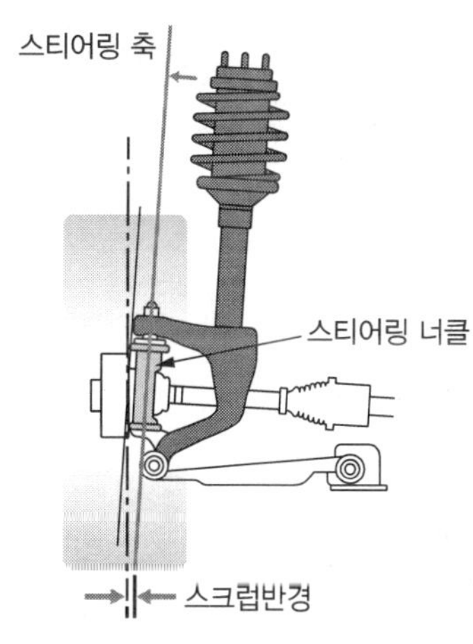

| 그림 6.28 | 도요타의 슈퍼 스트럿 현가장치

6.2.3 도선 빔 현가방식

토션 빔 현가장치의 기본 형식은 풀 트레일링 식이지만, 좌우의 트레일링 암을 하나의 크로스 빔으로 결합한다. 크로스 빔은 속이 빈 단면으로 되어 있어 토션 빔식이라 하고 후륜 현가장치로 많이 사용되며, 크로스 빔의 장착 위치에 따라 액슬 빔식, 피벗 빔식, 커플드 빔식으로 나뉜다.

토션 빔 현가장치는 좌우 바퀴의 휨이나 비틀림을 이길 수 있는 빔으로 연결되어 있어 차체가 안정되고 독립 현가장치 정도는 아니지만, 리지드 액슬 현가장치보다는 좌우 바퀴의 움직임이 차이가 있다. 대부분 강판 프레스 부품을 용접한 일체형 구조로 되어 있으며, 부품 수가 적고, 연결부가 없다.

허브가 강하기 때문에 캠버를 변화시키거나 피벗 부시의 강도를 조정할 수 있고, 회전 시 횡방향으로 응력이 걸릴 때는 현가장치를 변위시켜 차체 안정을 도모한다.

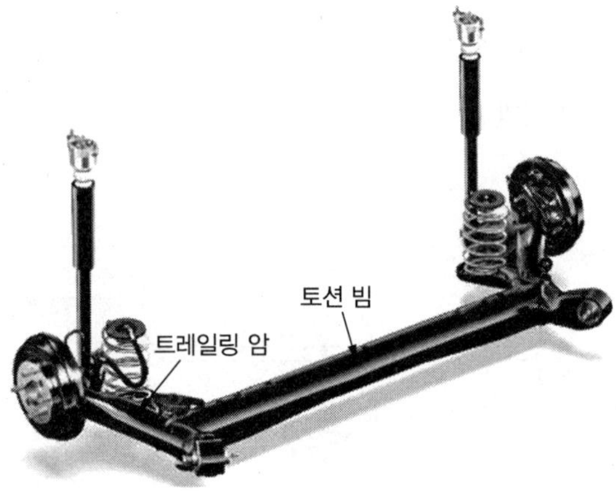

| 그림 6.29 | VW 전륜 구동 후륜 토션 빔 액슬

(1) 액슬 빔식

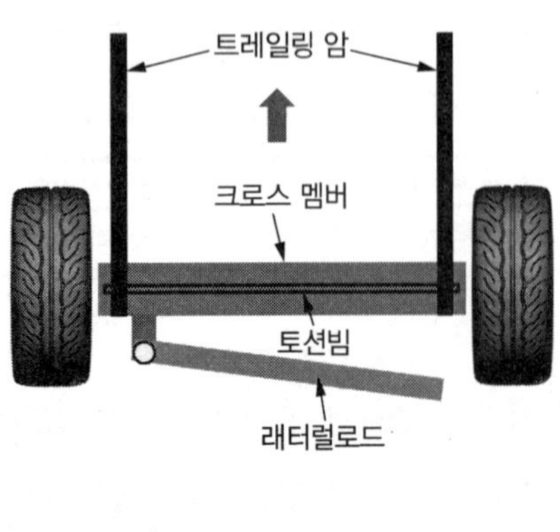

| 그림 6.30 | 액슬 빔식 현가장치

그림 6.30은 액슬 빔식을 나타낸다. 액슬 빔의 비틀림의 정도는 액슬 빔식, 피벗 빔식, 커플드 빔식 중 가장 크다. 빔 안에는 스태빌라이저 역할을 하는 토션 빔이 들어 있고, 트레일링 암은 평판으로 되어 있어 브레이크 토크를 견디고, 횡방향 강성 부족을 보완하기 위해 래터럴 로드가 필요하다. 트레일링 암의 액슬 부근인 뒷쪽에 토션 빔을 연결한다.

(2) 피벗 빔식

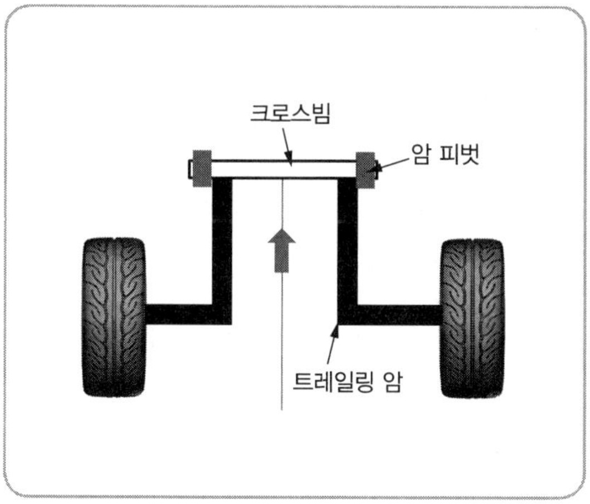

| 그림 6.31 | 피벗 빔 식 현가장치

그림 6.31는 피벗 빔식을 나타낸다. 크로스 빔은 트레일링 암의 앞쪽인 피벗 점의 위치에서 좌우의 트레일링 암을 연결하는 부품이다. 이 형식은 타이어의 횡압력에 대해 트레일링 암과 크로스 빔의 굽힘이 있고 좌우 바퀴가 상하 운동을 할 때 비틀림도 발생한다. 이의 방지를 위해 크로스 빔은 넓은 강판을 사용하여 좌우 트레일링 암에 부착된다.

(3) 커플드 빔식

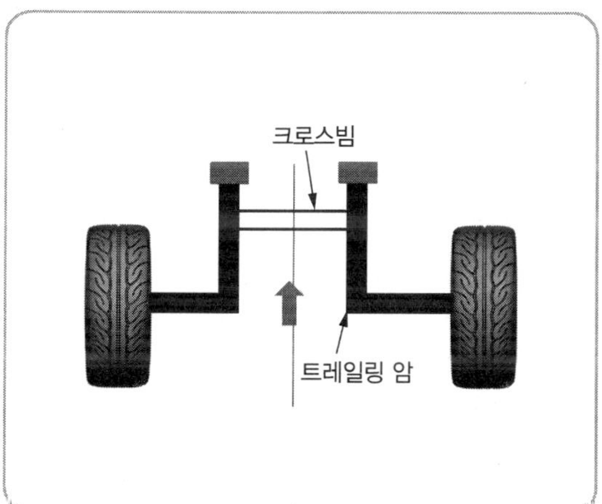

| 그림 6.32 | 커플드 빔식 현가장치

그림 6.32는 커플드 빔식을 나타낸다. 크로스 빔의 위치는 액슬 빔식과 피벗 빔식의 중간 정도에 위치하며 이 형식은 타이어가 바운드하면 세미 트레일링 식과 같이 부(−)의 캠버가 된다. 피벗 빔식, 커플드 빔식은 타이어 횡압력이 걸리면 토아웃이 되기 때문에 부시 강성을 크게 해야 하는 데 이 점은 승차감을 나쁘게 하는 요인이 된다.

6.3 현가장치의 구성

(1) 스프링

스프링은 차체와 차축 사이에 설치되어 주행 중 차체를 지지하고 노면에서의 충격이나 진동을 흡수하여 차체에 전달되는 것을 완화하는 장치이며 판스프링, 코일 스프링, 토션 바 스프링, 공기 스프링, 고무 스프링 등이 있다. 바퀴가 요철 부위를 올라가면 스프링은 수축되어 충격을 흡수하여 진동을 완화하고, 내려오면 늘어나 흡수한 에너지를 방출한다.

① 판스프링

강판은 가해진 외력을 제거하면 원래의 상태로 되는 탄성 성질이 있다. 강도를 높이기 위하여 여러 개의 스프링 강을 겹쳐서 사용하고, 중심에는 볼트로 조여 강판이 길이 방향으로 움직이는 것을 방지하고, 판스프링의 양 끝에 있는 스프링 아이(spring eye)는 핀으로 차체에 고정된다. 뒷쪽 스프링 아이는 섀클로 연결되어 길이 방향의 움직임이 가능하다. 중간 부분은 U볼트로 차체에 고정하고 판과 판 사이에서 발생하는 마찰력에 의해 어느 정도의 진동을 감쇠시킨다.

판스프링은 단위 체적당 탄성 에너지가 코일 스프링, 공기 스프링, 토션 바 스프링과 비교하여 적고, 판 사이의 마찰력으로 진동을 흡수하기 때문에 스프링이 부식되면 판 사이의 마찰력이 커져 진동을 흡수할 수 없게 된다.

② 코일 스프링

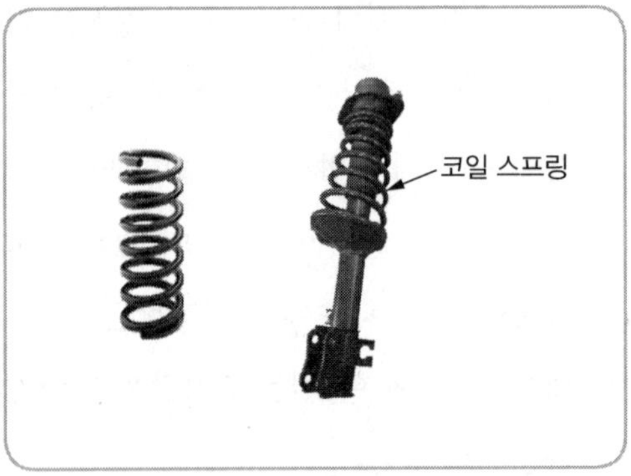

| 그림 6.33 | 코일 스프링

강선을 코일 모양으로 감은 스프링에 외력을 가하면 스프링은 비틀어지면서 진동 에너지를 흡수한다. 코일 스프링은 이러한 강의 비틀림 탄성을 이용하며 판스프링과 같은 마찰력이 발생하지 않기 때문에 진동을 감쇠시키지는 못한다. 측면 방향의 작용력에 대한 저항력도 없지만 진동 에너지 흡수력은 판스프링보다 크고, 쇽 업소버와 같이 사용한다.

스프링은 양단의 지름은 작고 중간 부분은 지름을 크게 하는 방법, 코일 스프링의 피치를 다르게 하는 방법, 코일을 감는 지름을 다르게 하는 방법 등으로 비선형 특성을 갖도록 설계를 하여 승차감을 향상시킨다.

③ 토션 바

토션 바는 비틀림이 가해질 때 탄성에 의해 원 위치하려는 성질을 이용하는 스프링 강으로 만든 막대이다. 토션 바는 힘은 바의 길이와 단면적에 의해 결정되고, 코일 스프링처럼 진동의 감쇠작용은 없어 쇽 업소버를 같이 사용해야 한다. 토션 바는 단위 중량 당 에너지 흡수율이 크고 가볍고 구조가 간단하다. 차체와 수평으로 설치하는 세로 설치식과 차체와 직각으로 설치하는 가로 설치식이 있으며 그러나 휨에 대한 강성이 적기 때문에 토션 바를 보호하는 토션 바 스프링을 중공 크로스 축 내부에 설치한다.

④ 공기 스프링

공기 스프링은 공기를 용기에 넣어 용적 변화에 의한 체적 탄성을 이용하여 탄성을 얻는 부품이다. 외부에서의 공기 공급과 배출을 제어하면 적차 시 자동차의 하중 변화에 대하여 자동차 제어를 일정하게 할 수 있고 이를 통하여 풀 버퍼와 풀 리바운드까지 바퀴가 움직이는 거리인 현가장치 스트로크를 일정하게 하여, 스프링 강성을 적게 할 수 있어 승차감이 좋아진다. 공기 스프링은 특성을 유연하게 변화시킬 수 있으며 압축 공기의 공기압을 자동 조정하여 제어를 할 수 있다. 대형 버스, 중형 버스, 대형 트럭, 중형 트럭에 많이 사용하고 벨로우즈형, 다이어프램형, 복합형이 있다.

(2) 스태빌라이저 바(stabilizer bar)

자동차는 회전 시나 노면의 굴곡으로 인하여 차체가 기울어지면 원심력 때문에 차체의 좌우 진동 현상인 롤링 현상이 발생한다. 이를 방지하기 위하여 **그림 6.34**와 같이 ㄷ자형으로 굽힌 강체 봉을 장착하여 토션 바로 사용하는 데 이를 스태빌라이저 바라고 한다. 스태빌라이저는 토션 바 스프링의 한 종류로, 좌우 바퀴 중 하나가 상하로 움직이면 나머지 하나는

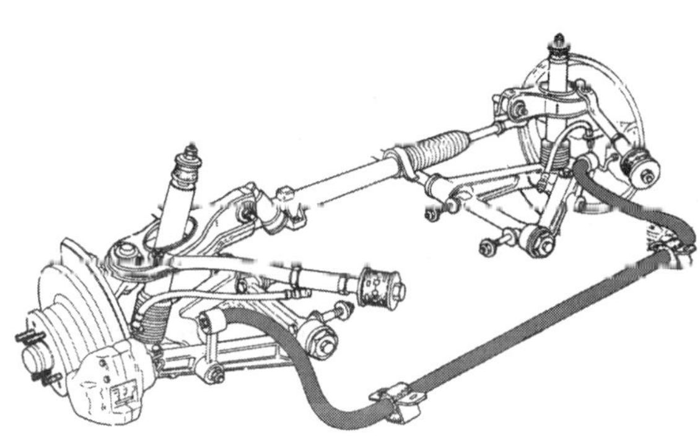

| 그림 6.34 | 스태빌라이저 바

막대 축의 힘에 의해 탄성이 발생하고, 이 탄성에 의해 바퀴는 같은 방향으로 움직여서 차체가 옆으로 흔들리는 롤링 현상이 방지된다. 스태빌라이저 바는 좌우 바퀴가 동시에 상하 운동을 할 때는 작용하지 않으나, 회전 시 좌우 바퀴가 서로 다르게 상하 운동을 하는 경우와 좌우 바퀴가 상하 운동을 반대로 하면 스태빌라이저 바는 비틀리고 탄성력이 발생하여 롤링 현상을 감소시키고, 차체의 기울기도 감소시켜 차체의 평형을 유지한다. 주로 독립 현가장치에 사용되며 링크는 부품을 연결시켜 기능을 향상시키는 장치이다.

(3) 쇽 업소버(shock absorber)

1) 쇽 업소버의 기능

쇽 업소버는 피스톤이 내장된 실린더에 오일을 가득 채우고, 피스톤과 실린더에 구멍과 밸브를 설치하여 구멍을 통과하는 오일의 저항력으로 스프링이 발생하는 진동을 신속하게 흡수하는 장치이다. 액체는 작은 구멍을 통과하면 저항력이 발생하고 이는 스프링이 늘어나거나 줄어드는 속도에 영향을 미치는 감쇠력으로 작용하는데, 쇽 업소버는 이 현상을 이용하여 자동차의 충격을 흡수한다. 스프링만 있으면 진동이 멈추지 않고 계속 진동을 하기 때문에 쇽 업소버도 같이 사용해야 한다. 차체와 바퀴 사이에 장착되는 쇽 업소버는 주행 중 노면 충격에 의한 차체의 상하 운동 에너지를 감쇠력을 이용하여 열에너지로 변환시켜 안전성과 승차감을 향상시킨다.

2) 모양에 따른 쇽 업소버의 종류와 구조

쇽 업소버는 맥퍼슨식 쇽 업소버와 통형(Telescopic) 쇽 업소버가 있다. 오일을 내장하는 통형 구조의 유압식과 가스를 내장하는 가스 봉입식이 있다.

① 맥퍼슨식 쇽 업소버

그림 6.35는 맥퍼슨식 쇽 업소버를 나타낸다. 전륜 현가장치로 많이 사용되고, 바퀴의 상하 운동 시 저항과 충격의 발생이 적어 비포장도로에서 유리하고 스트럿, 코일 스프링, 스프링 시트 등으로 구성된다.

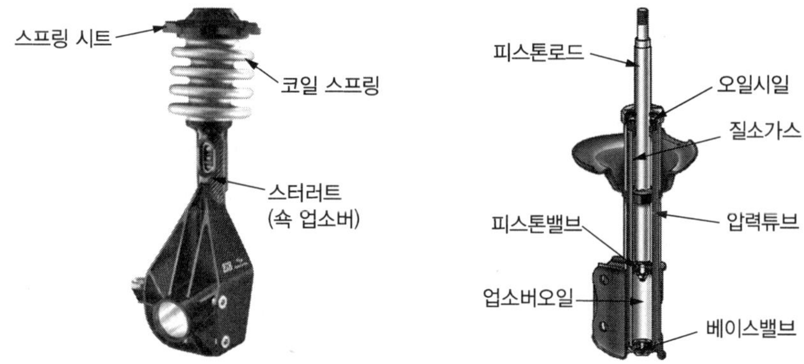

(a) ZF 맥퍼슨 쇽 업소바 (b) Tokiko 스트럿의 구조

| 그림 6.35 | 맥퍼슨식 쇽 업소버

② **통형 쇽 업소버**

가늘고 긴 원통을 결합한 구조로 통형 내부에는 차축과 연결되는 내통 실린더가 있고 실린더 내부에는 오일이 들어 있다. **그림 6.36**과 같이 피스톤 로드가 아래로 눌리면 피스톤 하부의 오일에 힘이 가해져서 압력이 발생한다. 이 압력에 의해 피스톤 하부의 오일이 피스톤에 부착되어 있는 작은 피스톤 밸브를 통하여 피스톤 상부로 이동한다. 피스톤 밸브는 오일이 통과하는 부분의 면적이 작아 저항이 발생하고 이 저항으로 차체 진동을 흡수한다. 피스톤 로드가 상부로 당겨지면 오일 유로는 반대로 되고 이때는 저항이 발생하지 않아 진동 흡수를 하지 못한다.

| 그림 6.36 | 유압식 통형 쇽 업소버 모양과 구조(출처 : Tokiko)

3) 기능에 따른 쇽 업소버의 종류와 구조

일반적인 승용차에 많이 사용하는 유압 트윈 튜브식(twin－tube shock absorber), 고급 승용차에 많이 사용하는 가스 트윈 튜브식(twin－tube gas filled shock absorber), 스포티한 자동차에 사용하는 모노 튜브식(mono tube shock absorber)의 3가지 종류가 있다.

① 유압 트윈 튜브식(twin tube type) 쇽 업소버

유압식 쇽 업소버의 한 종류로 그림 6.37과 같이 신장(늘어남) 행정에서 감쇠력을 발생시키는 오리피스와 플로팅 피스톤에는 압축 행정에서 감쇠력을 발생시키는 베이스 밸브가 있으며, 피스톤과 베이스 밸브는 독립적으로 작동한다. 그림 6.37은 트윈 튜브식 쇽 업소버의 작동 원리를 나타낸다. 신장 시 로드가 올라오면서 위로 이동하는 로드의 체적에 해당하는 만큼의 오일이 하부 오리피스를 통해 실린더 내로 유입되어 오리피스를 통과하는 유동 저항으로 감쇠력이 발생한다.

압축시는 로드가 내려가면 피스톤 하부의 오일에 압력이 가해지고 처음에는 피스톤의 상부 오리피스만을 통하여 흐르다가 어느 정도의 압력이 생기면 플로팅 피스톤의 베이스 밸브를 열어 감쇠력이 발생되고, 오일은 실린더의 외측에 설치된 튜브를 통하여 리저버로 나간다.

리저버는 로드가 이동한 체적에 해당하는 만큼 오일을 보상하기 위한 오일 저장 공간이며 대기압 상태의 공기가 들어 있다. 이러한 트윈 튜브식 쇽 업소버는 신장 시와 압축 시의 감쇠특성이 서로 다르기 때문에 쇽 업소버의 특성 조절이 쉽지만 압축시는 고속 영역에서 감쇠특성이 불안정해 진다.

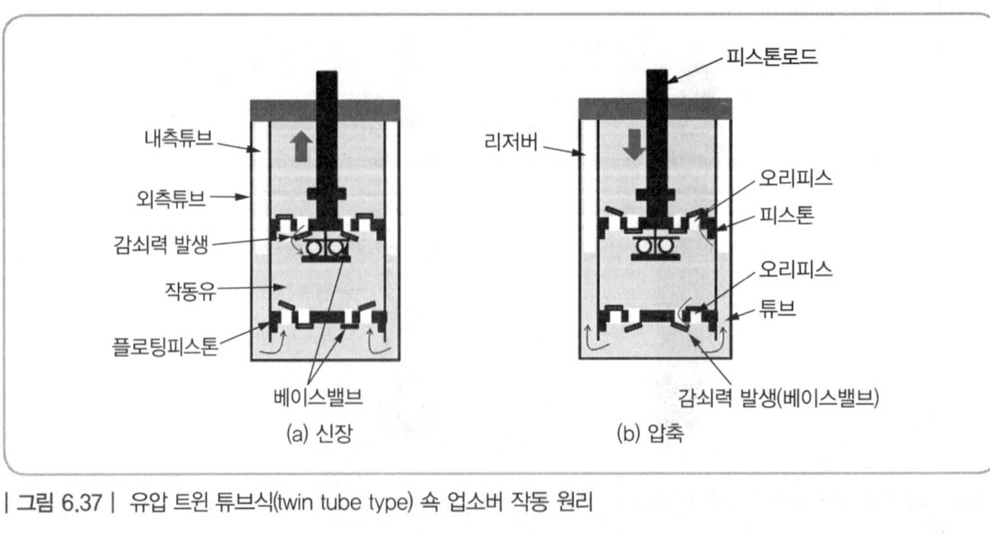

| 그림 6.37 | 유압 트윈 튜브식(twin tube type) 쇽 업소버 작동 원리

② 모노 튜브식 쇽 업소버

오일 누유, 오일에 기포가 혼합되는 것을 방지하기 위하여 트윈 튜브식의 외측 튜브를 없앤 방식으로 안정된 성능을 얻을 수 있다.

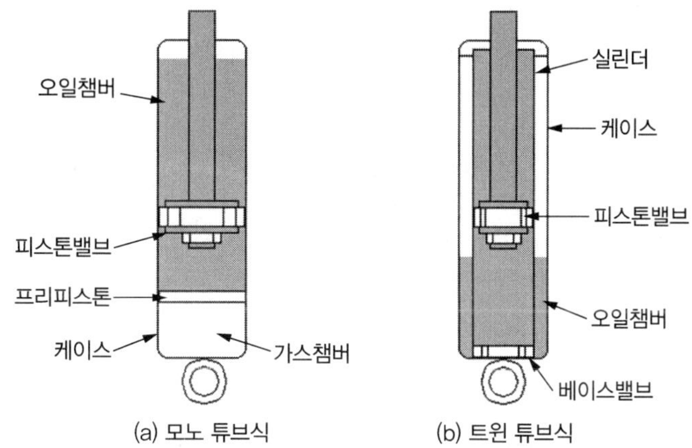

| 그림 6.38 | 모노 튜브식과 트윈 튜브식

③ 가스 쇽 업소버

자동차는 상하 방향으로 움직임이 많아지면 쇽 업소버에 문제가 발생한다. 트윈 튜브 방식은 리저버 실의 공기가 오일과 섞이는 에어레이션(aeration) 현상, 오일에 녹아 있던 공기가 기포가 되는 캐비테이션 현상이 발생하기도 한다. 쇽 업소버의 움직임이 심하면 오일에 공기가 혼합되고, 공기 기포가 오일에 혼합되면 오일의 압력이 높아질 때, 기포가 찌그러져 감쇠력이 작아져 감쇠력이 발생되지 않는 쇼크 상태가 되기도 한다. 이러한 현상 발생을 억제하기 위하여 리저버 실에 있는 대기 상태의 공기 대신에 질소가스를 주입한다.

4) 가스 쇽 업소버의 종류와 구조

① 모노 튜브식 가스 쇽 업소버

모노 튜브식 가스 쇽 업소버는 그림 6.39와 같이 튜브 하단에 5~10 기압의 질소가스를 주입하는 리저버 실이 있다. 가스와 오일은 프리 피스톤에 의해 완전히 분리되며 감쇠력은 신장 시와 수축 시 모두, 피스톤에 설치된 베이스 밸브에 의해서 만들어진다. 트윈 튜브식의 오일 누유를 방지하기 위하여 외측 튜브를 없앤 방식이다. 오일에 기포가 혼합될 우려가 적고, 안정된 성능을 얻을 수 있기 때문에 고급 자동차에 사용되고 상하를 거꾸로 하여 사용할 수도 있다.

신장 시에는 피스톤 상부에 있는 오일이 피스톤의 베이스 밸브를 통과하여 피스톤 하부로 흐르면서 유동 저항에 의한 감쇠력을 발생시키고, 질소가스가 받은 압축만큼 팽창되어 프리 피스톤은 상부로 이동되어 감쇠 효과를 증가시킨다.

압축 시에는 피스톤 하부에 있는 오일이 피스톤의 베이스 밸브를 통과하면 오일의 유동 저항으로 피스톤 하부의 압력이 상부의 압력보다 높아져, 피스톤 하부의 압력이 질소가스를 압축시키고, 오일 유동 저항에 의한 감쇠력과 질소가스의 압축에 의한 감쇠력이 추가되어 감쇠 효과는 더욱 커진다.

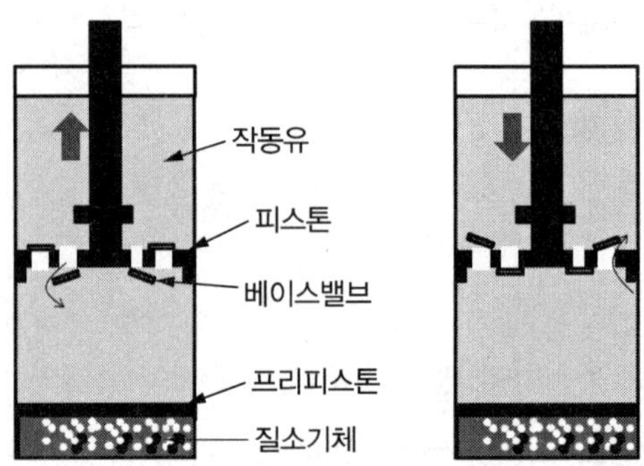

(a) 신장 (b) 압축

| 그림 6.39 | 모노 튜브식 가스 쇽 업소버 작동 원리

② 트윈 튜브식 가스 쇽 업소버

유압 트윈 튜브식 쇽 업소버는 정상 주행 시에는 큰 문제가 없지만 고속 주행 시와 비포장 주행 시에, 쇽 업소버의 신장과 수축이 반복적으로 발생하면 오일 안에 공기 기포가 발생하여 캐비테이션 현상이 발생할 수 있다. 이 쇽 업소버는 캐비테이션과 에어레이션이 발생되지 않도록 리저버실을 밀봉하고 5~10기압의 질소가스를 주입한 것이다. 그림 6.40과 같은 가스 쇽 업소버에서 감쇠력을 발생하는 부위나 리저버의 역할은 공기를 주입하는 유압식 쇽 업소버와 같지만 리저버 실에 질소기체를 주입한다. 감쇠력 발생 장치를 피스톤에 설치하고 대기 공기가 없기 때문에 기포가 오일과 섞이는 경우가 없어 안정된 특성을 얻을 수 있다.

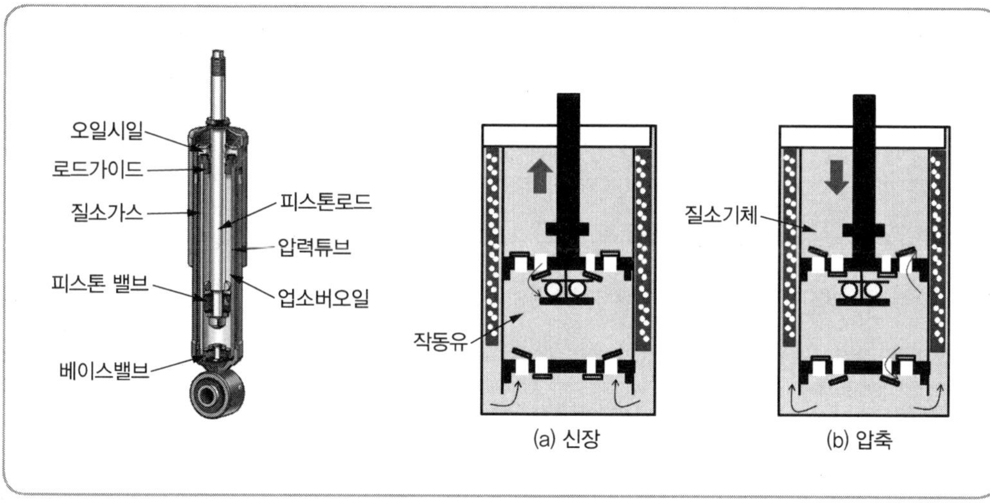

| 그림 6.40 | 트윈 튜브식 가스 쇽 업소버 작동 원리

③ 전자제어식 쇽 업소버

그림 6.41은 전자제어식 쇽 업소버의 감쇠력을 변화시키는 원리를 나타내며 ECU의 신호에 의해 액츄에이터는 회전하여 회전 밸브를 움직인다. 감쇠력이 상대적으로 적어도 되는 유연한 경우는, 회전 밸브가 오일의 유로를 막지 않아 피스톤의 오리피스를 흐르는 유량이 적어, 쇽 업소버의 감쇠력은 적어진다. 감쇠력이 상대적으로 큰 하드한 경우는, 그림과 같이 회전 밸브가 큰 오리피스를 막아 오일이 피스톤의 작은 오리피스 구멍을 통하여 흐르게 하여 쇽 업소버의 감쇠력을 증가시킨다. 이와 같이 큰 오리피스의 단면적을 제어하여 오리피스를 통과하는 오일이 많으면 감쇠력은 적어지고, 반대로 오리피스를 통과하는 오일이 작으면 감쇠력이 증가한다.

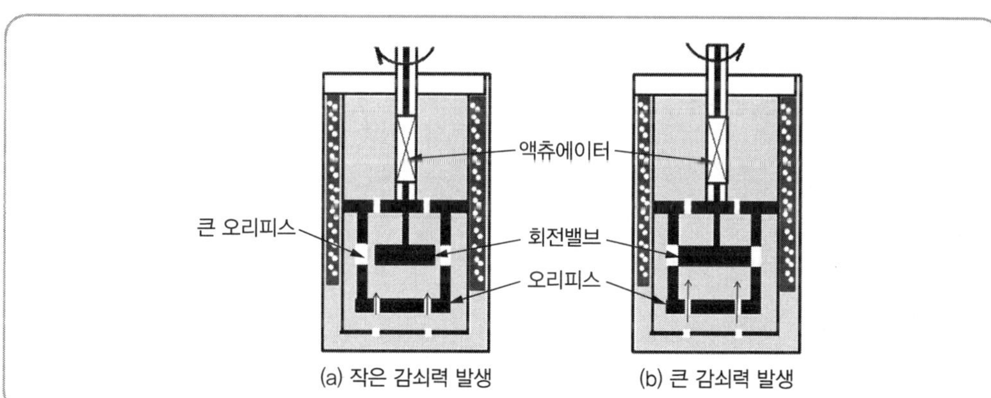

| 그림 6.41 | 전자제어식 쇽 업소버 작동 원리

6.4 자동차의 진동

자동차의 스프링은 진동을 발생하고, 자동차 무게와 스프링의 특성에 의해 결정되는 고유 진동수를 갖는다. 자동차의 현가장치에 의하여 발생하는 진동은 스프링 상부 질량의 진동과 스프링 하부 질량에 의한 진동으로 구분할 수 있다. 노면으로부터의 충격 이외에도 구동력, 제동력, 풍력, 원심력 등이 복합적으로 작용하여 차체의 운동과 진동은 3차원적으로 나타난다. 스프링 상부 질량은 현가장치의 스프링에 의하여 지지되는 차체의 질량이고, 스프링 하부 질량은 휠, 타이어, 브레이크 드럼, 현가장치 사이에 있는 차축, 너클 등의 질량이다. 이들 상하부 질량은 스프링에 의해 서로 연결되어 있으며 서로 다른 주파수 영역을 진동하면서 상호 영향을 미친다.

6.4.1 자동차 진동의 종류

자동차의 3차원 좌표계는 자동차의 전진 방향으로 표시되는 축을 x축, 자동차의 무게 중심을 기준으로 수직으로 세운 축을 z축, 그리고 이들 2축과 상호 수직인 축을 y축으로 한다. 자동차에서 발생할 수 있는 진동을 나타내면 다음과 같다.

(1) 스프링 상부 질량의 진동 종류

① 바운싱(bouncing) : z축을 따라 차체가 상하 방향으로 직선 운동하는 진동

② 러칭(lurching) : y축을 따라 차체가 좌우 방향으로 직선 운동하는 진동

③ 서징(surging) : x축을 따라 차체가 앞뒤로 직선 운동하는 진동

④ 피칭(pitching) : y축을 중심으로 차체가 앞뒤 방향으로 회전 운동하는 진동

⑤ 롤링(rolling) : x축을 중심으로 차체가 좌우 방향으로 회전 운동하는 진동

⑥ 요잉(yawing) : z축을 중심으로 회전운동을 하는 진동

(2) 스프링 하부 질량의 진동 종류

① 호핑(hopping) : 후축이 z방향으로 상하 평행 운동하는 진동

② 트램핑(tramping) : 후축이 x축을 중심으로 회전 운동하는 진동

③ 쉬미(shimmy) : 조향 너클 핀을 중심으로 바퀴가 좌우로 회전 운동하는 진동

④ 스키딩(skiding) : 타이어가 슬립하면서 요잉하는 진동

⑤ 와인드업(wind up) : 후축이 y축을 중심으로 회전 운동하는 진동

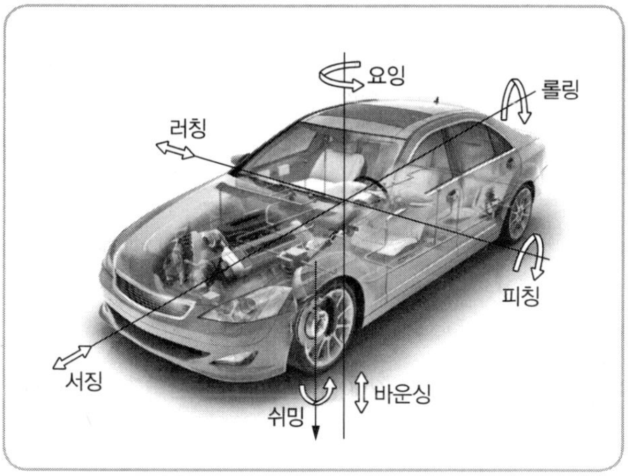

| 그림 6.42 | 스프링 상부 질량의 진동

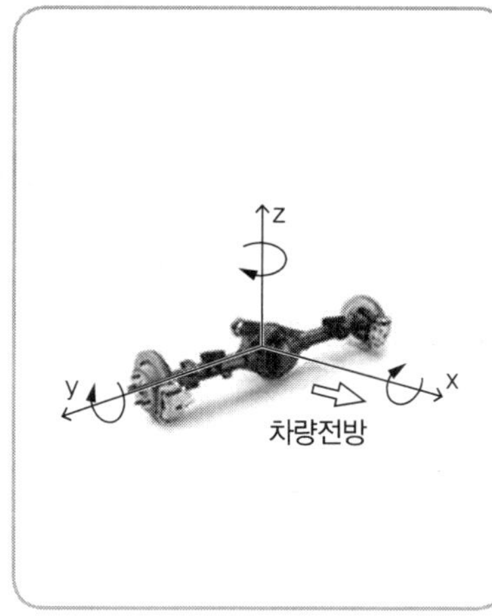

| 그림 6.43 | 스프링 하부 질량의 진동 축

6.4.2 스프링의 진동

같은 시간 간격을 두고 같은 운동을 반복하는 주기 운동에서 물체가 동일 경로를 앞뒤, 혹은 상하로 반복 운동하는 것을 진동이라 한다. 바퀴가 요철을 지나갈 때 바퀴와 차체는 진동을 하며 차체의 진동은 스프링이 가지는 위치 에너지에 의하여 발생된다. 바퀴가 상부로 운동하면 스프링은 압축되어 스프링의 위치 에너지에 의해 차체는 상향으로 가속되고, 스프링이 팽창되면 생성 에너지에 의해 다시 감속된다. 이 과정은 운동 에너지가 공기와 스프링 사이의 마찰에 의해 모두 열에너지로 변환될 때까지 계속 반복되며 이를 감쇠 진동이라 한다. 스프링과 질량으로 구성되어 있는 시스템의 스프링의 고유 진동수 f는 다음과 같다.

$$f = \frac{1}{2\pi} = \sqrt{\frac{k}{m}} \tag{6.1}$$

여기서 k는 스프링 상수(kgf/m), m은 질량(kg), f는 고유 진동수(Hz)이며, 현가장치는 스프링과 댐퍼를 같이 사용해야 진동이 빨리 없어진다. 그림 6.44 (b)와 같이 댐퍼가 없으면 진동은 계속되고 댐퍼가 있으면 진동은 감쇠되기 시작한다.

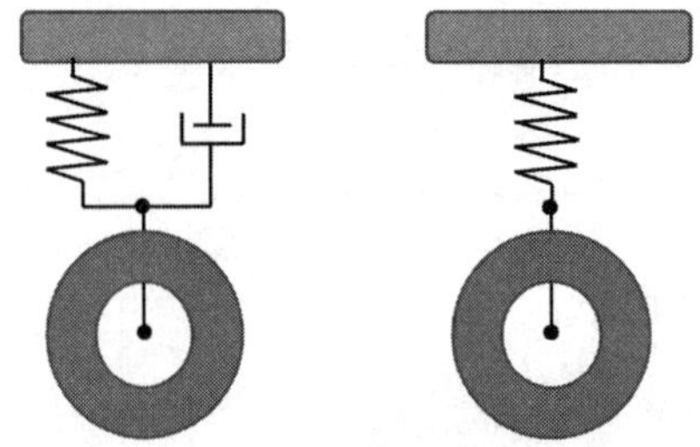

| 그림 6.44 | 댐퍼의 역할

예제 6·1 현가장치의 스프링 상수가 60kgf/cm일 때 차체 하중 500kg이 작용하면 스프링의 진동수는 얼마인가?

| 풀이 | $f = \frac{1}{2\pi}\sqrt{\frac{k}{m}} = \frac{1}{2\pi}\sqrt{\frac{kg}{W}} = \frac{1}{2\pi}\sqrt{60\times\frac{980}{500}} = 1.725 \text{ Hz}$

6.5 전자제어 현가장치(ECS : Electronic Controlled Suspension)

자동차용 현가장치는 주행 중 차체의 안정성과 승차감을 동시에 확보하는 역할을 한다. 보통 주행 시에는 승차감 향상을 위하여 현가 특성이 부드러워야 하고, 가속이나 급제동 시는 차체가 심하게 흔들리므로 안정성을 확보하기 위해서는 현가 특성은 견고해야 한다. 하지만 너무 견고하면 차체 자세의 변화는 적지만, 노면의 진동을 흡수하지 못하여 주행 안정성이 떨어진다. 자동차는 안정성 향상을 위해서 타이어가 노면에 밀착되는 그립력이 필요하기 때문에 견고한(hard) 현가장치가 필요하고, 승차감 향상을 위해서는 부드러운(soft) 현가장치가 필요하지만 기계식 현가장치는 스프링 상수나 감쇠력 등이 일정하여 이러한 트레이드 오프(trade off)의 요구 조건을 만족시킬 수 없다. 노면 상태와 운전 조건에 따라 차체 높이를 변화시켜 주행 안전성과 승차감 향상을 동시에 확보하기 위한 장치를 전자제어 현가장치라고 하고, 자동차의 상태에 따라 ECU가 작동부를 제어하여 현가장치의 특성인 스프링 상수와 감쇠력을 자동으로 조정한다. ECU에 입력되는 신호에는 차속센서, 차고센서, 조향 각속도 센서, TPS, G센서, 브레이크 스위치 등이고, 제어의 종류에는 반능동형(semi－active) ECS(전자제어 현가장치)와 능동형(active) ECS가 있고, 작동 유체는 유압식과 공기압식이 있다. 전자제어 현가장치는 다음의 제어를 수행한다.

① 승차감 제어(ride control)

승차감은 1차 요소인 차체의 저주파 진동과 2차 요소인 고주파 영역으로 나뉜다. 운전자가 차체로부터 느끼는 작은 움직임이 1차 요소이고 진동과 하시니스(harshness) 특성이 2차 요소이다. 1차 요소는 차체의 바운스, 피치, 롤링, 플로팅 필(float feel)을 동반하는 차체의 강체 진동으로, 공진 주파수 영역이 1Hz 부근으로 이는 자동차의 중심, 휠 베이스 등 자동차 제원과 타이어, 스태빌라이저 바 등과 연관이 있다.

2차 요소는 시트, 플로어, 스티어링 휠, 페달 등에서 느끼는 진동으로, 4~8Hz 영역은 사람이 느낄 수 있는 쇼크 필(shock feel)이고, 10Hz 부근인 스프링 하부 진동과 엔진의 강체 진동은 트렘블 필(tremble feel), 이보다 높은 주파수 진동은 하시니스((harshness)라고 한다. 진동 주파수를 낮게 유지하면, 차체의 공진 발생이 적어지고, 감쇠력을 작게 하면 승차감은 좋아진다.

② 안티 롤링(anti-rolling) 제어

규정 속도 이상에서 자동차를 선회하거나, 규정 각도 이상으로 스티어링 휠을 회전시키면 롤링 운동이 발생한다. 이때는 자동차의 좌우 방향의 횡가속도를 G센서로 감지하여 댐퍼의 감쇠력을 높여 롤링을 제어한다.

③ 안티 스쿼트(anti-squat) 제어

급발진, 급가속 시 차체의 앞부분이 올라가고 뒷부분이 낮아지는 스쿼트 현상을 스로틀 밸브 개도의 급격한 변화를 감지하여 방지한다.

④ 안티 다이브(anti-dive) 제어

주행 중에 급제동을 하면 차체의 앞부분이 내려가고 뒷부분이 높아지는 현상을 방지한다.

⑤ 속도 감응 제어(speed sensitive control)

자동차가 고속으로 주행하면 차체의 안정성이 떨어지므로 차속 센서 신호를 이용하여 소프트에서 하드로 감쇠력을 상향 조정하여 차체의 안정성을 향상시킨다.

⑥ 안티 쉐이크 제어(anti-shake control)

자동차 승하차 시 하중의 변화에 의해 차체가 흔들리는 것을 방지하게 위하여 감쇠력을 하드로 제어한다.

6.5.1 현가장치 제어의 종류

현가장치의 목적은 스프링과 댐퍼를 사용하여 가속 시 스쿼트 방지, 제동 시 다이브 방지, 요철 주행 시와 커브 회전 시 일정한 차고를 유지하는 안티 롤링 등을 수행하는 것이다. 최근 파워 트레인의 고효율화와 자동차의 고급화에 따라 보다 좋은 승차감과 자동차 안정성이 높아진 능동형 현가장치를 모든 자동차에 적용하고 있고, 능동형 현가장치는 롤링, 피칭, 바운싱, 요잉 등의 제어 인자 중에서 자동차 성능에 가장 영향을 미치는 롤링과 요잉의 2개 모드를 특별히 제어하는 것이 목적이다.

앞바퀴와 뒷바퀴의 스태빌라이저에 액츄에이터를 탑재한 능동형 현가장치가 2002년 BMW 745, 2005년 렉서스 GS에 적용되었고, 저탄소 자동차의 등장으로 현가장치 제어의 동력이 유압에서 전기모터, 전자기장 등으로 변화된 능동형 현가장치가 개발되었다. 자동차 전자제어 현가장치(ECS)는 자동차의 승차감 향상과 차체 안정성을 결정하는 중요한 장치로 자동차를 설계하는데 필수적인 요소이다. ECS는 자동차에 장착된 댐퍼와 스프링 등의 운동 특성을 실시간으로 가변시켜 주행 안정성과 승차감을 향상시키고, 또한 운전자가 과도하게 방향을 회전하거나 자동차의 거동이 일정한 궤도를 벗어날 경우, 하중 차이에 의한 쏠림 현상과 조향력 상실로 차량 전복이나 기타 예측 불가능한 위험에 처할 수 있다. 이때 ECS는 타이어 접지면에서의 수직 하중을 항상 적절한 수준으로 유지하여 회전, 제동, 구동 시 자동차의 안정성을 확보하는 역할을 한다.

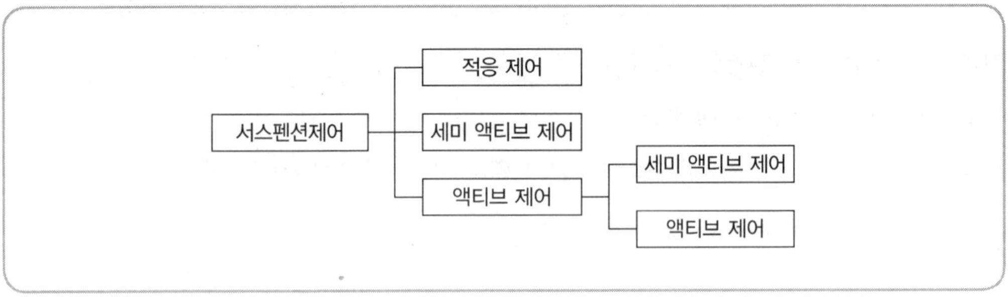

| 그림 6.45 | 제어의 종류

표 6.2 승차감 특성

1Hz	1~10Hz	10Hz	50Hz
1차	2차		
Float feel	Shock feel	Tremble feel	Harshness

현가장치 제어는 감쇠력을 줄이고 늘리는 적응(adaptive) 제어와 유압, 공기, 전기, 전자기장을 사용하는 능동(active) 제어가 있다. 적응 제어는 댐퍼의 감쇠력을 기계적으로 변화시켜 특성을 제어하고, 능동 제어는 댐퍼에 의한 감쇠력, 스프링 강성의 스프링 상수를 시스템의 내부에서 발생하는 힘 이외에 외부의 에너지를 사용하여 제어한다. 반능동(semi-active)제어는 능동 제어와 적응 제어의 중간에 해당한다.

(1) 적응 제어(수동 제어)

적응(adaptive)제어는 수동(passive)제어라고도 하며 자동차의 운전 조건과 주행 상태에 따라 스프링 강성과 댐퍼 감쇠 특성을 바꾸어 제어하지만 주어지는 조건에 대하여 항상 최적점을 찾아야 한다. 이 제어는 미리 설계된 정해진 형태에 따라서만 제어된다. 스프링 강성의 변경은 공기 현가장치 방식에서만 가능하고 이는 에어실 챔버의 수동 개폐로 체적을 변경하여 스프링 강성을 변화시킨다. 댐퍼의 감쇠 특성 변경은 댐퍼 내의 오리피스 면적으로 변화시킨다. 차속 센서, G센서, 스위치를 사용하여 선택하는 제어도 가능하다. 이 시스템은 최대 스프링 강성 2단계, 댐퍼 감쇠 특성 3단계로 나누어 제어한다. 운전자가 스프링의 소프트, 하드를,

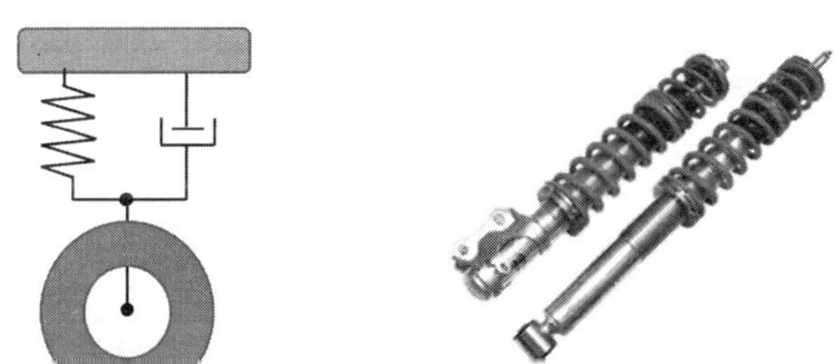

| 그림 6.46 | 적응 제어와 코일 오버형 쇽 업소버

표 6.3 적응 제어의 종류

스프링 강성	댐피 상수	비고
소프트	소프트	저속과 중속이하에서 승차감 제어
	미디움	고속에서 안정성
	하드	오프 로드에서 진동을 댐핑
하드	미디움	정적 상태에서 롤링, 다이브, 스쿼트 감소
	하드	동적 상태에서 롤링, 다이브, 스쿼트 감소

댐퍼의 소프트, 미디움, 하드를 선택할 수 있다. 적응 제어는 기본적으로 획기적인 성능 향상은 기대하기 어렵고 시스템의 구성이 비교적 간단하다. 스프링과 유압 댐퍼가 일체형인 코일오버(coilover)형을 주로 사용하고, 외부에서 가하는 에너지는 없고, 자동차에 가해지는 힘에 따라 정해진 스프링 강성과 댐퍼의 감쇠력이 변화되어 제어된다. 그림 6.46은 적응 제어와 이에 사용되는 코일 오버형 쇽 업쇼버를 나타낸다.

(2) 반능동 제어(댐퍼 제어)

반능동 현가장치는 외부의 에너지를 이용하여 스프링 강성과 댐퍼의 감쇠 특성 중 하나를 제어할 수 있다. 기본적인 반능동 현가장치는 스프링 상수는 제어하기 어렵기 때문에 감쇠계

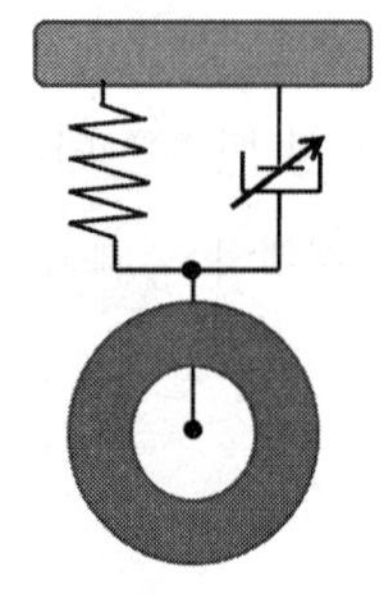

| 그림 6.47 | 반능동 제어(댐퍼 가변)

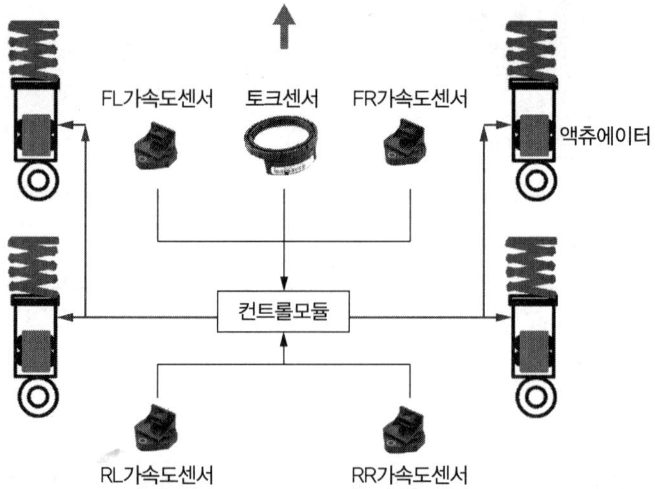

| 그림 6.48 | 반능동 제어(댐퍼 가변)

수를 변경한다. 댐퍼에 모터나 액츄에이터를 장착하여 쇽 업소버 내의 회전 밸브를 제어하여 유압 유체의 오리피스 유량을 변화시켜 감쇠력을 제어한다.

반능동 제어는 스프링 강성과 댐퍼의 감쇠력 중 하나를 실제 요구 조건에 맞도록 외부에서 힘을 가하여 제어하는 방식으로 적응 제어에서 얻지 못하는 성능을 얻을 수 있고, 시스템 구성은 적응 제어와 유사하지만 상하 G센서가 추가되고 전기 혹은 자기장 에너지로 전기모터나 액츄에이터를 제어하여 댐퍼 회전밸브의 응답성을 빠르게 하고 특히 고주파 영역보다 저주파 영역의 제어 특성이 좋다. 최근에는 MR 유체의 전자기장을 이용하여 쇽 업소버 유체의 점성을 변경하여 제어하는 MR(magneto rheological) 댐퍼, 회전하는 모터 대신에 직선으로 상하 운동을 하는 선형 모터 등을 사용하기도 한다.

(3) 능동제어

능동제어는 외부 에너지를 이용하여 현가장치의 변위, 속도, 반력 등 모든 요소를 가변으로 제어한다. 스프링은 저주파 영역만 제어하고, 고주파 영역은 스프링, 댐퍼, 액츄에이터를 사용하는 수동(passive) 요소에 의존하는 슬로우(slow) 능동제어, 스프링과 댐퍼 등 수동 요소를 사용하지 않고 전기모터나 액츄에이터로 제어하는 패스트(fast) 능동제어로 분류한다. 슬로우 능동제어의 특징은 비교적 저주파의 공진역의 움직임을 제어하고 반능동 제어보다 효과도 크고 패스트 능동제어보다 에너지 소비가 적은 제어 방법이다. 능동제어는 모터 스포츠나 최고급 승용차에 적용하고 서스펜션의 특성은 온도, 디플렉션 등 시간이 지나면 초기의

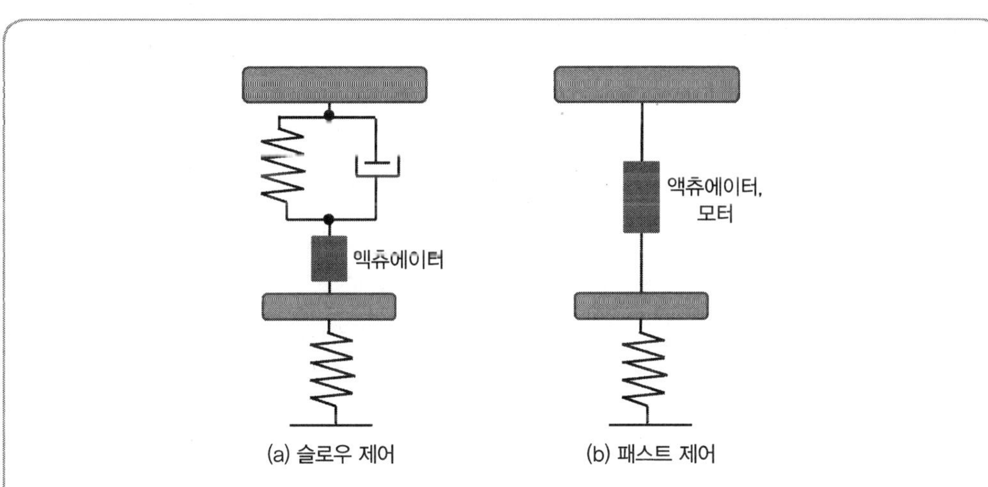

| 그림 6.49 | 능동제어

| 그림 6.50 | 스프링 강성 제어법

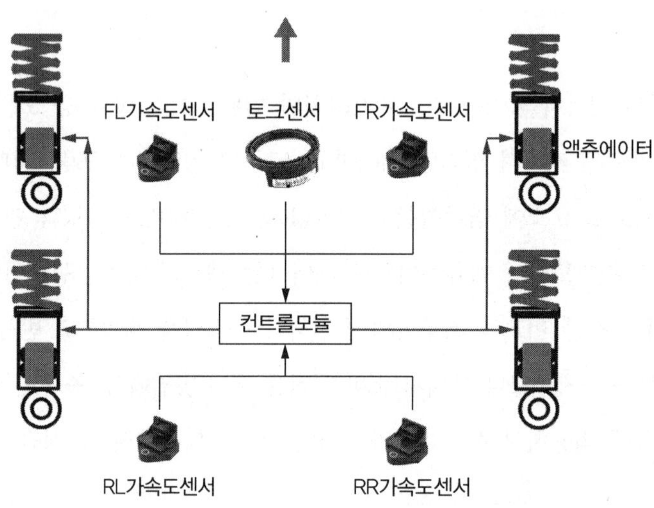

| 그림 6.51 | 능동제어 회로도

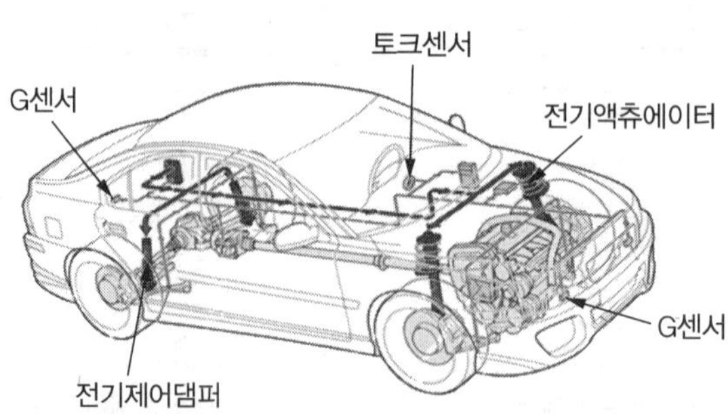

| 그림 6.52 | 능동제어 서스펜션

설계 값이 변하므로 이와 같은 경우에는 적응 제어기(robust adaptive controller)를 부착하여 제어 성능을 유지해야 한다.

그림 6.50은 스프링 상수 제어방법을 나타내고 쇽 업소버에 나사가 있어 스프링 길이를 가변할 수 있다.

그림 6.51은 능동제어 회로도를 나타낸다. 모터회전 센서, G센서, 차고센서 신호가 모터 구동 ECU에 들어가면 이를 기준으로 현가장치 제어 ECU는 전기 액츄에이터나 모터를 구동하여 제어한다. 차고센서는 차축과 차체의 높이를 검출하여 속도가 빠르면 차고는 낮게, 노면이 불량하면 높게 제어한다. 압축 공기를 이용하여 쇽 업소버의 길이도 제어할 수 있으며 G센서는 차체의 바운싱을 검출한다. 1983년 로터스는 패스트 능동제어를 처음으로 적용하였고 스프링 상부 공진역 제어와 하부 공진역 이상의 주파수까지 제어를 하여, 코너를 고속으로 주행이 가능하고 차체의 롤링도 적다. 장치가 고가이어서 특별한 경우에만 적용한다.

6.5.2 직동유체에 의한 분류

(1) 유압 현가장치

유압식은 제어 가능한 범위는 최대 2~5hz이며, 액츄에이터에 가해지는 힘은 크지만 원하는 공진 주파수로 제어하려면 연속적으로 압력을 가해야 하고, 오일에 의한 환경오염도 있다.

유압 실린더를 병렬 배치하고 코일 스프링, 프리 피스톤을 갖춘 일체형 구조이며 보통의 자동차와 비교하여 히치량은 1/2, 롤링 량은 1/4 감소한다. 차체의 롤링과 캠버의 변화가 적어 타이어는 노면에서 수직으로 유지된다.

노면이나 주행 상태에 따라 4개 바퀴의 충격 흡수를 유압으로 개별적으로 제어하여 승차감과 차체 안정성을 높이고 각 실린더의 상단에 보조적으로 코일 스프링을 장착하는 반능동 현가장치 시스템이다.

① 승차감 제어 : 노면의 요철이나 비포장 도로에서 상하 진동을 3종류의 제어에 의해 효과적으로 흡수하고 부드러운 승차감을 유지한다.

② 차량 자세제어 : 회전 가감속 시의 원심력과 가속도를 G센서로 감지하여 전후, 좌우의 실린더의 압력을 제어하여 안정된 차량 자세를 유지한다.

③ 조종 안정성 제어 : 코너 진입에서 출구까지 쇽 업소버의 실린더 압력을 변화시켜 스마

트한 주행이 가능하다.

④ 차고제어 : 자동차 속도가 80km/h 이상이 되면 차량 높이를 설정 높이보다 20mm 낮추어 주행 안정성을 향상시킨다.

1989년, 도요타는 유압 능동제어 현가장치를 세계 최초로 세리카에 적용하였다. 주행 상태를 센서로 감지하여 선형 압력 제어밸브를 통하여 각 바퀴의 실린더의 유압과 유량을 제어한다. 저주파 영역은 물론이고, 고주파 영역의 진동도 제어하여 승차감이 부드럽고 그 결과 롤링량은 1/4이하, 다이브량은 1/2이하, 스쿼드량은 1/3이하로 저감하였고, 스프링 위의 7Hz 이하의 저주파 영역에서도 안정적인 차량 자세를 유지한다.

(2) 비유압 현가장치

비유압 현가장치는 액츄에이터의 동력원으로 유압이 아닌 자기장, 전기모터, 영구자석 등을 사용한다. 네오디미늄을 사용하는 모터, 피에조 소자를 사용하는 응답성 높은 액츄에이터가 적용되었고, 조정식 쇽 업소버 제어를 위해 전기적인 감지와 기계적인 압력 제어도 동시에 이루어진다.

① MR(magneto rheological) 댐퍼(Audi TT2006) : 반능동 제어로 자기장으로 유동의 특성을 바꾸어 감쇠력을 변화시킨다. MR 유체는 자기장을 만나면 입자들이 규칙적으로 되어 굳는 특성이 있으며 복잡한 전자 혹은 기계식 밸브를 사용하지 않아도 댐퍼의 감쇠력을 능동적으로 가변할 수 있다.

② 전기 기계식(electromechanical) 댐퍼(ZF sachs) : 슬로우 능동제어로 전기적인 센싱과 기계적인 압력 제어가 동시에 이루어진다.

③ 선형 전자기(linear electromagnetic, LE) 댐퍼(Bose 댐퍼) : 패스트(fast) 능동제어로 PM 선형 모터 액츄에이터와 선형 전자기 모터(LEM)를 사용한다. 전자기 댐퍼는 유압 댐퍼의 2~5Mhz보다 높은 100Mhz까지 제어할 수 있고, 정밀하고 에너지 회수가 가능한 제어이며, 롤링과 피칭이 없어져 승차감은 부드럽지만 중량 증가로 연비가 나빠진다.

④ 전자기(electromagnetic) 댐퍼(TU/e, SKF 댐퍼, BMW530i) : 패스트 능동제어로 영구자석 액츄에이터를 사용하여 기어박스가 필요없고 효율도 높다. 자석과 코일이 실린더 모양이다.

6.5.3 도요타의 반능동 2단 쇽 업소버

1983년, 도요타는 소니어에 전자제어 현가장치(TEMS)를 적용하고 쇽 업소버의 감쇠력을 2단계 3모드로 제어하여 안티 롤, 안티 다이빙 제어를 하였다. 그림 6.53과 같이 쇽 업소버의 로터리 밸브를 모터로 구동하여 감쇠력을 2단계로 조절하고, 액츄에이터에 의해 구동되는 컨트롤 로드와 일체로 되어 있는 로터리 밸브 오리피스의 면적을 변화시켜 오일의 양을 조절하고 감쇠력을 제어한다.

처음에는 오리피스의 단면적으로 감쇠력을 제어하다가 그 후로 3~4단의 감쇠력 변화를 거쳐 현재에는 감쇠력을 무단으로 가변시킬 수 있는 쇽 업소버를 개발하여 장착하고 있다.

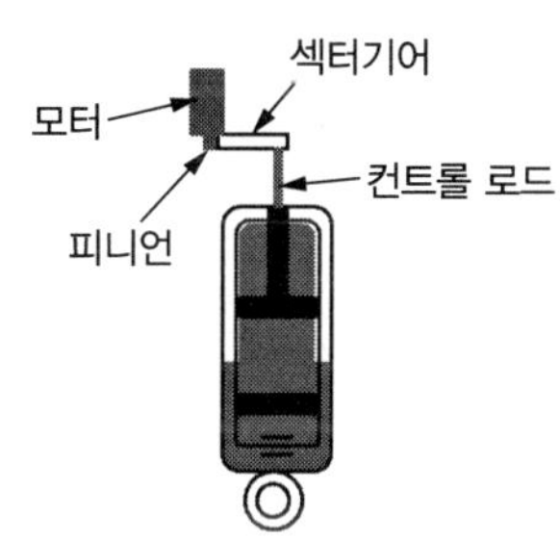

| 그림 6.53 | 도요타 2단 쇽 업소버

6.5.4 아우디 반능동 자성유체 쇽업소버

아우디의 TT 쿠페에 자성 유체를 이용한 충격 흡수장치가 설치되었다. 이 자성 유체는 유체에 자기장을 가하면, 점도가 변화하는 액체이다. 이 장치는 주행 중에도 댐퍼의 특성을 변화시킬 수 있고 추후 스프링이 없는 능동 현가장치의 전초 개발기술이라 볼 수 있다. 전자 코일에서 자력이 발생하고 자성체를 포함하는 액체를 이용하여 가변 댐핑을 한다. 자력이 작용하면 액체는 일정 배열로 되어 액체는 단단해지고 자력이 작용하지 않으면 액체 분자는 무질서하게 되어 액체 상태로 있게 된다.

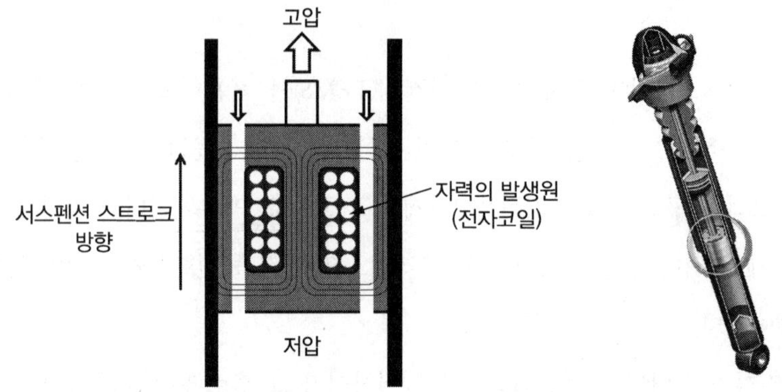

| 그림 6.54 | 자성 유체 쇽 업소버(출처 : 아우디)

6.5.5 Bose 능동 전자기 쇽업소바

음향기기 회사인 Bose는 전자기 능동 현가장치를 개발하였고 곧 실용화가 될 전망이다. 이 현가장치는 스프링과 댐퍼의 부품을 사용하지 않고, 선형 전자석 액츄에이터에 의해 직접 타이어를 상하 이동시켜 타이어의 충격을 능동적으로 처리하고, 평탄한 코너에서는 롤링이 0인 이상적인 코너링이 가능하다. 회전 전자석 액츄에이터는 회전 운동을 선형 운동으로 변경하기 위하여 기어박스가 필요하지만 선형 전자석 액츄에이터는 기어박스가 필요가 없는 장점이 있으며 패스트 능동 제어이다.

| 그림 6.55 | Bose의 선형 전자기 모터

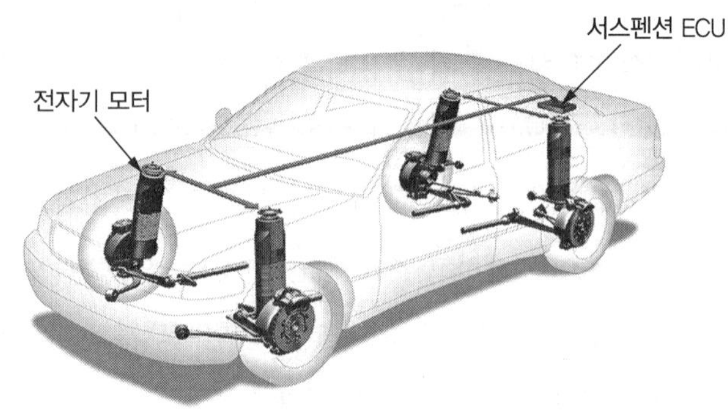

| 그림 6.56 | Bose의 현가장치

6.5.6 TU/e의 SKF 전자기 쇽업소바

독일의 TU/e사는 영구자석 엑츄에이터를 사용하여 타이어의 충격을 완벽하게 능동적으로 처리한다. 원형 영구자석 엑츄에이터는 기어박스가 필요가 없고 고효율, 작동력도 매우 크며 패스트 능동 제어이다.

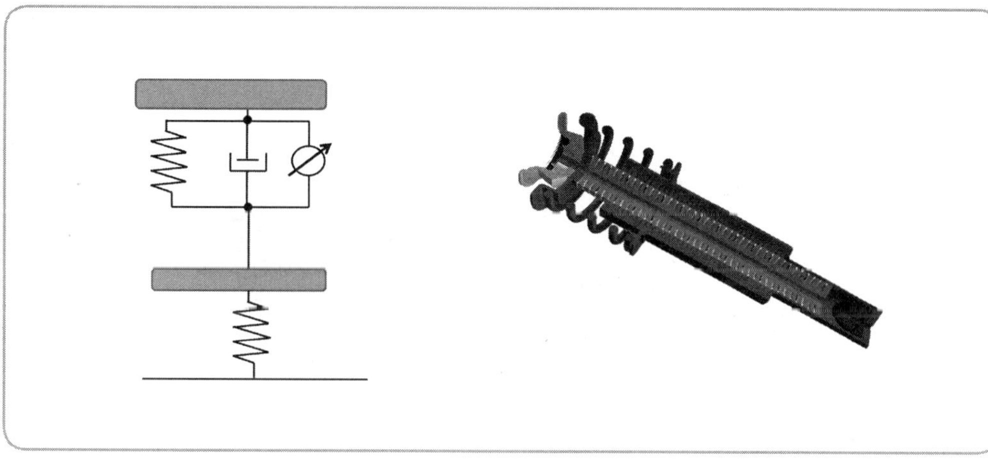

| 그림 6.57 | SKF의 전자기 쇽 업소버

6.5.7 벤츠의 능동 바디 제어(ABC)

능동 바디 제어(ABC, active body control)는 벤츠가 개발한 유압식 서스펜션으로 스프링 스트럿 대신에 유압식 스트럿과 공기식 스트럿을 사용한다. ABC는 항상 차고를 수평으로 유지하기 때문에 주행 성능이 좋고 유압으로 제어하여 공기 제어보다 제어 속도가 빠르다. 엔진 동력을 이용하여 유압 펌프를 가동하여 유압을 상승시키고 라인을 통하여 4륜 유압 서스펜션에 유압을 공급하여 제어한다. 공기압과 유압의 차이는 공기는 탄성이 있고, 유압은 공기보다 빠른 제어가 가능하다.

ABC는 출발 시, 코너링 시, 제동 시 발생하는 차체의 롤링과 피치를 효과적으로 제어하고, 횡력 발생에도 차체를 안정시킨다. ABC는 변화하는 주행 상황에 맞춰 서스펜션을 자동 조정하며 ECU로 제어되는 유압 서스펜션과 수동적인 댐퍼를 그림 6.58과 같이 조합한 것이다.

플런저 실린더를 가지는 4개의 유압식 스트럿을 사용하여 차체의 피치와 롤링, 그리고 상하 방향의 움직임을 거의 완전하게 제어한다.

좌우 방향, 전후 방향, 상하 방향의 가속도 센서와 각 스트럿에 장착된 압력 센서의 데이터, 후 차축에 장착된 레벨 센서로 차고를 측정하여 ECU로 보내면 주행 상황을 판단하고 이러한 정보를 바탕으로 산출된 제어 신호에 의해 서보 유압 밸브는 오일의 유량을 변화시켜 스트럿의 플런저 실린더의 위치를 조정한다. 서보 유압 밸브에는 최대 200bar의 유압이 공급되고, 이 압력은 어큐뮤레이터에 저장하여 차체 자세가 이상하면 즉시 ABC를 작동시킨다. 또한 차단 밸브는 정차 시 차체 높이의 저하를 방지한다.

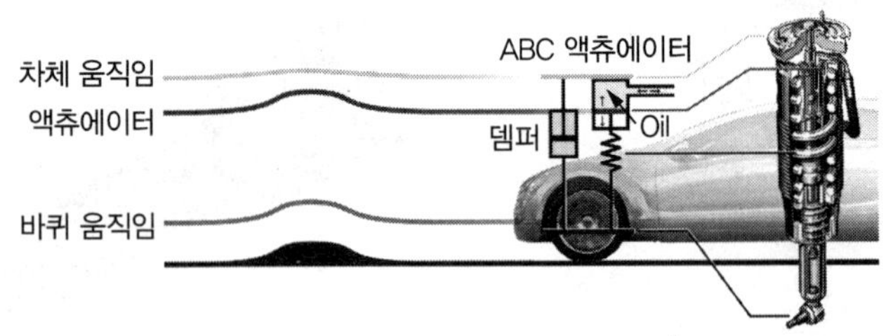

| 그림 6.58 | 벤츠의 능동 바디 제어

6.5.8 도요타의 적응형 가변 서스펜션(AVS)

적응형 가변 서스펜션(AVS)은 전자 제어에 의해 차체를 지탱하는 서스펜션의 특성을 변화시키다. 댐퍼의 유압을 노면 상황에 맞게 능동적으로 제어하여 차체의 자세 및 진동을 개선하는 서스펜션이다. 종래의 기존 스프링과 댐퍼의 특성에 따라 수동적으로 제어하는 방식을 개선한 것이다. AVS는 지속적으로 승차감을 좋게 유지하고, 핸들링의 정밀도를 제공하기 위해 댐핑 충격 흡수를 제어하는 시스템이다. 충격에 따른 적절한 감쇠율을 결정하기 위하여 각종 센서는 차륜 속도, 엔진 회전수, 스티어링 휠 움직임, 브레이크 사용 여부, 수직 차체 움직임을 측정하여 감쇠율을 제어한다.

6.5.9 벤츠의 민첩성 제어 서스펜션(ACS)

민첩성 제어(agility control suspension) 서스펜션은 노면 상황에 따라 바퀴의 진동 특성, 댐핑, 로드 홀딩을 최적화한다. 민첩성 제어 서스펜션은 노면 상황에 따라 댐핑 시스템을 제어하는 것으로, 노면 상황을 모니터하여 작고, 큰 요철이 있는 경우 자동으로 댐핑 제어하여 차체를 안정시킨다. 민첩성 제어 서스펜션은 주행 상황에 따라 쇽 업소버의 힘을 제어하는 선택적 댐핑이 가능하고, 즉 직선도로에서는 작은 서스펜션 힘으로 부드러운 댐핑을 전자식이 아닌 유압식으로 제공하고, 코너링 시에는 큰 서스펜션 힘으로 견고한 댐핑을 제공한다. 구동 시 충격 흡수 펄스가 작은 경우에는, 감쇠력이 자동으로 감소 제어된다. 고속에서는 감쇠력은 차량 안정성을 최대로 유지할 수 있도록 최대로 설정되고 비포장길은 큰 댐핑, 작은 감쇠력, 포장도로에는 작은 댐핑, 큰 감쇠력이 작용한다.

일반적인 스프링과 댐퍼 시스템에 감쇠력 가변식인 스트로크 감응형 댐핑 기능을 추가하여 쾌적성을 높였다. 가변식 댐핑 시스템의 제어 모듈은 외력을 가하면 늘어나고, 외력을 제거하면 본래의 길이로 돌아가는 성질을 지닌 엘라스토머 고분자 피스톤이 적용되어 있다. 작은 요철이 있는 노면에서는 바이 패스 회로에 오일을 통과시켜 댐핑 수준을 상하 15mm 정도 감소시켜 승차감과 타이어의 접지성을 향상시키고, 반대로, 서스펜션의 압력이 커지면 감쇠력을 최대로 발생시킨다.

6.5.10 벤츠의 능동 커브 제어(ACC)

자동차의 핸들링은 스포츠카처럼, 승차감은 공기 현가장치처럼 소프트하게 해야 한다. 그러나 조종 안정성과 승차감은 상반되는 트레이드 오프 관계이기 때문에 이의 기술개발은 영원한 과제이다. 벤츠에서 개발한 능동 커브 제어(ACC, active curve control), 능동 롤 제어(ARC, active roll control)는 스태빌라이저 바에 액츄에이터를 장착하여 코너링 시 롤을 제어하는 액티브 시스템으로 코너링 시 롤을 안정화시키고 차체의 비틀림 방향의 모멘트를 일정하게 유지한다. 그리고 롤링 방향의 모멘트를 가변적으로 배분하여 중심이 높은 차량도 뛰어난 안정감을 얻을 수 있다. 오프로드 주행 시에는 앞뒤 차축의 2개의 스태빌라이저를 분리하여 각 차축의 움직임의 독립성을 향상시키기도 한다.

도요타에서 개발한 능동 스태빌라이저 액츄에이터는 회전 시의 롤 각도를 줄여 조종 안정성을 향상시키고 또한 비포장 노면에서는 전동 액츄에이터가 스스로 회전하여 스프링 상수를 낮추어 승차감을 향상시킨다. 자동차에서 롤링이 발생하면 ECU는 전동 액츄에이터를 구동하여 안티 롤 모멘트가 발생하도록 한다. 그림 6.62는 도요타의 스태빌라이저 능동 현가장치를 장착한 자동차의 구조를 나타내고 이 시스템에서 사용되는 센서의 종류는 다음과 같다.

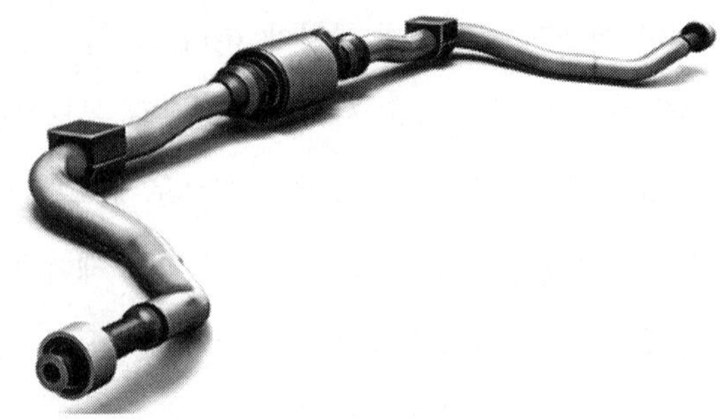

| 그림 6.59 | 벤츠의 ACC(능동 커브 제어 바)

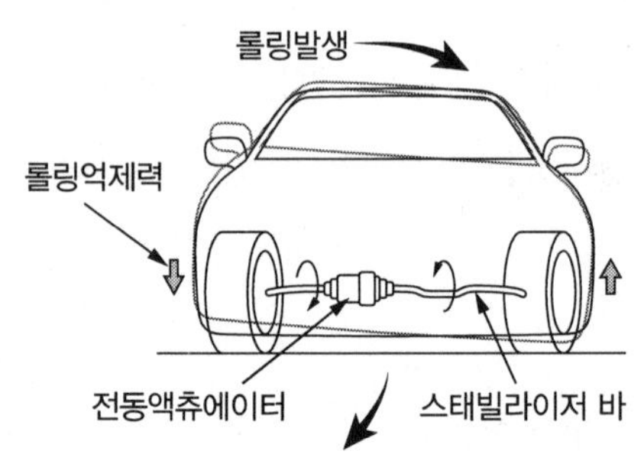

| 그림 6.60 | 안티 롤링제어(도요타)

① 차속센서 : 변속기 출력축 또는 속도계 구동축에 설치하고 주행 속도를 검출하여 급발진과 가감속도를 감지한다.

② 모터회전 센서 : 능동 스태빌라이저 액츄에이터 모터의 회전을 감지한다.

③ 상부 G센서 : 스프링 상부 질량에 의한 가속도를 감지하는 센서이다.

④ 하부 G센서 : 스프링 하부 질량에 의한 가속도를 감지하는 센서이다.

⑤ 차고센서 : 각 컨트롤 암의 위치로부터 하중 또는 부하 변동에 의한 차체의 높이 변화를 측정한다.

⑥ 조향각 센서(토크센서) : 직진 위치를 기준으로 하여 스티어링 휠의 회전각, 조향 핸들의 회전 각속도를 감지한다.

전동 액츄에이터는 전기모터, 감속기어로 구성되고 이 시스템은 2005년 렉서스 GS에 적용하였다.

연습문제

01 전자제어 현가장치에 대한 설명으로 틀린 것은? 정답 ④

① 스프링 상수를 가변시킬 수 있다.

② 쇽 업소버의 감쇠력 제어가 가능하다.

③ 차체의 자세제어가 가능하다.

④ 고속 주행 시 현가 특성을 부드럽게 하므로 주행 안정성이 확보된다.

| 풀이 | 고속 주행 시 현가 특성은 단단해야 주행 안정성이 확보된다.

02 전자제어 현가장치의 기능에 대한 설명 중 틀린 것은? 정답 ④

① 급제동을 할 때 노스다운을 방지할 수 있다.

② 급선회 할 때 원심력에 대한 차체의 기울어짐을 방지할 수 있다.

③ 노면으로부터의 차량 높이를 조절할 수 있다.

④ 변속단 별 승차감을 제어할 수 있다.

| 풀이 | 노즈 다운 : 제동 시 바퀴는 정지하고 차체는 관성에 의해 이동하려는 성질 때문에 앞 범퍼 부분이 내려가는 현상
전자제어 현가장치 : 차체 자세 제어 장치

03 전자제어 현가장치에서 선회 주행 시 원심력에 의한 차체의 흔들림을 최소로 하여 안전성을 개선하는 제어기능은? 정답 ③

① 앤티 스쿼트 ② 앤티 다이브 ③ 앤티 롤링 ④ 앤티 드라이브

| 풀이 | 상하 방향의 진동 승차감을 개선하기 위해 롤링 강성을 저하시키고, 곡선 통과시에 차체가 롤링방향으로 진동하여 원심력에 의한 차체의 흔들림이 최소로 된다.

04 차체 자세 제어장치(Vehicle Dynamic Control System)의 센서 입력 요소가 아닌 것은? 정답 ②

① 요 레이트 센서 ② TPMS 센서

③ 마스터 실린더 압력 센서 ④ 조향휠 각속도 센서

| 풀이 | : TPMS(Tire Pressure Monitoring System), VDC 입력 요소는 토크센서, 횡 가속도센서, 요레이터 센서, 압력센서, 가속페달 위치센서, 휠 스피드 센서 등이다.

05 전자제어 현가장치(ECS) 시스템의 센서와 제어 기능의 연결이 맞지 않는 것은? **정답** ③

① 안티 피칭 제어 – 상하 가속도 센서
② 안티 바운싱 제어 – 상하 가속도 센서
③안티 다이브 제어 – 조향각 센서
④안티 롤링 제어 – 조향각 센서

| 풀이 | 안티 다이브 제어 : 제동 시 앞은 내려가고 뒤는 올라가는 현상(상하 가속도 센서)
안티 스쿼트 제어 : 출발 시 앞은 올라가고 뒤는 내려가는 현상(상하 가속도 센서, 스로틀 포지션 센서)
안티 롤링제어 : 선회 시 좌우 흔들림(조향각 센서, 횡가속도 센서)
안티 피칭, 바운싱제어 : 노면상태에 따른 차체 흔들림 제어(차고센서)

06 공기 현가장치의 특징이 아닌 것은? **정답** ①

① 구조가 간단하고, 정비하기 쉽다.
② 하중에 상관없이 차체의 높이를 항상 일정하게 유지할 수 있다.
③ 하중에 상관없이 스프링의 고유 진동수를 일정하게 유지할 수 있다.
④ 공기 스프링 자체에 감쇄성이 있어 작은 진동을 흡수하는 효과가 있다.

| 풀이 | 공기 스프링식 현가장치의 구조는 복잡하고 차고제어, 리프팅 액슬 제어, 공기압력 제어를 수행한다.

07 차축의 형식 중 구동 차축의 스프링 아래 질량이 커지는 것을 피하기 위해 종감속 기어와 차동장치를 액슬 축으로부터 분리하여 차체에 고정한 형식은? **정답** ④

① 3/4 부동식(three quarter floating axle type)
② 반부동식(half floating axle type)
③ 벤조식(banjo axle type)
④ 드 디온식(de dion axle type)

| 풀이 | 드 디온식은 리지드 액슬에서 디퍼렌셜과 드라이브 샤프트를 빼낸 뒤 차체 쪽에 붙여 스프링 아래 질량을 줄인 액슬이다.
벤조 액슬 : 일체식 구동차축의 현가장치로 스프링 아래질량이 크다.

08 공압식 전자제어 현가장치의 기본 구성품에 속하지 않는 것은? 정답 ④

① 컴프레셔 ② 공기저장 탱크 ③ 컨트롤 유닛 ④ 동력 실린더

| 풀이 | 압축기, 탱크, 솔레노이드 밸브, 차고센서, 공기 벨로우즈, 제어유닛 등으로 구성된다.

09 타이어의 구조에서 직접 노면과 접촉되어 마모에 견디고 견인력을 좋게 하는 것은? 정답 ①

① 트레드 ② 브레이커 ③ 카커스 ④ 비드

| 풀이 | 압축기트레드는 타이어의 홈으로 정지 마찰력을 높인다.

10 자동차에 사용하는 휠 스피드 센서의 파형을 오실로스코프로 측정하였다. 파형의 정보를 통해 확인할 수 없는 것은? 정답 ④

① 최저 전압 ② 최고 전압 ③ 평균 전압 ④ 평균 저항

| 풀이 | 파형은 전압 파형과 전류 파형이 있다.

11 고속으로 회전하는 회전체는 그 회전축을 일정하게 유지하려는 성질이 있다. 이 성질은 무엇인가? 정답 ③

① NTC 효과 ② 피에조 효과 ③ 자이로 효과 ④ 자기 유도 효과

| 풀이 | 자이로 효과 : 고속으로 회전하는 회전체가 그 회전축을 일정하게 유지하려는 성질
NTC : 부특성 효과, 피에조 효과 : 압전 효과, 자기유도 : 자계에서 자성체가 자화되는 효과

12 자동차의 독립 현가장치중 쇽 업소버를 내장하고 있으며 상단은 차체에 고정하고 하단은 로어 컨트롤 암으로 지지하는 형식으로 스프링의 아래 하중이 가볍고 안티 다이브 효과가 우수한 형식은?

정답 ①

① 맥퍼슨 스트럿 형식 ② 위시본 현가장치

③ 트레일링 암 현가장치 ④ 멀티링크 현가장치

| 풀이 | 맥퍼슨 스트럿 형식은 구조가 간단하고 스프링 하부 질량이 적다.

13 VDC 장치에 대한 설명으로 틀린 것은? 정답 ④

① 스핀, 또는 언더 스티어링의 발생을 억제하는 장치이다.

② VDC는 ABS제어, TCS제어 기능 등이 포함되어 있으며 요 모멘트 제어와 자동 감속제어를 같이 수행한다.

③ VDC는 TCS제어에 요레이터 센서, G센서, 마스트 실린더 압력센서 등을 사용한다.

④ 오버 스티어 현상을 더욱 증가시킨다.

| 풀이 | 차량 자세제어 장치는 전자 제어 제동장치, 구동력 제어 장치, 전자 제동력 분배 장치, 요 모멘트 제어, 자동 가속제어 장치을 포함하여 주행중 차량의 자세제어, 언더 오버 스티어링을 억제하는 장치이다.

14 다음 중 전자제어 현가장치를 작동시키는 데 관련된 센서가 아닌 것은? 정답 ①

① 파워 오일 압력 센서 ② 차속센서 ③ 차고센서 ④ 조향 각 센서

| 풀이 | 파워 오일압력 센서는 조향장치 관련 센서이다.

15 전자제어 현가장치에서 자동차가 선회 할 때 원심력에 의한 차체의 흔들림을 최소로 하는 기능은?

정답 ①

① 안티 롤링 ② 안티 다이브 ③ 안티 스쿼트 ④ 안티 드라이브

| 풀이 | 롤링 : 노면이 고르지 못해 일어나는 차량의 가로 흔들림, 고속에서 경사진 길을 돌 때 원심력에 의한 기울어짐

16 독립 현가장치에 대한 설명으로 맞는 것은? 정답 ②

① 강도가 크고 구조가 간단하다.
② 타이어와 노면의 접지성이 우수하다.
③ 앞바퀴에 쉬미가 일어나기 쉽다.
④ 스프링 아래 무게가 커서 승차감이 좋다.

| 풀이 | 스프링 아래 질량이 작고, 구조상 쉬미 발생이 적고 타이어와 노면의 접지성이 우수하다.

17 전자제어 현가장치의 제어중 급출발 시 노즈업 현상을 방지하는 것은? 정답 ①

① 안티 스쿼트 ② 안티 다이브 ③ 안티 롤링 ④ 안티 드라이브

| 풀이 | 노즈업 : 차량 출발 시 앞 범퍼 부분이 위로 들리는 현상, 스쿼트 현상 : 급발진, 급가속 시 차체의 앞부분이 올라가고 뒷부분이 낮아지는 현상

18 자동차의 고유 진동 현상 중에서 현가장치의 스프링 위 무게 진동 현상으로 틀린 것은? 정답 ①

① 휠 트램프 ② 바운싱 ③ 롤링 ④ 요잉

| 풀이 | 휠 트램프는 스프링 하부 질량 진동 현상이다.

19 전자제어 현가장치 부품 중에서 선회 시 차체의 기울어짐 방지와 가장 관계가 있는 것은? 정답 ②

① 도어 스위치 ② 조향 휠 각속도 센서
③ 스톱 램프 스위치 ④ 헤드 램프 릴레이

| 풀이 | 조향 휠 각속도 센서는 롤링을 방지하기 위하여 스프링 상수와 감쇠력제어에 사용한다.

20 전자제어 현가장치에서 롤링 제어 전용 센서로 차체의 횡가속도와 방향을 검출하는 센서는?

정답 ④

① AFS ② TPS ③ W(weight)센서 ④ G(gravity)센서

| 풀이 | G 센서는 앞뒤, 상하, 좌우에 설치하여 각 방향의 가속도와 감속도를 측정한다.

[주관식]

21 현가장치는 치량 무게를 지지하고 차량과 노면 사이의 모든 힘을 전달하여 승차감과 자동차의 안정성을 향상시키는 장치이다. 현가장치의 종류에 대하여 알아보자.

22 더블 위시본 현가장치와 맥퍼슨 스트럿 식, 멀티 링크식 현가장치의 구조, 부품 이름, 특징에 대하여 알아보자.

23 쇽 업소버는 피스톤이 내장된 실린더에 오일을 가득 채우고, 피스톤과 실린더에 구멍과 밸브를 설치하여 구멍을 통과하는 오일의 저항력에 의해 스프링에서 발생하는 진동을 신속하게 흡수하는 장치이다. 맥퍼슨식 쇽 업소버의 구조를 알아보고 모노 튜브식 가스 쇽 업소버의 작동 원리를 스케치해보자.

24 자동차 진동의 종류를 서술해보자.

25 전자제어 현가장치에서 적응 제어, 액티브 제어, 반능동 제어의 특징을 알아보자.

26 능동 현가장치에 사용되는 다음의 센서에 대하여 공부해보자.

① 차속센서
② 모터회전 센서
③ 상부 G센서
④ 하부 G센서
⑤ 차고센서
⑥ 조향각 센서

CHAPTER

07 조향장치

7.1 조향장치의 개요

조향장치는 타이어를 통해 노면에 힘을 전달하여 자동차의 진행 방향을 운전자의 의도에 따라 원하는 방향으로 전환하는 장치이며, 자동차의 안전한 주행을 위해서 차량을 미끄러짐 없이 회전할 수 있게 한다. 자동차의 방향을 바꾸기 위해서는 운전자가 스티어링 휠을 회전시키고 그 회전력으로 각종 링크를 움직여 좌우 바퀴의 방향을 변경한다.

스티어링은 조향장치 전체의 명칭이며 초기 자동차의 스티어링은 자동차의 방향만 전환하였으나 현재는 정확한 조향력과 빠른 응답성도 구비되어 있고, 파워 스티어링은 스티어링 휠 조작을 쉽게 하기 위해 유압 또는 전기모터로 스티어링 조작을 지원하는 것을 의미한다. 자동차는 커브를 돌 때 안쪽 바퀴가 그리는 궤도는 바깥쪽 바퀴가 그리는 궤도보다 작아지므로, 안쪽 바퀴의 각도를 조절하여 바퀴를 제어하여 차량을 회전시켜야 한다. 이러한 바퀴는 주행 성능, 차체 안정성 그리고 조종성 등을 고려하여 기하학적으로 특정 각도를 가지고 차축에 설치되며, 종류에는 2륜 조향기구(2WS)와 4륜 조향기구(4WS)가 있으며 바퀴의 위치와 관련된 기하학적인 각도의 상호 관계를 얼라이먼트라고 한다.

| 그림 7.1 | 조향장치(랙 피니언 식)의 구조(출처 : 벤츠)

스티어링은 랙 피니언식과 웜 너트식이 있고 그리고 조작력을 가하는 방법에 따라 유압식과 전기모터식이 있다. 그림 7.1은 랙 피니언식 조향장치의 구성을 나타내며 스티어링의 회전 운동을 피니언 샤프트와 랙 바를 통하여 직진 운동으로 변환하여 바퀴를 움직여 자동차의 방향을 전환한다. 조향장치의 구비조건은 다음과 같다.

① 휠의 조작력은 공회전과 저속 시에는 가볍고, 고속 시는 무겁게 한다.
② 조향 핸들의 회전과 바퀴의 선회 차이를 적게 한다.
③ 조작이 쉽고 방향 전환을 빠르게 한다.
④ 선회 시 타이어 저항이 적고 선회 후 복원성을 좋게 한다.

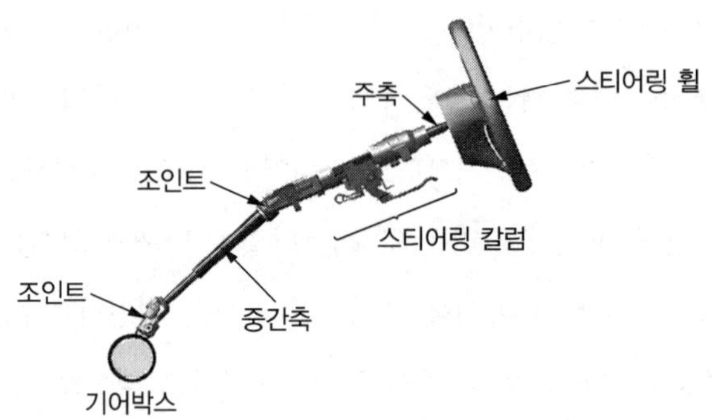

| 그림 7.2 | 조향 축의 구성

7.2 조향장치의 원리

7.2.1 평행사변형 조향기구

그림 7.3과 같은 평행사변형 조향기구는 직진 주행 시 좌우 앞바퀴를 평행하게 유지할 수는 있지만, 선회 시에는 좌우 앞바퀴의 회전 각도인 조향각도(α, β)가 항상 같아져, 후차축 연장선상에 있는 좌우 앞바퀴의 회전 중심인 C_1과 C_2가 서로 다른 곳에 있기 때문에, 좌우 앞바퀴의 궤적은 결국 한 점에서 만나게 된다.

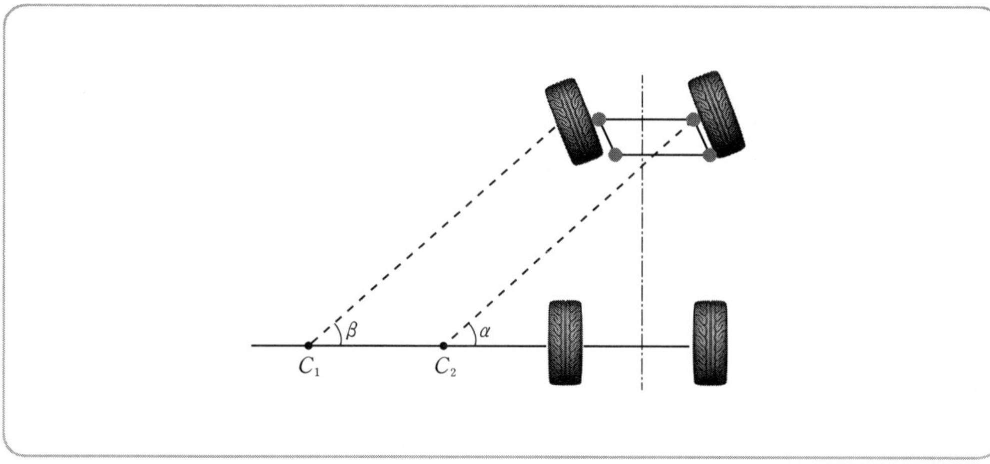

| 그림 7.3 | 평행사변형 조향기구

평행사변형 조향기구는 좌우 타이어가 지면을 접촉하는 지점에서, 좌우 2개의 타이어 중심선 사이의 거리인 윤거가 거의 일정하고, 좌우 앞바퀴는 자신의 기하학적 궤적을 따라 주행할 수 없어 노면을 따라 회전하는 것이 불가능하여 조향기구로서 부적합하다.

7.2.2 애커먼 조향기구(사다리꼴 조향기구)

그림 7.4와 같이 자동차 좌우 앞바퀴의 회전 중심을 C_1으로 같게 하면 스티어링 너클 암(knuckle arm), 타이로드(tie rod)와 앞 차축이 사다리꼴 모양을 형성하여, 커브를 회전할 때 좌

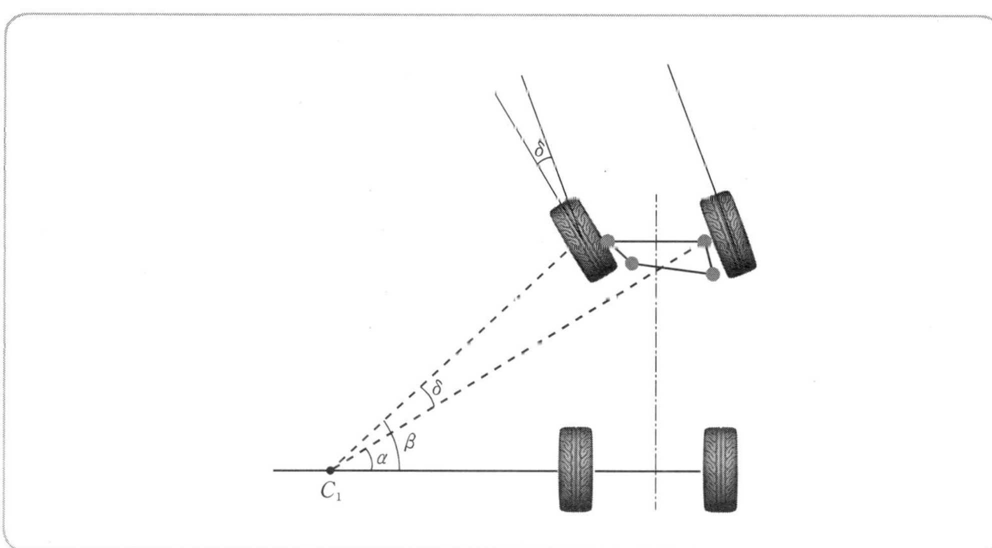

| 그림 7.4 | 회전 시 토 아웃

우 바퀴의 궤적은 항상 동심원이 되어 옆 방향으로 미끄러지지 않는다. 사다리꼴 조향기구는 안쪽 바퀴의 조향각도(β)가 바깥쪽 바퀴의 조향각도(α)보다 크며($\beta>\alpha$), 이때 좌우 앞바퀴의 너클 암(knuckle arm)과 차축이 만나는 점과 회전 중심을 연결하면 회전 시 토 아웃(toe out)각인 애커먼 각(δ, Ackerman angle $= \beta - \alpha$)이 된다. 선회 회전 시 안쪽 바퀴의 각도는 바깥쪽 바퀴의 조향각보다 항상 애커먼 각도만큼 커진다. 따라서 자동차의 좌우 앞바퀴의 조향각도는 항상 다르게 되어 좌우 바퀴의 궤적은 항상 동심원이 되고 미끄럼이 없이 회전이 가능하다.

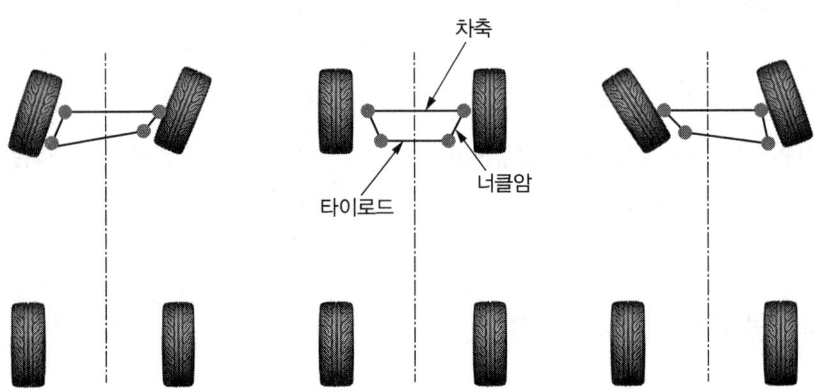

| 그림 7.5 | 사다리꼴 조향기구

애커먼 조향장치는 애커먼(Ackerman)이 발명한 것으로 장토(Jeantaud)에 의해 개선이 되어 애커먼 장토식 조향기구라고도 한다. **그림 7.6**과 같이 직진 상태일 때 킹핀(king-pin)과 타이로드(tie rod) 끝 선을 연결하면 뒷 차축의 중심과 만나게 되고, 너클 암과 타이로드를 둘러싼 부분이 사다리꼴 모양이 되는 방식이다. 회전 시 자동차 안쪽 바퀴의 조향각도가 바깥쪽 바퀴의 조향각도보다 크게 되고, 좌우 앞바퀴의 조향각이 차이가 생기게 되면서 그 차이인 애커먼 각이 발생한다. 이 각도 차이로 자동차가 회전할 때 바퀴가 옆으로 미끄러지는 사이드 슬립(side slip)이 방지된다. 애커먼 장토식 조향기구는 직진 주행 시는 타이로드, 너클암, 앞차축이 사다리꼴을 이루지만, 선회 회전 시는 너클 암, 타이로드, 앞 차축은 사다리꼴이 되지 않는다. 이러한 관계에서 좌우 앞바퀴의 너클 암의 회전각이 서로 다르게 되어 좌우 앞바퀴의 회전 동심원이 만들어진다.

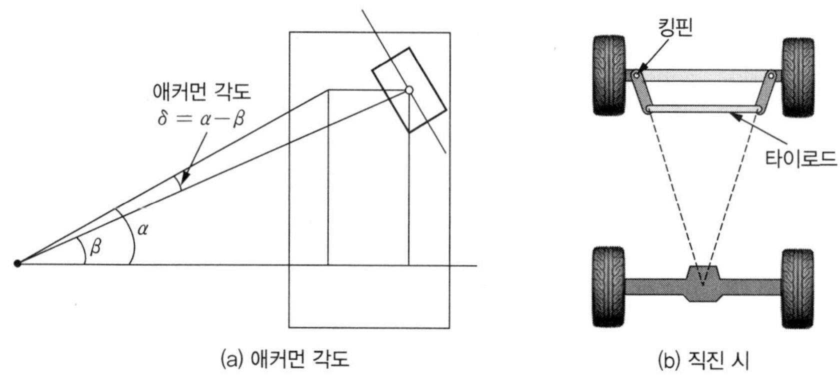

(a) 애커먼 각도 (b) 직진 시

| 그림 7.6 | 애커먼 각도

7.3 조향기어 방식에 의한 분류

자동차 조향장치는 타이로드 암이 볼, 소켓 조인트로 너클 암과 트랙로드(릴레이 로드)에 연결되고, 릴레이 로드는 피트먼 암, 조향기어를 거쳐 스티어링 휠과 연결된다. 스티어링 샤프트(조향 축)은 조향기어를 통하여 트랙로드를 좌우로 움직여 바퀴를 움직인다. 스티어링 시스템의 종류에는 랙 피니언(rack and pinion)식과 피트먼 암식이 있고 피트먼 암식은 웜(worm)

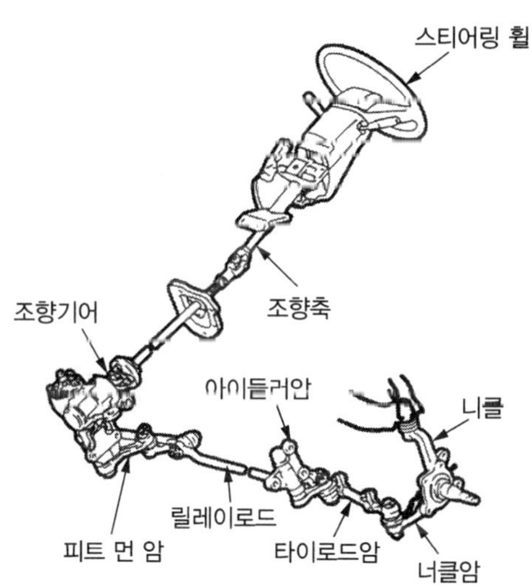

| 그림 7.7 | 조향장치의 구성

섹터식, 웜 롤러식, 웜 너트식(순환볼식)이 있다. 랙 피니언식은 스티어링 샤프트 끝에 피니언 기어를 장착하고, 기어를 샤프트에 새겨진 랙과 맞물리게 하여 피니언 기어의 움직임을 좌우로 변경하여 바퀴를 움직인다. 웜 너트식은 랙 피니언식과 비교하여 구조가 복잡하지만 스티어링의 기어비가 커서 큰 조작력이 필요한 대형 차량에 많이 사용한다.

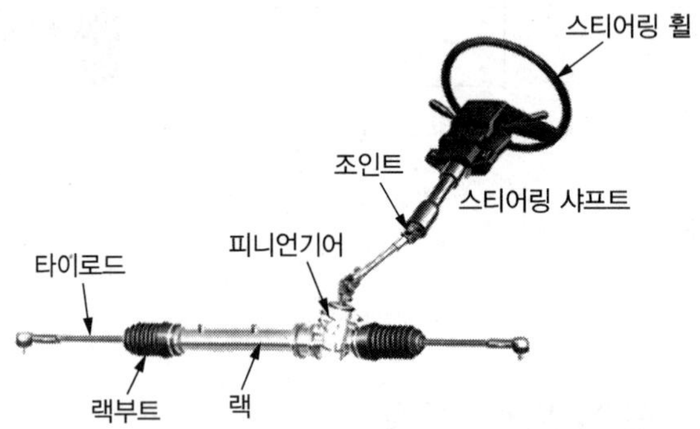

| 그림 7.8 | 랙 피니언식 스티어링의 구조

7.3.1 피트먼 암 형식

피트먼 암식은 스티어링 휠의 조향축에 기어박스가 있으며 기어박스는 회전 운동을 직선 운동으로 전환한다. 피트먼 암은 센터로드에, 센터로드는 아이들러 암으로 고정되고, 좌우 2개의 타이로드는 센터로드에 연결된다. 피터만 암식에서 조향축은 기어박스로, 축은 피트먼 암과 연결된다.

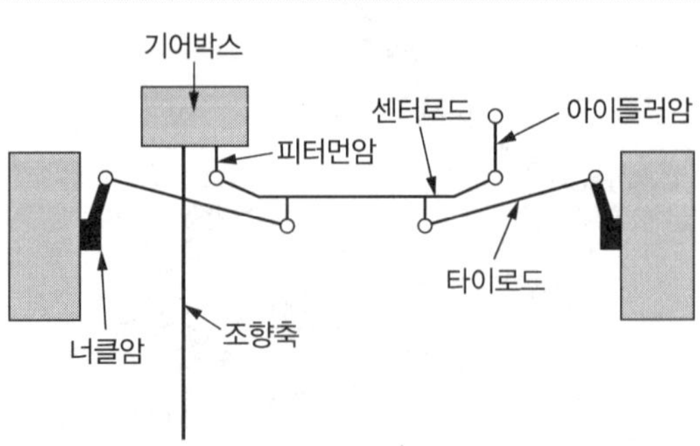

| 그림 7.9 | 피터먼 암 방식

피트먼 암이 직접 센터로드에 연결되면 직접 링크식(direct link), 다른 링크를 거쳐서 센터로드에 연결되면 복합식(compound link)이다. 피트먼 암을 구동하는 기어박스에는 데드 스폿으로 약간의 유격이 있고 이는 나사기구로 되어 있어 조정이 가능하다. 피터만 암식의 장점은 비교적 작은 조작력으로 바퀴를 움직일 수 있지만, 파워 스티어링의 출현으로 피트먼 암식은 웜 너트식을 제외하고는 사용이 되지 않으며, 사용되는 기어박스 내의 작동 원리에 따라 다음의 3가지 종류가 있다.

(1) 웜 섹터 방식

기어박스는 롤러 베어링, 웜, 섹터기어, 스티어링 샤프트로 구성되고, 섹터는 피트먼 암과, 스티어링 샤프트는 웜 기어와, 웜 기어는 섹터기어와 연결된다. 스티어링 휠이 움직이면 샤프트는 웜 기어를 돌리고, 웜 기어를 따라 섹터기어가 움직이고, 이에 연결된 피트먼 암이 움직인다. 피트먼 암과 섹터기어는 스플라인(홈)이 있는 크로스 축으로 연결되어 있고 기어박스 안에는 오일이 채워져 있다.

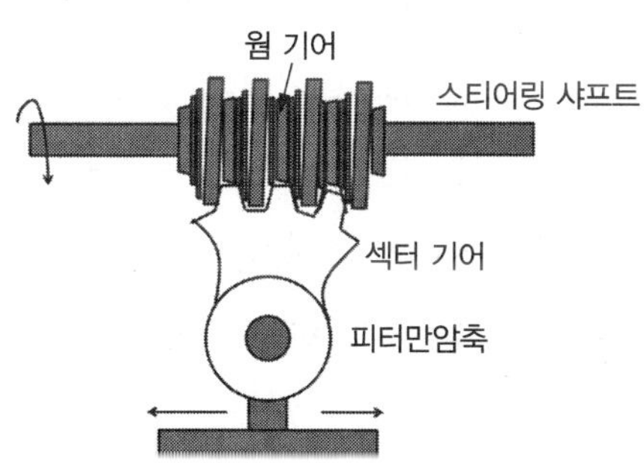

| 그림 7.10 | 웜 섹터 방식

(2) 웜 롤러 방식

웜 롤러식 기어박스는 웜과 섹터 방식과 유사하지만 차이는 웜 기어와 맞물려 있는 섹터기어 대신에 롤러가 있고, 롤러는 롤러 베어링 축 위에 장착되고, 이 축은 크로스 축에 고정된다. 웜이 회전하면 롤러가 움직이고 이에 연결된 크로스 축은 피트먼 암을 움직이며 웜의 구조는 바깥쪽이 넓고 센터가 좁은 모양으로 되어 있어 움직임의 폭을 크게 할 수 있다.

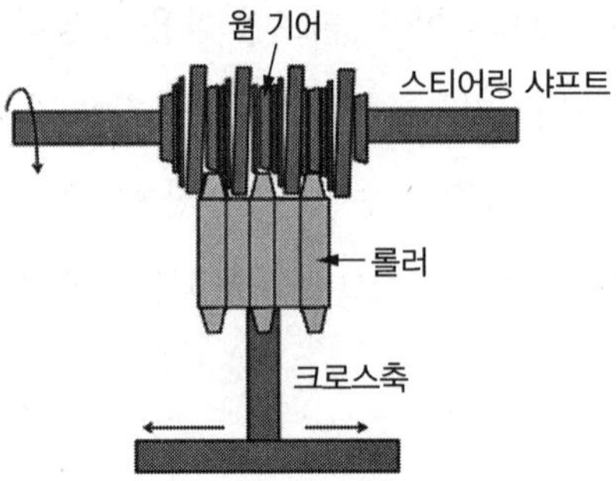

| 그림 7.11 | 웜 롤러 방식

(3) 웜 너트 방식

스티어링 축의 회전 웜과 볼 너트는 나사 홈을 따라 볼 베어링이 들어 있고 볼을 사이에 두고 맞물려 있다. 그림 7.12와 같이 스티어링 축이 회전하면 볼의 구름 접촉에 의해 볼 너트가 움직이며 볼 베어링은 웜 드라이브의 루프를 계속 순환한다. 볼 너트내에 있는 볼 베어링은 압력을 받고 이 힘은 볼 너트를 웜 드라이브를 따라 움직이게 한다. 볼 너트는 섹터기어와 맞물려 있고 섹터기어 축은 피트먼 암과 연결되어 있으므로 바퀴는 조향된다. 조향 기어비는 스티어링 축의 웜 드라이브와 볼 너트 그리고 웜 너트와 섹터의 기어비에 의해서 결정된다. 이 방식은 효율이 좋고, 내마모성이 우수하고, 다른 형식보다 힘의 전달력이 좋아 피트먼 암식 중에서 대형 트럭에 많이 사용되며 순환볼식이라고도 한다.

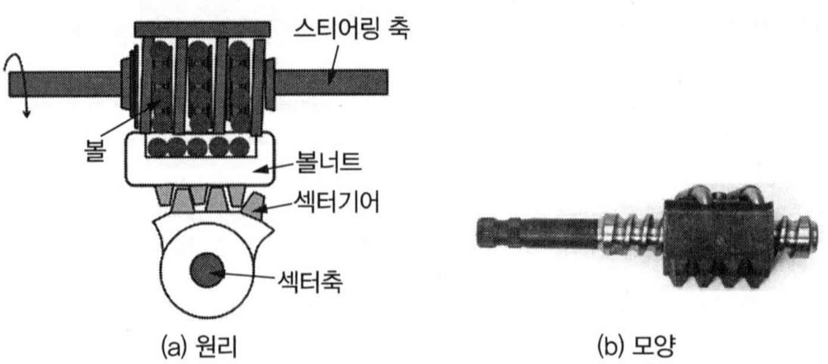

| 그림 7.12 | 웜 너트 방식

7.3.2 랙 피니언 형식

그림 7.13과 같이 조향 축의 끝에 피니언 기어를 장착하여 랙 기어와 서로 물리게 한 것으로 조향축의 회전 운동을 랙과 피니언을 이용하여 직선 운동으로 변환하여 조향 링크기구에 전달한다. 피니언 기어의 중간 부분에서는 기어 피치를 크게 하고 양쪽 끝부분에서는 기어 피치를 작게 하면 가변 조향 기어비를 만들 수 있어, 직진 시 작은 조향각이 필요한 영역에서는 조향 기어비를 크게 하고, 주차 시 큰 조향각이 필요한 영역에서는 조향 기어비를 작게 하여 조작력을 작게 한다. 이 방식은 노면으로부터 충격이 스티어링 휠에 전달되기 쉬우므로 중간에 충격 흡수장치를 설치한다.

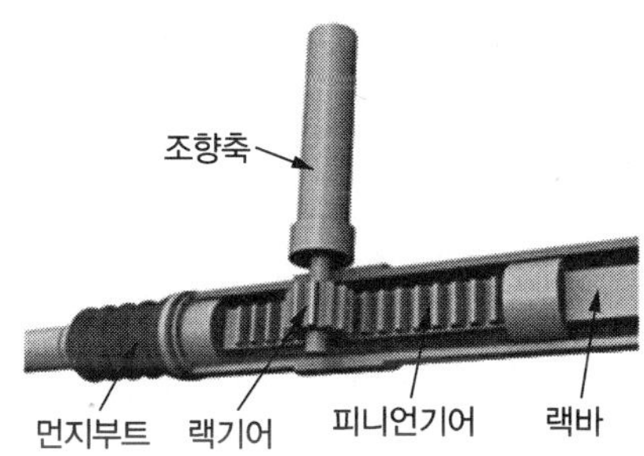

| 그림 7.13 | 랙과 피니언 방식

7.4 조향 링크의 분류

조향 링크는 좌우 바퀴의 축을 연결하고 스티어링 휠 조작 시에는 2개의 앞바퀴의 조향각이 일정하도록 하는 링크이며 리지드 액슬 현가장치에는 크로스 링크식을, 독립 현가장치에는 대칭 링크식, 랙 피니언 링크식, 센터 암식을 사용한다.

7.4.1 크로스 링크식

좌우 축 중 1개의 너클 암의 끝부분을 1개의 드래그 링크로 연결하고 드래그 링크를 피트먼 암을 통하여 기어박스와 연결한다. 한쪽 바퀴에 힘을 가해지면 다른쪽 바퀴도 연결되어 움직이는 방식의 링크기구이며 1개의 타이로드는 양쪽 바퀴의 너클 암을 연결한다.

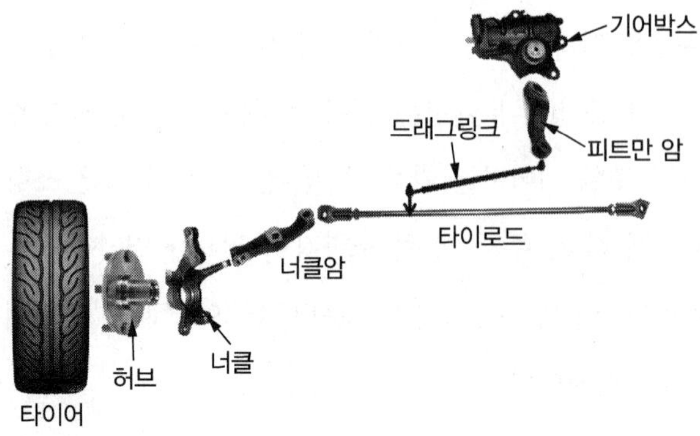

| 그림 7.14 | 크로스 링크식의 구조

7.4.2 대칭 링크식

그림 7.15와 같이 센터로드의 스핀들의 양끝을 2개의 타이로드로 연결시키고 아이들러 암(idler arm)과 피트먼 암을 좌우 평행하게 설치하여 균형을 잡은 후 피트먼 암을 기어박스와 연결한다.

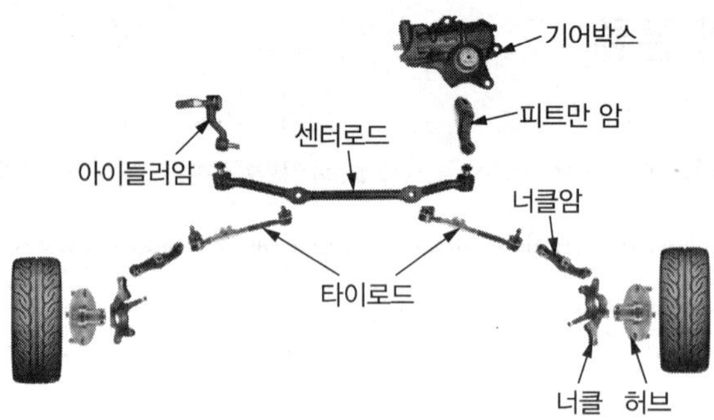

| 그림 7.15 | 대칭 링크식 구조

7.4.3 랙 피니언 링크식

그림 7.16과 같이 랙 피니언식 기어기구를 차체 센터에 배치하고 랙의 끝부분 또는 중간 부분에 타이로드를 좌우로 연결한다. 랙의 이동에 의해 좌우의 바퀴에 조향각이 형성되고 랙이 대칭 링크식의 릴레이 로드의 역할을 수행하고 있으므로 피트먼 암이나 아이들러 암이 필요가 없는 방식이다.

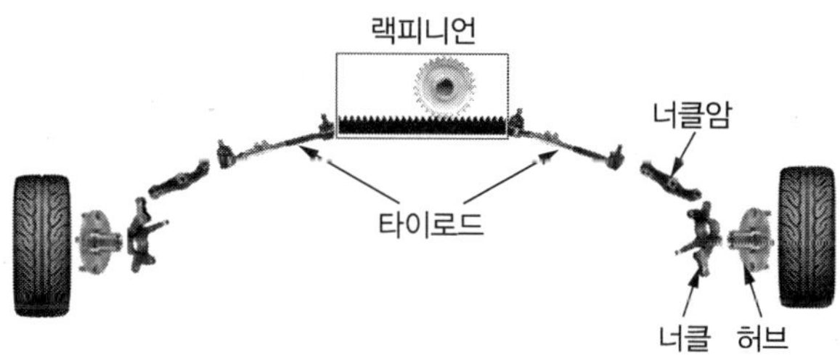

| 그림 7.16 | 랙 피니언식 구조

7.4.4 센터 암식

차체의 중심면 부근에 움직이는 센터 암을 설치하고, 이 센터 암에 드래그 링크, 타이로드, 중간 너클 암을 연결하고 양쪽 타이로드를 너클 암에 연결하여 조향하는 방식이다.

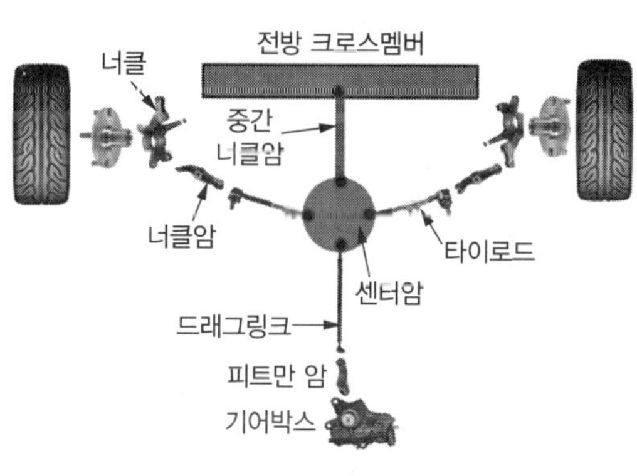

| 그림 7.17 | 센터 암식 구조

7.5 최소 회전반경

자동차가 회전 중심점을 기준으로 저속으로 회전을 하면 바퀴의 궤적은 원을 그린다. 스티어링 휠을 완전히 돌려 조향각도를 최대로 하여 회전하면 바깥쪽 앞바퀴의 접지면의 중심이 그리는 반경은 4바퀴가 그리는 동심원 중에서 가장 커진다. 회전 시 자동차가 회전할 때 바깥쪽 앞바퀴가 만드는 원의 반지름을 최소 회전반경(minimum turning radius)이라 하고 앞바퀴 차축과 뒷바퀴 차축간의 거리인 휠 베이스가 크면 최소 회전반경은 커진다. 최소 회전반경은 자동차가 U턴 회전을 할 때 확보해야 하는 최소한의 공간으로 안전 기준상 최소 회전반경은 12m 이하이고 소형 승용차의 최소 회전반경은 4~5m 정도이다. 최소 회전반경은 다음 식으로 구한다.

$$R_{min} = \frac{L}{\sin\beta} + r \tag{7.1}$$

여기서 R_{min}은 최소 회전반경(m), L은 휠 베이스(축간 거리, 축거)(m), β는 바깥쪽 앞바퀴의 최대 조향각도, r은 바퀴의 접지면 중심과 스트럿 중심선(킹핀)까지의 거리인 킹핀 거리(m)이다. 킹핀 거리를 생략하면 다음과 같다.

$$R_{min} = \frac{L}{\sin\beta} \tag{7.2}$$

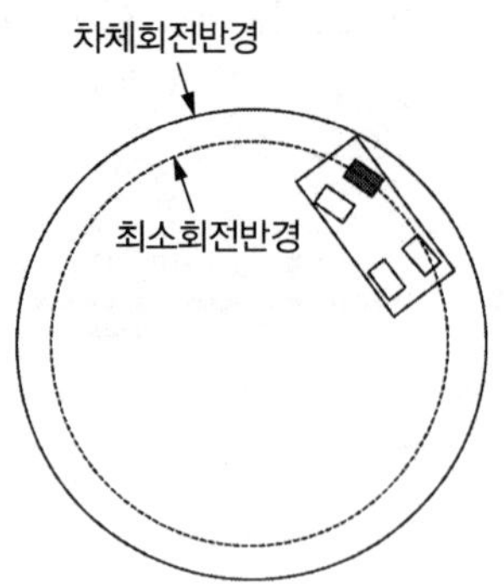

| 그림 7.18 | 최소 회전반경

예제 7·1 휠 베이스 2.8m, 바깥쪽 앞바퀴의 최대 조향각 32°, 바퀴의 접지면 중심과 스트럿 중심선까지의 거리 25cm인 자동차의 최소 회전반경은 얼마인가?

| 풀이 | $R_{min}=\dfrac{2.8}{\sin 32}+0.25=5.53\text{ m}$

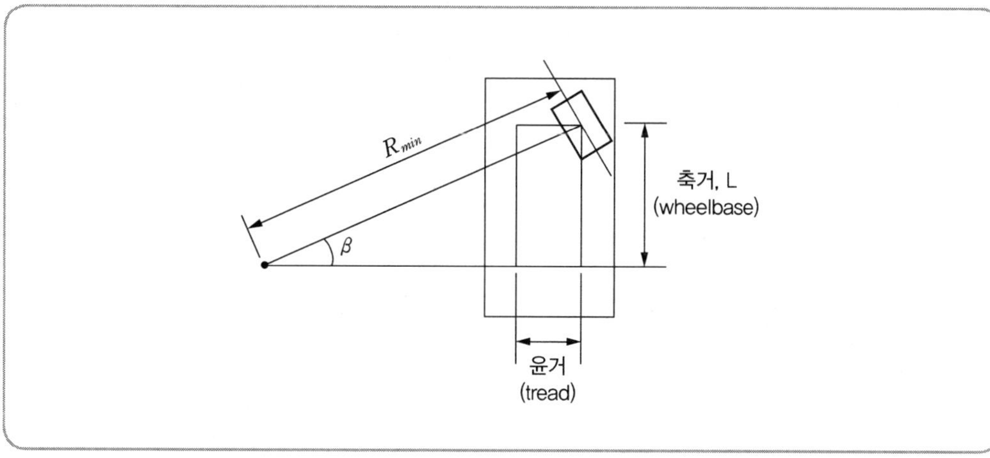

| 그림 7.19 | 최소 회전반경 계산

예제 7·2 자동차의 축거 3m, 외측 앞바퀴의 조향각도가 30°일 때 이 자동차의 최소 회전반경은 얼마인가? 단 킹핀 중심과 바퀴 접지면의 중심간 거리는 30cm이다.

| 풀이 | $R_{min}=\dfrac{L}{\sin\beta}+r=\dfrac{3}{\sin 30}+0.3=6.3\text{ m}$

7.6 조향장치의 구성 부품

조향장치의 구조는 자동차에 적용되는 현가장치의 종류에 따라 조금씩 다르나 일반적으로 조향 조작기구, 조향 기어기구, 조향 링크기구로 구성된다. 주요 구성 부품들은 스티어링 휠(steering wheel), 스티어링 샤프트(steering shaft), 스티어링 기어(steering gear), 피트먼 암(pitman arm), 드래그 링크(drag link), 타이로드(tie rod), 너클 암(knuckle arm), 너클(knuckle) 등이다. 자동차의 회전 운동은 운전자가 스티어링 휠을 조작하여 앞바퀴를 움직이고 타이어를 통하여 노면에 힘을 전달함으로써 이루어진다. 운전자가 스티어링 휠을 돌리면 스티어링 기어에 운전자의 회전력과 회전 변위가 전달되고, 조향 기어비만큼 회전력은 커지고, 회전 변위는 감소한다. 스티어링 기어에서 커진 회전력은 링크기구를 이용하여 바퀴를 움직이는 직선 조작력으로 변환된다.

조향 조작기구는 운전자의 스티어링 휠의 조작력을 스티어링 기어기구에 전달하는 부분이고, 스티어링 기어기구는 조작력을 증대시키고, 방향을 바꾸어 스티어링 링크기구에 전달하고, 스티어링 링크기구는 조작력을 앞바퀴에 전달하고, 좌우 앞바퀴를 링크로 연결하여 일정한 관계에서 바퀴를 움직인다. 조향장치는 스티어링 휠, 스티어링 샤프트, 스티어링 축 등으로 구성되어 있다.

(1) 조향 휠(steering wheel)

| 그림 7.20 | 스티어링 휠(출처 : 혼다)

스티어링 휠은 허브(hub), 스포크(spoke), 림(rim) 등으로 구성되며 허브나 스포크는 충돌 시 운전자의 부상을 경감하도록 합성수지로 만든다. 운전자는 스티어링 휠을 회전시켜 자동차의 진행 방향을 제어한다. 운전자의 안전을 위하여 에어백(air bag)시스템이 휠 허브에 장착되어 있으며 운전자의 체형과 자세에 적합하도록 스티어링 휠의 위치를 조절할 수도 있다. 스티어링 휠의 설치 각도를 조절할 수 있는 틸트 스티어링 휠(tilt steering wheel)과 길이를 조절할 수 있는 텔레스코핑telescoping) 스티어링 휠, 각도와 길이를 모두 조절할 수 있는 혼합 방식도 있다.

(2) 조향 축(steering shaft)

자동차의 조향장치를 구성하는 부품의 하나로, 스티어링 샤프트는 스티어링 휠과 기어박스를 연결하는 축으로 스티어링 컬럼 안에 설치되며 보통 20~30°의 경사로 장착되어 있으며 또한 충돌 사고 등이 일어났을 때 스티어링 휠에서 발생하는 운전자의 부상을 줄이기 위하여 충격 흡수식 핸들(collapsible handle)을 장착한다. 여기에 설치된 안전장치로는 에어백, 충격을 흡수하는 방법에 따라 공 슬라이딩식, 샤프트식, 튜브식 등이 있다.

에어백은 자동차가 정면 충돌 시 스티어링 휠에서 에어백이 터지는 방식이고, 공 슬라이딩식은 충돌 시에 튜브가 2분할되고, 샤프트식은 플라스틱 핀이 부러져 스티어링 샤프트는 짧아진다. 튜브식은 튜브 사이에 삽입된 스틸 볼의 회전 저항으로 충격을 흡수하는 방식으로 이들은 규정 이상의 충격력이 가해지면 스티어링 컬럼과 스티어링 샤프트로 분리된다.

(3) 조향부품

① 타이로드와 너클 암

타이로드는 조향 기어박스와 너클을 연결하는 링크이며 너클 암은 너클과 타이로드를 연결한다. 그림 7.21(a)와 같이 너클 암이 없이 차체 측의 상부 암의 설치 위치를 낮게 설치하면 차체에 전달되는 힘이 분산되는 효과가 있고, 엔진 룸의 공간은 커지지만 상부 링크의 길이는 짧아져 캠버 변화가 커진다. 그림 7.21(b)와 같이 너클과 너클 암을 사용하여 상부 링크를 높게 하면 너클 암의 상부 링크 길이가 길게 되어 캠버 변화를 작게 할 수 있는 장점이 있어 너클과 너클 암을 사용한다.

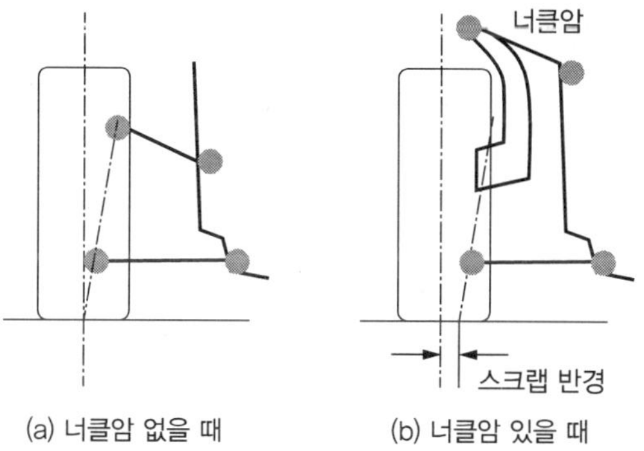

| 그림 7.21 | 너클과 너클 암이 필요한 이유

② 조향기어

스티어링 휠의 회전을 조작력으로 바꾸고 동시에 운동 방향을 바꾸어 링크기구에 전달하는 장치로, 볼 너트식과 랙 피니언식이 있다.

③ 릴레이 로드

볼 너트식에서 좌우 타이로드와 연결되어 조향력을 전달하는 로드이며 센터로드, 드랙로드라고도 한다.

④ 드래그 링크

피트먼 암과 조향 너클을 연결하는 로드로, 양 끝이 볼 이음으로 되어 있고 노면 충격을 줄이기 위하여 볼 속에는 스프링이 있다.

⑤ 피트먼 암

조향기어와 트랙로드를 연결하는 암이다.

⑥ 이이들러 암

릴레이 로드를 지지하는 암으로, 피트먼 암의 회전 운동을 릴레이 로드의 직선 운동으로 바꾼다. 이 암은 피트먼 암과 대칭되는 자리에 장착되어 균형을 잡아주고 조향력 전달을 보조한다.

(4) 조향 기어비

스티어링 기어에는 스티어링 휠의 회전수를 감속하고 조작력을 증대시키기 위해 스티어링 기어비가 있다. 스티어링 기어비는 스티어링 휠의 회전 각도와 피트먼 암의 회전 각도비가 항상 일정한 일정 스티어링 기어와 스티어링 휠의 회전 각도에 따라 피트먼 암의 회전 각도비가 변하는 가변 스티어링 기어(VGS, variable gear ratio steering)로 나누어진다. 이 기어비가 작으면 빠르게 스티어링 휠을 돌릴 수 있고 기어비가 크면 작은 힘으로 스티어링 휠을 돌릴 수 있다. 랙 피니언식에서는 조향 기어비는 스티어링 휠의 조향 원호(mm)와 랙 좌우 양단의 이동 거리(mm) 의 비로 표시된다.

$$\text{조향기어비} = \frac{\text{조향핸들의 조향원호}}{\text{랙좌우양단이 움직인 거리}} \text{(랙 피니언 방식)} \tag{7.3}$$

$$\text{조향기어비} = \frac{\text{조향핸들이 움직인 각도}}{\text{피트먼암이 움직인 각도}} \text{(피트먼 암 방식)} \tag{7.4}$$

스티어링 기어의 기어비를 크게 하면 운전자는 작은 힘으로 스티어링 휠을 돌릴 수 있지만 너무 크면 스티어링 휠의 복원성을 나빠진다. 승용차용 기어비는 15~24 정도이며, 가변 조향기어를 사용하면 스티어링 휠을 돌리는 양을 크게 줄일 수 있다. 가변 조향 시스템은 저속 주행 시와 큰 커브 시 스티어링 휠을 돌리는 양을 1/2로 줄일 수 있어 조작감을 향상시킨다.

자동차의 파워(전동, 유압) 스티어링 기구는 차체 속도에 따라 조향 기어비를 적절하게 제어하는 가변 기어비를 사용하고 토크 보조 기능도 한다.

예제 7·3 조향 핸들을 2바퀴 돌렸을 때 피트먼 암이 70°움직이면 조향 기어비는 얼마인가?

| 풀이 | $\text{조향기어비} = \frac{\text{휠이 움직인 양}}{\text{암이 움직인 양}} = \frac{720}{70} = 10.29$

(5) 전동 가변 기어비 스티어링(EPS-VGR)

전동 스티어링 시스템은 유압을 모터를 사용하는 전동 방식으로 변화시킨 것으로 여기에 조종성, 응답성 향상을 위하여 가변 기어비(VGR)를 적용한다. 이 시스템은 스티어링 휠의 회전 각도와 타이어의 회전 각도와의 기어비를 ECU와 전동 모터를 이용하여 변화시켜 주차 시, 저속 주행 시, 코너링 시에는 기어비를 크게 하고 고속 주행 시에는 작게 한다. 전동 파워 스티어링의 ECU, 전동 파워 스티어링의 전기모터, 스티어링 토크 센서를 가지는 전동 스티어링 시스템(EPS)에서 기어비 가변 ECU, 기어비 가변 스티어링 전기모터로 대체한 시스템이다.

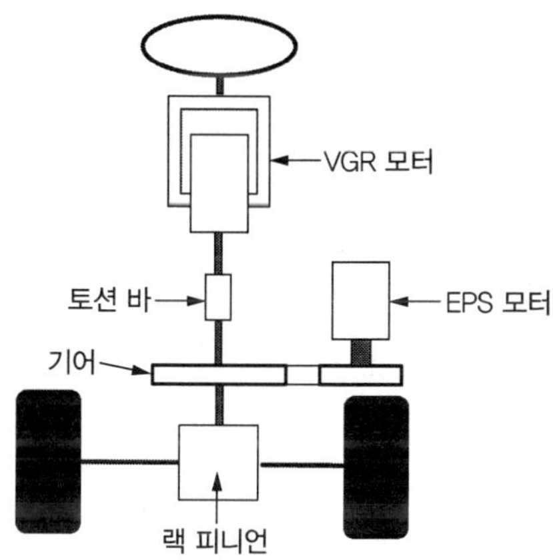

| 그림 7.22 | EPS-VGR의 구성

(6) 조향 기어의 운동 전달 방식

스티어링 기어는 조작력이 작고, 노면의 충격이 운전자에게 전달되지 않는 구조이며, 스티어링 휠과 바퀴 간의 상호 운동 전달이 가능한지 여부에 따라 가역식, 비가역식 및 반가역식으로 분류한다.

① 가역식

앞바퀴를 돌리면 역으로 스티어링 휠이 움직이고, 노면의 충격이 스티어링 휠에 전달된다. 스티어링 휠의 복원성은 좋으나 주행 중 스티어링 휠을 놓치기 쉽다. 주로 소형차에 적용한다.

② 비가역식

스티어링 휠로 바퀴를 움직일 수는 있으나 반대 방향인 바퀴를 움직여도 스티어링 휠은 회전하지 않는다. 노면의 충격이 스티어링 휠에 전달되지 않아 비포장도로에서도 스티어링 휠을 놓칠 염려가 없고, 안정성은 있으나 부품의 마모가 심하다.

③ 반가역식

가역식과 비가역식의 중간 특성을 가지는 방식이다.

7.7 조향 링크기구

운전자가 스티어링 휠을 돌리면, 회전 운동은 스티어링 샤프트를 거쳐 스티어링 기어에 전달되고 스티어링 기어는 스티어링 휠과 스티어링 샤프트의 회전을 감속시킨다. 휠의 조작력을 바퀴를 움직일 수 있는 힘으로 변경하고, 동시에 힘의 방향을 바꾸어 바퀴에 전달하는 기구이다. 스티어링 기어에 의해 회전 운동은 직선 운동으로 전환되고 직선 운동은 피트먼 암, 타이로드, 너클 암, 너클 등을 거쳐 바퀴에 전달된다. 스티어링 휠 조작 시 좌우 바퀴의 조향각이 규칙적으로 변하도록 하고 주요 부품은 타이로드, 트랙로드, 너클 암, 타이로드 앤드 등으로 앞바퀴를 링크와 연결한다.

조향 링크기구는 앞바퀴의 차축 현가방식과 설치 공간의 크기에 따라 일체 차축식 현가장치용과 독립식 현가장치용이 있다.

7.7.1 일체 차축 방식 조향 링크기구(크로스 링크식)

좌우 축의 너클 암 또는 타이로드 암의 끝부분을 1개의 타이로드로 연결하고 한쪽의 바퀴에 힘을 가하면 반대쪽의 바퀴에 힘이 전달하는 링크 방식으로 차체가 흔들려도 좌우 바퀴는 일체로 움직인다. 노면의 충격은 타이로드, 너클 암, 드래그 링크, 피트먼 암을 거쳐서 스티어링 기어에 전달된다.

스티어링 기어가 작동하면 피트먼 암은 힘을 드래그 링크에 전달하고, 드래그 링크는 피트먼 암의 작동을 타이로드를 통하여 너클 암에 전달한다. 피트먼 암은 댐퍼 역할을 하는 스프링이 내장되어 충격으로부터 스티어링 기어와 스티어링 휠을 보호하고, 타이로드는 좌우 너클 암을 작동시켜 앞바퀴를 움직이는 링크로, 타이로드 양끝의 볼 조인트부와 중앙의 강관부는 나사로 길이를 조절하는 구조로 되어 있어 이를 이용하여 토인을 조정한다.

7.7.2 독립 차축 방식 조향 링크기구

독립 차축식 조향 링크기구는 양쪽 너클 암을 일체식 타이로드로 연결하지 않아, 좌우 바퀴가 서로 독립적이고, 스프링 작용, 강도, 발생 시간도 서로 다르다. 만약 독립식 현가장치에 일체식 타이로드를 적용하면 스프링 작용을 할 때마다 조향 링크기구에 과부하가 걸리고 토인이 변하게 되므로 독립식 현가장치에는 타이로드를 좌우로 분리시킨 2~3개의 분할식 타이로드를 사용한다. 각 타이로드는 볼 이음으로 연결되고 중간부의 로드를 트랙로드, 릴레이 로드라고 한다.

7.8 유압 파워 스티어링(HPS, hydraulic power steering)

파워 스티어링 배력장치는 외부의 에너지를 이용하여 조향력을 증가시켜 스티어링 휠을 돌리는 힘을 줄이는 장치이며 외부 에너지의 종류에는 유압식, 전동식, 압축 공기식 등이 있다.

타이어 접지력 향상 등으로 조향 차축의 하중이 무거운 전륜 구동 자동차들은 스티어링 휠 조작 시 큰 힘을 필요로 한다. 스티어링 기어비를 크게 하여 스티어링 휠의 조작력을 작게 할 수 있지만 앞바퀴를 끝(stopper)에서 끝까지 돌리기 위해서는 스티어링 휠을 여러 번 회전시켜야 한다. 이러한 문제점을 해결하기 위하여 스티어링 기어비를 그대로 유지하면서 가볍고 신속하게 스티어링 휠을 돌릴 수 있도록 동력으로 보조하는 파워 스티어링(power steering, 동력 조향장치)이다. HPS는 시동 시와 저속 시는 조향 핸들의 조작력을 가볍게 하고, 고속 시는 무겁게 한다. 파워 스티어링에 필요한 유압은 엔진으로 오일 탱크와 연결되어 있는 유압 펌프를 구동시켜서 얻고, 유압식 동력 조향장치는 스티어링 기어, 유압 펌프, 로터리 스풀밸브, 작동 피스톤 등으로 구성된다. 로터리 스풀 밸브의 오리피스를 변화시켜 리저버 탱크로 오일을 보내 오일량을 제어한다. 유압식 동력 조향장치의 특징은 다음과 같다.

① 자동차의 정지 시와 저속 주행 시 조작력을 경감시킨다.

② 선회 시 차선의 추종성이 향상된다.

③ 중 고속 주행 시 조향력이 향상된다.

7.8.1 구조

자동차의 중량을 1000~2000kgf 라고 하면 앞바퀴에는 그 절반의 무게가 걸린다. 큰 무게가 걸려 있는 바퀴를 움직이는 것은 어렵기 때문에 누구나 쉽게 조향할 수 있도록 스티어링 휠을 회전시키는 힘을 보조하는 기구가 파워 스티어링이다. 유압식 파워 스티어링의 구성은 **그림 7.23**과 같고 구성은 스티어링, 스티어링 칼럼, 유압 펌프, 리저브 탱크, 로터리 밸브, 스티어링 기어박스(랙 피니언, 파워 랙, 파워 실린더), 파워 스티어링 오일 등으로 구성된다.

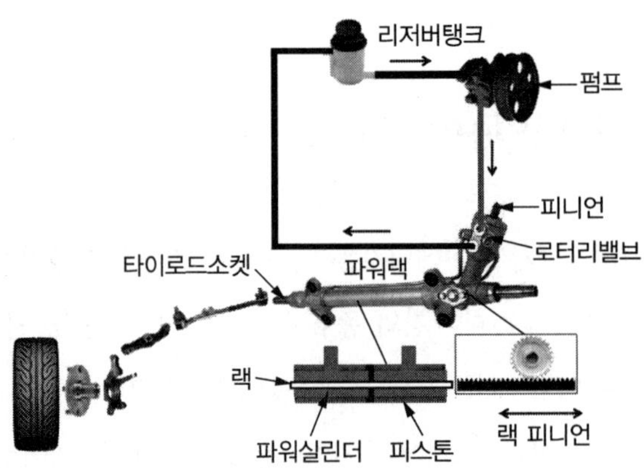

| **그림 7.23** | 유압식 파워 스티어링 구조

파워 스티어링 펌프는 벨트 구동방식으로 엔진의 크랭크축 풀리에 의해 작동된다. 유압식과 전동식 파워 스티어링를 사용하는 자동차의 연비가 다른 이유는 엔진에 의한 펌프 구동 때문이다. 펌프는 오일에 압력을 가하여 유압을 발생시키기 때문에, 엔진의 동력을 필요로 하고 이 때문에 엔진의 효율은 3% 정도 떨어지고 저탄소 자동차에서는 모든 기술을 적용하여 조금이라도 연비를 향상시키는 노력을 하고 있기 때문에 3%는 매우 크다고 볼 수 있다. 파워 스티어링 유압 펌프는 베인 형식이 주로 사용하고 베인 펌프는 기어 펌프보다 토출 유량이 많고 토출 맥동은 적은 장점이 있어 맥동에 의해 발생하는 소음을 줄일 수 있다.

7.8.2 작동 원리

엔진 풀리에 연결된 베인 펌프는 엔진 작동에 따라 펌프 내부의 로터가 회전하고, 로터가 리저버 탱크에서 오일을 흡입하면, 베인은 원심력으로 오일을 외측으로 보내고, 압축 작용을 한다. 엔진 벨트 구동식인 베인 펌프는 항상 구동이 되기 때문에 엔진 회전수가 높아지면 유압이 높아지고, 규정 유압으로 제어를 하기 위하여 유량 제어밸브는 오일을 오일 리저버로 다시 보낸다. 로터에 10여 개의 베인이 직각으로 설치되어 있고, 베인은 로터가 1/2 회전할 때마다 흡입구 측의 오일을 압축하여 토출구를 통하여 기어 박스로 보내며, 가변 용량형은 편심량을 조정하는 기구를 사용하여 토출량을 변화시킨다.

랙에 유압을 가하는 유압식 기어박스는 오일 방향을 제어하는 밸브 보디와 파워 실린더로 구성된다. 밸브 보디는 스티어링 휠의 회전 방향에 맞추어 유압을 가하기 위하여 오일 통로의 방향을 제어하고, 랙과 일체가 되어 있는 파워 실린더에는 엔드 플레이트, 파워 피스톤, 푸시로드, 리턴 스프링이 장착되어 유압에 의해 작동한다.

차량이 직진하면 좌우의 파워 실린더에 같은 유압이 걸려 보조 힘인 배력은 발생하지 않

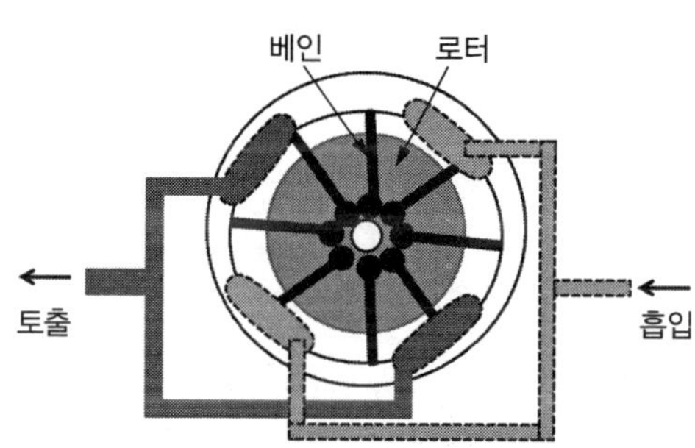

| 그림 7.24 | 유압펌프의 작동 원리

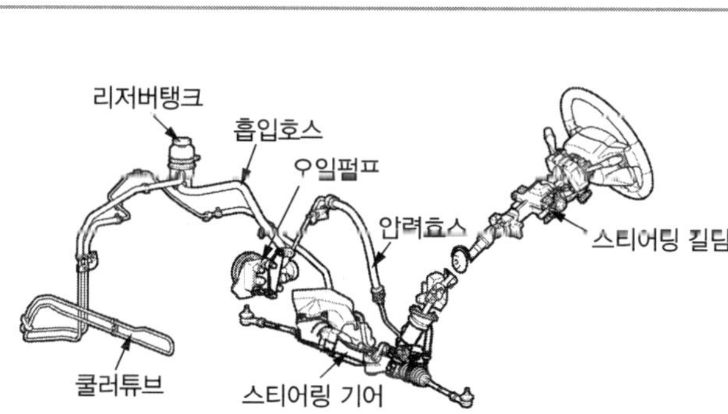

| 그림 7.25 | 유압식 파워 스티어링의 구조

고, 스티어링 휠을 시계 방향으로 돌리면 왼쪽 파워 실린더의 유압이 높아져 유압은 랙을 오른쪽으로 이동시키고 반시계 방향으로 돌리면 오른쪽 파워 실린더의 유압이 높아져 랙을 왼쪽으로 이동하는 힘이 발생한다.

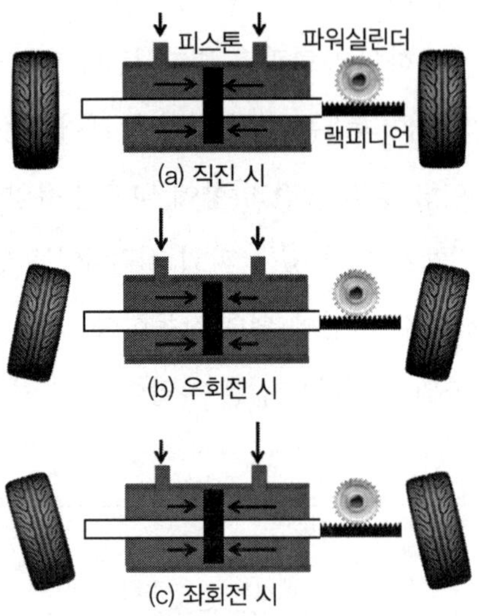

| 그림 7.26 | 파워 실린더 작동 원리

7.9 전동 파워스티어링(EPS, electric power steering)

7.9.1 원리

파워 스티어링의 역할은 운전자의 조향 동작을 어시스트하는 것으로, EPS는 그 어시스트를 전기모터로 한다. 주차, 저속 시에는 조작력을 작게 하고 고속 시에는 조작력을 무겁게 한다. 기본 작동은 운전자가 스티어링 휠을 움직일 때 무게와 비틀림량을 토크 센서로 감지하여 스티어링 휠의 이동량을 감지하고 이 데이터를 EPS-ECU로 전송하여 무게와 차속을 바탕으로 EPS 모터가 스티어링의 움직임을 보조한다. 전기적으로 작동하므로 자동차의 특성에 맞게 보조량을 쉽게 설정할 수 있다. EPS 모터가 스티어링 샤프트에 직접 작용하기 때문에 차량을 쉽게 조향할 수 있어 완전 자동 주차 시스템과 전자식 차량 자세제어(ESC)와의 상호 연동작용도 가능하고 모터가 장착되는 위치에 따라 컬럼 구동식, 피니언 구동식, 랙 구동식으로 분류한다.

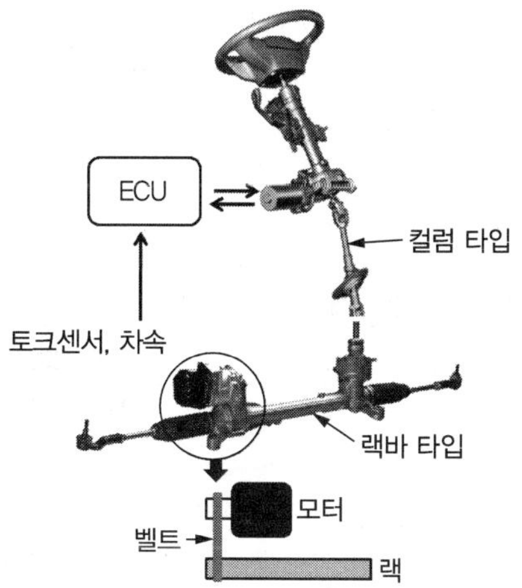

| 그림 7.27 | 전동식 파워 스티어링 구조

7.9.2 구성

기본 구조는 전기(보조)모터, EPS-ECU, 토크센서, 차속센서, 엔진회전수 감지센서, 전원 감지 센서 등으로 구성된다.

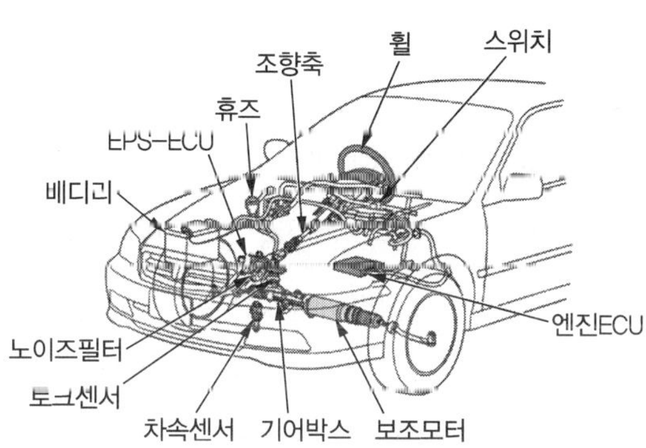

| 그림 7.28 | EPS의 구성

① 랙 보조식

파워 어시스트 부를 랙 바 외주부의 출력축에 모터를 배치한 시스템으로 고강성이고 부드러운 느낌을 얻을 수 있어 중형 이상의 차량에 사용한다.

② 피니언 보조식

파워 어시스트 부를 피니언 기어부의 입력 축에 배치한 시스템으로 소형차에 적합하다.

7.9.3 제어

그림 7.29는 EPS 제어 시스템을 나타낸다. EPS의 제어에 필요한 토크 신호와 차속 신호를 EPS-ECU가 검출을 하면 엔진 ECU로부터 엔진 회전수, 배터리 신호, 전기부하 신호 등을 받아 조작력 보조량을 계산하고, 조작력 보조량인 모터 구동 전압이 결정되면 전기모터를 구동하여 스티어링 휠을 보조한다.

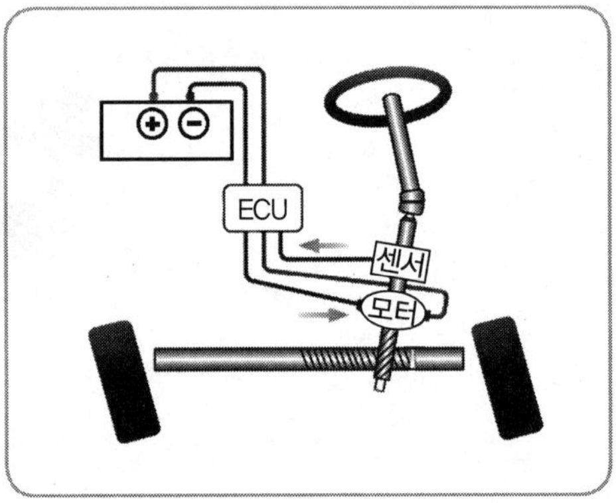

| 그림 7.29 | EPS 센서와 구동 원리

7.10 조향 특성

7.10.1 슬립각과 코너링 포스

(1) 슬립각(slip angle, SA)

자동차는 앞바퀴의 방향과 자동차의 진행 방향에는 차이가 있고, 타이어의 방향과 차량 진행 방향과의 차이각을 슬립각이라고 한다. 슬립각이 커지면 코너링 포스는 커지고, 슬립각이 10~15°이면 코너링 포스는 감소하여 슬립이 발생한다. 이를 최대 허용 슬립각이라 한다.

타이어는 슬립각이 어느 정도 이상으로 커지면 코너링 포스가 저하되는 특성이 있고, 타이어의 표면이 노면에 밀착되어 있어도 슬립각은 발생하여 타이어는 노면에서 조금씩 미끄러진다. 타이어의 특성상 슬립각이 0이 되는 것은 불가능하며, 슬립각은 바퀴에 작용하는 하중, 타이어의 종류, 도로 마찰계수, 외력에 따라 변한다. 타이어는 노면과의 마찰과 탄성에 의해 진행 방향에 대하여 슬립각이 발생하고 이 슬립각은 가로 방향으로 횡력을 발생시킨다.

횡력의 수평방향 분력이 코너링 포스이고 이 힘은 차량을 회전시키고, 코너링 포스와 직각인 분력이 코너링 저항이다. 회전운동에는 원심력이 발생하고 타이어의 노면 마찰력에 의한 구심력도 발생한다.

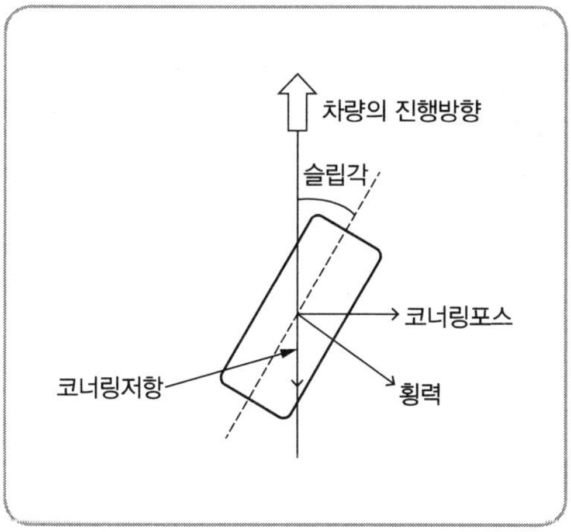

| 그림 7.30 | 슬립각과 코너링 포스

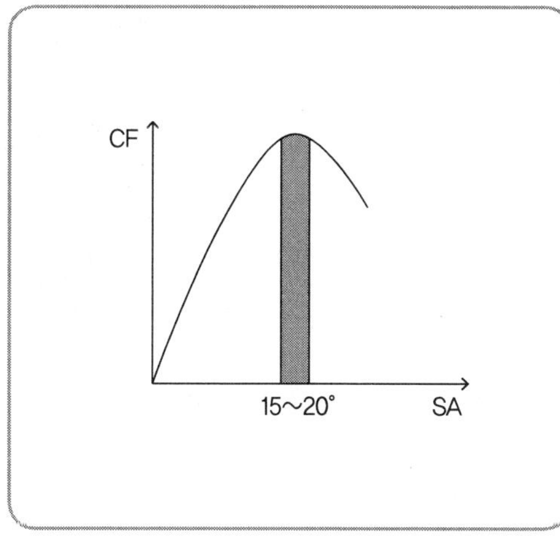

| 그림 7.31 | 슬립각과 코너링 포스의 관계

(2) 코너링 포스(cornering force, CF)

스티어링 휠을 돌려 자동차를 회전시키면 타이어는 변형이 되고, 그에 반발하는 힘인 코너링 포스가 발생한다. 이 코너링 포스를 이용하여 자동차는 회전을 하기 때문에, 자동차는 타이어가 향하고 있는 방향으로 진행하지 않고, 앞바퀴의 힘의 방향과 뒷바퀴의 힘의 방향의 벡터 합이 자동차가 주행하는 방향이 된다. 차체의 회전 중심은 앞바퀴 슬립각과 휠 베이스의 길이에 의해 정해지기 때문에 다음과 같다.

$$L = R \times \sin\theta \tag{7.5}$$

여기서 L : 휠 베이스, R : 앞바퀴 회전 반경, θ : 앞바퀴 슬립각이다. 곡선 노면을 30km/h 이상의 속도로 회전하면 원심력이 발생하고, 이 상태에서 슬립각이 발생하는 앞바퀴는 회전 방향으로 회전은 하지만, 차량의 진행 방향으로는 관성의 힘에 의해 밀리게 된다. 이 힘으로 인하여 타이어 접지면은 노면과의 마찰력이 발생하고, 마찰력으로 타이어는 뒤틀리는 탄성 변형을 하고, 타이어의 진행 방향과 직각 방향으로 반발하는 힘인 코너링 포스가 발생한다. 이 힘에 의해 슬립각이 발생한다. 타이어 슬립각과 직각 방향의 힘을 횡력, 코너링 포스와 횡력은 슬립각 만큼 방향이 다르고, 코너링 포스와 횡력은 회전 시 구심력으로 작용하여 원심력을 상쇄하여 회전을 가능하게 한다.

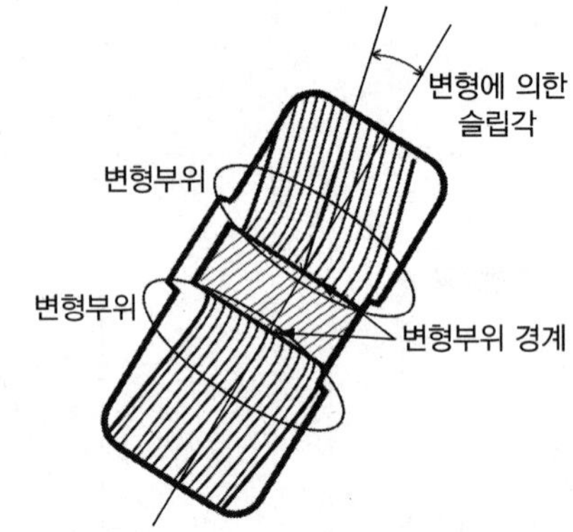

| 그림 7.32 | 타이어 변형에 의한 코너링 포스

(3) 선회의 원리

그림 7.33은 자동차 선회의 원리를 나타낸다. 앞바퀴에서 발생하는 슬립각은 차체의 방향을 변화시키고 2개의 앞바퀴에는 힘의 차이로 인하여 한쪽으로 쏠리는 요 모멘트(yaw moment)가 발생한다. 앞바퀴에서 발생하는 코너링 포스에 의해 차량의 무게 중심은 자동차의 센터로 이동하고, 앞바퀴의 요 모멘트에 의해 뒷바퀴는 횡방향으로 밀리게 된다. 이때 차량을 요축(z축)에 대한 회전체로 생각하면, 차량 무게 중심을 축으로 하여 회전하려는 힘이 발생하고, 뒷바퀴에도 그 힘에 의해 슬립각이 발생하고, 앞바퀴와 같이 뒷바퀴에도 원심력과 반대 방향으로 코너링 포스가 발생하여 앞바퀴와 같이 회전을 하면서 전후륜의 코너링 포스와 전후륜 원심력이 균형을 이루어 정상적인 주행이 이루어진다. 즉 차량이 회전하기 위해서

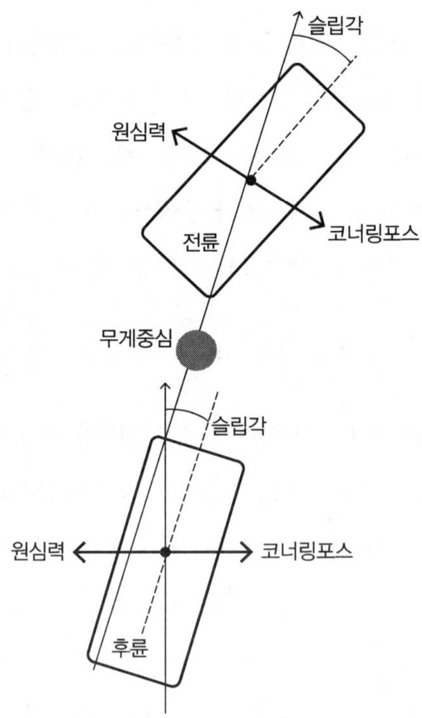

| 그림 7.33 | 자동차 선회의 원리

는 슬립각과 코너링 포스가 반드시 필요하고 앞바퀴의 슬립각은 스티어링 휠이 있어 쉽게 발생하지만 조향장치가 없는 뒷바퀴는 자동차의 회전력과 마찰력에 의해 발생하는 슬립각으로 인하여 뒷바퀴에도 코너링 포스는 발생하지만 진행 방향은 시시각각 변하게 된다.

(4) 선회 시 코너링 포스와 슬립각

① 각속도

그림 7.34의 a점에서 b점까지 1초의 시간으로 이동하면 각속도는 1 rad/sec이며 각속도는 원주 속도에 비례하고 회전 반경에는 반비례한다.

$$u_t = 2\pi r\omega \tag{7.6}$$

u_t는 원주 속도(m/sec), r은 회전 반경(m), ω는 각속도(rev/sec)이며 1 rev = 360° = 2π rad 이므로 각속도를 rad/scc로 표현하면 다음과 같다.

$$\omega = \frac{u_t}{r} \tag{7.7}$$

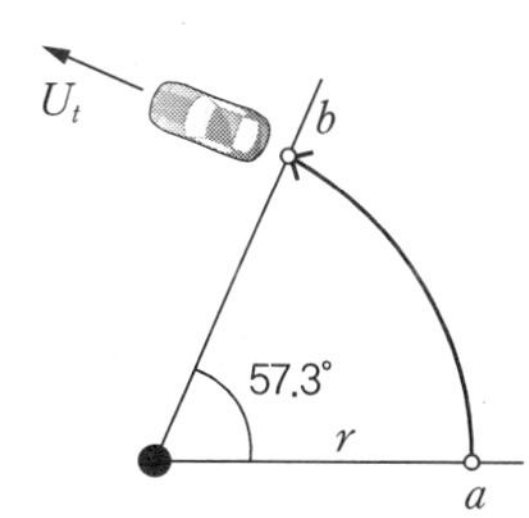

| 그림 7.34 | 각속도

② 각가속도

정속으로 원 운동을 하고 있는 차량은 가속도가 없다고 생각하기 쉽지만 실제로는 그림 7.35와 같이 직선 방향으로 나아가려는 관성력($\vec{V}$)에 대해 회전 중심을 향해 끊임없이 방향을 바꾸려는 각가속도가 존재하기 때문에 자동차는 $\vec{W}$의 방향으로 진행한다.

$$a = r\omega^2 \tag{7.8}$$

여기서 ω(rad/sec)는 각속도, α(m/sec^2)는 각가속도를 나타낸다.

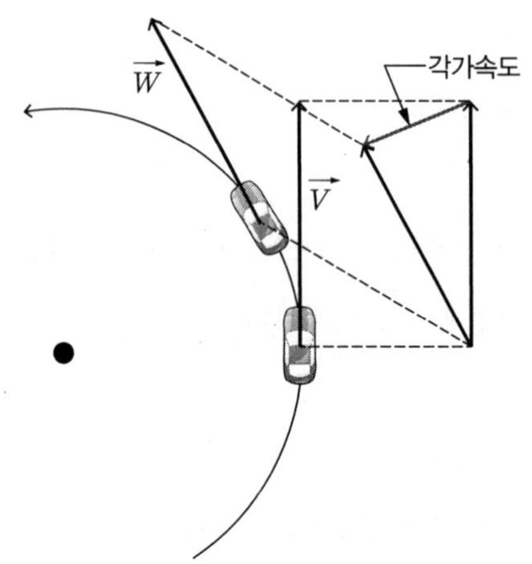

| 그림 7.35 | 각가속도

③ **구심력**

구심력을 발생시키는 것은 타이어의 코너링 포스(CF)이고 원심력의 반대 힘이다.

$$F_i = m\alpha \tag{7.9}$$

여기서 F_i는 구심력(N), m은 자동차의 질량(kg), α는 각가속도(m/sec^2)이다.

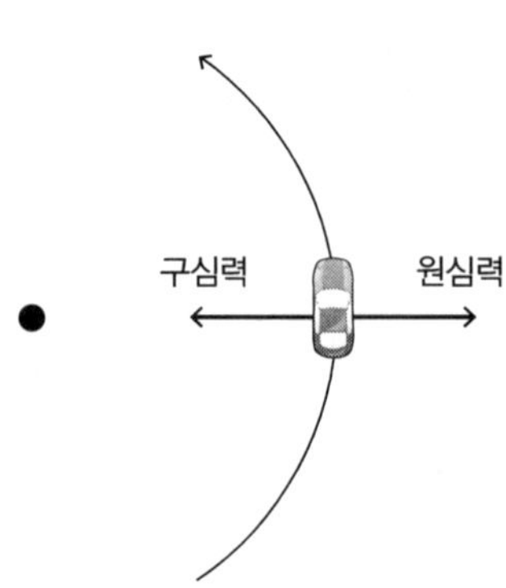

| 그림 7.36 | 원심력과 구심력

예제 7·4 오른쪽 그림과 같이 차량이 커브를 회전하고 있다. 차량 중량은 질량 1000kg, 휠 베이스 2.33m, 앞바퀴과 뒷바퀴의 중량 배분은 1:1, 무게중심 높이 0.45m, a지점에서의 회전 반경 50m, 원주 등속도 30km/h(8.33m/sec)로 시간 4 sec에 b 지점에 도달한다. 코너링 시 각 바퀴의 축하중은 다음과 같다.

좌 앞바퀴 = 2300N 우 앞바퀴 = 2600N

좌 뒷바퀴 = 2700N 우 뒷바퀴 = 3100N

각속도, 각가속도, 전 우타이어 CF, 전 좌타이어 CF, 후 우타이어 CF, 후 좌타이어 CF를 구하라?

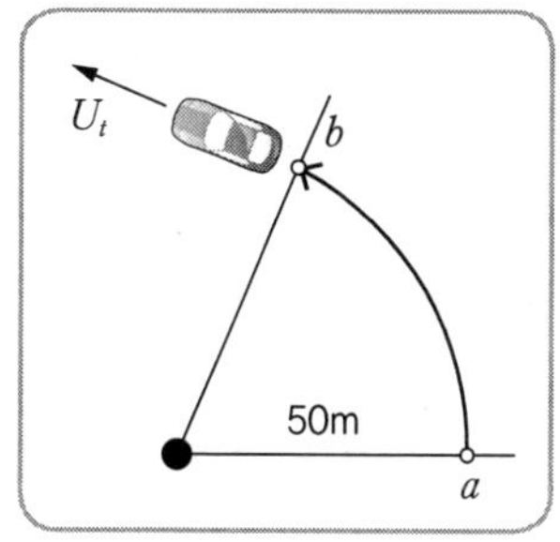

| 그림 7.37 |

| 풀이 | 차량의 중량을 1:1로 나누면 각각 500kg이 된다.

① 각속도

$$\omega = \frac{u_t}{r} = \frac{8.33}{50} = 0.167 \text{ rad/sec}$$

② 각가속도

$$\alpha = r \times \omega^2 = 50 \times 0.167^2 = 1.39 \text{ m/sec}^2$$

③ 전후축 원심력

$$F_i = m\alpha = 500 \times 1.39 = 695 \text{ N}$$

④ 우 앞바퀴 타이어 CF

$$\text{CF} = 695 \times \frac{2300}{2300+2600} = 326.2 \text{ N}$$

⑤ 좌 앞바퀴 타이어 CF

$$\text{CF} = 695 \times \frac{2600}{2300+2600} = 368.8 \text{ N}$$

⑥ 우 뒷바퀴 타이어 CF

$$\text{CF} = 695 \times \frac{3100}{2700+3100} = 371.5 \text{ N}$$

⑦ 좌 뒷바퀴 타이어 CF

$$\text{CF} = 695 \times \frac{2700}{2700+3100} = 323.5 \text{ N}$$

예제 7·5 타이어 형식이 185/65R14 85H인 승용차에서 타이어의 높이와 내경은 얼마인가? 185는 타이어 폭, 65는 편평비(%), R은 레이디얼, 14는 타이어 내경(inch), 85는 하중지수, H는 속도 기호를 나타낸다.

| 풀이 | $편평비 = \frac{타이어\ 높이}{타이어\ 단면폭} \times 100\ (\%)$

$$타이어\ 내경 = 14\ \text{in},\ 타이어\ 높이 = \frac{편평비 \times 타이어\ 단면폭}{100} = \frac{65 \times 185}{100} = 120\ \text{mm}$$

(5) 복원 토크

타이어에 측력이 작용하여 옆 방향으로 변형되어 발생하는 코너링 포스는 타이어의 중심 부위에 분포되며, 이러한 힘에 대항하여 타이어를 복원시키는 토크를 복원 토크라 한다.

(6) 토크 벡터링(torque vectoring)

토크 벡터링은 엔진 토크를 좌우 전후륜에 가변 배분하여 코너링 중에 바깥쪽 구동바퀴에는 토크를 크게 주고, 안쪽 구동바퀴에는 토크를 작게 배분하여 언더 스티어링 현상을 억제하면서 고속으로 코너 진입시에는 안쪽 뒷바퀴에 브레이크를 걸어 코너를 회전하는 기술이다. 좌우 바퀴 구동력 배분을 능동적으로 제어하여 차량의 선회 성능을 최대화한다. 미쓰비시 AVC, 혼다 SH-AWD, 포르쉐 PTV, 기아 Aynamax, BMW DPC 등이 있다.

7.10.2 자동차의 조향특성

고속 회전 시에는 자동차의 무게 중심의 위치에 따라 자동차의 주행 상태는 달라지고 주행 상태에 영향을 미치는 요소들은 자동차 중량, 가속력, 제동력, 원심력, 공기 저항, 노면의 굴곡과 요철 상태 등이다. 회전 중 가속을 하면 발생하는 회전 반경이 커지는 언더 스티어링과 회전 반경이 작아지는 오버 스티어링 중 자동차는 이들 중 하나만 갖는다. 언더 스티어링과 오버 스티어링 특성이 나타나는 원인은 앞뒷바퀴의 코너링 포스가 다르기 때문이며, 뒷바퀴의 코너링 포스가 크면 언더 스티어링, 앞바퀴의 코너링 포스가 크면 오버 스티어링이 발생한다. 오버 스티어링은 회전 중에 스핀을 발생하고, 언더 스티어링이 드리프트(drift)현상을 발생시킨다.

$$언더\ 스티어링 : 앞바퀴의\ 코너링\ 포스 < 뒷바퀴의\ 코너링\ 포스 \tag{7.10}$$

$$오버\ 스티어링 : 앞바퀴의\ 코너링\ 포스 < 뒷바퀴의\ 코너링\ 포스 \tag{7.11}$$

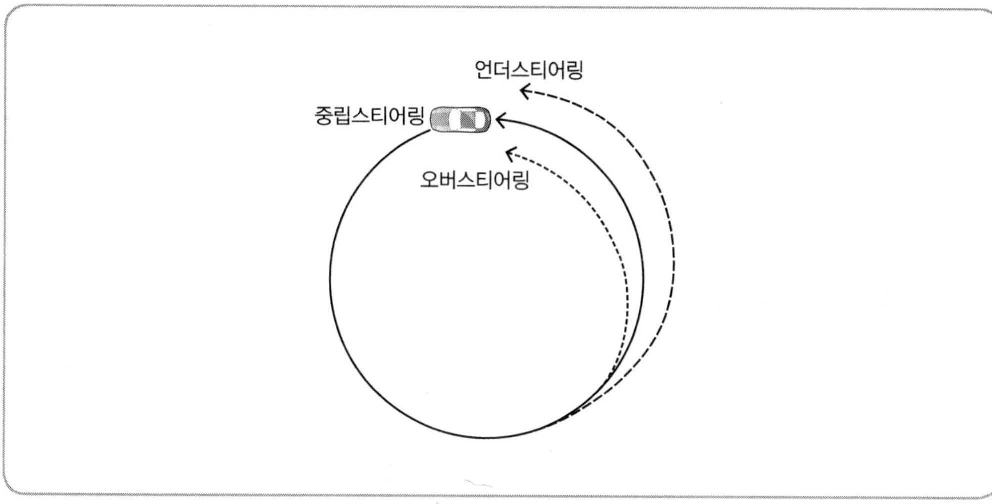

| 그림 7.38 | 조향 특성

(1) 중립 스디이링(Neutral Steering)

자동차는 일정한 반경으로 회전할 때, 앞바퀴 조향각에 의한 회전 반경과 실제로 주행하는 회전 반경이 같아져 궤적의 변화가 발생하지 않는다. 앞바퀴의 슬립각이 뒷바퀴의 슬립각과 같을 때 발생한다.

(2) 언더 스티어링(under steering, anti－drift)

자동차가 일정한 반경을 회전할 때 가속을 하면 바깥쪽 전후 바퀴의 모멘트가 안쪽 전후 바퀴의 모멘트보다 커져 회전 반경이 커지고, 바깥쪽 전후 바퀴는 노면 바깥 방향으로 슬립을 일으키는 힘이 커진다. 그리고 회전 시 가속을 하면, 무게 중심이 앞쪽에 있는 자동차는 언더 스티어링의 특성을 나타내고, 오른쪽 전후 바퀴가 커브 바깥쪽으로 미끄러지는 드리프트(drift)현상이 발생한다.

(3) 오버 스티어링(over steering, anti－spin)

자동차가 일정한 반경을 회전할 때 속도가 빠르면 앞바퀴 조향각에 의한 회전 반경보다 실제로 주행하는 회전 반경이 작아지는 현상을 의미하며 언더 스티어링과 반대의 의미이다. 차량의 속도가 빠르면 뒷바퀴가 미끄러지는 현상이 일어나 뒷바퀴의 슬립각이 앞바퀴의 슬립각보다 크게 된다. 무게 중심이 뒷쪽에 있는 자동차는 주행 중 갑자기 회전 방향으로 스티어링 휠을 꺾으면 뒷바퀴에는 슬립이 발생하여 오버 스티어링 상태가 된다.

(4) 리버스 스티어링

자동차가 회전할 때, 처음에는 언더 스티어링이 발생하다가, 나중에는 오버 스티어링이 발생하면 리버스 스티어링이라고 한다.

7.11 앞바퀴 정렬

조향장치는 자동차의 진행 방향을 운전자가 원하는 방향으로 바꾸기 위한 일련의 장치들로, 앞바퀴 정렬은 각종 링크, 사이드 슬립, 타이로드 엔드, 캠버, 캐스터, 킹핀각, 토인, 회전 시 토아웃 등에 영향을 미친다. 자동차의 바퀴는 주행성, 안정성 그리고 조종성 등을 고려하여 기하학적으로 특정 각도를 가지고 설계되며 바퀴의 위치와 관련된 기하학적인 각도 관계를 정확하게 하는 작업을 휠 얼라이먼트라고 하고 이것이 정확하면 스티어링 휠 조작의 안정성, 스티어링 휠의 복원성, 타이어 마모 최소화 등이 가능하다.

(1) 캠버(camber)

캠버는 **그림 7.39**와 같이 앞바퀴를 앞에서 보았을 때 바퀴의 중심선과 노면에 대한 수직선이 이루는 각도를 말하며 이는 수직 하중에 대하여 앞 차축의 휨을 방지하면서 스티어링 휠의 조작을 가볍게 한다. 캠버는 바퀴의 상부가 바깥쪽으로 기울어진 상태를 정(+)의 캠버(positive camber), 바퀴의 상부가 안쪽으로 기울어진 상태를 부의 캠버(negative camber), 바퀴의 중심선이 노면과 수직인 상태를 0의 캠버(zero camber)라 한다. 정의 캠버는 직진성을 좋게 하고 킹핀 오프셋(offset)을 작게 하며, 부의 캠버는 회전 시 코너링 포스를 증가시킨다. 자동차는 차량 하중으로 인하여 부의 캠버가 되려는 경향이 있으므로 제조시에는정의 캠버를 준다. 현재 자동차

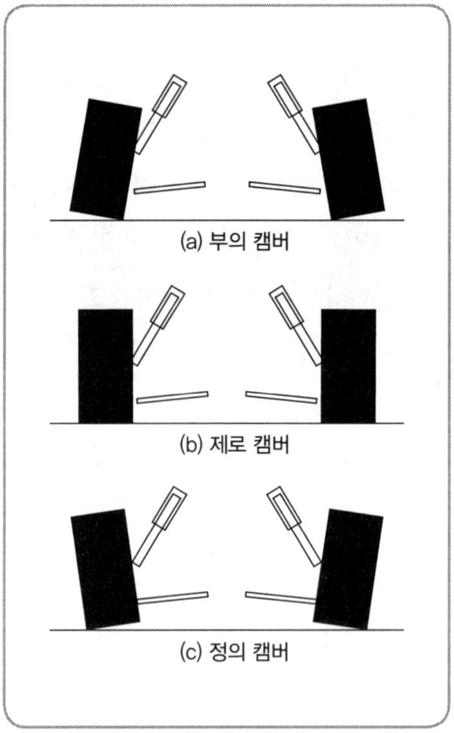

| 그림 7.39 | 캠버

는 스트럿 어셈블리와 함께 조립된 조향 너클이 규정 캠버로 조립되어 있다.

(2) 킹핀 경사각(kingpin inclination)

그림 7.40의 (a)와 같이 차축과 너클을 연결하는 핀인 킹핀의 상하 볼 조인트를 연결한 직선인 킹핀 중심선과 타이어의 중심선이 이루는 각도를 킹핀 경사각(KPI)이라 한다. 킹핀 경사각은 대략 5~10°범위이며 킹핀 경사각과 캠버각(협각, included angle)는 킹핀 오프셋에 영향을 미친다. 킹핀 경사각은 정(+)의 킹핀 오프셋과 함께 회전후 직진 상태로의 복원력을 증대시키고 주행 중 앞바퀴가 좌우로 흔들리는 현상인 바퀴의 쉬미(shimmy)현상도 방지한다. 캠버각은 스크럽 반경을 조절하고, 스티어링의 조작력을 경감시키고 타이어에서의 충격을 감소시킨다. 그림 7.40의 (b)는 맥퍼슨 형식의 킹핀 경사각을 나타낸다.

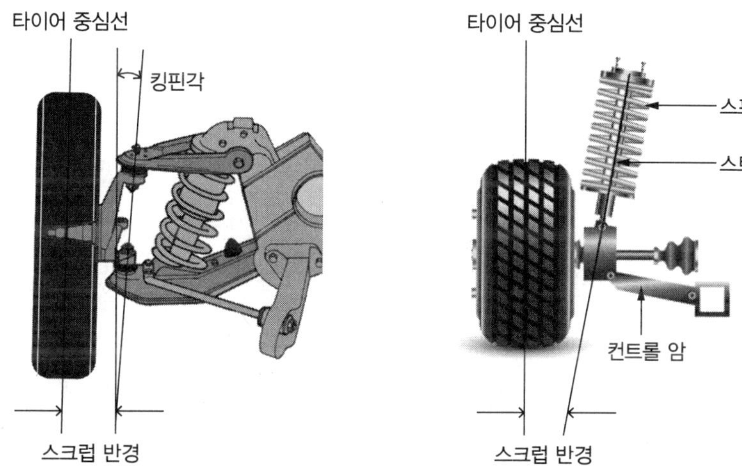

(a) 위시본 형식(driving310.com)　　(b) 맥퍼슨 형식(motor-car.co.uk)

| 그림 7.40 | 킹핀 경사각(스크럽 반경)

(3) 킹핀 오프셋(스크럽 반경)

타이어의 중심선이 노면에서 만나는 점과 킹핀 중심선의 연장선이 노면에서 만나는 점의 사이의 거리를 나타내며 킹핀 경사각과 캠버에 의해서 결정된다. 타이어 중심선의 접지점이, 킹핀 중심선의 연장선과 노면이 만나는 점보다 바깥쪽에 위치한 상태는 정(+)의 킹핀 오프셋, 안쪽에 위치하면 부(−)의 킹핀 오프셋, 한 점에서 만나면 제로(0)의 킹핀 오프셋이다. 킹핀 오프셋이 작으면 조향장치에 가해지는 부하는 작아 바퀴 조향에 필요한 힘은 커지지만,

바퀴의 쉬미 현상은 감소된다. 바퀴에서 조향장치에 전달되는 토크를 작게 유지하기 위해서는 킹핀 오프셋을 작게 해야 한다.

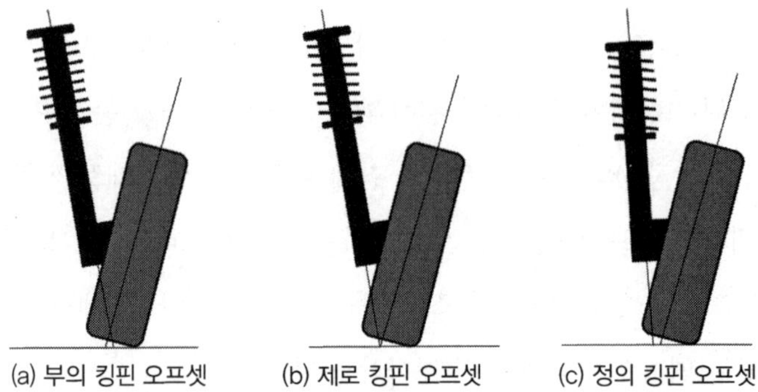

| 그림 7.41 | 킹핀 오프셋

(4) 캐스터(caster)

캐스터는 그림 7.42와 같이 앞바퀴를 측면에서 보았을 때 독립 현가방식에서는 조향축이, 일체 차축 방식에서는 킹핀 중심선이 수직선에 대하여 경사져 있는 각을 캐스터라고 한다. 캐스터는 조향축이 기울어진 방향에 따라, 킹핀의 윗부분이 차체의 뒷쪽으로 경사져 있는 상태를 정(+)의 캐스터, 킹핀의 윗부분이 차체의 앞쪽으로 경사져 있는 상태를 부(−)의 캐스터, 킹핀의 중심선이 수직선과 일치된 상태는 제로 캐스터이다. 캐스터는 스트럿 바를 움직여 조정할 수 있으며 커브를 회전한 다음에 스티어링 휠을 원위치하면 조향 바퀴를 직진 위

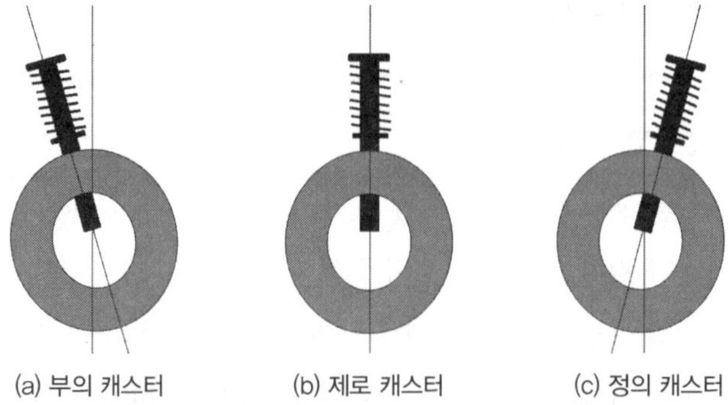

| 그림 7.42 | 캐스터

치로 복귀시키는 복원력을 발생시킨다. 정의 캐스터는 그림에서와 같이 조향축이 뒤로 누워 있어, 이는 직진 주행 시 바퀴를 앞에서 끌어당기는 효과가 있어, 전진 방향이 안정되고, 쉬미 현상을 감소시킨다. 그러나 고속 회전 시는 안쪽 바퀴는 차체를 약간 들어 올리고, 바깥쪽 바퀴는 차체를 약간 낮추어, 차체는 더욱 바깥쪽으로 기울어지는 현상이 발생하여 이는 불안정한 회전의 원인이 되기도 한다. 부의 캐스터인 경우에는 정의 캐스터와 반대가 되어 차량의 직진성은 부족하나 고속 회전 시에는 회전 안정성을 얻을 수 있다.

(5) 토인(toe-in)

자동차가 직진 위치에 있을 때 차체 위에서 보면 양쪽 바퀴의 중심선 간 거리가 앞쪽이 뒷쪽보다 좁게 되어 있으면 토인, 반대이면 토아웃이라 한다. 앞바퀴에 정의 캠버가 주어져 있는 상태에서 자동차를 직진시키면 앞바퀴의 궤적은 밖으로 벌어지려는 토아웃이 되고 과도한 도아웃은 바깥쪽 다이어의 미모를 유발한다. 이를 방지하기 위하여 바퀴에 토인을 주면 보정이 되어 앞바퀴를 평행하게 회전할 수 있고, 타이어의 사이드 슬립 방지와 편마모도 줄일 수 있다.

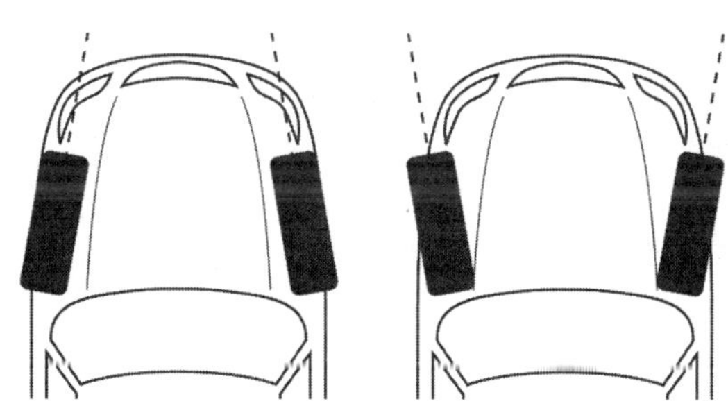

| 그림 7.43 | 토(toe)

(6) 회전 시 토아웃(toe-out on turning)

자동차가 회전할 때 모든 바퀴가 동심원을 유지하려면 안쪽 바퀴의 조향각이 바깥쪽 바퀴의 조향각보다 커야 하고, 회전 시 내외측 바퀴는 다른 회전 반경을 갖지만, 회전 중심점은 같아야 한다. 그러나 이것은 이론적이고 실제 자동차에서 항상 가능한 것은 아니다. 회전 시 내외측 바퀴의 조향 차이각을 회전 시 토아웃, 또는 애커먼 각이라고 한다. 회전 시 토아웃은 20°의 규정된 값으로 설정되어 있고 항상 점검해야 한다.

(7) 사이드 슬립(side slip)

앞바퀴의 정렬 요소들은 상호 작용을 하기 때문에 각각 규정된 값을 유지해야 한다. 사이드 슬립은 앞바퀴의 얼라인먼트에서 발생하는 옆으로 미끄러지는 정도를 의미하며, 사이드 슬립이 크면 타이어 마모가 발생하며 타이어 마모는 바퀴의 얼라인먼트가 정상인지를 체크하는 척도이기도 하다. 만약 정렬 요소들이 규정값을 벗어나면 자동차는 진행 방향을 이탈하게 된다. 자동차에서 사이드 슬립의 규정값은 직진 시 ±5mm/m(±5m/km)이내이며 그 이상인 경우에는 캠버나 킹핀 경사각은 조립 시 규정 값으로 고정되어 있어 토인만 조정한다.

예제 7·6 사이드 슬립 시험기로 슬립량을 측정한 결과 왼쪽 바퀴가 in–6mm, 오른쪽 바퀴가 out–10mm를 표시하고 자동차를 1km 직진 상태로 주행하면 바퀴는 어느 쪽으로 얼마나 미끄러지는가?

| 풀이 | 사이드 슬립 $= \frac{6-10}{2} = -2$ mm/m(out)이므로 10km에 대하여 (–)20m이므로 (–)인 바깥쪽으로 2m 미끄러진다.

예제 7·7 사이드슬립 시험기로 슬립량을 측정한 결과 왼쪽 바퀴가 in–10mm, 오른쪽 바퀴가 out–4mm를 표시하면 슬립량은 얼마인가?

| 풀이 | 사이드 슬립 $= \frac{10-4}{4} = 1.5$ mm/m(in)

7.12 능동 프런트 스티어링(AFS)

능동 프런트 스티어링(AFS, active front steering)은 스티어링 컬럼에 능동 스티어링을 장착하는 기술이다. ZF의 능동 프런트 스티어링은 운전자의 스티어링각도를 그림 7.44와 같이 전기–기계식 조향각 액츄에이터를 스티어링 휠과 피니언 기어 사이에 위치시켜 증가 혹은 감소시킬 수 있다. 액츄에이터는 기어 세트를 제어하여 운전자의 조향각을 더 크게 혹은 작게 하여 운전자의 의도와는 상관없는 조향각을 만들어 낸다. 추가적인 조향각이 필요가 없으면 스티어링 액츄에이터의 전기모터는 작동을 하지 않는다. 이때는 스티어링 휠과 바퀴 사이에는 기계적인 연결이 이루어지고 종래의 스티어링이 된다. 종래의 스티어링 시스템은 전 속도 영역에서 스티어링 휠과 바퀴 사이에는 일정한 조향비를 갖지만, AFS의 조향비는 엑츄에이

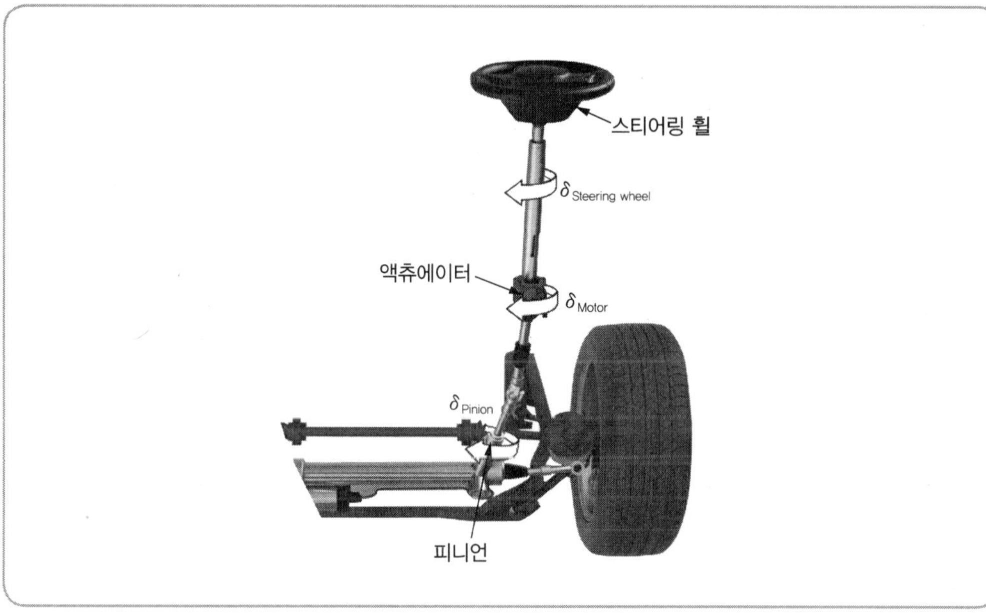

| 그림 7.44 | ZF의 능동 프런트 스티어링(출처 : ZF)

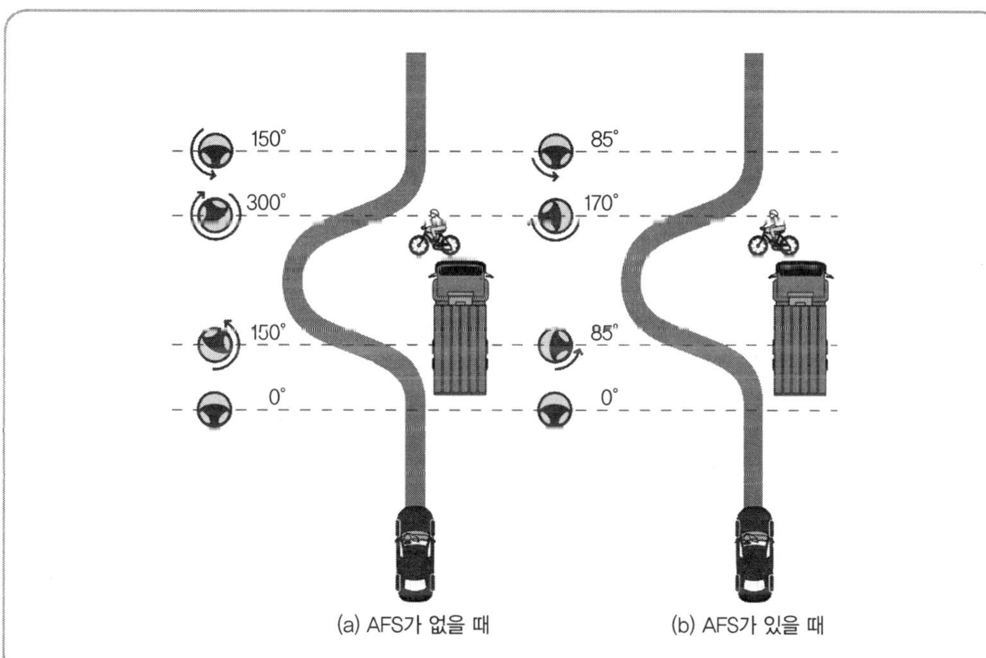

| 그림 7.45 | AFS의 유무에 따른 조향각(출처 : ZF)

터 모터의 도움으로 유연하게 변하고 이것은 운전의 안락함과 차량의 안전성을 향상시킨다. AFS의 조향각은 다음과 같다.

$$d_{pinion} = \frac{1}{i_D} d_{steering\ wheel} + \frac{1}{i_M} d_{Motor} \tag{7.12}$$

i_D : 스티어링 휠과 피니언의 조향비, i_M : 모터와 피니언의 조향비, d_{pinion} : 피니언 조향각, $d_{steering\ wheel}$: 스티어링 휠 조향각, d_{Motor} : 전기모터 조향각이다. 그림 7.45은 AFS의 유무에 따른 스티어링의 휠의 회전량을 나타낸다. 자동차가 장애물을 만날 때 AFS가 있으면 스티어링 휠의 조향각이 현저히 줄어든다.

연습문제

01 조향장치에서 조향기어의 백래시가 클 때 발생할 수 있는 원인으로 맞는 것은? **정답** ④

① 조향 휠의 축 방향 유격이 작아진다.
② 조향기어비가 커진다.
③ 조향각도가 커진다.
④ 조향 휠의 좌·우 유격이 커진다.

| 풀이 | 조향기어의 백래시 : 래크와 피니언식 조향 기어에서는 피니언과 래크와의 틈새

02 일반적인 파워 스티어링 장치의 기본 구성 부품과 가장 거리가 먼 것은? **정답** ①

① 오일 냉각기 ② 오일 펌프 ③ 파워 실린더 ④ 컨트롤 밸브

| 풀이 | 오일펌프, 리저버 탱크, 파워 실린더, 기어박스, 컨트롤밸브로 구성되며 오일 냉각기는 (문장이 잘린 것 같으니 보충 필요!!)

03 자동차 선회 주행 시 앞바퀴의 조향각에 의한 선회반경보다 실제 선회반경이 작은 것은? **정답** ①

① 오버 스티어링 ② 언더 스티어링 ③ 리버스 스티어링 ④ 토크 스티어링

| 풀이 | 오버 스티어링 : 선회 반지름이 작아지는 현상

04 앞바퀴에서 발생하는 코너링 포스가 뒷바퀴보다 크면 나타나는 현상은? **정답** ④

① 토크 스티어링 ② 언더 스티어링 ③ 리버스 스티어링 ④ 오버 스티어링

| 풀이 | 코너링 포스가 뒷바퀴보다 앞바퀴보다 크면 오버 스티어링이 발생한다.

05 유압 파워 스티어링을 장착한 공회전 상태의 차량에서 조향 휠을 한쪽으로 완전히 돌렸을 때 RPM이 떨어질 수 있는 원인으로 가장 적합한 것은? **정답** ④

① 엔진 오일 부족
② 파워 스티어링 오일 변색
③ 파워 스티어링 오일 과소
④ 파워 스티어링 오일압력 스위치 단선

| 풀이 | 오일 압력 스위치 : 조향 핸들을 회전시켜 유압이 상승될 때 ECU는 공전 속도 제어 장치를 작동시켜 엔진의 회전 속도를 상승시킨다.

06 조향기어의 종류에 해당하지 않는 것은? **정답** ①

① 토센형 ② 볼 너트형 ③ 웜 섹터 롤러형 ④ 랙 피니언형

| 풀이 | 토센(Torsen : 토크 센싱을 줄여 만든 상표명)은 디프렌셜이다.

07 자동차 앞바퀴 정렬 중 캐스터에 관한 설명은? **정답** ③

① 자동차의 전륜을 위에서 보았을 때 바퀴의 앞부분이 뒷부분보다 좁은 상태를 말한다.
② 자동차의 전륜을 앞에서 보았을 때 바퀴 중심선의 위부분이 약간 벌어져 있는 상태를 말한다.
③ 자동차의 전륜을 옆에서 보면 킹핀의 중심선이 수직선에 대하여 어느 한쪽으로 기울어져 있는 상태를 말한다.
④ 자동차의 전륜을 앞에서 보면 킹핀의 중심선이 수직선에 대하여 약간 안쪽으로 설치된 상태를 말한다.

| 풀이 | 캐스터는 자동차를 측면에서 보았을 때, 킹핀의 중심선이 노면에 수직인 직선에 대하여 어느 한쪽으로 기울어져 있는 상태를 나타낸다.

08 자동차의 앞바퀴 윤거가 1500mm, 축간거리가 3500mm, 킹핀과 바퀴접지면의 중심거리가 100mm인 자동차가 우회전할 때, 왼쪽 앞바퀴의 조향각도가 32°이고 오른쪽 앞바퀴의 조향각도가 40°라면 이 자동차의 선회 시 최소회전 반지름은? 정답 ①

① 약 6.7m ② 약 7.2m ③ 약 7.8m ④ 약 8.2m

| 풀이 | $R_{min} = \dfrac{L}{\sin\beta} + r = \dfrac{3.5}{\sin 32} + 0.1 = 6.7\ \mathrm{m}$

09 TPMS(Tire Pressure Montoring System)의 설명으로 틀린 것은? 정답 ①

① 타이어 내부의 수분량을 감지하여 TPMS 전자제어 모듈(ECU)에 전송한다.
② TPMS 전자제어 모듈(ECU)는 타이어 압력센서가 전송한 데이터를 수신 받아 판단 후 경고등 제어를 한다.
③ 타이어 압력센서는 각 휠의 안쪽에 장착되어 압력, 온도 등을 측정한다.
④ 시스템 구성품은 전자제어 모듈(ECU), 압력센서, 클러스터 등이 있다.

| 풀이 | 타이어공기압자동감지시스템 : 타이어에 부착된 전파식별(RFID)센서로 타이어의 압력과 온도를 감지한다.

10 자동차의 바퀴가 동적 언밸런스(Unbalance)일 경우 발생할 수 있는 현상은? 정답 ④

① 트램핑(Tramping) ② 정재파(Standing wave)
③ 요잉(Yawing) ④쉬미(Shimmy)

| 풀이 | 타이어의 언밸런스로 발생하는 자동차 앞바퀴의 심한 진동인 쉬미가 발생한다.

11 급격한 가속이나 제동 또는 선회 시에 타이어가 노면과의 사이에 미끄러짐이 발생하면서 나는 소음은?

정답 ③

① 럼블음(rumble) ② 험(hum)음 ③ 스퀼음(squeal) ④ 패턴 소음

| 풀이 | 럼블 : 비포장도로를 주행 시 타이어에서 나는 소리
스퀼음 : 가속이나 제동 또는 선회 시에 타이어가 노면과의 사이에 미끄러짐이 발생하면서 나는 소음
스탠딩 웨이브 현상 : 고속 주행할 때 타이어 접지부에 열이 축적되어 변형이 나타나는 현상
수막현상 : 주행하는 차량의 타이어와 노면 사이에 수막이 생겨 타이어가 노면 접지력을 상실하는 현상.

12 앞바퀴 얼라인먼트의 직접적인 역할이 아닌 것은? 정답 ②

① 조향 휠의 조작을 쉽게 한다.
② 조향 휠에 알맞은 유격을 준다.
③ 타이어의 마모를 최소화한다.
④ 조향 휠에 복원성을 준다.

| 풀이 | 조향 휠 유격은 앞바퀴의 움직임을 일으키지 않는 스티어링 휠의 움직임으로 얼라인먼트와 상관이 없다.

13 조향장치에서 킹핀이 마모되면 캠버는 어떻게 되는가? 정답 ③

① 캠버의 변화가 없다.
② 정(+)의 캠버가 된다.
③ 부(−)의 캠버가 된다.
④항상 0의 캠버가 된다.

| 풀이 | 캠버가 마모되면 부의 캠버가 된다.

14 승용차 타이어는 트레드 홈 깊이가 몇 mm 이하이면 교환해야 안전한가? **정답** ②

① 2.0mm 이하
② 1.6mm 이하
③ 2.4mm 이하
④ 3.2mm 이하

| 풀이 | 1.6mm 이하이면 교환이 필요하다.

15 자동차 동력 조향장치의 유압회로 내 유압유의 점도가 높을 때 일어나는 현상이 아닌 것은?

정답 ①

① 회로내 잔압이 낮아진다.
② 유압라인의 열 발생 원인이 된다.
③ 동력 손실이 커진다.
④ 관내 마찰손실이 커진다.

| 풀이 | 점도는 윤활유의 끈적끈적한 정도를 나타내는 척도이며 압력이 상승하면 점도는 높아진다.

16 조향기어의 운동전달 방식이 아닌 것은? **정답** ③

① 가역식 ② 비가역식 ③ 전부동식 ④ 반가역식

| 풀이 | 가역식 : 조향차륜으로 조향핸들을 회전시킬 시킬 수 있다.
비가역식 : 조향핸들로 조향차륜을 조향시킬 수는 있으나, 조향차륜을 움직여 조향핸들을 회전시킬 수는 없다.
반가역식 : 가역식과 비가역식의 중간 특성을 가진다.

17 앞바퀴 얼라인먼트 검사를 할 때 예비점검 사항과 가장 거리가 먼 것은? **정답** ②

① 타이어의 공기압, 마모상태, 흔들림 상태
② 킹핀 마모 상태
③ 휠 베어링의 헐거움, 볼 이음의 마모 상태
④ 조향 핸들 유격 및 차축 또는 프레임의 휨 상태

| 풀이 | 얼라인먼트는 킹핀 경각, 캠버, 캐스터 및 토인(토아웃) 등 4가지 요소로 정해진다..

18 전자제어 동력조향장치(electronic power steering system)의 특성에 대한 설명으로 틀린 것은?

정답 ③

① 정지 및 저속 시 조작력 경감

② 급 코너조향 시 추종성 향상

③ 노면, 요철 등에 의한 충격흡수 능력의 저하

④ 중·고속 시 향상된 조향력 확보

| 풀이 | 노면, 요철 등에 의한 충격흡수는 현가장치에서 수행한다.

[주관식]

19 조향장치는 타이어를 통해 노면에 힘을 전달하여 자동차의 진행 방향을 운전자의 의도에 따라 원하는 방향으로 전환하는 장치이다. 조향장치 부품 구성에 대하여 설명하라.

20 애커먼 조향장치는 애커먼(Ackerman)이 발명한 것으로 장토(Jeantaud)에 의해 개선이 되어 애커먼 장토식 조향기구라고도 한다. 애커먼 각을 설명하라.

21 랙 피니언식은 조향 축의 끝에 피니언 기어를 장착하여 랙 기어와 서로 물리게 구성한 것으로 스티어링의 회전 운동을 랙과 피니언을 이용하여 직선 운동으로 변환하는 구조이다. 크로스 링크식, 대칭 링크식, 랙 피니언 링크식의 구조에 대하여 알아보자.

22 조향부품 중 타이로드는 조향 기어박스와 너클을 연결하는 링크이고 너클 암은 너클과 타이로드를 연결한다. 너클과 너클 암이 필요한 이유를 설명하라.

23 파워 스티어링의 역할은 운전자의 조향 동작을 어시스트하는 것으로, EPS는 그 어시스트를 전기모터로 한다. 구조를 스케치하고 EPS-ECU, 토크센서, 차속센서, 엔진회전수 감지센서, 전원감지 센서에 대하여 설명하라.

24 자동차 회전 시 코너링 포스와 슬립각의 관계를 설명하시오.

25 캠버, 캐스터, 토인, 토아웃, 스크럽 반경, 킹핀 경사각을 설명하라.

CHAPTER

08 제동장치

8.1 개요

자동차는 엔진으로 바퀴를 회전시켜 자동차를 주행하고 제동장치로 정지를 시킨다. 자동차를 감속하여 정지시키려면, 자동차의 운동 에너지를 열에너지로 변환하는 장치가 필요하고, 그리고 정지 상태로 유지하는 장치도 필요하다. 브레이크는 움직이는 자동차의 운동 에너지를 마찰에 의해 열에너지로 바꾸어 자동차를 감속, 정지하는 장치이다. 승용차와 소형 트럭 등은 페달을 밟는 힘에 의해 유압이 발생하여 각 바퀴에 장착되어 있는 브레이크 장치를 작동하고, 마찰재를 이용하여 운동 에너지를 열에너지로 전환한다. 브레이크 종류에는 디스크 브레이크, 드럼 브레이크, 안티 록 브레이크 시스템, 주차 브레이크(사이드 브레이크), 엔진 브레이크 등이 있다.

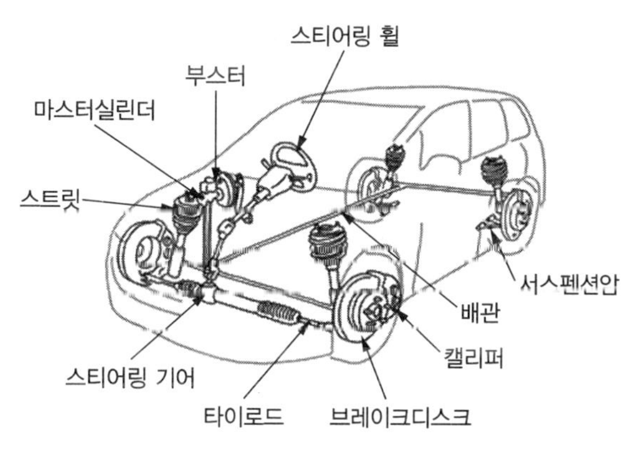

| 그림 8.1 | 제동장치 구성

8.2 파스칼의 원리

파스칼의 원리는 밀폐된 용기에서 정지하고 있는 액체의 일부에 압력을 가하면 액체의 모든 부분에 같은 압력이 전해지는 원리이며 유압식 제동장치는 이 원리를 응용한 것이다. 밀폐된 용기 내에서 유체에 의해 작용하는 압력과 힘의 관계식을 나타내면 다음과 같다.

$$P = \frac{F}{A} \tag{8.1}$$

여기서 P는 압력(Pa), F는 작용하는 힘(N), A는 힘이 작용하는 면적(m^2)으로 이 힘을 이용하여 자동차를 감속시키거나 정지시킨다.

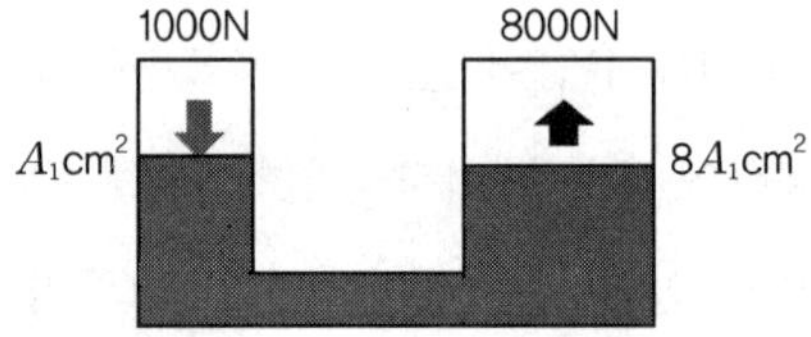

| 그림 8.2 | 파스칼의 원리

유압식 제동장치에서 운전자가 단면적이 A_1 m^2인 밀폐된 용기 한 부분에 그림 8.2와 같이 1000N의 힘을 작용하였다면 압력은

$$P_1 = \frac{F_1}{A_1} = \frac{1000}{A_1} \tag{8.2}$$

가 된다. 밀폐된 용기 내에 작용하는 압력은 액체의 모든 곳에서나 동일하다는 파스칼의 원리에 의하여($P_1 = P_2$) 단면적이 $A_2 = 8A_1$ cm^2인 제동을 수행하는 제동장치에는 면적의 증가분에 해당하는 8000N의 힘이 작용한다.

$$P_2 = \frac{F_1}{A_1} \times 8A_1 = \frac{1000}{A_1} \times 8A_1 = 8000 \text{ N} \tag{8.3}$$

8.3 브레이크의 종류

(1) 마찰식 브레이크

브레이크는 용도에 따라 주 브레이크, 주차 브레이크 및 보조 브레이크로, 마찰 방식에 따라 마찰식과 비마찰식, 사용하는 작동 유체에 따라 유압식, 공기식, 전기식으로 분류한다. 마찰식 브레이크는 조작력에 의해 슈, 패드를 드럼이나 디스크에 압력을 가하여 마찰력을 발생시켜 제동을 하고 마찰식 브레이크의 종류는 다음과 같다.

① 축 방향(좌우)으로 압력을 가하는 방법 : 원판 브레이크(디스크), 원추 브레이크(철도)
② 반경 방향(앞뒤)으로 압력을 가하는 방법 : 드럼 브레이크, 밴드 브레이크(자동차, 자전거)
③ 전지 클리치를 응용하는 방법 : 진자기 브레이크(자동차, 철도)
④ 회생 브레이크 : 전동기를 발전기로 사용하면 제동력이 발생
⑤ 와전류 브레이크 : 회전 중인 도체에 자장을 가하면 회전력에 비례하는 와전류가 발생하고 와전류를 이용하는 브레이크

(2) 용도에 따른 분류

① 주 브레이크 : 주 브레이크는 자동차의 감속과 정지 시에 사용하는 것으로 운전자가 브레이크 페달을 밟아 작동시키므로 풋 브레이크(foot brake)라고도 한다.
② 핸드(주차) 브레이크 : 자동차의 주차 상태를 유지하기 위한 브레이크이며, 보통은 손으로 작동시키기 때문에 핸드 브레이크(hand brake)라고도 하며, 언더긴 주차 시 저절로 굴러 내려가지 않도록 하는 기능이다. 뒷바퀴를 제동하는 뒷바퀴 브레이크와 추진축을 제동하는 센터 브레이크(center brake)가 있다.
③ 보조 브레이크 : 자동차가 고급화, 고속화되어 감에 따라 주 브레이크를 보조하여 제동 효과를 높이기 위하여 경사로를 내려갈 때나 급 감속을 할 때 주로 사용하는 브레이크로 제3브레이크라고도 한다. 보조 브레이크는 주 브레이크의 보조로 사용되는 것으로 주 브레이크에서 발생할 수 있는 페이드 현상이나 베이퍼록 현상을 방지하여 브레이크의 수명을 연장하는 효과가 있다. 와전류 브레이크, 배기 브레이크, 엔진 브레이크 등이 있다.

- 페이드 현상 : 반복적인 브레이크 사용으로 드럼과 슈 또는 디스크와 패드에 마찰열이 축적되어 드럼이나 라이닝이 경화됨에 따라 제동력이 감소되는 현상이다.
- 베이퍼 록 현상 : 유압 내에 액의 부분적인 증발로 기포가 발생하여 압력의 전달작용이 원활하지 않는 현상이다. 유압의 전달이 원활하지 못하여 페달의 유격이 커지고 제동력이 저하한다.

(3) 보조브레이크

① 엔진 브레이크(engine brake)

가솔린 엔진의 경우, 엔진 브레이크의 기반은 주로 흡기 저항으로, 흡기 시 스로틀 밸브의 펌핑 손실에 의해 엔진 속도를 감속시키며, 엔진 브레이크는 연료가 차단되기 때문에 실린더 폭발은 없고, 실린더의 압축된 공기의 반발력을 이용하여 제동작용을 한다. 엔진 브레이크는 펌핑 손실에 의한 공기 저항으로 엔진 회전수를 제한하고 고속 주행 중 변속 기어를 고속 기어에서 저속 기어로 변환하면, 자동차의 관성에 의해 구동 바퀴의 회전 속도가 엔진의 회전 속도보다 빨라져 구동 바퀴가 엔진을 돌리려고 한다. 이때 엔진 실린더의 압축된 공기의 반발력은 구동 바퀴의 제동력으로 작용한다.

② 배기 브레이크(exhaust brake)

디젤 엔진의 경우, 스로틀 밸브가 없기 때문에 배기 측에 저항을 발생시켜 배기 브레이크로 이용한다. 디젤 엔진에서는 배기구를 막아 엔진의 회전수가 감소되면 엔진은 연료의 분사량을 늘려 엔진의 회전을 유지하려고 하기 때문에 배기가스의 압력이 상승한다. 배기관에 밸브를 설치하여 제동 시 배기의 출구를 차단하면 이는 배기 행정의 압력을 증가시켜 엔진은 압축기로 작용하게 되어 엔진 브레이크의 효과가 있다. 배기 브레이크는 엔진 브레이크의 1.5~2배 정도의 감속 효과를 얻을 수 있어 긴 경사로를 내려갈 때 주 브레이크의 사용 빈도를 적게 하면서도 큰 제동 효과를 얻을 수 있다.

8.4 디스크와 드럼 브레이크

브레이크 장치는 모든 바퀴에 장착되어 있으며 디스크 브레이크와 드럼 브레이크의 2종류로 분류된다. 디스크 브레이크는 승용차에 사용하며 발생한 열이 대기로의 열전달이 쉽기 때문에 문제점도 적고, 드럼 브레이크는 제동력이 커서 트럭과 승용차의 뒷바퀴용으로 사용하며 주차 브레이크로서의 기능도 수행한다.제동장치는 페달을 밟는 힘인 답력으로 유압을 발생시켜 각 바퀴의 브레이크 장치에 전달하고, 다양한 방법으로 답력을 증가시켜, 마찰재를 회전하는 디스크에 압력을 가하여 제동력을 발생시킨다.

페달의 답력은 승용차인 경우, 약 500N이고 답력 증가를 위해 배력장치를 사용한다. 배력장치 중 많이 사용하는 진공 부스터는 엔진이 공기를 흡입할 때 스로틀 밸브에 의해 발생하는 부압을 이용하는데 만약 주행 중 엔진이 꺼져 부압이 발생하지 않으면, 초기에는 브레이크 기능이 있지만, 2번째 이후부터는 부압이 없어 브레이크 기능이 없어진다. 브레이크 오일은 유압을 전달하는 작동 유체로 흡습성이 강하여 수분이 포함되면 문제가 발생하고, 브레이크 오일의 양은 엔진 룸 안쪽에 있는 브레이크의 리저버 탱크에서 체크할 수도 있다. 브레이크 오일은 누출이 없으면 줄어들지 않지만, 마찰재가 마모하면 브레이크 오일이 줄어들어 보인다. 마찰재가 마모되거나 브레이크 오일이 누유되면 브레이크 답력이 커지고 기능이 나빠진다.

디스크 식은 그림 8.3 (a)와 같이 휠 허브(wheel hub)에 부착된 디스크 로터, 디스크를 잡아 마찰력을 발생시키는 패드(pad), 휠 실린더가 들어 있는 캘리퍼(caliper), 유압력이 작용하는

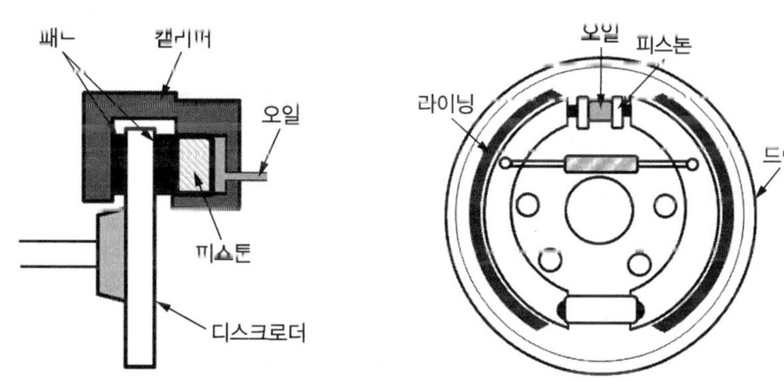

(a) 디스크식 (b) 드럼식

| 그림 8.3 | 브레이크의 구조

피스톤 등으로 구성된다.

8.4.1 디스크 브레이크

디스크 브레이크는 바퀴와 함께 회전하는 원판형 디스크 로터와 유압에 의하여 압착되는 패드와의 마찰력을 이용하여 제동을 하고, 유압이 피스톤을 누르면 패드는 디스크 로터에 압착되고 동시에 반대 측 캘리퍼에서는 반발력이 발생하여 회전하는 디스크는 제동된다. 디스크는 휠 허브에 고정된 상태로 회전하면서 패드와의 마찰에 의하여 제동력을 발생시키기 때문에 마찰열을 빨리 대기로 전달시켜야 적절한 마찰계수를 유지할 수 있고 베이퍼 록 현상도 방지할 수 있다. 디스크는 공기 중에 노출되어 있어 열전달 성능을 좋게 하고, 반복 사용하여도 브레이크의 페이드(fade) 현상이 적어 안정한 제동력을 얻을 수 있다. 페이드는 자동차가 언덕길을 내려갈 때 계속해서 브레이크를 밟으면, 로터와 마찰재 사이에서 마찰열이 축적되어 제동력이 감소하는 현상이다.

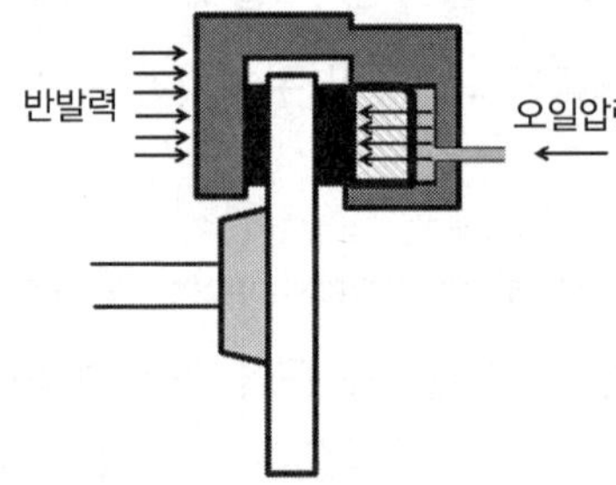

| 그림 8.4 | 디스크 브레이크의 제동 원리

디스크 로터는 허브에 연결되어 휠과 함께 회전하는 주철 원판으로 최근 디스크는 열전달 구멍이 없는 솔리드(solid) 디스크와는 다르게 그림 8.5와 같이 제동 시의 마찰열을 방열할 수 있도록 중공으로 되어 있는 벤틸레이티드(ventilated disc) 디스크도 있다. 이는 디스크 브레이크의 구성 부품인 원반 모양의 디스크의 단면에 공기 구멍이 뚫린 모양으로 되어 있어 냉각 성능을 좋게 하여 페이드를 방지하고, 패드의 수명을 향상시킨다. 마찰 시 발생하는 뜨거운 찌꺼기와 가스를 구멍이나 슬릿을 이용하여 효율적으로 외부로 방출하여 솔리드 디스크보다 온도가 20~30% 낮다. 마찰재는 온도가 250℃가 넘으면 마찰 특성이 없어지고 화물 과적

등으로 온도가 과도하게 높아지면 마찰재는 타버린다. 디스크 브레이크는 캘리퍼의 작동 방식에 따라 고정 캘리퍼형과 부동 캘리퍼형으로 분류한다.

| 그림 8.5 | 벤티레이티드 디스크(출처 : BMW)

(1) 고정 캘리퍼형(fixed caliper type)

고정 캘리퍼형은 그림 8.6과 같이 디스크 양쪽에 실린더가 있고 그 사이에 디스크를 끼워 넣은 대향 피스톤 형태로 휠과 함께 회전하는 디스크와 너클에 고정된 캘리퍼로 구성된다. 캘리퍼의 좌우 양단에 실린더가 장착되고, 마스터 실린더에서 유압을 받아 피스톤의 끝에 있는 패드를 디스크에 양면에서 압착하여 제동 작용을 한다. 고정 캘리퍼형은 무겁고 패드의 단면적이 작은 단점이 있다.

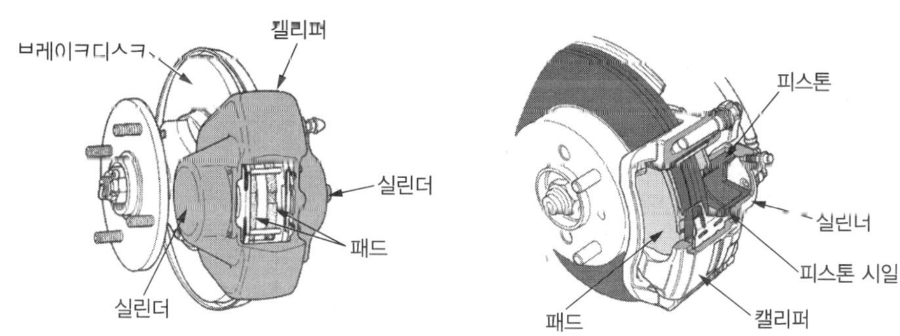

(a) 고정형 (b) 부동형

| 그림 8.6 | 디스크 브레이크의 종류

(2) 부동 캘리퍼형(floating caliper type)

캘리퍼를 부동 상태로 두고 캘리퍼의 한쪽에만 1개의 실린더와 내부에 1개의 피스톤을 두고, 반대쪽의 패드는 캘리퍼의 작용력을 이용하여 힘을 가하는 방식이다. 휠 허브와 함께 회전하는 디스크 로터, 캘리퍼에 포함된 피스톤과 패드 등으로 구성된다. 피스톤식 부동 캘리퍼형은 **그림 8.7**과 같이 1~2개의 실린더로 구성되고, 제동 시 마스터 실린더에서 유압이 발생하여 브레이크 배관을 거쳐 휠 실린더에 작용하면 피스톤이 패드를 디스크에 압착한다. 패드가 디스크에 압착되면 그 반력에 의하여 캘리퍼가 우측(B)으로 이동하여 반대 측의 패드를 디스크에 압착한다. 작동은 실린더에 유압이 발생하면 피스톤은 **그림 8.7**의 A방향으로 밀려, 오른쪽의 패드를 디스크에 압착하고, 동시에 실린더 바닥에도 같은 유압이 작용하기 때문에 캘리퍼도 B방향으로 이동하여 왼쪽 패드도 디스크에 압착한다. 브레이크 페달을 놓으면 휠 실린더 내의 유압은 떨어지고 피스톤의 탄성 작용에 의하여 원래의 위치로 돌아와 제동 작용이 해제된다. 이 형식은 대부분의 승용차의 앞, 뒷바퀴에 사용되고 있다.

캘리퍼는 제동력을 견디고, 패드를 디스크에 압착하는 경우, 반발력도 받으므로 강해야 하므로 주철로 만들어지고 액슬의 고정 부분인 프론트 너클에 설치된다. 그림에서 시일은 오일 누유 방지, 부츠 고무는 먼지 등의 침입을 방지한다.

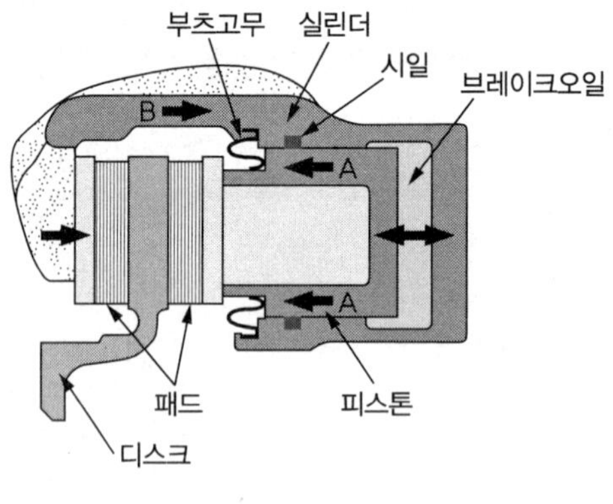

| 그림 8.7 | 부동 캘리퍼형 작동 원리

(3) 자동 조정장치

패드가 마모되면 자동으로 피스톤이 패드 쪽으로 전진하여 디스크의 틈새를 항상 일정하게 유지하도록 하며 고무, 피스톤 시일이 자동 조정의 역할을 한다. 피스톤은 시일을 변형시키면서 패드를 밀어내고, 브레이크에서 발을 떼면 시일은 원래 모양으로 돌아가서 디스크와 패드 사이에는 항상 일정한 틈새가 있다. 패드가 점점 마모되어 피스톤이 패드 쪽으로 움직이면 실린더 용적이 증가하고, 늘어난 실린더 용적은 용적이 증가 브레이크 오일이 보충되므로 브레이크 리저버 탱크의 액량이 감소한다. 브레이크 패드를 점검하지 않아도 브레이크 리저버 탱크의 액량을 점검하면 패드의 마모량을 알 수 있지만 패드가 마모 교환시기가 되기 전에, 브레이크 오일이 열화되어 버리기 때문에 실제로는 오일 리저버 탱크에서 확인하는 것은 의미가 없다.

(4) 압착력

디스크 브레이크에서 피스톤이 1개이면 반력을 이용하는 구조로 브레이크 디스크의 2마찰면에는 항상 같은 크기의 압착력이 작용한다. 디스크의 유효 반경에서 발생하는 마찰력은

$$F_u = z\mu F_{cw} \tag{8.4}$$

여기서 z는 마찰면의 수, μ는 미끄럼 마찰계수, F_{cw}는 피스톤의 압착력, F_u는 디스크 압착력이다.

8.4.2 드럼 브레이크

드럼 브레이크는 성능면에서는 디스크 브레이크보다 우수하지만 안정성이나 내구성 등의 면에서는 디스크 브레이크보다 떨어진다. 드럼 브레이크는 2개의 브레이크 슈를 드럼에 압착시켜 운동 에너지를 열에너지로 변환하여 제동을 한다. 슈의 작동 방향과 드럼의 회전 방향이 같은 방향으로 움직이는 슈는, 리딩 슈라 하고 리딩 슈는 입력 토크와 드럼에 접촉하여 마찰로 생기는 토크가 합해져서 토크가 증가한다. 반대로, 드럼의 회전과 반대방향으로 작동하는 슈는 트레일링 슈라고 하며, 드럼으로부터 받는 토크에서 입력 토크가 상쇄되어 토크가 감소한다.

운전자가 브레이크 페달에서 발을 떼면 휠 실린더의 유압이 없어져, 브레이크 슈는 슈 리턴 스프링의 탄성력에 의해 안쪽으로 원 위치되어 브레이크 드럼과 브레이크 슈의 접촉이 없어져 마찰력이 없어진다.

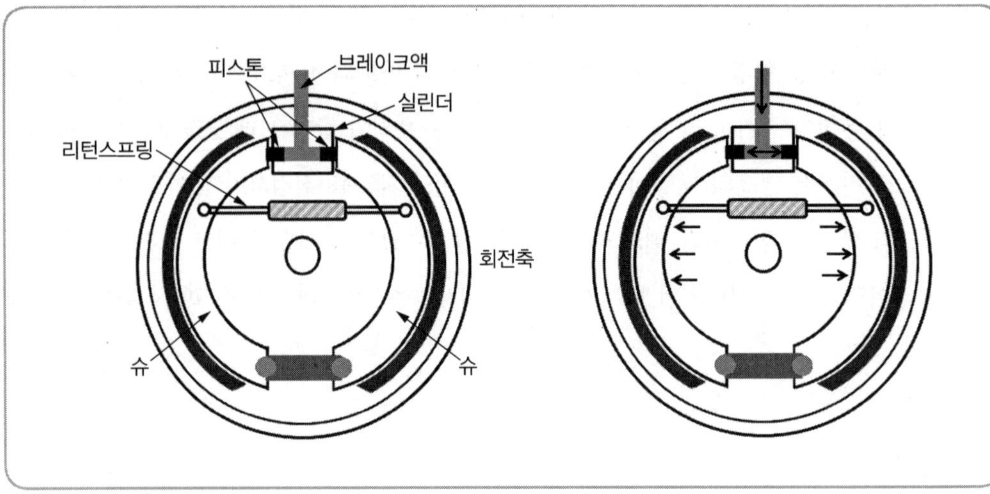

| 그림 8.8 | 드럼 브레이크의 원리

드럼 브레이크는 휠 실린더 내의 브레이크 오일 압력에 의해 마찰재인 브레이크 슈를 바퀴와 함께 회전하는 브레이크 드럼 내측에 압착하여 제동력을 얻는 것으로, 내부 확장식이다. 드럼이 회전하고 있는 상태에서 휠 실린더에 유압이 걸리면 2개의 슈는 휠 실린더의 피스톤에 의해 압력이 가해져 드럼에 압착된다. 이때 리딩 슈는 드럼과 함께 회전하여 바깥쪽으로 벌어지려는 힘을 받아 드럼에 밀착되고 트레일링 슈는 같은 드럼에 압착되지만, 드럼과의 반대 회전으로 인하여 드럼에서 떨어지려고 하는 힘을 받아 압착력이 약해져서 제동력이 작아진다. 이러한 현상을 자기 배력(서보)작용이라 하고, 리딩 슈는 면압이 높게 되어 큰 마찰력이 발생하고 트레일링 슈는 면압이 감소하여 마찰력은 리딩 슈보다 작아진다.

그림 8.10은 면압의 크기를 나타내고 면압은 리딩 슈가 트레일링 슈보다 2~3배 커서 마찰력도 같이 커진다.

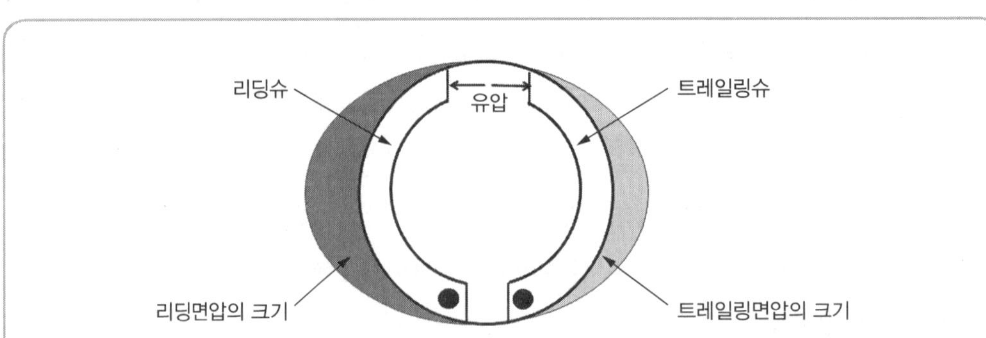

| 그림 8.9 | 슈의 면압

① 브레이크 슈

브레이크 슈는 일반적으로 2개가 서로 마주보는 모양으로 백 플레이트에 슈 홀드 핀(shoe hold pin)으로 고정되어 있으며 브레이크 드럼과 접촉하여 제동력을 발생시키는 부분인 라이닝이 부착되어 있다. 라이닝은 마찰열에 의하여 고온이 되어도 마찰이 감소되지 않도록 마찰계수가 크고 내열성이 좋아야 한다.

② 브레이크 드럼

바퀴와 일체로 회전하며 라이닝과 마찰에 의하여 제동력을 발생하는 부분으로 재질은 특수 주철이며 전열 성능을 좋게 하기 위하여 핀과 리브(lib)가 설계되어 있다.

③ 휠 실린더

마스터 실린더에서 발생한 유압이 브레이크 배관을 거쳐 휠 실린더 피스톤에 작용하면, 슈 홀드 핀은 슈를 드럼에 밀착시킨다. 휠 실린더는 백 플레이트에 고정되어 있으며, 상부에 공기 빼기 스크류가 설치되어 있다.

④ 백 플레이트

백 플레이트는 휠 실린더, 슈 어드져스터 등이 장착되고 제동 시의 반력 토크를 받는 작용을 하고 브레이크 슈와 드럼 사이에 이물질이 들어가는 것을 방지한다.

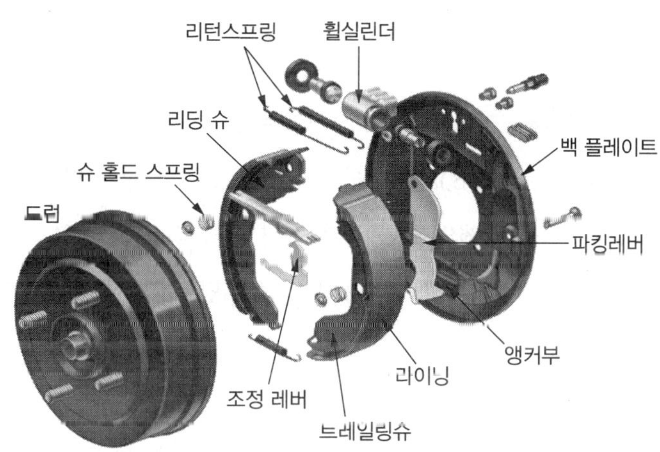

| 그림 8.10 | 드럼 브레이크의 구조(출처 : akebono)

(1) 앵커 구조에 따른 분류

앵커의 구조에 따라 3종류로 나뉜다. 플로팅 앵커형은 슈는 리턴 스프링에 의해 앵커에 압착되지만, 브레이크는 백 플레이트에는 고정되지는 않는다. 핀 앵커형은 2개의 슈가 앵커핀에 의해 백 플레이트에 고정되므로, 슈는 앵커 핀을 지지점으로 하여 회전할 수 있는 구조로 슈의 최대 면압 위치가 항상 거의 같은 위치에 있어 안정된 제동을 얻을 수 있다. 어드져스트 앵커형은 앵커 부분에 조정기를 넣은 것으로, 특징은 플로팅 앵커형과 동일하지만, 슈와 드럼의 틈새를 조정기로 조정한다.

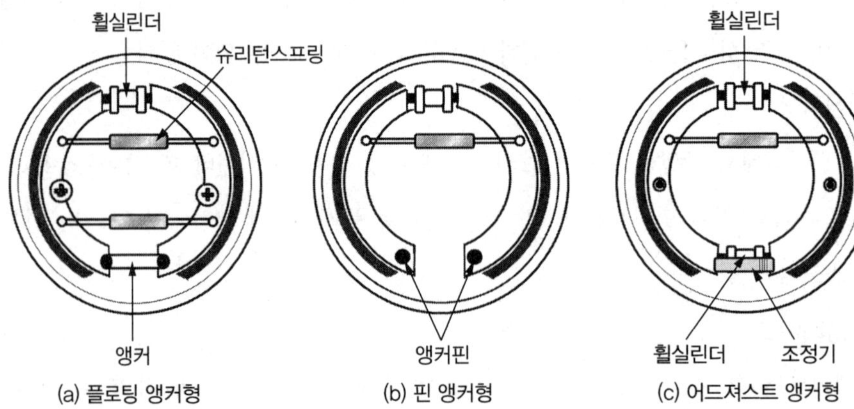

| 그림 8.11 | 앵커 구조에 따른 분류

(2) 드럼의 종류

드럼 브레이크는 휠 실린더를 2개 사용하고 2개의 슈를 함께 리딩 슈로서 사용하는 단동식과 복동식이 있다. 단동식는 **그림 8.12**와 같이 2개의 휠 실린더 내에 피스톤이 1개이다. 드럼이 화살표 방향으로 회전할 때 2개의 슈가 함께 리링 슈가 되고 면압 분포는 양쪽이 동일하게 된다. 전진 시는 2개의 슈가 자기 배력작용이 있는 리딩 슈가 되므로 큰 제동력이 얻어지는 반면, 후진 시는 양방향 모두 자기 배력 작용이 없는 트레일링 슈가 되므로, 제동력이 저하되는 단점이 있다.

그림 8.13의 복동식은 2개의 휠 실린더에 2개의 피스톤이 있고 단동식의 단점인 후진 시의 제동력 부족을 개선한 것으로 중형차 뒷바퀴에 많이 사용된다. 전진 시는 B, C의 피스톤을 앵커로 작용시키고, 후진 시에는 A, D의 피스톤을 앵커로 작용시켜 전진 시, 후진 시 모두 2개의 슈가 리딩 슈로 작용한다.

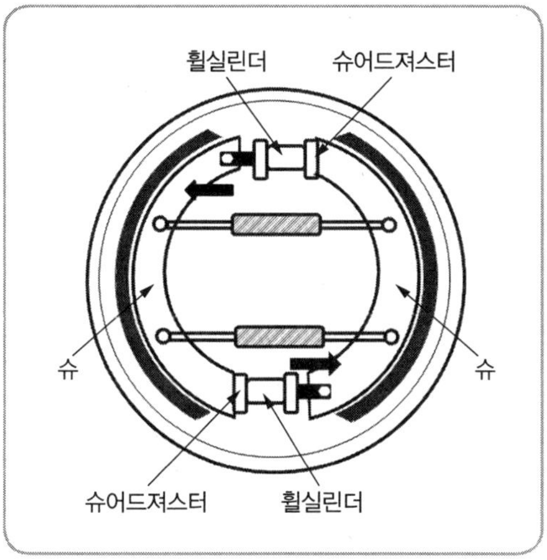

| 그림 8.12 | 단동식 드럼

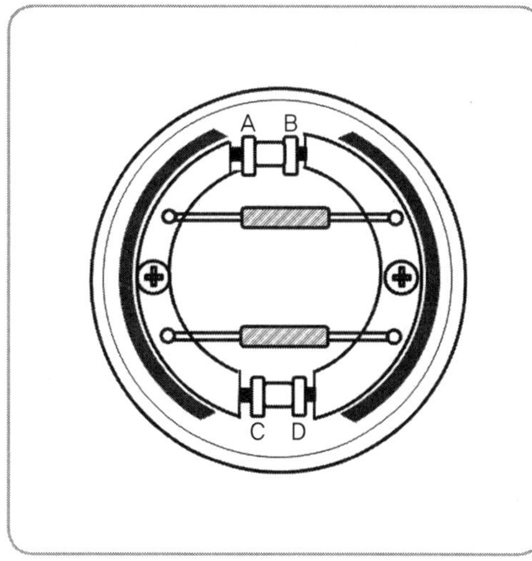

| 그림 8.13 | 복동식 드럼

(3) 설치 방법에 따른 분류

드럼 브레이크는 브레이크 슈와 휠 실린더의 설치 방법, 휠 실린더와 앵커 핀(anchor pin)의 형상에 따라 분류한다.

① 리딩 트레일링 슈 형(LT : Leading Trailing shoe type)

리딩 트레일링 슈형은 1개의 실린더를 사용하고 슈의 한 쪽 끝은 그림 8.14와 같이 앵커로 고정한 형식으로 리딩 슈와 트레일링 슈가 조합된 구조이며 구조가 비교적 간단하기 때문에 승용차나 승합차의 뒷바퀴에 주로 사용한다. 리딩 슈의 제동력은 트레일링 슈에 비하여 3배

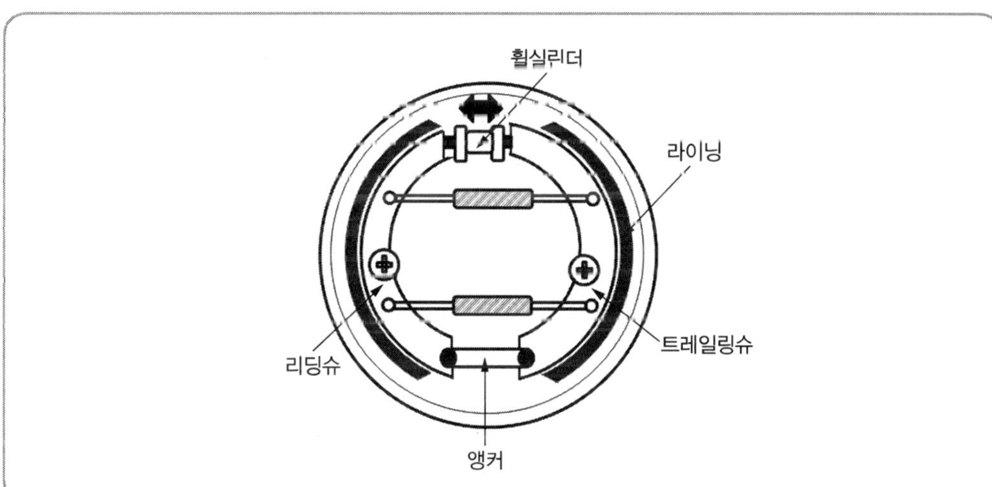

| 그림 8.14 | 리딩 트레일링 슈형

정도가 되며 트레일링 슈보다 사용 빈도가 높은 리딩 슈 쪽의 마모가 크다. 또한 자동차가 후진할 경우에는 리딩 슈와 트레일링 슈의 위치가 바뀌지만 제동력은 변하지 않는다.

② 2리딩 슈형(2L : 2 Leading shoe type)

그림 8.15와 같은 구조를 갖는 2리딩 슈형 브레이크는 1개의 피스톤을 갖는 2개의 휠 실린더를 이용하여 트레일링 슈를 없애고 제동력이 강한 2개의 리딩 슈를 브레이크 슈로 이용한다. 휠 실린더내 피스톤의 수에 따라 1개이면 단동식, 2개이면 복동식이다. 이 형식은 전진 시 2개의 슈가 리딩 슈로 작동하지만 후진 시에는 2개의 브레이크 슈 모두가 트레일링 슈로 작동하여 전진 시보다 상대적으로 제동력이 약하고 휠 실린더에는 간극 조절 장치가 부착되어 있다. 복동식은 전진과 후진 모두 리딩 슈로 작동하고 중·대형 승용차의 뒷바퀴에 적용이 된다.

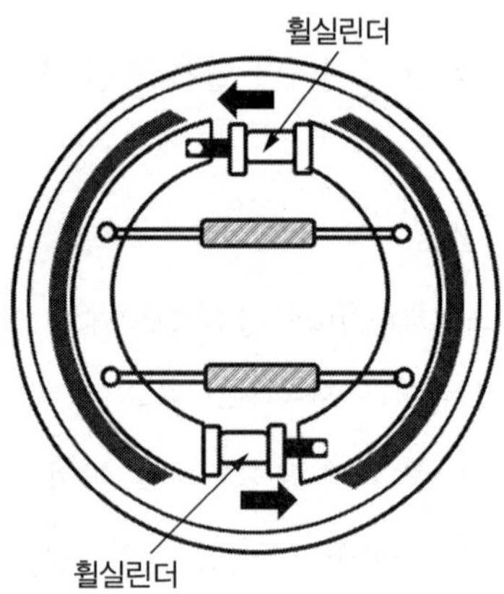

| 그림 8.15 | 2리딩 슈형

③ 듀오 2리딩 슈형(D2L : Duo 2 Leading shoe type, 복동식)

복동 2리딩 슈형을 의미한다. 전진 시와 후진 시에 제동력이 달라지는 2리딩 슈형의 단점을 개선하기 위하여 2개의 피스톤을 갖는 2개의 휠 실린더를 사용하여 브레이크 슈 모두를 전, 후진 시 리딩 슈로 작용시키도록 한 형식이다. 이 형식은 전후진 시 제동력의 변화가 없다.

④ 듀오 서보형(DS : Duo Servo type)

2개의 브레이크 슈를 그림 8.16과 같이 링크 결합하여 리딩 슈(1차 슈)에서 생긴 제동력을 트레일링 슈(2차 슈)의 입력으로 작동하게 한 방식으로 전후진 시 같은 제동력을 얻을 수 있다. 휠의 회전 방향에 상관없이 양 방향 슈가 리딩 슈가 된다. 제동 시 1차 브레이크 슈가 브레이크 드럼에 끌려가서 리딩 슈가 되고, 이 힘이 링크를 통해 2차 브레이크 슈에 작용한다. 2차 브레이크 슈도 윗쪽의 앵커핀을 중심으로 확장하여 리딩 슈가 된다. 전, 후진 시 모든 슈에 자기 배력작용이 발생하는 형식으로, 앵커 링크 형식, 단동식, 복동식이 있다.

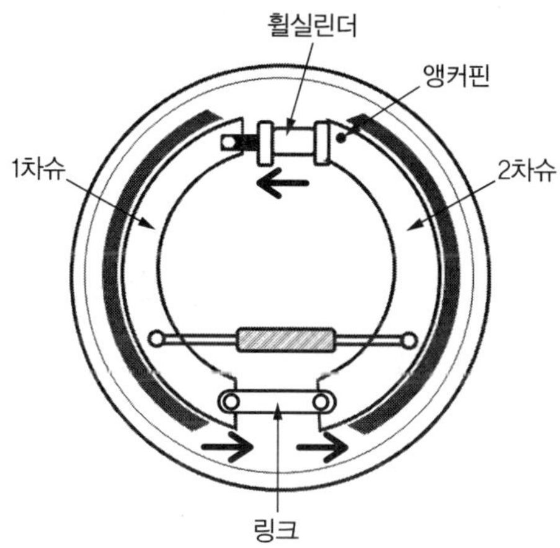

| 그림 8.16 | 듀오 서보형

(4) 드럼 브레이크의 특징

드럼 브레이크는 바퀴와 일체로 회전하는 브레이크 드럼 내부에 2개의 브레이크 슈가 있고 브레이크 슈와 확장력을 발생시키는 휠 실린더는 백 플레이트에 설치된다. 제동을 하면 브레이크 슈는 휠 실린더에 의하여 드럼의 내면에 압착되고, 브레이크 슈에 부착된 라이닝과 드럼 내면의 마찰력에 의하여 제동력이 발생된다.

① 자기 배력 작용(self-servo action)

회전 중인 브레이크 드럼을 회전 방향으로 확장되는 브레이크 슈로 제동시키면 마찰력이 발생하고 회전력으로 인하여 슈는 브레이크 드럼과 함께 회전하려는 회전 토크가 추가로 발생한다. 회전 토크로 인하여 마찰력이 증가하므로 휠 실린더에서 가해진 압력에 의한 마찰력보다 더 큰 마찰력이 발생하고 이와 같은 작용을 자기 배력 작용이라 한다. 회전 반대방향으로 확장되는 브레이크 슈에는 브레이크 드럼으로부터 분리되려는 힘이 발생한다.

② 브레이크 계수(brake factor)

브레이크 계수는 자기 배력 작용의 크기를 표시하며 슈 계수(shoe factor)라고도 한다. 브레이크 계수는 슈의 배치 방식, 마찰계수 등에 따라 다르다.

$$C = \frac{F_u}{F_{wc}} \tag{8.5}$$

여기서 F_u(N)는 드럼의 원주에 작용하는 힘, F_{wc}(N)는 휠 실린더 피스톤의 확장력, C는 브레이크 계수이며 브레이크 드럼의 내측 반경에서 작용하는 마찰력은 다음과 같다.

$$F_u = CF_{wc} \tag{8.6}$$

③ 제동 토크

제동 시 자동차를 감속하거나 정지시키기 위하여 브레이크 드럼에 작용하는 제동 토크는 라이닝과 드럼의 마찰력에 의하여 결정된다.

$$T_B = \mu F_D r \tag{8.7}$$

여기서 T_B(kgmm)는 제동 토크, μ는 라이닝과 브레이크 드럼과의 마찰계수, F_D(kg)는 브레이크 드럼에 작용하는 전체의 힘, r(mm)은 브레이크 드럼의 반경이다.

④ 제동거리

제동거리는 차량의 속도, 라이닝과 드럼과의 마찰계수에 의하여 결정된다.

$$D = \frac{v^2}{2\mu g} \tag{8.8}$$

여기서 D : 제동 거리, v : 차량의 속도, μ : 마찰계수, g는 중력 가속도이다.

예제 8·1 주행 속도가 100km/h인 자동차 브레이크를 작용시킬 때 제동거리는 얼마인가? 마찰계수는 0.3이다.

| 풀이 | $D = \frac{T_4 - T_1}{T_3 - T_1} = \frac{\left(\frac{100000}{3600}\right)^2}{2 \times 0.3 \times 9.8} = 131.2\ \mathrm{m}$

⑤ 브레이크 슈의 간극 조정기구

라이닝의 마모가 진행되면 라이닝과 드럼 간의 간극이 커진다. 드럼과 라이닝의 간극이 커지면 브레이크 페달의 유격도 커지게 된다. 따라서 라이닝의 마모에 따라 브레이크 드럼과 브레이크 슈의 간극을 조정하지 않으면 브레이크 페달을 밟는 깊이가 길어지고 제동 효과도 나빠진다. 브레이크 슈의 간극을 항상 적절하게 조정하여 안정된 제동력이 발휘되도록 조정하여 하는 장치를 브레이크 슈의 간극 조정기구라 한다.

8.5 유압식 제동장치

제동장치를 작동시키기 위해서는 제동력을 발생시키는 힘이 필요하며 힘을 발생시키는 작동 유체로 오일을 사용하면 유압식, 공기를 사용하면 공기압식이다. 유압은 공기압보다 고압의 유체이며 유압의 압력은 14MPa, 공압의 압력은 0.5MPa 정도이며 오일은 비압축성이기 때문에 압력의 전달이 좋다. 진공식은 흡기 다기관의 진공과 대기압의 압력 차이를 이용하고, 공기압식은 공기 압축기의 압력과 대기압의 압력 차이를 이용한다.

제동장치는 그림 8.17과 같이 브레이크 페달(brake pedal), 마스터 실린더(master cylinder), 진공 부스터(booster), 프로포셔닝 밸브(proportioning valve), 디스크 브레이크(disk brake) 혹은 드럼 브레이크(drum brake), 브레이크 배관(brake line) 등으로 구성된다. 브레이크 페달에 답력이 가해지면 페달의 레버비 만큼 증폭된 힘이 배력 장치인 진공 부스터에 가해지고, 배력 장치에 입력된 힘은 파스칼의 원리로 증대되어 마스터 실린더에 전달된다. 이 힘은 마스터 실린더 내의 피스톤에 압력을 가하고 피스톤은 작동 유체인 브레이크 오일에 압력을 발생시킨다. 그 압력은 배관, 조인트, 브레이크 호스를 거쳐 각 바퀴의 휠 실린더에 동일하게 전달된다. 배력 장치가 페달과 마스터 실린더 사이에 설치되는 형식을 마스터 백 형식이라 한다.

휠 실린더내의 피스톤에 압력이 가해지면 이 압력은 브레이크 패드를 누르거나, 브레이크 슈를 브레이크 드럼에 밀착시켜 마찰력을 발생시키고, 이 마찰력에 의해 자동차는 제동된다. 브레이크 페달을 놓으면 마스터 실린더 내의 압력은 낮아지고, 그와 동시에 휠 실린더 내의 압력도 낮아지므로 브레이크 패드는 마스터 실린더와 슈의 리턴 스프링의 탄성력으로 원래의 위치로 돌아가고 제동 작용은 없어진다.

예제 8·2 대기압이 101.325Kpa일 때 진공 배력 장치에서 진공 부스터의 유효 압력차는 4N/cm^2, 다이어프램의 유효 면적이 600cm^{2}이면 진공 배력은 얼마인가?

| 풀이 | 배력 = 압력×면적 = 4×600 = 2400 N

예제 8·3 총 중량 1000kgf인 자동차가 100km/h로 주행 중 급제동하였을 때 운동 에너지가 모두 브레이크 드럼에 흡수되어 열로 변하면 그 열량은 얼마인가? 노면의 마찰계수는 1이다.

| 풀이 | $KE = \frac{1}{2}mv^2 = \frac{1}{2} \times \frac{1000}{9.8} \times \left(\frac{100000}{3600}\right)^2 = 39368 \text{ kgf} \cdot \text{m}$

$$Q = \frac{39368}{427} = 92.2 \text{ kcal}$$

(1) 진공 부스터

브레이크 진공 부스터는 운전자의 답력을 진공 압력을 이용하여 증대시켜 마스터 실린더에 큰 답력을 가한다. 진공 압력은 엔진의 스로틀 밸브에 의해 생성되는 것과 전기자동차처럼 엔진이 없는 경우에는 감속기어 모터의 회생 제동을 이용하여 얻을 수 있다. 가솔린 엔진의 경우에는 스로틀 밸브 이후에 발생하는 흡기 매니폴드의 강한 부압을 사용하고, 스로틀 밸브가 없는 디젤 엔진은 별도의 진공 펌프를 사용한다. 이러한 진공 압력은 반경질 플라스틱 배관을 따라 진공 부스터에 전달되고, 체크 밸브에 의해 진공 부스터 내부에 진공이 가해져 진공 부스터의 왼쪽 챔버의 압력은 부압으로 되어 부스터내의 다이어프램은 중앙에 위치하게 된다.

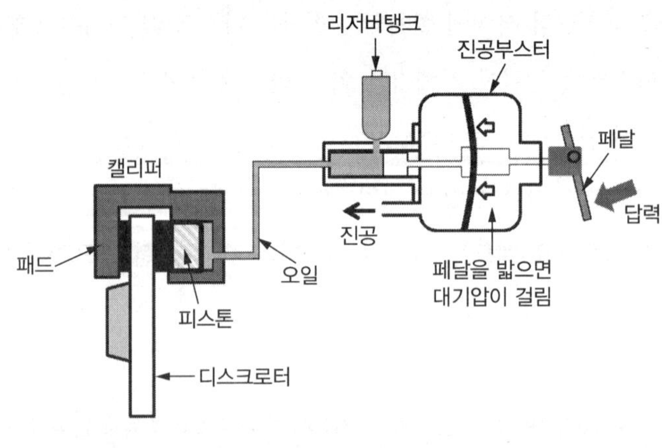

| 그림 8.17 | 유압식 제동장치(마스터 백 방식, 직접 조작식)

운전자가 브레이크 페달을 밟으면, 부스터 하우징의 브레이크 페달 측에 설치된 공기 밸브가 열리고 대기의 공기가 들어온다. 오른쪽의 압력이 높아지면 그림 8.17과 같이 중앙에 있던 다이어프램은 부압 상태인 왼쪽 방향으로 이동하는 힘이 발생하고, 이 이동력과 운전자의 답력이 더해져서 마스터 실린더를 미는 힘으로 된다. 비교적 작은 직경인 20cm의 진공 부스터의 경우, 대기압의 1/2정도의 부압이 공급되면 150kgf 정도의 힘이 추가로 얻어지며 이러한 진공의 양은 몇 번의 브레이킹 작용에 없어지는 작은 양이므로 엔진 시동이 꺼지면 제동장치에 이상이 발생하여 작용은 하지 못한다.

| 그림 8.18 | VW의 진공 부스터

① 진공식 배력장치

진공 부스터는 가솔린 기관의 흡기 부압, 디젤 기관의 진공 펌프에서 발생하는 부압과 대기압의 압력 차이를 이용하여 페달의 답력을 증가시키는 장치이며 브레이크 페달과 마스터 실린더 사이에 장착되고 배력 작용을 한다.

② 압축 공기식 배력장치

압축 공기식 배력장치는 공기 압축기, 공기탱크, 압력 제어장치를 이용한다. 압축 공기식 배력장치는 엔진으로 공기 압축기를 작동시키고, 압축기에서 발생하는 압축 공기를 이용하여 브레이크 슈를 드럼에 압착시켜 제동 작용을 하는 것으로 주로 대형 자동차에 사용한다.

(2) 마스터 실린더

마스터 실린더는 브레이크 페달에 작용하는 운전자의 페달 답력을 브레이크의 오일 유압으로 변환하는 장치로, 브레이크 오일을 저장하는 리저버 탱크와 압력을 발생시키는 실린더 부분으로 구성되어 있으며 싱글 타입과 탠덤 타입이 있다.

① 싱글 타입

싱글 타입은 그림 8.19와 같이 피스톤이 1개로 구성되고 브레이크의 답력이 피스톤에 전해지면 피스톤은 오일에 유체 압력을 발생시키고, 답력을 제거하면 내부에 내장되어 있는 스프링의 힘으로 원래의 위치로 돌아온다.

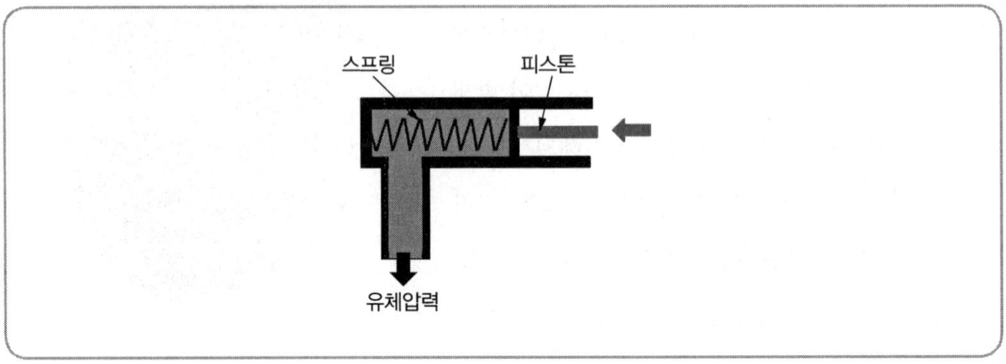

| 그림 8.19 | 싱글 타입 마스터 실린더

② 탠덤 타입

싱글 타입과 탠덤 타입의 차이는 피스톤의 수이며 싱글은 피스톤이 1개, 탠덤은 2개이고 탠덤은 2개의 피스톤이 직렬로 연결되어 있다. 탠덤 마스터 실린더는 브레이크 계통에서 브레이크 액의 누설이 발생하여도 다른 쪽 계통에 브레이크가 작동하는 2중 안전장치를 갖는 구조이다. 그림 8.20의 오른쪽에서 브레이크 오일 누설이 발생하면, 기본 피스톤을 밀어 넣어도 오른쪽에서는 유체 압력이 발생하지 않는 무압 상태로 되지만 2차 피스톤은 그대로 왼쪽으로 이동한다. 2차 스프링이 눌려지고, 2차 피스톤에 압력이 가해지면 왼쪽 오일에서 유체 압력이 발생하여 브레이크가 작동한다.

반대로 왼쪽에서 브레이크 액 누설이 발생하면, 유체 압력은 발생하지 않고 1차 피스톤은 오일에 압력을 가하여 유압이 발생하여 브레이크를 작동시킨다.

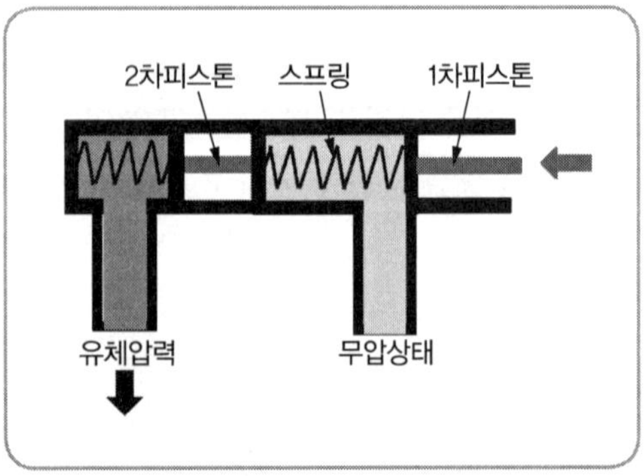

| 그림 8.20 | 탠덤 타입의 마스터 실린더(오른쪽 누설)

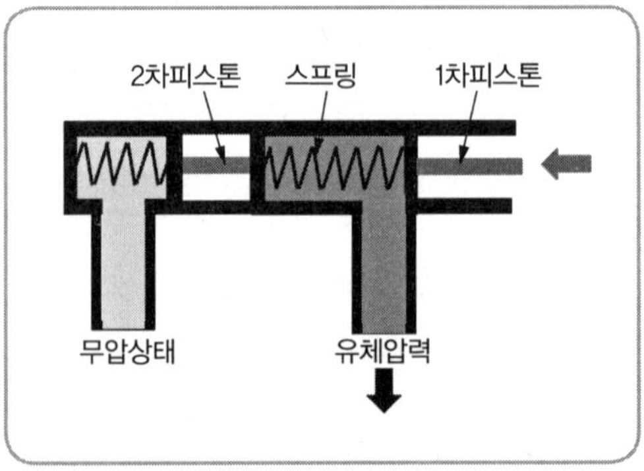

| 그림 8.21 | 탠덤 타입의 마스터 실린더(왼쪽 누설)

이와 같은 상태는 브레이크 전체 압력이 저하하여 제동 시 정차거리가 길어지기 때문에 빨리 정비를 해야 하며 탠덤 타입의 마스터 실린더는 어느 한쪽 회로에 유압이 발생하지 않아도 제동효과는 떨어지지만 최소한의 제동은 할 수 있는 안전장치이다.

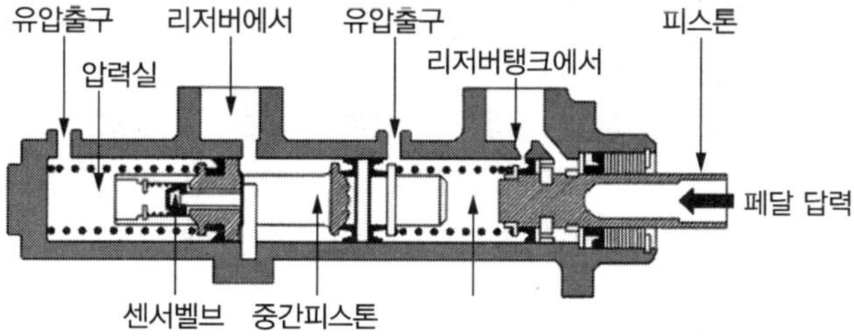

(a) 구조

(b) 모양

| 그림 8.22 | 탠덤 타입 마스터 실린더의 구조(출처 : Bosch)

(3) 브레이크 배관

탠덤 타입의 브레이크 마스터 실린더는 브레이크 계통 결함시의 안전성을 확보하기 때문에 이러한 2개의 브레이크 시스템의 사용이 의무화되어 있다.

브레이크 시스템을 이원화하는 방법은 **그림 8.23** (a)와 같이 앞바퀴, 뒷바퀴 2계통으로 나누는 것이 많이 채용되고 있고, 전륜 구동(FF) 차량처럼 축하중 분배가 앞바퀴에 치우치는 것은 **그림 8.23** (b)와 같은 ×형 배관 방식을 사용한다. 그리고 앞바퀴 브레이크의 고장시는, 뒷바퀴 브레이크만으로는 뒷바퀴가 쉽게 잠기기 때문에 앞바퀴 한쪽 편과 앞바퀴와는 반대쪽인 뒷바퀴의 한쪽 편을 작동시켜 필요한 최소한의 제동력을 확보한다.

일부 자동차는 **그림 8.23** (c), **그림 8.23** (d)와 같이, 앞바퀴의 각 휠을 2계통의 배관 방식으로 한 것, 혹은 **그림 8.23** (e)와 같이 뒷바퀴까지 2계통으로 한 것도 있다. 또한 대형 트럭에서는 **그림 8.23** (f)처럼 단일 마스터 실린더 방식으로, 안전 실린더를 이용하여 전후륜 2계통으로 하는 방식을 채용하고 있다.

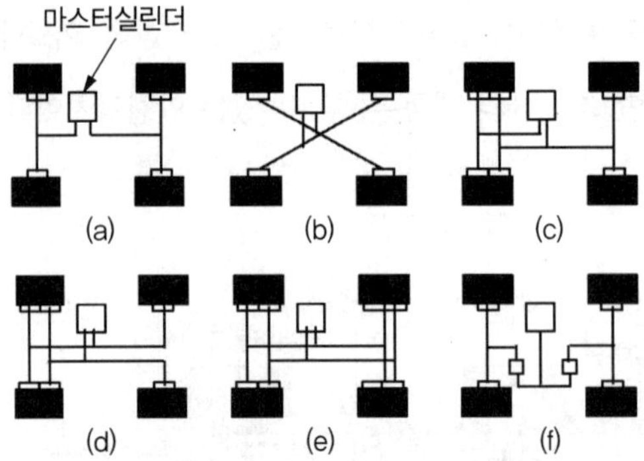

| 그림 8.23 | 브레이크 배관의 종류

(4) 브레이크액의 조성

브레이크액의 성분은 비광유계, 광유계, 실리콘계 등이 있고 대부분의 브레이크액은 비광유계를 사용하며, 브레이크액의 규격은 SAE가 1946년에, ISO는 1978년에 제정하였다. 브레이크액은 흡습성이 있어 외기와 접하는 마스터 실린더의 탱크에 수분이 들어가면 끓는점이 저하되기 때문에 브레이크액의 흡습 특성을 고려하여 분류해야 한다. 주로 DOT 3등급이 사용되고 DOT 4등급이 DOT 3등급보다 고온에 유리하다. DOT 5등급은 실리콘을 기반으로 하여 비점이 높고 흡습성이 적고 특수 자동차에 사용된다.

표 8.1 브레이크액(DOT : Department Of Transportation)

항목		DOT 3	DOT 4	DOT 5
평형순환비점	dry	205℃이상	230℃이상	260℃이상
	wet	140℃이상	155℃이상	180℃이상
점도 (mm^2/s)	100℃ −40℃	1.5이상 1500이하	1.5이상 1800이하	1.5이상 900이하

(5) 브레이크 압력 제한 밸브(brake pressure limiting valve)

자동차가 주행 중 제동을 하면 자동차의 중심이 앞으로 이동하여 앞바퀴 축의 하중은 증가하고, 뒷바퀴 축의 하중은 감소한다. 커브 회전 중 제동하면 추가적으로 바깥 바퀴의 윤중은 증가하고 안쪽 바퀴의 윤중은 감소한다. 이때 앞바퀴와 뒷바퀴에 같은 제동력이 작용하면 뒷바퀴가 앞바퀴보다 먼저 고정되는 현상이 나타나고 따라서 차체 뒤쪽 부분이 회전하는 현상이 발생한다. 이의 방지하기 위해서 바퀴의 제동력을 조절해야 한다. 브레이크 압력 제한 밸브는 차체의 하중 변화에 따라 브레이크 압력이 제한 압력 이상으로 되면 뒷바퀴 브레이크 회로의 압력을 조절하여 뒷바퀴가 먼저 고정되는 것을 막는 장치이다. 프로포셔닝 밸브(P 밸브, proportioning)는 마스터 실린더와 휠 실린더 사이에 장착되어 제동력 배분을 뒷바퀴를 작게 하여 뒷바퀴의 록킹을 방지한다.

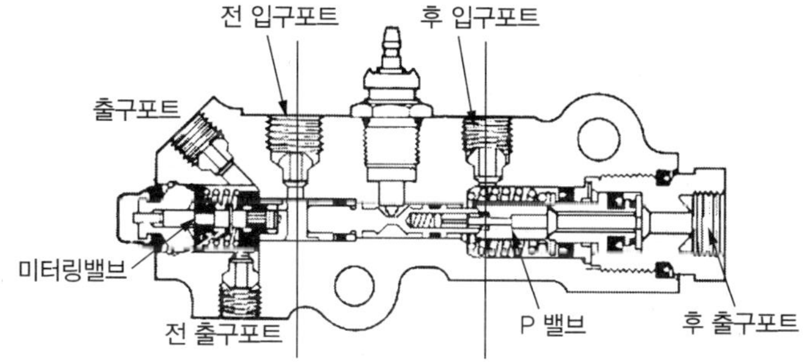

(a) 구조(autopost.com)

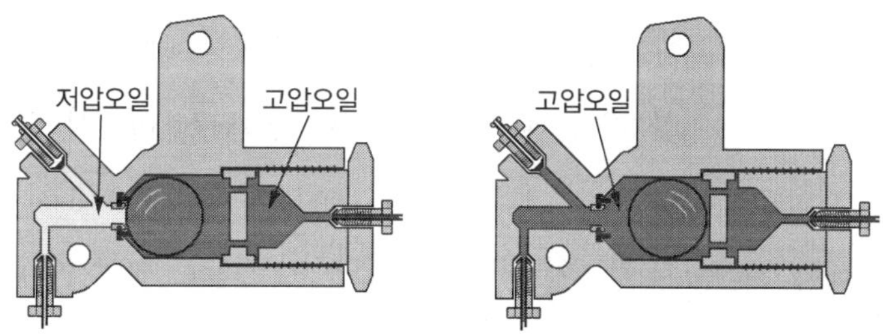

(b) 작동 원리

| 그림 8.24 | 브레이크 압력 제한 밸브(프로포셔닝 밸브, P밸브)

8.6 회생 제동장치(Regenerative braking)

8.6.1 개요

내연기관의 효율은 20~30%이다. 회생 제동 시스템은 버려지는 80% 에너지 중 40%에너지를 회수하여 연비를 10~25% 정도 올린다. 자동차가 배출하는 이산화탄소는 자동차 연비를 올려야 감소된다. 연비를 올리기 위한 기술의 하나로 회생 제동 시스템이 있다. 현재는 하이브리드 자동차에 적용이 되고 있고 일부 자동차 회사에서 가솔린 기관에도 적용하고 있다. 하이브리드 자동차는 제동할 때마다 브레이크로 에너지를 낭비한다. 자동차가 제동을 하면 차량의 운동 에너지는 열에너지로 소산되어 버린다. 차량의 운동 에너지를 전기 에너지로 전환하여 배터리에 저장하는 것이 회생 제동이다. 이는 특별한 부품이 추가로 필요한 것은 아니고 하이브리드 자동차의 경우 배터리를 항상 충전된 상태로 유지하는 역할을 하기도 한다. 일반적인 유압 제동은 라이닝과 브레이크 패드가 마찰을 일으키고 감속된 바퀴와 지면과의 마찰에 의해 차량이 정지되지만 회생 제동은 차량을 구동하는 전기모터가 제동을 한다.

전기모터가 발전을 하면 발전 저항으로 제동이 걸리게 되는 상태가 되어 자동차의 속도는 줄어든다. 이 저항을 자동차를 감속시키는 제동력으로 사용하는 기술이 회생 제동의 원리이다. 회생 제동 시스템은 전기모터 자체가 전기도 만들면서 제동도 한다. 이 회생 제동과 기존의 유압 제동을 조합한 것이 하이브리드 자동차의 제동장치이고 회생 제동으로 충분히 제동할 수 있지만 안전을 위해서 급제동 시는 유압제동으로 보조한다.

회생 제동은 원래 전기 기차에 사용되고 있었으나 하이브리드 차량의 등장과 함께 적용되었다. 자동차 속도가 저속이면 제동은 확실하게 되지만 큰 제동력이 발생하면 추가하여 유압제동이 작동을 한다. 이를 전자 제어식 제동(BBW, brake by wire)시스템이라 하고 이에는 안전장치인 ABS(anti−brake system), TCS(traction control system), BAS(brake assist system) 및 ESC(electronic stability control)의 기능이 적용되어 있다. 이 기술은 현대기아의 소나타, K5, 아반테, 도요다 프리우스, 혼다 인사이트, 테슬라 로드스타, 닛산 리프, 마힌드라 레바. 쉐보레 볼트 등 현재 대부분의 하이브리드 전기자동차에 적용되어 있다.

8.6.2 전기모터식 회생 제동 시스템

(1) 원리

회생 제동 시스템은 전기모터가 발전을 시작하면 발전 저항으로 제동이 걸리게 되는 상태가 되어 자동차의 속도는 떨어진다. 이때 정교한 전자 회로와 특별한 전기 회로가 필요하다. 전기모터 하나만으로 회생 제동과 발전을 한다. 교류 발전기는 전자코일 주위를 영구자석이 스칠 정도로 가까이 회전하고 자석이 통과하면 코일에 교류 파형이 발생한다. 이 파형에서 전기를 꺼내면 전자기 코일에 전극이 발생하고 코일은 전자기 자석으로 변화한다. 이 전자기 자석이 영구자석과 서로 끌어당기거나 밀면 회전에 자기 저항이 발생하여 감속한다. 코일에 발생하는 파형에서 전기를 추려내면 저항이 없어 그냥 헛돈다. 코일에서 얻는 전기를 가감하여 전자기 자석의 힘을 변화시키면 회생 제동이 된다. 회생 제동의 강도를 조절하는 것은 코일에서 전기를 추출하는 인버터이다.

(2) 회생 제동과 유압 제동

제동 회로에서 가장 중요한 것은 제동 제어기이며 제동 시작, 종료, 시간 등을 결정한다. ABS 제어기는 바퀴의 회전 속도, 바퀴들의 속도 차이를 감지하고, 회생 제동 제어기는 바퀴의 속도, 토크, 회전력 등을 감지하여 전기를 배터리로 충전하는 역할을 한다. 제어기의 가장 중요한 기능은 자동차를 정지하는데 필요한 힘의 양을 계산하는 것으로 만약 실패하면 유압 제동이 역할을 담당한다. 배터리를 기본적인 충전 상태로 유지하는 것은 전기자동차 종류에서는 매우 중요하다. 하이브리드 자동차는 항상 충전 상태를 유지해야 하며 그 에너지 회수를 회생 제동 시스템이 담당한다. 하이브리드 자동차에서 회생 제동은 구동력이 모터일 때 적용이 되고 구동력이 내연기관이 되면 전기모터가 작동을 중지하기 때문에 회생 제동은 작동하지 않는다. 즉 저속, 감속 시에만 에너지를 회수하고 가속 페달에서 발을 떼면 가벼운 감속을 하며 브레이크를 밟으면 본격적으로 에너지를 회수하면서 감속한다.

8.6.3 유압식 회생 제동(hydraulic regenerative brake)

대형 차량에서는 유압식 회생 제동을 사용한다. 브레이크를 밟으면 운동 에너지는 유압 펌프를 반대로 작동시킨다. 이 유압 펌프는 저압의 저장 탱크에서 고압의 어큐뮤레이터(축압실)로 유체를 보내어 압력은 어큐뮤레이터 내에 있는 질소가스에 의해 저장되고 이 압력으로 차량을 정지시킨다. 차량의 운동 에너지를 감속 시 80%를 기계적 에너지로 전환하여 연비를 25~45% 올리며 이는 매우 높은 회수율이다. 이러한 유압 회생 제동은 시내 주행에서 유리하며 특히 대형 트럭에서 유용한 시스템이다. 단점은 어큐뮤레이터가 공간을 너무 차지하여 설계하기 어려운 점이다.

8.6.4 회사별 회생 제동장치

그림 8.25는 내연기관 회생 제동장치에서 어떻게 운동 에너지가 전기 에너지로 전환되는지 나타낸다. 차량이 감속할 때 제동에 의해 발생하는 운동 에너지를 가변 전압 발전기를 사용하여 커패시터에 충전하여 에너지를 회수한다. 자동차는 회수 에너지를 화학적으로는 납 배터리에, 기계적으로는 플라이휠에, 전기적으로는 리튬 이온 배터리나 대용량 커패시터에 저장한다.

또 다른 에너지 회수 방법으로 자동차 운동 에너지 회수 시스템(KERS, kinetic energy recovery system)이 있다. 이는 자동차의 운동 에너지를 진공 플라이휠에 저장하여 회수하며 이를 프라이브리드(flybrid)라 한다. 이는 자전거 체인의 원리와 비슷한 무단 변속기(CVT)내의 기어박스와 에너지 회수용 플라이휠을 이용한다. 이때 저장되는 에너지를 이용하여 필요 시 발전기나 구동축을 돌려 필요한 부하를 처리한다.

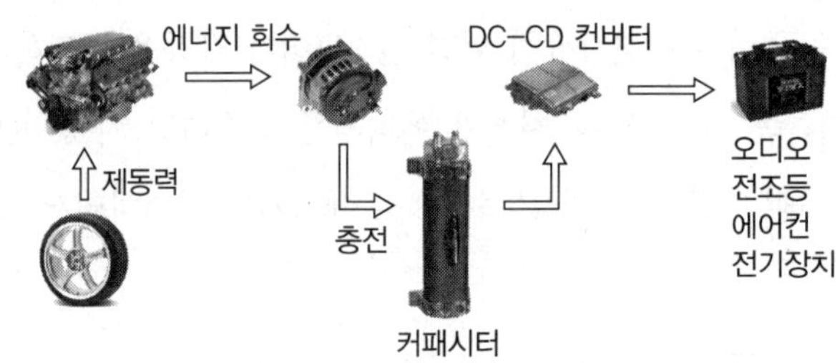

| 그림 8.25 | 마즈다의 내연기관 회생 제동장치

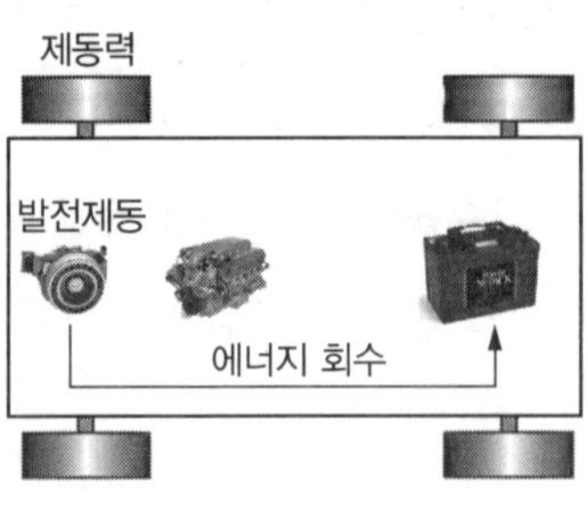

| 그림 8.26 | 전기, 하이브리드 자동차의 회생 제동장치

(1) 보쉬의 회생 제동

하이브리드 자동차에 제동을 걸면 전기모터는 발전기 모드로 전환된다. 바퀴는 운동 에너지를 드라이브 트레인을 통하여 발전기로 보내고 발전기는 운동 에너지를 전기 에너지로 변환한 후 고전압 배터리에 축전된다. 이때 발전기에 의한 저항으로 차량의 속도가 감소된다. 발전기의 저항은 생각보다 커서 차량을 감속시키는데 충분하다. 유압 제동은 거의 사용되지 않지만 급제동 시에는 작동한다. 회생 제동은 제동과 가속을 자주 사용하는 시내 주행 시 하이브리드 자동차의 전기를 충전하면서 발생하고, 회생 제동은 브레이크 라이닝과 디스크의 마모도 적은 장점이 있다.

① 부압식 회생 제동장치

부압식 회생 제동장치는 유압 제동에 제동 페달용의 트러블 센서와 진공 펌프를 추가한 시스템으로 회수되는 에너지 양이 적어 하이브리드 자동차에 적합하고 교류 발전기로 감속시켜 차량을 제동한다. 제동을 하면 후축은 유압 제동, 전축은 회생 제동을 하게 된다.

② 무부압식 회생 제동장치

장거리 주행하는 플러그 인 하이브리드 자동차나 엔진이 없어 부압이 없는 전기자동차에서는 무부압식 회생 제동장치를 사용한다. 발전기를 이용하여 부압식보다 더 많이 감속할 수 있고 많은 에너지를 회생할 수 있다.

(2) 콘티넨탈사의 내연기관 회생 제동(simulator brake system)

그림 8.27은 보쉬, 덴소와 더불어 세계 3대 자동차 부품 업체인 독일 컨티넨탈의 회생 제동 시뮬레이터이다. 운전자가 브레이크 페달을 밟으면, 감속이 시작되고 회생 제동 시뮬레이터에 의해 최적인 제동이 이루어진다. 제동 에너지는 전기로 변환되어 차량의 배터리에 충전된

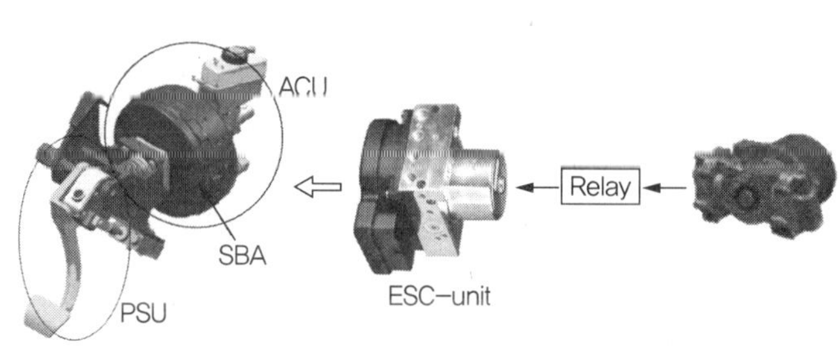

| 그림 8.27 | 컨티넨탈사의 회생제동 시뮬레이터

다. 차량 속도, 요레이트(yaw rate), 횡방향 가속도 센서의 신호를 기초로, 더 많은 감속이 필요한 경우, 유압제동이 작동을 한다.

구성은 기존의 전자제어 주행 안정장치인 ESC(electronic stability control) 유닛, 작동 제어유닛(actuation control unit), 시뮬레이터 브레이크 작동기(simulator brake actuation), 페달 시뮬레이터 유닛(pedal simulator unit), 진공 펌프가 일체로 되어 있다. ESC는 차체 앞쪽이나 뒷쪽이 미끄러지는 것을 제어한다. 회생 제동장치는 현재의 모든 안정성 기능을 그대로 이용할 수 있어, ABS, EBD, TCS, VDC, BAS, OHB−V(Optimized hydraulic booster of brakes) 등도 사용할 수 있다.

(3) 혼다의 회생 제동

혼다는 처음에는 일정한 회생 제동이 되는 시스템이었지만, 지금은 브레이크를 밟는 힘에 비례하여 회생 제동이 작동을 하고 회생 제동력에 따라 유압 제동력도 변하는 향상된 기술을 개발하여 전기의 발전량을 증가시켰다.

하이브리드 자동차는 연비를 좋게 하기 위해서는 전기모터에서 전기를 많이 만드는 것이 좋다. 그러나 발전량을 증가시키면 비례하여 회생 제동인 발전 저항이 너무 커져 제어가 어렵게 된다. 따라서 효율적인 발전과 회생 제동 사이에 균형이 잡혀야 한다. 제동의 기본 성능은 확실히 지키면서 전기 발전을 많이 하는 시스템이 혼다의 회생제동 장치이다.

(4) 도요타의 회생 제동

도요타의 회생 제동 작동 원리는 **그림 8.28**과 같다. 운전자가 가속 페달에서 발을 떼면 가벼운 회생 제동으로 운동 에너지를 회수한다. 운전자가 브레이크 페달을 밟으면, 페달을 밟

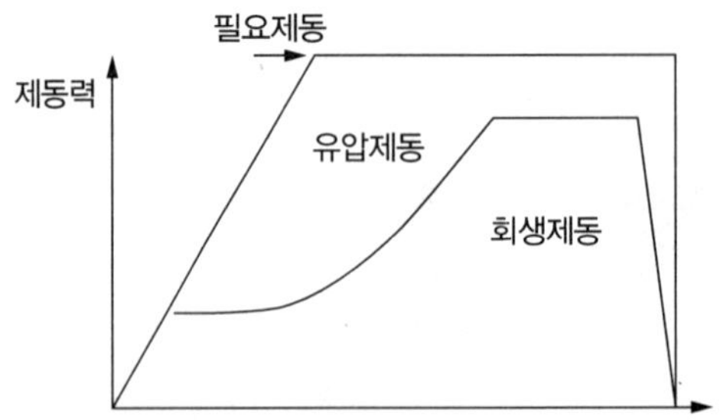

| 그림 8.28 | 도요타 회생 제동 시스템의 작동

는 속도와 밟는 양으로 제동력을 계산하고 이 제동력 범위 내에서 최대한의 회생 제동을 작동시키고 부족한 부분을 유압 제동으로 보충한다. 회생 제동장치는 유압 부스터, 제동 액추에이터, 스트로크 시뮬레이터, ECU 등을 일체화하거나 유압 펌프, 모터, 어큐뮤레이터를 일체화하였다.

8.7 ABS(Anti-lock Brake system)

미끄러운 노면, 눈이 내린 노면 등 마찰계수가 적은 노면을 자동차가 주행 중 급제동을 하면 각 바퀴가 고정되어 제동되지 못하고 미끄러지는 현상이 발생된다. 이러한 경우 앞바퀴가 고정되면 차체의 방향성이 나빠지는 테일 슬라이드 현상과 차체의 회전이 발생할 수도 있고, 뒷바퀴가 고정되면 조향 능력이 저하되어 직진성이 저하한다. ABS는 바퀴의 슬립율이 크게 될 때 자동차의 제동장치의 유압을 자동적으로 감압, 증압, 유지시켜 바퀴의 고정에 의해 발생하는 슬립인 스키드(skid)를 방지하고, 제동 시 방향 안정성과 조종성을 확보하는 장치이다. ABS는 어떤 상황에서도 바퀴의 고정을 방지하여 운전자가 핸들의 조작을 가능하도록 하고 정지거리를 단축하여 제동 성능을 향상시킨다. 이러한 측면에서 안티 스키드 장치라고도 한다.

ABS의 구성 부품은 그림 8.29와 같이 바퀴의 회전 상태를 검출하는 4개의 휠 속도 센서(wheel speed sensor), ABS-ECU, ECU에서의 신호에 따라 휠 실린더에 공급되는 유압을 제어하는 모듈레이터(하이드로닉 유닛), 요(G)센서, 프로포셔닝 밸브, 조향각 센서, 브레이크 압력센서, 이너셔 밸브, 페일 세이프 릴레이, ABS 브레이크 경고등 등으로 구성된다.

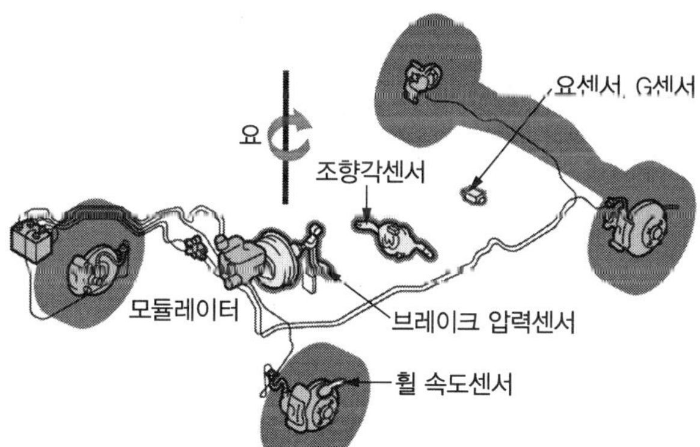

| 그림 8.29 | ABS의 구성(출처 : 마쯔다)

ABS의 장점은 다음과 같다.

① 제동 시 방향 안정성과 조향성을 확보한다.

② 노면의 마찰계수가 크면 제동 거리가 단축된다.

③ 제동 시 옆방향 미끄러짐 방지와 스핀으로 인한 전복을 방지한다.

④ 최대의 조향 효과를 얻는다.

⑤ 어떤 조건에서도 바퀴의 미끄러짐이 없도록 한다.

(1) 휠 속도 센서(wheel speed sensor, WSS)

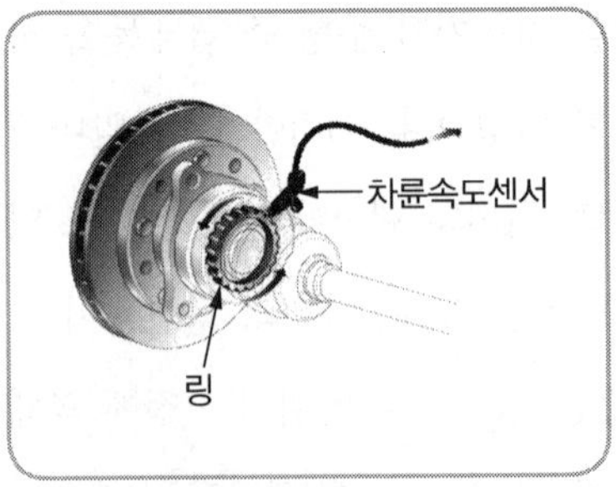

| 그림 8.30 | 휠 속도 센서

4륜 구동 자동차는 4륜이 구동되기 때문에 ABS는 4륜의 회전 속도 차이를 검출해야 하므로 이를 위하여 휠 속도 센서를 사용한다. 휠 속도 센서는 차량의 휠 허브에 위치하여 지속적으로 각 바퀴의 회전수를 검출하고, ABS 시스템을 작동해야 하는 미끄러운 조건인지를 판단한다. 휠 속도 센서는 휠 속도뿐만 아니라, 바퀴 간의 연속성도 감지하여 바퀴 회전에서 차이가 감지되면 ABS를 작동시킨다. 4센서 ABS에서 1개의 휠 속도센서가 고장이 나면 4바퀴 모두 ABS가 작동하지 않는다.

휠 속도 센서는 주파수 신호로 각 바퀴의 속도를 검출하고 종류에는 마그네틱 픽업식, 광학식, 홀 소자식, 자기 저항 소자식 등이 있고 주행 시, 제동 시 바퀴 간의 회전 속도 변화와 바퀴의 잠김을 검출하는데 사용한다.

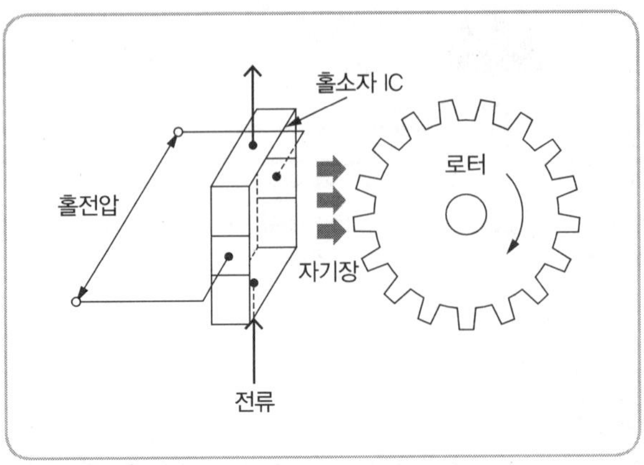

| 그림 8.31 | 홀 소자 방식

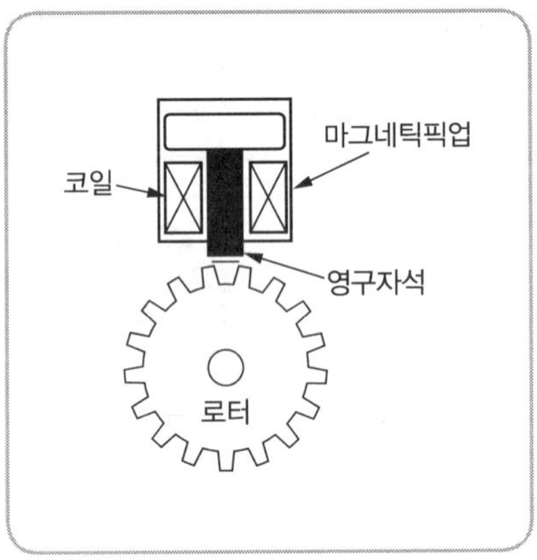

| 그림 8.32 | 마그네틱 픽업 방식

(2) 요레이트 센서와 G 센서

요레이트(요각속도) 센서는 차량 회전 시 자동차 중심으로 통하는 수직선의 주위의 요각(회전각)이 변하는 회전(요) 각속도를 측정한다. 횡(좌우) G(중력 가속도) 센서는 차량이 원심력에 의해 바깥으로 밀리는 가속도를 측정하고 전후 G센서는 차체의 전방 가속도를 측정한다.

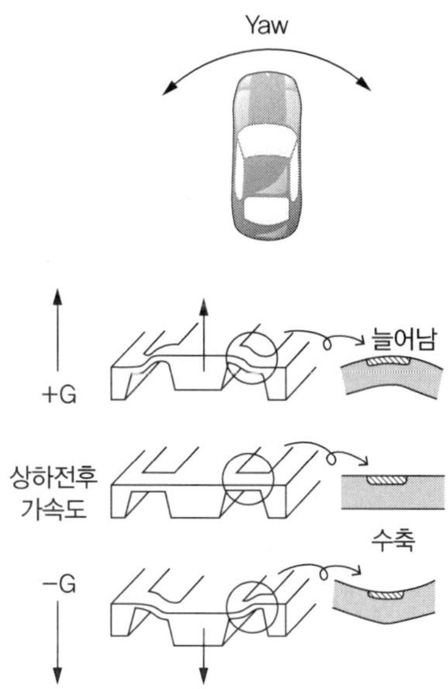

| 그림 8.33 | 상하, 전후 G센서

(3) 하이드로닛 유닛(모듈레이터)

급제동 시 바퀴가 잠기면 스티어링 휠도 잠긴다. ABS는 빙판길에서 초당 20회 정도 펌핑하여 하면서 브레이크를 잡아 급제동을 도와주며, 미끄러짐도 방지하여 차량을 최단 거리에서 정지시킨다. 바퀴에 장착된 휠 속도 센서에서 신호를 받아 잠김을 감지하고 ABS－ECU의 신호에 따라 브레이크의 유압 조절을 반복적으로 하여 바퀴의 잠김을 방지한다. ABS 모듈은 각 바퀴의 유압을 제어하는 모듈 밸브(압력 솔레노이드 밸브, 벤트 솔레노이드 밸브), 감압 제어 시의 브레이크 액을 일시 저장하는 리저버, 리저버에 축적된 브레이크 액을 마스터 실린더로 보내는 펌프와 펌프 모터로 구성된다. ABS는 각 릴레이를 사용하여 모듈의 펌프를 구동하여 유압을 상승시키고, 모듈 밸브로 유압을 제어한다. 펌프 모터는 정지와 구동을 비교적 긴 주기로 하는 경우와 순간적으로 구동과 정지를 하는 경우가 있다.

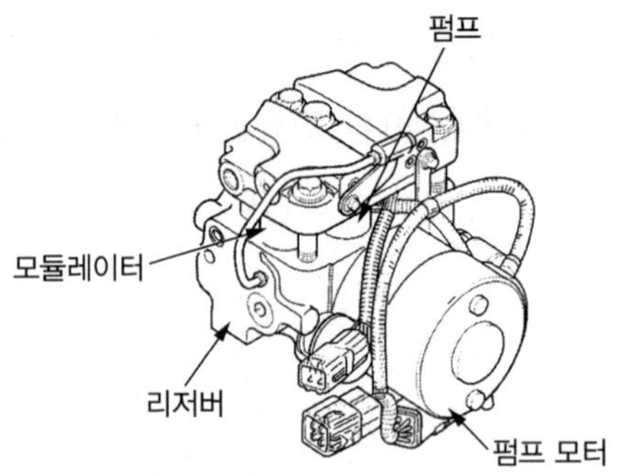

| 그림 8.34 | 유압 모듈의 구조

ABS 모듈은 휠 속도 센서로부터 속도를 검출하여 브레이크의 잠김을 방지하는 ABS의 핵심 구성 요소이며 2바퀴 중 하나의 바퀴의 속도가 줄어들면 잠김으로 판단하여 브레이크 압력을 온, 오프 제어하여 잠김을 방지한다. 제동 압력은 바퀴가 잠기면 빨리 회전하도록 압력을 낮추고, 바퀴가 빨리 돌면 압력을 증가시켜 바퀴의 회전을 줄인다. 2바퀴의 속도가 같으면 제어 모듈은 압력 유지 모드로 들어가 작동하지 않고, 페달의 답력이 증가하여 잠김의 가능성이 있으면 유지 작용, 잠김이 발생하면 감압 작용을 한다.

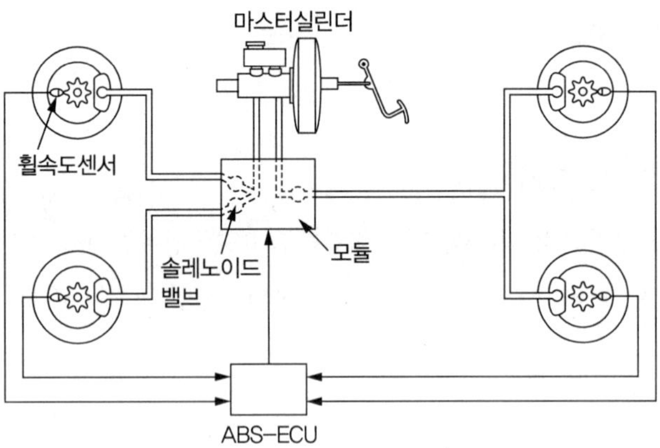

| 그림 8.35 | ABS의 구성도(출처 : tuiningpp.com)

(4) 솔레노이드 밸브(모듈 밸브)

솔레노이드 밸브는 유체공학에서 가장 많이 사용되는, 액체 또는 기체로 작용되는 전자기계 밸브로 솔레노이드를 흐르는 전류로 제어한다. 이 밸브는 작동 유체를 차단, 해제, 분배, 혼합을 한다. 솔레노이드와 밸브로 구성되고 솔레노이드는 전기 에너지를 기계 에너지로 변경하고 기계적 에너지로 밸브를 열거나 닫는다. ABS에서 솔레노이드 밸브는 제어 모듈의 전기 신호에 따라 브레이크액의 압력을 제어하는 데 사용한다.

솔레노이드 밸브는 ABS 작동 시 0.1ms 시간내에 2~3번의 온, 오프 구동 제어를 한다. 바퀴의 회전 속도 신호로 차량의 안정성의 회복되면 ECU는 솔레노이드 밸브의 구동을 중지한다. 모듈 밸브 제어는 모듈의 입력 밸브와 출력 밸브의 개폐에 의해 증압, 유지, 감압, 모터 작동의 4가지 제어를 수행하여 브레이크 페달의 답력이 증가하여 잠김의 가능성이 있으면 유지 작용을 하고, 잠김이 발생하면 감압 작용을 한다.

(5) ABS 작동 원리

휠 속도 센서에서 속도를 감지하여 차체 속도를 계산하고 차체 속도를 이용하여 바퀴의 슬립율을 계산한다. 슬립율은 제동 시 자동차의 주행 속도와 바퀴의 회전 속도 관계를 나타내며 슬립율이 0%이면 바퀴와 노면 사이에 미끄럼이 없는 상태이다. 규정 슬립율에 도달하면 모듈 밸브와 펌프를 작동시켜 유압을 제어하며, 앞바퀴의 유압은 좌우를 독립적으로 제어하고, 뒷바퀴는 잠김이 일어나기 쉬우므로 좌우를 동시에 제어한다. 바퀴의 속도가 규정된 차체 속도보다 과도하게 낮으면 압력 솔레노이드 밸브를 닫아, 브레이크 압을 유지하고

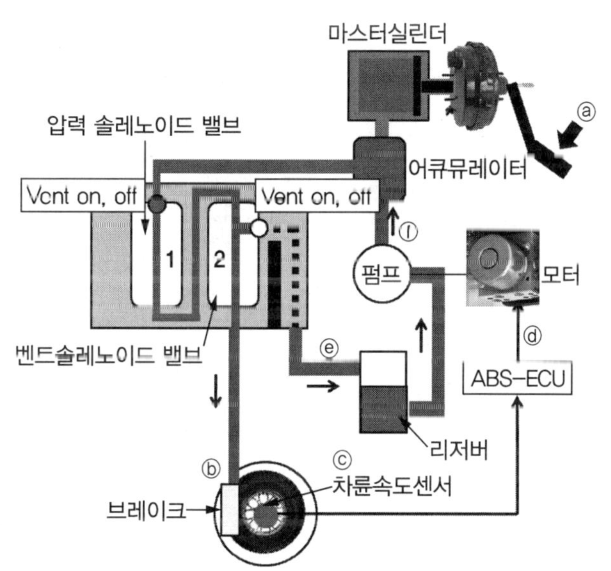

| 그림 8.36 | ABS 작동순서

휠 속도가 낮으면 벤트 솔레노이드 밸브를 열어 압력을 감압시키고 펌프 모터를 작동시킨다. 휠 속도가 회복되면 입력 밸브(압력 솔레노이드 밸브)를 열어 브레이크 압을 다시 증가시킨다. ABS는 압력 감소, 압력 유지, 압력 상승 모드를 반복적으로 수행한다.

- 운전자가 페달을 밟으면 피스톤이 오일에 압력을 가한다. ABS-ECU에 의해 압력 솔레노이드 밸브는 온, 벤트 솔레노이드 밸브는 오프된다.
- 브레이크 오일은 디스크를 패드에 밀착하여 제동한다.
- 휠 속도 센서는 운전자가 너무 급제동하는지, 휠의 잠김이 있는지 감지한다.
- ABS-ECU는 펌프를 가동한다.
- 벤트 솔레노이드 밸브가 온되면 오일이 리저버로 들어오면서 감압된다.
- 오일은 다시 펌프에 의해 가압되어 어큐뮤레이터로 들어간다.
- 이러한 과정이 초 당 20회 정도 반복된다. 2개의 솔레노이드 밸브가 모두 오프되면 일정 압력이 걸린다.

① 급제동 시 압력 상승

급제동 시는 높은 오일 압력이 필요하여 압력을 증가시킨다. 마스터 실린더의 압력은 압력 솔레노이드 밸브가 온 되면서 압력이 증가하고 벤트 솔레노이드 밸브는 오프되어 브레이크

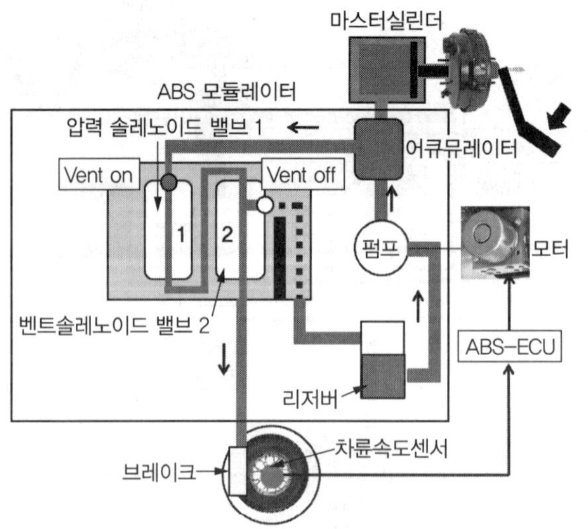

| 그림 8.37 | 급제동 시 작동 원리(증가)

압력은 상승한다.

② 잠김 시 압력 감압

휠 속도 센서가 잠김을 감지하면 압력 솔레노이드 밸브는 닫히고, 벤트 솔레노이드 밸브는 열려 오일은 리저버 탱크로 들어가 바퀴의 제동 압력은 감소되어 잠김을 방지한다. 휠이 자유롭게 회전할 수 있는 오일 압력이면 신호는 압력 솔레노이드 밸브로 보내져 압력 솔레노이드의 밸브를 열어 오일을 원 위치시켜 다시 압력을 증가시킨다. 압력이 감소된 오일은 펌프에

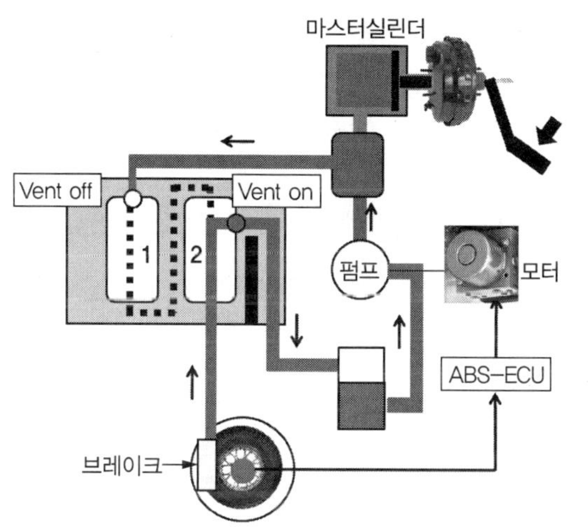

| 그림 8.38 | 감압 시 작동 원리

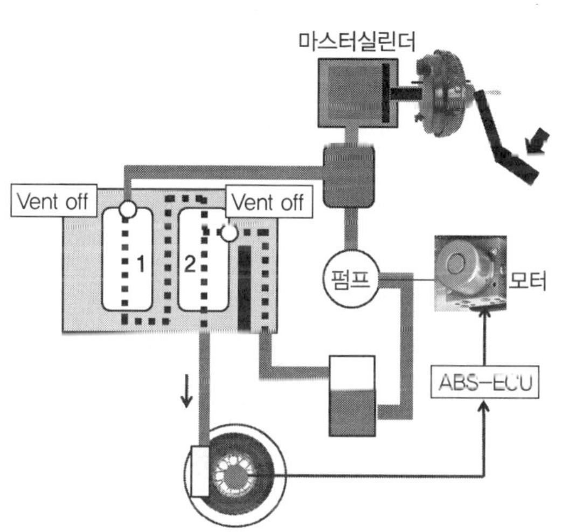

| 그림 8.39 | 압력유지 작동 원리

의해 가압되어 마스터 실린더 압력과 섞이게 된다.

③ 압력 유지

ABS는 압력 솔레노이드 밸브, 벤트 솔레노이드 밸브를 오프시켜 브레이크 라인으로 오일이 흐르지 않게 하여 일정 압력이 유지된다. 전체 브레이크에 대하여 압력이 유지되지는 않고 바퀴에 가해지는 압력만 유지된다.

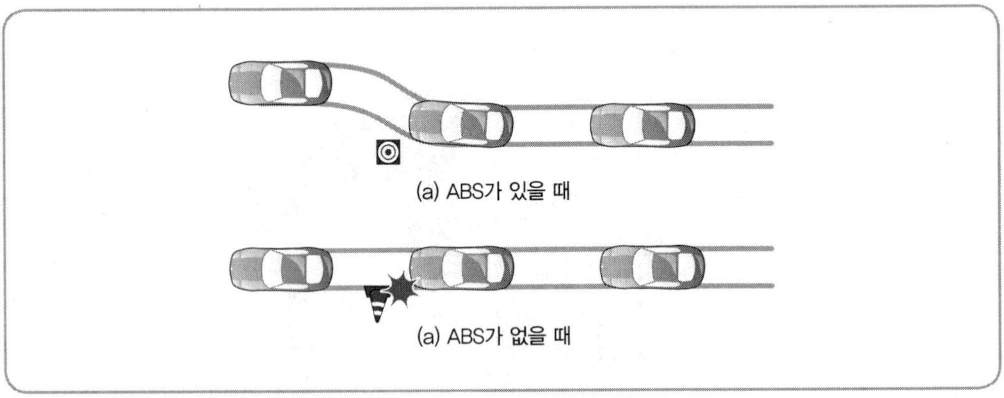

| 그림 8.40 | ABS의 유무에 따른 결과

(6) ABS−ECU

ABS 제어에 필요한 휠 속도 센서 신호, 브레이킹 신호, 파킹 브레이크 신호를 ABS−ECU로 검출하고 엔진 ECU에서 발생하는 배터리 신호, 스티어링 휠의 비틀림 신호 등의 데이터를 이용하여 전진과 회전 시 발생하는 4개 바퀴의 회전 속도를 감지한다. 바퀴의 회전 속도에 이상이 있으면 ABS−ECU는 구동 제어 신호를 출력하여 해당 휠 속도를 모듈레이터에 설치된 모듈 밸브를 구동시켜 규정 회전 속도로 제어한다.

8.8 트랙션 컨트롤 시스템(TCS)

브레이크 제어에 의한 자동차의 안전 주행 기술은 1970년대의 ABS 기술을 통하여 크게 발달하였고, ABS는 급제동 시 유압을 제어하여 바퀴의 잠금을 방지하는 기술로, 차량의 안정성과 조향성을 확보할 수 있다. 기계식 ABS의 연구는 1930년대, 독일에서부터 시작되었지만, 전동식 ABS가 도입된 것은 1970년대 후반이다. ABS에서 시작한 전자제어에 의한 브레이크 제어 시스템(brake by wire)은 발진, 가속 시 타이어의 공회전을 방지하는 트랙션 제어 시스템(TCS, traction control system), 급 핸들 조작에 의한 미끄러짐을 방지하는 전자 안정화 제어(ESC)로 발전하였다.

트랙션 제어 시스템은 자동차 바퀴 제어 장치의 일종으로 발진, 가속 시 타이어의 공회전을 방지하는 장치이며 안티 슬립 제어(anti-slip)라고도 하며 미끄러운 노면에서의 급발진이나 가속 시 타이어가 헛돌아 발생하는 자동차의 불안정성은 낮아진다. 트랙션 제어 시스템은 항상 타이어와 노면과의 접지 상태를 모니터링하고 발진이나 가속 시 구동 바퀴의 공전을 감지하면, 구동 바퀴에 브레이크를 걸고, 엔진 출력으로 타이어의 공회전을 제어하여 차량 흔들림을 방지한다.

자동차가 발진, 가속할 때 타이어에 전해지는 강한 구동력은 주행 노면의 마찰계수가 적으면 타이어의 공회전인 휠 스핀을 일으킬 수 있고, 이는 구동력을 낭비하고 자동차를 불안정한 상태로 하여 안전면에서 큰 문제가 되어 운전자는 가속 페달을 세밀하게 조절하여 공회전을 방지해야 한다. 그러나 트랙션 제어 시스템은 차량 속도와 각 바퀴의 회전 속도로 공회전을 파악하고, 엔진의 구동력을 조절하여 마찰계수가 적은 노면에서도 운전자의 노력이 없어도 자동차의 안정성은 높이는 장치이다. 안정성을 높이는 장치는 다음과 같은 것이 있다.

- ABS(anti-lock brake system, 안티 록 브레이크 시스템) : 급제동 시 바퀴가 잠기는 현상을 방지하는 시스템이다.
  - ABD(automatic braking differential) : 차량의 4바퀴가 동시에 미끄러지는 것을 방지하는 장치로 ABS와 함께 작동한다.
- ECS(electronic controlled suspension, 전자제어 현가장치) : 노면 상태와 운전 조건에 따라 차체 높이를 변화시켜, 주행 안전성과 승차감을 동시에 확보하는 전자제어 현가장치이다.
- EBD(electronic brake force distribution, 전자제어 동력배분 장치) : 기계적 P 밸브(프로포셔닝 밸브)를 전자적 P 밸브로 변경한 장치로, 승차 인원이나 적재 하중에 맞추어 앞뒤 바퀴의 제동력을 자동으로 배분하여 안정된 브레이크 성능을 발휘하는 전자식 제동력 분배 장치로 ABS와 함께 작동한다. 앞뒤 바퀴 속도의 차이를 검출한 뒤 ABS의 액츄에이터를 통하여 뒷바퀴에 최적의 제동력을 분배한다.
- TCS(traction control system, 트랙션 제어 시스템, 안티 슬립 제어) : ABS를 확장하여 눈길, 빗길 등 미끄러지기 쉬운 노면에서 차량을 출발하거나 가속할 때 과잉의 구동력이 발생

하여 타이어가 공회전하지 않도록 차량의 구동력을 제어하는 시스템이다.

- ASR(anti-spin regulator, 안티 슬립 제어) : 미끄러운 노면에서 바퀴가 겉돌거나 미끄러지는 현상이 발생할 때 제어를 하여 주행 상태에 맞도록 출력을 제어하는 장치이다.
- ESP(electronic stability program, 전자식 차체 제어), ESC(electronic stability control) : ABS, EBD, TCS, 요모멘트 제어(YMR, 한쪽으로 쏠리는 것을 막는 자세제어)를 통합 제어하여 차량의 안정을 도모하는 장치이다.
- VDC(vehicle dynamic control, 차량 자세 제어) : ABS, EBD, TCS, YMR, 자동 감속 제어(BAS, brake assist control)를 모두 포함하는 차량 자세 제어로 차량 자세를 능동적으로 제어한다. 자동차 회사마다 다양한 용어가 사용되며 VSA(Vehicle Stability Assistance)도 여기에 속한다.

(1) 슬립 제어

TCS는 비포장 도로와 미끄러운 노면에서도 안정감있는 주행을 제공한다. TCS는 연료 분사 제어를 통해 구동력을 제어하고 ECU는 차량 주행 시 전후 바퀴에 설치된 비접촉식 휠 속도 센서, 차속 신호로부터 뒷바퀴의 슬립율을 산출한다. 슬립율이 규정값 이상이 되면, 연료 분사제어에 의한 피드백 제어를 실시하고, 엔진 토크를 최적화하여 뒷바퀴의 구동력을 억제한다. 직진 시에는 슬립율을 높게 제어하고, 회전 시에는 슬립율을 낮게 제어한다.

(2) 트레이스 제어

커브길 주행 시 원심력의 증대로 주행 코스를 이탈하려는 자동차의 구동력을 제어하여 안정된 회전이 가능하도록 제어를 한다.

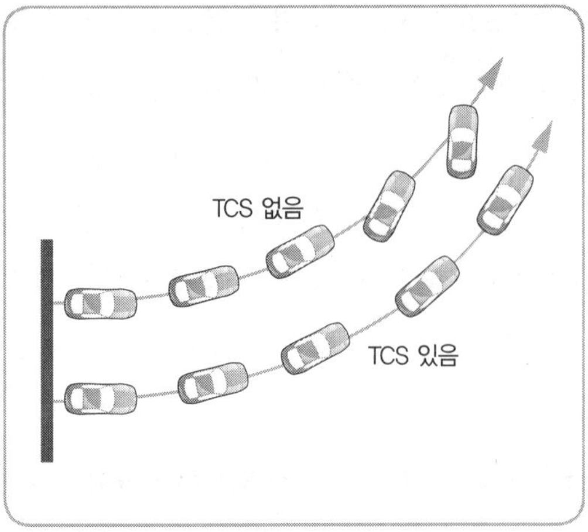

| 그림 8.41 | 트레이스 제어

TCS 장치는 전후진 시 타이어의 공회전 방지로 차량의 불안정성은 어느 정도 해결할 수 있지만, 미끄러짐으로 대표되는 횡방향 차량의 불안정적인 거동은 해결할 수 없어, 따라서 트랙션 컨트롤 시스템은 ABS 시스템과 합하여 차량 안정화 제어 장치(VSA)로 발전을 하였다.

8.9 차량 안정화 제어시스템(VSA, Vehicle Stability Assistance)

차량 안정화 제어시스템(VSA, Vehicle Stability Assistance)은 ABS기능, TCS기능, ESC기능을 하나로 만든 혼다가 개발한 시스템이다. 언덕길 발진 시 브레이크 페달에서 발을 떼어도 일시적으로 브레이크 압력을 유지되어 차체가 뒤로 밀리는 현상이 없는 최초의 힐(hill) 스타트 어시스트 기능도 포함되어 있다.

VSA 시스템은 VSA 모듈레이터 제어 장치, 휠 속도 센서, 토크(각속도) 센서, 요레이트 센서, 전후 G센서, 횡 G센서로 구성되며 그리고 브레이크 제어, 엔진 토크 강하 시 사용하는 ABS 제어, 전자식 브레이크 유압 배분(EBD) 제어, 트랙션 컨트롤 시스템(TCS) 제어, 브레이크 어시스트 제어(BAS), 힐(hill) 스타트 어시스트 제어(HSA) 등을 수행한다. 또한 지능형 고속도로 정속 주행장치(IHCC) 시스템, 충돌감소 브레이크 시스템(CMBS, Collision Mitigation Brake System)을 장착하고, 이러한 제어는 VSA의 모듈레이터와 ECU가 수행을 한다. 자동차는 타이어의 접지력이 약해지면 슬립이 발생하고 차체의 자세가 흐트러지는데 VSA는 어떤 경우에도 슬립의 발생을 방지하는 시스템이다.

(1) 오버 스티어 제어

주행 중 갑자기 오른쪽으로 스티어링 휠을 돌리면 뒷바퀴는 슬립이 발생하여 오버 스티어 상태가 되고 VSA-ECU는 브레이크 압력 신호를 보내고 오버 스티어를 억제하는 모멘트를 발생시켜 차체를 안정시킨다. VSA는 바깥쪽의 앞바퀴에만 유압을 보내어 브레이크를 작동시켜 뒷바퀴의 미끄러짐을 제거하는 힘을 발생시킨다.

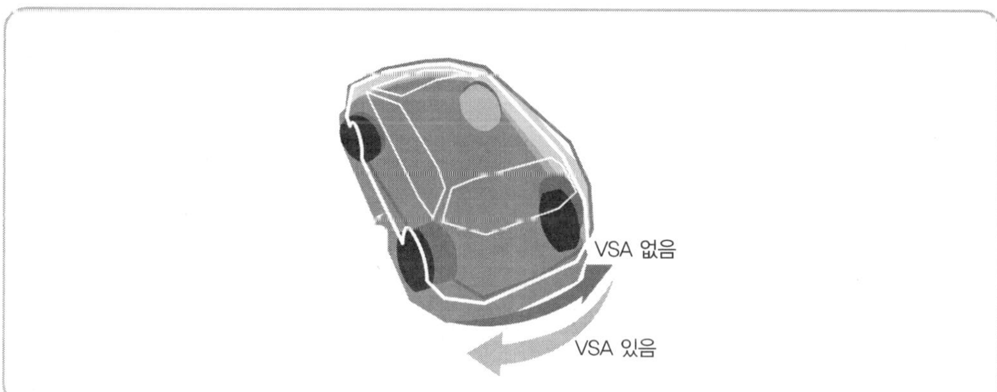

| 그림 8.42 | 오버 스티어 제어(출처 : 혼다)

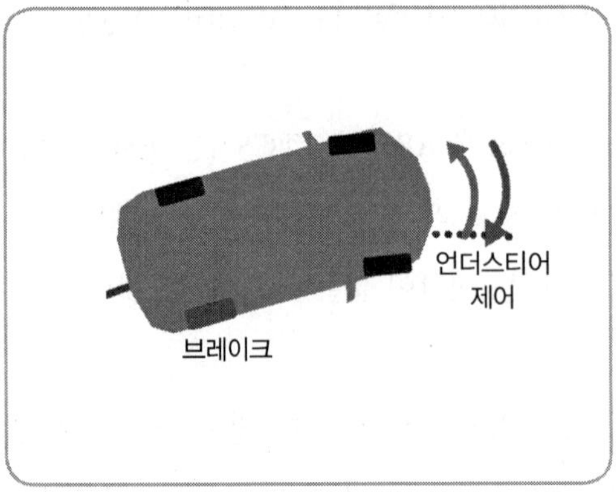

| 그림 8.43 | 언더 스티어 제어

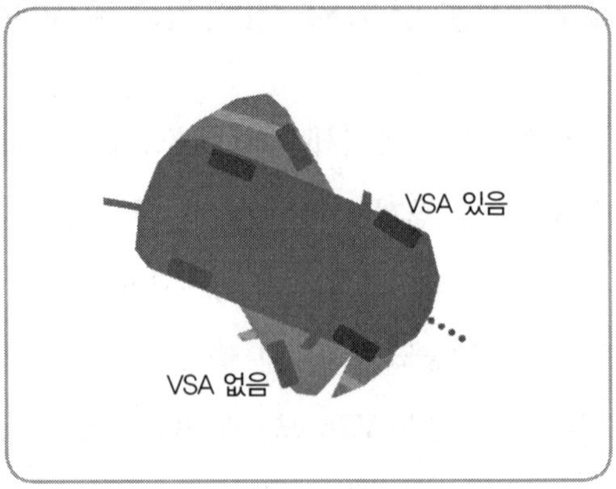

| 그림 8.44 | 회전 제동 제어

(2) 언더 스티어 제어

자동차가 커브를 돌면 오른쪽 앞바퀴는 바깥 방향으로 힘이 발생하여 차량은 언더 스티어 상태가 되어 VSA-ECU는 안쪽 전후륜에 브레이크 압력 신호를 보내고 언더 스티어를 억제하는 모멘트를 발생시킨다. 특히 뒷쪽 왼쪽 바퀴에 제동력을 주어 차체가 안쪽으로 들어오는 힘이 발생하도록 하고 또한 가속인 경우는 엔진 ECU에 토크 강하 신호를 보내어 구동 바퀴의 코너링 힘을 증가시켜 자동차의 노면 라인 추적 성능을 향상시킨다.

(3) 회전 제동 제어

자동차가 커브를 돌 때 오른쪽 전후륜에 강한 브레이크를 걸어 차의 뒷부분이 미끄러지지 않도록 한다.

(4) 발진 제어

미끄러운 노면에서 앞바퀴 오른쪽 타이어만 공회전을 하면 왼쪽 타이어에는 엔진의 힘이 전달되지 않아 출발하기 힘이 든다. VSA는 오른쪽 바퀴에 브레이크를 걸고 그리고 엔진 출력도 보내어 출발이 되도록 한다.

(5) ABS 제어

주행 중에 급제동을 하면 바퀴가 잠길 수 있다. 급제동 시 타이어 회전이 없어지는 타이어의 잠김 현상이 일어나면 VSA는 브레이크 유압을 계속적으로 완화시켜 타이어의 잠김을 방지하고, ABS는 바퀴의 슬립율을 목표로 하는 슬립율에 가깝도록 브레이크 압력을 제어하여 타이어의 접지력, 조향성, 방향성을 확보한다.

(6) 힐 스타트 어시스트 제어

언덕길 발진 시 브레이크에서 가속 페달을 밟는 순간 발생하는 차체가 뒤로 밀리는 현상을 방지하기 위해서 브레이크 압력을 일시적으로 강하게 제어하여 운전자의 발진을 보조한다. 작동은 휠 속도 센서의 신호로부터 자동차가 정지한 것으로 판단하면 전후 G센서의 신호로부터 경사각 약 5~35%의 구배를 계산하여 경사각에 따른 목표 제동 유압치를 계산한다. 그리고 유압 센서 신호로부터 운전자가 브레이크에서 발을 뗀 상태라는 것을 VSA 모듈의 ECU가 인식하면 브레이크 압력을 약 1초간 유지한다.

스티어링 휠의 비틀림 각, 액셀과 브레이크 페달의 조작량, 조작 속도, 현재의 차속 등으로 차량의 상태를 예측하고, 휠 속도 센서, 요레이트/횡 G센서로 타이어가 슬립하여 오버 스티어가 발생한 상대에서는 노면의 상태를 추정하여 브레이크와 엔진의 출력 제어량을 구하여 제어를 하여 자동차의 자세 안정화를 구현한다.

(7) 브레이크 어시스트 제어

갑자기 비상 브레이크의 상태가 되면 전체 바퀴의 브레이크 압력을 증가시키고 난 후 휠의 슬립 상태를 계산한 후, 슬립 상태와 가속도 센서의 신호에 따라 증압, 감압, 유지의 3가지 압력 제어 모드를 결정하고 해당 바퀴의 브레이크 압력을 조절한다. VSA 시스템은 브레이크 제어와 엔진 토크 제어를 통하여 좌우 바퀴의 구동력을 제어하고 차량의 움직임을 안정화시킨다.

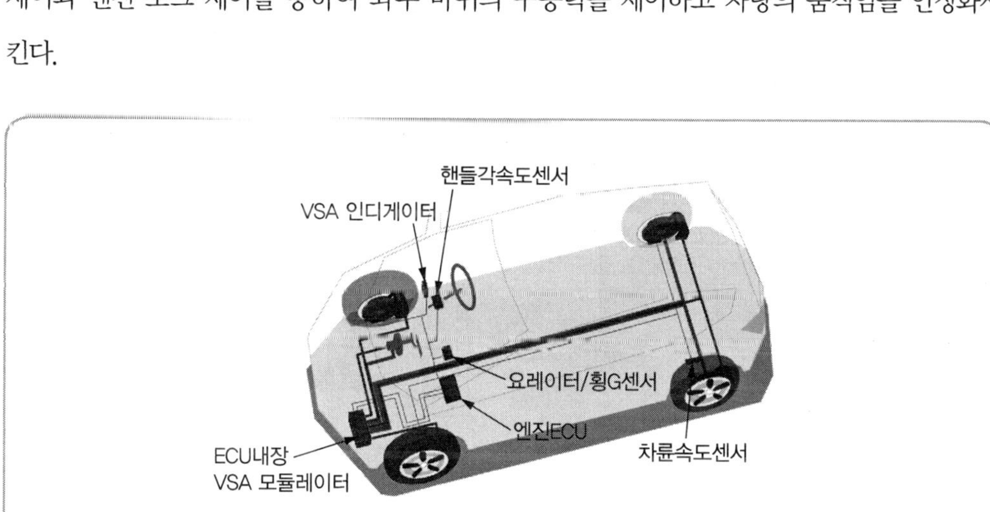

| 그림 8.45 | VSA의 구조

- 스티어링 휠 각속도 센서(토크센서) : 운전자의 핸들의 비틀림 정도를 감지
- 휠 속도 센서 : 현재의 주행 속도를 감지, 4바퀴의 회전수를 비교하여 타이어의 공전 상태인 스핀을 감지
- 요레이트, 횡 G센서 : 자동차의 요레이트와 횡 G를 감지
- 엔진 ECU : 전자제어 스로틀을 제어하여 엔진의 출력을 제어
- ECU 내장 VSA 모듈레이터 : 4바퀴의 브레이크 유압을 제어

- 요레이트(yaw rate) 센서 : 요 각속도라고도 하며 자동차의 중심을 통하는 수직선 주위의 회전각이 변하는 속도를 감지하여, 차량 회전 시 차량의 회전 각속도를 측정
- G센서 : 자동차의 전후(전방 가속도), 좌우(원심 가속도) 방향 중력 가속도를 이용하여 차량의 미끄러짐을 감지함. 자동차의 좌우 회전, 주행, 정차, 오르막, 내리막 등 자동차의 상태를 인식

(8) EBD(Electronic brake force distribution) 제어

차량 제동 시 제동력을 효과적으로 노면에 전달하기 위해서 차량의 전후 제동력의 배분을 제어한다. 기계식 P밸브를 전자식 P밸브로 변경한 장치로, 차량의 적재 상태, 차량의 하중 이동을 감지해야 한다.

(9) 엔진 TCS 제어

발진 가속 시와 회전 시에 구동륜의 미끄러짐을 감지하면 엔진 ECU에 토크 강하 신호를 보내어 엔진의 구동력을 줄여 구동륜의 슬립을 방지한다.

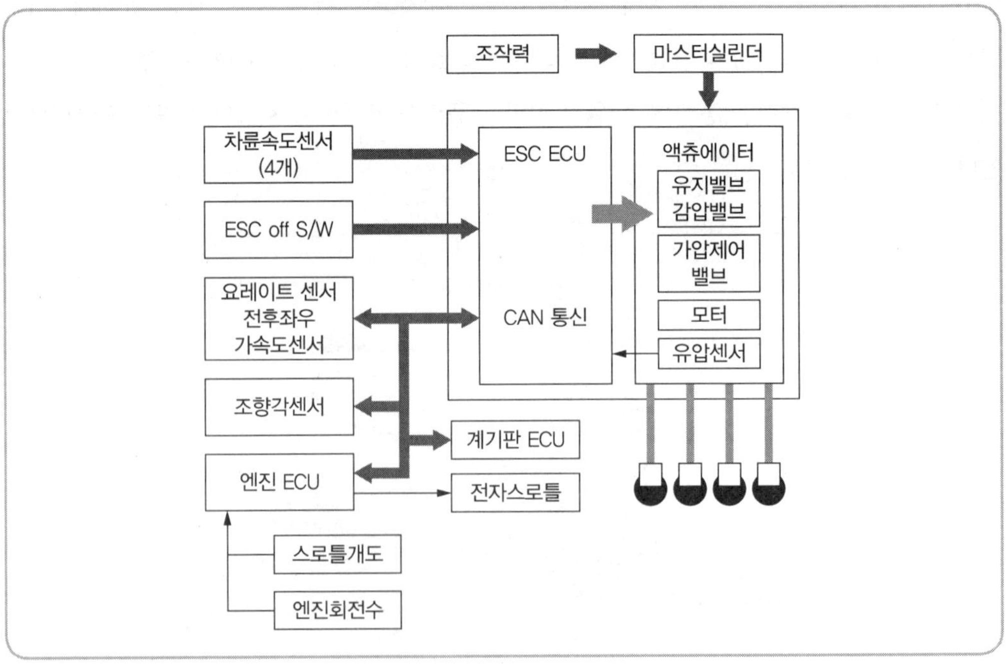

| 그림 8.46 | 도요타 VDIM 시스템

(10) 제동 TCS 제어

2개의 바퀴 중 한쪽 바퀴가 마찰이 낮은 미끄러운 도로에서 공회전을 하여 미끄러지면 TCS-ECU는 신호를 출력하여, 뒷쪽의 하나의 바퀴를 유압으로 제동을 하여 타이어의 접지력을 확보한다.

8.10 충돌 방지 브레이크(pre-crash brake)

충돌 방지 브레이크 시스템은 충돌 가능성이 있을 때 자동 제동에 의해 충돌 속도를 줄여 피해를 줄이는 시스템으로 전방 장애물과의 충돌 사고에 대하여 경보, 자동 제동을 한다. 이 시스템은 운전자의 시스템에 대한 과신을 배려하는 차원에서 경보 및 자동 제동 작동 타이밍, 감속도의 크기 등이 규정되어 있고 미리 충돌을 감지하고 충돌에 대비하여 피해를 줄이는 시스템이다. 충돌을 피할 수 없다고 판단할 때는 충돌 방지 브레이크가 작동하여 충돌 피해를 줄이도록 유도한다. 카메라와 레이더 등의 센서는 전방 충돌의 위험을 감지하고 충돌의 위험이 있는 경우, 운전자 경보나 디스플레이에 경고하고 브레이크를 밟는 힘을 강력하게 지원하여 충돌 회피를 지원한다.

(1) 센서

① 레이저 레이더 : 야간이나 근거리에서의 정확한 거리를 인식하고 선행 거리 감지에 사용

② 밀리파 레이더 : 먼 선행 차량 감지에 사용, 카메라와의 조합에 의해 보행자 감지

③ 단안 카메라 : 물체의 형상이나 도로의 배선, 노랑 선을 인식

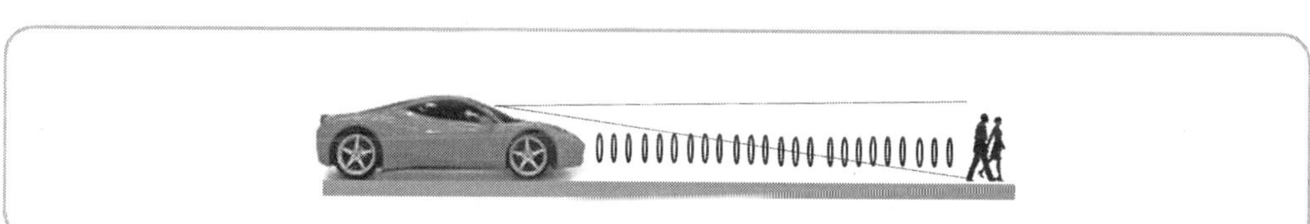

| 그림 8.47 | 충돌 방지 시스템

(2) PBA(Pre-collision brake assist)

운전자가 브레이크를 밟아도 그 힘이 약해 충돌의 위험이 있을 때 브레이크의 밟는 힘을

도와 충돌 방지를 보조한다.

(3) PBC(Pre – crash brake control)

충돌의 위험이 있을 때, 운전자의 브레이크 조작이 없어 충돌이 불가피하다고 판단할 때는 자동차가 스스로 브레이크를 걸어 충돌 방지를 지원한다.

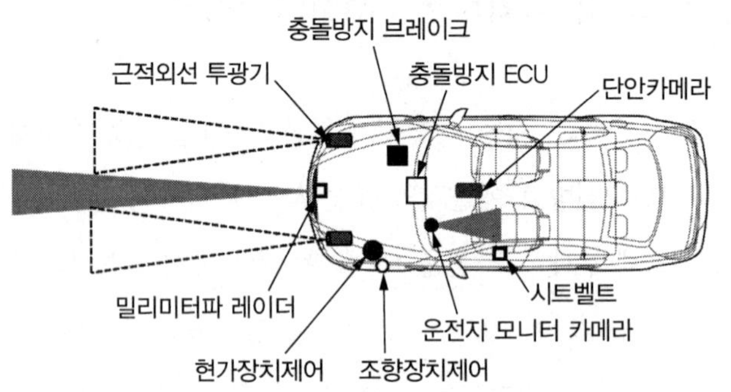

| 그림 8.48 | 충돌 방지 브레이크 시스템

- 일반 주행 기술
  - SCC(smart cruise control, 차간거리 유지)
  - LKAS(lane keep assist system, 차선유지 보조)
- 위험 출현 기술
  - LDW(lane departure warning, 차선이탈 경보)
  - BAS(brake assist system, 제동 보조)
- 충돌 회피 기술
  - BSW(blind spot warning, 사각지역 경보)
  - LCA(lateral collateral assist, 후측방 경보)
  - PCS(pre – collision security, 충돌 경보)
  - EBA(emergency brake assist, 긴급 제동 보조)

8.11 전자 기계식 브레이크(EMB)

전자 기계식 제동장치(EMB, Electronic Mechanical Brake)는 기존의 유압 브레이크 대신에 모터와 감속기를 사용하여 제동력을 발생시킨다. EMB 장치는 연비 상승, 편한 조립성, 친환경적 시스템, 차량의 안전성이라는 요구 조건을 갖춘 시스템이다. 현재의 브레이크 시스템은 전자 제어 장치, 휠 압력 모듈레이터, 전기 펌프를 갖는 유압식 제동장치이지만, EMB 장치는 기계력과 전자력을 사용하고 마이크로 컴퓨터, 소프트웨어, 센서, 밸브, 전기 펌프를 사용하는 시스템이다. EMB 장치는 종전의 유압식과 전기 유압식 제동장치와는 다른 새로운 형태의 제동 장치로 신뢰성 있는 네트워크로 구성되어야 하고 전기 브레이크 액추에이터, 모터 제어, 추가적인 전자 부품이 사용된다. 구성은 EMB 배터리, EMB-ECU, EMB 브레이크 모듈, 센서 등이며 제동력은 ECU에 의해 제어되는 고성능 전기 모터에 의해 각 휠에 직접 작용하고, 이는 전지 페달 모듈로부터의 신호에 의해 실행된다. EMB 장치는 안티 록 브레이크 제어(ABS), 전자식 유압 브레이크 분배 제어(EBD), 트랙션 컨트롤 제어(TCS), 전자식 차체 제어(ESP), 브레이크 어시스트 제어(BAS), 적응 크루즈 컨트롤 제어(ACC) 등 모든 브레이크 관련 안정성 기능을 포함할 수 있다. 운전자 답력, 패드 마모량, 패드 온도, 휠 스피드, 액추에이터 위치, 스티어링 각도 등이 입력신호로 들어가면 ECU는 액추에이터 모터를 구동하여 바퀴를 제동한다. EMB의 장점은 다음과 같다.

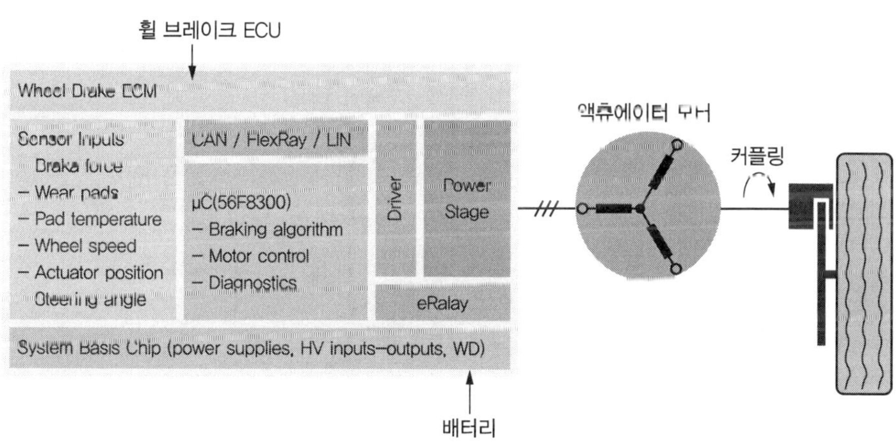

| 그림 8.49 | EMB의 구성(출처 : IJEER)

① 제동거리가 짧고 소음이 없다.

② 브레이크 오일이 없어 환경 친화적이다.

③ 제동장치 부품수가 적다.

④ EBD, ABS, TCS, ESP, ACC등 통합 제어가 가능하다.

8.12 전자 웻지 브레이크

전자 웻지 브레이크(EWB, electronic wedge brake)는 웻지 메카니즘을 이용하여 적은 동력으로 큰 제동력을 만들고 기존의 유압 브레이크와 비교하여 응답성이 우수하고 정밀 제어가 가능하다. 기존의 브레이크, 부스터, 페달, 핸드 브레이크, ESP, 유압 라인, 진공 펌프 등의 제동 부품은 없어지고 EWB 캘리퍼, 백업 배터리, 전기 페달, 제어기로 부품이 단순화된다. 전자 웨지 브레이크(EWB)는 전자적으로 웻지를 제어하여 차량의 운동 에너지를 제동력으로 변환한다. 제동 기술은 에너지 소비, 효율, 무게, 가격면에서 기존의 기술보다 우수하다.

전자 제어 웨지 브레이크(EWB)의 기본적인 개념은 차량의 운동 에너지를 제동력으로 변환하는 것으로 웨지에 장착된 브레이크 패드는 브레이크 조작 동안 브레이크 캘리퍼와 브레이크 디스크 사이에서 압착된다. 차량의 운동 에너지로 구동되는 바퀴의 회전력에 의한 쐐기 효과로 자동으로 배력이 되어 작은 힘으로 큰 제동력을 얻을 수 있다. 제어 시스템으로 브레이크 웻지가 블로킹을 일으키는 위험을 방지하고, 응답 속도가 빠르고, 작은 에너지 소비로

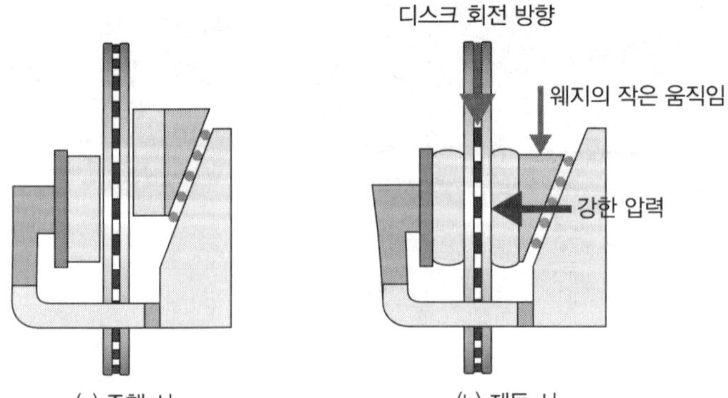

| 그림 8.50 | EWB의 작동 원리(출처 : Siemens)

안정된 브레이크 제동력을 얻을 수 있다. 웨지 브레이크가 미작동 상태에서는 브레이크 디스크는 자유롭게 회전하고, 바퀴에는 제동력이 작용하지 않고, 웨지 브레이크 작동 시에는 바퀴 자신의 운동 에너지를 이용하여 제동을 한다. 따라서 웨지의 위치를 조금 바꾸는 것만으로, 브레이크 디스크에 작용하는 브레이크 압력은 매우 커진다. 전자 제어 웨지 브레이크는 Siemens, VDO Automotive가 개발 중이며 기술적으로 정밀한 제어 시스템을 필요로 한다.

차량의 각 바퀴의 브레이크 모듈에 지능형 전자제어 회로가 내장되어 이것으로 액츄에이터를 제어한다. 브레이크 모듈은 FlexRay 네트워크에 연결되어 있고 제어는 컨트롤러 4개와 ABS, ESP 컨트롤러 1개를 제어한다. 웨지 모터의 모터 컨트롤러는 각 브레이크 모듈에 내장되어 있다.

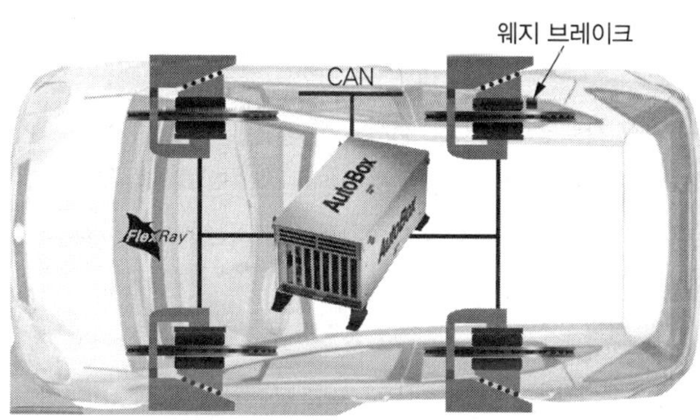

| 그림 8.51 | 지멘스의 EWB

연습문제

01 전자제어 제동장치(ABS)에서 펌프 모터에 의해 압송되는 오일의 노이즈 및 맥동을 감소시키는 동시에 감압 모드 시 발생하는 페달의 킥백(kick back)을 방지하기 위한 것은? **정답** ①

① HPA(high pressure accumulator)
② NO(normal open) 솔레노이드 밸브
③ NC(normal close) 솔레노이드 밸브
④ LPA(low pressure accumulator)

| 풀이 | 킥백은 요철이 있는 도로를 주행하는 경우에 스티어링 휠의 주방향에 생기는 충격이다. 어큐뮬레이터는 고압의 액체를 축압하는 곳이다.

02 LSPV(load sensing proportioning valve)의 기능에 대한 설명 중 옳은 것은? **정답** ③

① 앞차륜 브레이크 안전장치로 피시 테일 현상을 방지하는 기구이다.
② 전륜 디스크 브레이크에서 배력 작용을 할수 있게 한 장치이다.
③ 뒷차축의 하중에 따라 뒷차륜 브레이크 회로의 압력을 조정하여 피시 테일 현상을 방지하는 기구이다.
④ 브레이크 압력을 엔진의 회전속도와 차속에 맞추어 조정하여 제동 안정성을 주는 기구이다.

| 풀이 | 피시 테일 : 주행이나 급제동 시 뒤쪽 차체가 물고기 꼬리 지느러미처럼 좌우로 흔들리는 현상
LSPV : 커브 회전 중 제동하면 뒷바퀴가 앞바퀴보다 먼저 고정되어 뒷부분이 회전하는 현상을 방지하는 밸브

03 브레이클 밟았을 때 브레이크 페달이나 차체가 떨리는 원인으로 거리가 먼 것은? **정답**

① 브레이크 디스크 또는 드럼의 변형
② 브레이크 패드 및 라이닝의 재질 불량
③ 앞 뒤 바퀴의 허브 유격 과다
④ 프로포셔닝 밸브의 작동 불량

| 풀이 | 프로포셔닝 밸브 : 피시테일 방지

04 제동 안전장치 중 프로포셔닝 밸브의 역할은 무엇인가? **정답** ①

① 앞바퀴와 뒷바퀴의 제동 압력을 분배하기 위해서

② 앞바퀴의 제동 압력을 감소시키기 위해서

③ 뒷바퀴의 제동 압력을 증가시키기 위해서

④ 무게 중심을 잡기 위해서

| 풀이 | 프로포셔닝 밸브 : 피시테일 방지, 제동력 배분을 앞바퀴에 많이 한다.

05 ABS의 장점이라고 할 수 없는 것은? **정답** ③

① 제동 시 차체의 안정성을 확보한다.

② 급제동 시 조향성능 유지가 용이하다.

③ 제동압력을 크게 하여 노면과의 동적 마찰효과를 얻는다.

④ 제동거리의 단축 효과를 얻을 수도 있다.

| 풀이 | ABS는 차체를 안정적으로 감속, 정지시키고 조향성능 유지, 제동거리 단축, 차체 안정성 유지, 바퀴의 잠김을 방지하는 장치이다.

06 드럼 브레이크와 비교하여 디스크 브레이크의 단점이 아닌 것은? **정답** ②

① 패드를 강도가 큰 재료로 제작해야 한다.

② 한쪽만 브레이크 되는 경우가 많다.

③ 마찰면적이 적어 압착력이 커야 한다.

④ 자기작동 작용이 없어 제동력이 커야 한다.

| 풀이 | 부동 캘리퍼형은 한쪽 면에만 압력을 가하여 양쪽 패드를 압착시킨다. 자기작동 작용은 드럼 브레이크에만 있다.

07 드럼의 회전 방향에 따라 고정측이 바뀌어 전진 또는 후진에서 모두 자기 작동 작용을 하는 브레이크 슈의 구성은? **정답** ④

① 복동 2리딩 슈방식 ② 넌 서보형 ③ 유니 서보형 ④ 듀오 서보형

| 풀이 | 듀오 서보형 : 휠이 어느 쪽으로 향해서 회전하더라도 양 방향의 슈가 리딩 슈가 되는 서브 효과(1차 슈가 2차 슈의 압착력을 증가시키는 작용)가 큰 방식이다.
유니 서보형 : 자기 배력 작용이 있는 브레이크
복동 2리딩 슈형 : 듀오 2리딩 슈형

08 전자제어 제동장치(ABS) 컨트롤 유닛의 출력 요소가 아닌 것은? **정답** ②

① 모터 릴레이 ② 휠 스피드 센서 ③ 솔레노이드 밸브 ④ 경고등

| 풀이 | 휠 스피드 센서는 입력요소이다.

09 브레이크 시스템에 관한 설명으로 틀린 것은? **정답** ④

① 잔압 밸브는 계통 내에 잔압을 유지시켜 베이퍼 록을 방지한다.
② 앞, 뒤 디스크 브레이크를 사용하는 형식에서는 자기작동을 하지 못한다.
③ 텐덤 마스터 실린더의 사용 목적은 브레이크 각 회로의 독립성을 위함이다.
④ 트레일링 슈는 자기작동을 한다.

| 풀이 | 자기작동 작용 : 회전중인 드럼을 제동시키면 회전방향으로 확장되는 슈는 토크가 추가로 발생하여 마찰력이 커진다. 자기작동을 하는 슈를 리딩 슈, 자기작동을 하지 않는 슈를 트레일링 슈라고 하며 드럼식에 적용한다.

10 브레이크 드럼의 일반적인 점검사항이 아닌 것은? **정답** ④

① 드럼의 진원도　② 드럼의 두께　③ 드럼의 직경차　④ 드럼의 마찰계수

| 풀이 | 마찰계수는 재질에 의해 결정이 된다.

11 브레이크 내의 잔압을 두는 이유가 아닌 것은? **정답** ④

① 제동의 늦음을 방지하기 위해
② 베이퍼 록(Vapor Lock)현상을 방지하기 위해
③ 휠 실린더 내의 오일 누설을 방지하기 위해
④ 브레이크 오일의 오염을 방지하기 위해

| 풀이 | 잔압은 브레이크 해제 시 리턴 스프링이 작용하여 스프링의 장력과 유압이 평형이 되면 마스터 실린더 내의 체크밸브가 밸브시트에 밀착되면서 형성되는 압력으로, 브레이크 작동 시 제동력을 빨리 전달하고, 회로내의 약한 부분을 통해 공기나 이물질이 유입되어 발생되는 베이퍼록 현상을 방지한다.

12 자동차가 주행하면서 클러치가 미끄러지는 원인으로 틀린 것은? **정답** ①

① 클러치 페달의 자유 간극이 크다.
② 압력판 및 플라이휠 면이 손상되었다.
③ 마찰면의 경화 또는 오일이 부착되어있다.
④ 클러치 압력스프링이 쇠약 및 손상되었다.

| 풀이 | 클러치 슬립 : 스프링의 장력 약화, 마찰면 오염, 압력판의 손상
사유간극 : 페달에 발을 대고 밟을 때 저항이 생기는 상태까지의 거리(릴리스 베어링과 릴리스 레버의 간극 유지)

13 ABS 장착 차량에서 인덕티브 형식 휠 스피드 센서의 설명으로 틀린 것은? **정답** ④

① 출력신호는 AC전압이다.
② 일종의 자기유도 센서 타입이다.
③ 고장 시 즉시 ABS 경고등이 점등하게 된다.
④ 앞바퀴는 조향 휠이므로 뒷바퀴에만 장착되어 있다.

| **풀이** | 휠 스피드 센서는 ABS가 작동되는 바퀴마다 장착되고 ABS는 디스크식 브레이크에만 적용된다.
ABS : 바퀴가 잠기지 않도록 유압제어

14 브레이크 페달이 딱딱해지고 제동성능이 저하될 때 그 원인은? **정답** ④

① 브레이크 액 부족
② 마스터 실린더 누유
③ 슈 리턴 스프링 장력 변화
④ 하이드로 백 내부 진공 누설

| **풀이** | 백(vac)은 진공의 약어로 유압 브레이크에 진공식 배력 장치를 병용하고 있어 발생되는 유압을 증대시켜 큰 제동력을 얻는 장치이다.

15 다음에서 ABS의 구성부품이 아닌 것은? **정답** ④

① 휠 스피드 센서
② 일렉트로닉 컨트롤 유닛
③하이드로릭 유닛
④ 크랭크 앵글 센서

| **풀이** | 구성부품은 ECU, WSS, 모듈레이터 등으로 구성된다.

16 제동 안전장치 중 안티 스퀴드 장치에 사용되는 밸브가 아닌 것은? **정답** ①

① 언로더 밸브 ② 프로포셔닝 밸브 ③ 리미팅 밸브 ④ 이너셔(inertia) 밸브

| 풀이 | 언로더 밸브는 압축기의 부하를 경감하는 밸브이다.

17 제동장치의 배력장치 중 하이드로 마스터에 대한 설명으로 옳은 것은? **정답** ①

① 유압계통의 체크밸브는 유압 피스톤의 작동 시에 브레이크액의 역류를 막아 휠 실린더 유압을 증가시킨다.

② 릴레이 밸브 브레이크 페달을 밟았을 때 진공과 대기압의 압력차에 의해 작동한다.

③ 유압계통의 체크밸브는 브레이크액이 마스터 실린더로부터 휠 실린더로 누설되는 것을 방지한다.

④ 진공계통의 체그 밸브는 릴레이밸브와 일체로 되어져있고 운행 중 하이드로 백 내부의 진공을 유지시켜준디.

| 풀이 | 하이드로 마스터는 브레이크 부스터라고도 하는 제동 배력장치이고, 체크밸브는 한 방향 흐름이 되는 밸브이다.

18 면적이 $2cm^2$인 마스터실린더 내의 피스톤로드가 40kgf의 힘으로 피스톤을 밀어낸다면, 면적 $4cm^2$ 휠실린더의 피스톤은 몇 kgf으로 브레이크 슈를 작동시키는가? **정답** ③

① 40kgf ② 60kgf ③ 80kgf ④ 100kgf

| 풀이 | $F = 40 \times \frac{4}{2} = 80\ \mathrm{kgf}$

19 수동변속기에서 클러치 작동 중 동력을 차단했을 때 플라이휠과 같이 회전하는 부품은? **정답** ②

① 클러치 판 ② 압력판 ③ 변속기 입력축 ④ 릴리스 포크

| 풀이 | 압력판, 클러치 커버, 릴리스 베어링이 플라이 휠과 같이 회전한다.

[주관식]

20 브레이크 장치는 모든 바퀴에 장착되어 있으며 디스크 브레이크와 드럼 브레이크로 분류된다. 브레이크의 구조, 구성 부품을 설명하라.

21 캘리퍼를 부동 상태로 두고 캘리퍼의 한쪽에만 1개의 실린더와 그 내부에 1개의 피스톤을 두고 반대쪽의 패드는 캘리퍼의 작용력을 이용하여 힘을 더하게 한 방식인 부동 캘리퍼형 브레이크의 작동 원리를 공부해보자.

22 드럼식 브레이크의 구성 요소, 종류, 작동 원리에 대하여 서술하라.

23 다음의 유압식 제동 장치를 나타낸다. 작동원리를 설명해보자.

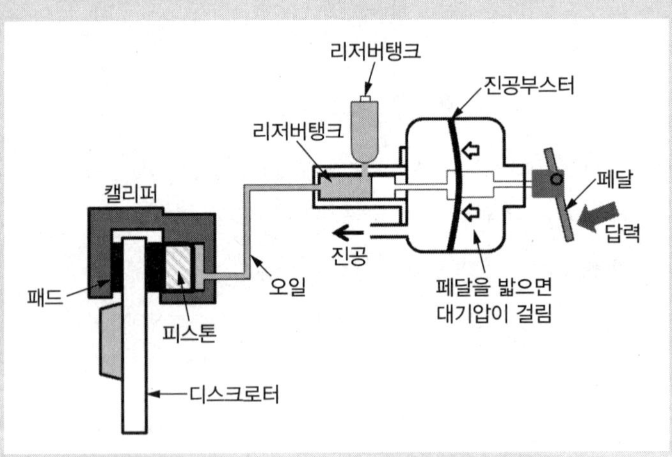

24 브레이크 압력 제한 밸브의 원리를 설명해보자.

25 회생 제동장치의 원리와 구조에 대하여 알아보자.

26 ABS의 구성부품은 센서, ABS-ECU, ECU에서의 신호에 따라 휠 실린더에 공급되는 유압을 제어하는 모듈레이터, 솔레노이드 밸브 어셈블리, 페일 세이프 릴레이, ABS 브레이크 경고등 등으로 구성된다. 다음을 설명하라.

① WSS

② 요레이트 센서

③ G센서

④ 모듈레이터

⑤솔레노이드 밸브 어셈블리

27 ABS 작동원리는 압력상승, 압력감압, 압력유지로 구성된다. 각 항목의 작동 원리를 스케치해보자.

28 트랙션 컨트롤 시스템(TCS), 차량 안정화 제어시스템(VSA)의 원리와 구성에 대하여 공부해 보자.

CHAPTER

09 전기장치

9.1 축전지

9.1.1 축전지의 역사

위대한 발명가인 토마스 에디슨은 다양한 발명을 했다. 전기자동차나 전지의 연구에도 뛰어난 실적을 남긴 일은 의외로 알려져 있지 않다. 그는 직류 송전을 표준화하고, 직류의 세계를 목표로 했다. 오늘날, 태양광 발전이나 전기자동차의 보급이 많아져 반복해서 사용할 수 있는 2차 전지가 주목을 받고 있고 다시 에디슨이 꿈꾼 직류 전기가 많이 연구되고 있다. 그 중심이 리튬 이온전지이다. 1차 전지는 전기를 모두 사용하면 다시 전기를 충전할 수 없기 때문에 버려진다. 이에는 망간 건전지, 알칼리 건전지 등이 있다. 1차 전지의 종류는 망간 건전지나 알칼리 건전지 이외에 모양이 작은 버튼 전지, 코인 전지라 불리는 이산화망간 리튬전지, 산화은 전지, 공기 아연전지 등이 있다. 1차 전지도 종류에 따라 충전하면 사용할 수 있는 것도 있지만 액 누락이나 파손의 위험성이 있기 때문에 1차 전지는 전압이 없어지면 폐기된다. 다시 전기를 충전하여 반복해서 사용할 수 있는 화학 반응 전지를 2차 전지라 한다. 1차 전지와 2차 전지의 차이점은 1차 전지는 시간과 함께 전압이 없어지지만, 2차 전지는 전압이 거의 일정하게 있다가 갑자기 전압이 없어진다. 납축전지는 충방전이 가능한 2차 전지로 100년 이상의 역사가 있다. 부피가 크고, 무겁고, 저온 특성이 나쁜 단점이 있음에도 불구하고 많이 사용되는 것은, 가격이 다른 2차 전지와 비교하여 저렴하고 대전류 방전이 가능하기 때문이다. 최근에는 니켈 카드늄 전지, 니켈 수소 전지, 리튬 이온 전지 등이 실용화되어 있다. 이들은 각각의 특징이 있지만 리튬 이온 전지가 가장 많이 쓰인다. 전지의 역사를 살펴보면 다음과 같다.

① 1800년 볼타 전지 발명

② 1859년 프란테가 납축전지(2차 전지) 발명

③ 1899년 니켈 카드늄 전지의 발명, 납축전지의 4배의 수명, 카드늄은 독이 있는 것이 단점

④ 1901년 에디슨의 니켈, 철, 알칼리 전지 개발, 카드늄보다 안전한 염가의 철을 사용

⑤ 1950년 알칼리 건전지를 개발

⑥ 1985년 탄소질계 음극의 발견, 리튬 이온전지의 발명

⑦ 1990년 리튬 이온전지의 실용화

⑧ 1999년 리튬 이온 폴리머 2차 전지의 실용화

9.1.2 납축전지

소금물은 녹으면 나트륨 이온(Na^+)과 염소이온(Cl^-)으로 분해되는데 이 상태를 전리 혹은 이온화되었다고 한다. 이렇게 이온화된 상태에서는 전류가 잘 흐르게 되고 이 액체를 전해액이라 한다. 배터리의 전해액은 이온화된 상태로 있지 않고 계속해서 원래대로 돌아가려고 성질 때문에 이온화를 반복하게 되어 전류를 연속적으로 흐르게 하는 기전력이 발생된다. 배터리는 양극판(PbO_2)과 음극판(Pb)를 사용하며 이를 납축전지라 한다. 이 납축전지는 충전 중 전기분해로 물, 산소, 및 수소가스로 분리되면서 가스 발생으로 인해 전해액이 감소되는 단점이 있다. 이 단점을 개량한 것이 MF(maintenance free)배터리이다. 배터리의 화학 방정식은 다음과 같다.

$$PbO_2 + Pb + 2H_2SO_4 \leftrightarrow 2PbSO_4 + 2H_2O \tag{9.1}$$

이산화납으로 만든 극판에 황산의 전해액을 넣어서 황산화 납과 물로 변화하는 화학 작용을 할 때 전기가 방출되고 반대로 재환될 때 충전이 되는 작용을 반복한다. 6개의 셀로 되어 있으며 각 셀당 전압은 2.1V이고 그 합이 12.6V가 되며 통상 12V 배터리라고 한다. 따라서 전해액의 비중을 잘 맞춰야 수명이 오래간다.

① (+)극 → 이산화 납 : 묽은 황산 속에서 전기분해로 납의 표면을 산화시켜 얻은 판

② (−)극 → 납(해면모양)

전해액은 묽은 황산으로 수용액의 비중은 1.26~1.285(36~39%)로 유지하고 그 사이에 다

공성의 페놀 수지 또는 유리 섬유로 만든 격리판이 놓인다. 방전인 경우 물을 생성하므로 황산의 농도(비중)가 묽어지고 충전인 경우 황산이온의 양이 늘어난다. 온도 1℃변화에 따라 비중이 0.00074가 변한다. 배터리의 원리는 이온화 경향이 다른 2개의 금속(+, −극판)과 1개의 액체(전해액, 묽은 황산, 농도 약 37%)로 회로를 만들어 2개의 금속과 전해액의 화학 반응에 의해 전기 에너지를 발생시키는 것이다. 여기서 금속으로 한정한 이유는 금속이 전기의 도체이므로 전자가 이동할 수 있는 통로가 될 수 있기 때문이며, 용액은 이온이 이동하는 통로이다. 전자이든 이온이든 모두 전기를 띄고 있기 때문에 이들 전기를 띤 전자와 이온이 관련되는 반응에서는 전위차를 고려해야 한다. 전위차는 반응을 위한 기전력이며, 반응이 진행된다는 것은 하나의 반응은 산화되고 다른 하나의 반응은 환원된다는 뜻이다.

A반응 : $Pb+H_2SO_4 \rightarrow PbSO_4+2H^++2e^-$(Pb) (9.2)

B반응 : $PbO_2+H_2SO_4+2e^- \rightarrow PbSO_4+2OH^-$(이산화납) (9.3)

A 반응의 전위 : −0.356V(표준 전위 기준)

B 반응의 전위 : +1.685V(표준 전위 기준)

배터리에 적혀있는 AH는 배터리가 20시간 동안 공급해 줄 수 있는 전류를 표시한 것이다. 배터리의 규격에 대해서는 보통 AH(Ampere−Hour)라 부르는 전류 방전 용량으로 표시된다. 이것은 방전될 때의 전류 값과 방전 시간을 곱한 값을 나타낸다. 예를 들어 자동차 배터리가 68AH이면 완전 충전된 상태에서 68A/20h = 3.4A/h이므로 시간당 3.4A의 전류를 20시간 동안 공급할 수 있다는 의미이다. 따라서 같은 전류를 방전할 경우 AH가 큰 배터리가 더 오랜 시간 방전할 수 있고 AH가 클수록 완전 방전이 일어나기가 어렵다. MF 배터리는 격자 모양의 납, 칼슘 합금계를 사용하여 양극에서 발생되는 산소를 음극에서 흡수하도록 해서 전해액의 감소를 억제한 것이다. 충전 중에 양극에서 발생하는 산소가스와 수소가스는 물로 되어 전해액의 감소가 일어나지 않는다. 충전 중에 가스가 발생하면 납축전지의 경우 수소를 흡수할 수 없어 전해질이 감소한다. 증류수에 황산을 조금씩 넣어 묽은 황산을 제조한다.

① 증류수를 보충할 필요가 없다.

② 자기 방전량이 적어 장기간 보관이 가능하다.

③ 화학 반응 시 수소, 산소가스를 촉매 장치를 사용해 물로 환원시킨다.

배터리의 자가 방전은 다음 사항들이 주된 원인이다.

① 불순물 및 구조상 방전한다.

② 1일 방전량은 0.3~1.5%이다. (5℃일 때 0.25%가 방전함)

③ 온도가 하강하면 방전량은 증가한다.

④ 극판이 영구 황산납화(설페이션)되면 비중이 1.20(셀당 1.75V 이하 : 방전 종지전압) 이하로 되면 방전 상태이고 구조상 이상이 없으면 다시 충전된다. 셀당 2.1V의 기전력을 발생한다.

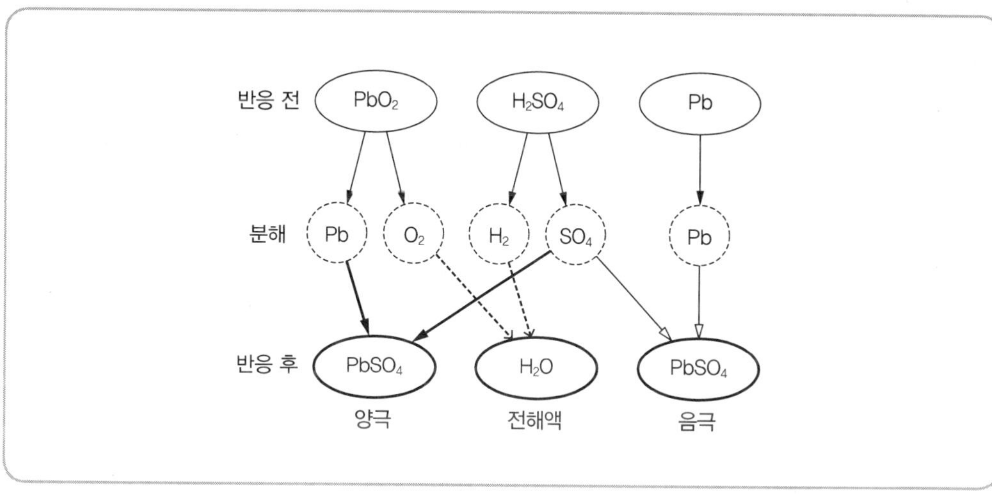

| 그림 9.1 | 배터리 방전작용

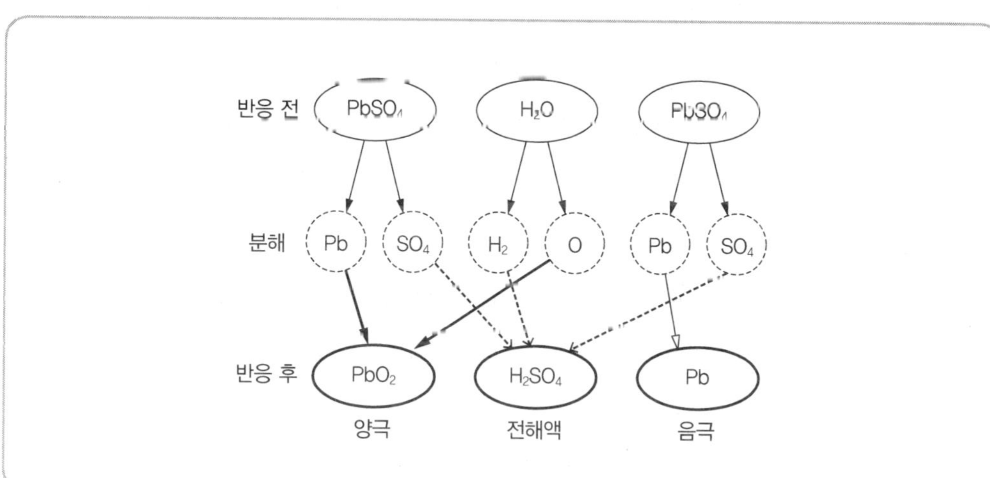

| 그림 9.2 | 배터리 충전작용

표 9.1 전지의 종류

대분류		중분류	소분류
화학전지	1차 전지	망간건전지	
		알칼리전지	알칼리건전지, 산화은전지, 니켈전지
		유기전해액전지	이산화망간리튬전지, 이산화철리튬전지, 산화구리리튬전지, 흑연리튬전지
		공기전지	공기아연전지, 공기습전지
	2차 전지	납축전지	
		알칼리축전지	니켈수소전지, 니켈카드늄전지, 공기아연전지
		유기전해액전지	리튬이온전지, 금속리튬전지, 리튬폴리머전지
	연료전지	고체산화물형(SOFC), 고체고분자형(PEFC), 용융탄산염형(MCFC), 인산형(PAFC), 직접메탄올형(DMFC)	
	커패시터	대용량 축전지 가능성이 큼	
물리전지	태양전지	온실가스가 없는 전지	

9.1.3 2차 전지

화학 에너지가 전기 에너지로 변하면 방전이 되고 전기 에너지를 다시 가하여 이를 역방향으로 전류를 흐르게 하면 원래의 화학 에너지가 생성된다. 2차 전지는 1차 전지보다 자기 방전율이 높고 음극에서 수소, 양극에서 산소가 발생하기 쉽다. 2차 전지는 비교적 낮은 전압이지만 안정적이고 큰 전류를 흐르게 하고 안정성, 급속 충전성능, 저온 작동성능, 긴 수명을 필요로 한다. 리튬 이온전지는 개발 후 20년여 만에 실용화되었지만 전지의 부피와 무게가 크고 리튬의 원재료 수급이 문제이다. 전해액으로 사용되는 리튬, 양극에 사용되는 코발트는 희귀 금속으로 수급이 불안정한 상황이다.

(1) 납축전지

1859년 프란테는 대용량 납축전지를 개발하였다. 양극에는 이산화 납, 음극에는 납, 전해액은 황산을 사용한다. 1셀이 2V인 수용액계의 전지로 방전을 하면 양극의 이산화 납은 황산납으로, 음극의 납도 황산납으로 변화하여 전자를 만든다. 이 황산납은 흰색으로 굳어지는 황산화(sulfation) 현상을 일으키고, 이 현상이 발생하면 충전이 잘 되지 않는다. 방전 시 음극에서의 반응은 납이 황산이온과 반응하여 황산납과 전자가 생성된다. 내부 저항이 2차 전지 중 가장 적어 큰 전류가 흘러도 전압 강하가 적다. 에너지 밀도는 30~40 Wh/kg이다.

$$\text{방전 음극} : Pb+H_2SO_4 \rightarrow PbSO_4+2H+2e^- \quad (9.4)$$

방전 시 양극은 이산화납과 황산이온이 전자를 받아서 황산납과 물을 생성한다.

$$\text{방전 양극} : PbO_2+H_2SO_4+2H+2e^- \rightarrow PbSO_4+2H_2O \quad (9.5)$$

전기를 사용할 때는 음극에서 전자를 만들고 충전할 때는 양극에서 전자를 만든다. 반응식을 보면 방전 시 양극과 음극 모두 황산납이 생성되고 양극에서는 물이 생성되어 전해액의 비중이 낮아지고 충전 시에는 반대의 반응으로 물이 줄어들어 비중이 상승한다. 반응은 온도에 따라 다르고 온도가 높으면 반응이 빨라지고 방전이 쉽게 되는 단점이 있다. 황산이 농축되어 기체가 생기면 폭발의 위험도 있지만 납의 가격이 저렴하여 자동차용 전지로 많이 사용된다. 납축전지는 6셀을 직렬로 연결한 12V이다. 일반 납축전지는 전해액이 액체이고 정비가 필요하지만 MF식은 밀폐식으로 만들어 액체의 누유가 없다. 이는 전해액인 황산을 유리 섬유에 보존한 구조이다. 장단점은 다음과 같다.

장점

① 다른 2차 전지에 비해 가격이 저렴하고 성능이 좋다.
② 넓은 범위에서 방전이 안정하다.
③ 메모리 효과가 없다.

단점

① 다른 2차 전지에 비해 체적 에너지 밀도, 무게 에너지 밀도가 적다.
② 방전이 빈생하면 성능이 저하되고 복구되지 않는나.
③ 전해액으로 황산을 사용하여 한냉지 등에서 폭발 위험이 있나.
④ 장시간 그냥 두면 방전한다.

(2) 알칼리 2차 전지

니켈 축전지로 니켈-철, 니켈-아연, 니켈-카드뮴, 니켈 금속 수소화물 축전지가 있다. 전해액으로 알칼리 수용액을 사용하여 알칼리 2차 전지라고도 한다. 기전력은 1.33~1.35V이고 방전 용량은 5시간 방전율로 규정한다. 니켈 금속 수소화물 축전지에는 니켈 카드뮴 전지와 니켈 수소 전지가 있다.

1) 니켈 카드늄(Ni-cd) 전지

니켈 카드늄 전지는 양극에 수산화 니켈, 음극에 수산화 카드뮴을 사용한다. 대형 건전지 형태의 전지이다. 납축전지보다 경량이고 셀당 전압은 1.2V이여서 12V에는 10셀이 필요하다. 납축전지의 2배의 에너지를 갖는다. 납축전지와는 반대로 방전할 때 전해질의 농도가 높아지고 충방전 전류가 크고 사용 온도 범위가 −40℃에서 80℃까지 넓다. 니켈 수소 전지나 리튬 이온 전지의 등장으로 용도에 따라 구분하여 사용하며 전동 공구, 비상등으로 사용된다. 니켈 카드늄 전지의 단점은 메모리 효과이다. 메모리 효과란 니켈 카드늄 전지나 니켈 수소 전지처럼 다 사용하지 않고 충전을 하면 사용할 수 있는 시간이 짧아지는 현상을 말한다. 메모리 효과는 남는 전압이 0.1V가 되는 큰 방전을 1~2회하면 없어지지만 니켈계 전지의 단점이다. 또한 카드늄이 유해 물질이어서 니켈 수소 전지로 대체되었다. 방전 시 반응은 다음과 같다.

$$\text{음극} : Cd+2OH^- \rightarrow Cd(OH)_2+2e^- \tag{9.6}$$

$$\text{양극} : NiOOH+H_2O+e^- \rightarrow Ni(OH)_2+OH^- \tag{9.7}$$

2) 니켈 금속 수소화물(NiMH, Ni-metal hydride) 전지

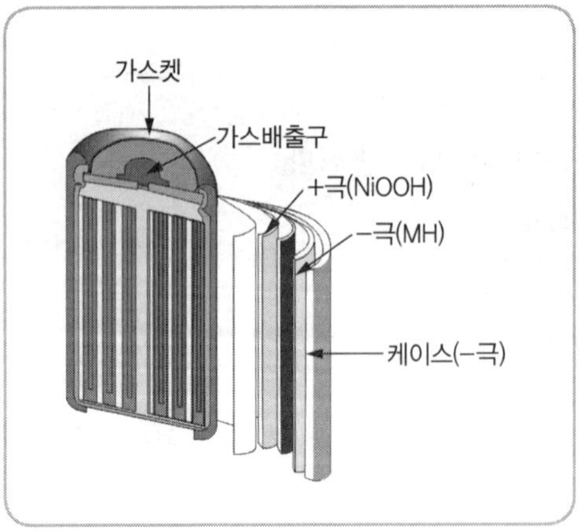

| 그림 9.3 | 니켈 카드뮴 전지

NiMH 전지는 같은 크기의 니켈 카드늄 전지보다 2배의 에너지이다. 크기와 에너지 밀도는 리튬 이온 전지와 유사하고, 양극에 수산화 니켈, 음극에 수소 흡장합금이나 수소를 흡수할 수 있는 금속 수소화물을 사용한다. 니켈 카드늄 전지보다 빨리 충전되어 냉각 장치가 필요하고 에너지 저장능력이 크지만 가격이 비싸다.

수소 흡장합금(hydrogen absorbing alloy)은 합금 체적의 1000배의 수소를 축적할 수 있는 금속이며, 희토류 금속인 랜턴으로 만든다. 내부 저항이 작고 대전류 방전이 가능하고 저온 특성이 우수하고 전압 강하가 적다. 니켈 수소

전지는 그냥 두어도 전압이 떨어지는 자기 방전 현상이 있고 작은 충방전을 계속하면 전압이 저하되는 메모리 효과도 있다. 수소 흡장합금은 열, 압력, 전압에 의해 수소를 방출하는 합금이며 대부분의 금속은 수소를 흡수하는 성질을 가지지만 이들은 상온, 대기압에서는 수소를 흡수, 방출할 수는 없다. 수소를 흡수할 수 있는 금속과 수소를 흡수하기 어려운 금속을 적절하게 결합하여 대기압에서도 흡수, 방출할 수 있도록 한 것이다. 상온에서 수소를 흡수할 수 있는 금속으로는 희귀 금속인 란탄늄(La), 세리움(Ce), 네오디늄(Nd), 플라세오디늄(Pr), 이트리움(Y) 등이고 상온에서 수소를 흡수하기 어려운 금속인 니켈을 혼합하고 코발트와 알루미늄을 첨가한 것이다. 전압은 1.2V이고 방전 시 음극에서 수소 흡장합금의 수소가 수산화 이온과 반응하여 물과 전자가 만들어진다.

$$\text{음극}: MH + OH^- \rightarrow M + H_2O + e^- \tag{9.8}$$

방전 시 양극은 옥시-알가라인 물이 전자와 반응하여 수산화 니켈과 수산화 이온을 만든다. 충전 시는 반대의 반응이 일어난다.

$$\text{양극}: NiO + H_2O + e^- \rightarrow Ni_2 + OH^- \tag{9.9}$$

프리우스에 사용한 전지는 셀 베이스에서 10Wh/kg(6.5Ah×1.2V/kg)이며 모듈 베이스에서 41Wh/kg의 에너지 밀도, 1,200 W/kg의 출력 밀도를 가진다. 회생 제동, 출발, 가속 시 충전으로 항상 50%의 충전 상태를 유지한다.

표 9.2 1차 전지의 종류

1차 전지의 종류	(+)극	(−)극	전기분해액	비고
망간건전지	이산화망간	아연(용기)	염화아연용액	이연이 녹음
알칼리건전지	이산화망간(용기)	아연	수산화칼륨용액	
리튬금속선지	이산화망간, 흑연	리튬	리튬이온을 포함한 유기용액	코인형, 3V
산화은 전지	산화은	아연	수산화칼륨 수산화나트륨	1.55V
공기 아연 전지	외부의 공기	아연	−	코인형으로 장시간 사용

3) 금속 리튬 전지

리튬 1차 전지를 충전할 수 있도록 한 전지이다. 1차 전지와 같이 양극에 이산화 망간, 음극으로 리튬 금속을 사용한다. 리튬은 이온화 경향이 커서 높은 전압의 전지를 만들 수 있다. 리튬 이온 전지보다 성능은 좋지만 덴트라이트 문제가 발생한다. 이는 충전 시 리튬이온이 음극표면에 균일하게 석출하여 성장하는 현상이다. 가격은 고가이고 다른 전지에 비교하여 에너지 밀도가 높다. 표 9.2는 1차 전지의 종류를 나타낸다.

4) 리튬 이온전지

| 그림 9.4 | 전기자동차용 리튬 이온전지

리튬 이온전지는 금속 리튬 전지를 개량한 것이다. 양극에 리튬을 사용하는 산화물인 코발트산 리튬, 망간산 리튬, 니켈산 리튬, 음극에 흑연을 사용한다. 충전하면 음극의 흑연 층 사이에 리튬이 이온 상태로 저장된다. 리튬이 이온 상태로 있기 때문에 리튬 이온전지라고 한다. 리튬 이온전지의 전압은 3.7V이고 메모리 효과가 없다. 분리막(separator)은 소용돌이 모양으로 한 스파이럴 구조로 양극과 음극을 분리하고 가스 배출을 하는 밸브와 개스킷으로 밀폐된 구조를 하고 있다. 분리막은 이온이 통과하고 고온이 되면 용해하여 통과 구멍을 막아 전류를 차단한다. 리튬 이온전지를 충전하면, 양극에서 리튬이온이 나와 전해액을 통과해서 음극에 흡수된다. 표 9.3은 2차 전지의 종류를 나타낸다.

표 9.3 2차 전지의 종류

2차 전지의 종류	(+)극	(–극)	전기분해액	비고
납축전지	이산화납	납	유리섬유 황산	자동차용
니켈 카드늄 전지	수산화니켈	수산화카드늄	수산화칼륨	전동 공구용, 메모리 효과
니켈금속 수소전지 (NiMH)	수산화니켈	수소흡장합금	수산화칼륨	프리우스에서 사용, 메모리 효과
리튬 이온전지 (Li–ion)	리튬	흑연	다양한 재료	에너지 밀도, 출력밀도가 높으나 안전면에서 불리

전지를 방전하면, 반대로 음극에서 리튬이온이 방출되어 양극으로 들어간다. 이때, 외부로 전기 에너지가 흐르고 층상 구조로 된 물질의 층간으로 리튬이온이 출입하지만 물질의 기본적인 구조는 변하지 않는다. 셀 당 전압은 3.7V이고 리튬 수소전지보다 대용량이다. 단점으

로는, 과충전, 과방전에 약하고, 파손되었을 때 위험이 크다. 폭발의 위험성에 대응하여 리튬 폴리머 전지가 개발되었다.

장점

① 다른 2차 전지보다 에너지 밀도가 높다.

② 메모리 효과가 없다.

③ 리튬 이온전지의 작동 전압은 3.7V이고 현재는 셀 베이스로 250 Wh/kg의 용량이다.

④ 자기 방전이 적다.

⑤ 뛰어난 사이클 특성으로 방전 심도(DOD, depth of discharge) 80%로 약 1500회, 방전 심도 50%로 약 3000~4000회의 충방전이 가능하다.

단점

① 과방전, 과충전, 발열 등을 제어하는 보호 회로가 필요하다.

② 대 전류 방전에 적합하지 않다.

③ 저온 특성이 니켈 수소 전지보다 떨어진다.

양극에 코발트산 리튬($LiCoO_2$)의 리튬 금속 화합물, 탄소 전해액(유기용매+리튬염), 탄소 나노 튜브 등의 음극에 탄소 화합물을 사용한다. 탄소 재료에 리튬이온이 들어간 상태는 충전 상태이며, 리튬 금속 화합물에 리튬이온이 들어간 상태는 방전이다. 전지 내부에서 리튬이온이 전해질을 통과하여 양극과 음극 사이를 오가면서 충방전이 이루어진다. 충전 시에는 양극의 리튬 금속 화합물에서 분리된 리튬이온이 전해질을 통하여 음극에 도달하여 탄소층 사이에 침입하여 탄소와 흡장 반응으로 저장되고 이때 전자를 양극으로 이동시킨다. 방전시에는 음극의 탄소 재료에서 방출된 리튬이온이 양극으로 이동하여 리튬이온 화합물로 저장된다. 충전 시 음극은 전지를 만들고 양극은 코발트산 리튬이 전자와 결합하여 리튬이온을 만든다.

$$\text{음극}: CLi_x \rightarrow C + xLi^+ + xe^- \tag{9.10}$$

$$\text{양극}: Li_{1-x}CoO_2 + xLi^+ + xe^- \rightarrow LiCoO_2 \tag{9.11}$$

$$\text{전체 반응}: LiCoO_2 + C \leftrightarrow Li_{1-x}CoO_2 + CLi_x \tag{9.12}$$

충방전 시 양극과 음극 사이를 리튬이온만 이동하여 반응성이 좋고 시소(seesaw)전지라고 한다. 양극의 층상 결정구조를 리튬이온이 전하의 이동을 수반하여 출입하며 구조 자체는 변화하지 않는다. 층상 결정구조는 희귀 금속인 코발트산 리튬($LiCoO_2$)을 사용하고 리튬은 세계적으로 제한적으로 존재하고 고가이어서 리튬을 사용하지 않고 $LiNiO_2$, $LiMnO_2$, $LiFePO_4$를 사용하는 대체 연구와 차세대 2차 전지의 연구 개발이 진행되고 있다. 차세대 2차 전지에는 리튬 공기전지, 아연 공기전지, 아연 염소전지, 나트륨 이온전지 등의 종류가 있다. **그림 9.5**는 리튬 이온전지의 충방전 시 리튬이온과 전자의 이동을 나타낸다. 전지 용량은 Wh/kg와 Ah/kg으로 표시하며 Ah에 셀 당 전압을 곱하면 Wh의 에너지 밀도가 된다. 이 전지의 단점은 충전 시 전압을 정확하게 제어해야 하며 그렇지 않으면 손상이 발생한다.

그림 9.5는 대용량 리튬 공기전지를 나타낸다. 양극은 공기 중의 산소를 함유하는 금속, 음극은 리튬, 전해질은 겔 상태의 유기 전해액을 사용한다. 양극에는 공기 중에 존재하는 산소를 사용하기 때문에 부피가 작고, 무게 면에서 가볍다. 리튬 이온전지의 300 Wh/kg의 에너지 밀도에 비하여 13,000Wh/kg로 약 40배 높은 에너지 밀도를 갖는다. 리튬을 아연으로 대체한 아연 공기전지의 에너지 밀도는 1,300Wh/kg 정도이다. 리튬을 사용하지 않고 생산량이 풍부한 아연을 사용해도 리튬 이온전지보다 2배의 에너지 밀도를 갖는다. 리튬 대신에 나트륨, 코발트 대신에 니켈, 망간, 철을 사용하기도 한다.

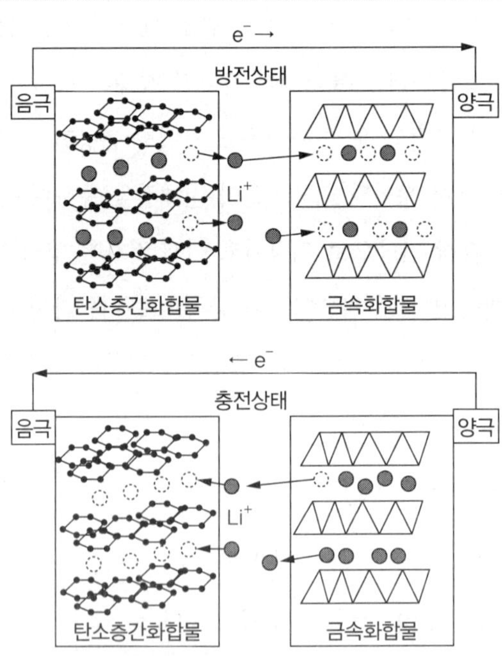

| **그림 9.5** | 리튬 이온전지(120~150Ah/kg)

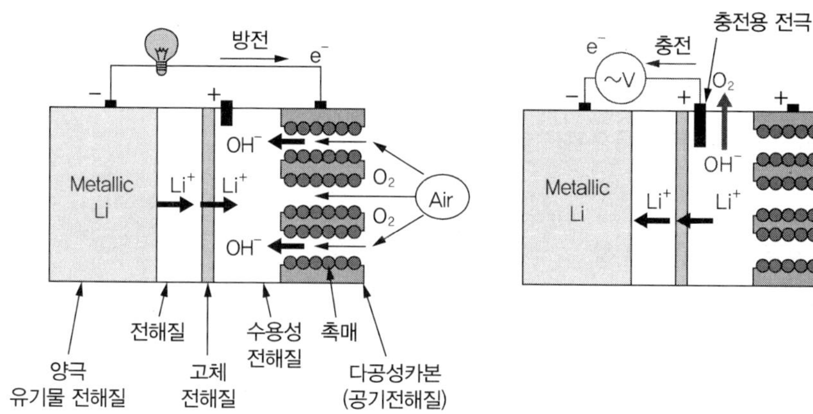

| 그림 9.6 | 대용량 리튬 공기전지(50,000Ah/kg)

도시바의 SCiB전지는 음극에 티탄산 리튬을 사용하여 충방전 6,000회 이상, 5분 급속 충전, −30℃에서 작동되는 전지이고 히타치는 출력 밀도 4,500Wh/kg급의 4세대 리튬 이온전지를 개발하였고 삼성 SDI와 LG화학에서 개발한 대용량 리튬 이온전지는 전기자동차, 하이브리드 자동차등에 사용되며 미국, 유럽 등 선진국에 수출이 되며 기술도 세계적이고 점유율도 세계 1위이다.

5) 리튬 폴리머 전지

리튬 폴리머(LiPo) 전지는 리튬 이온전지의 액체 전해질 대신에 다공성 고분자 화합물을 사용하는 전지이다. 용기로 얇은 알루미늄 라미네이트 필름을 사용하여 소형의 전지를 만들 수 있다. 액체 전해질 대신에 폴리머 겔 전해질을 사용하여 누유가 없고 파손되어도 전극이 합선되지 않고, 합선이 되어도 손상이 적은 장점이 있다. 용기로 알루미늄의 라미네이트를 사용하여 가격이 저감되고 에너지 밀도는 높아진나. 에너지 밀도는 100~265Wh/kg이다. 리튬 폴리머 전지의 단점은 리튬이온의 전도성이 낮고 충전 시간이 길다. 리튬 이온전지에 비해 다음과 같은 장난섬이 있다.

장점

① 전해질이 폴리머 겔이어서 누유가 없다.

② 외장을 라미네이트 필름으로 하여 얇고 가볍다.

단점

① 과방전, 과충전에 약하다.

② 대전류 방전에 적합하지 않다.

③ 외장이 라미네이트 필름으로 충격에 약하다.

(3) 리튬 이온전지 충전특성

리튬 이온전지는 전기를 최대로 충전할 때 1셀의 전압은 4.2V, 전류는 1C 이하이다. 1C은 셀을 1시간 동안에 방전하는 전류량이다. 충전이 되는데 2~3시간이 필요하고, 초기의 1시간에서 약 90%의 충전이 이루어진다. 급속 충전의 경우 먼저 정전류 충전으로 일정 전압에 도달한 후 나머지 충전은 펄스 전류로 충전하는 방식이다. 충전에 시간이 걸리는 이유는 전압이 올라갈 때 전류가 작기 때문이다. 펄스 충전은 전류를 크게 하여 충전 시간을 2시간 이내로 단축할 수 있다. 일정한 전류 값이 되면 충전은 종료된다.

(4) 충방전 열화

충방전이 가능한 2차 전지는 충방전을 반복하면 전지는 열화한다. 열화의 원인은 충방전에 의해 셀의 내부 저항이 증가하기 때문이다. 내부 저항이 증가하면 전지 용량, 방전율, 온도 특성도 저하한다. 그림 9.7의 가로축은 전지의 충방전 횟수, 세로축은 열화도를 나타낸다. 완

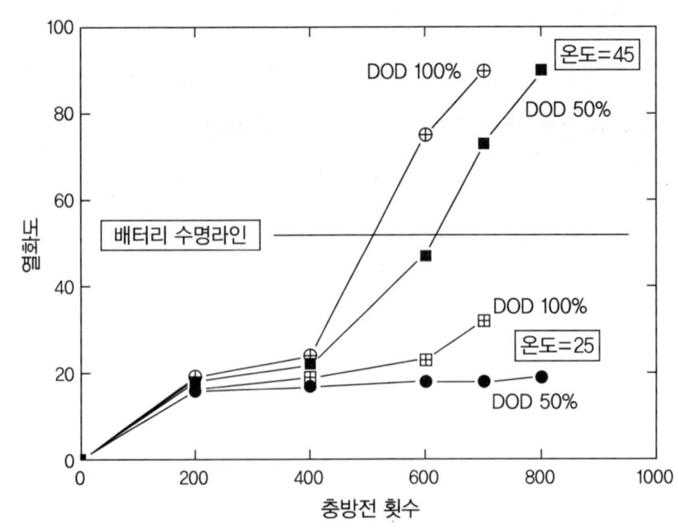

| 그림 9.7 | 충방전 횟수와 열화도

전 충전상태를 나타내는 정격 용량으로부터 어느 수준까지 방전을 하고 충전을 했는지를 나타내는 방전 심도(DOD, depth of discharge)에 의해 전지의 충방전 사이클의 특성은 결정된다. 방전 심도는 충전 상태에서 완전 방전까지 용량을 100%로 할 때 방전하는 비율을 %로 표시한 것이다. 전지의 사이클 특성은 전지의 방전 심도에 달려있다. 그림에서 리튬 이온전지는 상온에서 DOD 100%인 완전 방전 후 충전을 하는 것보다 DOD 50% 정도의 방전에서 충전을 하면 충방전 횟수는 약간 증가하고 열화도도 낮아진다. 완전히 방전된 후 충전을 하면 상온에서 700번 정도 충방전을 할 수 있고 열화도는 35% 정도이다. 50% 방전 상태에서 충전을 하면 상온에서 750번 정도 충방전을 할 수 있고 열화도는 20% 정도이다.

9.1.4 차세대 전지

지구온난화를 막기 위하여 1972년 국제연합 인간 환경회의가 스웨덴의 스톡홀름에서 개최되고 난 후, 1992년의 환경과 개발에 관한 유엔 회의(리오서미트), 1997년의 제3회 기후변동 범위 조약 체결국회의(지구 온난화방지 교토 회의, COP3) 그리고 2002년 세계 정상 회의(요하네스버그 서미트)로 이어져 왔다. 현재의 화석 연료에 의존하는 기술은 미래에는 사용할 수 없으며, 에너지 변화에 각국이 얼마나 잘 대처할지도 의문이다. 환경 문제에 대한 의식이 높아지고 지구 온난화 방지를 위해 태양, 풍력, 조력, 지열의 재생 에너지 자원을 적극적으로 개발해야 한다. 그 중 태양광 발전은 가장 유망하다. 태양 에너지는 지표면에 닿기 전에 1/3이 없어지고 도달하는 2/3로 전 세계의 1년분의 에너지를 만들 수 있다. 태양광이나 풍력과 같은 재생 에너지를 이용하는 발전은 이산화탄소를 배출하지 않고 전기 에너지를 생산할 수 있다. 그러나 태양광 발전은 밤에는 낮에 발전한 전기를 사용해야 하고 풍력은 에너지의 유무에 따라 발전량의 변동이 심하다. 전력 평준화를 이루기 위해서는 전기를 저장하여 전기가 필요한 때 제공하는 대용량 축전 기술의 개발이 선행되어야 한다. 이러한 기술에는 양수 발전, 압축공기 에너지 저장, 플라이휠 에너지 저장, 전력 저장용 전지개발, 초전도 전력 저장 방법인 커패시터 기술, 스마트 그리드 저장 전지 등이 있다. 전기자동차 등 소용량 축전기술은 순간적으로 충방전할 수 있는 전기 이중층 커패시터, 리튬 이온 커패시터의 개발 등이 필요하고 충방전을 빨리 할 수는 없지만, 리튬 이온 커패시터보다 많은 전기를 충전할 수 있는 리튬 이온전지, 리튬 폴리머전지의 효율 향상은 지금 당장에 필요한 중요한 기술이라 할 수 있다. 표 9.4는 소용량 축전 기술, 표 9.5는 대용량 축전 기술을 나타낸다. 전지 기술의 개발을 목표로 다양한 연구가 되고 있지만, 고밀도를 달성하는 데에는 아직 시간이 필요하다.

미국 엔비아(envia)사는 고성능 리튬 이온전지를 개발하고 있다. 리튬 이온전지의 성능 향상을 목표로 나노 수준으로 미세 가공을 한 실리콘 탄소 전극을 이용하여 리튬 이온전지의 에너지 밀도를 150Wh/kg에서 400Wh/kg 이상으로 높이는 기술을 개발하고 있다. 미국의 Inorganic Specialists는 100% 탄소 나노튜브, 나노섬유로 만들어진 종이를 개발하고 있으며 이들을 용제에 젖게 하여 현재의 4배가 넘는 리튬 이온전지를 개발하고 있다. MIT는 액체 전지인 캠브리지의 원유(Cambridge Crude)를 개발하고 있다. 양극과 음극은 액체 전해질에 물

표 9.4 소용량 축전기술

종류	방법	장단점
나트륨 이온전지	리튬을 나트륨으로 대체	리튬의 매장량 문제 해결
리튬 황 전지	나노 황을 사용	에너지 밀도가 높음, 자동차용
리튬 공기전지	양극으로 산소를 이용하여 에너지 밀도가 매우 높음	1,300Wh/kg
아연 공기전지	음극에는 아연, 양극에는 산소사용	1,300Wh/kg 리튬 대신에 아연 사용
아연 염소전지	저장 탱크가 있어 축전 용량 조절이 가능	가격이 저렴
아연 브롬전지	저장 탱크가 있어 축전 용량 조절이 가능	가격이 저렴
지브라 전지	나트륨 염화니켈 전지	90Wh/kg, 고온형 전지
수퍼 커패시터(SC), 전기 이중층 커패시터(EDLC)	화학적인 방법과 물리적 방법으로 축전하는 방법	전기 화학 커패시터

표 9.5 대용량 축전기술

종류	방법	비고
양수발전	남는 전기를 이용하여 펌프로 물을 높은 곳에 올리고 전력 수요가 많을 때 수력 발전을 하는 방법	
압축 공기 에너지 저장	기밀성이 높은 지형에 남는 전기를 공기를 압축하여 저장을 해두고 주간에 압축공기로 발전을 하는 방법	
플라이휠 에너지 저장 방법	남는 전기로 큰 회전체를 돌려 전기 에너지를 운동 에너지로 변환시켜 저장을 함	
NAS (나트륨 유황)전지	대형 전력 저장용 전지	세계 6개국, 189개소 30만kW 저장, 고온형 전지
마그네슘 이온전지	나노 전이금속 화합물	중대형 축전지
전해액 순환형 전지 (레독스 전지)	탱크에 저장한 양극액을 펌프로 셀로 순환하면서 충방전을 실시. 탄소섬유로 만들어진 양극과 양이온 교환막으로 구성	레독스란 reduction-oxidation (환원-산화)의 줄임말

에 녹지는 않지만 골고루 섞이는 입자로 구성되고 반고체 셀은 순환이 가능하다. 전자를 연료 펌프로 공급할 수 있는 액체 연료로 새로운 기술이다. 전기자동차는 주행 거리가 짧고 충전에 많은 시간이 필요하여 내연기관과 비교하여 배터리의 신뢰성이 약하기 때문에 MIT의 액체 전지는 이러한 문제를 해결할 수 있도록 기대된다. 연료탱크에 저장할 수 있는 합성연료이며, 전지의 내부에 전자 성분을 넣은 전지이다. 그리고 기존의 주유 인프라 설비를 이용할 수 있다. 미국의 애리조나 대학, 일본 AIST는 금속 공기이온 액체 전지를 개발하고 있다. 이 기술은 하이브리드 전기자동차에 사용되는 리튬을 매장량이 풍부한 다른 재료로 변경하는 것이 목표이다. 이 기술로 전기자동차의 주행거리를 1,600km까지 늘릴 수 있고 전지 가격도 낮출 수 있다. 미국의 PNNL(Pacific Northwest National Laboratory)은 튜브 모양의 평판 고온 나트륨 베타전지(NAS 전지)를 개발하여 스마트 그리드 기술로 사용하여 전력 불균형을 해소하는 것이 목표이다. 그리고 도시바, 지멘스, MIT, EnerDel, Oksolar는 스마트 그리드 전지에 관한 연구를 하고 있다. 이는 최대 전력 수요를 제어하고 풍력과 태양광 등 신재생 에너지로 얻은 전력을 저장할 수 있는 대용량 축전지로, 이 그리드는 전력 전송과 분배의 신뢰성을 높이고 재생 에너지 전력을 통합하여 장거리 전력 거래를 할 수 있다.

9.1.5 전기자동차 전지

전기자동차 축전지의 성능 향상과 가격 저감은 중요한 과제로서 축전지 연구개발의 목표이다. 축전지의 재료와 축전지 설계 기술은, 우리나라 기업이 우수하지만 세계의 많은 축전지 회사가 혁신적인 기술 개발에 의한 시장을 넓혀가고 있다. 전기자동차의 최대의 과제는 전지 성능의 향상이다. 최소 160km 이상의 주행거리, 빠른 충전시간, 차량 가격의 저감 등 전기자동차의 본격적인 보급을 위해서는 해결해야 하는 문제가 많다. 이멕스(Eamex)사는 전도성 폴리머 커패시터 전지를 개발하고 있다. 전극 소재로 전도성 고분자 전극을 사용한다. 전도성 고분자는 충방전을 해도 열화가 생기지 않아 1만회 이상의 충방전이 가능하고 10분 이내 충전이 완료된다. Liotech, FDK은 리튬이온 커패시터를 개발하고 있다. 커패시터에는 리튬이온 커패시터와 전기 2중층 커패시터가 있다. 이들 중 전기 2중층 커패시터는 초단위로 충전할 수 있고, 희귀금속을 사용하지 않기 때문에 저가이고, 폭발이나 화재의 걱정이 없다. 순간적으로 전기를 충방전할 수 있으므로 높은 출력이 가능하고 에너지의 회수율도 높다. 한국 과학기술원에서는 슈퍼 커패시터를 개발하고 있다. 얇은 탄소 구조의 커패시터는 기존의 리튬

이온전지와 같은 에너지량을 16초 만에 충전한다. 슈퍼 커패시터는 g당 5A의 전류밀도, 150F의 정전용량을 가지고 64Wh/kg 이상의 에너지를 저장한다. 커패시터는 현재는 회생 제동 시스템에 의해 발생하는 전기에너지를 저장하고 출력 밀도가 낮은 2차 전지의 보조 에너지로 사용된다. 그러나 커패시터는 작은 내부 저항으로 20배 이상의 출력 밀도를 낼 수 있어 급속 충방전이 가능하고 반영구적이어서 앞으로 에너지 밀도를 높이면 가장 유망한 전기자동차 전지라고 할 수 있다. 표 9.6은 자동차용 리튬이온 전지 제조회사를 나타내고 표 9.7은 커패시터 개발 기관을 나타낸다.

표 9.6 자동차용 리튬이온 전지 제조 회사

전지 생산 회사	완성차 업체	특징
LG 화학	현대기아차, GM	리튬이온 전지(xEV)
삼성 SDI	Bosch	리튬이온 전지(xEV)
GS 유아사	혼다, 미츠비시, 푸조	리튬이온 전지, iMiev
NEC	닛산	리튬이온 전지, 커패시터
GE	크라이슬러	리튬이온 전지
A123 시스템	GM	리튬이온 전지
산요전기	도요타, 포드, VW	리튬이온 전지, 니켈수소 전지

표 9.7 커패시터 개발 회사

회사	종류
KAIST	수퍼 커패시터
Ford	어드밴스드 커패시터
FDK	LiC(lithum ion capacitor)
EAMAX	고분자 리튬이온 커패시터
LiTech	리튬이온 커패시터
Maxwell	수퍼 커패시터

| 그림 9.8 | 맥스웰의 수퍼 커패시터

2009년에 시판된 미쯔비시 자동차의 i-MiEV에는 리튬 이온전지가 탑재되고 1회 충전당의 주행거리는 최대 160km이다. 축전지를 포함한 차량 가격은 같은 크기의 내연기관 자동차의 2배 이상이다. 리튬 이온전지는 35kg 이상은 항공 수송이 금지되는 등 수용액계의 축전지와 비교하여 안전하지 못하다. 전기자동차에는 리튬, 백금, 희토류 원소 등의 희귀 금속이 사용된다. 전기자동차의 생산 증가에 따라 상당한 규모의 희귀 금속이 필요하고 안정적 공

급은 더욱 중요하다. 그러나 희귀 금속은, 매장량도 적고 중국과 남미가 98%를 차지하고 있다. 희귀 금속을 사용하지 않는 축전지와 모터도 개발되어야 한다. 다음의 전기자동차 기술의 개발이 요구되고 있다.

표 9.8 전기자동차와 하이브리드 자동차의 배터리 종류

BEV	2차 전지식
	연료전지식
HEV	2차 전지식
	플라이휠 발전식
	커패시터식

①리튬 이온 축전지 이후의 혁신적 축전지의 개발

②디프로시움(dyprosium)을 사용하지 않는 모터의 연구 개발

③백금의 사용 저감 기술 개발

SSC(셀비수퍼카)사의 나노기술 리튬이온 전지는 10분 충전에 320km를 주행하고 전기 파워 트레인, 최고 마력, 경량, 빠른 충전시간과 액체 냉각을 하는 전기자동차를 개발하고 있다. 출력의 확장이 가능한 파워 트레인인 AESP를 개발하여 소형 경량으로 최대출력 200ps~500ps이다. 충전시간도 짧고, 모터 2개를 탑재하면 1,200ps까지 확장할 수 있다. AESP의 크기는 엔진의 약 18분의 1이고 무게도 90kg로 가볍다. 전기자동차 모터는 주행 출력을 만드는 방식에 따라 2개로 분류한다. 하나는 전기만을 에너지원으로 하는 배터리 전기자동차(BEV)와 전기와 기타 에너지를 병용하는 하이브리드 전기자동차(HEV)가 있다.

BEV용은 상온형으로 납축전지, 니켈-카드뮴 전지, 니켈수소 전지, 리튬이온 2차 전지, 리튬-폴리머 2차 전지, 공기 이언전지가 있으며, 고온형으로 나트륨-황 2차 전지, 나트륨-염화 니켈 2차 전지가 있다.

리튬이온 2차 전지는 다른 2차 전지에 비해 높아 초기 전압은 4.2V, 평균 작동 전압 3.6~3.7V로 전지 전압이 높은 것은 매우 유용하다. 예를 들면, 360V의 시스템을 만드는데, 니켈 카드뮴 전지나 니켈 수소전지에서는 약 300 단위 전지, 납축전지는 약 160 단위 전지를 직렬 접속해야 하는데 리튬이온 전지는 약 100단위 전지로 가능하다. 리튬 이온전지는 에너지 밀도가 크고 충방전 에너지의 효율이 높아 전기자동차에 가장 적합한 전지가 될 수 있다.

HEV용 전지는 고출력 밀도 타입을 사용하고 EV용 전지는 고에너지 밀도 타입을 사용하고 PHEV는 그 중간 수준의 전지를 사용한다. 표 9.9는 각종 전지의 특성을 나타낸다. 그림 9.9는 HEV, PHEV, BEV에 사용할 수 있는 배터리의 에너지 밀도와 출력 밀도를 나타낸다.

표 9.9 전지의 특성

종류	에너지 밀도(Wh/kg)	출력 밀도(W/kg)	사이클 수명(회)
니켈수소 전지	50~70	200~300	1000~1300
리튬이온 전지	85~125	250~300	~800
납축전지	30~35	120~170	
니켈카드늄 전지	50~55	150~200	
리튬폴리머 전지	~155	315	~600
나트륨염화니켈 전지	~110	~100	

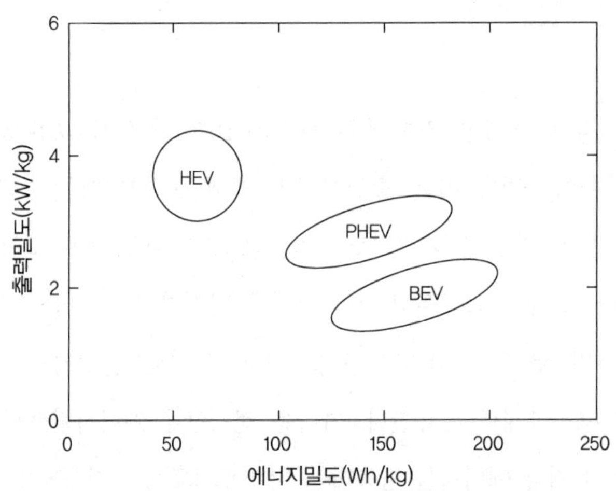

| 그림 9.9 | 에너지 밀도와 출력 밀도

9.2 점화장치

점화장치는 엔진의 구성요소로 압축된 혼합기에 불꽃을 발생시키는 장치이다. 점화장치의 종류에는 배터리 점화식과 고압 자석식으로 구분되는데, 자동차용으로는 배터리 점화식이 주로 이용되고 고압 자석식은 소형 이륜차나 특수 자동차에 사용된다. 배터리 점화식은 1차 전류를 단속하는 방법에 따라 접점식, 이그나이터식, 트랜지스터식, 콘덴서 방전 점화방식, 고강력 점화방식, 무배전기식으로 분류된다. 구성 요소는 점화스위치, 점화코일, 배전기, 고압케이블, 점화플러그 등으로 이루어져 있다.

점화장치의 목적은 엔진의 연소실에 있는 연료의 혼합 기체를 점화시키는 것으로 연소가 시작되기 위해서는 연소실에 있는 점화플러그에 스파크가 발생해야 한다. 일반적으로 공기 중에는 전기가 통하지 않는다. 대기압하에서는 금속간 간극이 0.1mm 정도이면 500~600V의 전기가 필요하고 압축된 상태에서는 더 높은 전기를 필요로 한다. 이러한 스파크의 아크에 의해 발생한 열이 공기와 연료의 혼합기를 점화시켜 혼합기가 폭발하면서 실린더는 상하 운동을 하고 그 힘으로 엔진이 작동한다. 점화장치는 엔진의 각 실린더 내에서 전기적 점화로 압축된 가솔린과 공기의 혼합기에 착화시켜 연소시킨다. 일반적으로 기계와 전기의 물리량을 비교하면 다음과 같이 비교할 수 있다.

(1) 기계와 전기의 비교

① 위치 에너지 – 전하량

② 마찰계수 – 저항

③ 속도 – 전류

④ 탄성계수 – 1/정전용량

⑤ 힘 – 전압

⑥ 관성 – 인덕턴스 – 인덕터

(2) 저항의 종류

① 기본 저항 – 일반적인 저항

② 유도성 부하(리액턴스) – 코일 저항

③ 용량성 부하(리액턴스) – 콘덴서(capacitor) 저항

④ 임피던스 – ①, ②, ③의 합성 저항

(3) 인덕터

① 흐르는 전류에 비례하여 코일 양단에 전압을 발생시키는 기기

② 인덕턴스(H) – 회로를 흐르는 전류의 변화에 의해 전자기 유도로 생기는 역기전력의 비

율을 나타내는 양

③ 자기 인덕턴스 : 1차 코일

④ 상호 인덕턴스 : 2차 코일

9.2.1 기계식 점화장치

(1) 점화 회로도

그림 9.10에 기계식 점화장치의 회로도를 나타낸다. 점화 스위치를 접속시키면 배터리 전압이 점화코일의 1차 코일을 거쳐 배전기 포인트인 접점에서 접지로 전류가 흐른다. 엔진이 회전하면 로터와 연결된 배전기 캠에 의하여 배전기 포인트가 열려 1차 전류는 차단되고 동시에 점화코일내에서 유도 작용에 의해 2차 코일에 고전압이 발생되어 배전기 로터를 통하여 점화 플러그로 전압이 공급된다.

점화코일 (−)단자와 병열로 연결되어 있는 축전기(condenser)는 단속기와 병렬로 연결되어 접점이 열릴 때 접점에서 발생하는 역기전력을 흡수하여 접점의 소손을 방지하고, 1차 전류의 차단 시간을 단축시켜 2차 전압을 높인다. 또한 접점이 닫힐 때는 축전된 전하를 방출시켜 1차 전류의 회복을 신속하게 하는 역할을 한다.

① 스위치를 떼면 1차 전류가 차단되고 자력선이 소멸되며 이때 히스테리시스 효과로 1차 전압(자기 유도전압)이 발생한다.

② 2차 코일에는 상호 유도전압이 발생한다.

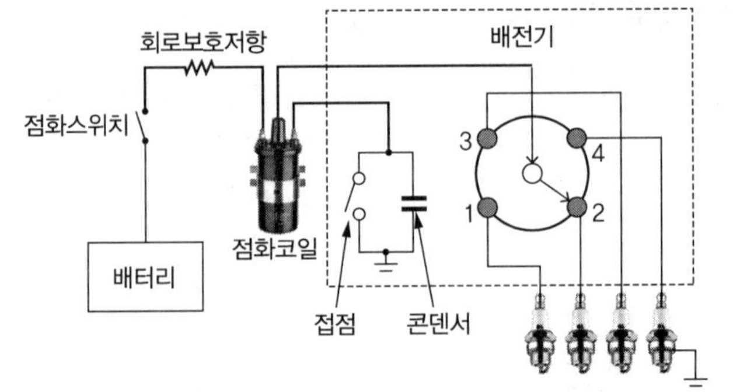

| 그림 9.10 | 기계식 점화장치 회로도

③ 1차 코일에 발생하는 에너지는 95%정도는 2차 코일 에너지로 전환된다.

(2) 점화코일(Ignition coil)

점화코일은 변압기의 한 종류로 배터리의 12V의 전압을 7kV~30kV의 고전압으로 변환시키는 역할을 한다. 점화코일이 만들 수 있는 최대 절대 전압을 코일의 출력이라 한다. 만약 코일의 출력이 점화 플러그의 점화 요구 전압보다 낮으면 엔진의 시동은 걸리지 않는다. 점화코일은 2개의 회로로 구성된다. 1차 코일은 두꺼운 전선으로 200번 정도 감겨 있고 2차 코일은 가는 전선으로 20,000번 정도 감겨져 있다. 점화 스위치가 작동되고 접점이 닫히면 전류는 1차 코일을 통해 접지로 흐른다. 그러면 1차 코일 주위에 자기장이 발생한다. 접점이 열리면 전류의 흐름은 멈추고 자기장은 급속히 감소한다. 자기장이 급격히 감소함에 따라 2차 코일의 수천 개의 코일의 자기장이 끊어진다. 자기장이 끊어지는 순간 각각의 코일에는 전압이 발생한다. 1차 전압은 200~300V, 2차 전압은 7~30kV의 고전압이 발생되고 점화 플러그로 분배된다.

1) 상호유도 전압

연철에 구리선을 감아 전류를 가하면 솔레노이드가 되고 자력선이 발생되는 자석으로 변한다. 이는 전기 에너지가 자기 에너지로 변화한 것이다. 스위치를 넣으면 전류가 흐르고 자기력이 생기는 데 방향은 **그림 9.11**과 같다. 전자는 전류의 흐름과 반대 방향이다. **그림 9.12**의 회로에서 갑자기 스위치를 떼면 자기유도 작용에 의해 1차 코일에는 자장이 붕괴되고 N극과 S극이 없어지고 전류가 반대 방향으로 흐르면서 (+), (−)가 바뀐다. 또한 순간적으로 높은 전압이 발생한다. 이 전압을 서지 전압인 자기 유도전압, 1차 전압이라 하고 200~300V 정도이

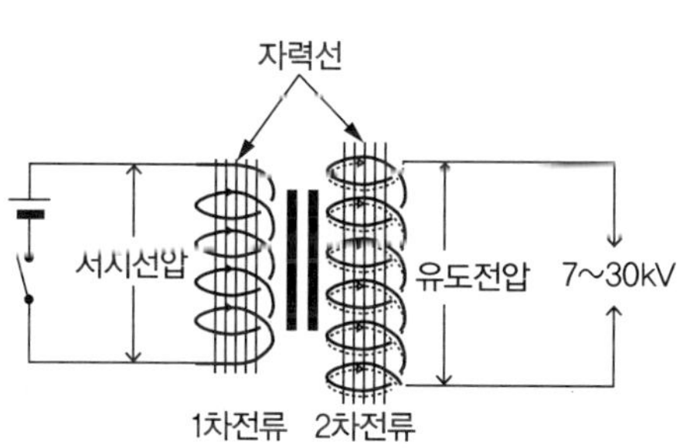

| **그림 9.11** | 상호유도전압

다. 반면에 2차 코일에는 상호 유도 전압에 의해 7~30kV의 고전압이 발생한다. 즉 1차 코일에는 자장 붕괴로 자기 유도 작용이 생기고 2차 코일에는 상호유도 작용에 의해 고전압이 생긴다.

2) 고전압 발생의 원리

철심에 2종류의 코일을 감아 **그림 9.12** (a)와 같은 회로에서 스위치(단속기 접점)로 1차 코일에 흐르는 전류를 접속, 차단을 반복하면 1차 코일 전류의 과도 현상이 나타나고 스위치가 차단에서 접속으로 될 때 역기전력(back electromotive force)은 1차 전류의 방향과 반대 방향으로 발생한다. 이 기전력의 크기는 1차 코일의 인덕턴스에 비례하고 다음의 관계가 있다.

$$e_1 = L_1 \times \frac{I_1}{t} \qquad e_2 = e_1 \times \frac{N_2}{N_1} \tag{9.13}$$

점화코일의 1차 코일의 권수가 200회이고 2차 코일의 권수가 20,000회일 때 직류 12V를 가하여 1차 코일의 유기 전압이 240V이면 2차 전압은 다음과 같다.

$$e_2 = e_1 \times \frac{N_2}{N_1} = 240 \times \frac{20000}{200} = 24\ \text{kV} \tag{9.14}$$

2차 전압은 코일의 권수비에 해당하는 전압을 발생한다. 2차 전압은 전류의 변화량이 클수록, 변화 시간이 짧을수록 높은 전압을 얻을 수 있다. 그러나 이 전압은 점화 플러그에서 불꽃을 발생할 수 있는 충분한 전압은 되지 못한다. 코일의 충분한 전압을 얻기 위하여 스위치를 단속하면 **그림 9.12** (b)의 1차 전류의 변화에서와 같이 2차 전압은 스위치가 차단에서 접속

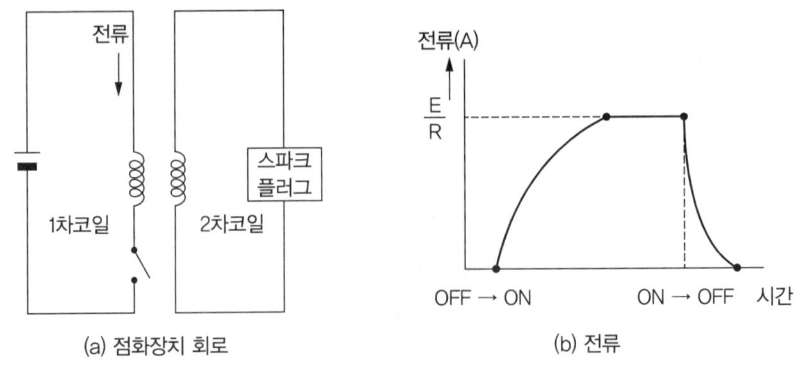

| 그림 9.12 | 고전압 발생 원리

일 때보다 접속에서 차단일 때가 시간이 더 짧아 더 높게 된다.

점화장치는 스위치가 접속에서 차단되는 순간을 이용한다. 1차 코일에는 (+)와 (−)의 극성이 표시되어 있고 (+)는 점화 스위치에, (−)는 배전기 절연 단자와 연결되어 있다. 이것의 연결이 잘못되면 소비 전압이 30%정도 높아지고 실화의 원인이 되기도 한다. 코일은 실질적으로 변압기 역할을 한다. 브레이크 접점이 닫혀 회로가 구성되면 2차 코일의 권선에 전압이 유도된다. 이 때 유도된 전압은 저항에 의해 제한되어 매우 작은 값이다.

브레이크 접점이 열리면 2차 코일에 충분히 큰 전압이 발생되고 1차 코일에는 200~300V의 전압이 발생되어 이 에너지는 축전기에 저장된다. 축전기가 없으면 브레이크 접점이 심한 방전으로 손상이 된다. 점화가 끝나면 축전기는 방전한다. 가스가 충분히 이온화되기 위해서는 초기에 9kV의 전압이 요구되는데 점화가 점프하면 전압이 2kV 정도 강하한다.

1차 코일에 전류가 흐를 때 스위치를 오프하면 관성에 의해 인덕터로 변해서 코일 양단에 전압이 발생한다. 이를 사기유도 전압이라 한다. 이는 히스테리시스 효과에 의해 발생하는 1차 전압이다. 이때 1차 코일에는 인덕턴스에 의해 에너지가 발생한다. 1차코일 에너지의 95%가 2차코일 에너지로 변환된다. 커패시터 용량은 아주 작지만 그 후 유도 전압이 그 뒤에 크게 발생되어 불꽃을 발생시킨다. 그리고 커패시터 성분이 방전되면 1차 코일의 전류가 0으로 된다. 이런 방전을 유도 방전이라 한다. 2차 코일에는 1차 코일보다 100배 더 많은 코일이 감겨 있다.

9.2.2 1차 코일 차단법

(1) 마그네틱 픽업코일 방식

1차 전류 차단에 캠과 접점대신에 타이밍 디스크(timing disc, reluctor, rotor)와 픽업코일을 사용한다. 엔진이 실린더 수만큼의 톱니와 딥이 있나. 삼쇄자(reluctor)가 회전할 때 각각의 톱니는 픽업코일에 전압을 발생시킨다. 이 펄스는 점화 모듈에 2차 전류를 통전시킨다. 점화 모듈은 분리, 내부에 상착되거나 ECU가 제어할 때는 이 장치는 없다. 픽업 코일 부품은 영구자석과 픽업 코일로 구성된다. 폴피스(pole−piece)는 자석이 픽업 코일의 권선 주위에 자계를 형성하도록 돕는다. 감쇄자의 톱니가 지나가면서 자계가 픽업 코일을 통과하게 만들고 픽업 코일 안에 낮은 전압 펄스가 만들어진다. 이 전압 펄스는 점화 모듈의 1차 전류를 통과시킨다. 감쇄자가 톱니가 계자극으로부터 떨어지면 1차 전류는 차단된다. 그러면 점화 코일에 자계가 급속히 감소하면서 높은 서지 전압을 발생한다. 타이밍 디스크는 트리거 휠(trigger wheel), 감쇄자, 펄스 링(pulse ring), 아마추어, 타이밍 코어(timing core), 릴락터, 로터 등과 같은 이름으로 사용된다. 픽업코일은 약한 영구자석에 코일이 감겨 있으며 스테이터(stator), 폴피스(pole piece)라고도 한다. 타이밍 디스크는 회전축 위에 장착된다. 그림 9.13은 전자 진각식 마그네틱 픽업 코일 배전기 방식을 나타낸다.

픽업코일 방식과 달리 코일이 감긴 영구자석 대신에 전자석을 사용한다. 픽업코일에 작은 전류가 공급되면 코일 부근에 약한 자기장이 발생한다. 감쇄자가 회전함에 따라 트리거 이빨(teeth)은 코일과 가깝게 통과하고 이 이빨이 픽업코일의 자기장에 가하면 자기장은 생겼다 없어졌다 한다. 그 결과 그에 해당하는 픽업코일에는 전압이 발생한다. 픽업코일의 파형은 디스크의 이빨이 코어로 접근함에 따라 증가하다가 이빨이 코어와 일렬로 정렬되면 일정한 전압으로 강하한다. 다시 이빨이 코어로부터 멀어지면 떨어진 파형은 다시 증가한다. 그림 9.14는 출력 파형의 형태를 나타낸다. 파형의 모양이 직사각형이 아닌 아날로그여서 홀 효과 방식에 비해 정확성은 떨어진다. 배전기 내부의 PIP(profile ignition pickup) 센서는 각각의 실린더가 상사점에 가까워지면 점화 모듈에 신호를 보낸다. 점화 모듈은 ECU와 점화진각을 계산하고 ECU은 점화 출력 신호를 만든다. 이것은 점화 장치에 보내져 적절한 시기에 점화가 일어나도록 1차 전류를 단속한다. 간혹 ECU가 제어에 실패하면 ECU은 제한 운전(limited operation strategy, LOS) 모드로 들어간다. 그리고 점화의 진각은 수행하지 않는다.

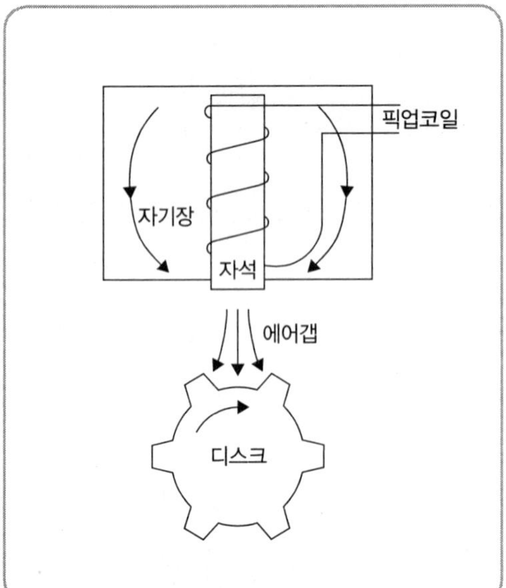

| 그림 9.13 | 마그네틱 픽업 코일 방식의 작동 원리

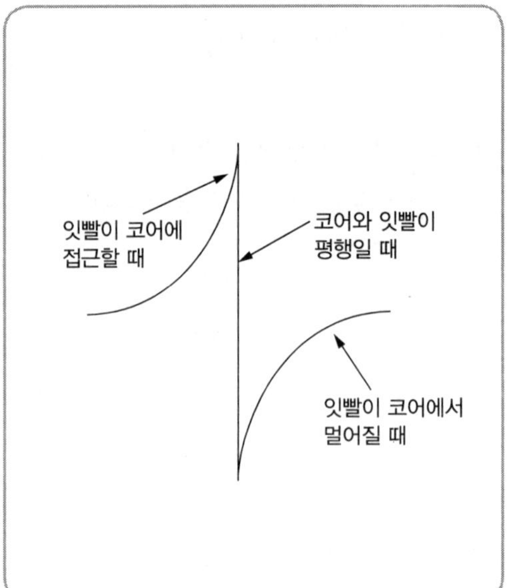

| 그림 9.14 | 마그네틱 픽업 코일 방식의 출력 파형

(2) 홀효과 방식(Hall Effect Sensor)

홀효과는 반도체인 갈륨 결정체로 만든 엷은 반도체 층에 자기장을 가하고 반도체에 전류를 흘리면 전압이 생성된다. 이를 홀효과 전압이라고 한다. 홀소자 IC는 트리거 휠(로터, 디스크)과 영구자석 사이에 위치하며 홀소자 IC 앞에는 자석이 붙어 있는 로터의 회전에 따라 홀소자 IC를 통과하는 자기장이 변하면 홀소자에는 전류가 흐르게 되고 자기장의 세기에 따른 홀전압이 발생한다.

픽업코일은 감쇄자 톱니가 픽업 코일을 지나갈 때 작은 전압이 발생하고 홀효과 방식은 반도체에 가해지는 자지장 유무에 따라 전압이 발생한다. 보통 배전기 안의 PIP센서가 홀효과 스위치이며 이것은 온(on), 오프(off)의 전압 파형으로 출력을 발생한다. 윈도우가 공극을 지나면 영구자석의 자기장이 홀효과 센서에 가해지고 셔터가 공극에 있으면 자기장이 끊어져 홀효과 IC에 전달되지 않게 된다. 전압 신호도 ECU에 가장 적절한 디지털 신호이고 셔터 휠(shutter wheel)의 베인(vane)이 에어 갭(air gap)에 있으면 1차 코일에 전류가 흐르고 셔터 휠이

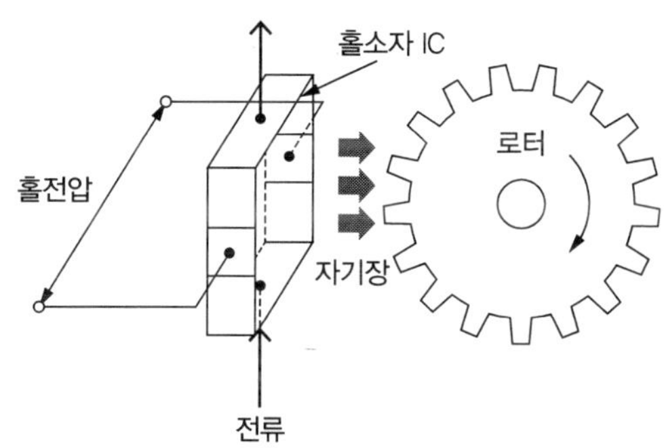

| 그림 9.15 | 홀효과 원리

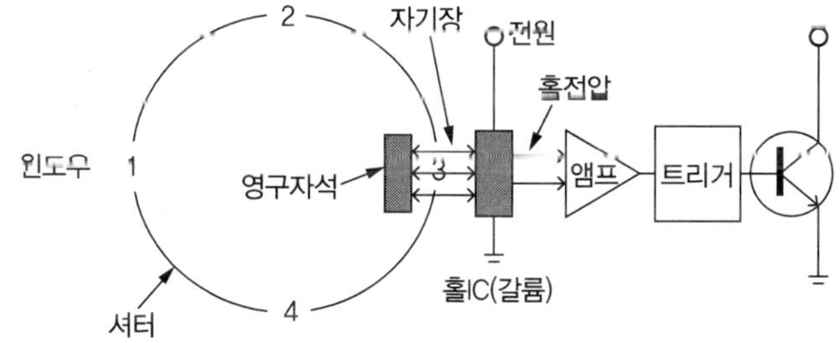

| 그림 9.16 | 홀효과 스위치의 작동 회로도(셔터와 윈도우 방법)

떠나자마자 홀 전압이 생성되고 1차 전류는 차단되고 2차 전압이 발생한다. 그림 9.16은 홀효과 스위치의 작동 회로도를 나타낸다.

(3) 트랜지스터식

반도체 점화장치는 연비 향상과 공급 전류의 고효율화를 실현하기 위해 기계식 점화장치의 문제점을 해결한 장치이다. 반도체 점화장치는 점화코일 1차 코일의 전류를 트랜지스터를 사용하여 단속하는 트랜지스터식과 콘덴서의 방전 전류를 1차 전류로 이용하는 콘덴서 방전식(CDI)이 있다. 트랜지스터 방식에는 접점식(포인트식)과 무접점식(이그나이터식)이 있다. 접점식 점화장치의 경우 저속 시에는 아크가 발생하기 쉬워 2차 전압이 저하되고 실화방지를 위해 1차 전류의 증가가 필수적이지만 접점식의 경우 아크의 증가가 유발되어 불가능하다. 무접점식은 이러한 아크 발생을 차단한 시스템이다. 트랜지스터식은 1차 전류를 전기적으로 단속하므로 2차 전압을 안정하게 얻을 수 있고 점화시기도 전기적으로 제어할 수 있다.

반도체 점화장치에는 세미 트랜지스터식과 전 트랜지스터식이 있다. 세미 트랜지스터식에는 그림 9.17과 같이 배전기의 단속 장치에 포인트식이 사용되어 트랜지스터를 구동하고 포인터에는 적은 전류가 흘러 아크의 발생이 거의 없어 접점이 손상될 염려가 없고 1차 전류의 차단은 파워 트랜지스터가 수행을 하고, 안정적인 2차 전압을 얻을 수 있지만 접점의 조정 작업이 문제점으로 남아 있다. 전 트랜지스터 방식은 세미 트랜지스터 방식의 기계적인 접점을 무접점식인 이그나이터, 마그네틱 픽업, 홀효과 방식으로 변경해서 접점간극에 따라 점화시기가 변경되는 단점을 보완하였다.

접점식 점화방식은 점화장치가 타거나 소손이 있어 점화 에너지는 줄어들고 점화도 잘 이루어지지 않고 배기가스는 증가한다. 1975년 이후 전자식 점화장치가 개발되었다. 이것은 1차

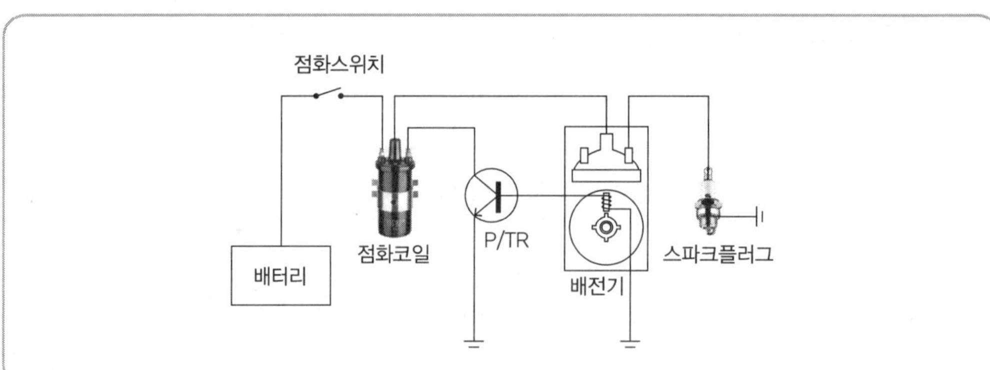

| 그림 9.17 | 세미 트랜지스터식 점화장치

전류를 차단을 트랜지스터 혹은 다른 반도체 소자가 수행한다. 트랜지스터 점화장치는 기계식 진각장치에 의해 점화시기가 결정되지만 전자 점화장치는 점화시기를 ECU가 제어한다.

9.2.3 점화장치의 종류

점화장치는 무배전기 방식은 기계적인 배전기가 없기 때문에 전압 강하와 누전 발생이 없으며 로터와 전극 사이의 갭에 따른 에너지 손실과 노이즈가 없다. 배전기에 있던 CAS(crank angle sensor), 1번 TDC(top dead center)센서는 캠축에 CMP(cam position sensor), 크랭크축에 CKP(crank position sensor)등으로 변경되었다. 고압 분배 시 전압 강하와 누전의 발생이 없으며 에어 갭에 따른 고전압 에너지 손실이 없다. 배전기가 없는 점화장치로 전자 점화진각이 된다. 캠축과 크랭크 축에 붙은 센서들이 정보를 점화 모듈에 전달하고 ECU는 점화시기를 계산한다. 무배전기는 부품이 적어지고 점화시기의 정확성을 높일 수 있는 장점이 있다. 점화시기를 제어하는 방식에 따라 다중 코일(점화코일이 1개 이상) 분배식, 직접 다중 코일 분배식, 직접 커패시터 방식이 있다.

표 9.10 점화방식의 종류

구분	순차 점화방식	동시 점화방식	독립 점화방식
배전기	유	무(DLI)	무(DIS)
점화코일	개자로 /폐자로	폐자로	폐자로
점화코일 수	실린더 4개당 1개	실린더 2개당 1개	실린더 1개당 1개
1차코일차단법	포인트식, 이그나이트식, 픽업코일식, 홀효과식, Power Transistor	Power Transistor, IGBT	IGBT
점화코일	계자로 점화코일	다중코일 점화방식, 직접 다중코일 점화방식	직접 축전기 점화방식

- 배전기방식
  - (접점방식, 포인트 점화방식) : 포인트 방식
  - (무접점 방식, 코일 점화방식) : 이그나이터 방식, 픽업코일 방식, 홀효과 방식
- 무배전기방식
  - 유도성 점화방식(다중코일 점화방식, 직접 다중코일 점화방식) : 인덕터(inductor)로 에너지 저장 = 동시 점화방식

– 축전기 방전식 점화방식(CDI) : 커패시터(capacitor)로 에너지 저장 = 독립 점화방식

(1) 동시 점화방식

무배전기식 동시 점화방식은 점화코일 1개가 2개의 실린더에 전기를 공급한다. 다중코일 분배식, 직접 다중코일 분배식이 이에 속한다. 4기통인 경우 그림 9.18과 같이 2개의 점화코일과 2개의 트랜지스터가 사용되며 1개의 점화코일이 2개의 실린더에 전기를 공급하므로 1개의 실린더가 압축 행정일 때 다른 실린더는 배기 행정으로 점화하여 동시에 점화하는 방식으로 동시 점화방식이라 한다. 배전기가 없어 점화 위치 검출을 위한 CMP, CKP센서가 별도로 설치된다.

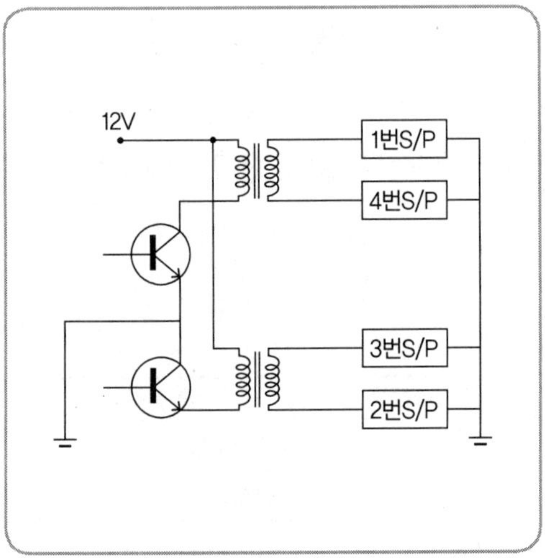

| 그림 9.18 | 다중 코일식 동시 점화식 DLI 점화 장치

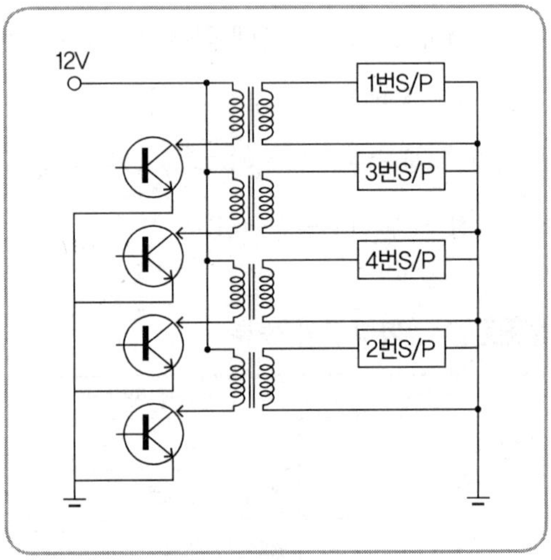

| 그림 9.19 | 축전기식 독립 점화 DIS 점화 장치

(2) 독립 점화방식

무배전기식 독립 점화방식은 점화코일 1개가 1개의 실린더에 전기를 공급한다. 직접 커패시터 방식이 이에 속한다. 점화코일 1개가 4개의 실린더에 전기를 공급하는 방식에 비하면 드웰각의 유연성, 고속 회전, 점화코일의 안정성이 확보되고 고압 케이블을 사용하지 않아 전기의 누전이 거의 없는 방식이다. 동시 점화방식과 비교하여 각 실린더를

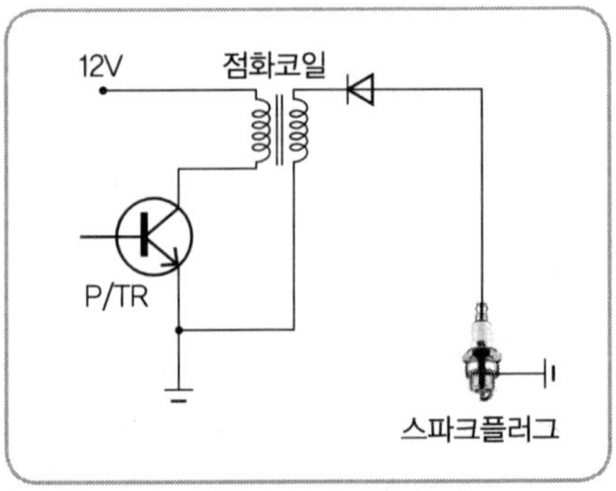

| 그림 9.20 | 축전기식 독립 점화 DIS 점화장치

개별적으로 제어할 수 있는 고성능 방식이다. 그림 9.20은 독립 점화방식을 나타낸다.

9.3 시동장치

9.3.1 작동 원리

시동모터는 엔진의 압축 행정에서 발생하는 회전 저항보다 큰 강력한 토크를 발생해야 하고 작동 시간은 30초 이내이다. 시동 모터의 종류에는 직류로 작동하는 직권 정류자 모터, 복권 정류자 모터가 있다. 시동 모터에서 발생된 토크는 기어로 감속되어 엔진의 플라이휠에 전달되고, 이 기어와 기어의 맞물림을 단절하는 클러치 기구가 있다. 시동 모터는 직류 직권모터, 마그네틱 스위치, 오버런닝 클러치로 구성되고 시동 모터의 회전 속도는 50rpm~200rpm 정도이다.

9.3.2 시동모터의 구성

시동모터는 토크를 발생하는 부품, 플라이휠의 링기어에 토크를 전달하는 동력 전달 기구, 피니언 기어와 링기어에 맞물리게 하는 기구로 구성된다. 토크를 발생하는 부품은 전기자(아마추어) 코일, 계자 코일, 계자철심, 브러시, 정류자 등이고 토크를 기관에 전달하는 부품은 오버러닝 클러치, 피니언 기어 등이고 피니언 기어를 링기어에 맞물리게 하는 부품은 마그네틱 스위치, 플런저, 시프트 레버 등이다.

① 브러시와 브러시 홀더 : 브러시는 정류자를 통하여 전기자 코일에 전기를 공급한다. 전기자 코일에 흐르는 전류의 방향을 바꾸어 주는 역할을 한다.

② 전기자(아마추어) : 축, 철심, 전기자 코일, 정류기로 구성되고 피니언의 미끄럼 유동을 위해 스플라인이 있다. 철심은 자력선을 잘 통과시키기 위해 성층으로 만든다.

③ 정류자 : 브러시에서 전류를 한 방향으로만 흐르게 한다.

④ 계자코일(필드코일, 여자코일), 철심 요크 : 계철은 자력선의 통로이고 시동모터의 틀이 되는 부분이다. 철심에 코일을 감고 전류를 흘리면 N, S극의 자기장을 만드는 부분으

로, 철심을 계자 철심, 코일을 계자 코일(field coil)이라 하고 고정되어 있다. 코일에 흐르는 전류를 계자 전류라 한다. 요크(yoke)는 시동 모터의 외부 케이스를 의미하며, 자기력선의 통로가 된다. 요크 안쪽에는 계자 코일을 지지하는 계자 철심이 고정되어 있고 시동 시 전류는 배터리에서 계자 코일, 브러시, 정류자, 전기자 코일로 흐른다.

⑤ 전기자 코일(아마추어 코일) : 전기자(armature)는 시동모터 축과 코어에 전기자 코일을 감고 정류자를 붙인 것으로 계자코일 내에서 회전하는 부분이다.

⑥ 오버런닝 클러치 : 시동모터의 토크를 엔진에 전달하고 시동 후에도 피니언이 링기어에 물려 있어도 기관의 회전력이 모터에 전달되지 않도록 하는 장치이다.

⑦ 마그네틱 스위치(솔레노이드 스위치) : 플런저를 끌어당기는 풀인 코일(pull in coil), 끌어당긴 플런저를 계속 유지시켜 주는 홀드인 코일(hold in coil), 플런저를 원래의 위치로 보내는 리턴 스프링, 모터 회로에 전류를 개폐시켜주는 점화 스위치로 구성된다.

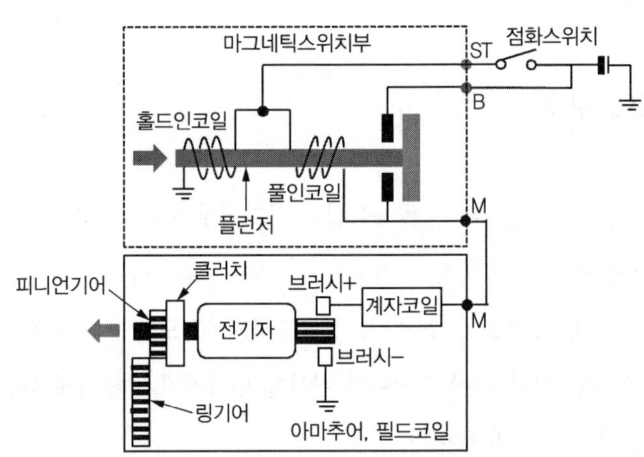

| 그림 9.21 | 시동모터의 구조

9.3.3 엔진 시동 시

엔진 시동 시 첫번째 단계는 마그네틱 스위치의 부의 플런저를 움직여 피니언 기어와 링기어를 맞물리게 한다. 시동 스위치가 오프되어 있으면, 배터리에서 B단자로 상시 전원 12V가 걸린다. 이 때 시동 스위치를 온하면, 배터리로부터 전류가 홀드인 코일을 통하여 접지로, 다른 하나는 풀인 코일을 통과하여 계자 코일, 브러시+, 전기자 코일, 브러시-를 거쳐 접지로 전기가 흐른다.

플런저에 감겨 있는 홀드 인 코일과 풀인 코일에 의해 발생하는 자기장에 의해 플런저를 좌측으로 끌어당기는 힘이 발생하여 피니언 기어와 링기어는 맞물리게 된다. 동시에 풀인 코일을 통하여 전기자 코일로 작은 전류가 흘러 전기자 코일이 천천히 회전한다.

엔진 시동은 외력으로 크랭크축을 강제로 돌려 엔진에서 흡입, 압축, 연소, 배기의 사이클이 일어나도록 해야 한다. 이때 크랭크축을 강제로 구동하는 부품이 시동모터이다. 시동모터는 엔진의 압축 압력과 마찰력을 극복하고 크랭크축을 회전시켜야 엔진 시동이 걸리므로 시동모터는 큰 토크를 발생하는 성능이 필요하다. 엔진 시동에 관련하는 주요 부품은 배터리, 점화 스위치, 플런저, 홀드인 코일(유지 코일), 풀인 코일, 필드 코일(여자 코일, 계자코일), 전기자 코일(아마추어 코일, 회전 코일), 클러치, 피니언 기어 등이다.

9.3.4 엔진 구동 시

피니언 기어가 링기어에 맞물리는 동시에 플런저가 메인 접점을 닫기 때문에 필드 코일(계자코일)과 전기자 코일은 배터리와 직접 연결 상태가 되고, 링기어를 돌리는 대전류가 흐르게 된다. 이때는, ST단자와 M단자는 같은 전위차가 되어, 전압 차이가 없기 때문에 풀인 코일에는 전류가 흐르지 않고 홀드 인 코일 전류로 플런저는 유지된다.

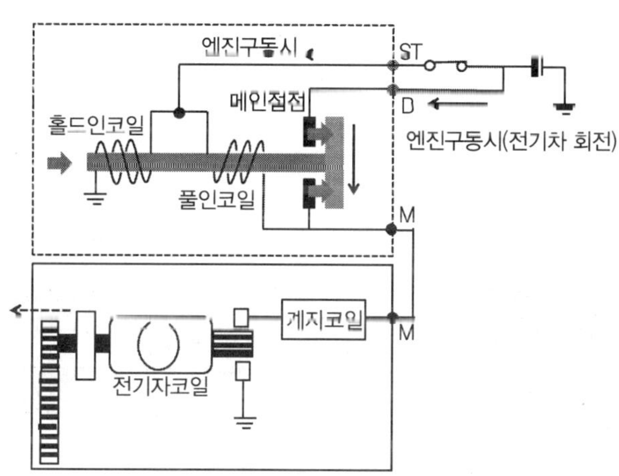

| 그림 9.22 | 엔진 구동 시

9.3.5 엔진 시동 완료

점화 스위치가 오프하면 순간적으로 배터리에서 풀인 코일, 홀드 인 코일로 흐르는 전류가 발생하여 메인 접점은 닫힌 상태가 유지된다. 점화 스위치가 꺼지는 순간, 2개 코일의 전자기력이 상쇄되고 플런저에 설치된 리턴 스프링 힘에 의해 피니언 기어는 원래의 위치로 돌아온다. 점화 스위치가 꺼질 때 피니언이 원위치되는 것은 중요하다.

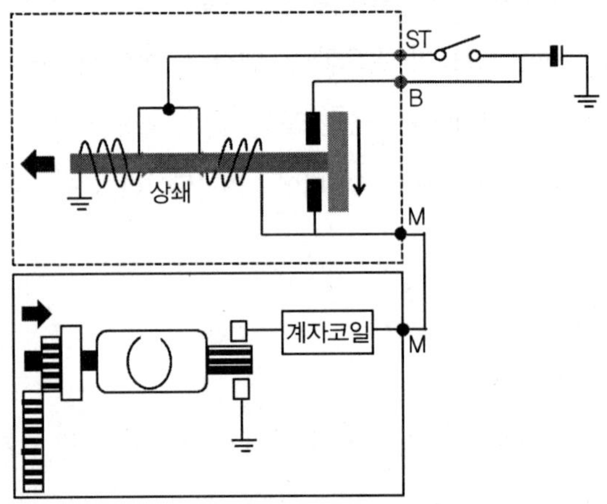

| 그림 9.23 | 엔진 시동 완료시

9.3.6 구성 부품

다음 그림 9.24는 시동 모터를 구성하는 부품의 이름을 나타낸다. 피니언 부, 마그네틱 스

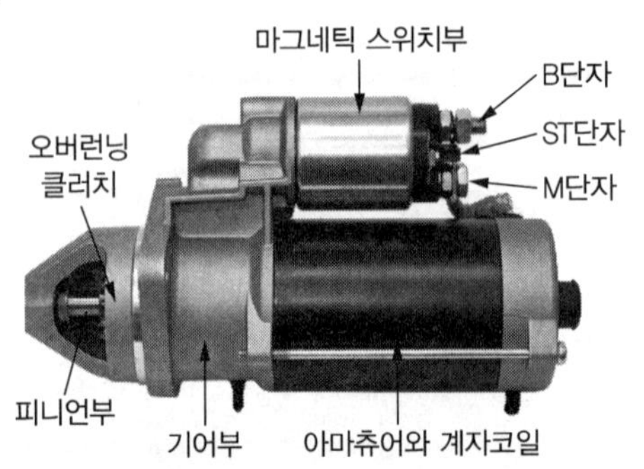

| 그림 9.24 | 시동모터

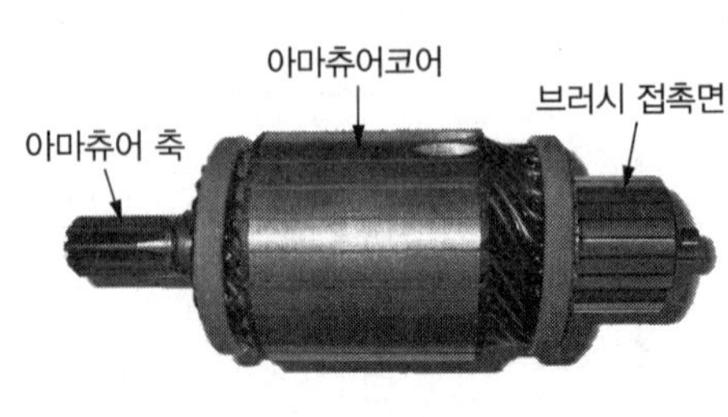

| 그림 9.25 | 아마츄어 코어

위치부, 오버런닝 클러치, 아마츄어와 계자 코일로 구성된다. 아마츄어 코어, 플래너터리 기어와 선기어로 구성되는 아마츄어 축, 브러시 접촉부인 정류자를 나타낸다.

9.4 충전장치

9.4.1 발전기

가솔린 엔진을 시동할 때, 연소에 필요한 연료 분사, 초기 피스톤 운동을 일으키기 위한 시동 모터의 전기 구동, 압축된 혼합기를 연소시키기 위한 전기불꽃 점화, 연료 분사 타이밍을 인식하는 센서 등 자동차에서 전기를 필요로 하는 부품은 많다. 처음 엔진을 시동할 때는 배터리의 전원을 사용하여 필요한 전기를 공급하는 것은 가능하지만 방전에 의해 배터리가 전력이 전부 소비되므로 수시로 충전할 수 있는 시스템을 갖추어야 한다. 이것이 충전 장치인 발전기의 역할이다.

전기 발전기는 자기장내에서 회전하는 전선 코일을 이용한다. 회전하는 코일을 전기자라고 한다. 직사각형 코일이 외부 힘에 의해 회전되는 터빈 축 위에 설치되어 있다. 발전기의 기전력은 시간에 대한 사인함수이고 대략 310~340V, 50Hz의 진동수를 가지는 기전력을 발생시킨다. 충전장치는 운행 중인 자동차에 각종 전기장치에 전력을 공급하고 기관 시동 후에 방전된 배터리를 충전시킨다. 종류에는 직류 발전기와 전압 조정기가 있는 Y 및 Δ결선의 타려자식의 교류 발전기가 있다.

(1) 직류 발전기

전기자 권선과 계자 권선이 병렬로 연결되는 분권 발전기, 전기자 권선과 계자권선이 직렬로 연결되는 직권 발전기, 계자 권선이 병렬, 직렬로 되고 병렬 권선이 직렬 권선 외부에 있는 복권 외분권 발전기, 병렬 계자 권선이 직렬 계자, 권선 안쪽이 있는 복원 내뷴권 발전기 등이 있다.

(2) 교류 발전기

전기자는 그대로 있고 계자가 돌아가는 회전 계자형는 교류발전기이다. 원통형 성층 철심의 안쪽에 3조의 권선 A, B, C를 120°의 간격을 두고 배치하고, 그 속에서 자극을 시계방향으로 회전시키면 3상 교류가 발생한다. 전기자 계자는 정지해 있고 유도자가 회전하는 회전 유도자형으로 동기 발전기와 차이는 회전 자계를 발생시키고 슬립이 존재하는 것이다. 전자기 유도란 변화하는 자기장이 기전력을 만든다. 직선 도선에 전류가 흐르면 그 주위에 자기장이 생기고 전류가 만들어진다. 이 원리를 페러데이 법칙이라 한다. 이 원리를 사용하여 자석 사이에 놓인 코일을 회전시켜 코일 내부의 자기장의 세기를 계속 변화시켜 줌으로써 전기를 연속적으로 발생하는 장치를 유도 발전기라 한다. 교류 발전기는 직류 발전기와는 역으로 도체인 스테이터 코일을 고정시키고 로터를 회전시켜 교류 전류를 발생하고 정류기에서 교류를 직류로 정류시킨다. 대부분의 자동차는 교류발전기이다.

발전기는 엔진에 의해 발생하는 회전력을 전기 에너지로 변환하는 장치이다. 예전에는 직류 발전기를 사용하였지만 현재 발전기는 삼상 교류 전원을 다이오드로 전파 정류하여 효율적인 전기를 생산한다. 그림 9.27에서 발전기에서 발전한 삼상 교류 전원을 전파 정류하여 오른쪽 점선 부분 만큼 효율을 향상할 수 있다.

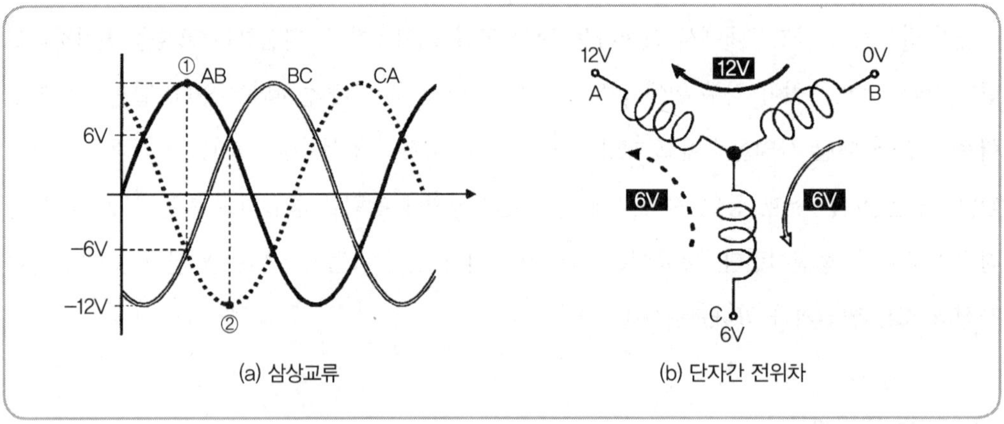

| 그림 9.26 | 교류발전기의 삼상교류와 전위차

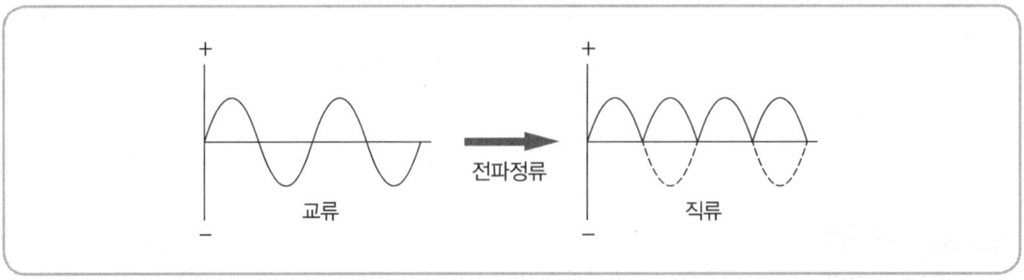

| 그림 9.27 | 전파 정류

발전기 출력 전압은 엔진 회전수에 비례하여 높아진다. 이것은 엔진의 회전수가 높아지면 기준 전압인 12V를 넘는 전압이 출력되는 것을 의미한다. 그래서 엔진 고회전 시는 최적의 전압으로 강하시켜야 하고 저회전 시에는 전기 부하의 상황에 따라 출력 전압의 저하도 발생한다. 이 경우에는 발전기의 출력 전압을 올려야 한다. 이러한 발전기의 출력 전압제어는 전압 레귤레이터가 수행을 하여 필요에 따라 발전기의 출력 전압을 변화시키고 있다.

(3) 발전기의 충방전 균형

자동차에서 전기를 가장 많이 소모하는 것은 엔진 시동 시이다. 그리고 자동차 주차 시 엔진 정지 상태에서 소비되는 전기도 존재하며 이를 암전류라 한다. 고장이 없는 차량도 시간당 5~50mA 정도의 암전류가 소모되고 배터리의 자기 방전으로 자동차 배터리는 방전되므로 자주 주행하지 않는 자동차는 충전을 시켜 주어야 한다. 공회전 시 헤드 램프, 와이퍼, 자동차 에어컨, 자동차 오디오, 열선 등을 사용하면 발전기가 만드는 전기보다 차량의 주행에 필요한 전기가 더 많은 상태가 된다. 이때는 배터리에 충전된 전기를 사용하지만 배터리 용량에는 한계가 있으므로 발전기의 충방전 균형이 필요하다.

9.4.2 발전기의 구조

발전기는 용량의 크기에 관계없이 구조는 회전측에 직류로 여자된 전자석이 배치되고 **그림 9.28**과 같이 주조 알루미늄 케이스로 덮여 있으며, 최소한의 강도를 유지하는 상태에서 발열을 제거하기 위하여 통기구를 만들어 방열 성능을 높이는 구조로 되어 있다.

| 그림 9.28 | 푸조 405 발전기

(1) 로터

전기를 만드는 부품은 로터와 고정자이며, 엔진에 의해 구동되는 것은 로터이다. 로터는 로터 코어, 로터 코일, 슬립 링 등으로 구성되며, 로터 축의 끝에 있는 풀리가 벨트를 통해 엔진에서 동력을 받아 회전한다. 발전에 따라 발생하는 열에 의한 온도 상승을 최대한 억제하기 위해 냉각 핀과 통기구가 설계되어 있다. 로터는 직류 발전기의 계자 철심에 해당하며 로터 코일에 여자 전류를 보내어 로터 철심을 자석으로 자화시킨다.

로터의 중앙에 로터코일이 감겨져 있고 상하 양쪽에서 6~8개의 N극과 S극이 서로 마주 보는 구조로 마그네틱 폴 표면에 해당하는 로터 코어가 있다. 로터 코어는 로터 코일에 의해 전자석이 되는 부분으로 배터리로부터 공급된 전기는 브러시, 슬립링을 통하여 로터코일에 공급된다. 공급된 전기에 의해 한 쪽 코어는 N극, 다른 쪽 코어는 S극으로 자화된다. 브러시의 후면에는 스프링이 내장되어 있으며, 스프링의 힘으로 브러시와 슬립 링이 밀착되어 있다. 브러시와 슬립 링 사이에는 항상 마찰이 발생하기 때문에 브러시가 마모되면 발전기의 기능은 잃게 된다. 시동 시에는 로터 코일은 배터리 전류를 이용하여 자석이 되는 타여자 방식이고, 로터가 엔진에 의해 회전하기 시작하면 자체에서 발생한 전기에 의해 자석이 되는 자여자 방식이 된다.

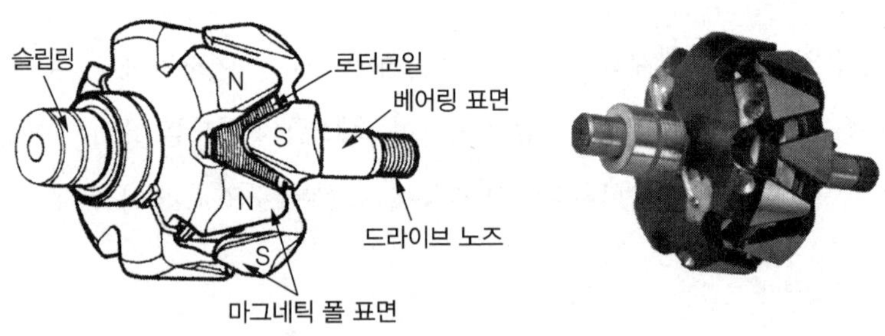

| 그림 9.29 | 로터의 구조

(2) 스테이터

스테이터는 전류를 발생하는 고정부이다. 로터 코일에서 발생한 자속을 변화시켜 전기를 발생하며 스테이터는 스테이터 코어, 스테이터 코일로 구성되며, 스테이터 코어에 설치된 홈에 3개의 스테이터 코일이 감겨져 있다. 스테이터의 안쪽에 있는 여자된 로터가 회전하면 로터 코어에서 자속이 발생하여 3개의 스테이터 코일과 교차하면서 전자기 유도에 의해 전류가 발생한다. 스테이터 코일은 3개의 권선으로 되어 있어 3상 교류를 만들어 낸다. 주로 Y 결선법으로 결선되어 있다.

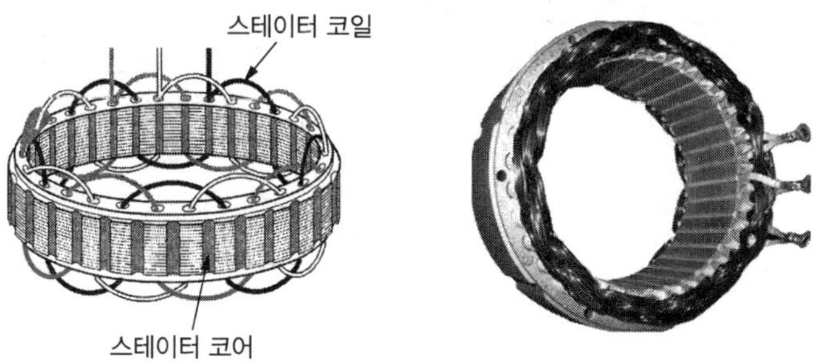

| 그림 9.30 | 스테이터의 구조

(3) 브러시

2개의 브러시는 브러시 스프링에 의해 슬립링과 접촉한다. 한쪽 브러시는 배터리 전원, 다른 쪽 브러시는 접지된다. IC 전압 조정기는 발전기 출력 전압을 규정 값으로 유지하는 역할을 한다. 브러시는 슬립링에서 전기를 받아 공급하지만 로터를 자화시키는데 필요한 전류는 크지 않으므로 브러시의 수명은 비교적 긴 편이다.

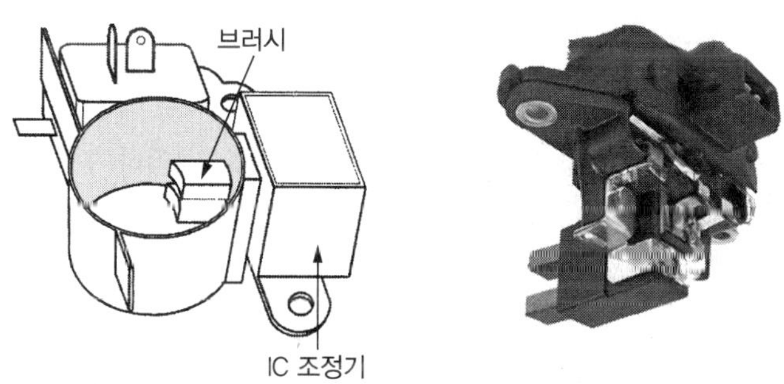

| 그림 9.31 | 브러시(보쉬)

(4) 다이오드

다이오드는 스테이터 코일에서 발생한 3상 교류를 직류로 변환시키는 정류 작용과 배터리에서 발전기로 전기가 역류되는 것을 방지한다. 3개의 (+)다이오드와 3개의 (−)다이오드로 구성되고 IC 조정기를 내장하는 구조로 **그림** 9.32와 같이 정방형과 원형이 있다.

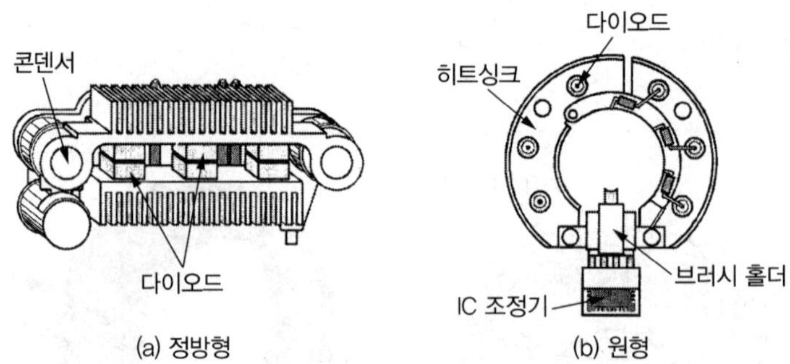

| 그림 9.32 | 다이오드

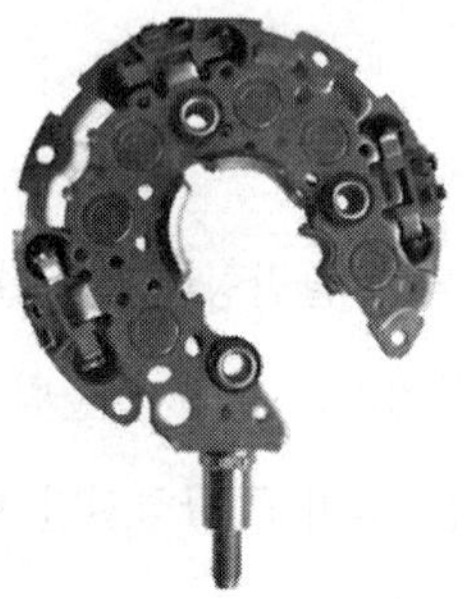

| 그림 9.33 | 덴소의 다이오드 플레이트

(5) 전압 조정기

로터 코일에 흐르는 여자 전류를 접점식이나 트랜지스터로 제어하여 출력 전압을 일정하게 유지하는 장치이다. 발전기의 발전 능력은 로터 코일에서 발생하는 자속(슬립 링에서 여자 전류)과 고정자 코일이 교차하는 속도에 비례한다. 즉 엔진 회전수가 높을수록 발전 용량은 커지고 또한 로터 코일의 자속을 강하게 하는 것도 발전기의 발전 능력을 향상시키는 효과가 있다.

발전기의 기전력이 엔진 회전수 및 전기 부하에 의해 빨리 변화하면 정격 전압이 12V로 설계되어 있는 전장 부품을 정상적으로 작동시킬 수 없다. 따라서 출력 전압을 일정하게 제어하는 전압 조정기가 필요하다. 발전기 전압 제어는 엔진 회전수나 전기 부하의 변화에 따라 로터 코일에 흐르는 전류인 필드 전류의 조정으로 가능하다. 전류 조정은 비교적 간단하여 엔진 고회전 시와 출력 전압이 12V를 초과하는 경우에는 필드 전류를 감소시키고, 역의 경우는 필드 전류를 증가시켜 제어한다.

필드 전류를 제어하는 전압 조정기는 접점식, 제너 다이오드를 이용한 IC식 등이 있다. 그러나 최근의 자동차에는 실시간으로 측정한 배터리의 전압, 실제 회로에 흐르는 전류량을 센서를 이용하여 감지하여 이를 바탕으로 ECU에서 연산한 최적 필드 전류을 사용하여 전기를 만들고 있다.

| 그림 9.34 | 보쉬 전압조정기

(6) 전파 정류회로

고정자 코일에 발생한 삼상 교류를 직류로 정류하기 위해 최소 6개의 다이오드로 구성된 전파 정류 회로가 고정자 코일의 하단에 장착된다. 다이오드는 한쪽 방향으로만 전류를 흐르게 하는 성질이 있다. 그림 9.35는 전파 정류 회로를 나타낸다. 삼상 고정자 코일을 각각 U, V, W, 6개의 다이오드를 ①~⑥, 전원은 12V 배터리이고 이 회로에서 로터는 회전을 하고 있는 상태이다.

그림 9.35에서 W에서 U사이에 높은 전압이 발생하면, 전류는 다이오드 ①을 통하여 다이오드 ⑤에 돌아온다. 전장 부품에서 전기 소비가 적은 경우는 배터리의 전압(12V)보다 높은 전압으로 되기 때문에, 배터리의 (+) 단자로 전류가 역류하여 충전이 된다. 그림 9.36은 V에서 U사이에 높은 전압이 발생하면 다이오드 ①을 통하여 다이오드 ⑥으로 돌아온다. 이러한 프로세스는 V−U(①−⑥), V−W(②−⑥), U−W(②−④), U−V(③−④), W−V(③−⑤)로 계속되고 W−U(①−⑤)로 된다. 회로로 보면, 전류가 흐르는 방향은 삼상 발전기이므로 순차적으로 바뀌지만 전기 부하에 흐르는 전류의 방향은 전파 정류 회로에 의해 일정하게 유지된다.

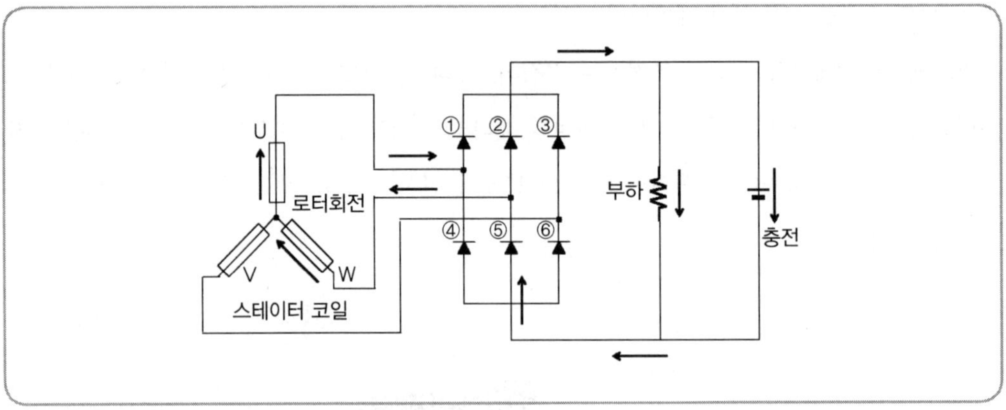

| 그림 9.35 | W-U 사이에 높은 전압 발생

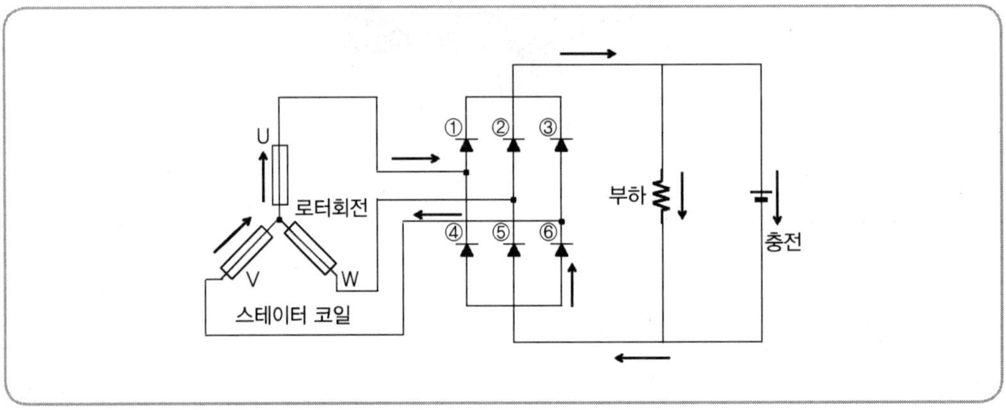

| 그림 9.36 | V-U 사이에 높은 전압 발생

9.5 공회전 정지 기술

자동차는 정지하면 연료 소비는 0이다. 공회전 정지 시스템(ISS, idling stop system)과 정지-출발기술(stop-start technology)은 같은 의미의 기술이다. 자동차가 정지하면 자동으로 시동이 꺼지고 브레이크 페달의 압력이 약해지면 시동이 걸리는 기술이다.

하이브리드 자동차와 전기자동차는 CO_2배출 저감효과가 크지만, 하이브리드 자동차는 시스템이 복잡하고 전기자동차는 배터리의 성능 문제와 충전 인프라의 문제가 있으며 차량 가격이 비싸다. 공회전 정지 자동차는 기존 자동차에서 추가 부품이 거의 없고 추가 비용이 적은 등 좋은 점으로 많이 보급되고 있고 정지 시 내연기관의 시동을 자동적으로 끄면 4~10%

의 연비가 증가하고 CO_2가 감소한다. 이 기술은 연료의 양은 바닥이고 복잡한 거리에 갇혀 있거나 신호를 오래 기다리는 거리에서 생각나는 기술이다. 연속적으로 30번을 정지, 출발하는 데 필요한 에너지는 엔진이 한번 정지한 상태로 공회전하는 에너지보다 적다. 이 기술은 2005년 푸조가 개발하였고 현대, 보쉬, 덴소, 마쯔다, 닛산 등 모든 회사가 적용하고 있다. 매일 이 기술을 10분 사용하면 최대 10%의 연비 향상이 있고 문제점은 차량 재시동 시 급발진이 있을 수 있다는 점이다.

• 하이브리드 자동차

내연기관 자동차는 항상 완전 농후 상태에서 시동이 걸려 배출물이 많지만 전기모터를 이용하는 하이브리드는 항상 이론 공연비나 희박 상태에서 시동을 걸어 시동 시 배출물이 거의 없다. 공회전 정지 기술은 전기모터가 있는 가솔린, 디젤 하이브리드 자동차에서는 기본적인 기술이다. 전기모터를 이용하여 시동을 걸면 분류상 마이크로(micro) 하이브리드 자동차라 한다. 마일드 하이브리드 이상의 전기자동차에서는 이 기능은 자동 셧 오프(auto shut off)기능으로 대체된다. 배터리는 리튬이온 배터리를 사용하고 회생 제동 시스템을 적용하여 효율이 높다. 자동차는 공회전 정지 기술, 회생 제동, 전기모터의 3가지 기술이 적용되면 하이브리드 차량으로 분류된다.

• 내연기관 자동차

내연기관 자동차에 공회전 정지 기술을 적용하기 위해서는 공회전 정지용 시동 모터, 발전기가 필요하고 내구성이 강한 개선된 납축전지가 있어야 한다. 자동 시동 시 연소도 농후 공연비가 아닌 이론 공연비나 희박 공연비에서 이루어져야 한다.

수동 변속기 차량은 비교적 적용하기 쉽고 자동 변속기는 추가적인 부품이 있어야 한다. 수동 변속기 차량에서는 자동차가 정지한 후 기어를 중립으로 하고 클러치에서 발을 떼면 시동이 꺼지고 차가 조금이라도 움직이면 시동은 꺼지지 않는다. 출발 시 기어를 넣기 전에 클러치를 밟거나 에어컨이나 다른 동력을 사용하면 자동으로 시동이 켜진다. 변속기 측면에서는, 엔진의 재시동 시 즉시 엔진의 동력이 바퀴로 전달되는 위치에 있어야 한다. 이를 위해 더블 클러치 시스템, 전기모터 액츄에이터 시스템을 사용한다. 더 좋은 방법은 무단 변속기(CVT)를 사용하는 것으로 간단하게 시스템의 유압을 감소시켜 출발 모드 시 변속기를 작동할 수 있다.

토크 컨버터와 유성 기어 등으로 작동되는 자동 변속기 자동차는 압력을 공급하는 추가 장치인 체크 밸브가 있어야 하고 오일의 양이 많을 경우 전기 펌프를 사용하여 파워 팩으로 오일을 전달해야 한다.

9.5.1 덴소의 공회전 정지 기술

도요다 산하 덴소(Denso)는 공회전 정지 기술을 가솔린 엔진에 장착하는 기술을 개발하였다. 시동모터로 AE(advanced engaged), TS(tandem solenoid), PE(permanently engaged)를 개발하였고, 엔진 재시동 시에는 종래의 2배 이상의 빠른 시동이 필요하고 시동 시 발생하는 소음을 제거한 것이 TS시동 모터이다. TS시동 모터는 링기어, 피니언 기어, 솔레노이드 등으로 구성된다. 종래의 시동 모터로는 시동을 반복적으로 걸 수 없고 덴소의 시동 모터는 2중 솔레노이드를 사용하여 그림 9.37처럼 0.35~1.5 sec이내에 시동을 걸 수 있다. 엔진의 시동이 꺼지면 에어컨도 꺼지기 때문에 이를 대비하여 증발기에 에너지를 저장하여 필요 시 사용한다.

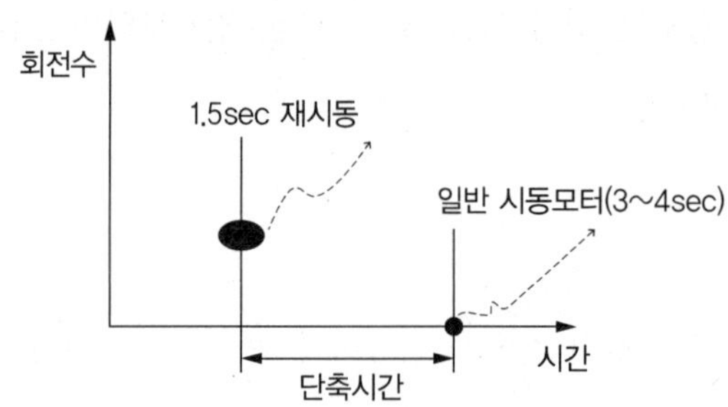

| 그림 9.37 | 덴소 TS 시동모터의 시동시간

(1) AE 시동모터

엔진의 수정이 없이 시동 모터만을 개발하여 연료를 3~5% 절약한다. 가솔린 엔진의 시동 모터와 모양은 같지만 내부의 브러쉬, 피니언 등을 설계 변경하였다.

(2) TS 시동모터

시동 시간이 1.5초로 짧고 2중 솔레노이드를 적용하여 이를 제어하기 위해 엔진 ECU의 소프트웨어의 수정이 필요하다. 시동모터의 단축시간이 기존 모터의 1/2이상이 된다.

(3) PE 시동모터

시동 시간은 0.35초로 시동 소리가 거의 들리지 않고 피니언 기어를 제거하여 시동모터와 플라이휠의 기어가 영구적으로 결합되어 있어 시동시간이 아주 짧다. 그 대신 특수 설계된 플라이휠이 필요하다.

9.5.2 마쯔다 공회전 정지 기술

시동은 압축 행정과 팽창 행정 중 연소실의 공기량이 균형이 잡히는 행정 중간에 피스톤을 정지시킨다. 이를 위해서는 피스톤 정지 시의 연소실 공기량을 정밀하게 측정하고 피스톤의 정지 위치를 정확하게 제어하는 것이 필요하다. 재시동 시에는 피스톤이 최적의 위치에서 정지된 실린더에 먼저 연료를 분사하고 점화시킨다. 엔진 회전수가 극히 낮을 때도 실린더 피스톤의 위치를 판별하여 시동을 건다.

① AT차량은 브레이크의 압력, MT 차량은 클러치 밟음과 동시에 팽창 행정에서 정지한 실린더를 찾아서 연료를 분사하여 시동한다.
② 분사 후 연료와 공기가 혼합하는 시간을 기다린 후 시동한다.
③ 시동 실린더가 압축 상사점을 넘긴 후에 다음의 실린더를 점화한다.
④ 나머지 기통을 연속적으로 연소시켜 공회전을 높인다.

디젤 엔진은 가솔린 엔진처럼 전기 점화가 아닌 압축 자기착화이기 때문에 재시동 시 충분한 압축된 실린더가 필요하다. 일반적으로 재시동은 2번째 압축행정 실린더부터 자기 착화하지만 마쯔다의 경우 1번째 압축행정 실린더부터 자기착화하여 0.35초 이내 재시동할 수 있다.

9.5.3 보쉬 공회전 정지 기술

(1) 시동모터

보쉬는 공회전 정지 기술에 C, R, S시동모터를 사용한다. 작고 가벼운 시동모터를 사용하면 시동이 빨리 걸리고 시동 소음도 줄어든다. 재시동 시간은 0.3초 이내이다. 그리고 시동 시 배터리 전압 강하가 없다. 전자 배터리 센서를 사용하기 때문에 긴 시간 주차 후 시동 용량이 클 때나 시동이 꺼져 있을 때도 DC/DC 컨버터는 자동차의 전기를 안정적으로 공급한다. 현재의 시동 모터보다 시내 주행에서 정지, 출발할 때 4~6%의 연비 절감이 있다.

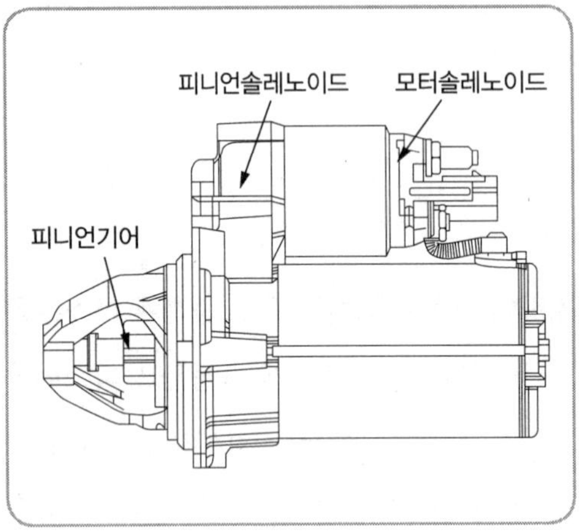

| 그림 9.38 | 보쉬 시동모터

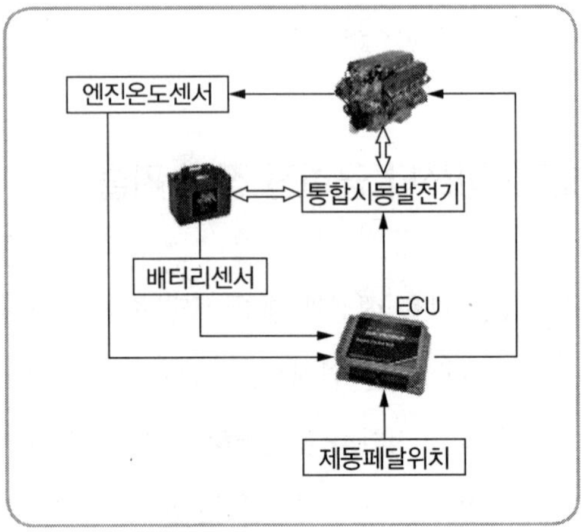

| 그림 9.39 | 보쉬 공회전 정지시스템의 회로도

(2) 발전기

보쉬의 EL(efficiency line) 발전기는 재질을 최적화하고 고효율 다이오드를 사용하여 발전기의 효율을 77%로 높인 부품이다.

(3) DC/DC 컨버터

시동모터가 시동 시 사용하는 전류로 인하여 자동차 배터리는 순간적으로 최대 9.4V까지 떨어진다. 이것은 전자제어 장치에 영향을 준다. 그리고 순간적으로 오디오, 내비게이션 등 모든 전원이 꺼진다. 이것을 방지하기 위해 공회전 정지 시스템에서 DC/DC 컨버터를 사용하여 항상 안정적으로 전기를 공급한다.

9.5.4 닛산의 공회전 정지 기술

닛산은 엔진 재시동 기능, 발전 기능, 회생 제동기능을 가지는 ECO(energy control motor)모터를 사용한다. 그림 9.40은 닛산의 발전기 형태의 ECO모터를 나타낸다. ECO 모터와 엔진이 벨트로 연결되어 엔진 크랭크축에 직결된 풀리를 모터가 직접 회전시키기 때문에 엔진의 재시동도 매우 빠르고 희박 시동이 가능하다. 그리고 ECO 모터는 감속 시 브레이크 열로 버려지는 에너지를 전기 에너지로 회생하여 배터리에 충전한다. 재시동 시간은 0.3초 이내이다. 이 방법은 벨트 구동식이고 기어 구동 시동식과의 차이는 다음과 같다.

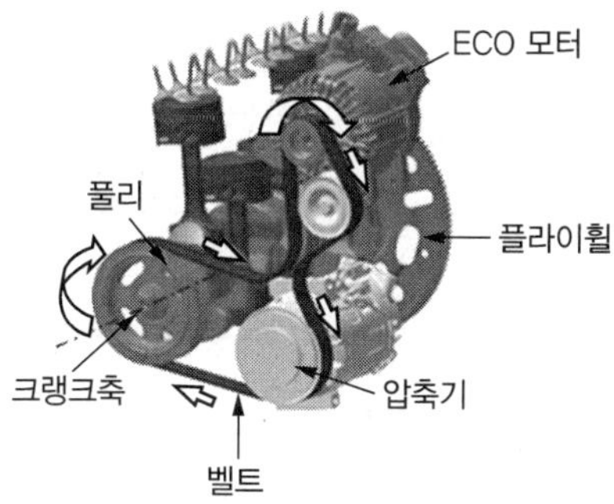

| 그림 9.40 | 닛산의 발전기 형태의 ECO 모터

- 벨트 구동식 : 모터에서 벨트로 연결된 풀리를 ECO 모터로 회전하고 풀리에 연결된 크랭크축을 회전시켜 시동한다.
- 기어 구동식 : 시동 모터의 피니언 기어가 솔레노이드에 의해 밀려 나와 링기어를 돌려 플라이휠을 회전과 크랭크축을 회전하여 시동한다.

9.5.5 공회전 정지용 납축전지

내연기관 공회전 정지 자동차는 시동 횟수가 많아 납축전지의 역할이 중요하다. 기존의 시동용 납축전지와는 다른 충방전량이 크고 내구성이 높은 배터리가 필요하다. 내연기관에서도 전기 축적을 위해 회생 제동 시스템을 적용해야 하고 회생 충전은 10초 이내의 짧은 시간에 이루어져야 한다. 납축전지의 성능향상을 위해서는 다음의 기술 개발이 필요하다.

- 셀 설계 시 표면적을 늘림
- 그리드 설계 최적화
- 재료의 고밀도화
- 새로운 첨가제 개발

표 9.11 차량별 배터리 종류

차량의 종류	배터리 종류
ICE with ISS	Lead-acid
micro hybrid	Lead-acid, Capacitor, Li-ion
mild hybrid	Ni-MH, Li-ion, Li-polymer
strong hybrid	Ni-MH, Li-ion, Li-polymer
PHEV	Li-ion, Li-polymer

표 9.11은 차량별 사용 배터리 종류를 나타낸다. 공회전 정지 자동차는 납축전지를 사용하고 나머지 저탄소 자동차는 니켈수소 배터리, 리튬이온 배터리, 리튬 폴리머 배터리를 사용한다.

연습문제

01 1차 전지와 2차 전지에 대하여 설명하시오.

02 소용량, 대용량 축전 기술을 공부해보자.

03 점화장치에서 1차코일 차단 방법과 종류에 대하여 설명하시오.

04 시동장치의 구성 요소, 작동 원리를 설명하시오.

05 발전기의 구성 요소, 작동 원리를 설명하시오.

06 가솔린 자동차와 하이브리드 자동차의 공회전 정지 기술에 필요한 부품과 원리를 설명하시오.

CHAPTER

10 전기모터

10.1 전기모터의 개요

10.1.1 역사

1821년 패러데이(Michael Faraday)는 패러데이 전동기(electric motor)를 만들었고 1831년 코일에서 자석을 움직이면 코일 안쪽의 자기장이 변화하여 전류가 흐르는 전자기 유도 원리를 발견하고 기계력과 전기력의 상호 변환이 가능함을 알았다. 1824년 아라고(Arago)는 아라고 원반(disk)을 발견하였다. 이는 자기장이 없는 금속판에 공간을 두고 자석안의 금속판을 회전시키면 자침이 진동 회전하는 현상이다. 이것은 자침이 가지고 있는 자기장과 원반의 움직임에 의하여 자기 유도전류에 의해 진동이 발생하기 때문이다. 1832년 픽시(Pixii)는 패러데이의 전자기 유도원리를 이용한 최초의 발전기(alternator)를 발명하였고 1834년 대본포트(Davenport)는 실용적인 직류 전동기의 특허를 취득하였고 1838년 페이지(Page)는 유도코일을 발명하였다.

1881년 지멘스(Siemens)는 수차로 구동하는 발전기로 전기를 얻어 가로등을 점등하였고 이것이 교류를 이용한 최초의 일이었다. 1882년 고든(Gordon)은 2상 교류 발전기를 만들었고 1884년에는 웨스팅하우스(Westing House)사에서 7.5kW의 유도 전동기를 만들었고, 1888년 테슬라(Tesla)가 처음으로 실용적인 현재의 전동기인 400 W AC 2상 전동기를 만들어 특허를 취득하였다.

1890년 브로우스키에 의해 삼상 바구니형(농형) 유도 전동기가 발명되었고 1910년 해밀턴 비치 사에 의해 단상 교류에서도 운전할 수 있는 소형 전동기를 만들어 청소기, 세탁기 등에 사용하기 시작하였다.

10.1.2 원리

발전기는 패러데이가 발견한 전자기 유도 법칙에 따라 기계 에너지를 전기 에너지로 변환하는 장치이다. 전자기 유도 법칙은 코일 안에 영구자석을 움직이면 전기가 발생하고 자기장의 방향에 따라 코일 전기의 흐름이 반대로 된다. 전기는 직류와 교류가 있고 역사적으로 직류가 먼저 만들어 졌지만, 전자기 유도 법칙에 의한 전류는 교류로 만들어지기 때문에 당시는 다시 교류를 직류로 변환을 해야 했다. 전자기 유도 법칙은 자석의 자속과 코일에 흐르는 전류의 상대적인 변화에 의해 힘이 결정되기 때문에 자석과 코일중 하나를 움직여야 한다. 움직이는 방법은 대부분 회전 운동이므로, 자석 또는 코일 중 하나를 회전시키거나 코일에 전류를 가하면 된다. 이때 회전력이 전기력으로 변환하면 발전기이고 발전기에 전기를 공급하면 축이 회전하여 전기력을 회전력으로 변환하는 모터가 된다. 즉 발전기와 모터는 같은 구조를 갖는다.

(1) 모터(전동기)

모터는 패러데이가 발견한 전자기 유도 법칙에 따라 전기를 회전력으로 전환하는 장치이다. 영구자석의 N극과 S극 사이에는 자기장이 발생하고 자기장에 놓여 있는 코일에 전류를 인가하면 코일은 회전한다. 직류 모터는 자기장 방향과 직각으로 코일에 전류를 가하면 전류와 자기장의 상호 작용에 의해 코일을 움직이는 힘이 발생한다. 이 힘의 방향은 플레밍의 왼손법칙을 따르고 힘의 크기는 자속과 전류의 곱에 비례한다. 현재의 직류 모터는 정지 상태에서 회전을 시작할 수 없어 기동 장치가 필요하고 교류 모터인 유도모터, 동기모터는 삼상교류를 이용하여 정지 상태에서도 회전을 하여 자기장을 만들 수 있다.

(2) 직류 발전기

영구자석의 N극과 S극 사이에는 자기장이 발생한다. 원통의 회전 방향과 직각으로 코일을 감아 자기장에 놓고 코일에 전류를 가하면 코일이 감긴 원통이 회전을 한다. 또한 회전축의 코일을 길게 하여 원주 방향으로 1/2씩 정류기에 연결하고 회전축을 회전시키면 원통에 감겨진 코일에서 전기가 발생한다.

회전 기기에서 회전 방향은 플레밍의 왼손 법칙을, 전류 방향은 플레밍의 오른손 법칙에 따르고 전자는 자속, 전류의 방향에 따라 힘의 방향이 결정되고 후자는 자속, 힘의 방향에 따라 전류 방향이 결정된다. 코일은 상하 회전운동이어서 운동 방향이 반대가 되면 전기 방향도 반대로 되기 때문에, 회전축이 1/2 회전할 때마다 코일에 흐르는 전류의 방향이 반대로 된다. 이 전류를 한 방향으로 흐르게 하기 위하여 정류기와 브러시가 필요하다.

(3) 교류 발전기

교류 발전기는 직류 발전기와 원리는 동일하지만 정류기를 슬립링이나 인버터로 대체한 장치이다. 직류 발전기는 코일의 전기를 회전축에 설치된 정류기에 의해 1/2 회전마다 전기가 흐르는 방향을 반대로 했지만 교류는 원래 1/2 회전마다 전류의 방향이 반대로 되므로 정류기가 필요가 없고 회전축에 장착된 2개의 슬립링에는 브러시가 연결되어 있다.

(4) 유도 코일

철심에 코일을 1차 코일에 200번, 2차 코일에 20,000번 감고 1차 코일의 전기를 단속(on/off)하면 2차 코일에 고전압이 발생한다. 1차 코일에 전기를 가하면 코일 전류의 자기작 용에 의해 자속이 발생하고 전기를 차단하면 1차 코일에는 자기 유도전압인 서지 전압이, 2차 코일에는 고압인 상호 유도전압이 발생한다. 이를 유도 코일이라 한다.

(5) 교류 유도모터

처음에는 삼상 교류를 회전력으로 변환하는데 삼상 농형 유도모터를 이용하였다. 교류 모터는 회전 자속의 힘으로 회전한다. 테슬라가 처음 만든 것은 2상 교류 모터이지만 이때는 전자석에 전기를 인가할 때 브러시가 필요했고, 그 후 회전체로 전자석과 구리를 이용하여 영구자석도 필요하지 않게 되었다. 즉 로터(회전자, rotor)를 구리와 철로 만들고 영구자석은 사용하지 않았다. 삼상 교류로 만든 회전 자속에 구리 도체를 넣으면 구리 도체에 유도 전류가 생겨 유도 전류와 회전하는 자속의 상호 작용으로 로터가 회전한다. 이러한 교류 유도모

표 10.1 직류, 교류 모터의 특성 비교

변수	직류모터	교류모터
전류 발생	전기자	고정자(스테이터)
자속 발생(여자)	계자	회전자(로터)
브러시 접촉	정류자	슬립링
정류	브러시와 정류자	다이오드

터는 직류 모터에 있는 브러시, 정류자가 없고 구조가 간단하여 신뢰성이 높다. 위상이 120° 인 삼상 전원에 의해 만들어지는 자기장의 방향은 전원 주파수와 동일한 회전수로 계속 회전을 유도한다. 표 10.1은 직류와 교류 모터의 특성을 비교한 것이다.

(6) 교류 전기

교류 전기는 형식에 따라 단상, 2상, 삼상 교류가 있다. 단상 교류는 2개의 본선으로 되고 삼상 교류는 3개의 본선으로 전기 수요가 증가하면서 송배전에 가장 적합한 것으로 시간차를 두고 전기가 공급된다. 삼상 교류는 **그림 10.1**과 같이 전자석을 나열하는 것만으로 회전하는 자계가 발생하지만 단상 교류는 일정 방향으로 회전하려면 밀고 당기는데 보조의 전자석과 콘덴서가 필요하다. 삼상 교류를 사용하는 이유는 전기 공급이 유리하고 위상차가 120°로, 회전 자계를 얻기 쉬워 소규모, 고효율의 모터를 만들 수 있기 때문이다. **그림 10.1**과 같이 삼상 모디는 3개의 전자석으로 회전 방향이 거의 결정되는데 단상은 1개의 전자석으로 회전방향이 잘 정해지지 않는다. **그림 10.1**은 DC 모터와 AC 모터를 나타낸다.

전기모터는 전기를 가하면 축이 회전하거나 직선 운동을 한다. 전자석을 기본으로 작동을 하고 발생하는 출력과 토크는 한계점이 있다. 모터의 분류법은 다음과 같다.

① 에너지 종류에 의한 분류(전자식 모터, 유압 모터, 공기압 모터)

② 전원 종류에 의한 분류(직류 전원, 단상교류 전원, 삼상교류 전원)

가장 많이 쓰는 전자식 모터는 영구자석, 전자석, 코일을 이용하고 자기장과 전류의 관계, 자력의 흡인력, 반발력을 이용하여 회전한다. 전자식 모터 종류에는 직류 모터, 교류 모터, 서보 모터 등이 있다.

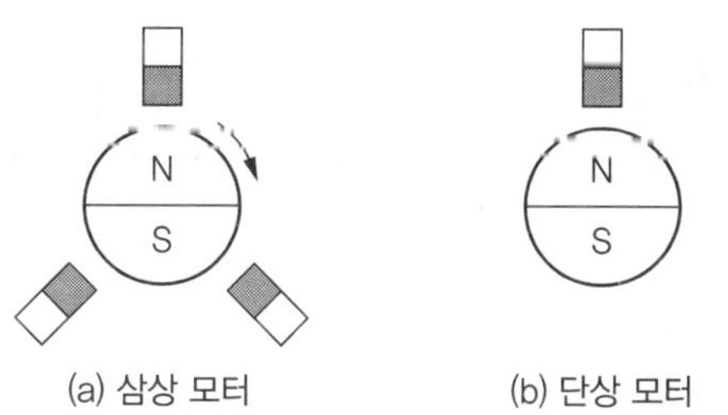

| 그림 10.1 | 모터의 회전 원리

10.2 모터의 특성과 구성

10.2.1 전기자동차 모터의 종류

표 10.2는 자동차에 사용되는 모터의 종류를 나타낸다. 사인파 구동에 대하여 비사인파 구동모터인 BLDC 모터의 구조는 영구자석계(PM)식 DC모터와 같다. 전기자동차 모터는 초기에는 직류 모터를 사용하였고 모터의 고출력화, 고효율화의 관점에서 유도 코일의 적용으로 교류화가 되었고 최근에는 고효율 영구자석인 희토류 네오디미늄을 이용한 고효율 영구자석을 이용한 삼상 교류 동기모터가 가장 유망한 모터이다. 영구자석식 AC 모터(PMSM)에는 표

표 10.2 전기자동차용 모터의 종류

<table>
<tr><th colspan="2">대분류</th><th>중분류</th><th>소분류</th><th>비고</th></tr>
<tr><td colspan="2" rowspan="4">직류모터(DC모터)</td><td>영구자석(PM)계식 DC모터</td><td></td><td></td></tr>
<tr><td rowspan="3">전자석계식 DC모터</td><td>분권모터(DC shunt)</td><td>팬모터</td></tr>
<tr><td>직권모터(DC series)</td><td>스타터모터</td></tr>
<tr><td>복권모터</td><td>와이퍼모터</td></tr>
<tr><td colspan="2" rowspan="2">비사인파구동(AC모터)</td><td rowspan="2">영구자석계식모터</td><td>BLDC 모터</td><td>인버터제어</td></tr>
<tr><td>PM brushless</td><td></td></tr>
<tr><td rowspan="7">사인파구동
(교류모터)</td><td rowspan="2">유도모터(IM)</td><td rowspan="2"></td><td>단상모터</td><td>phase제어</td></tr>
<tr><td>삼상모터</td><td>인버터제어</td></tr>
<tr><td rowspan="5">동기모터(SM)
(Synchronous motor)</td><td>릴럭턴스모터(PRM)</td><td></td><td></td></tr>
<tr><td>히스테리시스모터</td><td></td><td></td></tr>
<tr><td rowspan="3">영구자석계식 AC모터(PMSM)</td><td>표면자석계(SPM)</td><td>고 유도전압</td></tr>
<tr><td>매입자석계(IPM)</td><td>저 유도전압</td></tr>
<tr><td>자석링계(MR–PM)</td><td>저 유도전압</td></tr>
</table>

표 10.3 자동차용 모터의 특징

종류	고정자	회전자	장점	단점
직류모터	자석	권선	정밀 제어	브러시 문제, 신뢰성 문제
BLDC	권선	자석	소형화	저속에서 불리
유도모터	권선	권선	내구성 신뢰성 좋음	슬립 발생
PMSM	권선	자석	다양한 제어	기동장치 필요

면 자석형 모터(SPM, surface permanent magnet motor), 매입 자석형 모터(IPM, interior permanent magnet motor)등이 있다. 현재의 전기자동차에는 BLDC 모터와 삼상 교류 유도모터를 사용하고 삼상 교류 동기모터인 릴럭턴스 모터(PRM)도 전기자동차에 아주 적합한 모터이다.

유도모터(IM)에서 고정자는 권선, 회전자는 권선 혹은 농형 금속을 사용하고 유도 전류 자기장과 고정자 회전 전기장의 속도 차이로 슬립이 발생하고 직류 모터는 고정자로 영구자석을, 회전자로 권선을 사용하고 정밀한 제어가 가능하지만 브러시가 문제이다. 영구자석식 교류 모터인 동기모터(PMSM)에서 고정자는 권선을, 회전자로 영구자석을 사용하고 권선에 전류를 인가하는 기동 장치가 필요하고 작은 전류로는 회전하지 않아 다양한 제어법을 이용하여 정확한 전류를 공급하는 인버터를 사용해야 한다. BLDC 모터에서 고정자는 권선을, 회전자로 영구자석을 사용하고, PMSM과 동일한 인버터 제어인 벡터 제어를 한다. 동기형 교류 모터에 인버터를 이용하여 교류 전류를 인가하고 외견상으로는 직류 전류로 회전하는 모터이다. PMSM 중에서 벡터 제어를 하고 DC 모터와 특성이 비슷한 모터를 말한다. 정밀 제어가 가능하여 신뢰성이 필요하고 에어컨, 세탁기에 사용한다. 그림 10.2는 동기모터의 토크 특성을 나타낸다. 회전수의 증가에 따라 토크는 감소하고 동기모터 중 PRM 모터의 토크 성능이 5000rpm까지 좋고 SPM 모터는 2500rpm에서 0이 된다. 토크 성능이 높은 PRM은 자석을 내장형으로 많이 배치한다.

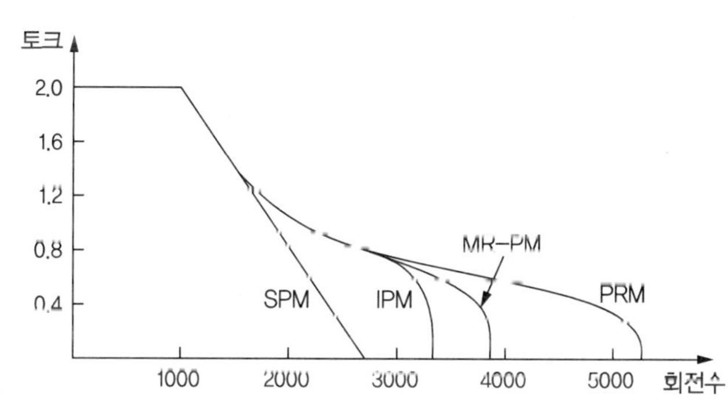

| 그림 10.2 | 동기모터의 토크 특성

(1) 직류 모터의 특징

직류 모터는 간단한 제어장치로 가속, 변속 제어를 할 수 있으며, 비교적 가격이 저렴하지만, 정류자와 브러시 문제로 인하여 내구성 문제가 있고 고속 회전이 불가하다.

(2) 유도모터의 특징

유도모터는 견고한 로터로 고속화, 소형, 경량화가 가능하다. 벡터 제어, 최대 효율 제어법 등이 개발되고 있어 고효율이 가능하고 비용 면에서는 영구자석을 사용하지 않아 유리하고 신뢰성 면에서 전기자동차의 가혹한 사용 조건에도 적합하다.

(3) BLDC 모터의 특징

BLDC 모터는 영구자석을 사용하여 철심에 흐르는 전류인 여자 전류가 필요 없고 고효율, 에너지 밀도가 높아 소형, 경량화에 적합하다. 가벼운 부하 시에는 영구자석의 계자를 약화시키는 여자 전류와 영구자석의 자속에 의한 무부하 철손이 발생한다. 영구자석의 자속 감소에 대한 신뢰성 확보와 자계 사용량을 억제하여 가격을 낮추어야 한다. 현재는 릴럭턴스 토크를 이용하여 고속 경부하 시 효율을 개선하고 희토류 영구자석을 사용하는 방안도 연구되고 있다. 표 10.4는 모터의 장단점을 나타낸다. 유도모터의 성능이 가장 좋다고 할 수 있다.

표 10.4 모터의 장단점 비교

분류	직류모터	유도모터	BLDC모터
최대 효율	85~90%	94~95%	95~97%
최대 회전수	80~87%	90~92%	79~85%
내구성	중	상	중
신뢰성	하	상	중

10.2.2 모터의 구성

(1) 계자(界磁, 자계, magnetic field)

영구자석이나 철심의 돌극 위에 집중하여 권선을 감은 계자 권선에 전류를 가하면 자기장이 발생한다.

(2) 고정자(stator)

로터를 회전시키는 힘을 발생하는 부분으로 유도자형 고정자, 영구자석형 고정자 등이 있다. 교류 모터의 경우 고정자는 틀, 철심 및 권선으로 이루어지고 직류 모터인 경우 고정자는 자석의 극, 요크(yoke, 계철), 브러시 및 철심에 감겨진 계자 권선으로 구성된다. 요크는 코일

(a) 직류 모터의 스테이터(Lingbo) (b) 교류 모터의 스테이터

| 그림 10.3 | 모터의 스테이터 구조

이 감기지 않으며 코어를 고정하는데 이용된다. 고정자는 코일과 코어로 구성된다. 스테이터 권선의 연결은 3개의 권선을 삼각형으로 연결하는 Δ(델타) 연결법과 권선을 Y자형으로 연결하는 스타 연결법이 있다. 그림 10.3은 모터의 스테이터 구조를 나타낸다.

(3) 로터(rotor), 회전자, 전기자(電機子, amature)

고정자에 대하여 회전하는 부분으로 농형 로터(squirrel cage rotor), 영구자석형 로터(permanent magnet rotor), 유도자형 로터(inductor rotor), 권선 로터(winding rotor), 정류형 로터(commutator rotor)등이 있다. 자장을 형성하거나 토크를 발생하는 부분으로 로터 코어는 코일에 의해 전자석이 되고 한쪽 코어는 N극, 다른 쪽 코어는 S극으로 자화되므로 N, S극이 번갈아 배열된다. 코일은 한쪽 슬립링에서 시작하여 다른 쪽 슬립링에서 끝나도록 감겨 서로 절연된 2개의 슬립링을 통하여 브러시로부터 전류를 공급받아 자화된다. 전기자는 고정자에 대하여 회전, 이동 운동을 하는 부분으로 모터, 발전기에서의 회전자, 전자석의 철심 등을 나타낸다. 그림 10.4는 직류 모터와 교류 모터의 구조를 나타내고 표 10.4는 모터의 고정자와 회전자의 종류를 나타낸다.

(a) 직류 모터 로터 (b) 교류 모터 로터

| 그림 10.4 | 모터 로터의 구조

표 10.5 모터의 고정자와 회전자

분류	고정자	회전자
직류모터	영구자석	권선
유도모터	권선	권선, 농형금속
동기모터, BLDC	권선	영구자석

(4) 브러시, 정류자, 다이오드

한 쪽 브러시는 외부의 전원과 연결되며 다른 쪽 브러시는 브러시 홀더를 통해 접지되어 있다. 브러시는 정류자와 접촉하며 코일은 슬립링과 접촉한다. 전류를 공급하고 로터를 자화시키는 데는 큰 전류는 필요로 하지 않는다. 브러시는 정류자를 통하여, 슬립링은 코일을 통하여, 전기자 코일에 전류를 공급하고 전류 흐름 방향을 전환하는 부품이다. 그림 10.5는 브러시와 정류자, 슬립링의 구조를 나타낸다.

(5) 철심(core)

철심은 자속의 통로이며, 자석 사이에서 자속을 결합하는 철심을 요크(yoke)라고 한다. 모터에서 철심은 고정자 철심, 로터 철심으로 구분되고 그 사이의 에어 갭에서 자기회로가 생성된다. 전기자 회로를 구성하는 로터 철심에서는 회전과 함께 자속이 변화하기 때문에 적층 철심이 사용되고 소형 DC 모터는 영구자석이 사용된다.

(a) 미스사의 브러시 (b) 제지앙사의 정류자 (c) 온주모터의 슬립링

| 그림 10.5 | 브러시, 정류자 및 슬립링

(6) 폴(pole), 극, 상(phase)

폴(극)은 자석에서는 자석 개수를 의미하고 전자석에서는 N, S를 1개의 극으로 한다. 상은 단상, 2상, 삼상 등 전기가 가해지는 선의 수를 나타낸다.

10.3 직류 모터

단상 직류 모터는 동력선이 2개이지만 삼상 교류 모터는 동력선이 3개이다. 직류 모터에는 직류 직권 모터, 직류 분권 모터, 직류 복권 모터 등이 있고 아마추어와 계자의 연결 방법에 따라 구분된다.

10.3.1 직류 모터 원리

직류 모터는 자석 사이의 회전체에 전류를 가하면 플레밍의 왼손 법칙에 따라 회전체에 힘이 발생되는 원리를 이용한 것이다. 직류 모터는 고정자가 영구자석, 코일을 감은 전자석이 로터(회전자)가 되어 로터의 전자석에 직류 전류를 가하면 로터는 회전한다. 전자석의 자극을 바꿀 때 정류자와 브러시를 사용한다. 브러시는 직류 전원과 로터를 전기적으로 연결하는 소자로 정류자를 스치면서 전류를 로터의 전기자에 공급한다. 이는 회전체의 회전 각도에 따라 코일의 전류 방향을 전환하는 일을 한다. 2개의 브러시는 절연된 브러시 홀더에 의해 지지되고 정류자는 브러시에서 유입된 전류를 전기자 코일에 공급한다. 2개로 나누어져 있는 정류자가 브러시를 통해 회전자의 전기자에 전류를 공급한다. 그림 10.6은 직류 모터 원리와 출력 전압은 나타낸다. 그림 10.6 (a)에서 B에서 A정류자로 넘어가면 로터의 회전 방향이 바뀌

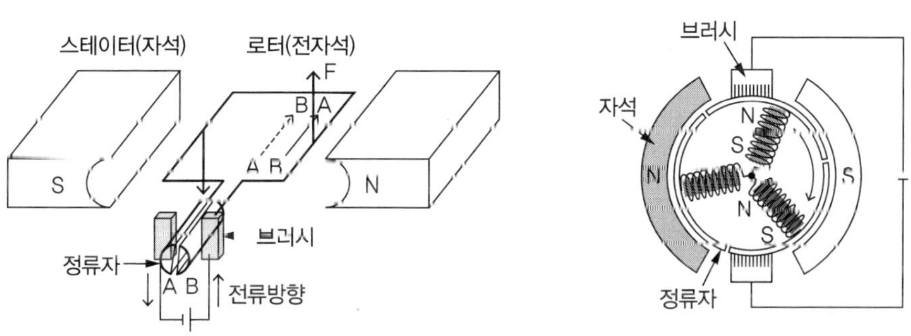

(a) 정류자 2개인 경우

(b) 정류자 3개인 경우

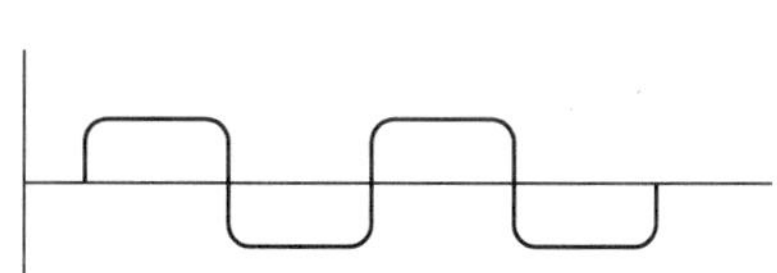
(c) 파형

| 그림 10.6 | 직류 모터의 구조와 전류 파형

고 전류는 한 방향으로 흐른다. 그림에서 브러시를 통하여 전류를 인가하면 코일에는 회전 토크가 발생한다. 전류를 인가하면 로터인 코일은 전자석이 되고 고정자인 영구자석과의 힘의 상관 관계로 회전을 하고 전류 파형은 구형파이다. 그림은 정류자가 2개인 경우이고 고정된 브러시에 정류자의 끊어진 부분이 통과하면 전류의 방향이 바뀐다. 그림 10.6 (b)는 3개의 정류자를 가지는 경우이다. 브러시와 정류자의 기계적인 접촉으로 수명이 짧고 노이즈가 있지만 제어 방법과 회로가 간단하고 직류 전원을 직접 이용할 수 있어 자동차의 소형 모터로 많이 사용된다. 브러시와 정류자를 전기 회로인 인버터를 사용한 것이 DC 브러시리스 모터(BLDC)이다.

10.3.2 직류 모터 특성

직류 모터는 계자 권선의 여자 방식, 분권 모터, 직권 모터, 복권 모터 방식이 있다. 여자의 의미는 자석의 성질을 가지는 것이다. 전압이 일정하면 모터의 회전이 빨라지고 전류는 감소한다. $N = 0$이면 모터는 정지하고 모터의 전류, 토크는 최대로 되고 $I_a = 0$이면 모터 회전

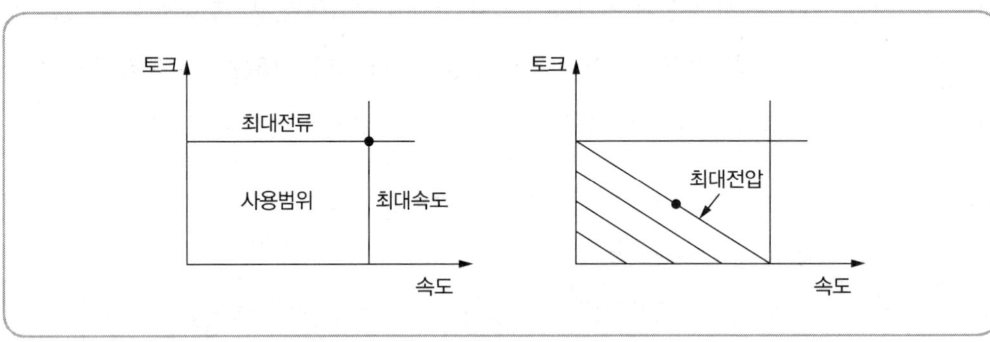

| 그림 10.7 | 직류 모터 토크 특성

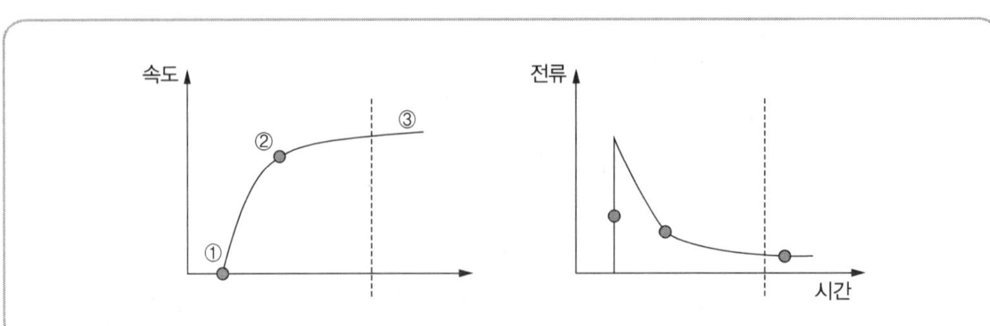

| 그림 10.8 | 직류 모터 제어 특성

수는 최대로 된다. 그림 10.7은 전기모터의 전류, 전압을 일정하게 할 때 전기모터의 속도와 토크와의 관계이다. 직류 모터의 전류가 일정하고 전압이 커지면 모터 속도가 빨라지고, 속도가 일정하고 전류가 커지면 토크가 커진다. 모터의 스위치가 켜지면 속도가 0이므로 큰 전류가 흐르고 토크는 급상승한다. 속도가 상승하면 전류가 감소하기 시작하고 가속이 줄어든다. 마찰 등으로 토크가 작게 되면 일정한 속도로 된다. 모터의 성능을 높이기 위해서는 최대 속도를 넘지 않는 범위에서 토크인 전류를 조절해야 한다. 모터의 제어는 작동이 정해져 있고 부하가 일정하여 세밀한 제어가 필요하지 않는 경우에는 전압으로만 제어한다. 속도가 낮을 때 전압이 많이 걸리면 과부하로 모터가 회전하지 않고 과전류가 된다. 그림 10.8에서 시간이 지남에 따라 ①의 경우 전류가 크면 토크가 크고 출력은 작고 ③의 경우 전류가 작으면 토크는 작고 출력은 최대로 된다. 전류가 커지면 토크는 커지고 전압이 커지면 출력이 커진다. 전압이 일정하면 속도 증가에 따라 토크가 증가하고 속도가 낮을 때 토크가 가장 크다.

10.3.3 직류 모터의 장단점

전기자동차 모터로 브러시 DC 모터는 차량의 배터리 직류 전원을 그대로 이용할 수 있고 제어 방법이 간단하다. 그러나 브러시와 정류자의 내구성 문제와 유지 보수가 필요하고 모터 크기가 커서 사용의 제한이 있다. 따라서 브러시 DC 모터는 차량 보조용 모터인 파워 시트 모터, 와이퍼 모터로 사용되고 전기자동차 구동 모터로는 전기식 4륜 구동 방식의 후륜 구동 시스템에 직류 분권 모터가 사용되고 있다.

장점

① 기동 시 토크가 커서 기동 장치가 필요하지 않다.

② 전류와 토크가 비례하여 전류로 토크를 제어한다.

③ 가격이 저렴하다

단점

① 기계식 브러시 접점식에 의한 내구성이 약하다.

② 노이즈, 전기방전이 발생한다.

③ 모터 크기가 크다.

후지 중공업에서 전기자동차용으로 직류 분권 모터의 외형은 직경 195mm, 축 길이 387mm로, 최대 토크는 3250rpm에서 70Nm, 최대 출력은 3600rpm에서 25kW이다. 전압은 120V, 냉각은 외부 팬에 의한 강제 공냉방식을 채용하고 있다. 직류 분권 모터는 토크 변동에 대하여 회전수의 변화는 다른 방식에 비하여 작다. 직류 분권 모터에서는 전류는 부하에 비례하여 증가하고 직류 직권 모터는 토크는 전류의 2제곱에 비례한다.

10.4 브러시리스 모터

10.4.1 개요

비사인파(직류) 구동 AC 모터의 일종으로 회전자에 영구자석을 사용하고 구조는 동기모터(PMSM)와 동일하다. 교류 전류가 입력되지만 BLDC 구동에는 비사인파인 직류 전류로 구동하고 PMSM 구동 전류는 사인파 교류 전류로 한다. 인버터가 있어 교류와 직류를 함께 사용한다. 모터에는 직류를, 인버터에는 교류를 사용한다. 전원에서 교류를 공급하면 인버터에서 직류로 바꾸어 모터를 구동하고 인버터에서는 직류를 사용하지 않고 교류를 사용하면서 인버터의 벡터 제어 기법을 이용하여 직류 모터와 특성이 비슷한 교류 모터이다. 브러시 직류 모터는 전류의 방향을 바꿀 때 브러시와 정류자를 사용하지만 이 모터는 인버터로 대신한다. 모터 분류에서는 외견상 원래 직류 모터인데 인버터에서의 구동 전압으로 교류를 사용하기 때문에 교류 모터로 분류하기도 한다. BLDC 모터는 회전하는 영구자석과 고정자인 코일이 있는 구조로 동기모터와 동일하고 특성은 직류 모터와 거의 비슷하다. 그러나 직류 모터보다 제어가 정밀하고 소형, 고효율이다.

10.4.2 구조

BLDC 모터의 코일은 고정되고 로터는 스테이터 안에 있는 구조(in-runner)와 밖에 있는 구조(out-runner)가 있다. 그림 10.9 (a)는 6극 내장형 로터를 나타내고 10.9(b)는 전류가 A로 들어가서 B, C로 나오면서 120°의 위상차로 로터를 회전시킨다. B로 들어갈 때 120°, C로 들어갈 때 120°, 총 360° 회전시킨다.

① 영구자석식 직류 모터에 고정자는 영구자석, 로터는 전기자, BLDC 모터는 반대로 고정자에 전기자, 로터는 영구자석을 사용한다.

② 정류자, 브러시를 사용하지 않고 로터의 위치를 홀소자로 검출하여 인버터로 제어한다.

③ 직류 모터와 같은 성질을 가지고 토크, 속도를 직접 정밀 제어할 수 있다.

코일이 회전하지 않으므로 브러시와 정류자가 필요 없지만 로터의 회전 위치를 검출하여 코일의 전류 방향을 전환해야 한다. 회전 위치는 홀소자가, 전류 방향 변경은 인버터가 한다. 모터를 구동하려면 반도체 소자를 이용하는 전용 기동 회로가 필요하다.

BLDC모터는 모터 본체, 기동용 인버터, 제어 회로로 구성된다. **그림 10.10**은 BLDC 모터의 컨트롤러 구성을 나타낸다. 델타 연결법은 저속에서 낮은 토크를, Y 연결법은 저속에서 높

(a) 6극 BLDC 모터의 로터　　(b) BLDC 모터의 스테이터

| 그림 10.9 | BLDC의 구조

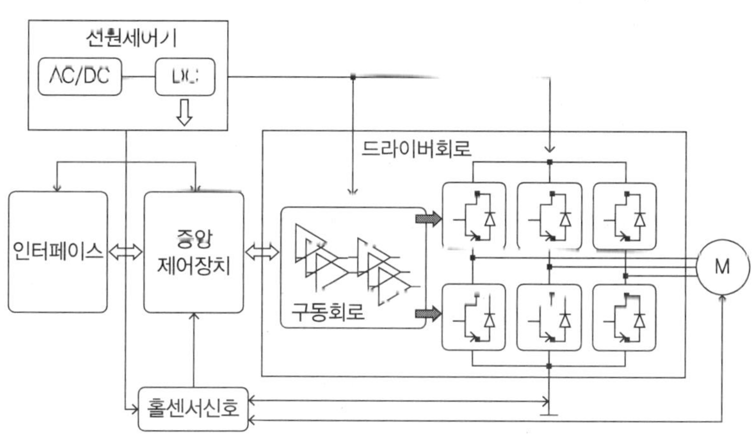

| 그림 10.10 | BLDC의 모터의 컨트롤러(인버터제어)

은 토크를 제공한다. Y 연결법이 효율 면에서 유리하다. 브러시 DC 모터는 제어 회로가 간단하지만 브러시로 인하여 마모에 의한 정비, 브러시의 접촉에 의한 전기 저항 손실, 브러시의 접촉에 의한 불꽃 방전, 노이즈 등이 발생한다. 브러시리스 DC 모터는 BLDC 모터(brushless DC motor), AC 서보 모터, BLM(brushless motor), DCBLM(DC brushless motor) 등으로 불린다.

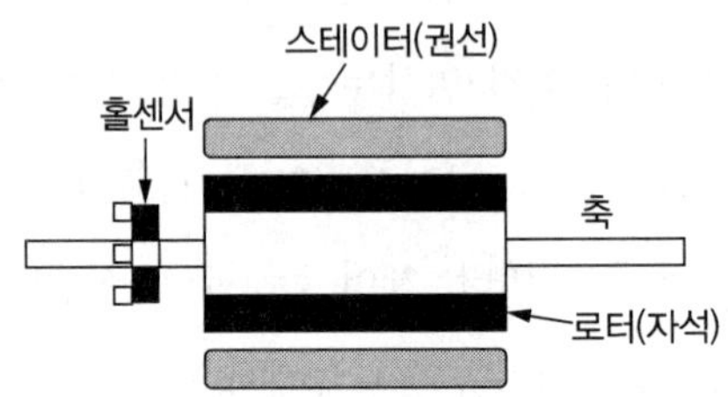

| 그림 10.11 | BLDC 모터

그림 10.11은 BLDC 모터의 구조를 나타낸다. 홀센서는 작은 크기로 모터 내부에 장착할 수 있고 반도체에 전류 I가 직각방향으로 자속 B가 통과하면, 전류 I, 자속 B와 직각 방향으로 홀 효과에 의해 홀 전압이 발생한다. 이 신호는 트랜지스터의 스위칭 작용 신호로 사용된다.

10.5 교류 모터

10.5.1 교류 모터의 원리

교류 모터는 AC 모터이다. AC(alternating current)모터는 동기모터와 유도모터가 있다. AC 모터는 전기자를 회전시키는데 삼상 교류를 이용한다. 삼상 교류는 위상이 120°이고 이 교류가 계자코일에 흐르면 회전력이 발생한다. 계자 코일이 6개이면 N극이 3개, S극이 3개이다. 3쌍의 N, S극이 발생하고 60°씩 회전하는 힘이 발생한다. 정류자와 브러시가 없고 슬립링을 사용하거나 폴(pole)센서로 홀센서를 사용하고 전류 방향을 제어하는 드라이버가 있다. 슬립링은 회전하는 코일과 접촉 상태에서 전원을 공급한다. 드라이버는 홀센서의 자석 회전각을 검출하여 방향을 전환한다. 직류 모터는 구형파의 전류 파형으로 효율이 좋지 못하고 교류 모터는 **그림 10.13**과 같은 사인파(정현파)의 전류가 흘러 효율이 높다. 50~60Hz의 교류 전원을 사용하여 응답성이 빠르고 최대 출력이 크고 소형화가 가능하다. 동기모터와 유도모터는 회전 자기장에 의해 회전 속도가 결정되고 고정자 권선에 삼상 교류를 가할 때 발생하는 자기장이 교류 전류의 주파수에 의해 결정되는 동기 속도로 회전한다. 동기모터의 회전하는 원리와 구조는 유도모터보다 간단하고, 자석 흡입량에 비례하는 토크를 얻는다. 그림 10.12는 슬립링형 교류모터이다. 전류를 가하면 슬립링 안의 코일이 회전을 하면서 전류가 흐른다.

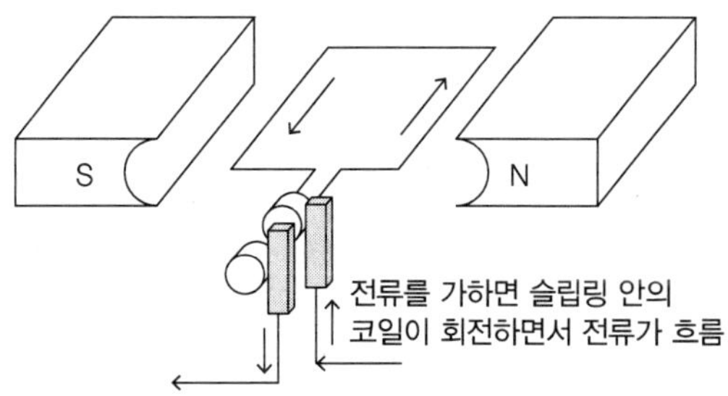

| 그림 10.12 | 슬립링 형 교류모터

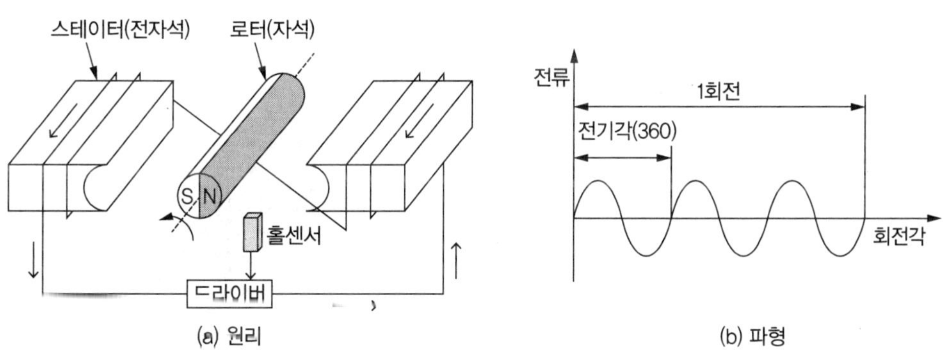

| 그림 10.13 | 인버터형 교류모터의 원리와 파형

10.5.2 유도모터

(1) 유도모터의 원리

그림 10.14와 같이 도체의 원반에 자석을 회전시키면 원반 위에는 자속 밀도를 유지하기 위하여 전자기 유도현상에 의해 와전류가 발생하고 플레밍의 왼손법칙에 따라 와전류와 자기

장에 의해 금속판 원반이 회전하기 시작한다. 이것을 아라고(Arago)의 원반이라 한다. 전자기 유도현상에 의해 원반에 전류가 흐르면 원반에는 토크가 발생한다. 이는 유도모터의 원리이다. 삼상 코일을 감은 고정자에 삼상 교류를 가하면 회전 자계가 생기고 회전자 도체에 기전력이 생겨 회전자를 회전시킨다. 바깥쪽의 영구자석이 회전을 시작하면 전기자의 권선에 전류가 흐르고 플레밍의 오른손 법칙에 따라 전기자는 전자석이 되어 계속 회전을 한다.

유도모터의 스테이터는 저항이 작은 권선이 감겨져 있고 전압과 전류는 스테이터에 가해진다. 로터는 알루미늄으로 된 엷은 판으로 구성되고 스테이터와는 에어갭으로 분리되어 있다. 스테이터에서 만들어진 자기장은 로터에서 기전력(EMF)을 만들고 토크도 만든다.

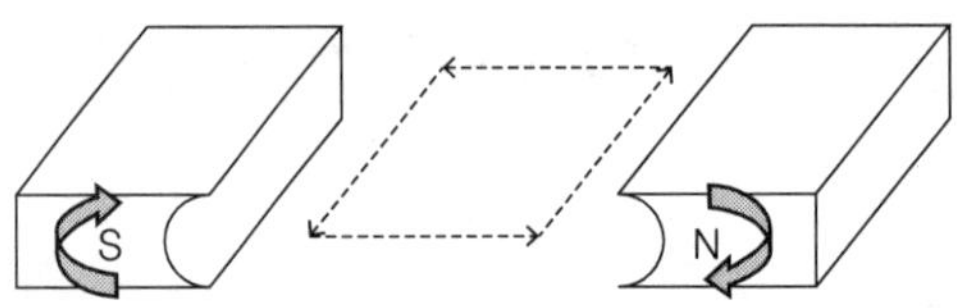

| 그림 10.14 | 아라고 원반의 원리

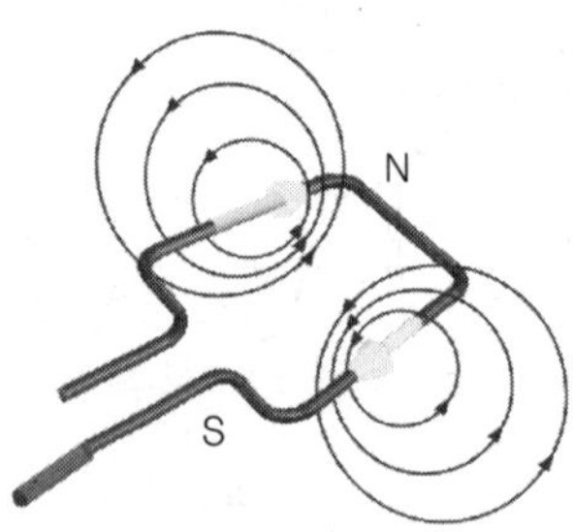

| 그림 10.15 | 단상 유도모터의 회전 자기장

| 그림 10.16 | 단상 유도모터의 로터

1) 단상 유도모터

구성은 로터 회전자와 권선이 감긴 고정자이다. 고정자에는 주권선과 보조 권선이 수직으로 감겨져 있다. 전류를 주권선으로 통과시키면 **그림 10.15**와 같은 회전 자기장을 발생하고 회전 자기장 방향과 같은 방향으로 로터는 회전을 한다. 기동을 스스로 할 수 없어 별도의 기동 장치인 기동 권선(start winding)이 필요하다. **그림 10.16**은 단상 유도모터의 로터를 나타낸다.

2) 삼상 유도모터

삼상 유도모터는 실제로 자석을 움직이지 않고 6쌍의 코일에 차례로 전류를 가하여 자속을 발생(여자)하면 자석을 움직이는 것과 같은 효과를 얻는다. 자속을 발생시키려면 위상이 어긋난 2상 이상의 교류 전원이 필요하다. **그림** 10.17과 같이 고정자의 권선에 U, V, W상의 순서로 전류가 흐르면 회전 자기장이 발생하여 로터를 회전시킨다. **그림** 10.18은 2극 삼상 교류 유도모터의 Y 권선을 나타낸다. 2극은 N, S극이 1개 생기고 4극은 N, S극이 2개 생긴다. **그림** 10.19는 삼상 유도모터의 고정자, **그림** 10.20은 삼상 유도모터의 로터를 나타낸다.

유도모터는 교류 전원으로 직접 구동하고 구조는 비교적 간단하고, 수명이 길고, 저가의 모터이다. 제어 회로는 콘덴서를 사용하는 간단한 분상(split phase)회로와 복잡한 인버터 제어 회로가 있다. 콘덴서를 사용하는 분상 회로는 모터의 효율이 낮고 인버터 제어는 효율이 높지만 제어 회로의 비용이 비싸다. 회전자의 구조에 따라 농형과 권선형으로 나누어진다. 권선형에는 델다 결선법과 Y 결선법이 있다.

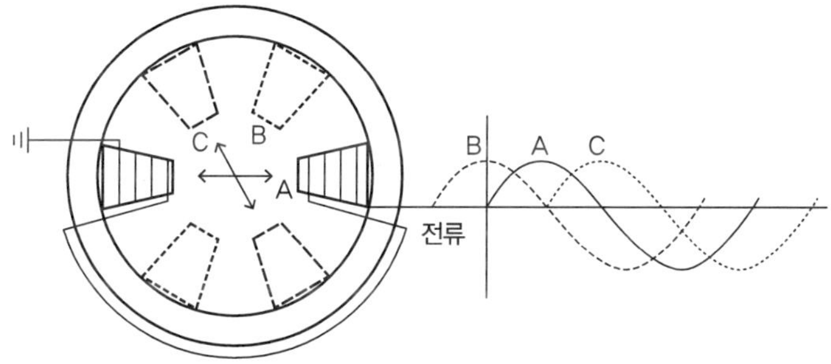

| 그림 10.17 | 삼상 교류 유도모터와 전류

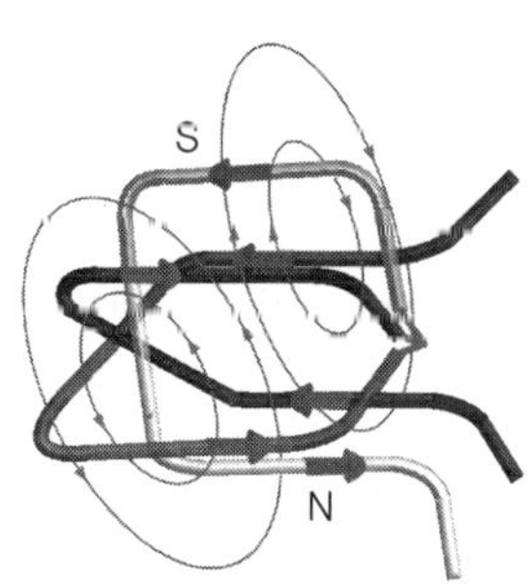

| 그림 10.18 | 2폴 삼상교류 유도모터 회전자기장 (Y결선법)

| 그림 10.19 | 삼상유도모터의 고정자

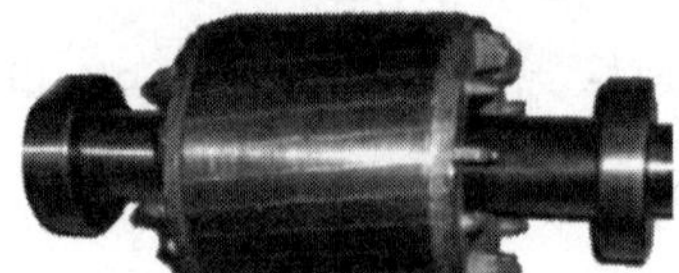

| 그림 10.20 | 삼상유도모터의 로터

- 농형(squirrel cage induction motor)
- 권선형(winding induction motor)

삼상 유도모터는 개발 초기에는 모터 소형화와 고효율화를 위해 유도모터와 인버터를 이용하여 전기자동차에 적용하였다. 모터는 저가이고 고속 출력이 가능하였다. 토크 발생 시 원리적으로 회전자의 도체에 유도 전류가 발생하여 발열에 의한 효율의 저하가 따르고 회전자의 냉각이 필요하여 모터가 대형화되는 단점이 있고 여자에 따른 역률이 낮다. 최근에는 희토류 공급 문제로 인한 자석 가격의 상승, 모터의 효율 향상을 위해 인버터 제어에 대한 수요도 높아지고 있다.

10.5.3 동기모터(synchronous motor)

(1) 동기모터의 원리

동기모터는 전기자로 영구자석(PM)을 사용하고 영구자석이 전자석에 동기된다. 전자석인 권선의 극을 전류의 흐름 방향을 바꾸어 회전시키는 방법으로 PM 모터 혹은 SMPM 모터라 한다. 동기모터는 스스로 회전하지 못하는 모터이다. 기본 원리는 그림 10.21과 같이 외부의 자석을 회전시키면 내부의 자석도 따라서 회전하는 원리를 이용한 것이다. 2자석의 속도는 같지만 하나의 자석이 약간 늦게 회전한다. 유도모터가 와전류와 자기장 작용의 복잡한 원리를 이용하는데 비교하여 동기모터 원리는 간단하고 인버터의 사용으로 시스템은 복잡하지만 큰 토크를 낼 수 있다. 다음의 그림 10.21에 전류를 가하면 그림의 중앙 점선으로 나타낸 회전 영역에 회전 자속이 발생한다. 3개의 코일은 각각 120°어긋난 교류 전류가 가해지고 이들

3개의 코일의 자속이 점선 영역에서 합성되어 회전 자속이 된다. 회전 자속이 발생하는 영역에 자석을 두면, 자석은 회전 자속에 끌려 회전을 시작한다. 그림 10.21은 삼상 교류 동기모터의 회전 원리를 나타낸다.

외부의 자석대신에 삼상 교류의 회전 자기장을 이용하고 로터는 영구자석으로 구성된다. 코일의 회전 자기장에 의해 생기는 N극, S극이 영구자석의 N극, S극이 일직선상에 놓이면 모터의 토크는 0이 되고 정지 중인 모터에 50~60Hz 주파수의 교류 전압을 가해도 모터는 회전을 하지 않아 기동장치가 필요하다. 기동은 유도모터를 안에 두거나 직류 모터를 사용한다. 그림 10.22는 삼상 교류 동기모터를 나타낸다. 스테이터에 전류를 가해 극을 변화시키면 로터인 자석은 회전을 한다.

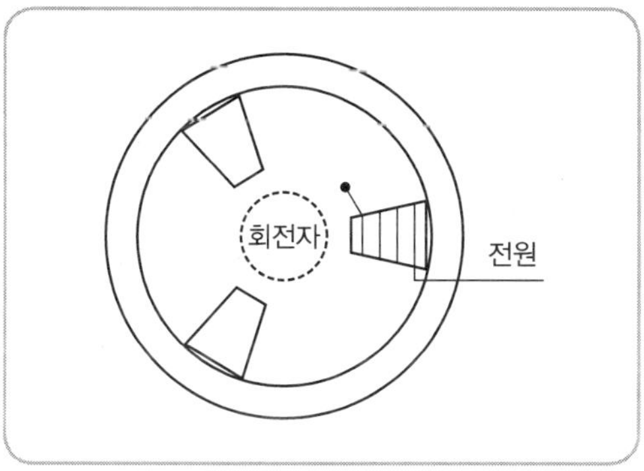

| 그림 10.21 | 동기모터의 원리

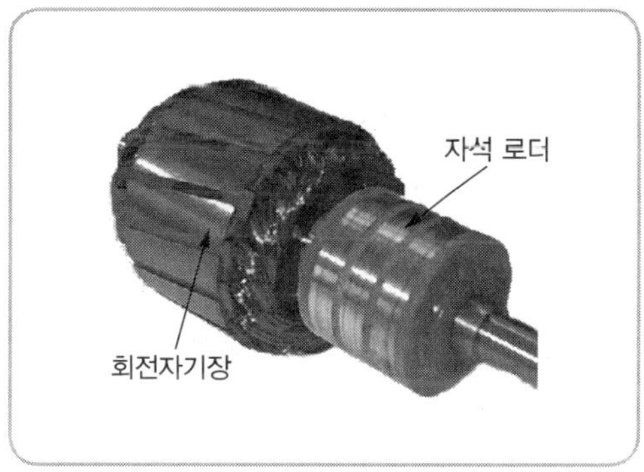

| 그림 10.22 | 동기모터의 회전자와 로터

네오디미늄을 사용하는 릴럭턴스 모터(PRM), 영구자석 동기모터(PMSM)는 고성능화가 가능하여 최근 하이브리드 자동차, 전기자동차 용으로 많이 개발이 되고 있다. 반도체 소자를 이용하여 인버터루 제어하며 반영구적이지만 시스템은 복잡하다. 영구자석 대신에 선사석을 쓰면 권선형 농기보터라 한나. 이 모터는 효율이 높고 소형화가 가능하다. 영구자석 동기모터(PMSM) 종류에는 자석을 로터 표면에 배치하는 표면 자석형(SPM), 자석을 회전자 철심내부에 통합 배치하는 입자석형(IPM)이 있다. SPM은 자석의 자속 밀도를 유효하게 사용할 수 있지만 고속 시 회전 모터의 자석 손상의 가능성이 있고 IPM은 손상도 적고 릴럭턴스 토크를 이용할 수 있다. 동기모터는 영구자석에 의한 토크 외에 릴럭턴스 토크가 발생한다. 동기모터의 기동은 보조 모터를 사용하여 동기 속도까지 가속한 후 전원을 접속하고 동기모터는 전원 접속 시 모터의 전압, 주파수, 위상을 전원의 것과 일치시켜야 한다. 로터는 BLDC 모터처럼 영구자석이지만 고정자는 BLDC 모터는 돌극 모양의 고정자이고 동기모터는 삼상의 권

선이 있어 여기에 전류가 흐르면 동기 회전력이 생성되고 로터를 동기화 회전시킨다. 따라서 BLDC 모터보다 유연한 토크를 얻을 수 있다.

영구자석을 사용하는 동기모터(PMSM)는 큰 출력이 필요할 때 사용한다. 50~60Hz에서 기동하지 않고 동기 속도에서는 불안정하다. 종래의 유도모터는 모터 효율이 좋지 않고 삼상 구동 방식의 BLDC 모터는 DC 변환 회로, 구동 회로가 필요하여 고가이고 효율도 높지 않다. 인버터 방식의 모터는 효율은 최고이지만 가격이 BLDC 모터의 5배이다. 영구자석을 로터로 사용하는 동기모터는 고출력, 고회전이지만 모터 코일을 전원과 직접 연결해야 하고 시동 시 BLDC 모터, 주행 시 동기모터를 사용하기도 한다. 동기모터는 모터의 회전 속도가 동기 속도와 동일하고 시동 시 유도모터로 이용하고 운전시에는 전원 주파수에 동기하여 회전한다. 동기모터(synchronous motor)는 회전 속도가 동기 속도와 동일한 모터로 다음의 종류가 있다.

① 영구자석 동기모터(PMSM)

② 자성링 동기모터(RM–PM)

RM은 회전자의 형상이 요철로 되어 자기 저항을 변화시키고, 자기 흡인력의 차이로 토크를 발생시킨다. 그러나 q축 방향이 되는 오목부 자속은 토크를 저하시켜서 역률이 악화되는 요인이 된다.

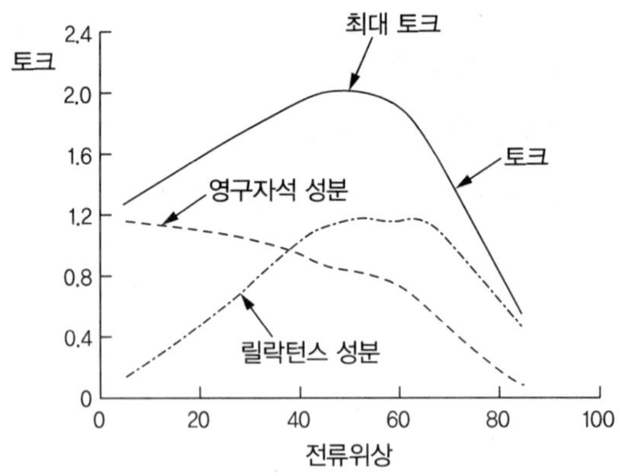

| 그림 10.23 | PRM모터의 토크(출처 : 도시바)

③ 릴럭턴스 모터(PRM, reluctance motor)

회전자에 영구자석 대신에 철심을 사용한다. PRM는 릴럭턴스 토크를 발생시키기 위해 자기적인 돌극성을 가지는 회전자로, 그림 10.23은 PRM 모터의 토크를 나타낸다. 영구자석 성분과 릴럭턴스 성분의 합으로 구성된다.

④ **히스테리시스 모터(hysteresis motor)**

히스테리시스 특성을 갖는 재질을 회전에 사용하는 구조이다. 고정자에 분포권 고정자를, 로터에 반경질(semi-hard) 자석강을 각각 사용한다. 히스테리시스 특성을 이용하여 회전하며, 진동이 매우 적은 모터이다. 또한 기동 토크와 정지 토크의 차이가 없기 때문에 일정한 부하 조건에서 운전성이 좋다.

⑤ **인덕터형 동기모터(inductor type synchronous motor)**

고정자(전자석)에 흐르는 전류의 주파수에 로터의 움직임을 동기화시켜 회전 운동을 한다.

10.6 전기자동차 모터

전기자동차에서 구동력은 리튬이온 배터리에서 나오는 고전압 전기이다. 배터리는 외부에서 120V 혹은 240V를 공급받아 충전된다. 현재 사용되는 모터의 종류는 다음과 같다.

- 110kW급 DC permanent magnet brushless motor
- 80kW급 DC permanent magnet brushless motor
- 66kW급 DC permanent magnet brushless motor
- 107kW급 AC induction motor
- 206kW급 AC induction motor

표 10.6 차종에 따른 특성

Vehicles	Volt	Leaf	iMiev	Ray
Power	150hp	107hp	00hp(3000 6000rpm)	50ps
0–60time	9sec	11.9sec	9sec	–
Battery capacity	16kWh	24kWh	16kWh	16.4kWh
Motor	130kW	80kW	47kW	50kW
Torque	368Nm	280Nm	180Nm(0–2000rpm)	–

표 10.7 전기자동차에 사용하는 모터 용량

Type	Mild Hybrid	Strong Hybrid	PHEV	
battery type	Medium	High	High	
power	5~15kW	20~60kW	40~80kW	15~150kW
energy	0.6~1.8kWh		5~15kWh	15kWh 이상

(1) 전기모터의 과제

전기모터에 전기를 가하면 자기장에 의해 발생하는 회전력으로 휠을 구동시킨다. 모터는 전기 에너지를 운동 에너지로 변환한다. 현재 하이브리드 자동차에 사용되는 임베디드형 모터는 내부 로터에 내장된 영구자석의 자력과 외부 고정자 코일에서 발생하는 전자기장의 흡입력, 반발력으로 회전한다. 단상 모터는 기동에 콘덴서가 필요하지만 삼상모터는 전압의 위상이 120°인 3개의 전원으로 되어 있어 효율이 높고 토크가 크다. 교류 모터는 직류 모터보다 시스템이 복잡하지만 토크가 크고 수명이 길다. 전기자동차 모터는 정격출력 10~200kW, 토크 5~10kW가 필요하다.

제어는 고주파 변조 펄스 구동(PHM, Pulse Harmonic Modulation)제어로 인버터의 발열을 낮추고 구동력을 개선하여 종래의 펄스폭 변조 제어(PWM)보다 효율이 높다. 이 제어는 펄스 수를 감소하여 전류 파형의 변형 제어에 의해 변환 효율은 향상하지만 고주파 스위칭에 의한 에너지 손실, 고속 시 자석의 역기전력 증가로 출력 저감이 발생한다. 모터가 소형으로 자기 포화(전류를 증가시켜도 자속이 증가하지 않고 출력이 포화하는 자성체의 특성)에 도달하여도 고효율로 제어가 가능한 제어 방법이다. 모터 개발에 필요한 기술은 냉각, 저진동화 기술, 전기자동차용 모터 개발, 전자계 분포 해석, 신재료 이용 소형 모터 개발, 경량화 등이 과제이다.

① 에너지 절약 : 자석 모터화와 소형화

② 고효율화 : 인버터의 에너지 변환 개선

③ 고성능화 : 모터의 빠른 응답성으로 모터 제어

(2) 도시바 PRM 전기모터

도시바의 모터는 영구자석 릴럭턴스 모터(PRM)이다. PRM은 토크 성능이 뛰어난 영구자석

모터와 고속 회전이 가능한 릴럭턴스 모터의 양쪽의 장점을 같이 추구한다. 영구자석 모터는, 영구자석 모터의 로터는 자신이 에너지를 가지고 있는 것은 아니기 때문에 토크 성능은 낮고 역기전력의 영향으로 일정 속도 이상의 고속 회전은 할 수 없다. 그러나 자동차는 출발시 높은 토크 성능이 필요하고, 고속으로 주행하기 위해서는 모터의 고속 회전이 필요하다.

PRM에서 높은 토크와 고속 회전의 양립이 가능하며 50% 이상의 영역에서는 릴럭턴스 토크를 발생하여 고가의 영구자석 사용량을 줄인 모터이다. PRM은 자동차의 연비와 주행 성능 개선을 목적으로 개발된 모터로 소형 고출력, 고효율로 넓은 범위의 가변속이 가능하다. PRM의 기본 구성을 그림에 나타낸다. PRM은 자기 저항 전동기와 영구자석(PM) 모터를 동일 단면상에 배치한 모터이다. 릴럭턴스 토크를 메인으로 영구자석과 전류에 의한 PM 토크를 발생한다. 큰 릴럭턴스 토크를 발생시키기 위해, 영구자석을 회전자 철심 내에 V 모양으로 하고, 릴럭턴스 토크와 PM 토크를 이용하여 최대 토크가 발생하도록 한다. 그림 10.24는 도시바의 PRM 모터를 나타낸다.

전기자동차의 최대 구동 성능은 저속 영역에서 정격 토크, 중고속 영역에서는 정격 출력이 요구된다. 이 때문에 전류 최대치는 저속 영역에서 필요하고 이 때 최대 토크가 된다. 전압 최대치는 중고속 영역의 최대 출력시의 전압이다. 전류와 전압의 최대치를 작게 하면 배터리 용량, 인버터 용량을 소형화할 수 있다. 최소의 전압과 전류에서, 최대 토크, 최대 출력 특성을 같이 얻는 것이 중요하다. PRM은 여자 전류 성분에 의해 전압을 광범위하게 조정할 수 있어서 임의의 운전 포인트에서 요구되는 토크와 출력에 따라 전압과 전류를 최대치로 한다. 그림에서 트럭, 버스용은 범위가 좁은 편이고 승용차용은 범위는 넓지만 최대 토크가 낮

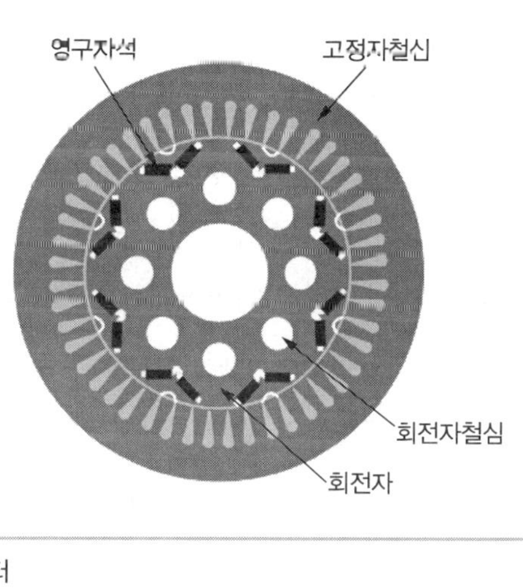

| 그림 10.24 | 도시바의 PRM모터

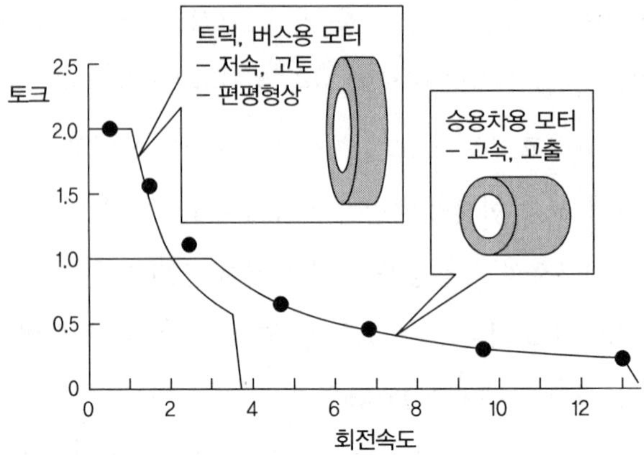

| 그림 10.25 | 도시바 PRM 모터 성능 곡선

| 그림 10.26 | 도시바의 PRM전기모터

은 편이다. 따라서 점선의 모양을 가지는 모터의 개발이 필요하다. 즉 출발, 등판로에서는 높은 토크가 필요하고 시내 주행에는 중간 토크, 고속도로 주행은 저속 토크가 필요하다.

하이브리드용 구동 모터는 차종에 따라 그림 10.25의 특성을 가진다. 승용차용 모터는 고출력이 중요하고 고속 회전 원통모양이고 트럭이나 버스 등은 저속 회전에서 높은 토크가 중요하여 편평한 형상으로 설계한다. 중대형 자동차에서는 100kW급, 연료전지 자동차에서는 100~200kW 출력의 모터가 필요하여 대용량 출력, 소형화 고출력 모터가 개발되고 있다. 자동차의 공간 이용과 운전성에 관한 제한을 배제하기 위해 휠 인(wheel in)등의 차의 기구부와 일체화한 모터도 있다.

(3) 닛산의 3D 전기모터

닛산의 3D 모터는 고정자로 코일 전자석, 로터의 영구자석과 전기자 코일은 그림과 같이 작은 부채꼴로 연속되어 있다. 일반 모터의 자기장은 2차원에서만 작동하지 않지만, 3D 모터는 자력을 이용할 수 있는 면적을 늘리기 위해 3차원 구조를 사용하여 디스크 형상으로 하여 고출력을 실현하고 3차원으로 자력선을 효과적으로 방산하는 구조로 출력을 향상시킨다. 모터의 성능은 전기자 코일을 통과하는 자력선에 영향을 받는다. 3D 모터는 전자기 코일과 영구자석의 배치를 최적화하고 다상 전류로 전자기 코일을 효율적으로 제어함으로써 자력을 유효하게 이용한다. 닛산에서는 이외에 휠 인모터, 수퍼 모터, 소형 인버터 등을 개발하고 있다. 그림 10.28은 닛산의 3D 전기모터를 나타낸다.

(4) 혼다 전기모터

혼다의 전기모터는 간단한 구조의 직류 DC 브러시리스 모터이다. 영구자석의 사용으로 소음과 전기적 노이즈가 발생하지 않고, 모터 본체의 유지 보수도 필요가 없다. 이 모터는 인버터를 이용하여 직류 전원을 교류로 변환하고, 전원 주파수를 변화시켜 회전수와 가속력을 제어한다. 회전 속도는 전원 주파수에 비례한다. 그림 10.29는 혼다의 BLDC 전기모터를 나타낸다.

(5) K5 전기모터

동일한 출력의 니켈-수소 전지에 비해, 리튬 폴리머 전지는 35% 가볍다. 자기 방전율이 낮고 같은 리튬 이온전지와 비교하여 리튬 폴리머 전지는 유사한 에너지 밀도를 갖는

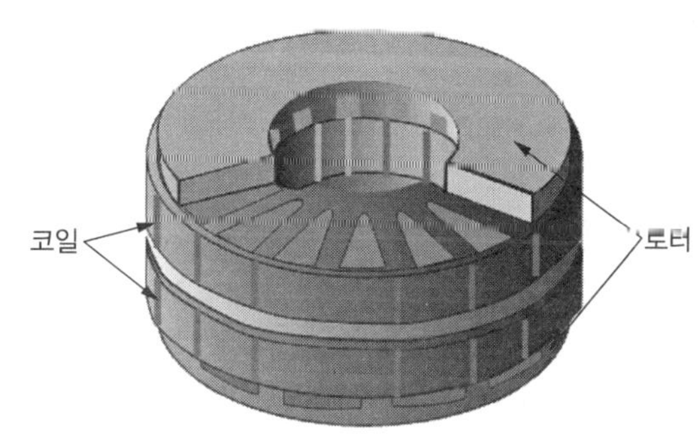

| 그림 10.27 | 닛산의 3D 전기모터

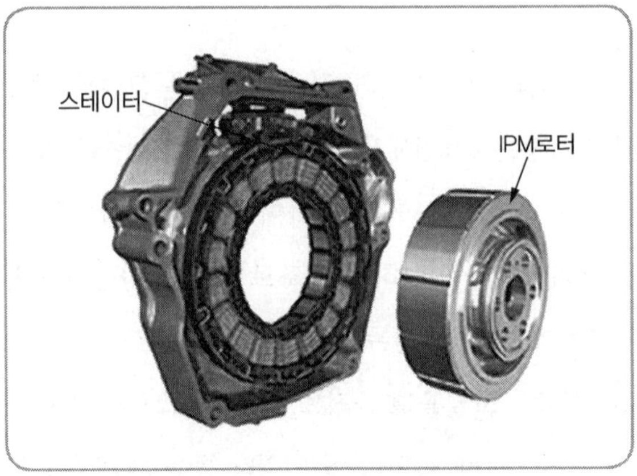

| 그림 10.28 | 혼다의 BLDC 전기모터

| 그림 10.29 | K5 전기모터

다. K5는 34kW BLDC 모터로 40마력, 270V에서 작동한다. 리튬 폴리머 배터리는 액체 냉각 시스템을 사용하지 않고도 많은 충전 사이클을 견딜 수 있다. 표준 2.4L 세타 II엔진을 기반으로 앳킨슨 사이클을 적용하고 있다. 그림 10.30은 K5의 전기모터를 나타낸다.

연습문제

01 전기자동차 모터의 종류와 특징에 대하여 설명하라.

02 전기자동차 모터의 구성요소를 설명하라.

03 직류모터의 원리와 특성에 대하여 설명하라.

04 교류모터의 원리와 특성에 대하여 설명하라.

05 BLDC모터의 구조, 원리에 대하여 설명하라.

06 유도모터의 원리와 특성에 대하여 설명하라.

CHAPTER

11 하이브리드 전기자동차

11.1 하이브리드 전기자동차

11.1.1 개요

하이브리드 자동차는 포르쉐(Ferdinand Forche)박사가 100여년 전에 설계한 자동차로 지금 최첨단 자동차로 발돋움하고 있다. 이 자동차는 환경 부하가 적은 자동차로 이산화탄소가 지구온난화에 미치는 영향을 감소시키기 위하여 현재에도 계속 개발되고 있다. 하이브리드는 라틴어에서 온 말이며 의미는 혼합(mixing)이다. 현재 운행되는 하이브리드 자동차는 소나타, 프리우스, 에스티마, 해리어, 크루거, 인싸이트, 에스케이프, 908 HY 등이 있다. 미국의 CARB는 처음으로 자동차 회사에 ZEV(zero level emission vehicle)차량의 제조를 요구하였다. ZEV 요구에 대한 유일한 해답은 전기자동차(BEV)이었다. 전기자동차의 배기는 무공해이고 하이브리드 자동차도 전기자동차로 분류되기 때문에 비교적 배출물이 적다. 전기자동차는 순수 배터리에 저장된 전기로만 차량을 구동하고 주행 거리가 짧은 단점이 있다. 내연기관 자동차의 개발 목표는 테일 파이프에서 이산화탄소 성분이 적게 나오게 하는 것이었고 하이브리드 자동차 역시 같은 목표로 개발되었다. 따라서 주행 시에는 엔진을 구동하고 배기가스 규제 영역에서는 전기로 구동한다는 발상이 하이브리드 자동차의 핵심적인 개념이다.

배기가스를 줄이고 연비를 향상시키는 기술은 다양하다. 예를 들면 가변 밸브 액츄에이션(VVA), 배기가스 재순환 장치(EGR), 가솔린 직분식(GDI), 디젤 직분식(CRDI), 차량의 하이브리드화 등이다.

하이브리드 기술은 내연기관을 좀 더 효율적으로 구동하는 것이 핵심 포인트이다. 하이브리드 기술은 내연기관을 다운사이징하여 배터리와 전기모터의 무게와 상쇄시키는 것이 원래의 목적이지만 내연기관의 다운사이징이 어려워 무게만 늘어난 하이브리드 자동차도 있다. 하이브리드 전기자동차(hybrid electric vehicle, HEV)에서 가장 크게 효율이 증가하는 곳은 시내 주행이고 고속도로 주행에서는 전기모터의 동력은 필요가 없고 자동차의 무게만 늘어나고 실내 공간이 줄어든다. 따라서 HEV의 연비 향상은 차량의 평균 속도가 낮은 영역에서만 해당되는 단점이 있다. 현재의 배터리 기술은 에너지를 저장하는데 한계가 있고 내연기관과 비교하여 효율 면에서 큰 이득은 없지만 배출물은 큰 저감이 있다. 저속에서 배터리로만 갈 수 있는 거리는 최대 20km 이하이다. HEV는 가솔린 엔진이 작아 효율적이다. 대부분의 자동차는 차를 빨리 구동하기 위하여 큰 엔진을 필요로 한다. 그러나 작은 엔진은 최대 부하로 작동시키기 쉽고 효율도 높아진다. 작은 엔진을 사용하면 다음과 같은 이유로 효율적이다.

① 큰 엔진은 작은 엔진보다 무겁고 언덕을 올라가거나 가속 시 추가 에너지가 더 필요하다.
② 피스톤과 다른 엔진 부품이 무거워 실린더를 왕복 운동할 때마다 더 많은 에너지를 필요로 한다.
③ 실린더의 배기량이 크고 각 실린더에 많은 연료가 필요하다.
④ 큰 엔진은 실린더가 많고 차가 움직이지 않아도 엔진이 가동할 때 마다 각 실린더는 연료를 사용한다.

11.1.2 정의

HEV는 가솔린 엔진, 디젤 엔진과 전기모터를 동력원으로 사용한다. 즉 소형 엔진의 연비로 대형 엔진의 성능을 얻기 위하여 내연기관에 전기모터를 결합시킨 것이다. 이 자동차의 특징은 주행 조건에 따라 내연기관과 전기모터를 적절하게 사용하여 연료 소비와 배출가스를 개선한다. HEV의 장점은 공회전 정지, 모터를 이용한 시동, 모터에 의한 출발, 모터에 의한 저속 주행의 4가지이다.

가솔린 엔진은 바퀴를 구동하고 발전기를 돌려 전기를 만드는 역할을 한다. 배터리의 전기는 주로 저속 주행 시 사용되며 제동 시 전기모터는 배터리에 전기를 충전한다. HEV는 그림 11.1과 같이 출발 시, 저속 주행 시에는 전기모터를 사용하고 가속, 정속 주행 시에는 내연기관을 사용한다. 최고 속도에서는 전기모터와 가솔린 엔진이 함께 사용되며, 정지할 때는 전기모터가 사용된다. 정지 상태에서는 시동이 꺼져 공회전이 없어 연비가 향상된다. 공회전 정지는 차량이 정지 후 일정시간이 지나면 자동으로 시동이 꺼지는 것을 의미한다. HEV는 출발, 가감속, 정속, 정지를 반복하므로 조건에 맞는 제어 시스템으로 구동한다. 감속 시 운동에너지를 전기 에너지로 회수하는 회생 제동을 갖추어 회수율을 높인다. 또한 내연기관으로 전기모터를 구동시켜 전기 에너지를 만들어 배터리에 충전하기도 한다. HEV의 장점은 공회전 정지 후 재시동 시 이론 공연비에서 시동이 가능한 것이다. 가솔린 자동차는 항상 농후한 상태에서 시동이 걸리는 것과 비교할 때 큰 장점이다. 배출물 발생이 많은 저속 시에는 전기 모터로 주행한다.

평균 속도 80km/h가 넘는 고속에서는 HEV의 장점은 없어지고 30km/h의 저속에서는 연비가 10km/L가 되지 않아 앞으로 개선과 개발이 많이 필요한 자동차이다. HEV는 힘의 균형이 필요하고 열효율이 높은 영역을 잘 이용하여 개발해야 하며 하이브리드 자동차는 30~50km/h의 속도에서 연비가 가장 좋은 자동차이다. 가솔린 자동차와 비교하여 모터와 배터리에 강한 전기가 흐르고 분해, 회수에 이르는 라이프 사이클의 시작과 끝에 있어서 에너지 소비나 환경 부하 측면에서 개선이 많이 된 자동차이다.

11.1.3 종류

하이브리드 자동차는 다양한 종류가 있다. 기차와 버스는 디젤-전기 하이브리드, 잠수함은 원자력-전기 하이브리드이다. 전기 하이브리드(HEV), 공기증기 하이브리드(ASHV), 가솔린공기 하이브리드(PHV), 질소유압 하이브리드(HHV), 내연기관 공기자동차(PV, Pneumatic Vehicle), 전기공기자동차(EPV), 플라이브리드(FBHV), 플러그인 하이브리드(PHEV), 연료전지 자동차(FCEV) 등이 있다. 하이브리드 자동차는 버려지는 에너지를 회수하여 연비를 높이고 엔진도 부하와 속도에 따라 가장 최적인 상태에서 작동한다. HEV의 단점은 주행 거리가 짧은 무거운 배터리, 여분의 추진 체계(power-train)가 필요하고 이는 차량 가격을 상승시키는 점이다. 가솔린 공기하이브리드(PV)는 값이 비싼 다른 추진 체계가 필요가 없고 HEV와 유사하게 작동한다. 차량이 감속할 때 엔진은 바퀴의 운동에너지로 공기를 압축하여 압력 탱크에 저장한다. 가속 시에는 엔진은 압축 공기를 사용하여 바퀴를 구동하고 공회전 정지 기능도 있다. 엔진은 정지하면 시동이 꺼져 공회전이 없다. HEV의 종류에는 전기모터의 크기와 역할에 따라 마이크로(micro), 마일드(mild, soft), 풀(full, strong), 플러그인(plug in)의 4종류가 있다. HEV는 전기 발전기와 모터를 사용하고 에너지를 배터리에 저장한다. 아직 전기를 저장할 수 있는 양이 많지 않아 소·중형차량에만 적용한다. 기본적으로 마일드 하이브리드는 모터가 엔진 보조(boost only)만 하고 전기로 주행은 불가(no e-drive)하고 풀 하이브리드는 전기모터 주행이 가능하다. 다음은 하이브리드 자동차의 주된 기능이다.

① 정지 – 출발(Start – stop), 공회전 정지 시스템(ISS)
② 엔진 보조(Boost to engine power)
③ 전기모터 주행(Electric driving)
④ 회생 제동(Regenerative braking)

마이크로 하이브리드는 **그림 11.1**처럼 출발 – 정지(start – stop)기능만을 기본적으로 가지는 자동차이다. 마일드 하이브리드는 마이크로 기능에 회생 제동과 엔진 보조 기능이 추가된다. 전기모터는 출발 시, 가속, 등판 시에 엔진을 보조한다. 이 자동차의 장점은 배터리가 작아도 되고 전기모터, 발전기가 있고 풀 하이브리드와 비교하여 가격이 싸다. **그림 11.3**의 풀 하이브리드는 전기모터가 주요 구동력이고 엔진은 보조 역할을 한다. **표 11.1**는 HEV의 분류를 나타낸다. 에너지가 많으면 저장 능력이 크고, 출력이 많으면 차의 속도가 빨라진다. **표 11.2**는 HEV의 기능에 의한 분류를 나타낸다. 미일드 하이브리드와 풀 하이브리드의 차이점은 전기모터의 주행 능력이다.

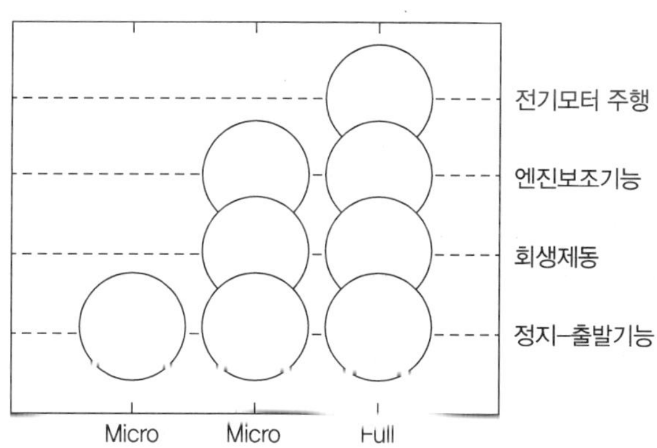

| 그림 11.1 | 하이브리드의 구분

표 11.1 HEV의 분류

type	micro hybrid	mild(soft) hybrid	full(hard, strong) hybrid	PHEV	
battery type	납축전지, 커패시터	medium	high	high	
power	–	5~20kW	20~60kW	40~80kW	15~150kW
energy	–	0.6~1.8kWh	0.6~1.8kWh	5~15kWh	15kWh 이상
효율	–	20~35%	25~50%	10~15%	

표 11.2 HEV의 기능에 의한 분류

종류	정지/출발기능	회생제동	엔진(전기모터보조)	전기모터(엔진보조)
마이크로	○			
마일드 (소프트타입)	○	○	○ 출발(엔진+모터) 저속주행(엔진) 가속/등판((엔진+모터) 고속(엔진)	
풀(하드타입)	○	○	○ 고속(엔진)	○ 출발(모터) 저속주행(모터) 가속/등판((모터+엔진)

표 11.3 하이브리드 자동차의 종류(출처 : SMMT)

대분류	중분류	소분류	
석유-하이브리드 전기자동차	병렬 하이브리드	마이크로 병렬 하이브리드	시동, 공회전정지, Citroen C2
		마일드 병렬 하이브리드 20kW 이하의 전기모터 보조	Sonata, K5, Honda insight
	직렬 하이브리드	엔진으로 발전하여 전기모터로 구동	GM Volt
	풀 직병렬 하이브리드	엔진과 전기모터로 구동	Toyota prius
	플러그인 전기자동차(PHEV)	외부전기로 충전	미쯔비시 아웃랜더, Toyota prius
	연료전지 전기자동차	수소사용	FCX, FCHV-adv

표 11.4 회사별 하이브리드 전기자동차

차종	엔진	전기모터	미국테스트기준 연비
도요다 프리우스 XW 30	73kW	27kW	21km/L
Ford fusion hybrid	116kW	79kW	20km/L
쉐보레 말리브	102kW	18kW	10km/L
현대 소나타	121kW	30kW	17km/L
혼다 civic	67kW	15kW	21km/L
VW jetta	110kW	20kW	19km/L
BMW active3	225kW	25kW	17km/L

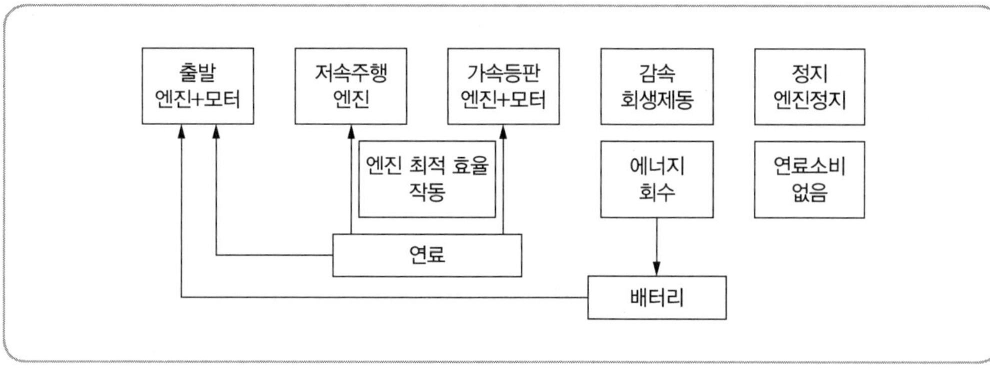

| 그림 11.2 | 마일드 하이브리드

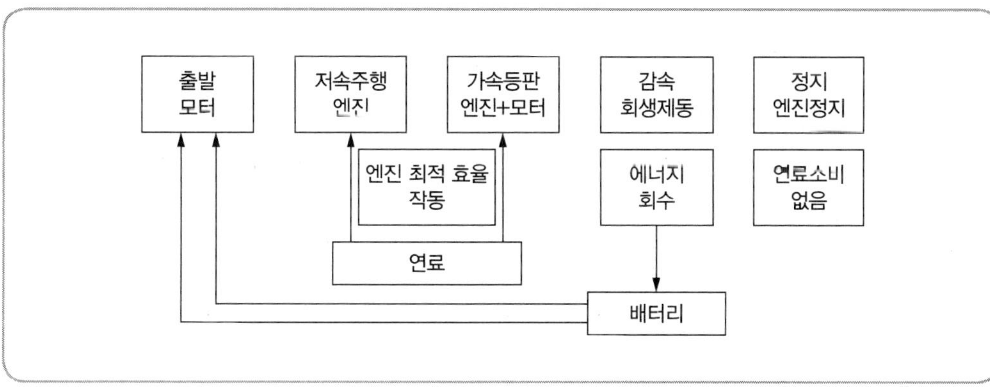

| 그림 11.3 | 풀 하이브리드

11.1.4 전기 하이브리드의 구조

1896년 벨기에의 Pieper 회사가 납축전지가 보조하는 전기모터와 가솔린 엔진으로 병렬 하이브리드 전기자동차를 만들었다. 또한 1901년 엔진 60hp, 전기모터 40hp의 전기 하이브리드를 개발하였다. 1902년 Krieger는 직렬 하이브리드를 개발하고 포르쉐가 그 차량을 제조하였다. 그러나 내연기관의 급격한 발전으로 세계 1차 대전 이후 사라졌다. 1990년대에 들어서 도요타는 1997년 처음으로 프리우스, 1999년 혼다는 인사이트를 양산하였다. 2001년 도요타는 엔진 76hp, 전기모터 67hp의 풀 하이브리드를, 혼다는 엔진 67hp, 전기모터 13hp의 마일드 하이브리드를 개발하였다. 프리우스의 연비는 시내 주행 4.5L/100km, 고속 주행 4.9L/100km, 혼다의 연비는 시내 주행 5.9L /100km, 고속 주행 5.5L/100km 이었다. 이러한 하이브리드는 가솔린과 비교하여 시내 주행 55%, 고속주행 45%의 연비가 늘어났다. 대부분 가솔린-전기 하이브리드이고 프랑스의 푸조는 디젤-하이브리드를 가지고 있다.

일반적으로 HEV는 전기모터와 엔진을 같이 사용한다. 전기자동차의 환경에 유리한 점, 엔진의 주행에 유리한 점을 조합한 것이다. 전기는 엔진에 의해 충전되거나 회생 제동 시스템으로 회수되는 전기 에너지를 배터리에 저장된 것을 사용한다. 엔진은 저부하 작동 시 스로틀 밸브의 손실이 너무 커서 효율이 떨어진다. HEV에서 엔진은 크기가 작고 마력이 작은 것을 사용한다. 도요타 1세대 프리우스 엔진은 1500cc로 76hp를 가진다. 엔진을 다운 사이징하여 출력 밀도를 증가시키고 엔진은 부하가 클 때 가동되어 이렇게 하면 펌핑 손실이 낮아져 평균 체적 효율이 커진다. 이렇게 엔진의 감소된 출력은 전기모터에 의한 출력으로 보상한다. 그리고 하이브리드 차량의 장점은 회생 제동이고 단점은 전기모터와 리튬이온 배터리가 필요한 점이다. 또한 배터리의 제한된 수명은 차량 가격을 올린다.

하이브리드의 모터 배열 방식으로 직렬 방식과 병렬 방식, 직병렬 방식이 있다. 직렬 하이브리드는 엔진은 발전기를 구동하여 전기를 만들고 배터리에 저장하고 바퀴구동은 전기모터가 담당한다. 발전기와 전기모터의 2 모터 방식이다.

병렬 하이브리드는 엔진과 모터가 구동축을 구동하고 엔진이 전기를 만들지는 않는다. 제동 시 에너지를 회수한다. 그러나 이 에너지의 저장은 납축전지로는 용량이 적어 리튬이온 배터리가 필요하고 공간을 많이 차지하여 차량의 무게가 증가된다. 엔진과 전기모터 사이에는 클러치가 연결되어 있다. 추진력은 엔진, 전기모터 단독으로 하거나 둘 다 사용할 수 있다. 병렬 방식이 직렬 방식보다 좋은 점은 엔진을 추진력으로 사용하기 때문에 에너지 전환 손실이 작은 것이고 단점은 장시간 저속 운행을 하면 배터리가 방전되는 것이다. 직병렬 방식(dual mode)은 동력을 나누어 담당한다. 엔진은 바퀴를 구동시키거나 발전기를 돌려 배터리에 전기를 저장한다. 전기모터와 엔진이 구동을 하고 엔진이 전기를 만드는 이 방법은 좀 더 효율이 높지만 가격이 비싸고 시스템이 복잡하다.

① 가솔린 엔진 하이브리드 시스템

가솔린 엔진의 장점은 배기가스의 문제가 없고 조용한 것이다. 디젤 엔진과 비교하여 제작비가 싸고 조용하고 차량 품질이 좋다.

② 디젤 엔진 하이브리드 시스템

가솔린 엔진보다 효율이 좋은 디젤 엔진과 모터를 조합한 시스템이다. 디젤 엔진은 가솔린 엔진과 비교하여 배기가스에 문제가 있었지만 지금의 CRDI 엔진은 이런 문제를 해결하였다.

따라서 이 시스템은 배기가스가 좋아지고 연비가 매우 우수하다.

(1) 직렬(시리즈) 하이브리드 시스템

그림 11.4의 직렬 하이브리드 시스템은 바퀴의 구동을 전기모터로 하고, 엔진은 전기모터에 전기를 공급한다. 엔진으로 발전기를 돌려 전기를 만들고 그 에너지로 전기모터를 구동하여 자동차를 움직인다. 즉 엔진과 모터가 직렬로 연결된다. 엔진과 구동바퀴 사이에 기계적 전달은 없다. 엔진으로 발전한 전기를 배터리에 충전하고 그 전기로 전기모터를 구동한다. 전기모터는 바퀴를 구동할 때 동력의 전달 순서가 직렬로 되어 있다. 일반적으로 발전기로 발전하여 배터리에 충전하고 그 배터리에 저장된 전기를 꺼내어 바퀴를 구동하면 효율이 떨어진

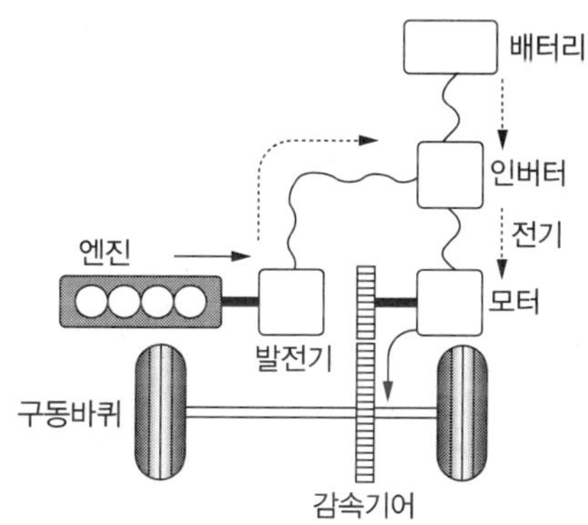

| 그림 11.4 | 직렬 하이브리드 시스템

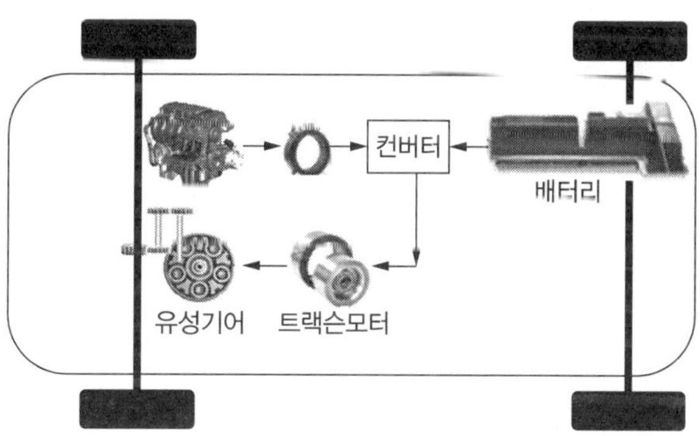

| 그림 11.5 | GM Volt 직렬 hybrid

다. 발전기에서 발전된 전기로 직접 모터를 구동하면 효율이 좋아진다. 이 방법은 전기모터로만 바퀴를 구동하기 때문에 전기모터와 배터리의 용량이 커야 한다. 배터리를 사용하지 않고 엔진으로 발전기를 돌리고 그 에너지로 전기모터를 기동하면 간단한 주행은 가능하지만 가속이 어렵다. 감속 시 회생 제동으로 전기 에너지를 회수한다. 엔진은 다운사이징되어 출력과 배기량이 작아지고 다운사이징 엔진도 큰 동력을 발휘한다. 이 방식은 하이브리드 자동차의 기본이 되는 자동차이다. 그림 11.5는 GM Volt 직렬 하이브리드를 나타낸다.

(2) 병렬(패러럴) 하이브리드 시스템

병렬 하이브리드 시스템은 엔진과 전기모터가 동시에 바퀴를 구동한다. 따라서 엔진과 전기모터가 병렬로 구성된다. 전기모터는 엔진 보조로 바퀴를 구동하고 발전기 전기는 배터리

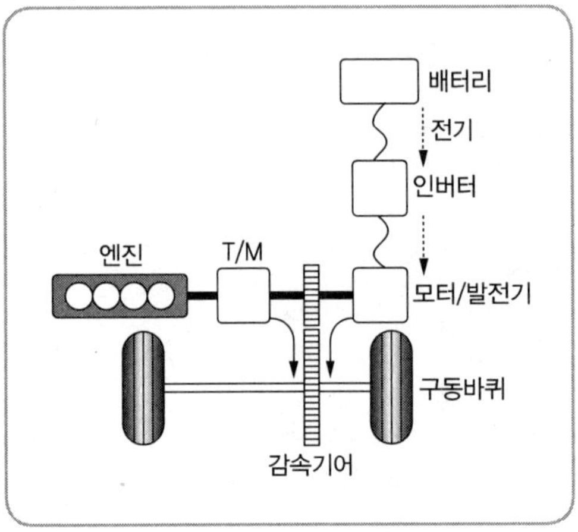

| 그림 11.6 | 병렬 하이브리드 시스템

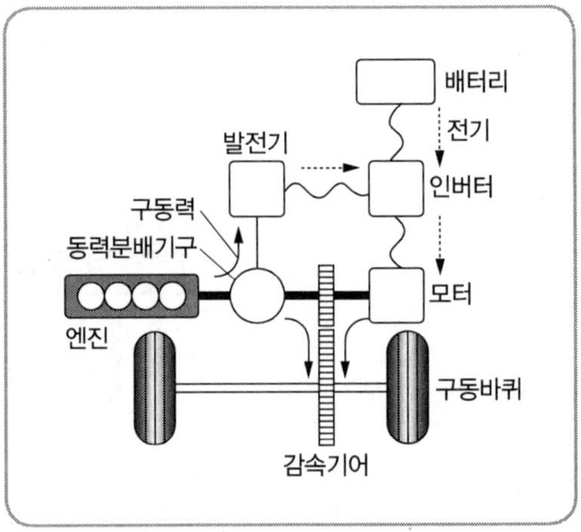

| 그림 11.7 | 직병렬 하이브리드 시스템

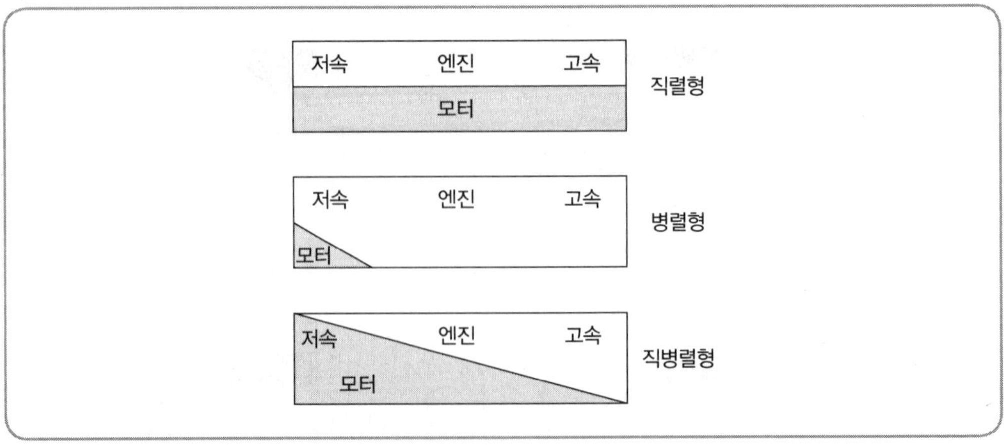

| 그림 11.8 | 하이브리드의 모터와 엔진 사용량

에 충전한다. 병렬 하이브리드 동력은 엔진, 전기, 단독으로 혹은 2동력 같이 자동차를 구동할 수 있다. 그림 11.6은 병렬 하이브리드 시스템을 나타낸다.

방법에는 전기모터에서 나오는 구동력을 변속기 후방에서 합류시키는 방법과 변속기 전방에서 합류시키는 방법이 있다. 2가지 방법 중 어떻게 구성하는가에 따라 모터의 회전과 출력 특성이 변한다. 가장 널리 보급되어 있는 방식이다.

(3) 직병렬(dual) 하이브리드 시스템

직렬과 병렬 2가지를 모두 사용하는 혼합 하이브리드 시스템이다. 직렬 방식과 병렬 방식의 장점을 따서 혼합시킨 방식이다. 전기모터 또는 엔진만으로 바퀴를 구동하기도 하고 전기모터와 엔진을 함께 휠을 구동하기도 하는 복잡한 구조를 가진다. 이는 연비 개선과 배출가스 저감에 매우 유리하다. 엔진의 효율을 높이기 위해 모터의 사용 영역을 확대하고 앳킨슨 사이클 엔진을 적용하여 연비를 향상시켰다. 높은 토크 영역에서는 가솔린 엔진을 사용하고 낮은 토크 영역은 전기모터를 사용한다. 2종류의 동력을 자유롭게 분할, 혼합하여 사용하고 엔진, 전기모터, 발전기의 3가지 요소로 구성된다. 각각의 작동과 토크 특성을 유지하면서 다른 종류의 동력을 자유롭게 혼합하여 구동력을 만든다. 병렬 방식은 개별 구동, 결합 구동이 가능하고, 직렬 방식은 전기 발전, 전기모터 구동이 동시에 가능하다. 변속 장치는 동력 분할기구, 유성기어 작동에 발전기 전기를 사용하고 기구는 간단하지만 작동은 복잡하다. 그림 11.7은 직병렬 하이브리드 시스템을 나타내고 그림 11.8은 하이브리드 자동차의 모터와 엔진 사용량을 나타낸다.

(4) 모터 보조 방식

하이브리드 자동차 중 가장 간단하며 가격도 저렴하다. 엔진의 출력 부분에 모터를 직접 연결하여 토크 상승과 감속 시 에너지를 회수한다. 병렬 하이브리드와 비슷하지만 기능 면에서 차이가 있다. 기구적으로 가장 간단해서 플라이 휠 부분에 끼우는 모터, 배터리와 제어 계통을 추가하여 연비 개선을 한 것이 있다. 감속 시 엔진이 전기모터와 같이 계속 돌기 때문에 연소를 멈추고 있어도 엔진 브레이크 만큼 에너지 회수가 줄어든다. 모터의 토크가 구동력에 더해지고 빠질 때 구동에 문제가 발생할 수 있어 운전 성능의 최적화가 어렵다.

11.1.5 프리우스(Prius) 하이브리드

프리우스 하이브리드에 적용한 엔진은 고팽창비 사이클인 앳킨슨 사이클을 사용한다. 일반적으로 연소실 체적을 적게 하면 팽창비가 높아진다. 그러면 폭발 압력이 낮아져 에너지의 이용율이 좋아진다. 압축시의 체적과 폭발시의 체적이 거의 같기 때문에 압축비와 팽창비는 거의 같게 된다. 팽창비가 높아지면 압축비도 높아져 노킹이 발생한다. 즉 압축비와 팽창비를 높이는 것은 한계점이 있다. 그러나 이를 가능하게 하기 위해 흡기 밸브 닫는 시기를 늦추면 된다. 1세대 도요타 프리우스의 경우 엔진은 1500cc, 4기통 엔진이다. 이 엔진은 앳킨슨 사이클 적용, VVT-i 적용으로 출력을 높였다. 프리우스 하이브리드의 엔진은 체인 구동 캠 트레인으로 작동하는 가변 밸브 타이밍(VVT)를 사용하고 이는 흡기 밸브 개폐 시기를 변화시킨다. 압축비 13:1에 흡기 닫힘 시기를 빨리하여 엔진의 토크를 높여 가속 성능을 좋게 하였다.

동력 분할기구는 1세대인 1997년에 개발되었다. 그 후 2세대를 거쳐 3세대가 개발되어 있다. 프리우스의 가장 핵심 기술은 다운사이징 엔진 개발과 동력 분할 기구의 개발이다. 동력 분할기구는 엔진의 동력, 모터의 동력, 발전기의 동력의 3가지 구성 요소를 1개의 유성기어에

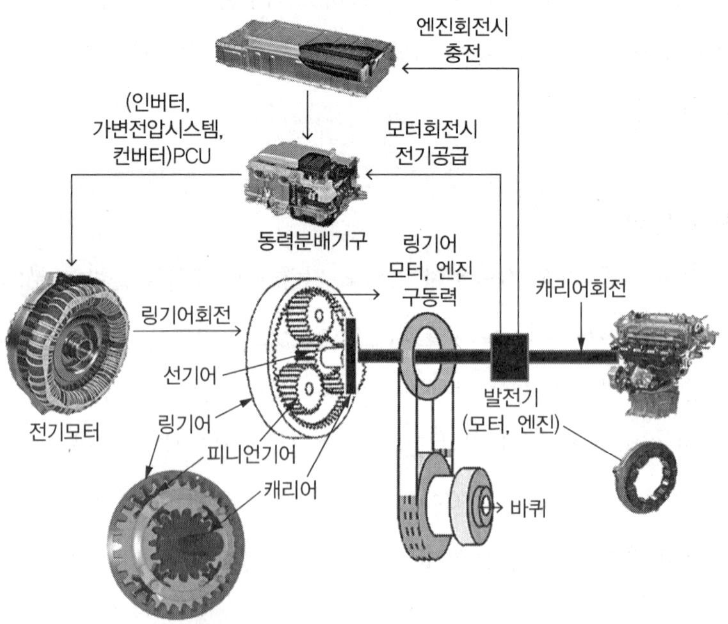

| 그림 11.9 | 프리우스의 구조

넣었다. 다양한 동력 전달과 동력 혼합 기술의 핵심인 동력 분할 기구는 도요타만이 가지는 기술이라 볼 수 있다. 엔진과 전기모터의 토크를 연속으로 혼합하고 밸브 가변기구와 동력 분할기구의 적절한 혼합은 연비를 높이는데 중요한 역할을 한다. 엔진의 구동력, 전기모터의 구동력, 엔진과 모터의 구동력, 엔진, 발전기, 모터에 의한 구동력, 회생 제동력 등의 힘을 조화롭게 작동시키는 기구이다. 그림 11.9는 프리우스의 구조를 나타낸다.

(1) 주행 조건

① 시동

브레이크를 밟으면서 시동 스위치를 누르면 시동된다. 고전압 배터리의 충전 상태를 나타내는 SOC(state of charge)값이 낮으면 발전기(MG1)로 발전해서 고전압(HV) 배터리를 충전하고 엔진 냉긴 시에는 엔진의 난기를 위해 시동을 건다. 시동은 고전압 배터리로 시동 모터(MG2)가 시행한다. MG1은 발전기, MG2는 시동 모터를 의미한다. 이 차량에서는 모터와 발전기의 구분이 없고 모터와 발전기를 모두 구동을 하거나 발전기의 역할을 한다.

② 정차 시 충전

기어 P의 위치에서 SOC의 값이 낮으면 엔진을 기동하여 엔진의 힘으로 MG1을 구동하여 배터리를 충전한다.

③ 출발(start up)

엔진 정지 상태에서 전기모터로 출발한다. 출발, 정지가 많은 시내 주행이나 저속 주행 시 이용한다. 차가 조금만 움직여도 엔진이 시동된다면 ISS의 장점이 없다. 이를 막기 위해 이때는 전기모터 구동으로만 달리는 전기자동차 모드가 있다. 초기 가속 시는 전기모터로 구동한다. 주행 중 가속 페달에서 발을 떼면 회생제동 모드로 전환된다. 다시 엑셀을 밟으면 엔

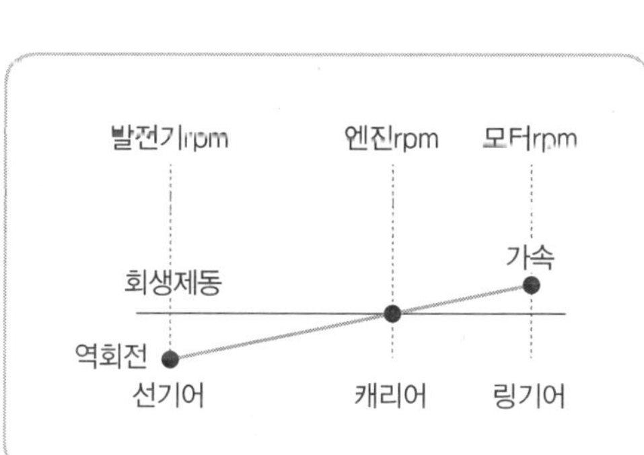

| 그림 11.10 | start up

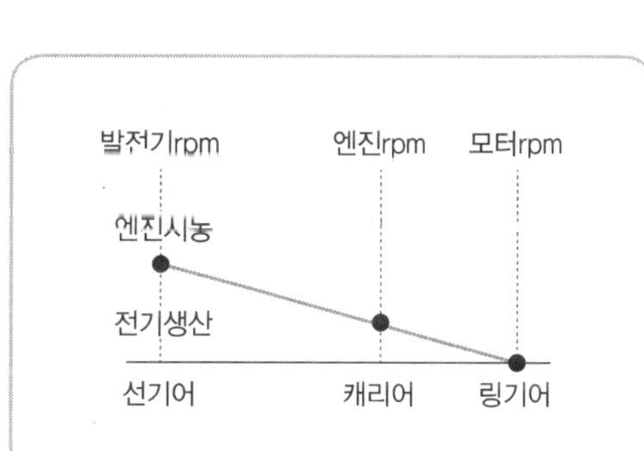

| 그림 11.11 | 출발가속

진 시동은 걸리지 않고 전기모터 만으로 달린다. SOC가 높으면 **그림 11.10**과 같이 엔진은 계속 꺼져 있고 모터와 발전기만 기동한다. SOC가 낮으면 엔진이 가동된다.

저속 주행, 완만한 내리막길 주행 등 경부하일 때는 엔진을 정지시키고 MG2로 주행하여 저 연비를 실현한다.

④ 출발에서 가속

발전기는 엔진의 시동을 걸고 시동이 되면 발전기는 전기를 생산한다. 이 전기는 배터리로 충전되어 MG2 모터 구동에 사용한다. **그림 11.11**은 출발에서 가속 시 주행 조건을 나타낸다.

⑤ 정상 주행

중·고속 영역에서 일정한 구동력을 유지하는 정상 주행은 엔진의 출력과 토크를 적당히 변속하여 구동 바퀴로 전달한다. 엔진과 전기모터가 같이 회전하는 동력 혼합이 이루어진다. 가속을 하면 연비가 낮아지지 않도록 전기모터를 구동한다. 이 상태는 전기모터와 엔진이 구동하는 형태이다. 정상 주행 시에는 엔진 동력은 2개로 분할되어 하나는 바퀴를 구동하고 다른 하나는 MG2를 구동해서 엔진을 보조한다. **그림 11.12**는 정속 주행 조건을 나타낸다.

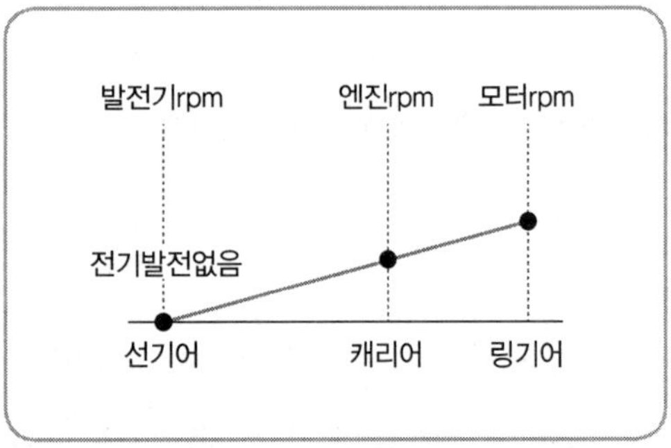

| 그림 11.12 | 정속 주행

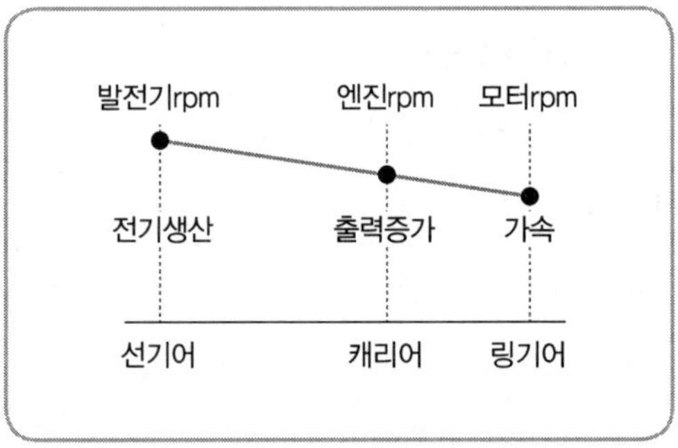

| 그림 11.13 | 가속 시

⑥ 가속

차량 중량에 비교하여 약간 작은 엔진을 장착하여 효율적이고 더 큰 구동력이 필요할 때는 전기모터를 사용하여 토크를 상승시킨다. 엔진이 구동하면 발전기가 발전되고 이 전기로 모터는 구동된다. CVT를 이용하여 감속비를 크게 하고 속도가 높아지면 감속비를 작게 하고 전체를 하나로 움직인다. 가속 시는 엔진 출력을 높여 구동하고 엔진 동력을 MG2에 전달해서 발전한다. 그 전기와 HV 배터리 전기로 MG2 모터를 구동하여 가속시킨다.

⑦ 에너지 회수

감속 시는 구동 바퀴와 연결되어 있는 모터를 바퀴가 회전시키면서 발전한다. 이 발전기

부하로 모든 차량의 부하를 제어한다. 이를 회생 제동이라 한다. 감속 시 에너지 회수는 하이브리드의 장점이다. 가속 페달에서 발을 떼면 가벼운 감속을 하며 브레이크를 밟으면 본격적으로 발전하면서 브레이크 역할을 한다.

⑧ 감속, 제동

감속 시는 구동 바퀴의 회전력에 의해 MG2를 회생시켜 발전을 하여 HV 배터리를 충전한다. 제동 시에는 브레이크를 밟는 힘에 맞는 제동력을 얻도록 에너지를 회수한다.

⑨ 후진

후진 시에는 HV 배터리로부터의 전기에 의해 MG2를 전진 시의 역방향으로 구동하면서 후진한다.

(2) 고전압(high voltage) 제어 시스템과 상호 제어

도요타의 엔진 종합 제어시스템(Toyota Computer Controlled System, TCCS)은 구동 드라이버의 요구 출력을 최적으로 되도록 제어한다. THS(Toyota Hybrid System) II의 특징은 소형, 고성능 니켈수소 배터리를 한층 더 개발하여 배터리의 내부 저항을 줄인 것이다. THS II에서는 주행 중에 일정한 충전 상태를 유지하도록 충전 제어를 하고 외부에서의 충전은 필요가 없다. 제어 유닛 내부에 고전압 전원 회로가 있고 모터와 발전기 전압은 최대 500V이다. 전류는 그대로 두고 고전압을 사용하면 에너지 손실이 줄어들어 효율이 높아진다. 그림 11.14는 고전압 시스템을 나타낸다.

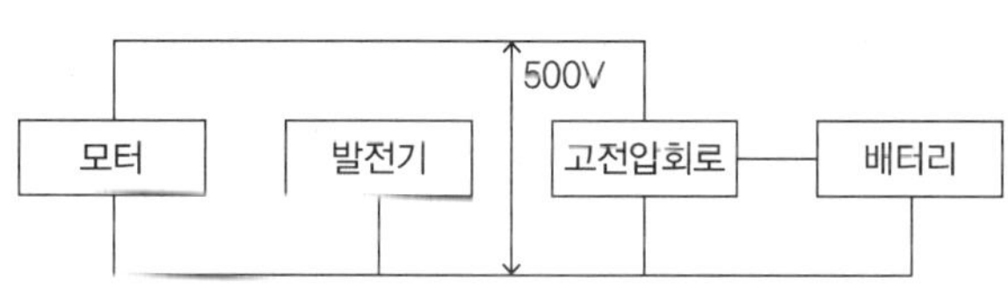

| 그림 11.14 | 고전압시스템

① 엔진의 시동과 정지

엔진 시동 시의 크랭킹은 발전기를 이용한다. 엔진 회전수가 정해진 값 이상이 되면 연료를 분사하고 엔진 정지 시에는 발전기의 발전저항이 토크를 흡수해서 엔진을 정지시킨다.

② 엔진의 회전수제어

엔진의 회전수는 차속과 가속페달의 열림량에 따라 제어되고 고전압 제어 시스템이 연비 감소와 동력의 균형을 맞추면서 엔진 회전수를 제어한다. 그러나 냉간 시에는 ECU가 엔진 회전수를 제어한다.

③ 전자식 스로틀밸브제어

기관에 들어가는 공기 유량을 조절하기 위해 흡기계의 상류 끝 부분에 스로틀 밸브가 장착되어 있다. 고전압 제어 시스템에서 신호를 받아 엔진 효율이 최대가 되도록 스로틀 밸브의 열림량을 제어한다.

④ VVT제어

흡기 밸브의 개폐 시기는 공기가 실린더에 들어가는데 영향을 미친다. 흡기 밸브의 닫힘 시기를 하사점 이후에 하면 더 많은 공기가 실린더에 들어가게 되고 흡기 밸브가 닫히는 시기는 실린더내 공기와 흡기 다기관내의 공기 압력이 평형을 유지할 때이다. 이론적으로 기관이 빨리 회전하면 흡기밸브를 늦게 닫아야 하고 천천히 회전하면 흡기 밸브는 일찍 닫아야 한다, 이렇게 하면 체적 효율이 증가한다. 흡기 밸브를 닫는 시기는 캠축에 의해 조절되며 기관 속도에 따라 흡기 밸브의 닫는 시기를 변경하는 시스템이 가변 밸브 타이밍 제어이다. 그림 11.15는 VVT 시스템의 양정과 밸브 타이밍을 나타낸다.

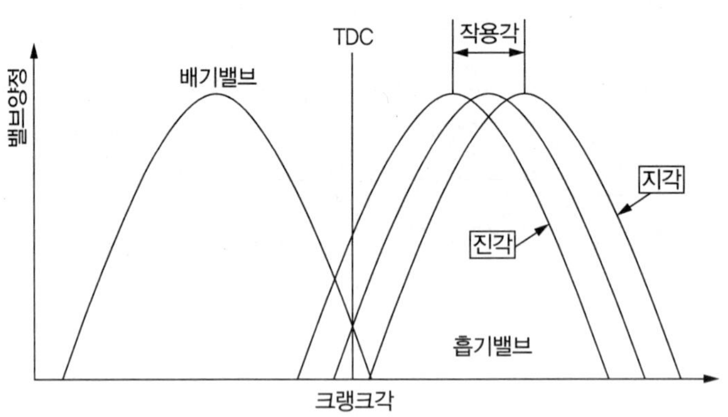

| 그림 11.15 | 일반적인 VVT 제어

(3) 프리우스 앳킨슨 사이클

가솔린과 디젤 사이클에서는 팽창 행정의 끝에서 배기 밸브가 열리면 실린더 내의 압력은 대기의 3/5 정도 내려간다. 팽창 행정 동안 추가적인 일을 할 수 있는 위치에서 배기 밸브가 열리고 압력은 대기압이 된다. 만약 실린더 내의 가스가 팽창하여 대기압으로 내려갈 때까지 배기 밸브가 열리지 않으면 기관 효율이 증가되고 많은 양의 팽창일을 얻을 수 있다. 이 공기 표준 사이클을 엣킨슨 사이클이라 한다. 이 사이클을 완성시키기 위해 많은 크랭크축과 밸브 메카니즘이 개발되었다. **그림 11.16**은 앳킨슨 사이클이다. 2점에서 흡기 밸브를 닫아 압축인 2−3보다 팽창인 4−5가 훨씬 길다. 즉 고팽창비인 사이클이다. 사이클은 엔진의 효율을 결정하는 기본으로 3세대 프리우스는 앳킨슨 사이클을 사용하여 압축비 13, 최대출력 99Ps, 142Nm의 토크를 발생한다. **그림 11.17**은 앳킨슨 사이클의 밸브 양정과 밸브 열림시간을 나타낸다.

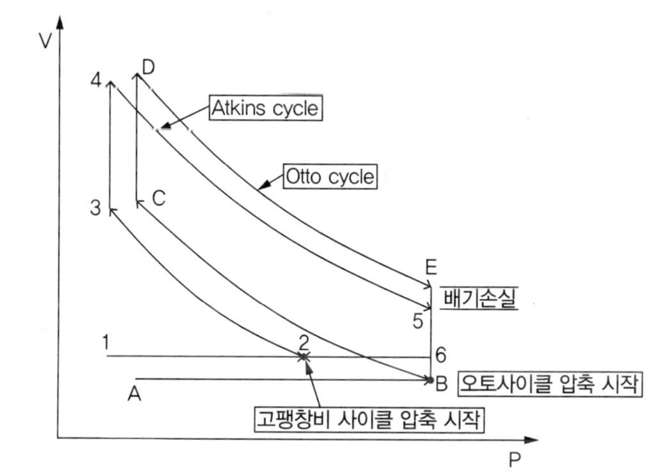

| 그림 11.16 | 앳킨슨 사이클(고팽창비 사이클)

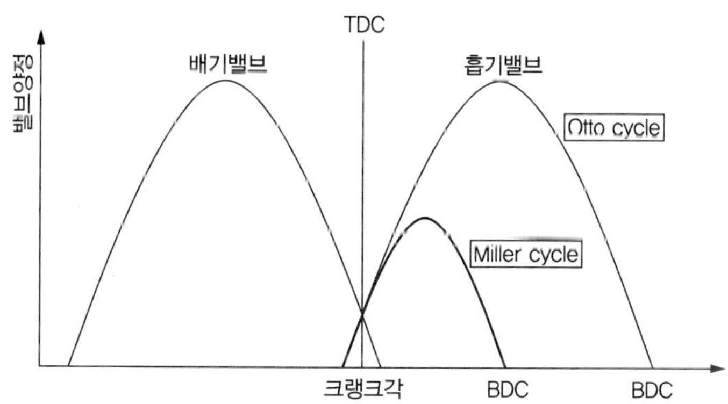

| 그림 11.17 | 앳킨슨 사이클 밸브 양정

(4) 센서와 제어

고전압 제어 시스템의 엔진 동력 규정 값과 각종 센서의 신호를 근거로 하여 연료 분사량 제어, 점화 진각제어(ESA), VVT－i(variable valve timing with intelligence) 제어, 냉각팬 제어, 스로틀 전자제어(ETCS－i)제어 등을 통합적으로 하는 것이 TCCS(Toyota Computer Controlled System)로 엔진종합 제어시스템이라 한다.

① 냉각수온 센서(Water Temperature Sensor)

냉각수온 센서는 ECU에 냉각수 온도를 제공하며 냉각수 온도가 낮으면 ECU는 냉간 운전을 위하여 추가의 연료를 공급할 수 있도록 인젝터에 신호를 보낸다. 온도에 따라 저항치가 변하는 서미스터인 반도체 소자를 이용하여 아날로그 신호를 ECU에 입력한다.

② 공기온도 센서(Air Temperature Sensor)

서미스터는 온도에 따라 저항 값이 변하는 반도체 소자로 열(thermo)과 저항(resistor)의 합성 단어이다. 이 소자는 온도와 시간에 따라 저항 값이 변하는 성질이 있다. 공기온도 센서는 서미스터의 일종이다. 공기온도 센서는 센서가 가열됨에 따라 저항이 떨어지며 차가운 공기일 때는 저항이 높아진다.

③ 스로틀 위치 센서(Throttle Position Sensor)

스로틀 위치 센서는 스로틀 보디의 축과 같이 회전하는 가변 저항기로 스로틀 밸브의 개도를 검출한다. 밸브의 개도량에 따라 연료 분사량을 제어하며 공회전, 부분 부하, 전부하를 감지한다. ECU는 이 신호를 이용하여 밸브의 열림량을 연산하고 전자 스로틀 제어(ETC)를 하여 열림량을 제어한다.

④ 공기유량 센서(Air Flow Sensor)

통과하는 공기량이 많으면 발열된 저항은 빨리 식고 브리지 회로 성격상 회로 양단간 전위차를 0으로 만들기 위해 전기가 더 흐르고 이렇게 흐른 전기량이 많을수록 유입 공기량이 많은 것이다. 출력은 전압으로 표시된다. 백금 열선은 공급된 전류에 의해 뜨겁게 유지되고 흡기 공기량은 열선을 냉각시킨다. 공기량이 많을수록 열선으로부터 많은 열이 손실된다. 열선식은 플랩 타입에 비해 공기저항이 적고 응답 특성이 좋다. 그러나 열선 타입의 경우 진동에 의해 선이 끊어지기 쉬워서 백금선을 얇은 막으로 만든 열막 방식이 많이 사용된다.

⑤ 크랭크각 센서(CKP, 엔진회전수 신호, Ne센서)

크랭크각 센서는 전자제어 엔진에서 사용하는 센서 중 가장 중요하며 점화 시기 및 연료분사 제어에 대한 기준 신호를 제공한다. 흡입 공기량을 검출할 때 공기유량 센서는 단위 시간당 흡입 공기량을 검출하지만 1사이클마다의 흡입 공기량을 검출하고 분사시기 조절을 위해 크랭크각 센서가 사용된다. 엔진 속도 센서는 크랭크축의 회전 속도를 알려주는 크랭크각 센서이며 ECU는 이 데이터로 연료 공급과 점화진각을 제어한다. 크랭크각 센서는 크랭크축의 속도와 피스톤의 위치를 ECU에 알려준다. 1번 실린더 TDC센서는 캠축을 이용하여 1번 실린더의 압축 행정의 상사점을 감지하여 이를 펄스 신호로 바꾸어 ECU로 입력한다. ECU는 이 신호를 이용하여 각 실린더의 연료 분사순서를 결정한다.

⑥ 캠위치 센서(CMP, G2센서)

CKP와 마찬가지로 검출의 정밀도가 높은 전자 픽업식 센서이다. 캠위치 센서는 실린더 헤드 후위에 장착되어 흡기 캠축에 고정된 캠축 타이밍 로터의 돌기로부터 신호를 검출한다. 출력 측에는 CKP와 CMP 신호를 ECU로 보내어 ECU는 이 신호로 연료 분사량 및 점화시기를 결정한다.

⑦ 공연비 센서(A/F센서, Air-Fuel Ratio Sensor)

배기가스로부터 공연비 상태를 확실히 피드백하기 위해서 A/F센서를 사용한다. 산소센서는 이론 공연비를 기준으로 희박과 농후 신호를 출력한다. A/F 센서는 공연비에 비례하는 출력 특성을 가지기 때문에 엔진 종합 제어시스템은 보다 정확한 제어를 할 수 있다.

⑧ 노킹센서 제어시스템(KCS)

노킹센서는 실린더 블록에 부착되고 엔진의 이상연소를 감지한다. 피에조 소자로 만들어진 노킹센서는 실린더 벽의 진동을 감지하여 이를 신호로 전환하여 ECU로 보낸다.

(5) 엔진 제어의 종류

① 점화시기 제어(ESA)

엔진의 상태에 따라 연산된 기본 점화시기에 각 센서의 신호에 의한 보정값을 추가하여 점화시기를 제어한다. TDI(Toyota Direct Ignition System)를 사용하여 점화시기의 정밀도를 높이고 점화시기의 조정이 필요 없다. ESA의 전자진각 시스템을 사용하여 엔진 종합 제어시스템은 각 센서에서의 신호에 따라 엔진 상태에 적당한 점화시기를 제어한다. 각 센서에서 출력되는 신호에 의해 최적인 점화시기를 점화코일의 (-)에 점화 신호(IGt)로 보낸다.

② 연료 분사량 제어

엔진의 상태에 따라 연산된 기본 분사시간에 각 센서의 신호에 의한 보정 값을 추가하여 적절한 연료 분사를 한다. 공기유량 센서에 의해 흡입 공기량을 측정하여 연료 분사량을 제어한다. A/F센서를 적용하여 연비 보정을 실시하여 배출가스 저감을 도모한다.

③ 스로틀 제어(ETCS-i)

고전압 제어 시스템의 요구에 따라 열린 스로틀 밸브 열림 정도에 각 센서의 신호에 의한 보정 열림 값을 추가하여 적절한 스로틀 밸브의 개방 정도를 유지한다.

④ 공회전 속도 제어(ISC)

엔진의 냉각수 온도에 따른 FIAV의 패스트 아이들 회전수와 엔진 웜업 후의 공회전 속도 스로틀 밸브 제어(ETCS-i)에 의해 제어한다.

⑤ A/F센서 제어

냉각수 온도와 엔진 운전 상태에 따라 A/F센서의 히터를 온, 오프한다.

⑥ 산소센서 제어

냉각수 온도와 엔진 운전 상태에 따라 산소센서의 히터를 온, 오프한다.

⑦ 캐니스터 퍼지 제어

냉각수 온도의 정도와 엔진 운전 상태에 따라 캐니스터의 퍼지(purge)유량을 제어한다.

⑧ 고장 안전 기능(fail safe)

각 센서의 신호에 이상이 발생하면 엔진종합 제어시스템에 저장되어 있는 표준 값을 이용하여 차량을 구동하고 제어의 계속 여부와 엔진 정지 여부를 결정한다.

⑨ 연료 펌프 제어

모터로 주행 중 엔진의 구동이 필요가 없는 경우, 연료 펌프의 가동을 정지한다.

⑩ 인젝터 열림 시간

엔진 시동 시에는 엔진 회전수, 배터리 전압 및 냉각수 온도를 고려하여 분사 시간을 결정하고 시동성을 유지한다. 시동 시의 과도한 분사를 방지하기 위해 크랭킹 시간에 의해 분사량을 증감한다. 냉각수 온도가 낮을 때는 난기 보정으로 냉간 시의 시동성을 확보하고 시동 후 증량 보정은 시동 직후가 최대로 되고 그 후 서서히 감소하여 시동 후의 엔진의 회전은 안정하게 된다.

(6) 구성 부품과 설계

① 가솔린 엔진

제 3세대 프리우스는 1.5L에서 1.8L로 배기량을 크게 하고 냉각 EGR, 전기 냉각수펌프를 사용하여 연비를 높이고 그리고 흡배기 밸브를 구동하는 로커 암에 롤러 기구를 채용하여 마찰을 줄였다. EGR을 사용하여 펌핑 손실, 엔진 냉각 손실을 줄이고 배기가스 온도를 낮추어 전체 영역에서 이론 공연비 연소가 가능하여 연비가 향상되고 배출가스를 저감하였다. 전기 냉각수 펌프는 엔진 냉각수를 필요한 때 필요한 만큼 순환하여 손실을 줄이고 구동 벨트가 없어 마찰 손실을 줄일 수 있다. 하이브리드에서는 배기량은 크고 엔진 크기는 작아야 배기가스가 줄고 효율을 높일 수 있다. 그리고 엔진의 냉각수를 배기로 재순환하여 배기열을 회수하여 난방에 사용하여 겨울철 연비와 히터 성능을 향상시켰다.

② 연료탱크

전기 하이브리드에서 연료 탱크는 가솔린 엔진에 연료를 공급한다. 가솔린은 배터리보다 훨씬 큰 에너지 밀도를 갖는다.

③ 전기모터

전기 하이브리드에서 전기모터는 복잡하다. 발전된 제어 기술은 모터가 발전기의 역할을 할 수 있도록 되었다. 배터리에서 에너지를 받아 바퀴를 구동하고 자동차의 속도가 줄어들면 발전기로 되어 배터리에 전기를 공급한다. 프리우스 모터는 교류 동기모터를 사용하고 교류를 사용하는 고효율 BLDC 모터이다. 영구자석으로 네오디미늄 자석, 로터에 전자석 강철판을 사용하고 영구자석을 V형으로 배치하여 토크와 출력을 향상시킨다. 작고 가벼운 고효율의 교류 동기모터로 저회전에서 고회전까지 강한 토크를 발생하고 모터의 회선과 토크를 자유롭게 제어할 수 있다. 삼상 교류를 사용하고 회전 자기장과 로터의 각도를 최적으로 하고 영구자석은 V형으로 최고 출력 60kW, 최대 토크 207Nm이고 모터 제어는 PWM을 이용한다. 그림 11.18은 프리우스에 사용된 모터의 토크와 출력를 나타낸다.

④ 발전기

발전기는 높은 회전이 가능한 교류 동기 발전기를 사용하고 저속 주행 시에도 많은 전기를 충전할 수 있다. 고출력 모터와 엔진을 결합하여 중·저속 영역에서 가속이 향상된다. 작동 회전수는 10,000rpm이다.

⑤ 배터리

프리우스는 고출력 니켈 수소 배터리를 사용한다. 배터리는 전기모터에 사용하는 전기 에너지를 저장한다. 가솔린 엔진에 연료를 공급하는 연료 탱크와는 다르게 전기 에너지를 저장, 공급을 할 수 있다. 가속 시 방전이 되지 않도록 감속 시 회생 제동, 엔진 주행 시, 충전으로 항상 충전 상태를 일정하게 유지하도록 제어한다. 수명은 5년 100,000km이다.

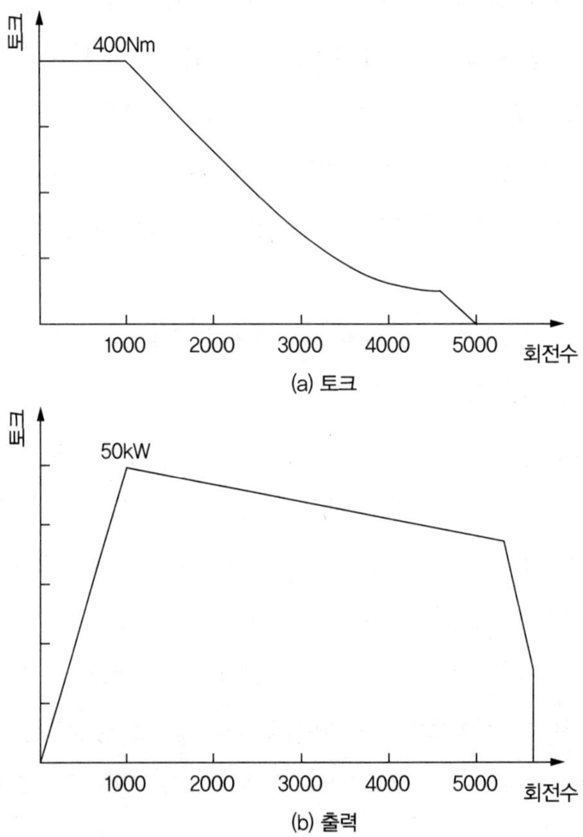

| 그림 11.18 | 프리우스 모터의 토크와 출력

⑥ 동력 분할기구

프리우스에서 동력 분할기구는 가솔린 자동차의 변속기와 같은 역할을 한다. 혼다 인사이트는 가솔린 변속기를 그대로 사용하고 프리우스는 동력 분할기구를 사용한다. 이는 2개의 동력원을 서로 다르게 구성할 수 있다. 병렬방식은 가솔린 엔진과 전기모터로 구성된다. 가솔린 엔진과 전기모터는 변속기와 연결되어 있어 엔진과 전기모터가 동시에 변속기를 돌릴 수 있고 직렬 방식은 엔진은 발전기를 돌리고 발전기는 전기를 배터리에 충전하고 변속기를 구동하는 전기모터에 전기를 공급한다. 가솔린 엔진은 바퀴를 직접적으로 구동하지 않는다. 모든 부품이 변속기와 연결되어 있다.

동력 분할기구는 가솔린 엔진의 동력을 드라이브 트레인과 발전기에 분배하는 장치이다. 효율적으로 배분하기 위하여 링기어 피니언 기어, 선기어, 유성 캐리어로 구성된 유성 기어기구를 사용한다. 유성 캐리어의 회전축은 가솔린 엔진에 연결된 피니언 기어를 통하여 링기어와 선기어를 회전시킨다. 링기어의 회전축은 직접 전기모터에 연결되어 바퀴를 회전하고 선기어 축은 직접 발전기에 연결되어 가솔린 엔진의 동력으로 발전을 한다. 전기모터에서 링기어로, 링기어는 선기어를 돌리고 선기어는 캐리어와 연결되어 이를 회전하여 바퀴를 돌린다. 그리고 캐리어는 발전기로도 연결되어 발전을 하고 이 전기는 다시 전기모터를 회전한다. 엔진은 발전기와 캐리어와 연결되어 전기를 만들고 캐리어를 돌리고 캐리어는 링기어, 링기어는 바퀴를 회전한다. 선기어는 발전기를, 캐리어는 엔진을, 링기어는 모터를 구동한다. 엔진의 동력은 캐리어를 통하여 피니언 기어를 거쳐 선기어, 링기어에 나누어 전달된다. 그림 11.19는 프리우스의 동력 분할기구 구조를 나타낸다.

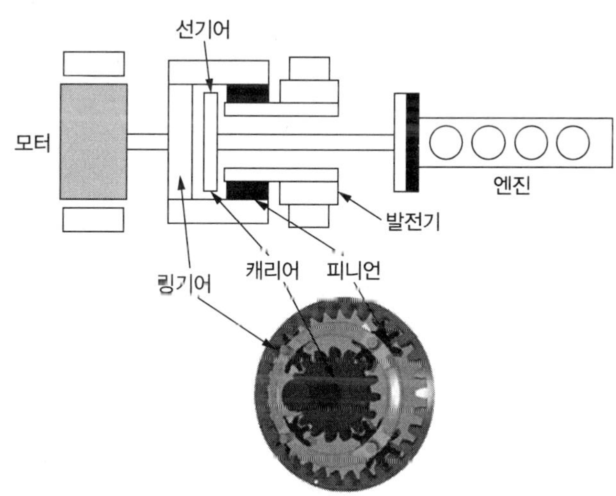

| 그림 11.19 | 프리우스 동력분할기구

⑦ 에너지 회수 장치

자동차는 브레이크를 밟을 때마다 마찰로 에너지는 버려진다. 자동차가 빨리 달릴수록 운동 에너지는 많아진다. 자동차의 브레이크는 열의 형태로 소산해버린다. 이 에너지를 회수하여 배터리에 저장한다. 시내 운전, 반복 감속 운전, 낮은 차량의 속도에서 에너지를 회수한다.

⑧ 드래그를 감소시키는 공기 유동학적 설계

고속도로를 주행할 때 엔진의 일 중 많은 부분이 공기를 통하여 없어진다. 이 힘을 공기역학 드래그라고 한다. 이 드래그 힘은 여러 가지 방법으로 감소시킬 수 있다. 방법은 자동차의 전면 면적을 줄이는 방법이다. 자동차 외부에서 발생하는 난류 흐름을 감소시키고 제거하기 위해서는 공기 역학적인 설계를 필요로 한다. 바퀴의 커버는 드래그를 감소하고 공기 흐름을 좋게 하는 역할도 한다.

⑨ 저롤링 저항 타이어

대부분의 자동차의 타이어는 부드러운 주행, 소음 최소화, 다양한 날씨에도 좋은 주행을 위하여 최적화되어 있다. 그러나 타이어는 효율 면에서는 최적화는 되어 있지 않다. 타이어는 구동하는 동안 많은 양의 드래그를 발생하고 하이브리드 자동차는 종래의 타이어보다 압력이 높고 편평하고 견고한 타이어를 사용하여 그 결과 50%의 드래그를 감소시켰다.

⑩ 경량화

연비를 증가시키는 가장 좋은 방법은 자동차의 무게를 감소시키는 것이다. 가벼운 자동차는 에너지를 적게 사용한다. 탄소 섬유와 같은 복합 재료, 알루미늄, 마그네슘과 같은 가벼운 재료를 사용한다.

11.1.6 혼다 피트 하이브리드

1.0L 가솔린 엔진에 10kW의 모터를 조합하여 엔진의 출력이 약한 저속과 가속일 때 모터가 보조하는 방식이다. 혼다 인사이트는 하이브리드가 어떻게 작동하는지를 알려주는 최고의 기술이다. 최고의 효율을 만들기 위하여 작고 고효율의 가솔린 엔진을 사용하여 연비 27.2km/L의 주행거리를 갖는다. 이 차는 단순화된 병렬 하이브리드이다. 플라이휠이 위치하는 곳에 엔진과 연결된 두께 6cm의 전기모터를 사용하고 이를 IMA(integrated motor assist)라 한다. 인사이트는 종래의 5단 수동 변속기와 자동 CVT를 장착한다. 전기모터는 가속이나 언덕길 주행 시 가솔린 엔진을 보조하다. 에너지를 회수하기 위하여 회생 제동을 사용하고 엔진 시동 시 필요한 시동 모터를 제거하였다. 그러나 전기모터는 그 자체로 변속기를 회

전시킬 수 없고 자동차를 움직이기 위해 가솔린 엔진을 반드시 구동해야 한다. 프리우스의 THS는 동력을 동력 분할기구로 분배하고 될 수 있는 가능한 한 전기모터로 주행을 한다. 그러나 배터리 용량 때문에 엔진을 사용해야 한다. IMA 시스템은 기존의 엔진과 변속기의 기본 구성에 전기모터와 제어 시스템을 통합하여 주로 엔진으로 주행하고 출력이 부족할 때 전기모터를 보조하는 방법이다. 인사이트 하이브리드는 프리우스 하이브리드와 비교하여 구조와 제어도 간단하고 가격도 저렴하여 소형차에서는 프리우스에 비하여 유리하다. 인사이트는 구조상 큰 모터를 사용할 수 없어 전기모터 보조에 제한이 있고 2세대 IMA 시스템은 전기모터만으로 주행이 불가능하다. 그러나 3세대에서는 이를 주행 중 엔진의 흡배기 밸브를 닫은 상태로 연료를 점화하지 않아 엔진 작동을 중지시키는 엔진 비활성화 기술로 전기모터만의 주행이 가능하다. 그림 11.20은 피트(feat) 하이브리드의 구조를 나타낸다. IMA 시스템이 작동하는 방법은 다음과 같다.

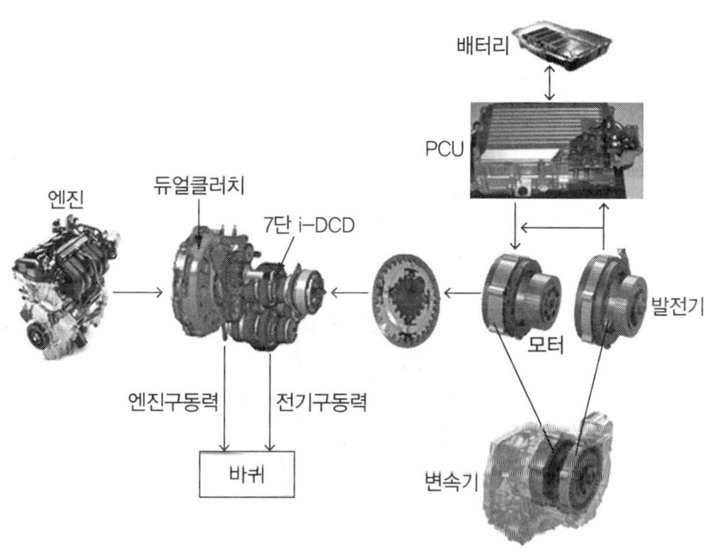

| 그림 11.20 | 피드(feat) 하이브리드의 구조

① 자동차가 완전히 정지한 상태에서의 출발은 큰 구동력이 필요하다. 공회전 상태에서 엔진을 기동할 때 엔진의 출력에 전기모터의 출력을 더하여 강력한 출발이 가능하다.

② 저속에서 일정한 속도로 달리고 있는 상태에서는 엔진 실린더 비활성화 기술로 엔진을 정지시켜 전기모터의 힘만으로 주행하여 연료 소비를 억제한다.

③ 가속이나 등판 등 큰 힘이 필요한 경우에는 엔진 출력에 모터 출력을 더하여 강력한 가속을 한다.

④ 고속에서 일정한 속도로 달리고 있는 상태는 큰 힘이 필요하지 않기 때문에 엔진의 출력만으로 주행한다. 그러나 가속이 필요할 때는 즉시 전기모터가 출력을 더한다. 내리막 등 기본적으로 구동력이 필요하지 않는 상태에서는 실린더 비활성화 기술이 적용되어 연료 소비를 억제한다.

⑤ 감속, 제동 상태에서는 모터에 흐르는 전류의 방향을 역으로 하여 발전을 하고, 배터리에 전기를 저장하는 에너지 회수를 한다.

표 11.5 혼다 하이브리드 작동 조건

	엔진	모터	모터(발전기)
출발가속	○	○	×
저속주행	×	○	×
가속 시	○	○	×
고속주행	○	×	×
감속, 제동	×	×	○
정지	×	×	×

| 그림 11.21 | 인사이트 평면형 하이브리드 모터

⑥ 자동차가 정차하면 자동으로 엔진이 정지하는 공회전 정지 상태가 되어 연료 소비를 억제한다.

(1) 전기모터

층을 쌓은 실리콘 강철 슬롯에 자석을 삽입한 구조로, IPM 로터, 고정자는 권선의 권수를 늘려 필요한 출력을 얻고 코일을 고밀도화하였다. 기존 대비 약 22%의 박형화로 두께 6cm, 15%의 경량화를 실현하였다. 그림 11.21과 같이 평면 형태의 BLDC 모터이다.

(2) 파워 컨트롤 유닛(PCU)

모터의 구동과 전기 에너지의 회생을 자동차의 주행 상태와 배터리 잔량에 따라 최적으로 제어한다. 인사이트는 배터리의 고전압 직류전원을 12V로 변환하는 DC-DC 컨버터, 모터 제어를 위해 직류 전원을 교류 전원으로 변환하는 인버터, 전원 구동장치(PDU), 모터 ECU를 하나의 팩에 넣어 IPU로 하였고 이러한 기능의 통합은 지능형 전원 장치의 소형화와 고효율화를 이룩하였다.

(3) 배터리

니켈 수소(Ni-MH)배터리를 사용하고 효율이 높다. 모듈 당 출력과 내구성을 30% 향상시킨 것으로 셀의 수를 기존 11개에서 7개로 감소하고 모터가 요구하는 출력과 용량을 확보하면서 배터리를 소형화하였다.

(4) 효율적인 엔진

무게 56kg, 1000cc, 3실린더, 67HP 엔진에 VTEC 시스템을 적용하였다. 효율을 최대화하기 위하여 희박 연소 기술을 사용하고 25~28km/L 연비이다. 전기모터까지 구동하면 엔진과 합쳐서 73HP을 낸다. 전기모터의 마력은 6HP이다. 그러나 전기모터의 실제의 효과는 엔진의 속도가 낮을 때이다. 전기모터는 3000rpm에서 10kW(13HP)을 낸다. 낮은 속도에서 엔진의 힘이 약할 때 전기모터는 토크를 추가하여 작은 엔진이 큰 엔진에 해당하는 느낌을 받도록 설계하였다. 차체를 알루미늄을 사용하여 차량 무게는 862kg이다.

11.1.7 혼다의 3세대 하이브리드

혼다의 소형 자동차용 3세대 하이브리드는 2세대 IMA와 같이 한 개의 모터를 엔진과 변속기 사이에 배치하여 엔진 구동을 보조하고 감속 시 에너지 회생을 하는 병렬식이다. 그러나 3세대는 엔진, 모터, 변속기, 배터리 등을 2세대의 IMA와는 다른 것으로 에너지의 효율을 30% 향상시켰다. 2세대의 CVT보다 가벼운 3세대 지능형 듀얼 클러치 드라이브(i-DCD, intelligent-Dual Clutch Drive)를 개발하였고 시스템 구성은 다음과 같다.

① 13.5의 압축비, 앳킨슨 사이클의 1.5리터 4기통, i-VTEC, 88ps 출력, 실린더 비활성화 기술, 대용량 냉각 EGR, VTEC 사용
② 한 개의 전기모터로 출력 20kW(27ps)이상의 평면형 전기모터 사용
③ 변속기는 CVT 대신에 7단 건식 듀얼 클러치 변속기 i- DCD사용

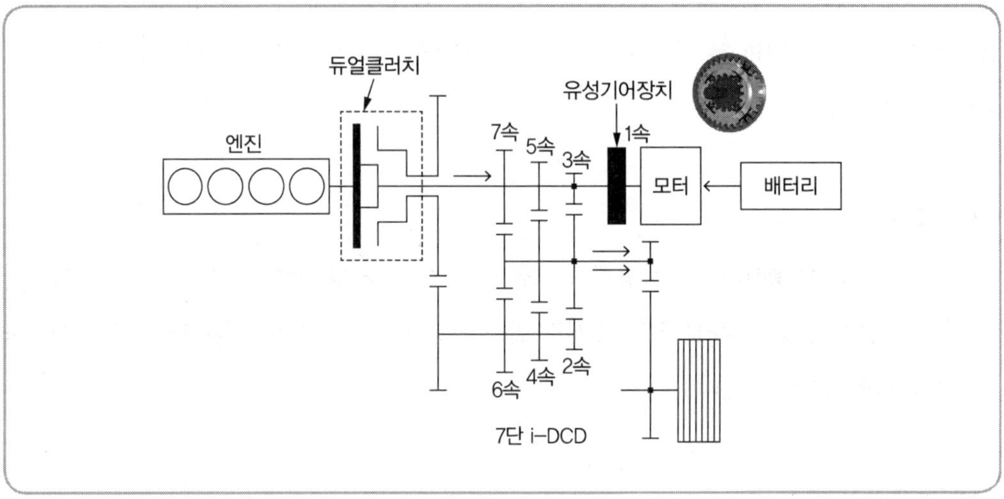

| 그림 11.22 | 3단 가속

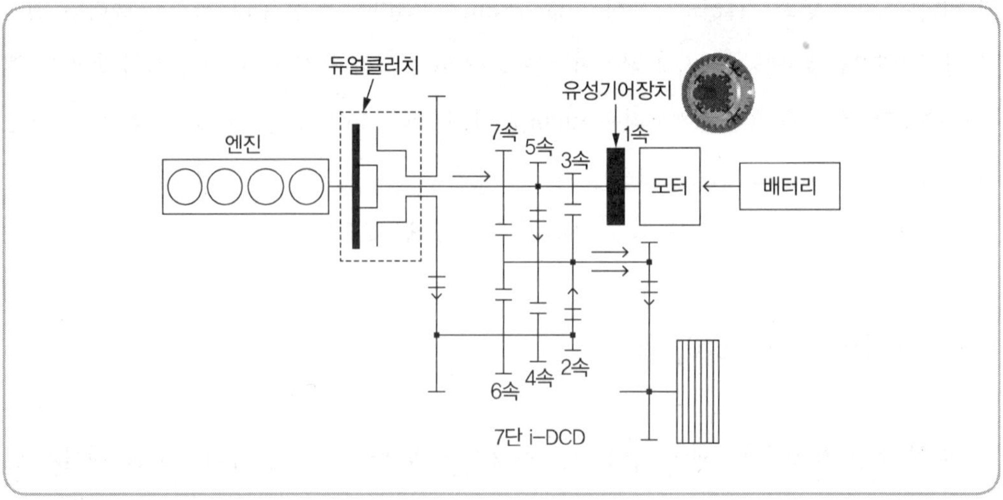

| 그림 11.23 | 4단 가속

④ 배터리는 GS 유아사의 합작사인 블루 에너지에서 만든 회생 에너지를 많이 저장하는 리튬이온 배터리(니켈수소의 2배 에너지 저장) 사용

듀얼 클러치 미션 케이스에 전기모터를 내장한 7단 i-DCD(지능형 듀얼 클러치 드라이브)는 1-3-5-7단의 홀수단, 2-4-6 짝수단, 2개의 변속 기어를 교대로 사용하여 기어 변속 시간을 짧게 하였고 원리는 폭스바겐이 사용하는 기존의 듀얼 클러치 변속기와 같다. i-DCD는 앳킨슨 사이클(밀러 사이클, 고팽창비 사이클)을 사용하는 1.5L 직렬 4기통 엔진에 한 개의 모터를 내장하고 7단 듀얼 클러치 변속기를 적용하여 연비가 36.4km/L로 세계 최고이다. 전기모터는 2 모터식보다 1 모터식을 채택하여 효율과 연비를 달성하였다. 2세대 IMA와의 차이점은 DCT 클러치 측에 모터를 장착하여 엔진과 모터가 자유롭게 분리, 연결할 수 있게 한 것이다. 2세대의 IMA 모터는 엔진에 직접 연결되어, 전기모터만으로 주행할 때는 엔진의 공전 토크로 인하여 에너지 회생 시 엔진 브레이크에 의해 에너지 손실이 발생하였다. 3세대 하이브리드는 엔진을 완전히 정지시킨 후 전기모터만으로 주행이 가능하고, 에너지 회생도 엔진 브레이크에 의한 에너지 손실이 없어 전기모터에 의한 에너지 회수를 하여 상당한 연비 향상을 이룩하였다.

전기모터는 작은 듀얼 클러치 미션에 들어가는 크기이면서 높은 토크를 나타내고 모터는 유성기어 구조로, 모터 중심축에 감속 기어를 넣어 작지만 22kW의 고출력을 발휘한다. 리튬

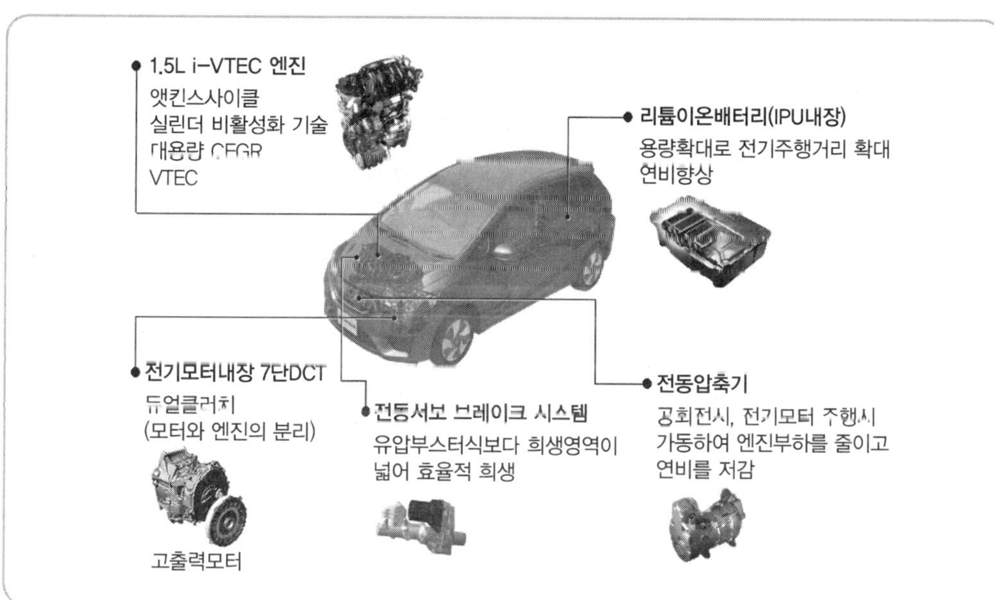

| 그림 11.24 | 혼다의 3세대 피트 하이브리드의 특징

이온 고성능 배터리와 함께 속도 70km/h까지의 전기모터로 주행할 수 있다.

듀얼 클러치 변속기(DCT)는 홀수 기어와 짝수 기어가 있고 모터는 홀수 기어 축에 연결되어 전기 모드, 하이브리드 모드, 회생제동 모드 시 사용한다. 클러치가 2개가 있어 2단에서 가속하면 3단을 사용하여 부드럽게 기어 변경을 하고, 엔진이 3단에서 가속을 하면 홀수 기어를 통하여 엔진의 출력이 모터와 같이 바퀴를 구동하고 엔진이 4단에서 가속 중이면 짝수 기어 축을 통하여 엔진의 출력이 바퀴로 전해지고 모터는 5단 기어를 통해 바퀴로 동력이 전달된다. 공회전 동안에는 모터는 항상 모터는 5단 기어를 통하여 동력을 전달한다. 홀수 기어 축과 모터는 유성 기어로 연결이 되어 있다. 유성 기어는 모터는 3단에서 5단으로 갑자기 전환하지만 유성 기어를 사용하면 무단계로 회전의 차이를 제거할 수 있다. 유성 기어는 링 기어(외부 기어), 선기어(내부 기어), 이를 연결하는 피니언 기어로 구성된다.

11.2 플러그인 하이브리드 전기자동차

PHEV의 의미는 Plug-in Hybrid Vehicle의 약어로, 플러그인 하이브리드 자동차이다. PHEV는 외부 전원을 이용하여 자동차 배터리를 충전할 수 있는 형태의 하이브리드 자동차이다. 주행 시에 CO_2나 유해 배기가스를 내지 않는 전기모터와 가솔린 엔진과 디젤 엔진의 내연기관을 같이 사용하여 원거리 주행을 할 수 있는 하이브리드 자동차로 친환경 자동차 중 가장 유망한 자동차이다. 이 자동차는 주행을 전기모터로 하고 가능한 내연기관은 사용하지 않아 배기가스를 내지 않고 전기 또한 저렴한 심야 전력을 이용하여 집에서 충전할 수 있도록 하여 연비도 높다. 그리고 전기자동차의 문제점인 주행 거리에 대한 염려가 없다. 2020년 정도에 가장 많이 판매되는 차세대 자동차가 될 것으로 예측된다. 선진국의 경우, PHEV가 차지하는 비율은, 2020년에 20%, 2030년에 30~40%가 될 것으로 예측된다. 주행 상황에 따라 최적인 모드에 제어하는 전기자동차를 기본으로 시내 주행의 저· 중속 주행 시에는 전기모터 주행모드를 사용하고 배터리의 용량이 저하하거나 강력한 가속이 필요한 경우에는, 내연기관의 엔진이 자동적으로 기동하여 발전기를 돌려 전기를 만들어 모터와 배터리에 전기를 공급하는 직렬 주행모드가 된다. 정속의 고속 주행 시에는 엔진을 이용하여 바퀴를 구동하고 모터가 보조하는 병렬 주행모드가 된다. 감속 시에는 모터는 발전기로 되어 감속 에너지를 회생하여 배터리에 충전한다.

플러그인 하이브리드 전기자동차는 가솔린 엔진, 고전압 배터리, 전기모터의 완전한 조합으로 자동차의 최대 연비 효율을 나타낸다. 이것은 내연기관은 보조 역할을 하고 전기모터가 주 역할을 한다. PHEV는 가정용 120V와 240V를 사용하여 배터리를 충전한다. 이렇게 하여 전기모터로 계속 주행을 하다가 상당한 거리 주행 후 엔진이 작동을 시작한다. 그것도 엔진의 효율이 가장 좋을 때만 사용한다. 배터리는 고전압 리튬이온 전지을 사용하여 효율이 높다. PHEV는 에너지를 회수하여 배터리에 저장시키고 회생제동하는 동안 전기모터는 발전기 역할을 한다. 외부 전원 연결은 꼭 필요한 것은 아니지만 심야 전기를 이용하여 최적의 연비를 제공할 수 있다. 저속일 때는 전기모터, 고속일 때는 엔진이 작동한다.

PHEV는 배터리를 사용하여 전기모터를 구동하고 가솔린, 디젤, 가스 등의 연료를 사용하는 엔진으로 구동하기도 한다. 이 자동차는 하이브리드 전기자동차보다 배터리가 더 크다. 이렇게 하면 전기모터로 주행할 수 있는 거리를 늘릴 수 있다. 전기자동차와 같이 매일 충전하는 것이 아니라 가끔 충전해도 되는 장점이 있다. 전기모터와 엔진을 병렬 및 직렬로 연결하는 방식도 있다. 주행에 따라 병렬 또는 직렬 방식 중 하나로 작동할 수 있고 동시에 작동하는 혼합 모드가 있다. 혼합 모드는 전기모터와 엔진이 직접 바퀴를 구동한다. 직렬 플러그인 하이브리드는 바퀴 구동에 전기모터만 사용내고 엔진은 모터에 전기를 공급하는데 사용한다. 배터리가 소진되면 병렬 하이브리드로 전환하기도 한다.

자동차 배출물은 스모그와 연무와 같은 공기 오염 물질과 이산화탄소, 메탄과 같은 온실가스이다. 이러한 것은 테일 파이프 CO_2와 WTW CO_2로 나누어 고려해야 한다. 직접 배출가스은 테일 파이프에서 배출되는 가스와 연료 주입동안 차량에서 배출되는 증발 가스가 해당된다. 전기자동차는 직접 배출가스는 0이다. PHEV는 전기모터로만 구동할 때는 0이지만 연료 주입시와 엔진을 구동할 때는 직접 배출가스는 배출된다. 그러나 기존 차량과 비교할 때 낮은 수준이다. WTW CO_2는 연료 생산, 처리 과정, 운반, 사용 시 발생하는 모든 배출가스를 의미한다. 가솔린의 경우 배출가스는 땅에서 원유를 채취할 때, 정제할 때, 운반할 때, 연소할 때 등 모든 과정에서 발생한다. 전기 에너지의 경우 대부분의 전기 발전소는 배출가스를 발생한다.

미쯔비시 PHEV는 구동용 배터리를 탑재하고 있기 때문에, 배터리의 전기만으로 50km 이상의 주행을 할 수 있다. 즉, 일상의 대부분을 전기자동차로서의 주행이 가능하다. 또한 주행 중에는 엔진으로 발전하여 배터리 전기를 충전할 수 있는 배터리 충전 모드가 있다. 충전한 전기는 차내의 콘센트와 연결하여 외부에서 전기 제품을 이용하거나 비상 시의 전원 공급 등에 이용할 수 있어 한층 더 편리하다.

(1) 전기모터 주행 모드

구동용 배터리에 의한 전기모터로 주행한다. 일상의 대부분의 주행은 전기자동차로서 사용이 가능하다. 그림 11.26은 전기모터 주행 원리를 나타낸다.

(2) 직렬 주행 모드

구동용 배터리의 용량이 저하했을 때, 가속 시 등 고에너지를 필요로 하는 경우, 구동용 배터리와 엔진 충전 전기를 이용하여 전기모터로 주행한다. 그림 11.27은 직렬 주행 원리를 나타낸다.

(3) 병렬 주행 모드

엔진의 효율이 가장 좋은 고속 영역은 엔진으로 구동하고 모터가 보조한다. 그림 11.28은 병렬 주행 원리를 나타낸다. BMW가 2014년 4월에 양산에 들어간 i8의 플러그인 하이브리드는 앞바퀴을 전기모터로, 후륜 엔진으로 구동한다. 엔진은 뒷바퀴에 장착되고 1.5리터 직렬 3기통 가솔린 터보로 최고 출력 231ps, 최대 토크 32.6kg·m이다. 앞바퀴에 탑재된 모터는 최고 출력 131ps, 최대 토크 25.5kg·m로 전기모터와 엔진을 합한 구동 출력은 362ps, 토크는 58.1kg·m이다. 0~100km/h의 가속 성능은 4.4초, 최고 속도 250km/h이다. 배터리는 축전 용량 5kW의 리튬이온 배터리로 모터 단독으로 최대 37km, 최고 속도 120km/h로 전기모

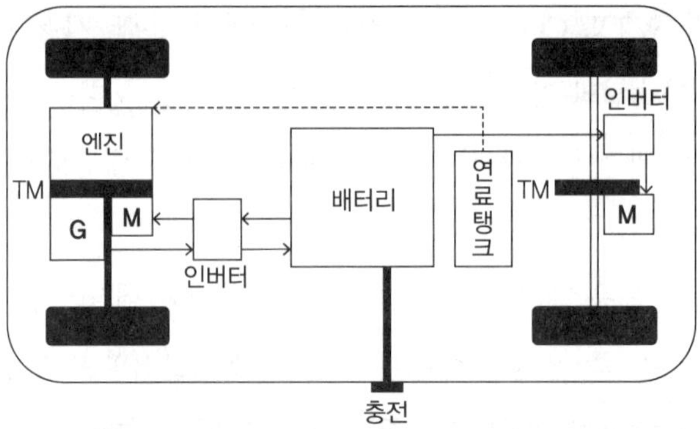

| 그림 11.25 | 미쯔비시 PHEV의 구성

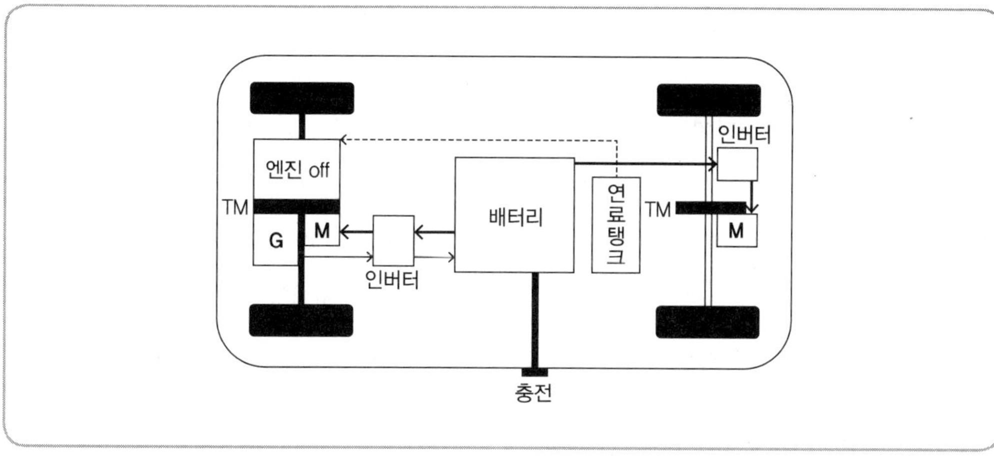

| 그림 11.26 | 전기모터 주행

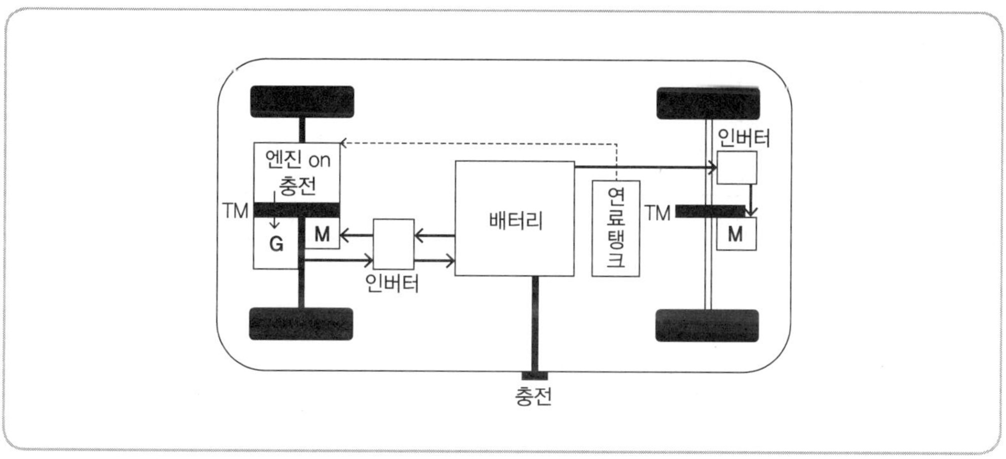

| 그림 11.27 | 직렬 주행

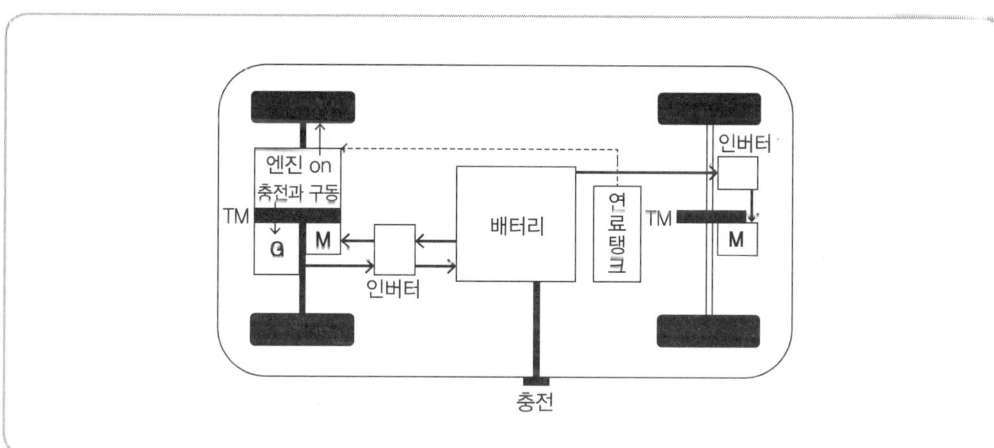

| 그림 11.28 | 병렬 주행

터 주행이 가능하다. i8은 EV 모드의 효과도 있어 유럽 복합 모드 연비가 47.6km/L, 이산화탄소 배출량은 49 gTTW CO_2/km이다. 미쯔비시 아웃랜더는 2.0 L MIVEC 가솔린 엔진과 2개의 전기모터로 구성되어 있다. 4륜 구동 PHEV 시스템으로, 최대 주행 가능거리는 824km, 순수 전기차 모드는 52km를 구동한다. 충전에는 4시간이 걸리며, 급속 충전일 경우 30분에 배터리의 80%를 충전할 수 있다. 전기차 모드 효과로 유럽 복합 모드 연비가 52.6km/L이고 이산화탄소 배출량은 km당 44 gTTW CO_2/km이다. 2015년에는 현대자동차가 LF 소나타 플러그인 하이브리드(PHEV)를 출시할 예정이다.

표 11.6 회사별 PHEV 자동차

차량	출력	배터리에너지	충전시간	전기주행거리
쉐보레 볼트	110kW	16kWh	4h	55km
도요타 프리우스	60kW	4.4kWh	3h	26km
미쯔비시 아웃랜더	60kW	12kWh	4h	52km
BMW i8	98kW	7.2kWh	2h	37km
Honda accord	120kW	6kWh	1.5h	25km
VW Twindrive	85kW	12kWh	2h	50km

연습문제

01 하이브리드 전기자동차의 정의, 종류에 대하여 설명하라.

02 4세대 프리우스 하이브리드 전기자동차의 구조에 대하여 설명하라.

03 혼다 피트 하이브리드 전기자동차의 구조에 대하여 설명하라.

04 프리우스 하이브리드 전기자동차에 사용되는 엔진 센서에 대하여 설명하라.

05 HEV, PHEV를 비교하고 다른 점을 설명하라.

CHAPTER

12 전기자동차

12.1 배터리 전기자동차

12.1.1 전기자동차의 역사

1830년경, 영국에서 연구가 시작되어, 1873년에 세계 최초의 납축전지를 사용한 전기자동차가 제조되었다. 1900년경의 미국에서는 생산 대수의 40%가 전기자동차였으며 1,600대가 생산되었다. 1912년, 미국에서는 3~4만 대 생산되었지만, 포드의 가솔린 자동차에 의해 밀려났다. 1949년, 일본에서도 전기자동차의 점유는 3% 정도로 발전했지만, 미국처럼 쇠퇴해 갔다. 1970년대에 중동의 오일 쇼크로 전기자동차의 관심이 높아졌지만, 활성화되지는 않았다. 1990년 캘리포니아주에서 신차의 1%는 무공해차로 판매해야 하는 CARB의 완전 무공해 자동차(ZEV) 규제로 다시 전기자동차에 관심이 모아졌다. 1990년대에는 니켈수소 배터리나 리튬이온 배터리의 등장으로 전기자동차의 새로운 시대가 도래하였다. 그러나 자동차 업계와 석유 업계의 격렬한 반대로, ZEV 규제는 다시 쇠퇴하였다. 1997년의 교토 의정서에 의해, CO_2 삭감이 현실화되어, 전기자동차는 환경 면에서 큰 주목받기 시작하였다. 1990년, LA 모터쇼에서 GM의 EV1이 발표되었다. 그 후 전기자동차인 시보레 볼트 개발에 전력을 다하고 있다. 볼트는 순수 전기자동차와 플러그인 전기자동차의 2종류가 있다. 1997년에 도요타가 하이브리드 방식의 프리우스를 양산하여 전기모터가 30% 정도를 담당하는 하이브리드 전기자동차를 판매하기 시작하였다. 2008년에는 미국 실리콘 밸리에서 27개 이상의 기업이 전기자동차를 개발하였다. 2010년, 미국의 테슬라(Tesla)는 200km/h, 항속 거리 400km의 스포츠 자동차를 만들어 1,000대를 판매하였고 2011년에는 미쯔비시 아이미브(i-Miev), 닛산 리프(Leaf), 현대 레이(Ray)의 판매를 시작으로 전기자동차 보급 원년이 되었다. 그리고 2012년은 세계적으로 하이브리드 자동차, 플러그인 하이브리드 자동차, 전기자동차 등의 상용화가 진행되었다. 하이브리드 자동차로는 도요타의 아쿠아, 포드의 C-MAX, 혼다의 피트, 프라이드도 양산되었다. 전기자동차는 초기 단계이지만, 닛산, 미쓰비시 이외에 르노, PSA등이 전기자동차를 발매하였고, 다임러, BMW, 포드, GM은 시험 목적으로 한정 판매를 하고 있고, 현대의 블루온, 폭스바겐의 e-UP, 도요타의 iQ, EQ, BYD의 E6 등이 주목받고 있다.

미국의 ZEV 규제로 인하여 2020년 경에는 미국에서 전기자동차가 상당히 증가하고, 2030년경에는 고성능 배터리 탑재가 예상되므로 조금씩 장거리 주행이 가능해 보이지만, 시내 주행, 통근용 등으로 한정될 것으로 보인다. PHEV는 전기자동차의 주행 거리 문제를 보완한 자동차로 전기자동차가 완전히 개발될 때까지 상당 기간 양산될 것으로 보인다. PHEV는 도요타의 프리우스 PHEV, 미쓰비시의 아웃랜더 PHEV 등이 양산 판매되고 있다. PHEV는 북미, 프랑스, 북유럽을 중심으로 수요가 많고 특히 미국에서는 캘리포니아의 ZEV 규제 대책을 만족하고 미국 정부의 PHEV 보급 정책, 연방 정부의 개발 지원 등으로 보급이 확대될 전

표 12.1 회사별 전기자동차

회사	2009	2010	2011	2012	2013
Hyundai				Ray	Blueon
VW					E-UP
CT&T		e-Zone			
GM		Volt		Spark	
Tesla	Roadstar				
Nissan		Leaf			
BYD		E6			
Mitsbishi	i-MiEV				
Toyota				iQ	EQ
Diamler		Smart			
Subaru	Stellar				

표 12.2 회사별 전기자동차의 제원

	BlueOn	I-Miev	Leaf	르노 블루언스
최고속도	130km/h	130km/h	140km/h	130
주행거리	140km	160km	160km	140
출력(kW)	61	47	80	61
토크(Nm)	210	180	280	210
배터리종류	리튬이온	리튬이온	리튬이온	리튬이온
충전시간	220V 6시간	220V 7시간	220V 8시간	220V 6시간
양산년도	2011	2009	2010	2011

망이고 한국은 HEV와 PHEV가 같이 활성화될 것으로 보인다. 표 12.1은 회사별 전기자동차의 종류를 나타내고 표 12.2는 주요 회사 전기자동차의 제원을 나타낸다.

12.1.2 전기자동차의 장단점

전기자동차는 내연기관이 없고 송전망(grid) 전기를 공급받아 바퀴를 구동한다. 전기자동차는 화석 연료를 사용하지 않아 석유 소비를 줄일 수 있지만 주행 거리가 짧은 제약이 있다. 배출물은 0이고 소음이 없고 내연기관보다 효율이 높고 변속기가 불필요하다. 단점은 배터리 가격이 비싸고, 무겁고, 수명이 짧고, 충전 시간이 길다는 점이다. 대부분 전기 생산 시 이산화탄소가 발생하지만, 전기자동차는 주행 시 유해 배기가스를 배출하지 않기 때문에, CARB에서는 ZEV로 분류한다. 현재 전기자동차는 기존 가솔린과 디젤 차량보다 주행 거리가 매우 짧다. 전기자동차는 한번 충전된 배터리로 160km 주행하는 것을 목표로 한다. 160km는 차량으로 여행 시 90% 이상 충분한 거리이며 더 많은 거리를 여행할 경우 배터리를 충전하거나 배터리를 교환해야 한다. 전기자동차의 장단점은 다음과 같다.

장점

① 주행 시에 CO_2, NO_x, PM 등의 유해 배기 물질이 없다.
② 엔진이 없기 때문에, 조용하고 진동도 없다. 전기모터의 주행 거리는 160km이다.
③ 심야 전력을 이용하면, 가솔린 자동차의 1/9정도의 연료가 소비된다.
④ 에너지 손실이 적고, 가속 성능이 가솔린 자동차에 비해 약 30% 향상한다.
⑤ 에너지 효율이 가솔린 자동차인 경우 12%이고 전기자동차는 29%이다.
⑥ 브레이크 제동 시 운동 에너지를 회생하고, 충전하여 재이용할 수 있다.
⑦ 공회전이 불필요하고, 동력 전달 손실이 적다.
⑧ 전력망은 전국에 있어 새로운 인프라 설비 투자가 불필요하다.
⑨ 구조가 간단하고, 동력 전달 손실이 적고, 고장도 적다.
⑩ 무거운 배터리(200kg)를 차의 중앙 최하부에 두어 주행 안정성이 향상된다.
⑪ 엔진 오일, 에어 필터, 점화 플러그 등의 소모품이 불필요하다.
⑫ 연료 수송의 필요가 없어, 운반에 의한 사고가 줄어든다.
⑬ 설계상의 제약이 적어, 자유로운 설계가 가능하다.

⑭ 모듈화가 되면 누구나 차를 만들 수 있다.

단점

① 리튬이온 배터리는 발화나 폭발의 문제가 있다.

② 리튬이온 배터리의 가격이 비싸고 수명이 짧다.

③ 한냉지에서 배터리 성능이 떨어진다.

④ 완전 충전에 10시간 전후의 시간이 걸리고 급속 충전 시에는 배터리 수명이 짧아진다.

⑤ 주행 거리가 100km 이내로 시내 주행 만이 가능하다.

⑥ 가솔린 자동차에 비하여 승차감은 떨어진다.

⑦ 충전 스탠드 설치 시 전기 공사가 필요하다.

⑧ 희토류인 리튬의 공급 부족과 가격 상승이 존재한다.

⑨ 차량 가격이 비싸다.

⑩ 고압이어서 감전사의 위험이 있다.

12.1.3 자동차의 에너지 효율

원유에서 가솔린 제조까지의 효율이 82%, 디젤 제조까지의 효율이 88%로, 높은 반면 원유에서 전기 제조까지의 효율은 43%로 낮다. 반면에 에너지 주입 후 주행 효율은 가솔린 자동차가 15%, 디젤 자동차 18%로 낮은 반면, 전기자동차는 충전 효율을 포함한 주행 효율이 67%로 전체 효율은 29%이고 가솔린 자동차는 12%이다. 가솔린 하이브리드 자동차의 전체 효율은 25%로 전기자동차에 근접한다.

12.1.4 전기자동차의 구성

전기자동차는 배터리에 축적된 전기를 에너지원으로 모터를 회전시켜 바퀴를 구동한다. 감속 시에는 모터는 발전기로 작동하여 전기를 배터리에 충전한다. 연료전지 자동차는 전기자동차의 배터리를 연료전지로 대체한 것이다. 전기자동차의 주요 부품은 다음과 같다.

- 에너지원 : 전기 충전 배터리
- 파워 컨트롤 유닛(PCU) : 모터, 인버터, 컨버터, VCU(Vehicle Control Unit)

- 드라이브 트레인 : 동력을 바퀴에 전달한다.

처음의 전기자동차는 직류 모터에 납축전지를 탑재한 자동차이고 지금의 전기자동차는 교류 모터, 리튬이온 배터리를 사용하고, 모터 제어 기술이 향상되었다. 리튬이온 배터리의 개발로 경량화가 가능하고, 파워 웨이트비(power weight ratio, 1마력이 담당하는 차량 무게)가 나타내는 가속 성능이 지금까지 50kgf/ps이던 것이 20kgf/ps로 개선되어 가솔린 자동차와 비슷한 차량 성능도 가능하다. 그리고 전기자동차는 고전압이므로 절연 안전 시스템을 필요로

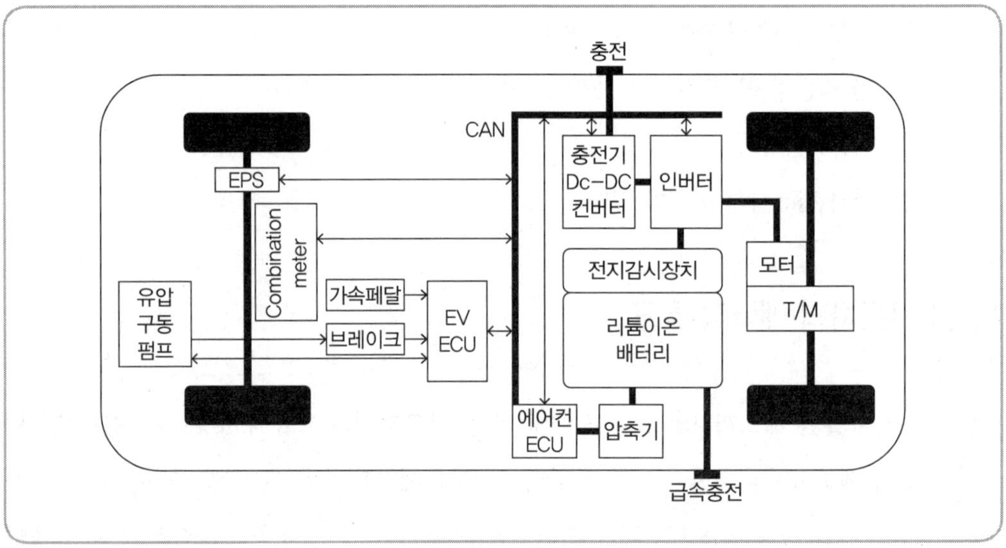

| 그림 12.1 | iMive 전기자동차의 구성

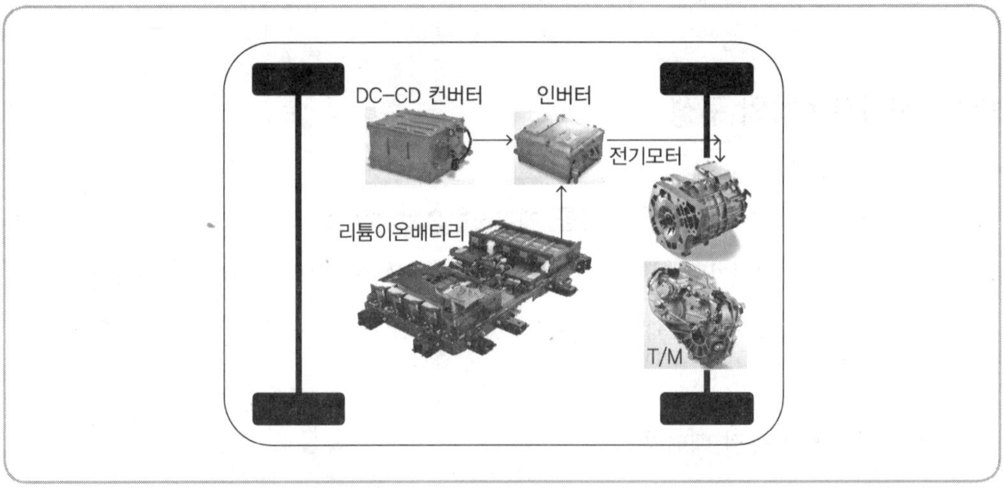

| 그림 12.2 | iMive 부품의 구성

한다. 배터리 내의 퓨즈는 고전압을 차단하고, 충돌 감지 시스템은 충돌 시의 고전압을 차단하고, 차체 구조 최적화로 고전압 부품을 보호한다. 그림 12.1은 iMive 전기자동차의 구성을 나타내고 그림 12.2는 iMive 전기자동차의 구성 부품을 나타낸다. 주요 구성 부품은 전기모터, 변속기, 배터리, 인버터, DC-DC 컨버터 등이다.

(1) 전기모터

전기자동차에서 구동력은 고전압 리튬이온 배터리에서 나오는 전기이다. 배터리는 외부에서 120V 혹은 240V를 공급받아 충전된다. 표 12.3은 전기자동차에 사용하는 모터의 용량을 나타내고 그림 12.3은 전기모터의 종류를 나타낸다. 현재 사용되는 모터의 종류는 다음과 같다.

① 66kW급 DC permanent magnet brushless
② 80kW급 DC permanent magnet brushless
③ 110kW급 DC permanent magnet brushless
④ 107kW급 AC induction
⑤ 206kW급 AC induction

표 12.3 전기자동차에 사용하는 모터 용량

Type	Strong Hybrid	PHEV	EV
battery type	High	High	High
power	20~60kW	15~150kW	70~300kW
energy	0.6~1.8kWh	15kWh 이상	20kWh 이상

(a) iMiev

(b) K5

(c) FCX의 트랙션 모터

| 그림 12.3 | 전기모터의 종류

(2) 인버터

인버터는 배터리와 전기모터 사이에 위치한다. 인버터는 직류를 교류로 전환하여 모터의 회전수와 토크를 자유롭게 제어할 수 있도록 하는 장치이다. 자동차의 발전기는 교류로 만들어진 전기를 다이오드가 직류로 만들어 배터리에 저장한다. 전기모터를 작동하는 데 필요한 교류 전압은 인버터를 사용하여 배터리의 직류 전압으로부터 만들어 낸다. 이러한 이유는 전기는 직류로만 저장이 가능하고 전기모터는 교류를 사용하기 때문이다. 직류 모터를 사용하면 인버터가 필요하지 않지만 교류 모터보다 고성능을 내기가 어렵다. 전기모터의 출력 제어는, 직류 전류를 사용하면 비교적 쉽지만 교류 전류를 사용하면 제어기가 필요하다.

전기자동차에 3상 브러시리스 전기모터를 사용하면 배터리는 직류 전원이기 때문에 3상 교류 전원으로 변환해야 한다. 이때는 3상 인버터를 이용하여 가속 시에는 직류를 교류로, 감속인 회생 제동 시에는 교류를 직류로 변환한다.

엑셀 페달을 밟으면 차속과 부하 등의 조건에 따라 모터의 토크와 회전 속도를 제어한다. 페달의 위치에 따라 직류 전류를 제어하며 직류 모터는 전류의 크기를 제어하고 교류 모터이면 직류를 교류로 바꾸어야 하고 다시 진폭이나 주파수, 위상을 변경해야 한다. 직류 모터의 제어 방법은 회로의 저항의 크기 변화로 전류 값을 변화시킨다. 전류의 크기는 단계적으로 변하고 토크도 단계적으로 변한다. 트랜지스터나 싸이리스터의 반도체를 사용하여 전류를 on－off하여 고주파 펄스 상태의 전류를 만든다. 통전 시간으로 펄스 수를 제어하여 전류의 크기를 결정한다. 이 통전 시간을 듀티비라고 한다. 제어 결과는 아날로그가 되고 펄스 폭을 제어하는 PWM 방식이 많이 사용된다.

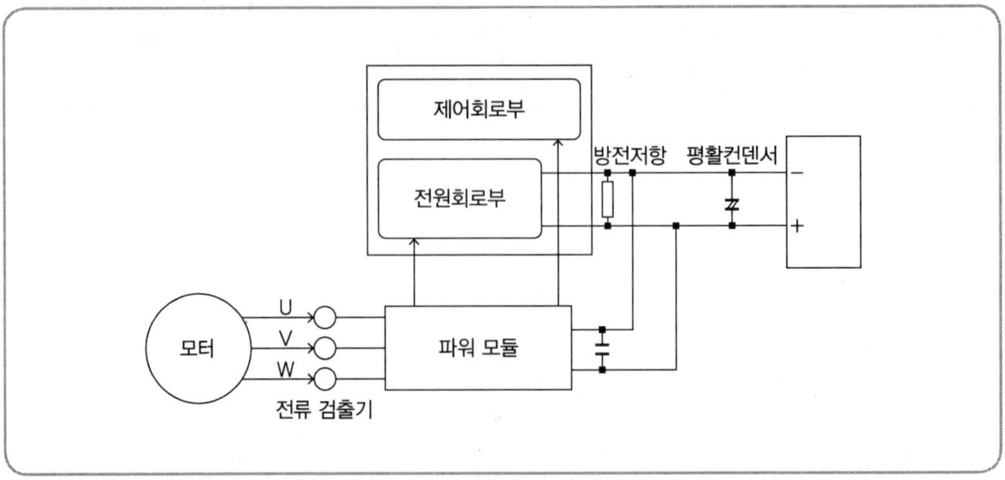

| 그림 12.4 | 인버터의 구조

교류 모터의 제어는 가속 페달의 크기에 따라 교류 전류의 진폭을 변화시키면 자계 강도가 변하여 토크를 제어 할 수 있고 교류 전류의 주파수를 변화시키면 모터의 회전 속도를 제어할 수 있다. 인버터를 이용하여 직류를 3상 교류로 전환하여 진폭과 주파수를 제어하여 모터를 제어한다. 모터 제어기는 인버터를 의미한다. 그림 12.4는 인버터의 구조를 나타낸다. 파워 모듈, 제어 회로부, 전원 회로부, 배터리로 구성되고 모터 제어를 담당한다.

(3) DC-DC 컨버터

모터가 사용하는 전압, 전장품이 사용하는 전압, 배터리 전압이 각각 다르기 때문에 전압의 승압과 감압이 필요하여 DC-DC 컨버터는 이를 수행하는 기기이다. 이는 자동차에서 가전 제품을 사용할 때 필요하다. 전기모터에 의해 구동되는 차량은 감속, 제동 시 발전을 할 수 있기 때문에 차량 구동용 모터로 발전하여 배터리에 축적한다. 전압은 100V 이상의 고전압이기 때문에 12V~24V 전압까지 낮추어야 한다. 이 역할을 하는 것이 DC-DC 컨버터이다. 컨버터는 ECU, 제어 마이크로프로세서, 드라이버 회로, 게이트 드라이버, IGBT, 전류 센서, 승압, 감압제어 장치 등으로 구성된다.

IGBT는 트랜지스터의 일종으로 비교적 적은 출력의 전력 증폭기이다. 높은 전압을 필요로 하고 IGBT가 전부 증폭할 수 없으므로 드라이버 회로가 필요하다. 게이트 드라이버는 필요한 전압을 만들어 IGBT를 구동한다. 인버터, 동기 정류부, 구동 회로, 단속 제어회로, PWM 제어회로로 구성된다. 그림 12.5는 DC-DC 컨버터의 구성을 나타낸다.

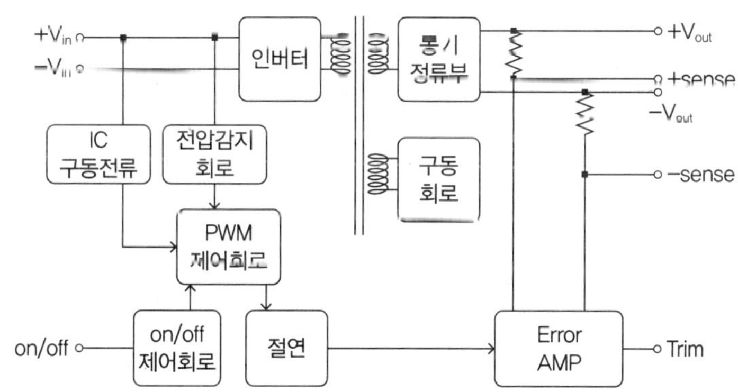

| 그림 12.5 | DC-DC 컨버터의 구조

(4) 배터리

전기자동차 기술은 탈석유, 저탄소 기술 실현을 위한 핵심 기술이다. 이는 배터리의 개발과 재활용에 달려 있다. 배터리는 빠른 충전이 아직 불가능하지만 장거리 여행의 경우 충전소나 기타 인프라 시설에서 완전 충전된 배터리로 교환하여 사용할 수 있다. 배터리 규격의 표준화는 이것을 가능하게 한다. 전기자동차가 일반화되면, 배터리의 재활용 인프라는 확대될 것이다. 배터리의 종류는 다양하여 배터리의 재료 분류는 어려운 편이다. 따라서 분해, 재활용이 가능하도록 배터리를 설계하는 것이 배터리 재활용의 중요한 요소이다. 이를 위해 전지, 재료, 셀, 스택 설계의 표준화는 비용이 적게 들고 효율적으로 배터리를 재활용할 수 있다. 대용량의 리튬이온 전지, 소형의 고성능 모터가 필요하다. 환경 오염 방지나 지구 온난화 방지, 그리고 석유 에너지를 사용하지 않는 관점에서 자동차 에너지의 다양화는 필수적이

| 그림 12.6 | 닛산 리프 배터리 셀

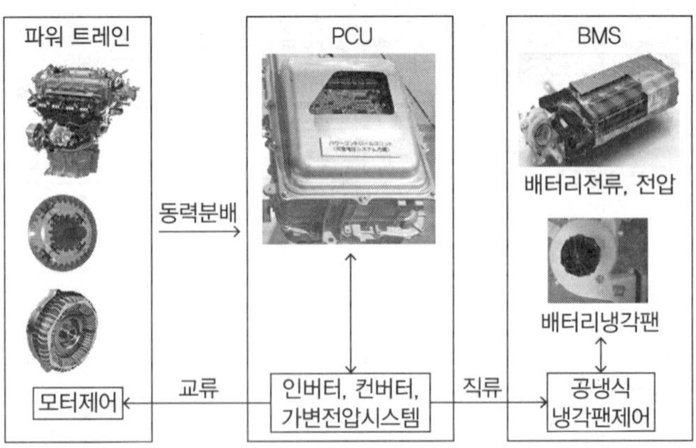

| 그림 12.7 | 고전압 배터리시스템

다. 현재 생산되는 전기자동차는 고속도로를 제한 속도로 달릴 수 있고 기존의 소형 차량을 전기자동차로 전환하는 것도 가능하다. 배터리 관리(감시) 시스템(BMS)은 배터리를 관리하는 시스템으로 배터리는 화학 소재로 수백 개의 셀들로 구성이 된다. 이러한 셀 간의 전기량을 조절하지 못하면 사고가 발생한다. 이를 방지하는 시스템이다. 고전압 충전 상태 정보를 CAN 통신라인을 이용하여 계기판에 제공한다. **그림** 12.6은 닛산 리프의 배터리 셀을 나타내고 **그림** 12.7은 고전압 배터리 시스템의 구성을 나타낸다. 동력 제어유닛(PCU), 배터리 관리 시스템(BMS), 인버터–컨버터 시스템이 냉각 팬과 모터 제어를 한다.

(5) 회생 제동

회생 제동은 제동 에너지를 회수하여 전기 에너지를 배터리에 저장된다. 차량 속도가 줄어들면 전기를 만들고 제동 에너지가 커서 발전기의 용량을 초과하면 기존의 유압 브레이크가 작동한다.

(6) 주행 거리 확장기(Range extender)

배터리가 방전되어 있을 때 주행 거리 확장기를 구동시켜 발전기에 에너지를 공급하여 전기를 만든다. 확장기는 작은 내연기관 연소 엔진이다.

| 그림 12.8 | Bosch의 range extender

12.1.5 현대 블루온

블루온은 16.4kWh의 리튬폴리머 배터리, 220V로 6시간 충전, 380V 삼상전류는 25분에 80%를 충전한다. 최대 속도는 130km/h, 1회 충전으로 140km를 주행하며 가상 엔진 사운드 시스템을 갖추고 있다.

12.1.6 닛산 리프

닛산 리프의 모터 출력은 80kW, 토크는 280Nm이고 주행 거리는 160km이다. 이 주행 거리는 운전자의 운전 방법, 에어콘 사용 등에 따라 다르다. 주행 거리를 더 늘리기 위해서는 천천히 출발하고, 천천히 제동하는 것이다. 에코 모드를 선택하면, 가속이 늦어지고, 제동 시의 회생 에너지도 증가한다. 에어컨도 끄면 시내 주행에서 약 10%의 주행 거리를 연장할 수 있다. 속도는 가능한 한 저속으로 하면 공기 저항이 적어져 주행 거리를 늘릴 수 있다. 공기 저항은 속도의 2승에 비례하기 때문에, 차속이 높을 경우 소비 에너지가 증가하여 주행 거리가 짧아진다.

① **인버터** : 직류를 교류로 변환하여 모터 출력을 제어하는 장치이다.

② **DC-DC 컨버터** : 전장품에 사용하는 전기를 만들어 내는 장치이다. 오디오, 헤드 램프 등의 전장품은 12V전압으로 작동하기 때문에 주행용의 리튬이온 배터리와는 다른 보조 배터리가 필요하다.

| 그림 12.9 | 현대 블루온 전기자동차

| 그림 12.10 | 닛산 리프 전기자동차

③ **리튬이온 배터리** : 리프에는 신개발의 얇은 라미네이트형 리튬이온 배터리를 채용하여 경량으로 휴대폰 약 8,000대 분의 전기를 충전할 수 있다.

④ **에코 모드** : 에코 모드를 선택하면 제동 시 회생 에너지를 늘린다.

⑤ **회생 제동** : 브레이크 페달을 밟았을 때, 유압 제동보다 회생 제동을 하여 최대의 에너

지를 회수한다. 차량, 배터리, 모터의 상태에 따라 다르고, 회생 제동과 유압 제동의 비율을 최적으로 조정한다.

⑥ **침수로 주행 테스트** : 침수로를 주행하는 경우, 감전이나 누전이 일어나지 않도록 설계한다.

⑦ **한냉지 테스트** : 영하의 한냉지에서도 배터리 성능이 저하되지 않도록 한다.

⑧ **고압력 세차 테스트** : 세차 등에 의해 전기에 문제가 생기지 않도록 한다.

⑨ **차량 접근 통보 장치** : EV는 조용하기 때문에, 보행자가 차량에 접근하면 인식하는 장치가 있다. 환경 소음도 고려하여 컨트롤러에 내장된 컴퓨터와 신디사이저로 차량의 전진 및 후퇴 시에 소리를 만들어 보행자가 알 수 있도록 한다. 스위치 조작으로 발생을 일시적으로 정지시킬 수도 있다.

⑩ **충전 스테이션** : 전기를 충전하는 설비를 주차장이나 점포 등에 설치한다. EVSE(Electric Vehicle Supply Equipment)는 전기자동차의 표준 충전 케이블이다.

⑪ **스타트 업 사운드(start up sound)** : 시동 스위치를 누르면 엔진 대신에 소리를 낸다.

⑫ **절연 장치** : 만일의 충돌 시에 대비하고, 전기자동차의 배터리나 모터의 고전압 부품의 누전을 막는 장치이다.

⑬ **정전 대응 장치** : EV를 이용하여 에너지를 관리하는 시스템으로 EV의 배터리의 전기를 가정에서 정전 시 사용한다.

⑭ **노면 단차 주행 테스트** : 단차를 넘을 때 프레임에 있는 배터리에 영향이 없도록 한다.

⑮ **CHAdeMO** : 정식 명칭은 CHAdeMO 협의회로 향후의 전기자동차의 새로운 보급에 필요 한 급속 충전기의 충전 방식의 표준화를 도모하는 것을 목적으로 설립되었다.

12.2 연료전지

12.2.1 연료전지의 원리

1839년 영국의 과학자 그로브(Groves)가 발견한 연료전지는 1969년 미국 우주선 아폴로에서 실용화되었다. 연료전지는 매우 효율적인 전기 화학적 에너지 전환 장치이다. 이는 기체 상태나 액체 상태의 연료를 연속적으로 공급하여 전기 에너지를 만들어 낸다. 연료전지는 연

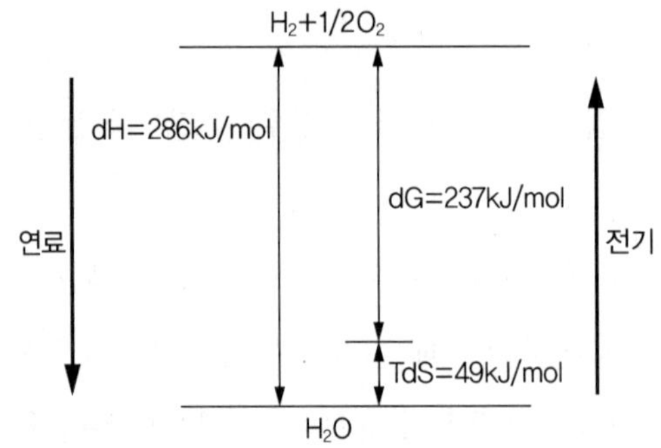

| 그림 12.11 | 수소 연료전지 반응도

표 12.4 연료전지의 연료와 효율

종류	dH(kJ/mol)	dG(kJ/mol)	전압(V)	반응효율
수소	−286	−237	1.23	83%
탄소	−394	−394	1.02	100%
메탄	−890	−817	1.06	92%
메탄올	−767	−743	1.21	100%

료와 산소의 전기 화학반응으로 전기와 열에너지를 얻는다. 이 반응으로 공급 엔탈피 에너지 ΔH는 깁스에너지와 열(T·dS)로 된다. 대기 등의 일정한 온도와 압력에서 열역학적으로 만들 수 있는 에너지를 깁스(Gibbs energy)라 하고 되고 엔탈피 에너지에서 엔트로피 에너지를 빼면 된다. 엔트로피가 에너지가 되려면 온도를 곱해야 한다.

$$\Delta H = V\ dp + T\ dS \tag{12.1}$$

$$\Delta H = \Delta G + T\ dS \tag{12.2}$$

연료전지는 전기 화학 반응에 의해 화학 에너지를 전기로 변환시키기 때문에 카르노 효율의 제한이 없으며 특히 저온에서 효율이 높다. 화학 반응 중 엔탈피 감소에 대한 깁스 에너지의 감소를 열효율이라 한다. 25℃에서 수소가 전기 에너지로 변환하는 효율은 고위 발열량으로 83%, 저위 발열량으로 94%이다. 엔탈피 변화율에 깁스 변화율을 빼면($\Delta H - \Delta G$) 반드시 열($T\ dS$)이 발생한다. 수소와 탄소를 포함하는 탄화수소 연료는 연료전지의 원료가 되고 표 12.4는 각 연료가 연료전지로 작동할 때의 셀당 전압과 효율을 나타낸다. 전압은 1.02~1.23V이고 반응 효율은 83~100%이다. 전기자동차에 필요한 300~400V의 전압을 얻

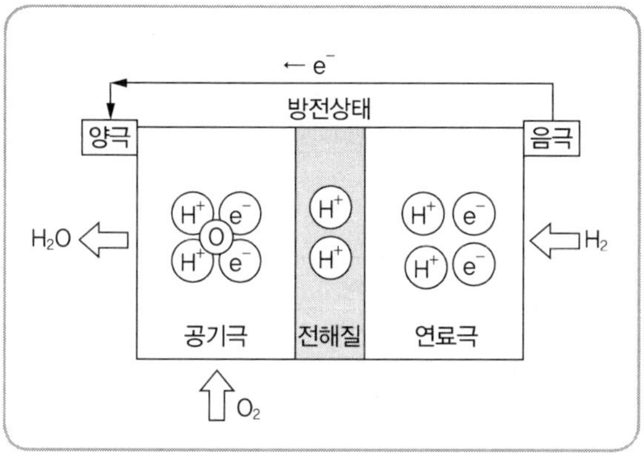

| 그림 12.12 | 연료전지의 원리

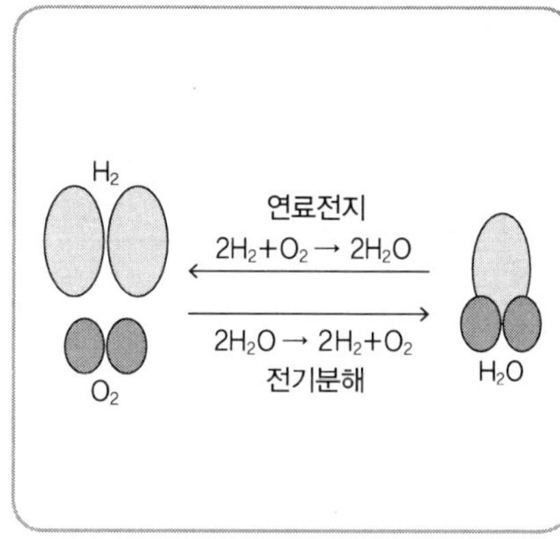

| 그림 12.13 | 전기분해와 연료전지 반응

기 위해서는 300~400개의 단위전지(cell)를 직렬로 연결하여 전압을 얻는데 이를 스택(stack)이라 한다. 그림 12.11에서 연료전지 효율은 $dG/dH = 237/286 = 0.83$이다.

음극에 수소가 통과하면 촉매 작용으로 수소 이온과 물이 생성된다. 수소 이온은 전해질 층을 통해 양극으로 이동하고 전자는 외부 회로에 의해 양극으로 이동하며 전기를 생성한다. 양극에서는 산소와 수소 이온이 반응하여 물이 생성된다. 물의 전기 분해의 역반응이며 화학 반응의 결과로 전기, 열, 물이 생성되는 발전 장치이다. 일반적인 화학 전지와 다른 점은 반응물인 수소와 산소가 외부로부터 계속 공급되고 생성물인 전기와 물이 계속 배출된다. 연료전지는 음극(anode)의 수소, 양극(cathode)의 산소로 전기에너지를 발생한다. 수소와 산소가 가지고 있는 화학 에너지를 화학 반응에 의해 전기 에너지로 변환한다.

전해질은 인산 수용액, 알칼리 전해액, 용융 탄산염 이온 전도성 세라믹, 이온 교환수지 등이 사용된다. 그림 12.12는 연료전지의 원리를 나타낸다.

$$\text{음극} : H_2 \rightarrow 2H^+ + 2e^- \tag{12.3}$$

$$\text{양극} : \frac{1}{2} O_2 + 2H^+ + 2e^- \rightarrow H_2O \tag{12.4}$$

$$\text{전체반응} : H_2 + \frac{1}{2} O_2 \rightarrow H_2O \tag{12.5}$$

12.2.2 연료전지의 종류

일반적으로 수소 이온 교환막을 사용하는 PEMFC(proton exchange membrane fuel cell), 에

표 12.5 연료전지의 종류

항목	고체고분자형(PEMFC)	인산형(PAFC)	고온형연료전지	
			용융탄산염형(MCFC)	고체산화물형(SOFC)
작동온도	90℃	200℃	650℃	1000℃
효율	상	중상	중	하
촉매	백금	백금	페로브스카이트	니켈
연료	수소, 메탄올	천연가스, 메탄올	천연가스, 석탄가스 HC연료	천연가스, 석탄가스 HC연료
전해질	양이온 교환막	인산염	탄산이온	산소이온
용량	100kW 이하	100kW~10MW	1MW~100MW 이상	1kW~100MW 이상
용도	가정용, 자동차용	산업용	산업용	산업용
			HC 연료사용 시 탄소침착 문제	

페로브스카이트(perovskite) : 특별구조의 금속산화물(회티타늄석)

탄올을 이용하는 DEFC(Direct ethanol fuel cell), 메탄산을 이용하는 DFAFC(Direct formic acid fuel cell), 고온형 연료전지로는 용융 탄산염 연료전지인 MCFC(molten carbonate fuel cell), 고체 산화물 연료전지인 SOFC(solid oxide fuel cell), 차세대 연료전지인 DCFC(direct carbon fuel cell) 등이 있다. 고온형 연료전지의 연료로는 수소, 탄화수소 연료 및 고체 연료가 있다. 그루브에 의해 수소-산소 연료전지가 개발된 후 1894년 오스왈트(Ostwalt)에 의해 탄소-산소 연료전지가 개발되었다. 이는 석탄 등의 고체 연료를 사용하고 전기 화학적 반응보다 내부 개질에 의한 반응이다. 탄소는 산소와 결합하면 이산화탄소가 발생하고 전압이 발생한다. 이를 직접 탄소 연료전지(DCFC, direct carbon fuel cell)라고 한다. 직접 탄소 연료전지는 다양한 종류의 고체 탄소 연료 등 모든 연료를 사용하여 80% 이상의 효율로 전기를 만들 수 있다. 그리고 고체 상태의 탄소 연료를 가스화나 개질이 없이 직접 전기 화학적으로 산화시켜 전기를 얻는다. 직접 탄소 연료전지에는 고체 산화물(SOFC, solid oxidation fuel cell), 용융 탄산염(MCFC, molten carbonate fuel cell), 용융 수산화물(MHFC, molten hydroxide fuel cell), 하이브리드 고체 산화물 연료전지(HSOFC, hybrid solid oxide fuel cell) 등이 있다.

이들 중 저온형인 고체 고분자형이 연료전지 자동차에 사용된다. 표 12.5는 연료전지의 종류를 나타낸다.

장점

① 이론 열효율이 저온에서도 높고 실제 효율은 30~60%이다.

② 1셀의 전압이 1V 이하의 직류이다.

③ 폭발의 연소 과정이 없어 저소음이고 저공해 발전으로 전기, 물, 열만이 발생한다. 또한 열은 폐열로 활용이 가능하다.

④ 수소, 천연가스, 메탄올, 도시가스, 바이오 가스등 에너지의 공급원이 다양하다.

⑤ 소음이 적어 시스템의 건설이 용이하고 전원의 분산화가 가능하다.

12.2.3 연료전지의 구조

(1) 개질기(reformer)

수소를 포함하는 연료는 모두 개질 장치(reformer)를 거쳐 수소만을 추출하고 연료전지에서 공기 중의 산소와 반응하여 직류를 생산한다. 그리고 폐열을 이용하는 폐열 회수 장치로 구성된다. 개질기는 기존 화석연료에서 수소를 만드는 장치이며 이때 발생하는 황과 일산화탄소 제어가 변환 효율을 높인다. 연료 개질은 탈황, 수증기 개질, CO 변성의 3단계로 구성된다. 탈황에서는 탈황 촉매를 이용하여 유황 성분을 제거하고 수증기 개질은 탄화수소와 증기를 반응하여 수소와 CO를 만들고 CO 변성은 CO를 물과 반응시켜 이산화탄소와 수소를 만든다. 그림 12.14는 개질기의 구조를 나타낸다.

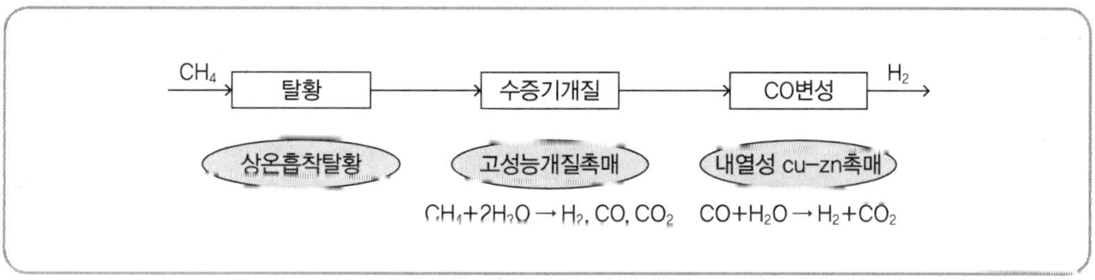

| 그림 12.14 | 개질기의 구조

(2) 스택

연료전지 단위 전지의 전압은 1V가 되지 않는다. 자동차용 330V를 만들려면 330개 이상의 단위 셀이 필요하고 각 셀에는 수소, 산소, 전해질이 공급되어야 한다. 스택 기술은 연료전지의 핵심기술이며 내구성, 강도, 고전압, 절연성 등의 다양한 조건을 만족해야 한다.

스택의 구성은 촉매와 PEM(proto exchange membrane)이 합쳐진 막전극 접합체(MEA), 분리판(separator), 전류 집진기(current collector), 끝판(end plate)으로 구성된다. 그림 12.15는 연료전지의 단위 셀을 나타낸다. 분리판은 MEA의 양쪽에 있고 한쪽은 수소를 다른 쪽은 공기를 운반하는 유로가 있다.

그림 12.16에서 수소와 산소가 스택의 내부에 유입되면 분자막을 통한 이온의 이동이 있고 분리판과 가스 확산층으로 전자의 이동이 발생한다. 스택의 온도가 70~80℃로 유지되도록 냉각수로 냉각하고 스택의 각 셀에서 발생된 전자는 전류 집진체에 모여 외부로 공급된다.

전극 촉매로 백금을 사용하여 값이 비싸고 제한된 에너지 전환 효율, 양극에서 일산화탄소 불순물에 의한 백금 독성, 음극에서 산소에 의한 탄소 부식 등은 앞으로 해결해야 하는

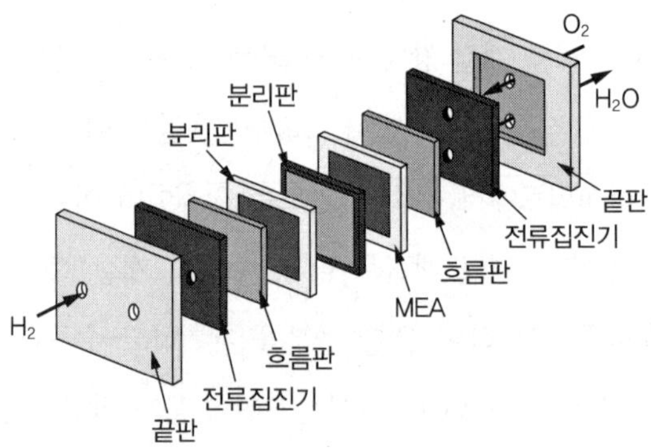

| 그림 12.15 | PEM 연료전지(FC)의 단위셀

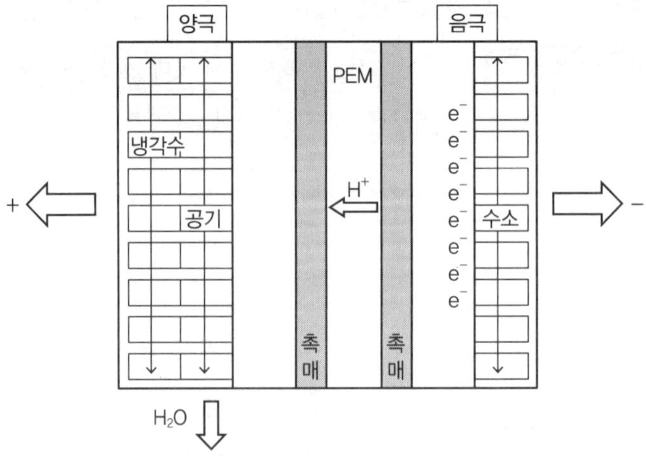

| 그림 12.16 | PEM FC의 구조

과제이다. 즉 백금과 탄소가 없는 효과적인 촉매의 개발은 도전 과제이다.

(3) 연료전지의 문제점

연료전지는 매우 작은 셀이 집적된 구조로 단위 셀이나 스택에서 화학 반응, 열, 유체 흐름, 전기 현상 등이 복합적으로 발생하므로 높은 성능과 내구성이 필요하고 가격을 낮추는 것이 필요하다.

12.2.4 수소의 장단점

수소 1kg은 가솔린 3.78L의 에너지와 같다. 석유 1kg은 효율 100%로 가정하면 10kWh의 전기 에너지를 발생한다. 수소는 전환 효율이 50%이면 17.9kWh의 전기 에너지를 발생한다. 수소 자동차로 350km를 주행하려면 수소 약 3.5kg(50m^3)이 필요하다. 즉 수소 1kg은 100km의 주행거리를 갖는다. 표 12.6은 물, 가솔린, 수소의 체적과 무게를 나타낸다.

수소는 1기압, −253℃이하에서는 액체 상태가 된다. 수소를 400bar로 압축 저장하고 350bar로 충전시킨다. 350bar의 압력으로 3kg 충전하는데 15분이 소요된다. 수소의 종류에는 350bar의 기체 수소와 1기압, −253℃ 이하 온도에서 액체로 만들어 특별 용기에 보관하는 액체 수소가 있다. 특별 용기는 알루미늄 봄베를 나노 탄소 섬유로 감아서 만든다. −253℃이하의 극저온 상태에서 액체 수소를 유지하는데 45%의 에너지가 없어지고 보관 이동에 20%가 없어져서 수소를 사용하는 연료전지 자동차의 효율은 35%정도이다. 고압의 기체 수소는 파이프로 공급하고 액체 수소는 탱크로리로 수송하지만 수소는 비중이 0.07로 작고 가벼워 모든 재질을 침투하는 성질로 인하여 담는 용기가 없는 문제가 있다. 용기재질로는 수소흡장금속, 탄소나노튜브 등이 가능하지만 가격이 고가로

경제성 문제로 인하여 수소에 대한 부정적인 시각도 많다. 대부분의 수소 흡장금속은 금속 수소화물로 수소를 흡수하는 성질을 지니지만 상온, 대기압에서는 흡수와 방출을 하지 못한다.

수소 흡장금속에는 란탄−니켈 합금, 마그네슘−니켈 합금, 티타늄−철 합금이 있다. 한국과학기술원에서 극소량의 이산화탄소 분자들을 얼음 안에 넣으면 수많은 나노미터 공간이 만들어지고, 0℃ 부근에서 그 안에 수소가 저장되는 특이한 현상을 발견했다. 나노미터 공간에 가두어진 수소는 얼음을 녹이기만 하면 방출된다.

표 12.6 연료의 체적과 무게

종류	체적	부피	무게	비중
물	$1m^3$	1L	1kg	1
가솔린	$1m^3$	1L	0.7kg	0.7
수소	$1m^3$	1L	0.07kg	0.07

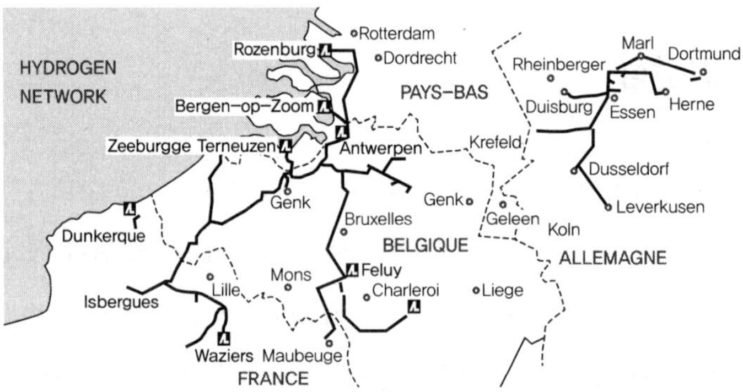

| 그림 12.17 | 유럽의 수소 파이프 라인

데칼린(decaline)의 유기 하이드라이드(organic hydrides)는 수소를 함유하는 화학 물질로 이를 이용하여 수소를 저장할 수 있다. 이는 수소를 1/700로 축소하여 안전하게 저장이 가능한 물질로 상온, 대기압에서 액체 상태이다. 350기압의 120L의 기체 수소를 저장하는데 데칼린 50L가 필요하다. 데칼린은 석유에서 추출이 가능하고 나프탈렌이 수소를 가지면 데칼린이 되고 데칼린이 수소를 방출하면 나프탈렌이 된다.

열 분해법은 물을 2,000℃ 이상으로 하여 수소와 산소로 분해하는 방법이다. 100kW 태양열을 이용하여 물의 열 분해에 의한 수소 생산 프로젝트인 HYDROSOL II이 스페인에서 성공하였다.

광 촉매에 의한 물 분해법은 반도체 입자의 광 촉매를 이용하여 빛으로 물을 직접 분해하는 방법이다. 광 촉매 표면에 태양광이 있으면 전자가 물을 환원하여 수소를 발생시킨다. 선진국에서는 수소가 차세대 연료로 무한한 가능성이 있다고 보고 대량의 수소를 운송하는 파이프 라인을 설치하고 있다.

독일은 노르트라인 베스트 팔렌 주에 길이 240km의 수소 파이프 라인을 설치하였고 압력은 5MPa 정도로 수소를 공급하고 있다. Linde 라이프치히 부근에 140km의 수소 파이프 라인도 설치되어 있다. 프랑스 Air Liquide는 프랑스, 벨기에, 네덜란드의 국경 부근에 길이 830km의 수소 파이프 라인이 있고, 또한 미국의 Air Products and Chemicals는 루이지애나, 텍사스, 캘리포니아에 수소 파이프 라인 네트워크를 보유하고 있으며 그 총 연장 길이는 560km이다.

12.3 연료전지 전기자동차

수소는 내연기관이나 연료전지를 사용하여 동력으로 전환된다. 수소는 매우 다양한 방법으로 얻을 수 있다. 연료전지 자동차는 수소가 포함된 화학 에너지를 전기로 전환하는데 연료전지를 사용한다. 전기자동차에서 배터리를 연료전지로 교환하고 수소가 포함된 에너지를 공급하여 전기를 자체적으로 만들어 사용하는 자동차이다. 전기는 모터를 구동하고 모터는 바퀴를 구동한다. 여러 종류의 연료 셀이 있지만 자동차용으로 가장 적합한 것은 PEM(proton exchange membrane)인 고체 폴리머 막을 전해질로 사용하고 이 셀은 부분적으로 충전되면 비교적 효율적이고 60~100℃부근에서 가장 잘 작동하지만 냉각 시스템이 필요하다. 보통 연료전지는 직렬 구동식이다. 연료전지의 장점은 연료전지의 크기, 무게, 부피 등을 최소화할 수 있다. 최적화된 시스템에서 연료전지의 효율은 최대가 된다.

연료전지는 (-)극에 수소를 사용하고 수소는 수소 탱크에서 공급한다. 수소가 포함된 연료로 수소 가스, 천연 가스, 메탄올 등의 연료를 사용한다. 전지 반응의 원리는 1차 전지와 같지만 연료를 계속 공급하면 계속 전기를 만들 수 있는 점은 2차 전지와 같다. 연료전지는 물의 전기 분해의 반대 반응이다. 수용액에 금속의 전극을 넣고 전류를 흘리면, (-)극에는 수소 가스, (+)극에는 산소 가스가 발생한다. 연료전지는 전지 내에 전기를 저장은 하지 못하고, 단순한 화학 반응만을 하므로, 효율을 좋게 반응시키는 방법의 개발이 중요하다. 발생하는 열로 온수를 만들어 사용하는 열병합 방법으로 전기와 열을 동시에 만들면 효율이 높아진다. 연료전지는 음극, 전해질, 양극으로 구성된다. 연료는 양극으로 가압된 상태로 공급되어 양극의 촉매층과 반응을 하면 전자와 양성자로 해리된다. 양성자는 전해물질을 통과하여 음극으로 가는 반면에 전자는 음극으로 가지 못하고 전자는 외부 회로를 따라 양극으로 향하여 전기는 흐른다. 가압된 산소는 음극으로 공급되고 산소가 촉매 층과 양성자와 반응하면 전자, 물, 열을 생산한다.

PEM 연료전지의 연료는 순수 수소, 산화제로 공기나 산소를 사용하고 에너지 밀도가 높고 연료전지의 크기가 작다. SOFC(solid oxide fuel cell)는 작동 온도가 1000℃를 넘어 이는 자동차 안전에 문제가 있고 고온에 의해 연료전지가 가열되고 연비가 나빠진다.

그림 12.19는 연료전지 자동차의 구성을 나타낸다. 700bar의 고압 수소탱크, 동력구동 유닛(PDU), 연료전지 스택, 트랙션 전기모터, 배터리로 구성된다. 그림 12.20은 연료전지 자동차의 작동원리를 나타낸다. 출발, 가속 시는 배터리와 스택에서 모터로 전기를 공급하고, 가벼

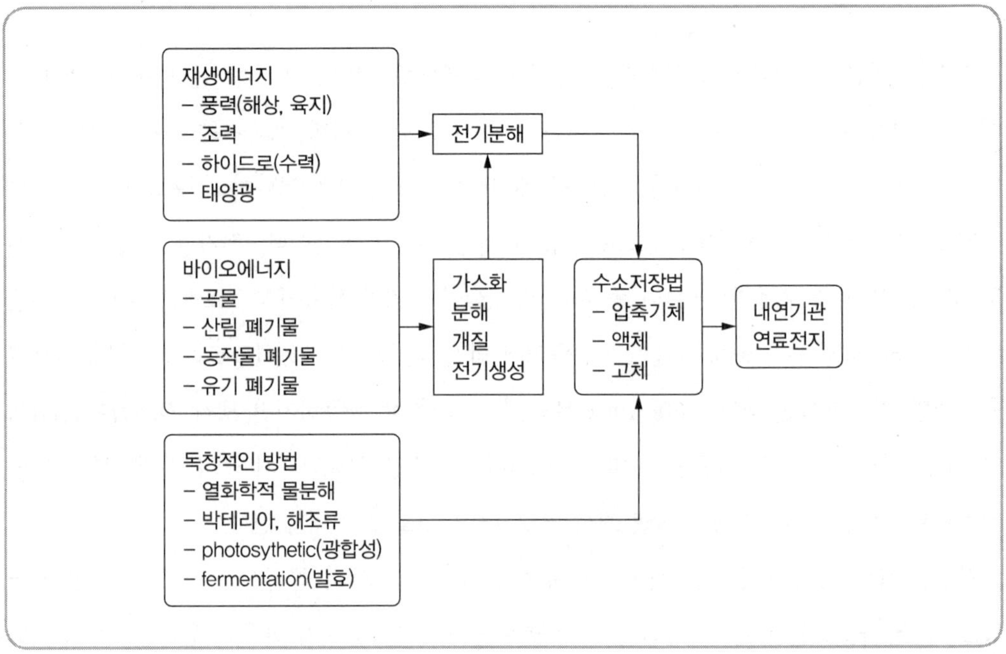

| 그림 12.18 | 수소 제조법

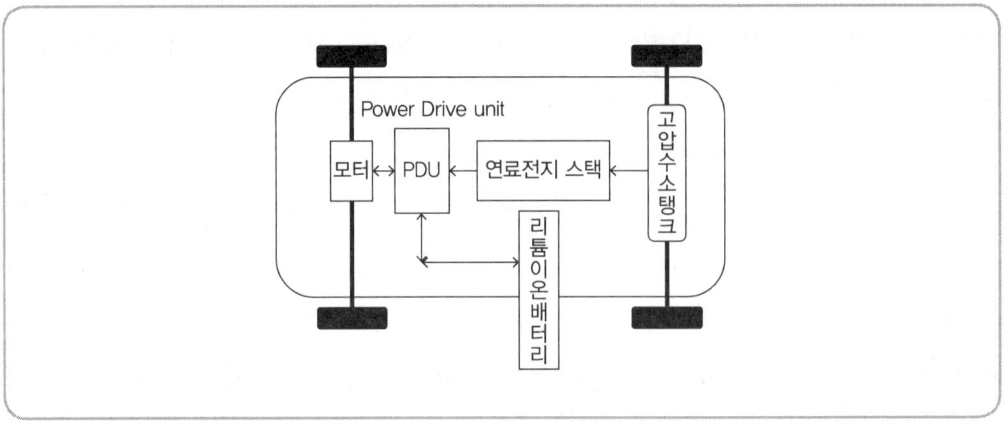

| 그림 12.19 | 연료전지 자동차의 구성

운 가속 시는 스택에서만 전기를 공급한다. 감속 시는 모터의 회생제동과 스택에서 만들어지는 전기를 배터리에 저장을 하고 공회전 시는 공회전을 하지 않는다.

(1) 현대 투산 iX35 연료전지차

투싼 연료전지 자동차는 현대자동차가 독자 개발한 100kW 연료전지 스택과 100kW 구동 모터, 24kW 고전압 배터리, 700 기압(bar) 수소 저장탱크를 탑재하고 −20℃ 이하에서도 시동이 가능하다. 또한 최고 속도 160km/h, 정지 상태에서 100km/h에 도달하는 시간이 12.5초로 내연기관과 비슷한 가속과 동력 성능을 가진다. 1회 충전 시 주행 거리는 415km이고 파열, 극한 반복 가압, 화염, 충격, 낙하 등 총 14개 항목의 테스트를 거쳐 내압 용기(수소 저장탱크) 인증을 받았다. 또한 정면과 후방, 측면 충돌 시험 및 고전압, 수소 누출 등 13개 항의 안전성 인증을 받은 만큼 신뢰성과 안전성을 동시에 확보하였다. 현대 자동차는 주요 부품을 국내 200여개 협력사와 개발했는데 95% 이상 국산화율을 달성하여 미래 차세대 자동차 분야의 핵심 기술력을 국내 기업과 함께 보유하고 있다. 2014년 40대를 지자체에 판매를

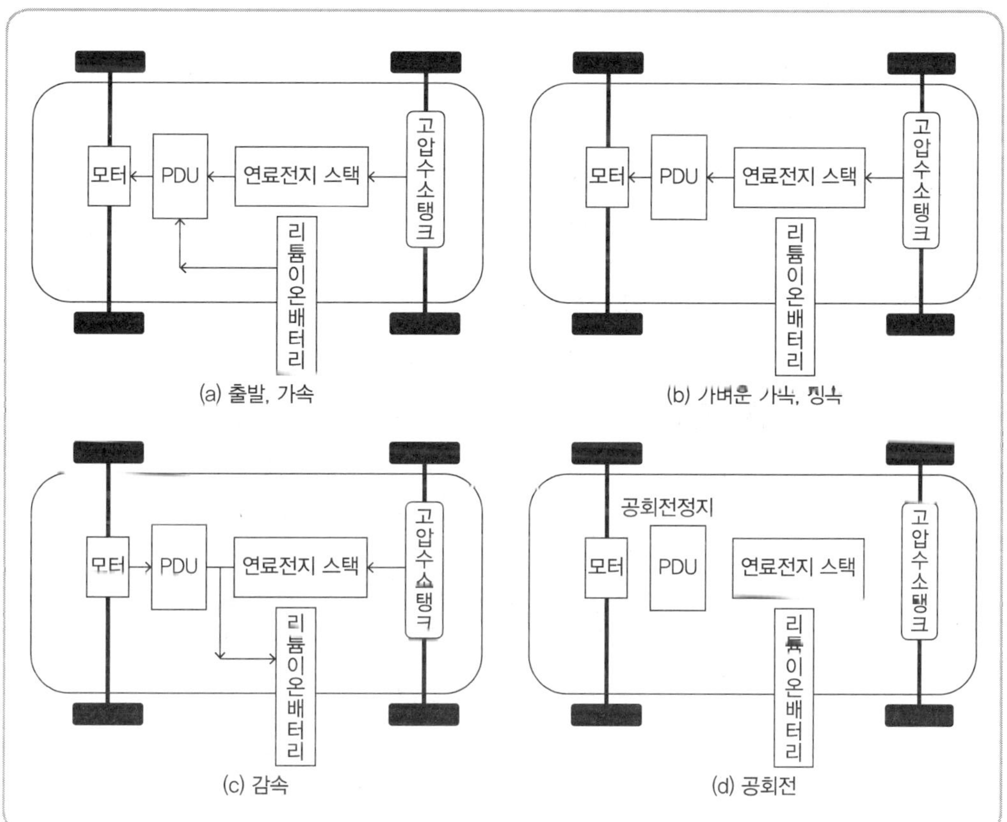

| 그림 12.20 | 연료전지 자동차의 작동 원리

시작하였고 가격은 1억5000만원이다. 2014년 4월 현재, 전국에 11기의 수소 충전소가 운영되고 있다.

(2) 혼다 FCX 연료전지 자동차

1999년 혼다는 도쿄 모터쇼에 FCX를 발표하였다. FCX는 PEM 연료전지 86kW, 80kW의 전기모터, 최고 속도 150km/h, 주행 거리 430km이다. 2007년 혼다는 FCX의 개선된 차량으로 FCX Clarity를 개발하였다. 이는 PEM 연료전지 100kW, 주행 거리를 30% 증가시켰다. 그림 12.21은 혼다 FCX의 구성 부품을 나타낸다.

(3) 도요타 FCHV-adv 연료전지 자동차

1999년 도요타는 FCHV-1의 연료전지 하이브리드 자동차를 개발하였다. PEM 연료전지 90kW, 90kW의 전기모터, 최고 속도 155km/h, 주행 거리 330km이다. 2008년에는 FCHV-adv를 개발하였다. 이는 연비 효율, 수소 저장 압력을 높여 주행 거리를 880km로 늘렸다. FCHV-adv는 새로운 설계의 고성능 연료전지인 FC 스택을 탑재하고 저온 시동성 불량 개선과 주행 거리를 향상시켰다. 고성능 연료전지의 최소 구성 단위인 MEA가 PEM 내부에 있고, 셀 내부를 가시화하여, 생성수의 양과 유동을 파악하고, MEA의 최적 설계와 제어 시스템을 개발하여 생성수를 제어하여 -30℃의 저온 하에서도 생성된 물이 동결되지 않아 발전을 방해하지 않는다. 연료전지의 성능 향상을 위해 소비 전력 저감과 회생 제동 시스템의 개선으로 약 25%의 연비를 향상시켰다. 70MPa의 고압 수소 탱크를 탑재하여 1회의 수소 충전

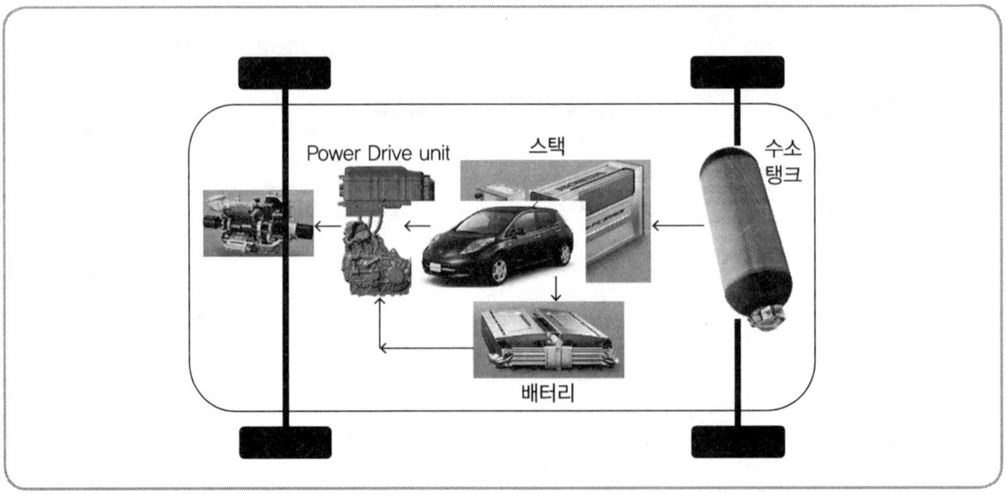

| 그림 12.21 | 혼다 FCX의 구조

으로 주행 거리는 약 830km로, 종전보다 2배 이상의 주행거리를 달성하였다. 그림 12.22은 도요타 FCHV의 구조를 나타낸다.

(4) 닛산 X-trail 연료전지 하이브리드 자동차

2007년에 개발된 X-trail은 전기모터 95kW이며 700 기압의 고압 수소를 장착하여 많은 수소 저장으로 500km 이상 주행이 가능하다.

(5) GM Sequel 연료전지 자동차

Sequel은 연료전지의 출력은 73kW이고 전기모터는 115kW, 100km/h 가속 시간은 10초이고 최고 시속은 145km/h이다. 2개의 탱크에 최대 6kg씩 저장되는 수소는 급속 충전이 가능하고 65kW의 리튬이온 배터리를 외부에서 충전할 수 있는 플러그 인 기능까지 있고 전기모터 모드로 32km를 운행할 수 있고 최대 주행 거리는 480km이다.

(6) 폭스바겐 HyMotion 연료전지 하이브리드 자동차

HyMotion은 소형 SUV로 107 마력의 출력, 6.8Ah 용량의 리튬이온 배터리도 장착된 연료전지 하이브리드 자동차이다. 리튬이온 배터리는 회생 제동 에너지 또는 연료전지에 의해 충전되고 연료전지 시스템과 리튬이온 배터리가 전기모터를 모두 작동하는 경우, 출력은 134마력으로 높아지고 최고 속도 150km/h, 정지 상태에서 100km/h 도달시간이 14초이고 주행거리는 250km이다. 700bar의 수소 탱크는 3.2kgf의 수소를 저장할 수 있다.

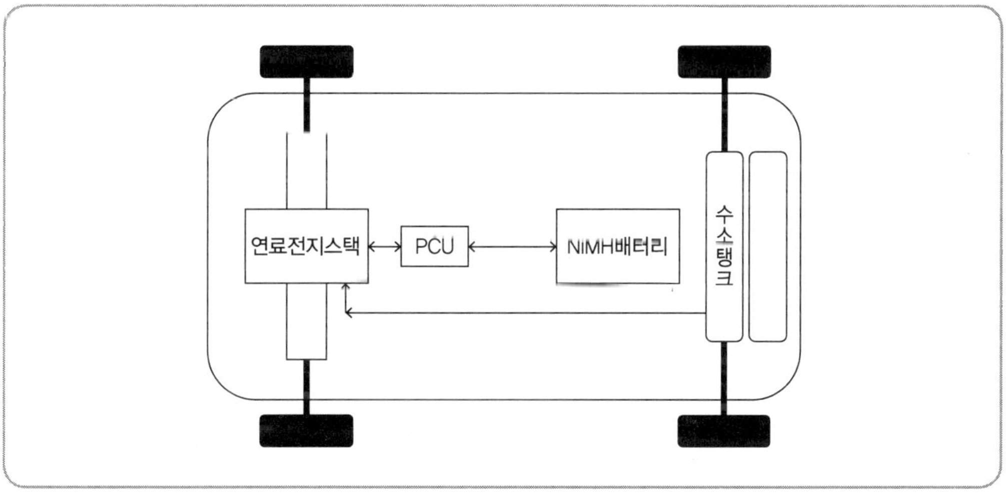

| 그림 12.22 | 도요타 FCHV의 구조

표 12.7은 주요 연료전지(하이브리드) 차량의 제원 비교를 나타내고 표 12.8은 회사별 연료전지 차량을 나타낸다.

12.4 수소 자동차

수소를 내연기관의 연료로 쓰면 가솔린 엔진이나 디젤 엔진과 같은 주행 감각을 유지하면서 이산화탄소를 배출하지 않는 무공해 자동차를 만들 수 있다. 수소 엔진이 친환경, 무공해

표 12.7 주요 연료전지 차량 제원 비교 (출처: KISTI)

구분	현대 · 기아	혼다	벤츠	도요타
모델명	투싼ix	FCX 클래리티	B클래스 F-Cell	FCHV(2008)
연료전지 출력	100kW	100kW	100kW	90kW
토크	–	189 lb-ft		260Nm
수소연료탱크 충전압력	700bar	350bar	700bar	700bar
연비	30km/L	25.5km/L	30.3km/L	
주행거리	300km	386km	385km	660km
최대속도	160km/h	160km/h	170km/h	155km/h

표 12.8 회사별 연료전지(하이브리드) 차량

회사	모델명	분류	개발년도
아우디	A2H2(FC, 66kW)	연료전지	2004
BMW	Hydrogen 7	6000cc 수소자동차	2007
피아트	Panda	연료전지	2006
포드	Airstream(FC, 35kW)	연료전지	2007
혼다	FCX Clarity(FC, 100kW)	연료전지	2008
현대	Tucson	연료전지	2005
마쯔다	RX-8 RE	로터리 엔진 자동차	2007
벤츠	B-class(FC, 100kW)	연료전지	2008
닛산	X-trail	연료전지	2008
푸조	H2Origin	연료전지	2008
도요타	FCHV	연료전지	2008
VW	HyMotion	연료전지	2007

차의 최종 목표로 여겨지는 이유도 여기에 있다. 특히 내연기관의 연료 공급 장치를 수소 연료에 맞도록 개조하면 차량 가격의 상승을 막을 수 있다. 수소 엔진의 연료 공급 장치는 흡기 계통 분사방식(PFI)과 실린더 직접 분사방식(DI), 그리고 이중 분사방식(DFI)이 있다. PFI 방식은 가솔린 엔진의 연료공급 계통을 수소용으로 개조하여 흡기관에서 수소를 분사하는 방식이다. DI 방식은 디젤 엔진처럼 흡입 행정 때는 공기만 들어가게 하고 압축 행정 때 실린더 안에 수소를 직접 분사한다.

이 방식은 공기의 양만큼 수소를 분사할 수 있어 출력이 떨어지는 문제를 해결할 수 있다. 이중 분사방식은 공회전 때나 저부하 시에는 흡기관에만 분사하고, 고부하 시는 흡기관과 실

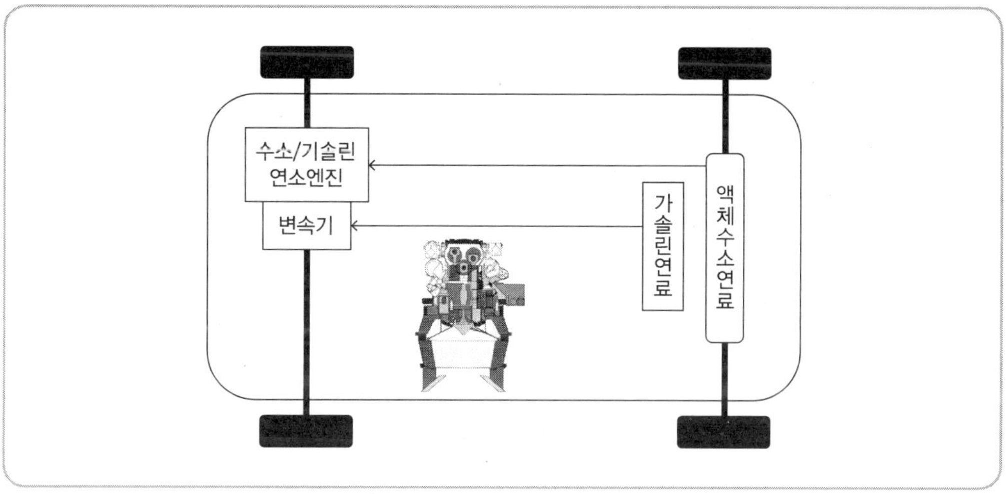

| 그림 12.23 | BMW hydrogen 7의 구조

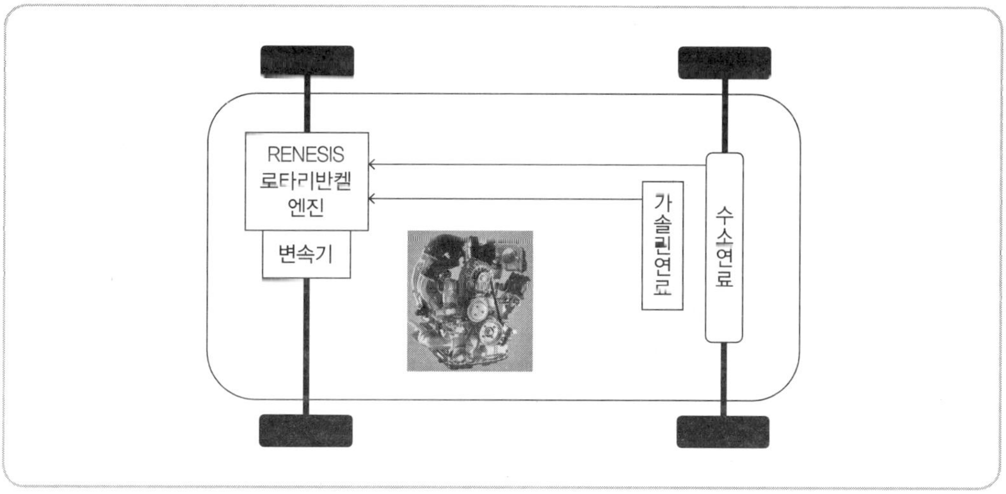

| 그림 12.24 | 마쯔다 RX-8의 구조

린더 안에서 연료를 분사하여 출력을 높이는 방법이다. 수소 엔진 자동차도 연료전지 자동차와 마찬가지로 수소 저장 방법이 문제가 된다. 1978년, 수소 엔진 개발을 시작한 BMW는 2000년, 수소 연료만 사용하는 수소 자동차를 15대를 만들어 17만km 주행 시험을 하였다. 2001년, 수소 연료와 가솔린을 함께 쓰는 이중 연료방식의 자동차를 개발하였고, 2007년 Hydrogen 7을 발표하였다. 그리고 마쯔다와 쓰바루는 로터리 엔진을 이용하는 수소 자동차의 개발을 완료하였다. 그림 12.23은 BMW hydrogen 7의 구조를 나타낸다. 수소, 가솔린 엔진, 액체 수소 연료 탱크, 가솔린 연료 탱크로 구성된다. 그림 12.23은 마쯔다 RX-8의 구조를 나타내고 로터리 반켈 엔진, 기체수소 연료 탱크, 가솔린 연료탱크로 구성된다.

연습문제

01 전기자동차의 역사에 대하여 설명하라.

02 전기자동차의 구성 부품에 대하여 설명하라.

03 연료전지의 원리, 종류에 대하여 설명하라.

04 연료전지의 구조에 대하여 설명하라.

05 수소 에너지의 장단점을 설명하라.

06 FCEV의 작동 원리를 설명하라.

07 수소 내연기관 자동차의 작동 원리를 설명하라.

CHAPTER

13 자동차의 성능

13.1 주행성능 선도

주행성능은 자동차의 구동력, 여유력, 저항력을 의미하며 동력 성능은 엔진 성능, 동력전달 장치의 성능, 자동차 제원에 의한 주행 저항에 영향을 받고 제동 성능은 제동력, 급가속 급제동 시 차체의 자세 유지 성능을 의미하고 조종 안정성과 승차감은 서스펜션, 스티어링, 타이어의 성능과 관련이 있다.

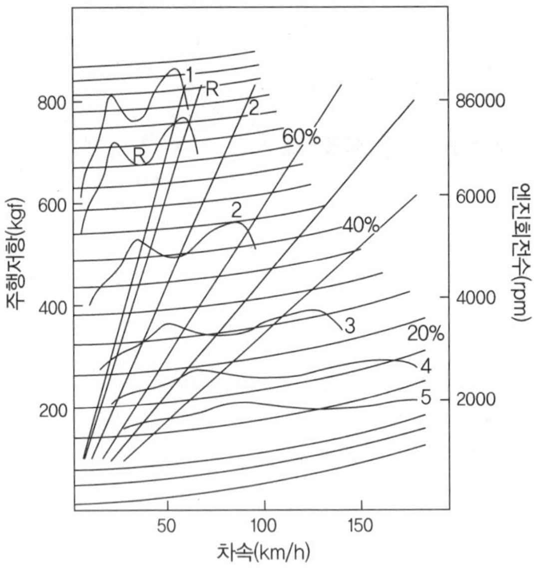

| 그림 13.1 | 주행성능 선도(출처 : 혼다)

차체의 중심을 낮게 낮추고, 엔진 등의 중량물을 최대한 차체 중앙으로 하고, 전후륜 사이를 롱 휠 베이스화하면 노면에 달라붙는 안정감있는 주행과 고속 주행을 할 수 있다. 자동차의 주행 성능을 나타낸 선도가 주행 성능 선도이며 각 변속단에서 우측 y축은 엔진 회전수, 좌측 y축은 구동력과 주행 저항, x축은 차속을 나타낸다. 제 1속은 총감속비가 가장 크고 구

동력도 가장 크지만 차속은 느리고 속도 범위는 적다. 제 4속에서는 구동력은 적지만 주행 속도가 빠르고 속도 범위가 넓으며 주행저항 %는 오르막길 경사를 나타낸다.

(1) 수동 변속기 자동차의 구동력과 주행 속도

수동 변속기를 장착하고 있는 자동차에서의 구동력은 다음 식으로 표시된다.

$$F = \frac{T_e \cdot n \cdot n_f \cdot \eta_t}{D} \times \frac{2}{1000} \qquad (13.1)$$

여기서 F : 구동력(kN), T_e : 엔진의 토크(Nm), nn_f : 총감속비(i), η_t : 동력 전달효율, D : 바퀴의 직경(m)이며 자동차의 주행 속도는 주행 저항을 제외하면 엔진의 회전 속도, 총감속비, 바퀴의 직경에 의해 결정된다.

$$V = \pi \cdot D \times \frac{N_e}{n \cdot n_f} \times \frac{60}{1000} \qquad (13.2)$$

여기서 V : 주행 속도(km/h), D : 바퀴의 직경(m), N_e : 엔진의 회전 속도(rpm), n : 변속비, n_f : 종감속비이다.

(2) 자동 변속기 자동차의 구동력과 주행 속도

자동 변속기가 장착된 자동차는 토크 컨버터의 토크비와 엔진의 회전 속도, 총감속비, 바퀴의 직경에 의하여 구동력과 주행 속도가 결정된다.

$$F = \frac{T_e \cdot n \cdot n_f \cdot \eta_t}{D} \times \frac{2}{1000} \cdot t \qquad (13.3)$$

$$B = \pi \cdot D \times \frac{N_e}{n \cdot n_f} \times \frac{60}{1000} \cdot e \qquad (13.4)$$

여기서 F : 구동력(kN), T_e : 엔진의 토크(Nm), nn_f : 총감속비, η_t : 동력 전달효율, D : 바퀴의 직경(m), t : 토크 컨버터의 토크비, V : 주행 속도(km/h), N_e : 엔진의 회전 속도(rpm), n : 변속비, n_f : 종감속비, e : 토크 컨버터의 속도비이다.

예제 13·1 50km/h로 달리고 있는 자동차의 엔진의 회전 속도는 얼마인가? 단, 타이어의 지름 600mm, 3속 변속비는 2, 구동 피니언의 잇수 8, 링기어의 잇수 32이다.

| 풀이 | $V = \pi \cdot D \times \dfrac{N_e}{n \cdot n_f} \times \dfrac{60}{1000}$

$$n_f = \frac{\text{링기어 잇수}}{\text{구동 피니언 잇수}} = \frac{32}{8} = 4,$$

$$N_e = \frac{1000\,V \cdot n \cdot n_f}{60\pi \cdot D},$$

$$N_e = \frac{1000 \times 50 \times 2 \times 4}{60\pi \times 0.6} = 3536.8 \text{ rpm}$$

예제 13·2 타이어의 지름 600mm, 3속 변속비는 2, 구동 피니언 기어 잇수 10, 링기어 잇수 30일 때 65km/h로 주행하는 자동차의 엔진 회전 속도는 얼마인가?

| 풀이 | $n_f = \dfrac{30}{10} = 3$

$$N_e = \frac{1000\,V \cdot n \cdot n_f}{60\pi \cdot D} = \frac{1000 \times 65 \times 2 \times 3}{60\pi \times 0.6} = 3448.3 \text{ rpm}$$

예제 13·3 자동차 변속기에서 3속의 변속비가 1.5:1이고 종감속비가 3:1인 자동차의 엔진 회전수가 3500rpm일 때 구동륜의 동하중 반경이 30cm이면 이 자동차의 차속은 얼마인가?

| 풀이 | $i = nn_f = 1.5 \times 3 = 4.5$

$$V = \pi \times D \times \frac{N_e}{nn_f} \times \frac{60}{1000} = \pi \times 0.6 \times \frac{3500}{1.5 \times 3} \times \frac{60}{1000} = 87.96 \text{ km/h}$$

예제 13·4 변속비 2:1, 엔진 회전수 4000rpm, 타이어 유효 반경 50cm인 자동차의 시속이 100km/h이면 종감속비는 얼마인가?

| 풀이 | $n = \pi \times D \times \dfrac{N_e}{Vn_f} \times \dfrac{60}{1000} = \pi \times 1 \times \dfrac{4000}{100 \times 2} \times \dfrac{60}{1000} = 3.77$

예제 13·5 타이어의 반경이 65cm이고 기관의 회전 속도가 3000rpm일 때 총감속비가 6이면 자동차의 주행 속도는 얼마인가?

| 풀이 | $V = \pi \times D \times \dfrac{N_e}{nn_f} \times \dfrac{60}{1000} = \pi \times 1.3 \times \dfrac{3000}{6} \times \dfrac{60}{1000} = 122.5 \text{ km/h}$

예제 13·6 100km/h로 직진 주행하는 자동차의 바퀴는 1000rpm으로 회전하고 있다. 구동바퀴의 동하중 지름은 얼마인가?

| 풀이 | $V(\mathrm{m/s}) = \pi D(\mathrm{m}) N(\mathrm{rev/s}),\ D = \dfrac{V}{\pi N} = \dfrac{\left(\dfrac{100000}{3600}\right)}{3.14 \times \dfrac{1000}{60}} = 0.53\ \mathrm{m}$

예제 13·7 타이어 직경이 500mm이고 3000rpm으로 회전할 때 바퀴의 원주 속도는 얼마인가?

| 풀이 | $V = \pi DN,\ V = \pi \times 0.5 \times \dfrac{3000}{60} = 78.54\ \mathrm{m/s}$

13.2 주행저항

주행 저항은 자동차가 달릴 때의 저항인 주행을 방해하는 힘이다. 자동차를 가속시키는 힘은 엔진에서 발생한 힘이 구동축에 전달되어 타이어를 회전시키고, 타이어는 노면을 미는 힘인 가속력이 된다. 주행 저항은 자동차의 주행을 방해하는 방향으로 작용하는 힘으로 자동차를 가속시키는 힘의 반대 방향으로 작용하는 힘으로 실제로 자동차가 가속하는 힘은 가속력에서 주행 저항을 빼면 된다. 자동차가 주행할 때 여러 가지 저항이 자동차에 가해지고 이에 따라 연료 소비량이 변한다.

주행 저항에는 구름 저항(회전 저항), 공기 저항, 구배 저항, 가속 저항 등이 있고 이들 중 가속 저항은 운전자의 운전 습관에 따라 크게 달라진다.

(1) 회전 저항(구름 저항)

회전 저항은 타이어가 노면 위를 회전할 때 발생하는 마찰 저항이다. 노면과 타이어 사이의 마찰 에너지 손실에 의해 발생하는 저항으로 회전 저항은 여러 종류가 있지만 가장 큰 것이 타이어가 변형함으로써 발생하는 저항이다. 타이어는 안에 공기가 들어 있어 자동차 하중으로 인하여 변형이 발생한다. 자동차가 달리면 타이어는 변형과 복원을 반복하고, 이때 운동 에너지는 열에너지로 변환되고 이 에너지는 회전 저항을 발생시킨다. 회전 저항은 노면과 바퀴 사이의 마찰 계수의 크기와 차량 총중량에 비례하여 커지고, 차속에는 영향을 받지 않는다.

$$R_r = \mu W \tag{13.5}$$

μ는 회전 저항 계수, W는 차량 총중량(kgf), R_r은 회전 저항(kgf)이다.

예제 13·8 자동차의 총중량은 1600kgf, 구름 저항계수는 0.015인 자동차가 경사각 10°구배의 아스팔트 도로를 30km/h로 주행하고 있을 때 구름저항은 얼마인가?

| 풀이 | $R_r = \mu_r \cdot W'$

경사진 도로에서 도로면에 수직하게 작용하는 자동차의 중량은

$W' = W \cdot \cos\theta = 1600 \times \cos 10 = 1575\ \mathrm{kgf}$

$R_r = \mu_r \cdot W' = 0.015 \times 1575 = 23.6\ \mathrm{kgf}$

예제 13·9 경사가 25°인 도로를 자동차가 주행하고 있을 때 구름저항은 얼마인가? 자동차의 총중량은 2000kgf, 구름 저항계수는 0.020이다.

| 풀이 | 도로에 수직으로 작용하는 자동차 중량 :

$W' = W \cdot \cos\theta = 2000 \times \cos 25 = 1813\ \mathrm{kg}$

구름저항 : $R_r = \mu_r \cdot W' = 0.02 \times 1813 = 36.26\ \mathrm{kg}$

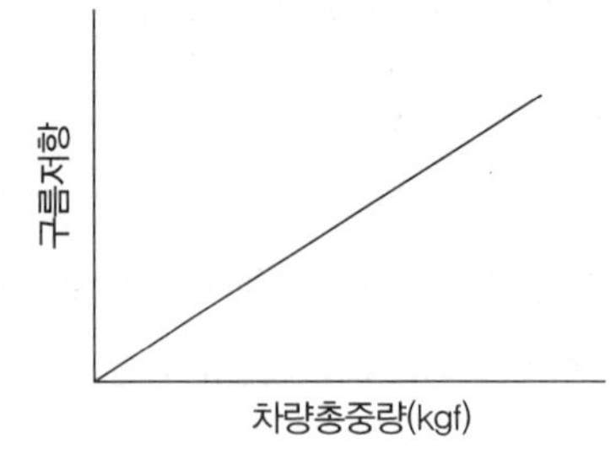

| 그림 13.2 | 구름저항

(2) 공기 저항

공기 저항은 자동차가 공기 속을 달릴 때 발생하는 저항으로 자동차 표면이 공기와의 마찰에 의해 발생하는 저항이며, 차속의 제곱에 비례하여 커지며 자동차 속도가 낮을 때는 공

기 저항은 크지 않지만 속도가 빨라지면 문제가 된다. 공기 저항은 자동차의 앞과 뒤에서 발생하는 압력 차이에 기인한다. 고속 주행 시 연비가 나쁜 것도 이의 원인이며 70km/h를 초과하면 급격하게 커진다.

$$R_a = \lambda S V^2 \tag{13.6}$$

R_a : 공기저항(kgf), λ : 공기 저항계수(kgs^2/m^4), S : 차량 전면 투영 면적(m^2), V : 차량 주행 속도(km/h)이다. 차량 전면 투영 면적은 자동차를 앞에서 보았을 때의 면적이고 공기 저항은 속도의 제곱에 비례하므로 속도가 2배가 되면 공기저항은 4배가 된다.

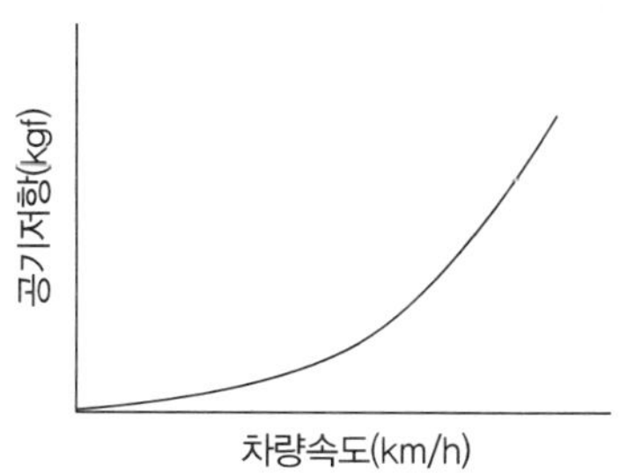

| 그림 13.3 | 공기저항

예제 13·10 전면 단면적이 1.8m², 공기 저항계수가 $0.02kg_f s^2/m^4$인 자동차가 80km/h로 주행할 때 공기저항은 얼마인가?

| 풀이 | $R_a = \lambda S V^2$

$$R_a = \lambda \cdot S \cdot V^2 = 0.02 \times 1.8 \times \left(\frac{80000}{3600}\right)^2 = 17.78\ kg_f$$

예제 13·11 자동차의 전면 면적이 2.5m², 공기 저항계수가 $0.02kg_f s^2/m^4$인 자동차가 시속 60km/h로 주행하는 경우 공기 저항은 얼마인가?

| 풀이 | $R_a = \lambda S V^2 = 0.02 \times 2.5 \times \left(\frac{60000}{3600}\right)^2 = 139\ kg_f$

(3) 구배 저항(등판 저항)

자동차는 언덕을 올라갈 때 평지보다 더 큰 힘이 필요하고, 자동차 무게가 무거울수록 더 큰 힘이 필요하다. 구배 저항은 오르막 등판 시에 발생하는 저항으로 차량 총중량과 등판 경사 각도에 비례한다. 구배 저항은 내리막 길에서는 자동차를 가속시키는 힘으로 작용을 한다. 차량 총중량 2,000kg의 자동차가 10% 경사길을 오를 때 생기는 저항은

$$\text{구배 저항} = 2{,}000 \times 9.8 \times \sin 5.7 = 1947\text{N} \tag{13.7}$$

즉 1,947N의 힘으로 뒤로 끌려가는 것과 같은 저항이 발생하고 경사 각도가 변하면 구배 저항도 변한다.

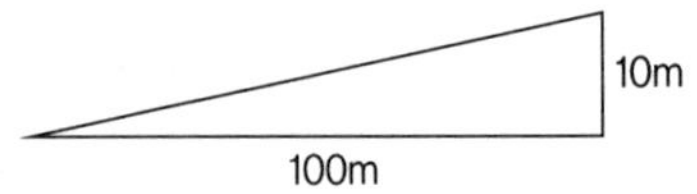

| 그림 13.4 | 구배 저항(10%)

$$R_e = W \sin\theta \tag{13.8}$$

θ는 경사각, W는 차량 총중량(kgf), R_e은 구배 저항(kgf)이다.

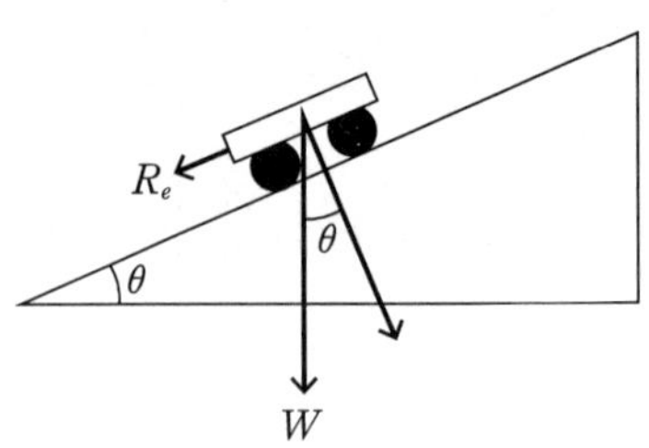

| 그림 13.5 | 구배 저항

도로의 구배를 표시하는 방법은 다음과 같다.

$$G = \tan\theta \times 100(\%) \tag{13.9}$$

예제 13·12 경사가 10°인 도로를 자동차가 주행하고 있을 때 주행저항은 얼마인가? 이때 차량의 총중량은 3000kgf, 구름 저항계수는 0.020이다.

| 풀이 | 도로에 수직으로 작용하는 자동차 중량 :

$W' = W\cos\theta = 3000\times\cos 10 = 2954$ kgf

구름 저항 : $R_r = \mu_r W' = 0.02\times 2954 = 59.08$ kgf

구배 저항 : $R_e = W\sin\theta = 3000\times\sin 10 = 521$ kgf

주행 저항 = 구름 저항+구배 저항 = 59.08+521 = 580.08 kgf

예제 13·13 10% 구배의 등판길은 몇 도의 경사각을 의미하는가?

| 풀이 | $G = \tan\theta\times 100$

수평거리 100m에 내하여 높이 10m인 언덕길이 있다. 이는

$\theta = \tan^{-1}\left(\frac{G}{100}\right) = \tan^{-1}\left(\frac{10}{100}\right) = 5.71°$의 경사를 갖는 언덕길이다.

예제 13·14 총 중량이 1800kgf인 자동차가 20%의 구배길을 올라갈 때의 구배저항은 얼마인가?

| 풀이 | $R_e = W\cdot\sin\theta$

구배 20%인 경사길의 경사 각도는

$\tan\theta = 0.2,\ \theta = \tan^{-1}0.2 = 11.31°$

$R_e = W\cdot\sin\theta = 1800\times\sin 11.31 = 353$ kg_f

예제 13·15 총중량이 2000kgf인 자동차가 25%의 구배 길을 등판하는 경우, 언덕의 경사각도와 구배저항은 얼마인가?

| 풀이 | $W' = W\cos\theta = 2000\times\cos 20 = 1879$ kg

구배 20%이면 수평 거리 100m에 대하여 25m의 언덕이므로 경사각도는

$\tan\theta = 0.25,\ \theta = \tan^{-1}0.25 = 14°$

구배저항은

$R_e = W\times\sin\theta = 2000\times\sin 14 = 483.8$ kg_f

(4) 가속저항(관성저항)

뉴턴의 운동 법칙은 질량을 가지는 물체에 힘을 가하여 가속도 운동을 하면 물체의 가속도의 크기는 질량에 반비례하고 물체의 추가 힘에 비례한다는 법칙이다. 자동차를 가속시킬려면 더 큰 힘이 필요하고 차량 무게를 줄이면 적은 힘으로 가속시킬 수 있다. 일정한 속도로 계속 달리면 연비가 좋은 것은 가속 저항이 줄어들기 때문이며 한번에 가속시키는 것보다 서서히 속도를 높이는 것이 연비가 좋다. 자동차가 가속할 때 발생하는 관성저항을 말하며, 가속도, 차량 총중량, 회전부분의 관성 상당중량에 비례한다.

$$R_c = \frac{a}{g}(W+\varDelta W) \tag{13.10}$$

여기서 a는 가속도(m/s^2), g는 중력 가속도(m/s^2), W는 차량 총중량(kgf), $\varDelta W$는 회전 부분 관성 상당중량, R_c은 가속저항(kgf)이다. 회전부분 관성 상당중량은 차량을 가속하면 엔진, 변속기, 추진축, 감속기어, 후륜 등을 가속해야 하므로 이를 무게로 환산한 값으로 총중량의 5~7% 이내이다.

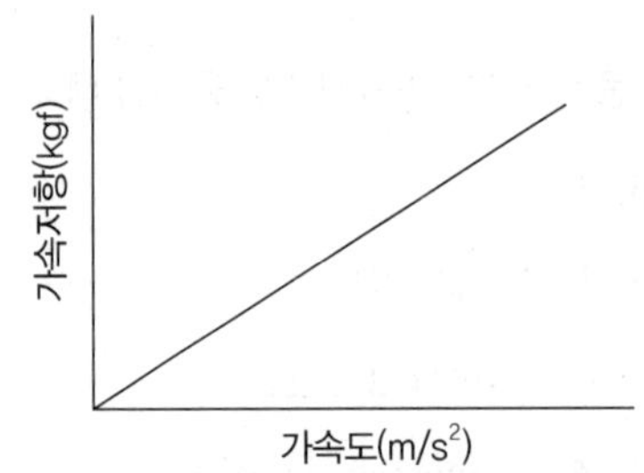

| 그림 13.6 | 가속저항

예제 13·16 총중량이 3200kgf, 회전 부분 상당중량이 200kgf인 자동차가 60km/h로 주행하다가 급가속을 하여 10초 만에 차속이 90km/h가 되었다. 이 자동차의 가속 저항은 몇 kgf인가?

| 풀이 | $R_c = \frac{W+\varDelta W}{g} \times a$

$$a = \frac{90000/3600 - 60000/3600}{10} = 0.83\ \mathrm{m/s^2}$$

$$R_c = \frac{W+\varDelta W}{g} \times a = \frac{3200+200}{9.8} \times 0.83 = 288\ \mathrm{kg_f}$$

예제 13·17 평탄한 아스팔트 길을 40km/h로 주행 중인 자동차가 급가속하여 10초 후에 90km/h가 되었다. 이때 가속저항은 얼마인가? 이때의 자동차의 총중량이 1600kgf, 회전부분 상당중량이 90kgf 이다.

| 풀이 | $R_c = \frac{a}{g}(W + \varDelta W)$

$$90 \text{ km/h} = 25 \text{ m/sec}, \ 40 \text{ km/h} = 11.1 \text{ m/sec},$$

$$a = \frac{25 - 11.1}{10} = 1.39 \text{ m/sec}^2,$$

$$R_c = \frac{W + \varDelta W}{g} \times a = \frac{1600 + 90}{9.8} \times 1.39 = 239.7 \text{ kg}_f$$

13.3 등판능력

등판능력은 최대 등판능력으로 표시되며 이것은 최대로 적재한 자동차가 제 1속으로 언덕길을 오를 수 있는 최대 각도를 나타낸다. 자동차는 충분한 구동력이 있어야 하고 1속 최대 구동력이 등판저항(주행저항)과 같으면 최대 등판능력이 된다. 등판 가능한 조건은 구동력이 등판저항보다 큰 경우, 계산식으로 표시하면 다음과 같다.

타이어의 노면 접지력 $\geq$ 주행저항 $=$ 구름저항$+$공기저항$+$등판저항

타이어의 노면 접지력 $\geq$ 주행저항 $=$ 등판저항 (13.11)

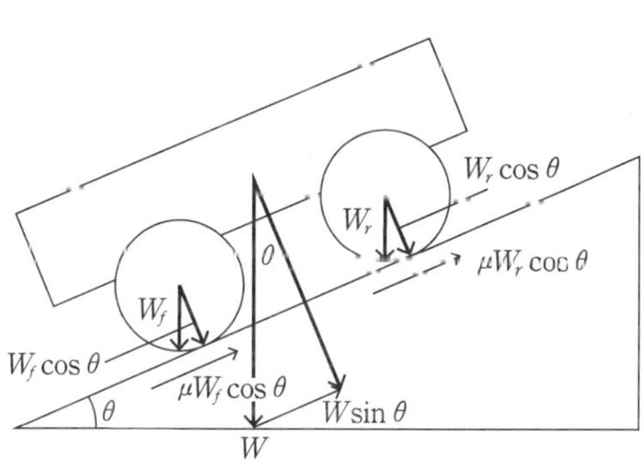

| 그림 13.7 | 등판능력

$$\mu W_f \cos\theta + \mu W_r \cos\theta \geq W \sin\theta \tag{13.12}$$

$$\mu \cos\theta (W_f + W_r) \geq W \sin\theta \tag{13.13}$$

$$W_f + W_r = W \tag{13.14}$$

$$\mu \geq \frac{\sin\theta}{\cos\theta} \tag{13.15}$$

$$\mu \geq \tan\theta \tag{13.16}$$

최대 등판능력은 타이어와 노면의 마찰계수에 의존하며 마찰계수의 최대 값은 1이기 때문에,

$$1 = \tan\theta \tag{13.17}$$

따라서 $\theta = 45°$일 때 이론적인 최대 등판능력이다.

$$\frac{0.9 \times T \times r_1 \times i}{WR} - 0.015 \geq 0.125 \tag{13.18}$$

여기서 T : 엔진의 최대 토크, r_1 : 제1속 변속비, r_4 : 제4속 변속비, i : 총감속비, R : 차량의 유효 회전반경, W : 차량 총중량이다.

예제 13·18 엔진 회전수 4000rpm에서 최대 토크는 350N, 총감속비 25, 타이어 지름 0.8m, 차량 총중량 2800kgf이다. 주행 저항, 자동차에 걸리는 힘, 등판구배를 구하라.

| 풀이 | 낮은 기어에서는 자동차 속도가 낮아져 공기저항과 구름저항은 무시할 수 있으므로 엔진 최대 토크×총 감속비/타이어 반경 = 구름저항+공기저항+등판저항의 식은 다음과 같이 된다.

등판저항 = 엔진 최대 토크×총 감속비/타이어 반경

$$\text{등판저항} = 350 \times \frac{25}{0.8/2} = 21875\ \text{N}$$

$$\text{주행저항} = 350 \times \frac{25}{0.8/2} = 21875\ \text{N}$$

주행저항 = 등판저항 = 자동차에 걸리는 힘×$\sin\theta$

$$21875 = 27440 \sin\theta$$

$$\sin\theta = 0.8$$

$$\theta = 53^{\circ}$$

주행저항이 자동차에 걸리는 힘보다 작기 때문에 등판길을 오를 수 없다.

13.4 제동성능

자동차의 제동장치를 조작할 때 자동차를 최단거리에 정지시킬 수 있는 거리를 제동 성능이라 하며 자동차의 속도가 빨라지면 제동 거리가 길어져서 자동차의 제동성능은 중요하다. 바퀴가 잠기지 않는 범위에서 자동차는 규정된 정지거리 내에서 정지해야 하며 제동 장치가 작동할 때 자동차가 받는 감속력은 다음 식과 같다.

$$\text{감속력} = \text{질량} \times \text{감속도} = m \times a = \frac{W}{g} \times \frac{V_t - V_0}{t} \tag{13.19}$$

여기서 W : 자동차 중량[kg], g : 중력 가속도(9.8m/sec^2), V_t : t시간 후의 자동차 속도(m/sec), V_0 : 자동차의 초기 속도(m/sec)이다.

제동장치를 작동하기 시작하여 자동차가 정지할 때까지의 운전자의 조작에 따른 자동차의 제동은 공주시간과 실제동 시간으로 나눌 수 있다. 공주시간은 운전자가 위급한 상황에서 브레이크 페달을 밟아 실제로 제동이 시작되기까지 걸리는 시간을 의미하며 이 시간 동안에는 운전자가 가속 페달에서 발을 떼고 브레이크 페달로 발을 옮겨 페달을 밟는 중이며, 이때는 자동차는 감속이나 가속이 되지 않은 속도로 주행한다. 실제로 제동이 발생하기 전까지의 자동차 주행속도를 제동 초기속도, 또한 공주시간 동안 자동차가 이동한 거리를 공주거리 S_1이라 한다.

$$S_1 = \frac{V}{3.6} \times t \tag{13.20}$$

여기서 V는 제동 초기속도(km/h), t는 공주시간(sec)이며 실제동 시간은 동안 자동차가 이동한 거리를 실제동 거리라고 하며 다음 식으로 구할 수 있다.

$$S_2 = \frac{V^2}{254} \times \frac{W + W'}{F} \tag{13.21}$$

여기서 V는 제동 초기속도(km/h), W는 자동차 중량(kg), W'는 회전부분 상당중량(kg), F(kgf)는 제동력이다. 회전부분 상당중량은 다음과 같다.

$$W' = 0.05W \text{ (승용차인 경우에는 자동차 중량의 5\%)} \tag{13.22}$$
$$= 0.07W \text{ (화물차인 경우에는 자동차 중량의 7\%)}$$

따라서 브레이크를 작동하여 실제로 자동차가 정지하는 거리는 공주거리와 실제동 거리를 합한 것이 된다.

$$\text{정지거리} = S_1+S_2 = \frac{V}{3.6}\times t+\frac{V^2}{254}\times\frac{W+W'}{F} \tag{13.23}$$

예제 13·19 차량 중량이 3000kgf인 자동차가 100km/h 주행속도 중 제동을 하여 50m지나 정지하였다. 회전부분 상당중량이 15%이면 제동력은 얼마인가?

| 풀이 | $S = \frac{v^2}{254}\times\frac{W+W'}{F} = \frac{100^2}{254}\times\frac{3000+3000\times0.15}{F} = 50\text{ m}$

$$F = \frac{100^2}{254}\times\frac{3000+3000\times0.15}{50} = 2716.5\text{ kgf}$$

예제 13·20 자동차의 무게는 1500kgf, 전륜 제동력은 4000N, 후륜 제동력은 1000N이면 제동 감가속도는 얼마인가?

| 풀이 | 전체 제동력 $= 4000+1000 = 5000\text{ N}$

$$a = \frac{F}{m} = \frac{5000}{1500} = 3.3\text{ m/s}^2$$

예제 13·21 자동차의 차량중량이 1500kgf, 제동력은 400kgf이다. 제동 저항계수는 얼마인가? 단 노면의 마찰계수는 무시한다.

| 풀이 | 전체 제동력 $= 4000+1000 = 5000\text{ N}$

$$a = \frac{F}{m} = \frac{5000}{1500} = 3.3\text{ m/s}^2$$

13.5 연비

자동차에서 연비에 크게 관련되는 부품은 타이어 공기압, 에어 클리너, 엔진 오일 등이 있고 이러한 부품은 정기 점검을 통하여 연비를 높여야 한다.

공기압이 20% 낮으면 연비는 약 3% 감소하며 또한 공기압이 높으면 연비는 향상되지만, 타이어의 수명이 짧아지기 때문에 정적한 공기압을 유지하는 것이 중요하다.

시내 주행에서는 신호, 일시 정지 등으로 자동차의 가속 발진이 많아지므로 이는 연비를 나쁘게 하며, 발진, 가속 시에는 가속 페달을 천천히 나누어 밟는 것이 좋다.

출발에서 속도 60km/h에 도달하는데 엔진 회전수와 가속 페달을 밟는 정도에 따라 연비는 달라지며 일반 도로에서 많이 사용하는 기어 단은 소형차는 4단, 중형차는 5단, 대형차는 5~6단이다. 이러한 운전은 연료 소비가 많고 충돌 위험도 존재하여 동일 주행 속도에서 기어 단을 하나 올리면 엔진 회전수가 떨이지고 연비는 크게 절약된다.

야간 주행 등에서 흔히 볼 수 있는 차간 거리를 좁혀서 추월 운전이나 항상 앞차와 간격을 좁힌 상태에서의 운전은 감속과 가속을 반복하게 되어 연비가 나빠진다. 일정한 속도로 달릴 수 있는 도로나 고속도로에서는 가능한 엑셀을 일정하게 유지하면, 연비가 향상되며 충분한 차간 거리를 두고 급격한 감속과 가속을 하지 않도록 한다.

특히 화물 트럭은 화물 도착시간에 맞춰 자동차 속도를 결정하는 경우가 있으므로 자동차 속도는 연비와 관련이 있다. 이는 공기 저항의 영향이며, 공기 저항은 자동차 속도의 제곱에 비례하므로 속도가 높을수록 연비는 증가한다. 빨리 달리면 빨리 도착할 수는 있지만, 천천히 달리면 긴 주행거리를 달릴 수 있어 연비가 유리하므로 경제 속도로 운전해야 한다.

(1) 엔진 브레이크와 연비

최고의 연비 운전은 연료를 사용하지 않고 달리는 것이다. 물론 발진, 가속 및 일반 주행 시에는 불가능하지만, 내리막 운전이나 감속 시에 가능하다. 이는 디젤 엔진은 가속 페달에서 발을 떼면 연료가 무분사 상태가 되고 가솔린 엔진은 연료 컷이 되기 때문이다. 이러한 운전은 연비를 높일 수 있으며 내리막은 물론, 적신호, 일시 정지 등도 가속 페달에서 빨리 발을 떼고 엔진 브레이크를 사용하면 연료 소비량을 줄일 수 있다. 감속, 정지 시는 빨리 가속 페달을 놓아 차량의 롤링을 이용하고 내리막, 화물 적재량에 따라 배기 브레이크 등을 활용한다.

(2) 공회전과 연비

불필요한 공회전을 하지 않으면 연비 절감 효과가 있고, 적어도 차량에서 떠날 때는 엔진 시동을 끄는 운전 습관을 들인다. 공회전을 하지 않고 대기 시간에는 냉난방 운전을 최대한 줄이면 연비 효율은 상승한다.

(3) 에어클리너, 엔진오일과 연비

에어 클리너 필터의 막힘이 심하면 흡입 공기량이 적어지므로 연비, 출력도 저하된다. 공기 청정기의 막힘을 방치하면 연비는 3~5% 나빠진다. 엔진 오일에 따라 온도가 변하면 점도가 바뀌므로, 계절마다 적정한 오일로 변경할 필요가 있다. 오일 점도가 너무 높으면 마찰에 의한 손실이 증가하여 연비가 악화되고, 엔진 오일의 열화를 방치하면 연비는 1~2% 나빠진다.

(4) 연비 향상 방법

주행 시 공기 저항을 줄이는 부품 중 에어 디플렉터는 고속 주행이 많은 자동차와 속도가 높은 자동차에 효과가 있다. 특히 불필요한 장식이나 개조는 무게의 증가로 공기 저항도 증가하기 때문에 연비는 나빠진다.

[참고문헌]

자동차엔진공학, 김철수, 홍릉과학 출판사, 2016

자동차저탄소공학, 김철수, GS 인터비전, 2015

최신 자동차기관, 김철수, 동명사, 2006

자동차기관, 김철수, 희중당, 1999

자동차공학, 김철수, 희중당, 2000

자동차기관실습, 김철수, 오토테크, 1999

내연기관 공학, 김덕줄외, 교보문고, 2005

땅에서 구름까지, 최인호, 대하

한국산업인력공단, 자동차정비 산업기사, 기사 기출문제

内燃機関, 前板英紀, 森北出版株式会社, 1995

金子靖雄, 內燃機關 基礎工學, 山海堂

村山正, 常本秀辛, 自動車エンジン共學, 山海堂

日本の自動車技術, 日本自動車工業会, 2010.10

自動車技術ハンドブック, 試驗評價編, 社團法人 自動車技術會, 1991

自動車技術ハンドブック, 設計編, 社團法人 自動車技術會, 1991

自動車技術ハンドブック, 生産, 品質, 整備編, 社團法人 自動車技術會, 1991

내연기관, Macmillan, 희중당, 1996

Erijavec, Automotive Technology, 4th edition, Thomson, 2004

高圧縮比, 高効率ガソリンエンジン, 山内孝,マツダ株式会社

自動車のサスペンション,古野志健男,(株)日本自動車部品総合研究所

http://www.germany.travel/en/specials/home-of-the-car/history/history.html

http://www.autoexe.co.jp/kijima/column13.html

http://www.autozone.com/

http://www.autoevolution.com/

http://www.auto.howstuffworks.com/

http://www.aisinaftermarket.jp/

http://www.asahi-net.or.jp/

https://www.autoexe.co.jp/

http://alternatorrebuildkits.com/

http://www.bosch-automotive-steering.com/

http://blog.goo.ne.jp/

http://www.carbibles.com/

http://www.classiccult.com/

http://cafe.naver.com/mecha4222/

http://dspace.wul.waseda.ac.jp/

https://www.dspace.com/shared/data/pdf/dspace_news/

http://debates.coches.net/

http://context.jp.net/

http://daerospace.com/

http://www.dmg-berlin.info/page/downloads/Vortrag_Gombert.pdf/

http://www.eterman.com/

http://www.enjoy.ne.jp/

http://www.ecs.shimane-u.ac.jp/

http://www.e-waza.com/

http://forum.nissanclub.ca/

http://www.fluid-coupling.com/

http://forum.nissanclub.ca/

http://forum.nissanclub.ca/

http://forum.nissanclub.ca/

http://www.germany.travel/

http://hdabob.com/

http://www.highwayclutch.com.au/

http://hdabob.com/FrntSusp.jpg/

http://www.honda.co.jp/

http://www.isuzu.co.jp/cv/cost/manual/knowledge_3.html/

http://www.isuzu.co.jp/

http://image.search.yahoo.co.jp/

http://www.idc-online.com/technical_references/pdfs/

http://www.jstage.jst.go.jp/

http://www.jp.nsk.com/

http://www.jatco.co.kr/

https://www.jsae.or.jp/

http://www.khulsey.com/

https://www.khkgears.co.jp/

http://monoist.atmarkit.co.jp/

http://www.mechanicalengineeringblog.com/

http://www.my-gti.com/

http://www.nanyo-h.aichi-c.ed.jp/

https://www.quora.com/

http://www.rrsilvershadow.com/

http://res.sin11.net/

http://www.sachs.com/

http://www.slideshare.net/

https://sengerandu.wordpress.com/

http://solarteameindhoven.nl/

http://tuiningpp.com/

http://toplowridersites.com/

http://techcenter.mercedes-benz.com/

http://www.thecartech.com/

http://towa.in/

http://www.tokico.biz/

http://www.yourcobalt.com/

http://www.zuridrift.ch/

http://5garage.com/archives/

http://maybach300c.blogspot.kr/